繊維染色加工に関わる技術の伝承と進展

― 羊毛・絹繊維に関する技術 ―

独立行政法人 日本学術振興会
　　繊維・高分子機能加工第120委員会 編集

繊維社 企画出版

[巻頭言]

繊維染色加工に関わる技術の伝承と進展
―― 羊毛・絹繊維に関する技術 ――
の発刊に際して

　このたび，「繊維染色加工に関わる技術の伝承と進展」の第4分冊「羊毛・絹繊維に関する技術」を発刊する運びとなりました。第1分冊から関わってきたものとして，予定されたすべての分冊が完成したことは，この上ない喜びです。ここで，本書籍（第4分冊）の発刊にかかる経費の一部は，一般社団法人 日本工業倶楽部から独立行政法人 日本学術振興会事業推進のための「学術振興特別基金」へ寄せられたご厚志の中から充てさせていただいたことをご報告するとともに，一般社団法人 日本工業倶楽部に対し心より感謝申し上げる次第であります。また，本書籍の発刊を主導した独立行政法人 日本学術振興会 繊維・高分子機能加工第120委員会は，現在68ある産学協力研究委員会の1つであり，その運営は産業界側からの会費により行っております。第120委員会の活動に日頃よりご理解をいただき，本書籍発刊を含めて運営をご支援いただいている産業界の皆様にも感謝を申し上げます。

　さて，「繊維染色加工に関わる技術の伝承と進展」シリーズの発刊は，平成22年度に独立行政法人 日本学術振興会 産学協力研究委員会で特別事業「知識や技術の伝承等とりまとめ」に採択され，第120委員会に関係した繊維染色加工に関する技術をまとめ，次代の技術者・研究者に伝承しようと考えたことがきっかけです。特別事業の計画書を見ると，これまでの染織手法ならびに現代に至る技術的発展を科学技術的観点から取りまとめるとともに，指導的調査報告として刊行すると記されております。また，報告の骨子としては，(1) 日本における染色技術史，(2) 日本における地場産業（産地）の歴史と技術変遷，(3) 染色加工の技術・技法の伝承の3項目が取り上げられました。これらはあまりにも膨大な調査量であり，特別事業の期間内での網羅はむずかしいとの結論に至り，繊維素材を限定して「セルロース系繊維に関する技術」を平成25年3月に特別事業の成果として発刊しました。その後，この事業は第120委員会の独自事業として引き継がれ，第2分冊として「日本の繊維産業の歴史」を平成26年5月に報告書の形で関係者に配布しました。第3分冊としては，「合成繊維に関する技術」を平成28年3月に発刊しました。いずれも冊子体は少数作成しただけで，CD版を中心に関係者へ配布させていただきました。今回の第4分冊では，先に述べた経費の一部をご支援いただいたお陰で，300冊の冊子体を作成でき，多くの関係者へ配布できることとなりました。

平成22年度の特別事業から始まった「繊維染色加工に関わる技術の伝承と進展」シリーズの発刊は，7年におよぶ年月と多くの方々のご協力により，ようやく完成いたしました。本シリーズが，繊維染色加工に携わっている方，これから携わろうとしている方，異分野に応用しようとしている方など，多くの皆様のお役に立てればと期待しております。

　シリーズ全般にわたりご尽力いただきました椙山女学園大学の上甲恭平教授（第120委員会研究委員），特別事業予算を獲得し発刊までの道筋を付けていただいた湘南工科大学の幾田信生教授（第120委員会元委員長，現顧問），シリーズの締めくくりを引き受けていただいた日本大学の大内秋比古教授（第120委員会現委員長）に感謝申し上げます。また，本発刊（第4分冊）に関しましては，森　益一様をはじめ12人の方々に執筆でお世話になりました。締めくくりにふさわしい著述に対し，心より御礼を申し上げます。最後に，編集・発刊等で一方ならぬご尽力をいただきました繊維社 編集部，ならびにご協力・ご支援をいただいたすべての皆様に御礼を申し上げ，また，本発刊が繊維染色加工分野の進展の手助けとなることを祈念申し上げて，発刊に際しての序文とさせていただきます。

平成29年2月7日

独立行政法人 日本学術振興会
繊維・高分子機能加工第120委員会
前委員長　濱　田　州　博
（国立大学法人 信州大学 学長）

繊維染色加工に関わる技術の伝承と進展

―― 羊毛・絹繊維に関する技術 ――

目　次

[巻頭言]

「繊維染色加工に関わる技術の伝承と進展」
　―羊毛・絹繊維に関する技術―

の発刊に際して
　　　　　………独立行政法人　日本学術振興会
　　　　繊維・高分子機能加工第120委員会
　　　　　前委員長　濱田　州博（国立大学法人　信州大学　学長）

第1編　羊毛繊維に関する技術

……………………………………………………1

はじめに……………………………………3

第1章

日本の毛織物染色加工技術の変遷
……………………………………………4

1.1　日本の毛織物染色加工技術の変遷
……………………………………………4

- 1.1.1　緒言……………………………………4
- 1.1.2　日本における毛織物生産の草創期から昭和20年第二次世界大戦終結まで……………………………………4
- 1.1.3　日本における毛織物生産の1945年（昭和20年）終戦から今日まで………7
- 1.1.4　羊毛製品の産地尾州の現状と将来……………………………………12
- 1.1.5　尾州産地の将来……………………13

第2章

羊毛染色技術
……………………………………………34

2.1　浸　染……………………………………34
- 2.1.1　羊毛染色のしくみ…………………34
- 2.1.2　染色の様式…………………………36
- 2.1.3　羊毛用染料の分類と染色方法………40
- 2.1.4　反応染料による羊毛の染色…………44
- 2.1.5　羊毛の漂白…………………………46
- 2.1.6　羊毛用染色助剤……………………47
- 2.1.7　混用品の染色………………………48
- 2.1.8　色相管理……………………………56
- あとがき……………………………………61

2.2　羊毛用染料……………………………62
- 2.2.1　羊毛用染料の返還…………………62
- 2.2.2　染料について………………………65
- 2.2.3　染料（主として羊毛用）の技術開発の変遷……………………65
- 2.2.4　羊毛用染料の特性と伝承技術………67
- 2.2.5　今後の開発が望まれる染料技術……70
- 2.2.6　染色関連の化学製品の環境安全規制……………………………………70

2.3　特殊染色……………………………………71
- 2.3.1　羊毛異色染料（羊毛100％繊維製品の一浴多色染色）…………………71
- 2.3.2　特殊染色……………………………75

2.4 羊毛と合繊用染色機の変遷 …… 77
- 2.4.1 はじめに …… 77
- 2.4.2 染色機の進歩 …… 77
- 2.4.3 特許情報による技術開発経過 …… 79
- 2.4.4 液流染色機の変遷 …… 79
- 2.4.5 あとがき …… 86

第3章 羊毛仕上げ・機能加工技術

緒言 …… 88

3.1 毛織物仕上加工設備の変遷 …… 92
- 3.1.1 第1期の仕上加工設備 …… 92
- 3.1.2 第2期の仕上加工設備（連続・高速化） …… 93
- 3.1.3 第3期の仕上加工設備（イタリア機械の輸入と風合い） …… 93
- 3.1.4 毛織物仕上加工雑感 …… 93
- 3.1.5 イタリア製仕上加工機 …… 94
- 3.1.6 水分調整 …… 95
- 3.1.7 毛織物の仕上加工工程と使用される設備名 …… 95

3.2 精練・仕上げ …… 96
- 3.2.1 はじめに …… 96
- 3.2.2 標準的な毛織物仕上加工工程の説明 …… 99
- 3.2.3 羊毛およびその混紡紳士服地の標準的な仕上工程 …… 100
- 3.2.4 主要工程の作用の説明 …… 100
- 3.2.5 尾州地区の典型的な染色加工工場における機械設備の変遷 …… 102
- 3.2.6 染色加工における工程中の不良と出荷後のクレーム分析 …… 105
- 3.2.7 まとめ …… 105

3.3 羊毛繊維の縮絨加工 …… 105
- 3.3.1 毛織物の尾州産地での始まり …… 105
- 3.3.2 尾州毛織物の揺籃 …… 106
- 3.3.3 毛織物仕上加工の進展 …… 107
- 3.3.4 4幅織物の到来 …… 107
- 3.3.5 毛織物の染色 …… 108
- 3.3.6 戦時の軍絨生産と終戦直後 …… 109
- 3.3.7 縮絨仕上加工 …… 110
- 3.3.8 起毛仕上加工 …… 115
- 3.3.9 圧縮ニット …… 125
- 3.3.10 ワッシャー加工 …… 126
- 3.3.11 しわ加工 …… 131

3.4 機能加工技術 …… 132
- 3.4.1 緒論 …… 132
- 3.4.2 防縮加工-(1) …… 133
- 3.4.3 防縮加工-(2) …… 144
- 3.4.4 防虫加工 …… 148
- 3.4.5 防炎加工 …… 148
- 3.4.6 ストレッチ加工 …… 149
- 3.4.7 プリーツ加工 …… 150

3.5 風合い …… 151
- 3.5.1 緒言 …… 151
- 3.5.2 風合いについて …… 151
- 3.5.3 可縫製性評価 …… 158
- 3.5.4 風合いを作る染色加工工程 …… 160

第2編 染色加工概論ならびにウールの知識・特異性

…… 163

はじめに …… 165

第1章 染色加工の基礎

…… 166

1.1 着色 …… 166
- 1.1.1 光と色 …… 166
- 1.1.2 染料，顔料の大きさ …… 166
- 1.1.3 結合様式 …… 167
- 1.1.4 結合の強さ …… 167

1.2 水 …… 172
- 1.2.1 水の構造 …… 172
- 1.2.2 水和 …… 173
- 1.2.3 繊維表面での界面状況 …… 173

1.3 拡散 …… 176
- 1.3.1 拡散現象 …… 176
- 1.3.2 拡散モデル …… 176

- 1.4 熱力学 ……………………………… 177
  - 1.4.1 自由エネルギー ……………… 177
  - 1.4.2 親和力 ………………………… 177
- 1.5 染色 ………………………………… 177
  - 1.5.1 染料について ………………… 177
  - 1.5.2 助剤について ………………… 178
  - 1.5.3 顔料について ………………… 183
  - 1.5.4 染料と顔料の基本的な違い …… 183
  - 1.5.5 多様な染色方法 ………………… 184
  - 1.5.6 染色の進行 …………………… 194
- 1.6 仕上加工 …………………………… 195
  - 1.6.1 綿の準備工程（染色前工程）
    ………………………………………… 195
  - 1.6.2 ポリエステルの準備工程 ……… 200
  - 1.6.3 仕上げ ………………………… 200
  - 1.6.4 特殊加工 ……………………… 203

第2章
ウールに特異な染色加工
………………………………………………… 206
- 2.1 ウール繊維の構造上の特徴 …… 206
  - 2.1.1 ウール織編物の製造工程 ……… 207
  - 2.1.2 漂白 …………………………… 212
  - 2.1.3 染色 …………………………… 213
  - 2.1.4 染色形態と実際の染色上の注意点
    ………………………………………… 223
  - 2.1.5 反応染料による反染めのポイント
    ………………………………………… 226
  - 2.1.6 ウール混の同色染めのポイント
    ………………………………………… 228
- 2.2 仕上げ ……………………………… 232
  - 2.2.1 仕上げのポイント ……………… 232
  - 2.2.2 主な仕上加工法 ………………… 232
  - 2.2.3 主要工程 ……………………… 233
  - 2.2.4 染色および前後工程による損傷
    ………………………………………… 240
  - 2.2.5 ウールのセット機構 …………… 240
  - 2.2.6 ウールの改質加工 ……………… 245
  - 2.2.7 ザプロ（ZIPRO）加工 ………… 250
  - 2.2.8 ハイグラルエキスパンション
    （hygral expansion＝HE） ……… 251
  - 2.2.9 ウールでしか紳士用スーツができない
    理由 ………………………………… 253
- おわりに ………………………………… 258

第3編　絹繊維に関する技術
……………………………………………………… 259

- はじめに ………………………………… 261
- 1. 絹とは ……………………………… 261
  - 1.1 繭と繭糸 ……………………… 261
  - 1.2 絹の特徴 ……………………… 262
  - 1.3 シルキー合繊の誕生 ………… 263
  - 1.4 絹の外観 ……………………… 263
- 2. 加工について ……………………… 264
  - 2.1 概要 …………………………… 264
  - 2.2 精練 …………………………… 267
  - 2.3 染色 …………………………… 267
  - 2.4 化学加工 ……………………… 268
- 3. 加工技術の歴史 …………………… 269
  - 3.1 器具，手作業の時代 ………… 269
  - 3.2 機械化の時代 ………………… 269
  - 3.3 絹糸用加工機 ………………… 270
  - 3.4 絹布用加工機 ………………… 270
  - 3.5 絹用染料 ……………………… 270
  - 3.6 複合素材の染色 ……………… 271
- 4. 絹衣裳概史 ………………………… 272
- 5. 多様性商品 ………………………… 274
- 6. 新製品模索 ………………………… 274
- 7. 絹，シルクの魅力 ………………… 276
- おわりに ………………………………… 277
- 〈絹歴史年表（洋装主体，明治元年以降）〉… 278

- ・索引 …………………………………… 283

［編集委員］

伊藤　高廣［アドバンスト コンサルティング パートナーズ 代表
　　　　　（元 東海染工㈱ 参与 開発技術部 主幹技師）］

伊藤　　博［一般社団法人 日本繊維技術士センター
　　　　　　　　　　　　　顧問（元 東洋紡㈱）］

上甲　恭平［椙山女学園大学 教授］

堀　　照夫［福井大学 産学官連携本部　客員教授］

松下　義弘［京都工芸繊維大学 特任教授］

森　　益一［森技術士事務所 代表］

山田　　稔［エール国際特許事務所
　　　　　　　　　　弁理士・技術士（元 東海染工㈱）］

第1編

羊毛繊維に関する技術

執　筆　者

森　　益一：元　艶金興業株式会社

坂野　照夫：元　艶金興業株式会社

小林　一博：元　チバガイギー社

加藤　信夫：元　三木産業株式会社

西村悌二郎：元　ユニチカ株式会社

田島　正範：元　艶金興業株式会社

森下　　薫：藤井整絨株式会社

山田　和雄：元　日本染色機械株式会社

内藤　吉雄：元　艶金染工株式会社

柴田　　豊：元　IWSノミニー・コンパニー・リミテッド

（順不同）

は じ め に

　羊毛を主体として発展してきた地場の代表に，尾張一宮（尾州）地区がある。日本の羊毛を取り扱う地場産業での技術変遷を知る上では，まずこの地域での技術変遷について語ることから始めるべきであろう。

　最近の尾州は，衆知のごとく以前のような賑わいはない。この状況は最近始まったものではなく，繊維が斜陽産業と揶揄され，現実に数十年前より徐々に企業が倒産あるいは自主廃業等が行われてきた結果である。そのような状況を少しでも食い止めようと，さまざまな施策が行われてきた。

　その１つに，「一宮地場産業ファッションデザインセンター（FDC）」の開設がある。FDC は，繊維産業を代表とする尾張西部地域の地場産業振興を図るため，昭和59年２月に開設された。FDC では，情報の収集・提供，新商品開発，人材養成などの振興事業，とりわけファッション情報の収集・提供事業が行われているが，「尾州織物産地の歴史と年表」も作成している（この歴史および年表は，http://www.fdc138.com/summary/index.html を参照していただきたい）。

　すでに述べたように，現在の最先端技術の中には，染色・繊維加工技術を科学的に進展させたものが多い。しかし，その基盤となる繊維染色関連産業の海外シフトによる空洞化に伴い，基盤技術の継承あるいは技術者の育成がむずかしい状況に陥っている。本事業は，この状況を踏まえ，繊維染色加工に関する知識および技術を未来に伝え残し，応用力のある技術立国たる基盤となることを願うものである。この趣旨に沿い，羊毛繊維に関する技術については，尾州地区を中心とした「染色加工における技術変遷」としたため，執筆に当たっては尾州地区で活躍された技術者の方々を中心に依頼した（左ページの本編執筆者一覧を参照）。

第1章
日本の毛織物染色加工技術の変遷

1.1 日本の毛織物染色加工技術の変遷

1.1.1 緒 言

この記述は，明治初年に始まり現在に至る，日本の毛織物染色加工技術の変遷について，現場の生産技術の立場でまとめたものである。先人が営々として築き上げた血のにじむような貴重な技術の蓄積を，次世代が求める洗練された高機能・高感性の毛織物生産につなげる架け橋になると確信する。天然の羊毛は，他繊維にないいくつかの非常に優れた特性を有し，限られた分野であるかもしれないが，非常に重要な役割を担っていくと思う。それは，高い周辺技術に恵まれた日本の染色加工技術者の使命であるとも思う。

本稿の1.1.2項および1.1.3項は，日本で羊毛産業が始まり，尾州地区で最初に毛織物染色整理加工業を起業した会社が，永年，その部門で先駆的な役割を果たしてきた貴重な歴史を基に編集したものである[1]。さらに，紡績から染色加工および製品販売に至るまで，一貫で羊毛製品の生産に携わり，ユニフォームから新機能材料生産まであらゆる分野で幅広く実績を積み上げ，現在も染色加工分野において大きなシェアを担っておられる一貫紡績会社の社史を参考にさせていただいた。

1.1.2 日本における毛織物生産の草創期から昭和20年第二次世界大戦終結まで

日本に，毛織物（ラシャ）が多く輸入されたのは400年以上前に遡り，戦国武将の陣羽織，火事装束や緋毛氈など，一部の階層で高価な希少価値商品として使われた。日本で毛織物生産が始まったのは，1878年（明治11年）に東京千住製絨所開設に伴い，陸軍の軍服を製造したのが初めといわれる。民需としての毛織物生産は，1887年（明治20年）に尾張一宮町の機屋が横浜から毛糸を購入し，綿毛交織の夏向きのシジラ織を製造したのが記録にある。尾州地区は木曾，長良，揖斐の3大河川に挟まれた濃尾平野の肥沃な土地に恵まれ，江戸時代末期には尾張平野の約6割は木綿畑となり，手織縞は家内工業として発達し，尾州縞

の名声はあまねく天下に聞こえた。しかし，1891年（明治24年）10月28日の濃尾大震災で，業者が多年，営々として築き上げた工場を一瞬にして失ったのみならず，農家の綿畑は全面亀裂による泥土噴出で地質が変わり，翌年から木綿は実らず，余儀なく行った外綿の輸入により機業家は再生した。続々と新機械を入れて優秀な産地を形成し，安定したが，新たに着眼されたのは毛織物である。当時，さかんに輸入された毛織物はあまりにも高価であったため，原糸を買って製織すればよいと考えたが，織るには織れても染色整理ができなかった。多数の機業家が一致協力して，すでに綿織物をガス毛焼機や手繰り用ロールを用いて光沢をつける艶出を業としていた一社を助成し，遂に尾州に毛織物の染色整理会社を誕生させたのである。尾州（現在の一宮市を中心に，南は津島，名古屋，さらに岐阜県羽島市までの一帯を総称する）で毛織物の生産が本格的に始まったのはこの時期からである。ほとんど同じ時期に，泉州地区（大阪）では高級な紡毛絨の生産が始まり，足利地区（栃木）でも絹毛織物が生産され始めた。本稿では，後に最盛期には日本の毛織物の8〜9割を生産した尾州地区に絞って記述する。

これより先，1886年（明治19年）に東海道線一宮駅開設以来，この地を中心として四方に電車網が張られた。濃尾大震災後には，織機・整理機の新機械が海外先進国より続々と輸入され，この地の至るところに織機の音が昼夜絶えることなく響き渡り，一大織都を現出した。特に，染色整理業は豊富な水と良好な水質に恵まれ，毛織物の品質を高め，尾州産地の毛織物生産を磐石にした。

しかし，その過程では1892年（明治25年）にアメリカシカゴで開催された世界博覧会に，尾州の機屋が経綿・緯毛の織物を出品したが，当時はまだ染色整理加工の技術がなく，織卸の生機のまま出展されたというエピソードもある。1895年（明治28年）にはピュアインジゴ（人造藍）が輸入され，それまで植物染料のみに頼っていたのがこの頃から化学染料に切り替わり，尾州縞の信用を挽回した。1896年（明治29年）

には，今の津島市に住んでいた片岡春吉は毛織工業を目指して東京モスリンに学んだ。1897年（明治30年）には尾張織物整理組合が組織され，もっぱら仕上方法の改善に励んだ。1899年（明治32年）頃より，当地では絹毛または綿毛交織のセル地（和服用）を試織し，東京三井呉服店（三越の前身）へ出荷していた。その頃より，次第にこれらの交織織物は各種の新商品を織出したが，染色整理の技術はまだ惨憺たるものであった。この頃にはまだ整理機械がなかったので，アセチレンガスや石油コンロでガスを発生させ，毛焼きする程度に過ぎなかった。1902年（明治35年），名古屋市に県立愛知工業学校が設立され，初代校長として東京高等工業学校（今の東京工業大学）の教授である柴田才一郎氏を迎えた。柴田氏は1895年（明治28年）より2年間ドイツおよびオーストリアに留学し，毛および絹織物を専攻した権威者である。同校は実習工場を設け，欧州より最新式の織機および染色整理機械を取り寄せて，毛織物の加工に着手した。逐次，授業の資料のために民間の整理も引き受けた。しかし，セル地の加工はこの頃になってもむずかしいものであったことが，当時の加工賃からも伺える。しかし，当地における整理加工は，相変わらず原始的な砧打ちであった。これに対し，足利地区では機械整理を行っており，市場価値に大きな開きがあることに尾州の染色整理会社は気が付き，工場の経営者は足利織物同業組合の徳望家に頼んで9ヵ月間修行した。その後，再び足利を訪れ，圧搾式ロールによる楊柳機を始め，2〜3の整理機を購入した。

これによって砧打ち作業は一変して，機械により圧搾して光沢を出すことに成功した。楊柳お召は人気を博した。1890年（明治23年）頃から染色法が漸次，研究改善され，新たに輸入した直接染料・硫化染料は毛織物の品質をいっそう高めた。1907年（明治40年），当地の機屋が純毛2幅着尺セルを大阪丸紅の注文で織ったが，思うように整理できずに，前記の愛知工業学校である柴田校長らに懇願し，機械の使用を許され，使用したものの満足のいく製品はできなかった。その後，この染色整理会社の経営者は，京都でシュライナーと称するロール式で光沢を賦与する機械を見て，後に3本ロール機考案のきっかけになった。しかし，それだけでは地域の機業家たちの熱意に応えられず，ついに当時1万円の大金を起商業銀行等より借り入れ，起町小信に土地約240坪を求め，ボイラー室および工場1棟を建設し，独自の開発になる3本ロールと幅出機をはじめ，毛焼機，ドイツ製艶出機，竪蒸機，足利から買った楊柳機を備え，1908年（明治41年）に本格的な整理工場が尾西地方に完成した。今まで，織るは織っても仕上げができぬと嘆いていた地域の機屋の悩みは一気に解消し，染色整理界に一大躍進の曙光を与えた。1910年（明治43年）当時，豊田織機は自家製の織機を第10回関西府県連合共進会に出品し

て1等賞を獲得，発明者豊田佐吉は最も名誉ある功労賞を授けられた。しかし，この織機は2幅織機であったと推察される。1908年（明治41年）に，4幅整理機が尾西地区に初めて輸入導入された。ちなみに，ライト兄弟が飛行機を発明したのは1903年（明治36年）である。1913年（大正2年）に，尾西の機屋がドイツのエル・レーボルト商館から4幅織機5台を購入し，英ネルから始めたが，材料となる紡毛糸が不足して思うように進まなかった。しかし，翌年に同社は大阪芝川商店から背広地の注文を受け，その翌年にはクレバネット（糸染めモク糸ギャバジン）を試織した。1912年（明治45年）に一宮電気が開業し，1915年（大正4年）には前記の染色整理工場にも電灯が取り付けられた。

明治末期より大正にかけて，名実ともにラシャ王として君臨し，輸入毛織物はもちろん，国産品も一手に取り扱った大阪芝川商店は古来より絹・綿織物産地として有名な尾州地方の生産に着目し，内需はもちろん，海外輸出の道を開くことにも尽力した。当地は，セル地の製織により羊毛に対する多少の知識はあったが，2幅であったために服地の生産には適しない。しかも，1914年（大正3年）には世界情勢の悪化から4幅織機はもちろんのこと，原毛，織物，染料の輸入は途絶えた。そこで，三河碧海郡の平岩鉄工所に依頼して，1917年（大正6年）にジョージホジソン機の模写機を製造し，尾州地区や名古屋市の御幸毛織などから合計124台（1台1,600円）の注文が殺到した。そして，国内で4幅織機の試作に成功した開祖平岩式，これを駆使した機業家諸氏，さらに，そのもとを作った芝川商店こそ尾州羊毛工業史の先覚者として特筆すべきである。一方，整理加工機は尾西の会社が京都由利製作所から購入した4幅ペーパーロールを用い，乾燥した織物のFlat setと艶付を行った。精練は手洗い，乾燥は竿掛けの垂れ干しという極めて幼稚な方法に過ぎず，半セル（綿毛交織）程度の整理しかできなかった。その後，会社は和歌山で幅出乾燥機と起毛機1式を購入し，桐生，足利でジッガー染色機2台を購入し，織物の染色を行った。

1918年（大正7年）の欧州大戦休戦に伴い，将来の見通しも明るくなったので，尾西の染色整理会社は国内企業から染色技術者，整理技術者，工場監督者などを雇用するとともに，外部の技術者または顧問を招いて新知識を得，陣容を整えた。また，その頃，名古屋の東本願寺別院にドイツ人捕虜として収容されていたドイツ染料合名会社勤務の染色整理技術研究者2名を招聘したことで，技術は急速に進歩した。当時，その染色整理会社には手動式の木製染色槽1台のみであったが，6尺（約1.8m）2台，7尺（2.1m）1台を増設し，後染め物は月産200〜300本（1本はヤール幅で長さ20〜25m位であった）に増加し，繁忙を極めた。

一方，1922年（大正11年），この会社は欧州先進国における業界視察の目的で，イギリスをはじめ8ヵ国を回り，見本を収集するとともに最新鋭の水洗機，10段乾燥機，煮絨機，縮絨機など今までになかった機械設備を導入し，ここで初めて近代的な染色整理加工が始まった。しかし，1923年（大正12年）現在，毛織物の輸入額が激増する中で，当地で生産されている4幅織物は紺セルのみであった。芝川商店，丸紅を中心とする問屋筋の"当地はもっと高級服地の生産に邁進すべきだ"との掛声で，機業家，整理業者および織機製造業者は4幅織物研究会を組織し，会員38名が毎月集合して，原糸，製織，染色，整理の研究，試作品の批評，学識経験者の意見を求めるなど結束して改善に努めた。そのために，ついに大正末期から昭和初期にかけて，ようやく尾西の毛織物が舶来品と変わらない水準に達したと市場に認められるに至った。その影には，毛織物問屋芝川商店の関係者が大量の舶来毛織物の見本カードを作成提供して，指揮啓発した献身的な尽力を見逃すわけにはいかない。

かくて1927年（昭和2年）には，完成した4幅毛織物100種を宮内省に奉呈し，翌，1928年（昭和3年），宮内庁より撚糸縞背広地およびシルクポーラの納入を命ぜられた。同じ頃，中国向け輸出サージの加工を始め，子供服地の後染めにも成功した。さらに，羊毛の防虫加工も開始した。1929年（昭和4年）の尾西織物組合管内における4幅織機台数は768台になり，生産額は10,000,000ヤードに達した。

1930年（昭和5年）には本邦で唯一の県立尾張染色試験所が建設され，染色技術の研究，原料および製品の試験，図案の研究，業界の調査の業務を開始し，毛織物の指導機関たる諸設備が完備した。1931年（昭和6年）には愛知県毛織物検査所一宮支所が開設され，いっそう，毛織物の品質向上に資した。尾西地区の染色整理会社では，アルパカ裏地（経綿100%，緯アルパカ100%）用の特殊整理機（6連煮絨機で，経方向に強く引っ張って緯糸のアルパカのみを表面に出させるための機械によって，最終的に織物は経方向に20%伸張し，光沢のある緯糸のアルパカのみが表面に出る）を購入し，独占的に加工を開始した。天然のアルパカは，黒と茶褐色の2種類であった。

また，この年にはわが国で初めて化繊ステープルファイバーが生産された。1932年（昭和7年），上海事変が勃発した。この年，津島毛織工業組合，大日本毛織工業組合連合会結成。1933年（昭和8年），日本は国際連盟を脱退。1934年（昭和9年），起町の毛織物生産は262社で織機台数は合計3,077台になった。1936年（昭和11年），急激に躍進する化学繊維の混紡混織の加工の研究に迫られ，染色整理会社の技術担当はヨーロッパ，アメリカを視察の後，リーズ大学に在籍し，ヨーロッパ各国のスフ工業などの実情を視察した。

同じ年，軍部から衣袴絨整理の下命を受けて，東京千住製絨所で実習の上，大量の軍絨の加工を始めた。1937年（昭和12年），日支事変の勃発により，政府は臨時措置法を公布し，綿花や羊毛をはじめ269品目の輸出入制限をしたために，羊毛の輸入は著しく減少した。次いで，政府は毛製品スフなど混用規則を施行し，混用を奨励した。これによって化学繊維の改良進歩に拍車を掛け，わが国の繊維界の一大躍進の基礎となったことは見逃せない。しかし，化学繊維スフや人絹は絹には近いが，羊毛混紡・交織では羊毛製品のイメージを著しく低下させるものであるため，代用という言葉も当たらない。

1941年（昭和16年）大東亜戦争勃発，1943年（昭和18年）に戦争が激化する中で，尾西地方の染色整理工場は軍需工場の日本自動車飛行機タイヤや岡本工業などに，現物出資として譲渡のやむなきに至った。1945年（昭和20年）7月には，一宮市の大空襲により一夜にして工場は灰燼に帰した。同年8月終戦，百八十度の転換を余儀なくされた。

最初に日本人が洋服を着るようになったのと，毛織物の国産化とは深い関係があるように思う。明治維新直後から明治中頃までは，新政府の要人，軍人や警察官などの制服は英国などから輸入した舶来品であったと思われる。1878年（明治11年）に東京千住製絨所開設とともに，日清・日露戦争頃には軍服や警察の制服は徐々に国産化され始めた。中央官庁の役人などが背広を着るようになったのもその頃であるが，ほとんど舶来生地であったと推察される。1907年（明治40年）頃の小学校の卒業写真でも，先生も生徒も着物姿である。背広を地方の官公吏までが普段に着るようになったのは，1923年（大正12年）頃からである。現在，一宮歴史博物館に保管されている当時の日本陸軍や海軍の軍服は，現在の染色加工技術から見ると，仕上げにおけるセット不足で好ましい服地とはいえないが，丁寧な仕立で外観を保っていると感じている。

戦争中の男性の服装は，国民服といわれるカーキ色の詰襟の服で，素材はレーヨンやアカソのようなものでできた粗末なものであった。学生服もカーキ色に変わり，同じ色の戦闘帽とゲートル，脚絆姿であった。一般女性は1933年（昭和8年）頃まで日常の生活では和装が続き，戦争中はモンペ姿に変わり，着物姿は消えた。戦後になって，女性は夏の簡単服といわれたワンピースのような洋服に変わった。しかし，パーマネントヘアは1943年（昭和18年）頃から流行し，東京あたりでは洋装化が進んでいたと思われる。

一方，尾州地区で毛織物といえば，大正中期まで2幅のセル地が中心であった。セル地はモスリンとともに普段着用の着物地である。セルは，男女ともに裏なしの一重で，春から初夏，秋頃に着るもので，今までの絹織物と違ってハリがあり，洋服感覚で着流せるものとして愛用されたが，虫が食いやすく，また粗めの

羊毛が多かったのでチクチク感もあった。さらに，昭和の初め頃のレーヨンとの交織セルは，艶はあるが重くてハリがなく，本セルの代替にはならなかった。しかし，セルは1950年（昭和25年）頃まで，量はわずかであるが尾西地方の染色整理工場で生産され続けた。

1.1.3 日本における毛織物生産の1945年（昭和20年）終戦から今日まで

(1) 戦後の復興期

戦前，1943～1944年（昭和18～19年）の金属回収で，織機および染色整理機械の約半分を供出したため，残った機械は戦争中に毛布を織った織機や染色整理機械であるが，これらは薄手の服地を織るには適さず，業者はその切り替えに苦難を排して新機を据付け，戦後における衣料の需要の急増に備えた。尾西地方に染色整理工場は10社あったが，終戦直後には4社に減り，1953年（昭和28年）には18社に復活した。織機は，戦前4幅6,000台，2幅4,000台が，1953年（昭和28年）には4幅7,000台，2幅，4,000台となった。戦後の復興期は，戦時中に出征し，戦火を免れて復員したわずかな従業員によって復興が行われたが，軍に供出した工場の返還，その復旧整備で1946年（昭和21年）までは工場はそれに終始した。この時，起町（今の一宮市尾西）における糸染め・染色整理会社の数は大小合わせて43社，従業員数は2,253名に達した。

尾西市の大手染色整理会社は，1937年（昭和12年）頃から軍絨，軍毛の製造を余儀なくされ，その間に設備の増強はなかったと考えられるので，戦後の復興によって整備された設備は1937年（昭和12年）時点と変わらないと思われる。この設備は1907年（明治40年）頃の幼稚な手作りのもので，セル地の加工しかできなかったのが，10数年の間に一変して下記のような近代的で本格的な英国式の背広地生産のための一連の設備が完備されたことは，まさに革命的ともいうべきである。そこには，地域の機業家，染色整理工場と毛織物の国産化の必要性を説き旗振りをした商社，問屋が一丸となって努力した賜物と考える。第一次世界大戦による輸入制限なども，これに拍車を掛けたと考える。この大手染色整理会社は先駆的な役割を果たしたと考えられるが，上記の糸染め・染色整理は，ほとんど同じような設備を有していたと考えられ，その躍進振りとその活力は，今の日本の最先端技術の礎になっていると確信する。下記は，尾州産地における某先進染色整理会社の1工場の設備の一例である。

毛焼機1台，木製単式煮絨機20台，木製ドーリー型水洗機20台，過酸化水素晒磁性壺（約2,000ℓ）2基，木製染色バス40台，ヘンマー縮絨機12台，ハンター製縮絨機（W型）2台，マングル3台，スクイザー1台，10段乾燥機3台，シュランク乾燥機1台，針起毛機6台，ロータリー薊起毛機2台，固定式薊起毛機2台，単式せん毛機8台，ロータリープレス2台，

霧吹機1台，電気ペーパープレス4セット，蒸絨機3台，竪蒸機1台，検反機20台，反巻機2台であった。これは当時，染色整理工場の規模を表わすセット数で3セットに相当し，英国式の背広地の染色整理のために完備した理想的なものであった。これら一連の設備は，下場（水を使う精練工程のことで，乾燥後を上場とか仕上げというのに対する用語）に重点を置いたもので，羊毛は煮絨のような湿熱セットに重点を置いた設備構成である。その時，この1工場の1ヵ月の生産量は約30万ｍで，この会社はその時点で同規模の工場を3つ合わせて月間生産量が100万ｍに達した。当時，同業他社の全生産量の25％程度を占めたと推定される。この点については，正確な統計にもとづいて説明する。しかし，この理想的な毛織物仕上の態勢は，1953年（昭和28年）頃から戦後の復興に伴う衣料の需要の急速な増大に応えるべく導入された連続煮絨機や連続水洗機の導入と，1936年（昭和32年）頃から導入され，使用され始めた釜蒸絨機の導入で見事に崩れた。その結果，日本で生産される毛織物は扁平で硬く，ふくらみのない紙のような織物に変わった。その原因は，毛織物の流通体制の変化にも関係がある。すなわち，1940年（昭和30年）頃から日本でもアメリカの既製服化の影響を受け，従来の1着1着をテーラーによって手作り仕立していた時代から，重ね裁ち，コンベヤーシステムでの流れ作業による縫製が始まり，硬い生地の方が扱いやすいといわれたことによる。さらに，染色整理加工を行った毛織物は，今まで問屋，商社からラシャ屋に渡り，そこから末端のテーラーに渡っていたものが，この頃から現物は染色整理会社から直接，縫製工場に納入され，問屋を通さなくなった。今まで，毛織物の風合い品質は問屋が染色整理工場に出向いて，確認し，自社の希望する風合いについて非常に細かい要求をしていたが，縫製工場の担当者は風合いについてはほとんど意見をいわず，もっぱら織疵，整理疵などの欠点と，幅や長さの表示との違いだけを問題にした。1950年（昭和25年）頃まで守られてきた英国調の風合いは，ここで完全に失われた。これは日本を代表する高級服地メーカーでも同様であった。その後，既製服化は1970年（昭和45年）頃まで急速に進み，全体の90％近い割合で既製服化が進んだ。平行して，毛織物問屋の数も影響力も次第に減少し，毛織物問屋が「手触り」でふくらみ，ハリ・コシおよびヌメリ感のほかに，外観や着心地まで判断して受け入れていたチェック機能が全く消失した。戦前の1937年（昭和12年）から戦後の1950年（昭和25年）頃まで，先人が苦労して築き守ってきた尾州の毛織物の品質，風合いは，この時点で全く地に落ちた。この20年は，まさに尾州だけでなく日本の毛織物史上，暗黒時代というべきである。しかし，この時点でも尾州の染色整理工場は，既製服向けと当時わずかに残っていた切売向けと区別して加工した。その加工はシュ

ランク仕上げ，さらにその上のWシュランク仕上げと称し，鉄板のように硬く，ペーパーライクでふくらみを失った毛織物を，仕上げ後に水につけてふくらませ，伸びた織物を（ロンドンシュランクの原理を真似た天日干しではないが）幅もフリーでラチスの上に送り込みながら，低温でゆっくり乾燥して，リラックスさせる方式が採用された。仕上げでは，蒸絨でテンションを掛けずに仕上げ，最後の反巻きでも手畳みする方法をとったが，いったん釜蒸で強く抑えられた織物は容易に復元せず，わずかに上艶が消えた程度のものであった。一方，時代は変わり，既製服業界もアメリカの影響もあり，特に「前肩の服」ということで軽くて着心地の良い服が求められ，生地にも今までのような硬いだけの鉄板とか紙のようだと非難された毛織物から，軽くて伸びがあり，しかも寸法安定性に優れた生地が求められるようになった。

(2) 合化繊混紡，交織織物の急増

一方，羊毛以外の化合繊は，戦後の衣料需要の急増から，羊毛と混紡・交織して使われ始めた。1953年（昭和28年）頃までは，スフが婦人・子供服用のオーバー地等紡毛織物に，20～30％混紡して用いられた。同じ頃，梳毛のポプリンなど婦人服には，ナイロン30％／スフ20％／羊毛50％混紡糸などが用いられた。当時は，直接染料とミリング染料を配合したユニオン染料と呼ばれる配合染料が用いられた。その後，1957年（昭和32年）頃からはボンネル，エクスラン，カシミロンなどアクリル系の繊維が続々と販売されるようになった。これらの新繊維は，主として婦人服やニットなどに羊毛と混紡して使われたが，日本化薬のED染料（アニオン，カチオン一浴染色可）が上市され，混紡品の染色が容易になった。また，アクリル繊維の中でも塩基性の染着座席を持つエクスランSやボンネルPは，酸性染料で染色できる繊維として羊毛混紡服地に使用されたが，その後ポリエステル繊維の出現により，ほとんど使われなくなった。

1965年（昭和40年）頃から，ポリエステルが東レや帝人で生産販売され，羊毛混紡糸として市場に出るようになって，羊毛35％／ポリエステル65％が紳士用夏服時の定番として多用されるようになった。ポリエステル／羊毛混紡糸はユニフォームや学生服にも使用され，その取り扱いやすさから次第に数量が増え，その分野では純毛品は席捲され，今日に至っている。しかし，尾州では羊毛の相場でその年度の羊毛が安ければ毛織物が多く生産され，高いとT/W織物が増えるともいわれている。ポリエステルは，その後の複合織物ブームになっても，フィラメントやスパン糸あるいはカチオン可染糸など，形態や機能を変えてその主役を務めている。しかし，ポリエステル／羊毛混紡交織織物は伸度がなく，羊毛100％織物と比較して着心地性等の問題も多いが，ビジネスウェアとしてイージーケア性と経済性に有利な点から定着している。今後，着用快適性，難燃性や染色性の良さ等を武器に，羊毛織物は復活できるのか，昔日のような官学の支援（オーストラリアの羊毛研究機関CSIROやIWSのような支援）はもはや期待できないが，エコや安全・安心を旗印にする新規事業をグローバルな視点で期待したいものである。

(3) 風合い計測と数値化

「風合い」に関する研究は1934年（昭和9年），英国のSkirly InstituteのE.T Pierceが布の力学特性測定器具を考案したのに始まり，日本でも1960年（昭和35年）後半から「風合い」に関する研究が，当時の学会の主要なテーマになった。カンチレバーやハートループ等，JISの試験機を利用した「風合い」計測に関する研究もさかんになった。また，「染色工場における風合い管理」についても学会誌に取り上げられ，「風合い」が業界でも問題になった。「風合い」表現は非常に曖昧で，いろいろな用語があり，会社によって，また人によって差があり，毛織物流通の各段階でなんとか規格化して共通の言葉でコミュニケーションできるようにしたいという強い願望があった。たまたま，京都大学の川端，奈良女子大学の丹羽両教授の「風合い計量と規格化」に関する研究の計画が折良く一致し，1970年（昭和45年）初期に日本繊維機械学会に「風合い計量と規格化委員会」が設けられ，3つの分科会が発足した。「風合い」判定を主たる日常業務としているエキスパート10数人が，当時，日本の著名な紡績，織布および染色仕上会社から選ばれ，川端教授の指導の下に重要な風合い用語の絞り込みとその定義，さらに用語の強弱を示す標準サンプルの選定が始まった。一方で，川端教授が中心になり，その指示にもとづいてカトーテックが測定器製作に当たった。それは，人が服を着用した時に生ずる人間工学的な挙動に配慮したもので，今まで世界中の多くの学者や研究者が発想していたものとは全く異なるものであった。引張り，せん断，曲げ，圧縮，表面と厚さ，重さから風合いを計算するもので，織物の経緯2軸変形が基本になっている。この基本力学特性とエキスパート等が判定した手触り風合い値を，計算により「風合い値」に変換する式の開発は，奈良女子大学丹羽教授を中心に行われた。総勢50数名の委員が，川端教授の強いリーダーシップの下に3年以上の歳月を費やして完成し，「KES」と命名され，世界中にシステムが普及した。これによって「風合い」論争に終止符が打たれた。また，既製服化で「風合い」がないがしろになっていたのが，KESの開発により数値でやり取りできるようになった。既製服業者（主として枚方）から織物物性が数値で指示されるようになり，一部の会社ではそれが受け入れ基準にもなった時期がある。その頃，イタリアの著名なメーカーで作られた優れた風合いの織物が輸入されるようになった。イタリア品と比べて，日本の毛織物は緯方向にほとんど伸

びが少なかった。特に，ポリエステル／羊毛混紡の織物において顕著であった。イタリア品の輸入や既製服業者の「風合い」に対する意識の変化から，染色整理会社では工程の変更を余儀なくされ，改善に取りかかった最初の工程としては，煮絨・水洗の一部を部分的に連続式からバッチ式機械に置き換えたり，釜蒸の蒸し条件の研究と最終仕上げ後のフラットスチーミング機（VP）の採用などであった。

(4) 既製服化進む

第二次世界大戦終戦の1945年（昭和20年）には日本には既製服はなく，すべて仕立屋による注文服であったと思う。

その後，アメリカから既製服システムが入り，15年後の1960年（昭和35年）には38.6％と急速に既製服化が進んだ。しかし，その頃までの既製服は首吊りといわれ，毛織物でも硬くて艶の多い鉄板のようなといわれるように悪いイメージが強かった。1970年代後半からは，アメリカから軽くて着心地の良い服が紹介されたことにより，尾州の織物も変化した。IWS新世代ウールやスーパーファインウールが紹介され，軽めで柔らかい服地が紳士服では流行した。しかし，尾州の一部には緯糸の打込みを落としただけで柔らかい生地を考えたために，緯方向に伸度がいっそうなくなり，しわになりやすいということで不評を買った。当時，主として枚方の既製服団地ではKESのFB1の引張り試験機を購入し，受け入れ検査に使用したために，すぐに生地の欠陥に気が付き，問題になった。尾州のスーツ地は緯伸びがなく，そのくせ，せん断ヒステリシスが大きいというのが彼らの言い分であった。彼らは，可縫製性を示すチャートでその範囲内に入る生地を要望した。一方，その頃，イタリアからの輸入生地も多くなったが，その差は大きかった。1990年（平成2年）頃から中国生産が急速に進み，既製服化率もさらに向上している。そして，今や大手郊外店を中心に，アジア諸国で縫製し製品として輸入され，格安で販売されるために生地の問題も表面に出なくなっ

た。しかし，巷で目にするこれらのスーツは生地に要因があるために着用中の型崩れを起こしたと考えられる服も散見する。生地の問題が表面に出なくなった理由として，接着芯地の多用問題やシロセット加工の範囲が広がったことも考えられる。

また，筆者の見解では，少なくとも羊毛100％および羊毛混のスーツ地は，生地をいせたり，伸ばしたりして，美しいシルエットと着心地性を達成するのが本来のもので，婦人服のように型紙を変化させて作るのとは明らかに違うと思う。そのために生地の特性，すなわち染色加工の技術を尊重すべきと思う。

図1.1で，イージーオーダーが少しずつ比率を上げながら残っているのは，生地の品質，着心地あるいは既成服の決まったサイズではなく，とことん自身の体形にフィットするような服を要求する層が残っているからであり，風合いについても好みがあるとしたら，日本の染色加工屋の出番でもある。今でも紳士服に関しては，中国製のほかにファッション性の高いイタリア製の生地や製品はかなりの量が輸入されて消費されていることは見逃せない。

(5) 毛織物にもAdd-on加工ブーム到来

一方，1963年（昭和38年）頃から，従来の普通加工に加える意味で，Add-on加工（高付加価値付与加工，機能加工ともいわれているが，毛織物の場合必ずしも付加価値が高まるわけではないので，あえて単にAdd-onとする）が始まった。毛織物は前記のように，他繊維にない優れた特徴を持っているので，防虫と防縮加工以外は付加加工によるマイナスの効果の方が大きい。特に，Add-on加工によって羊毛本来の風合いを損なうことが多い。同じ頃，ポリエステルをはじめ，さまざまな合成繊維生産の拡大と既製服化の進展とともに，毛織物の本来の風合いが軽視される傾向にあった。Add-on加工の先鞭を切ったのは，当時，大型既製服郊外店ではなく，中小の問屋，商社であった。最初は3M社のスコッチガードによる撥水・撥油加工に始まり，1967（昭和42年）頃になるとそのピーク

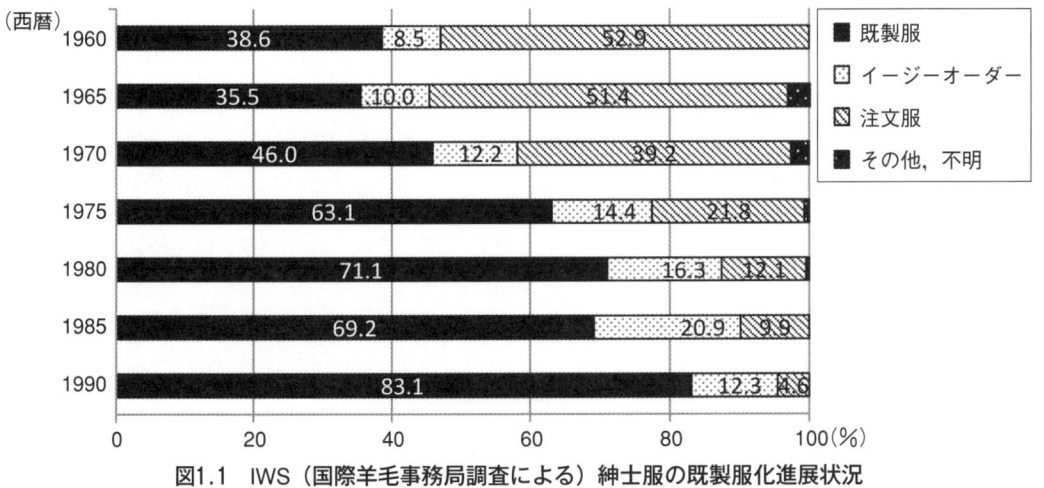

図1.1 IWS（国際羊毛事務局調査による）紳士服の既製服化進展状況

第1編　羊毛繊維に関する技術

に達した。これらの加工は風合いや着心地性を損ない，消費者ニーズによるものではなかった。この傾向は今も続いており，問題である。染色・加工の技術も，染色加工工場に対する人気も，ややもすると Add-on 加工に対する評判で左右される傾向にある。そのような傾向に対して，日本のように毛織物染色・加工業が委託加工で，下職ともいわれる因習の中で，染色加工技術者もそれに異を唱えることはできなかった。イタリアは，染色加工はサイエンスでなくアートだという考えなのか，それとも毛織物の本質をわかっているのか天然の羊毛に化学加工を施すことをしなかった。これらの加工については「高付加価値付与加工」として第3章で述べる。

最近になって，これらの Add-on 加工の性能評価は信頼できる評価機関で審査され，合否判定されるようになったが，手数料が非常に高価であるために全数検査もできず，問題もある。また，目的の性能は出ていても風合い変化が大きいなど，本来の羊毛の特性を損なったりするものが多い。さらに，たとえば羊毛製品の抗菌消臭に酸化チタンを使用する場合など，実際の性能や効果に問題が多い。

また，機能加工ブームで十分な着用試験もされず，公表されてもほとんど，実績につながっていない加工も数多い。1990年（平成2年）頃までは，通産省が加工の実績調査などに係わってきたように思うが，今，同じような統計をとっているのか，また特に，加工の実績とそれに伴うクレームの発生件数等の調査が必要であると感じている。染色加工技術者はそこにしっかりとコミットして，日本的な高度な科学技術の保全に係わらなければならないと真摯に考えている。

参考までに，1990年（平成2年度）の新素材・新機能製品生産額は32,512千万円で，その性能別生産額割合を項目別に図1.2に示す（通産省調べ）。

同じ調査で，新機能素材別の主な性能として羊毛製品に対する性能は，ソフト感，防縮性および消臭性が求められている。

(6)　複合織物ブーム

高度成長や生活様式の変化から，紳士スーツもカジュアル化した。ニットの普及と並行して，梳毛の従来のスーツ地から色柄も派手なカジュアルウェアがウィークエンドなどに好んで着られるようになった。素材も，ウールやポリエステルのほかに綿，レーヨン，麻，シルクやテンセル，バンブーや紙糸まで，ありとあらゆる繊維が理もなく混紡交織され，いわゆる複合織物ブームを招き，今もそれが続いている。ポリエステルも，スパン糸よりフィラメント糸が好んで交織・交撚された。その際に，羊毛はフィラメントのような光沢やスマートさもないために，ほんの少量だけ混紡され，チョビウール（尾州の言葉で，ちょびっとはほんのわずかという意味）という言葉も定着したほどである。しかし，羊毛がほんのわずかに混紡，交織されるだけでボリュームが付き，付加価値も高まる。スパンデックスのような伸縮糸も混ぜられることで，しわの発生を防ぎ，機能性も良くなり，尾州産地らしい新奇な織物が婦人服を中心に人気を呼んでいる。また，一見，紡毛ツイードのような立体感のある織物が，わずかな％の羊毛を混ぜることで，軽くて新鮮で夏冬問わず人気がある素材として定着している。羊毛の領域がますます狭まっていくように感じられる。

複合織物原料は，原料糸の種類だけでなく紡績方法等の異なる糸，すなわち，精紡交撚糸，サイロスパン糸，バイコンポーネント糸，マイクロファイバーポリエステル混紡糸，ウール／ポリエステル二重構造糸，超極細ウールやコアヤーン等，雑多な糸や原料を複合したり，使い分けることで，簡単に真似られない独特のテクスチャー感や風合いを醸成しているという，まさにハイテク織物である。

(7)　織物の意匠とファッション

尾州では，毛織物が当地で生産されるようになって以来，色柄見本は経緯糸の色を変えて織った枡見本が受注の際の重要な媒体であったと考える。その後，ヨーロッパの国々で開催される展示会で発表される色が日本に紹介され，利用されるようになった。昭和40年代になると，一宮に海外書籍，内外書籍などという海外のサンプルブックや生地見本販売を業とする会社が現われ，尾州の機屋も問屋商社も高価なサンプルブックを購入して，そ

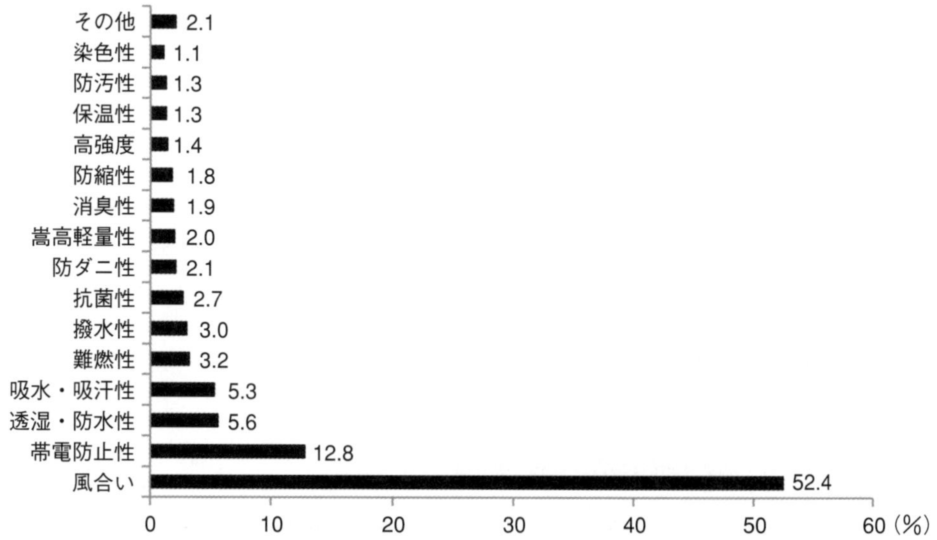

その他　2.1
染色性　1.1
防汚性　1.3
保温性　1.3
高強度　1.4
防縮性　1.8
消臭性　1.9
嵩高軽量性　2.0
防ダニ性　2.1
抗菌性　2.7
撥水性　3.0
難燃性　3.2
吸水・吸汗性　5.3
透湿・防水性　5.6
帯電防止性　12.8
風合い　52.4

図1.2　1990年（平成2年度）の新素材・新機能製品生産額項目別比率

れを参考に発注したり，枡見本を作ったり，ファッション傾向をつかんだりしていたようである。その頃，日本における流行色も誕生し，定期的にセミナーを開催し，日本のファッション化の一役を担った。また，色彩理論など，色の数値化で後のコンピュータカラーマッチングの基礎を作った。その後，主として海外で活躍していた日本人有名デザイナーが日本でも作品を発表し，日本製品のファッション化も進んだように見えた。世界のデザイナー10傑の中で日本人デザイナーが4人もいるという時代もあった。しかし，紳士服ではギャバジンやトロピカルのような無地物ではファッションより実用性という面で日本品の特徴はある。婦人物でも，複合物では日本人の器用さはそれなりの効果を上げているが，独創性には乏しいように思う。その原因は，日本特有の分業体制のモノ作りにある。特に，毛織物では染色加工の役割は大きく，われわれは積極的にモノ作りに参加しなければならないと考えている。尾州の織物作りに官学の関与がなくなった現在，定期的に各地で開催されるファッションデザイナーによるトレンドセミナーは，唯一の情報取得の機会であるが，折角のチャンスであるためにもう少しターゲットを絞りこんで，もう少し深く堀下げて話していただかないことには，心地良く聞き流すだけであまりモノ作りの参考にはならないのではとも思う。一方，尾州でも独自にヨーロッパのブランドやメーカーと協業し，成果を上げている会社もあるように聞くが，筆者自身の体験では言葉の関係もあり，簡単ではない。やはり，こちらが優位に立って対等にビジネスができるような力強い国内におけるコラボレーション体制が必要と思う。

筆者は，この分野のことについては門外漢である。最近になって，この分野で実際にビジネスをしておられる方やIWSのマネージャーなどに伺うと，筆者とは違う見解で心強い言葉を聞くことができた。彼らの言によれば，2014年現在でも海外生産の日本向けのスーツ生地は，日本人が企画して渡さなければ何もできない。また，わずかな修正でも言葉での指示は全く通じず，必ず設計書が必要であるとのことであった。彼らが日本以外にヨーロッパ向けなどに独自に作ったスーツは，とても日本向けに振り向けることはできないほど劣悪なものであるとのことであった。おそらく，それは生地はヨーロッパ製で海外縫製の場合のことと思われる。意見を伺った日本人の話では，要するに彼らにはスーツ地の企画設計をしたりする能力もファッション感覚も全くないということであった。風合いについても，たとえば少しシャリ感がないから直してくれといっても彼らには全く通じない。服の風合いとか，良い悪いも全くわからないから話が通じないのだという。筆者も，日本人が130年もかかって必死になって服地を作り，生地問屋や商社からさんざん文句をいただいて改善してきたことが，日本人の指導が

あったにせよ，10年足らずでほぼ同じものができていることに脅威を感じながら不信に思っていたが，その話を聞いて納得した。もちろん，複合織物等は彼らには全く発想もできないということであった。その，非常に貴重なノウハウはどうして守っていくのか，また少し遅ればせかもしれないが，筆者が以前に考えたことのある理想布の設計と最適染色加工条件を一元化した日本固有のエキスパートシステムとして確立しなければならないと改めて感じている。

(8) ニットの生産

1965年頃からニット化が進む中で，尾州産地でもウールニットの生産が始まった。一方，カシミロンなどウールライクな合成繊維の登場とともに，尾州でも大手の婦人物製造会社がウール混のニットを生産し，加工は大手染色整理会社が丸専用の一連の仕上プラントをドイツのアールバッハ社から導入，設置して対応した。しかし，丸仕上げのため，セットが不十分で100%ウールニットの加工には適さず，すぐに使われなくなった。ほとんど同時期に，その染色整理会社はアメリカのリグスロンバート社から連続溶剤精練機を導入して，ポリエステルニットなどの合繊混ニットの精練を行った。本機はパークレンによる洗浄で，出口における製品のパークレン含有量が極めて低く，環境にやさしいということで長く使用されたが，汚泥処理などの問題もあり，現在は使われていない。

一方，尾州産地において外衣用製品の一端を担い安定して生産されているのは天竺のような丸編みであり，その約70%は婦人用で30%が紳士用のジャケットなどにも使われている。使用する糸使いも1/24，1/36から1/72と次第に細番化する一方，紡毛糸もあり，多様化している。その中で，圧縮ニットは尾州産地の徹底した品質管理による安定した高品質製品であり，これは残された日本固有の技術となっている。さらに，その起毛品はニット特有の縦方向の伸びをこれも日本独自の知恵で解決し，安定した高品質が産地の匠の技になっている。そしてニットは尾州に定着した。しかし，編機はゲージが固定された専用機であるために汎用性がなく，織物と違って流行の変遷に対する追従がむずかしいという問題がある。

ウールニット製品のもう1つの問題は，洗濯するとフェルト化して寸法が縮むことである。その防縮のために塩素処理が一般的に行われてきたが，有害な塩素を使わない防縮法は世界が求める喫緊の課題であった。2005年に，長年の念願であったAOXフリーのMachine Washable加工技術が日本で完成し，高い抗ピリングとともに肌着やセーター，登山用の靴下などの分野における製品化が期待されている。この方法は，溶剤などの危険物はいっさい使用せず，低温で短時間にTop，糸，ニット地，製品まで処理できることが特徴になっている。

ウールニット用の染色加工機械設備は，試行錯誤の

第1編　羊毛繊維に関する技術

末，現在は毛織物生産機が多く使われている。現在，尾州産地で生産されるニットは織物ライクであり，織物に近い寸法安定性や目風が求められる中で，それは合理的に達成されている。しかし，ニット専用の洗絨機やタンブラーなども随時有効的に使われているのが現状である。

また，初期にはカールマイヤーのような経編機も尾州の何社かに導入されたが，さまざまな問題により定着しなかった。

1.1.4　羊毛製品の産地尾州の現状と将来

図1.3に，1968年（昭和43年）から現在までの毛織物の染色加工量（日本毛整理協会資料）を示す。図の1.4は，日本で毛織物染色加工が始まった頃から現在までの，特に第二次世界大戦以後の急速な技術革新やライフスタイルの変化に伴って，毛織物の風合いがどのように変わったかを模式的に示すものである。

尾州における染色加工量は1993年（平成5年）頃から急激に減少し，生産コストの安い中国や東南アジ

ア生産に移行したと考えられる。染色加工工場の数も2013年（平成25年）現在，10社に減り，生産量は最盛期の1/4近くまで落ち込んでいる。機屋の数も減り，かつての産地の面影はない。残った会社の現状は，下記のように推察できる。

①非常に多様な複合素材製品の加工が多くなり，ウール離れの傾向にある。

②地場本来の紳士物が低調で，新しい体制下における個別の婦人物，ニット生産工場が好調に見える。

③小口化がますます進んでいる。

④コストは，海外生産並みで競争させられる。

⑤次々と新しい高付加価値加工を要求されている。

⑥商品企画は日本で，生産は海外というケースが多い。

⑦ファッション性の高い商品が多いが，1年で海外生産に変わり，量産につながらない。

⑧糸染め会社や染色整理会社が減り，最盛期には残った会社に仕事が集中するが閑散期が長い。

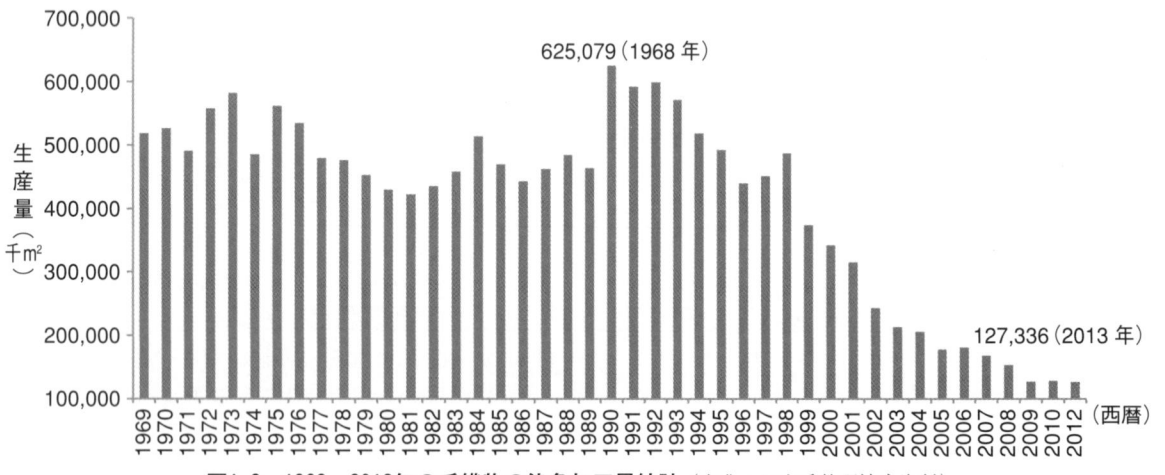

図1.3　1968～2013年の毛織物の染色加工量統計（出典：日本毛整理協会資料）

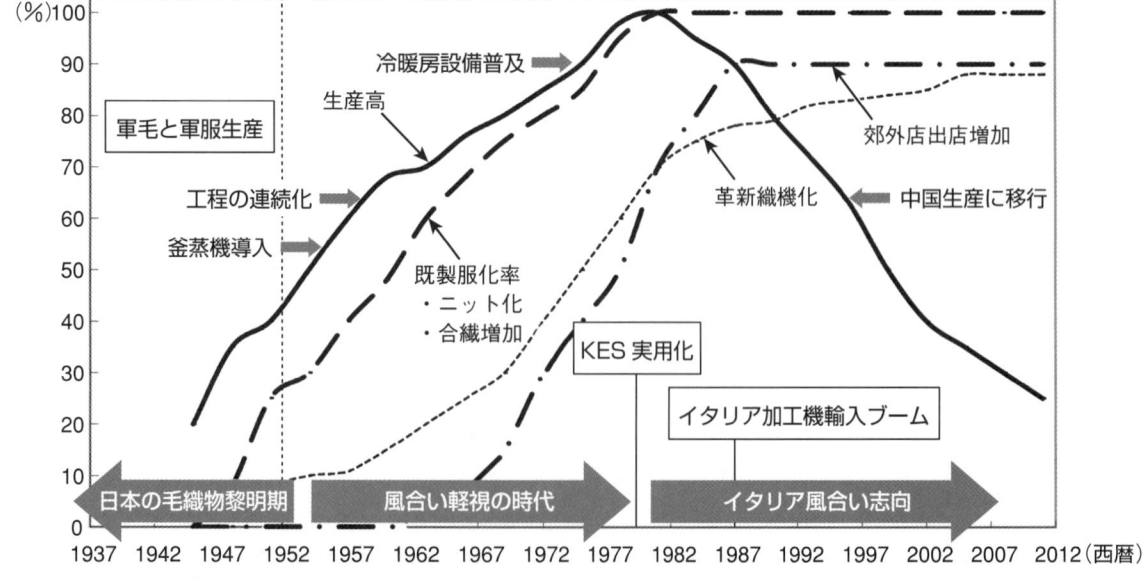

図1.4　毛織物風合いにおよぼした時代背景（図は傾向を示したもので実数ではない）

12

⑨フォーマルウェアの Super Black 等，工数の掛かる商品の比率が高くなっている。

⑩国も大学も繊維離れで，産官学の研究も尾州産地に恩恵はない。

⑪ハイテク産業に転向の機会も少なく，リソースもない。

　この現状を打破するために，産地では関係諸団体や一宮地場産業ファッションデザインセンターが中心になって，活性化のため国内外にさまざまな活動を展開しているようであるが，実効にはつながっていないように見受ける。しかし，1.1.3(6)項で述べたように，日本人の卓越した商品企画力や染色加工を含めた技術力で今も生き残っているが，それが本当に日本の技術として評価されているのか，また，国はもはやそんなことにかまっておらず，ナノテキスタイルやスマートテキスタイルで成果を上げることを日本が目指すべき方向と考えているのであろうか。

1.1.5　尾州産地の将来

　尾州産地と呼ばれる中でも津島地区は後染め加工が多く，尾西地域は紳士服生産が中心で，毛織物全盛時代は全国の約80％が当地と名古屋地域で生産された。しかし，織も染色加工も瞬時に中国生産に移行した。大手郊外店の出現により，生産から販売までを担当するようになったことで流通経路が変わり，それによって中国生産への移行をいっそう加速させ，10年足らずで見事に置き換わった。しかし，それはこれまでに日本で生産されたものとは似て非なるものと感じている。低価格のために多少，着心地や品位に問題があったとしても問題にならない。問題とも感じないのが現状のように思う。

　筆者は10年近く前に中国の大手毛紡3社を見学する機会を得た。その時，日本との最大の差は糸染めや織物での浸染の設備がほとんど見受けられなかったことである。無地に近いものでも古いタイプのトップ染めで行い，後染めは日本から進出した会社で行われて

いると聞いた。その後，この状態はあまり進展していないと聞く。逆に考えると，トップ染めだけであそこまでできるのは賞賛すべきかもしれない。しかし，最近，筆者が日本の大手郊外店で求めた無地に近い霜降りのチャコールグレー（ポリエステル高率，羊毛混紡）のスラックスは，店内で見た時にはそれほど感じなかったが，太陽光の下では色が浅く，赤味に変色し，色が専門の筆者には着用を続ける勇気がない。日本で生産されたものとは全く違う。しかし，一般には中国生産品は今ではほとんど問題なく受け入れられているとすると，価値観が大きく変わり，今や昔の日本の染色加工技術の伝承の意義が問われる。

　この記述を単なる過去の伝承に終わらせず，活かしていく道はないだろうか。衣食住の衣に求められる安全・安心・快適を考えると，羊毛の他に比類のない優れた特性を看過できない。また，130年の蓄積は10年では追い越せない。絶対にこの記述の中には，いくつかのノウハウや発想が含まれている。現時点における全世界の衣料用の繊維の消費量で，羊毛はわずかに過ぎないが，たとえば冬用の紳士用スーツ地はその機能と重厚感で他繊維には置き換えられない。なにかそこで日本の底力が発揮できないものかと願っている。

────参 考 文 献────

1) 墨　清太郎；艶金百年史
2) 日本毛織百年史
3) ザ・ウールマークカンパニー（31事業所協賛）；羊毛産業戦後60年史
4) 戦後から平成不況までのファッション動向調査，㈱プレール 代表取締役 栗山志明 調査資料

　なお，文末に日本の毛織物染色加工技術の変遷の歴史と時代背景（表1.1）を示す。

表1.1　日本の毛織物染色加工技術の変遷の歴史と時代背景(1)

西暦	年　号	毛織物染色加工関連事項	一般社会情勢の変化
1765		・尾州で綿の桟留縞創始される。その後，寛大寺縞，結城縞相次いで創始される	
1818		・阿波より海部郡に藍種移入される	
1854		・尾州の綿の整理加工専門の艶屋（染色・整理業）生まれる	
1856		・パーキン(英)が有機合成染料モーブ（紫色）を発明	・米国総領事ハリス着任，翌年下田条約調印
1859			・神奈川，長崎，函館開港
1861			・米国南北戦争勃発
1865		・尾州に買継問屋国島商店創業	
1867			・王政復古の大号令発す
1868		・鹿児島に紡績工場設立される	・江戸を東京と改称す
1870	明治3年	・独仏戦争勃発で英国毛製品需要増大	・独仏戦争勃発

表1.1　日本の毛織物染色加工技術の変遷の歴史と時代背景(2)

西暦	年　号	毛織物染色加工関連事項	一般社会情勢の変化
1871	明治 4 年		・陸海軍両省を置く
1872	明治 5 年	・太政官布告で「曩今，日本の式服は洋服とす」明治維新後，陸軍・海軍の軍服はヨーロッパに倣って羊毛加工製品（ラシャやサージ）と制定された	・東京横浜間鉄道開通
1873	明治 8 年	・日本で官営の牧羊所を開設し，羊毛の国産化に乗りだす	
1876	明治 9 年	・Orange Ⅱのような酸性染料発明	
1879	明治12年	・官設愛知紡績所開設，千住製絨所開設，責任者に井上省三を指名。ドイツより紡毛カード6台，整紡機6台，織機42台を買い付け設置，織物生産指導にドイツ人技術者7人を雇い入れた。8月にはラシャ2反を日本で初めて製造 ・同年，民間では後藤恕作が東京本郷に毛糸紡績所を開業，1886年には東京毛布製造会社を興す ・ログウッド染料流行するも，使用法未熟のため失敗	
1981	明治14年	・千住製絨所は設立当時内務省所属であったが，この年設置された農商務省に移管	
1887	明治20年	・横浜から毛糸購入，尾西で初めて毛綿交織夏物シジラ織開発 ・クロム染料発明	
1888	明治21年	・仏製硫化染料の使用始まる。稲畑産業社長，稲畑勝太郎より染色技術の指導を受ける	
1889	明治22年	・ガス毛焼ロール機が工夫され，染色整理技術に進歩	・東京－大阪間鉄道開通
1890	明治23年	・新たに輸入された直接染料，硫化染料で染色法が漸次改善され，織物の品質を高めた	・第1回帝国議会開院
1891	明治24年	・濃尾大震災で多数の機業家被災	・濃尾大震災発生
1892	明治25年	・バッタン織機発明される ・地域の機業家酒井，加藤が「セルジス」の試織をするも，整理加工不完全のため挫折	
1894	明治27年	・日本の羊毛紡織会社は東西合わせて10社に満たず，毛布，ラシャ，フランネル等の紡毛織物が主体	・日清戦争勃発
1895	明治28年	・ピュアインジゴ（人造藍）輸入，植物染料駆逐される ・東京モスリン紡織（現在の大東紡織株式会社） ・日清戦争に伴う軍需の膨張から，千住製絨所はフル操業で民間会社に大量発注 ・戦後の好況で，モスリン，ヘル，ラシャ，セルジス（サージ）を中心に，和服用毛織物も増加。輸入毛織物も激増	
1896	明治29年	・輸入羊毛関税撤廃。茶周染色工場，綿糸のシルケット加工開始	・日本毛織神戸市に設立 ・豊田佐吉，動力織機発明
1897	明治30年	・アントラキノン系酸性染料発見 ・尾西地方で手機により赤毛布を製造	・日清戦争後の好景気により，モスリン手織工場の機械化進む
1898	明治31年	・津島の片岡春吉，綿毛交織のモスリンを試織するも，整理加工の不備のため失敗 ・日本毛織が加古川工場を設立，赤毛布（赤ゲット）の製造から開始	・フランスのキュリー夫妻，ラジウム発見 ・片岡毛織工場設立 ・イギリスのトッパム等，ビスコース法のレーヨンの工業的製造法発明
1899	明治32年	日本毛織加古川工場で軍毛を海軍省へ納入	・ドイツのグランツシェトッフ社設立により，銅アンモニアレーヨン工業化始まる
1900	明治33年		・北清事変発生。日本経済大波乱
1901	明治34年	・日本毛織がラシャの製造開始，ラシャ製造は千住製絨所以外には1～2社で，需要の大部分は輸入しており，製絨技術も幼稚であった ・片岡春吉が，ドイツに4幅織機とともに染色・整理機一式を注文し，研究	・日本毛布製造会社，大阪毛布製造会社相次いで破綻
1902	明治35年	・名古屋市に県立愛知工業学校設立，教授に柴田才一郎氏赴任，欧州より最新式の織機や染色整理機械を取り寄せ，毛織物の研究に着手，この機械は尾州地方唯一のものであった ・需要の増加したフランネルの原糸メーカーである日本フランネルは，原料商の三井物産に移った	

第1章　日本の毛織物染色加工技術の変遷

表1.1　日本の毛織物染色加工技術の変遷の歴史と時代背景(3)

西暦	年　号	毛織物染色加工関連事項	一般社会情勢の変化
1903	明治36年	・尾州の綿織物の整理会社墨清太郎は染色整理を志し，愛知工業学校や京都の撚糸再整工場を見学しながら研究を重ねた。その後，機械整理加工の進んだ足利地区に学び，圧搾式ロールによる艶出機を購入 ・日本毛織は，海外の優秀な技術習得のため，ドイツの有名毛織会社フォルストマン・ウント・ホフマン社に技術者派遣	・米国ライト兄弟，飛行機を発明 ・愛知県尾西織物同業組合設立
1904	明治37年	豊田佐吉，自動織機完成	・日露戦争勃発，金融恐慌
1905	明治38年	・千住製絨所に，輸入増を抑えるための反毛工場新設 ・毛織物消費税15％賦課 ・ラシャの輸入14百万 m² に対し，国内生産量 4 百万 m²	
1906	明治39年	・片岡春吉 4 幅動力織機をドイツに発注。尾西織物同業組合設立 ・中伝毛織創業	
1907	明治40年		・日清紡績創立 ・株式市場大暴落，日露戦争後の経済恐慌の端緒
1908	明治41年	・艶金興業の墨清太郎，京都で見たシュライナー式光沢付機にヒントを得て 3 本ロール機を発明，加えて幅出機，毛焼機，ドイツ製艶出機（カレンダー），堅蒸機，楊柳機および動力に蒸気エンジンを使用して備え，今までは織っても仕上ができぬと嘆かれた地域の機業家の悩みを一新，染色整理界に一大躍進の曙光を見た。これが毛整理業の一大勢力となった艶金興業の始まりで，「仕上の尾州」としての礎石になった ・モスリンの機械捺染品大流行，輸入は激減 ・日本毛織が洗絨機，脱水機，染絨機，乾絨機，起毛機，せん毛機，ブラシおよび艶出機等紡毛用染色加工機械を設置（台数不明）	・御幸毛織創立 ・墨清太郎毛整理工場設立（受託の毛整理事業の始まり）
1909	明治42年	・日本毛織，モスリンやセルジス等の梳毛織物製造に進出決定，当時の日本における梳毛紡績設備数は95,134錘で，ほとんどがモスリンやセルジスなど着物用の織物生産に当てられた	・渡玉毛織創立
1911	明治44年	・日本毛織，ラシャ（軍絨）を清国に輸出	・ラクダの帽子，女子のマント流行
1912	明治45年 大正元年	・千住製絨所民間払い下げ問題起こるも挫折 ・一宮電灯創設で，力織機による製織がさかんになった。 ・日本毛織，原毛から梳毛糸の一貫紡績開始	・明治天皇崩御 ・日本毛織加古川工場でトップ染め開始 ・日本，ストックホルムオリンピックに初参加
1913	大正 2 年	・尾州の機業家がドイツ，エル・レーボルト商館を通じて 4 幅織機 5 台を設置，英ネル，背広地を初めて試織。翌年にはクレバネットを試織。明治末期より大正にかけて名実ともにラシャ王として君臨した大阪芝川商店は，輸入毛織物を扱うとともに古来，織物産地として有名な尾州産地に着目，内需はもちろん，輸出に導かんと尽力	・羊毛工業不況，市場回復のため大手モスリン 5 社は 5 割操短
1914	大正 3 年	・羊毛工業ロシア向け軍絨，イギリス，フランス向けモスリンの輸出増加で好況	・オーストリアがセルビアに宣戦布告，第一次世界大戦勃発 ・東洋紡績設立
1916	大正 5 年	・羊毛各社空前の黄金時代で，モスリンの生産力増大 ・開戦とともにドイツ染料の輸入途絶え，価格高騰。Diamond Black, Alizarin Blue および Rhodamine の価格冒騰で，モスリン友禅工場は休業に追い込まれる ・染料国内自給化のため，日本染料製造設立，合成染料の本格生産に着手	・東工業米沢工場で，ビスコース法による人絹製造開始 ・工場法施行で，深夜業禁止の規定は昼夜交替勤務を条件に15年間適用免除
1917	大正 6 年	・芝川商店の斡旋で平岩鉄工所がジョージホジソン機と比べて遜色のない 4 幅織機の国産化に成功，その後数年で尾州の 4 幅織機は124台まで増えた。これは，尾州羊毛工業史の先覚者として特筆すべき革新化である ・一方，染色整理業としてはこの頃，4 幅ペーパーロール 1 台が京都由利ロールから導入して設置されたが，精練は未だ手洗い，乾燥は竿掛けの天日干しという幼稚な方法で半セル以外は整理できなかった。これらのほとんどは先染めであった。同じ年にジッガー 2 台を据付，綿染を開始 ・縮絨技術はこの時点では確立していなかった	・ロシア革命起こる ・大津織物仕上合資会社創立
1918	大正 7 年	・モスリンの国内供給量27,053千 m² に達す。しかし，ラシャの生産は遅々として進まず ・当時の軍絨工場は後藤毛織，東京毛織物，東京製絨，日本毛織および大阪毛織の 5 社	・欧州大戦休戦条約成立 ・帝国人造絹糸（後の帝人）が東工業から分離独立

15

第1編　羊毛繊維に関する技術

表1.1　日本の毛織物染色加工技術の変遷の歴史と時代背景⁽⁴⁾

西暦	年　号	毛織物染色加工関連事項	一般社会情勢の変化
1920	大正9年	・品質において，まだヨーロッパにおよばない日本の毛織物は強い圧迫を受け，大戦以来のブームは消えた	・日本経済大恐慌の始まり ・国際連盟発足，日本正式加盟常任理事国になる ・日本羊毛工業会設立，理事長に毛斯綸紡績社長稲畑勝太郎就任
1923	大正12年	・尾州産地（現在の一宮市，稲沢市，津島市を含む）は日本最大の毛織物生産地になり，セル，サージ等の薄地梳毛織物からラシャ，メルトン等の厚地紡毛織物の生産を中軸とする地域的な特性をもって発展 ・セルの流行は，1923年をピークに，以後下り坂になった。ラシャ王，芝川商店が尾州の毛織業者に働きかけ，着尺から洋服地への転向を促した。この時点で，尾州の毛織物業者は10%以下であり，洋服地用の4幅織機を据え付けていたのは津島の片岡春吉，一宮の木全角次郎と名古屋の御幸毛織の3社にすぎなかった ・愛知県下毛織物業者は東西の図案家を中心に会を組織し，セル，ネルの意匠研究に精進，需要拡大に努めた ・日本毛織加古川工場で国産初のトップ染め毛糸がメリヤスセーター用に発売	・関東大震災発生。毛織物業界にも損害およぶ ・帝国人造絹糸，長繊維を切断してスフを生産 ・伏原毛織設立
1924	大正13年	・艶金興業がドイツより最新式の水洗機（ドーリー式），10段乾燥機，煮絨機，縮絨機（ヘンマー）を購入し，ドイツ人技師ワルター・メルケルの指導で据付完了。この年，メルケルの指導で酸性染色による子供服地の生産を始めようとしたが，生産消費とも時期尚早で軌道に乗らなかった ・4幅毛織物研究会発足 ・強酸性1:1含金染料，Neolan染料（C.G），Platine染料（BASF）発明・発売，合成染料の種類も量も急速に増加 ・クロム染料を用いてドスキン，フロックコート地の染色	・メートル法実施 ・洋服の実用化進み，夏の簡単服流行し始める ・橋本毛織工場設立 ・豊田佐吉，無停止杼換式自動織機を完成
1925	大正14年	・尾州に東西の図案家10数名を中心にセルジス，ネルの意匠研究を目的とする研究会で，袷用セルとして高級な「ウールライン」を発表，優美で着心地が良い新製品として尾西織物同業組合が連合商標を制定，宣伝は大成功した。この年，検反機に針線摘出機を輸入設置した ・洋服用サージがクロム染料で染色実用化 ・綿毛交織毛布，綿毛交織セル，酸性染料と直接染料を使って染色 ・尾州にバースマチック社よりセミ・デカタイザー1台設置される	・治安維持法公布 ・大正末期から昭和初期にかけて人々の服装は激変，明治の文明開化以来，男子中心に洋服が普及，婦人・子供服にもおよぶ。女学生，女子店員の洋装化も進む ・細井和喜蔵の『女工哀史』出版 ・セーラー服流行
1926	大正15年 昭和元年	・日本毛織，芝川商店，土井商店の注文により，初めて紳士服地を製造	・大正天皇崩御 ・東洋レーヨン，日本レーヨン設立
1927	昭和2年	・尾州の染色整理会社で子供服地の後染めおよび中国向け輸出サージの加工と防虫加工を開始，好評	・金融恐慌が収まったのちも日本経済は不況
1929	昭和4年	・尾西織物組合管内の4幅織機台数，768台，年間生産額1,000万ヤードに達す。同年，着尺セルは年間350万反を突破	・後藤毛織，東京モスリン，合同毛織破綻 ・繊維産業の女子および16歳未満の少年の深夜業務廃止
1930	昭和5年	・本邦初の県立尾張染色試験場開設，染色技術研究，原料および製品の試験研究など，毛織物の指導機関たる設備が整う	・国産品愛用運動から，天皇陛下の洋服地が国産品に切り替えられ，国産毛織物成長の契機になる ・羊毛工業会の裏面を描いた細田民樹の「真理の春」朝日新聞に連載開始
1931	昭和6年	・日本でレーヨンステープル・ファイバー生産 ・愛知県毛織物検査所一宮支所開設 ・当地にアルパカ裏地加工用特殊6段煮絨機導入される ・尾州の4幅織機台数3,868台になる。尾州産地の毛糸消費量は11,340㌧で，うち65%が洋服地用	・労働組合法案提出するも貴族院で審議未了，労働組合法の制定は太平洋戦争後まで持ち越される ・日本毛織，ドイツから輸入の60番手を模して「AG60」を主体に，尾州地区に糸売り ・満州事変で，軍需増加とともに男女の洋装化がいっそう進展
1932	昭和7年	・日本毛織，紡績工場内に併設された染色整理工場操業開始，尾州における他の整理工場より厚手の毛織物加工を行う。月産30万mの加工能力で，近隣の機業化の委託加工に応じる	・上海事変勃発 ・米騒動 ・愛知県下の毛織工業組合が合同して大日本毛織工業組合連合会設立

16

第1章　日本の毛織物染色加工技術の変遷

表1.1　日本の毛織物染色加工技術の変遷の歴史と時代背景(5)

西暦	年　号	毛織物染色加工関連事項	一般社会情勢の変化
1933	昭和8年	・ラシャの取引にメートル法採用，起町の機業家工場数262社，織機台数3,077台	・日本国際連盟離脱 ・ヒトラードイツ首相に就任 ・延岡アンモニア絹糸日本ベンベルグを合併して旭ベンベルグ絹糸と改称
1934	昭和9年		・ワシントン軍縮条約破棄を通告 ・パーマネントが一般家庭婦人に普及
1935	昭和10年		・上海における羊毛紡織工場，上海毛絨紡織，中国毛絨紡織，協新紡織，共同毛織操業開始，上海における日本毛織物同業会設立 ・野々垣毛織紡績部門開設 ・日本の繊維品輸出額戦前の最高額になる
1936	昭和11年	・染色整理工場技術者欧州各地視察，当時，急激に躍進せる化学繊維の混紡交織織物の調査を行う ・化繊が毛織物に替わり，日支戦争中の衣料不足を助ける ・日本の毛織物の品質レベルの低さを認識 ・艶金興業は日本軍部より衣袴絨整理工場の指定を受け，大量の軍絨の加工を行う ・陸軍，軍服絨のカーキ色はクロム染料とネオラン染料，海軍用はクロムインジゴ染料による染色が行われた。	・百貨店の和服・洋服の売上比率は半々に，モスリンと洋服用サージの比率も半々に ・尾州地区の4幅織機台数5,567台に ・日独防共協定締結，イタリアがこれに加わった ・イタリアで，牛乳（カゼイン）を原料とするタンパク質人造繊維ラニタールの工業化に成功 ・栗原毛織創立
1937	昭和12年	・政府は臨時措置法を公布し，綿花羊毛をはじめ269品目の輸出入を禁止したため，羊毛不足となり，次第にスフとの混用割合増加，化学繊維の改良進歩に拍車が掛かり，日本の繊維躍進の基礎をなした ・この頃になって，日本の毛織物も英国品に近い品質が確保できるようになった ・国は繊維工業設備の許可制を実施，さらに羊毛製品の輸出確保のために羊毛製品の義務輸出制度を実施。これが日本繊維界最初のリンク制度で，繊維品輸出の際にこれに相当する羊毛の輸入が許可され，この羊毛は10ヵ月以内に製品にして輸出しなければならないという制度であった	・ロンドンに国際羊毛事務局 IWS 設立 ・日中戦争勃発 ・関税問題で，オーストラリアからの羊毛輸入52万俵に制限され，南ア，南米，ニュージーランドに分散発注。運賃や倉庫料嵩む ・衣料に点数切符制施行
1938	昭和13年	・「毛製品スフ等混用規制」強化。毛製品の配給統制開始される ・スフは純毛モスリンに代わって洋服地の原料となる	・国家総動員法公布 ・アメリカのデュポン社，ナイロン製造工業化
1939	昭和14年		・繊維需給調整協議会設立 ・繊維製品製造制限規則公布 ・日本毛織物整理工業組合連合会設立 ・男子はすべてカーキ色の5つボタンの国民服着用，女子はモンペ姿
1940	昭和15年	・艶金興業，大阪合同経営の大上海染織蔽を引受，内容設備を改め，大金隆染色蔽として操業開始するも，翌年，物情騒然たるものあり閉鎖	・日独伊3国同盟締結 ・千住製絨所陸軍製絨蔽と改称
1941	昭和16年	・日本毛織，タンパク質人造繊維（Lacwool）の研究で成功	・日米開戦，大東亜戦争勃発 ・栗原毛織，関西製絨所を合併して大同毛織と改称 ・イギリスのキャリコプリンターズがポリエステルの製造に関する基本特許出願 ・羊毛業界の合併，統合相次ぐ
1942	昭和17年	・日本毛織，カゼイン研究所を土山牧場内に設置	・毛織，染色整理部門の企業統合17ブロックが結成，東洋染色整理協同経営，艶金興業，日本毛織，鐘ヶ淵紡績，協和興業（蘇東興業等） ・金属回収令発布 ・渡与毛織を母体として日興毛織設立 ・繊維製品統制協議会設立

17

第1編　羊毛繊維に関する技術

表1.1　日本の毛織物染色加工技術の変遷の歴史と時代背景⁽⁶⁾

西暦	年　号	毛織物染色加工関連事項	一般社会情勢の変化
1943	昭和18年	・政府は航空機部品製作の資材として，織機，染色整理機械の約45～50％を金属回収する	・イタリアの無条件降伏 ・艶金木曽川工場は，日本自動車飛行機タイヤ株式会社に譲渡 ・艶金起，奥町工場を蘇東興業，岡本工業に軍需品増産のため譲渡 ・繊維統制会発足
1944	昭和19年		・サイパン，レイテがマリアナのアメリカ軍により陥落 ・東京大空襲 ・軍需省，工場事業場管理令を繊維工場に適用
1945	昭和20年	・旧軍隊の在庫羊毛3万俵を民需に放出，残存手持羊毛174,060俵と判明 ・GHQ対日貿易方針および製造工業操業に関する覚書を発表 ・その時点における設備内容は，梳毛精紡機376,464錘，紡毛カード421台，織機112,641，乾燥機20台 ・繊維などの配給統制規則撤廃，日本繊維協会創立	・7月，一宮市大空襲により，市内の機屋，糸染め，染色整理会社消失 ・8月15日終戦 ・9月2日マッカーサー進駐 ・軍，在庫毛布3万俵を民需に開放 ・繊維品など配給統制撤廃 ・ファション空白時代，女はモンペ，男は国民服 ・労働組合法等労働3法公布 ・三井，三菱，住友，安田の4大財閥解体 ・GHQによる重要産業団体例の撤廃で，繊維統制会は解散 ・大同毛織，蘇東興業を系列化
1946	昭和21年	・第1回羊毛輸入申請，GHQ国内ストック羊毛77,350俵を民需用に放出許可 ・毛製品に公定価格が設けられる。毛製品輸出協議会発足 ・GHQ極東向けの毛織物216万ヤードの生産命令，イラン，イラク，クウェート向け毛織物輸出始まる。イラン向けは厚地の軍服であったように記憶する。 ・GHQに繊維産業3ヵ年再建計画を提出，羊毛工業復元計画1人当たり羊毛の年間消費量0.11kg	・日本国憲法公布 ・米国対日繊維使節団来日 ・日本既製服工業会発足（ミシン台数15,394台） ・日本繊維協会設立 ・毛製品輸出審議会発足 ・雑誌装苑復刊 ・生地は粗悪な梳毛織物やスフ混 ・繊維産業債権委員会による繊維産業再建3ヵ年計画作成
1947	昭和22年	・特殊毛織物の販売価格の統制額指定。羊毛製品の見込み生産禁止指令 ・日本国憲法施行。衣料切符制復活	・日本毛織物工業会，尾西毛織工業協同組合，泉州毛織物工業協同組合設立 ・日本毛織物工業協同組合連合設立 ・日本毛整理工業協同組合連合会創立 ・日本既製洋服工業協同組合連合会結成 ・独占禁止法公布 ・GHQによる主要工業設備の撤収 ・レインコートブーム，ディオールニュールック発表
1948	昭和23年	・羊毛トップは英国から輸入，羊毛輸出リンク制度で毛織物の輸出が義務付けられる ・わが国初のステンレス製染色バス完成，これまですべて木製で船のような構造の槽であったものが，順次総ステンレスに置き換わる ・反物中の針探知機を製作 ・高周波発信機を利用してマイクロ波を染色に利用 ・GATTO発足	・繊維製品検査協会，日本化学繊維協会，日本既製服工業会創立 ・毛織物染色整理協会，染色加工設備復元計画決定 ・東レ，ナイロン本格生産開始 ・川島紡績，津島毛糸紡績，堀越紡績，三ツ星毛糸紡績，三幸手糸紡績等創立 ・日本繊維協議会設立 ・女性のロングスカート，男性のリーゼントスタイル，アロハシャツ流行 ・トッパーにスラックスのスタイル流行

18

第1章　日本の毛織物染色加工技術の変遷

表1.1　日本の毛織物染色加工技術の変遷の歴史と時代背景(7)

西暦	年　号	毛織物染色加工関連事項	一般社会情勢の変化
1949	昭和24年	・戦時中に軍事工場に譲渡された工場を買い戻す ・一宮, 尾西, 木曽川地区に, 戦前10会社あったものが終戦直後は4社になった。 ・染料84品目自由取引となる ・パイルオーバー, ウェーブ仕上げ, ナップ仕上げ, シャギー仕上げ, ビーバー仕上げ, モッサーベロア仕上げ, ブロードクロスなど, 高度な起毛技術を駆使したオーバー地が昭和28年頃まで続く ・起毛品全盛期にせん毛機によるデザインカット（シャブローネ）大流行	・1ドル365円の単一レート実施 ・商工省改め通商産業省に ・中華人民共和国成立 ・アメリカのドッジ公使, 超均衡財政ドッジラインを指導 ・カシミヤ, アルパカなど特殊絨毛輸入開始 ・湯川秀樹ノーベル賞受賞 ・旧陸軍絨蔽を大和毛織など数社に払い下げ ・ドッジ米公使均衡予算を強調 ・大蔵省, 単一為替レートを1ドル360円と告示 ・GHQ日本商社の海外支店設置を許可 ・わが国の輸出総額に占める繊維製品輸出額は, 比率で54.4%となり, まさに国の復興の基幹産業としての役割を果たす ・洋裁学校ブーム
1950	昭和25年	・朝鮮動乱特需 ・1：1含金染料, Platine（B.A.S.F社）でウール100%のトロピカルを強酸で染色, 主として輸出向けに加工された ・精練は, 棒状のマルセル石鹸を溶かしたものとソーダ灰による洗浄 ・純毛ギャバジンは過酸化水素による壺に浸け込み, 晒（50mを60cmに折りたたみ, それを2つ折りにして1反1反綿布に包んで白磁製の1,000ℓ入の壺に入れて1昼夜浸け込む）を行う ・主として中近東向け輸出, 加工量の20～30%（輸出商社：関谷産業）の服地, は2/48にスフ巻のきれいな杢糸を絡ませた420g/mくらいの国内向けより軽目の織物であった ・尾州に, 日本で初めて米国ゲスナー社より, シングル釜蒸機1台, 生地セットを目的に設置	・原毛, 人絹パルプなど63品目の統制撤廃 ・倉敷レイヨン, 大日本紡績がビニロンの生産開始 ・朝鮮動乱勃発, 動乱特需で国内毛製品高騰 ・衣料品配給規制, 羊毛工業, スフ紡の設備制限撤廃 ・尾州で木製染色バス, 次第にステンレス製に置き換わる ・糸ヘンブームガチャマン時代到来 ・アメリカデュポン社アクリル繊維, オーロンの工業生産開始 ・ニュールック全盛
1951	昭和26年	・ビリヤードクロスの硬化のための糊付けは, 膠とトラガントゴムを使用 ・バター状の高級アルコール洗剤（モノゲン, スパミン）を試験使用 ・毛織物の染色は均染性酸性染料3原色（Alizaline light blue 4GL, Azo Rubinol 3GS, Xylen light yellow 2G）で, 助剤は2.0%酢酸（48%）, 0.5%硫酸, 20%芒硝で, 均染剤はいっさい使用しないが十分な均染が得られた。紺黒・濃茶はクロム染料, それ以外の中淡色はすべて酸性3原色で染めた ・染色品の30%は毛6, 毛8（毛60～80%, 残りはレーヨン, スフ）織物で, 染料はユニオン染料, フィックス（色止め）剤は硫酸銅, 重クロム酸も用いられた	・フラノ旋風で紡毛フラノの大量滞貨, 価格半値 ・東レ, デュポン社とナイロンの技術提携。ナイロンステープル生産開始 ・サンフランシスコで49ヵ国が対日平和条約調印。GHQ対日援助を打ち切る ・朝鮮休戦提案受諾で繊維相場急落 ・日興毛織, 渡玉毛織, 共栄毛織が梳毛紡績部門開設 ・ロングスカート全盛
1952	昭和27年	・染料各社が羊毛用高堅ろう度染料「1：2型含金染料」Irgalan, Isolan, Lanasyn, Kayakalan, Lanylなどを発売, 使用始まる。糸染めでも使用広まる ・ウール/ナイロン/スフ3者混婦人服の後染め流行, 同色染め技術が求められる ・染色助剤として, ドイツからイゲポン入荷 ・釜蒸（高温, 高圧スチームセット）の導入で, 煮絨による湿熱セットから釜蒸による乾熱セットに変わり, この後, 精練の連続化とともに毛織物風合いがペーパーライクに変わる。釜蒸機は本来, 煮絨の代わりに後染めのギャバジンなどを生地で強力にセットするために導入されたものである ・尾州に国産釜蒸機設置	・企業合理化促進法公布 ・対日平和条約発効, GHQ解消 ・大阪婦人服卸商連盟OFKが発足 ・梶浦毛織, 吉原紡績が紡績部門開設 ・パーマネントプリーツスカート登場

19

第1編 羊毛繊維に関する技術

表1.1 日本の毛織物染色加工技術の変遷の歴史と時代背景(8)

西暦	年 号	毛織物染色加工関連事項	一般社会情勢の変化
1953	昭和28年	・後染紡毛婦人服地（550～600 g/m の厚地）大流行 ・染色バスが木製からステンレス製へと急速に移行。独特の深黒は木製バスによって得られるという神話を払拭 ・日本流行色協会（JAFCA）発足，戦後復旧とともに日本の衣料のカラー化が進む ・艶金興業は独自にカラーのデータベース化に取り組む ・羊毛のマルチクロム染色技術が公表	・アメリカデュポン社世界最初のポリエステル繊維ダクロンの生産開始 ・合成繊維育成対策，合成繊維5ヵ年計画正式決定 ・国際羊毛事務局（IWS）日本支社開設 ・クリスチャンディオール来日，服飾界に旋風 ・通産省梳毛設備の抑制方針決定，梳毛紡機1,135,900錘，紡毛カード1,239台，毛織機20,910台で戦前の水準突破 ・NHK テレビ放送開始 ・IWTO（International Wool Textile Organisation）に日本加盟
1954	昭和29年	・尾州の大手染色整理工場で，ドスキン黒のフォーマルウェア生地を大量加工 ・デュポン社からテトロン用分散染料発売，ヨーロッパ5社，および日本の染料メーカーも相次いで販売 ・紡毛メルトンオーバーの滞貨から安売りでオーバー地旋風	・綿10大紡，綿糸操短決定 ・伊藤喜毛織（アルパカ裏地）紡績部門開設 ・民成紡績，白羊紡績，中部旭紡織，水新紡織など相次いで梳毛紡績に参入 ・通産省梳毛紡績設備確認を打ち切 ・羊毛紡績会不況カルテル結成を公正取引委員会に申請 ・通産省繊維需給3ヵ年計画を発表 ・樫山が背広のイージーオーダー開始 ・オーバー地旋風，オーバー地滞貨から半値以下の安売り。羊毛業界に大きな影響を与える ・マンボズボン流行
1955	昭和30年	・ライトウェイトの鐘紡のシーンギャバジン（経緯 1/48, 1/2 Gabadine）は，後染めでシリコンで撥水加工し，大量にアメリカ輸出。撥水と柔軟効果で好評	・「戦後は終わった」「神武景気」「岩戸景気」に突入 ・ワルシャワ条約調印 ・尾州の大手染色整理会社にカールヘネッケ製連続水洗導入される。これに併せ，国産で5山の連続煮絨機導入により毛織物染色整理工程の連続化，合理化進む ・通産省過剰設備処理方針を決定 ・日本のガット加入正式発効 ・繊維製品品質表示法公示・施行 ・チュニックスタイル流行 ・米 IACD アイビーモデル公表
1956	昭和31年	・ウール着物（先染め，ジャカード織）が新商品分野として注目される ・日本毛織，切り売り向けの意匠・柄物で，「Nikke Bonny」の名称で全国販売，婦人服業界で高い評価	・繊維工業設備臨時措置法公布，繊維製品の正常な輸出促進のため ・輸出検査で耳マークの点検実施 ・日ソ国交回復に関する共同宣言調印 ・国連総会日本の国連加盟全会一致で可決 ・カネカロン，日本エクスラン設立など，アクリル繊維の工業化始まる ・米国，毛織物輸入関税引上法案に署名 ・梳毛紡機の勧告操短による生産調整 ・尾州の大手染色整理会社が，工賃および給与計算のため IBM 大型コンピュータ導入

20

第1章 日本の毛織物染色加工技術の変遷

表1.1 日本の毛織物染色加工技術の変遷の歴史と時代背景(9)

西暦	年　号	毛織物染色加工関連事項	一般社会情勢の変化
1957	昭和32年	・毛織物の煮絨工程の合理化・連続化のため，チオグリコール酸アンモン，MEABS による大型ケミカルセット機導入 ・日本毛織，合繊混紡糸用工場を鵜沼に建設。ニッケ学生服会発足	・米国，毛織物輸入にタリフクォータ制実施 ・ソ連，人工衛星スプートニク1号打ち上げ成功 ・東洋レーヨン，帝国人絹，英国の ICI 社とポリエステル繊維製造に関する技術提携契約調印 ・通産省，繊維不況総合対策決定 ・旭化成カシミロン，鐘淵化学カネカロン生産開始 ・米国，毛織物に高い関税を課す ・三共毛織創立
1958	昭和33年	・既製服は「首吊り」といわれ，ポリビニールアルコールや酢酸ビニール樹脂による硬仕上や高光沢仕上が，著名な日本の優良企業製品にまでおよぶ ・尾州の染色整理会社で，アメリカ陸・空軍のカーキ色軍服地約150万 m を脱色して，日本の自衛隊制服用に染め換え。還元脱色剤 Alberite Z の10%で脱色すると黄色になるので，後は Irgalan Grey BL で要求された Olive green に染め替えた	・日本貿易振興会（JETRO）設立 ・財団法人 日本毛製品輸出振興会創立 ・EEC ヨーロッパ経済共同体発足 ・日本エクスラン工業がエクスラン生産開始 ・梳毛生産調整の行政指導が勧告操短に ・日本毛織，梳毛フラノ，ギャバジン，トロピカル，ポーラ等，薄手毛織物を大量にアメリカ輸出 ・サックドレス流行
1959	昭和34年	・IWS ウールのプリーツ加工シロセットの許可開始，紳士ズボンや女子学生のプリーツスカートに採用 ・Silk/Wool 交織シャークスキン（8 oz/yds のライトウェート品）大量にアメリカ輸出 ・日本毛織のサージ生産量は全国羊毛サージの40.6%を占める。 ・日本毛織，ウール・ポリエステル混紡糸，混紡織物の生産開始	・伊勢湾台風で東海地方の繊維工場被害甚大 ・梳毛紡績の過剰設備格納 ・岩戸景気 ・メートル法施行 ・三菱ボンネル，ボンネル生産開始
1960	昭和35年	・日本流行色協会が選定した流行色を婦人毛織物用に配布 ・ポリエステル加工糸の仮撚開撚法を羊毛糸に応用したバーミーストレッチ織物を艶金興業が工業化，撚糸むらで量産には至らなかった ・高級婦人物は小関毛織が先行してシェットランド風のカームスキンは1/30のニュージーランド羊毛単糸を別々の色に糸染めして色の異なる3杢にし，織り上げ，整理で軽く縮絨したもので，独特の風合いとボリューム感で当時最も高級な織物であったことは特筆すべきである。2番手の機屋はそれを真似て，似て非なるものを作り，安く販売した。それが当時の尾州の婦人物の状況であった	・日米新安保条約 ・行政協定調印 ・国民所得倍増計画決定 ・全国既製服製造工業連合会発足。既製服化率38.6% ・通産省，合繊紡不足対策告示 ・原毛の AA 制で輸入自由化 ・政府，国民所得倍増計画策定 ・カラーテレビ本放送
1961	昭和36年	・艶金興業がモヘヤ織物のアルパカ煮絨機による高光沢仕上「ミラリー加工」を発表。バーミーストレッチとともに特殊加工の先駆けになった ・日本毛織，ウール50%/ポリエステル50%混紡紺黒サージ定番化，純毛サージはシロセットでプリーツ加工	・全米合同衣料労組（ACW）日本のスーツのボイコット，米国日本の毛製品の輸入制限活発化 ・毛製品の輸入自由化に備えて毛製品の新関税率実施
1962	昭和37年	・艶金興業がアルパカ裏地の高光沢加工「パールフィニッシュ」を特殊加工とし，量産化 ・林紡績，ビゴロプリントによる霜降染め特許申請 ・艶金興業が毛織物の防縮加工のため，米国，バンクロフト社よりポリアミド樹脂の界面重合反応を織物上で行い防縮加工する「バンコーラ加工」の技術導入，1969年まで契約継続，婦人服地カームスキンに加工するも設備は新設せず，煮絨機を利用したためうまくいかなかった	・日本ウールトップ同業会結成 ・48双糸生産指示制実施 ・キューバ危機 ・流通革命，問屋無用論の論議広まる ・尾州の染色加工工場ボイラー燃料石炭から重油に切替 ・家庭用品品質表示法公示 ・帝国人造絹糸株，帝人と改称 ・IWS 一宮技術センター開設 ・シャーベットトーン流行
1963	昭和38年	・艶金興業，ドイツのアールバッハ社製の丸ニット仕上げの一連の設備を導入。主としてアクリル/ウール混の仕上を開始，「サーキュラーフィニッシュ」登録	・泉州タフテット毛布研究会設置 ・中小企業近代化促進法施行，毛織業は指定業種に

21

第 1 編　羊毛繊維に関する技術

表1.1　日本の毛織物染色加工技術の変遷の歴史と時代背景[10]

西暦	年　号	毛織物染色加工関連事項	一般社会情勢の変化
1964	昭和39年	・艶金グループが織物の撥水撥油加工のため，住友3M社と「スコッチガード」使用契約締結 ・帝人グループの機屋からテトロン65%/ウール35%織物が艶金興業に持ち込まれたが，染料はアセテート用セリトン染料，キャリヤーは石炭酸で，常圧染色機を用いたが，うまく染まらなかった ・中小繊維テキスタイル企業倒産激増 ・アメリカ向けシルクシャークスキンのダンピングが出始め，自主規制に入る	・経済協力開発機構 OECD に加盟 ・東海道新幹線開通 ・東京オリンピック開催 ・IWS 理事会ウールマーク採用決定 ・日本レーヨン，倉敷レーヨン，東洋紡績エステルの生産開始 ・繊維工業設備等臨時措置法（繊維新法）公布，3年を過剰設備廃棄に当てる ・大日本紡績，ニチボーと改称 ・合繊の生産高，合計日産1,000㌧を超える ・ミニスカート流行。アイビールック大流行
1965	昭和40年	・米国 P.P.T 社開発のモノ過硫酸による羊毛の防縮 Dylan XB/Dylan XC-P 法，国内に導入 ・艶金興業，切り売り向け背広地対応にシュランク仕上とギャランティ検査をセットにした「SM ダイヤモンド仕上」実施	・天然繊維，糸ベースで繊維消費量50%割る ・梳毛糸合理化カルテル延長 ・パンティストッキング流行
1966	昭和41年	・IWS のプリセンシタイズ加工（毛織物の最終仕上でセット剤を付与，縫製のファイナルセットで永久プリーツを発現させる）を艶金は「フルラインセット」，蘇東興業は「ボナーセット」，片岡毛織は別名で受託 ・有機塩素化合物－ジクロロイソシアヌル酸あるいはそのアルカリ金属塩を用いる羊毛の防縮法 DCCA 法が，トップ，糸，編地，織物に広く使用される。Pad-Acid，Pad-Store 法も普及	・通産省，家庭用品品質表示法にもとづき，品質表示の適正化指示・特定繊維工業構造改善臨時措置法施行 ・一宮，尾西，木曽川地区の染色整理，糸染工場の共同排水設備の「尾西地方特別都市下水路」通水開始 ・染色整理会社で ZD 運動（ゼロ・ディフェクト）QC 活動始まる ・繊維品のアメリカ輸出 4 億4,220万ドルで貿易摩擦表面化 ・中国文化大革命始まる ・いざなぎ景気（40年後半から45年） ・ミニスカート大流行（43年頃まで） ・モッズファッション流行
1967	昭和42年	・艶金興業が尾州の機屋16社と「ツインガード」（撥水・防汚とストレッチ加工）を商品化，特定の商社問屋に限定供給 ・ガード物全盛期に突入，主たる加工剤は住友3M社の scotchgard 100 ・IWS，艶金興業に過マンガン酸カリによる防縮加工 Neva-Shrink 加工を紹介，芒硝の飽和液槽など関連設備を設置して稼働 ・鐘紡，高圧釜蒸による毛織物風合いの損傷軽減のため，「アドアンゲン」発表 ・艶金興業，米国ガストンカウンティ社よりドラム型液流ジェット染色機6台（1台1億円）購入，同業他社は国産高圧染色機導入 ・チオグリコール酸アンモンによる Natural Strech を，艶金興業が開発。「バーミーストレッチⅡ」として発表	・公害対策基本法公布 ・カー，クーラー，カラーテレビの3C 時代 ・革新無杼織機スルザー（スイス製）毛織機は蒲郡地区2社と東洋紡が導入。尾州産地がテトロン/ウール織物の一大産地化 ・同時に，テトロン織物の熱セット用に国産ヒートセット機を各社が設置 ・ITMA 1967で紡機・織機の革新設備展示，ダブルツイスターなど第2次産業革命到来を思わせた ・日本毛整理協会設立 ・毛織物は50%自由化業種に指定 ・日本繊維構造改善協会発足 ・EC.ASEAN 発足
1968	昭和43年	・艶金興業でコンピュータカラーマッチング（CCM）研究開始 ・米国ガストンカウンティ社から導入した Package dye 設備（日産1,000 kg）の自動染色システムの一環で，IT 企業である PPT 社の指導を受ける ・紳士服にニューボールドルック流行 ・ピーコック革命スポーツウェアに顕著 ・シルク入りシャークスキンのアメリカ輸出は鐘淵紡績が主導的であったが，尾州の機屋で生産したものは艶金で整理加工して輸出	・中部6毛工，遊休登録織機の組合予託制度承認 ・主要繊維12団体が対米繊維輸出対策協議会を結成。米国の輸入課徴金問題について関係当局に陳情 ・通産省は，繊工審・産構審の合同会議に織物機械染色整理業の構造改善対策に連続染色整理設備の積極導入を内容とした設備改善，技術開発態制整備を答申

22

第1章 日本の毛織物染色加工技術の変遷

表1.1 日本の毛織物染色加工技術の変遷の歴史と時代背景(11)

西暦	年 号	毛織物染色加工関連事項	一般社会情勢の変化
1969	昭和44年	・羊毛のポリウレタンポリマー防縮法 Syntharesin L.K.F（Bayer 社），Zeset TP（DuPont 社）は有機溶剤使用のため普及せず。製品にタックあり。後の水溶性ポリウレタン樹脂 Syntha resin BAP 開発の端緒になる ・日本毛織，キッドモヘヤ，アダルトモヘヤ織物をアメリカ輸出好評，国内向けにも販売	・米国ニクソン大統領繊維輸入制限方針発表，日米繊維交渉続行 ・アメリカ宇宙船アポロ11号月面着陸 ・東名高速道路全線開通 ・日ボー，日本レーヨン合併，ユニチカ設立 ・ポリエステル撚糸加工糸リバーロフト（川島紡績），カイバル（興和紡績）は紳士服用にウールのシェアまで食い込む人気 ・東洋紡，鐘紡等梳毛紡績無人連続操業時代に入る ・IWS「土曜日は替上着」キャンペーン開始 ・シースルールック流行，マキシ，パンタロン流行
1970	昭和45年	・艶金興業，三井物産，蝶理とポリエステルの昇華プリント「SM サブリーナ」を月産，6万ヤード，ゲスナー社の昇華転写機6台設置 ・既製服は「首吊り」からイタリア調のオーダーに近い風合いが要求されるようになったため，艶金興業は釜蒸による風合い是正と縫製工程におけるスポンジング工程代替のため「エラスポ・セット」を発表 ・日本毛織スルザー84インチ織機導入	・大阪で万国博覧会開催 ・日本初の人工衛星「おおすみ」打ち上げ成功 ・繊維新法失効，14年9ヵ月にわたる設備規制法撤廃 ・ブティック誕生 ・東洋レーヨンが東レと改称 ・毛織物の輸入自由化 ・大手紳士毛織物問屋，中村産業倒産 ・尾州初の国産液流染色機スイングエース（日本染色機械製）サーキュラー（日阪製作所），マスフロー（増田製作所）など多種導入，次第に小浴比，ラピッド型に進化する ・梳毛設備の最盛期の錘数2,358,918錘 ・日本毛織と尾州各社が無杼織機スルザーを導入。緯入れ速度4倍に高速化 ・ジーンズ，Tシャツ大流行
1971	昭和46年	・ITMA 1971に IWS 人工クリンプ加工機，CSIRO はセルフツイスト紡績機展示 ・通産省，毛製品の防虫剤（デルドリン）の使用中止を通達 ・艶金「SM ゴールドブラック」の名称でフォーマルの漆黒発表 ・IWS と艶金興業で毛織物，ニットの Cold Pad Batch（CPB）染色開発完了，「Epoch-dye」の名称で京都ロンシャン等と特約（染料は Lanasol 基本色使用） ・チバガイギー社，羊毛用反応性染料 Lanasol 染料シリーズ発表 ・艶金興業，ドスキンを CPB 方式で染色する Epoch-Doeskin を市場に ・尾州の染色整理会社で，フォーマルウェア［ドスキンより軽量で薄手のタッサー組織（朱子織が変形）が主流で縮絨・起毛せず，クリア仕上げ］の加工増 ・関谷産業解散で中近東向け毛織物輸出停止 ・IWS ウールブレンドマーク，ウールリッチマーク制開始	・IWS ウールリッチ，ウールブレンドマーク制定 ・日米繊維交渉は政界，官界，業界を巻き込む日本繊維史上特筆すべき通商問題となる ・沖縄返還（糸売って縄を買うと評された） ・米国ニクソン大統領ドル防衛のための非常措置発表ニクソンショック（ドルショック） ・洗剤が天然アルコールから合成アルコールに ・日本毛織印南工場にスルザー153インチ織機導入

23

第1編 羊毛繊維に関する技術

表1.1 日本の毛織物染色加工技術の変遷の歴史と時代背景(12)

西暦	年　号	毛織物染色加工関連事項	一般社会情勢の変化
1972	昭和47年	・布の風合いの数値化と自動計量システム KES の研究開発進む ・デルドリンに替わる毛織物の防虫加工剤として，毒性の低いオイラン U-33を使用開始 ・羊毛の Super-wash レベル連続防縮法として塩素化／樹脂法導入，Dylan GRC，GRB 法普及 ・艶金工をはじめ，各社が防縮剤水溶性ポリウレタン樹脂を捺染糊に混ぜてスクリーンプリント機を使って柄を塗布後，乾燥－キュア後縮絨し，防縮部分以外をフェルトさせて凸凹柄を発現させる「スカルプチャー加工」が流行し，紡毛品などで好評を得た	・日米繊維協定，ワシントンで正式調印 ・日本ウールニット協会設立 ・IWS マテリアル 9 グループ 4 商社で発足 ・通産省，ホルマリン樹脂加工製品のホルムアルデヒド許容量基準を決定 ・米財務省，梳毛織物，ポリエステル毛混紡織物をダンピング商品と断定するも最終的に白と判定 ・毛工連がまとめた過剰織機買上台数は合計3,500台 ・沖縄返還，日本列島改造ブーム ・パンタロン全盛
1973	昭和48年	・名古屋市立工業試験所，艶金興業，オーミケンシで，省エネ染色のための極小浴比染色「薄層染色法」開発 ・日本毛整理協会は，名古屋市立工業試験所 根本博士に合成繊維のための「溶剤染色法」の研究委託 ・艶金興業，クラレ，クラリーノ（人工皮革）の染色開始 ・メンズスーツの既製服化率50％超 ・尾州でポリエステル高率，ポリエステル／ウール混紡織物およびニットの後染用に，モルテンセン高圧ビーム染色機導入 ・艶金興業，ニットの精練用に米国リグスロンバート社製の連続広幅溶剤精練装置（パークレン使用）導入 ・日本毛織，新洗化炭装置竣工	・オイルショックで石油価格 2 倍に高騰。政府，石油電力消費節減大幅強化 ・新 AWC 発足 ・繊工審「70年代の繊維産業政策のあり方」に関し，通産省に答申 ・通産省「織機登録特例法」による無籍織機の登録申請締め切る。毛織機は24,789台 ・公害防止条例公布，大気，水質，騒音，振動，悪臭対策が必要 ・通産省，蛍光増白剤，難燃剤の人体への影響調査 ・既製服化の進行で問屋，商社の存在も切り売り時代から変化 ・ロングスカート，パンタロン全盛
1974	昭和49年	・IWS，ウールの防炎加工「Zirpro」の基本技術公開 ・IWS，紳士服の型崩れ防止加工法の研究完成 ・艶金興業，ポリエステル／綿混紡の「写真プリント」の研究開始	・繊維相場暴落，パニック的様相 ・中和羊毛梳毛部門閉鎖，東亜紡，大府工場閉鎖 ・梳毛糸の不況カルテル認可 ・繊維工業構造改善臨時措置法公布 ・新繊維法施行，異業種の垂直化および施設の共同化による新構造改善スタート ・羊毛工業会社，国内の公害問題などで海外移転 ・バギーパンツ，エスカルゴスカートの大流行
1975	昭和50年	・有害家庭用品として衣料用ホルマリンの規制実施 ・尾州産地に，ウール100％織物に替わってテトロン，ウール，綿，絹，麻，レーヨンなどの 3 ～ 6 者の複合織物が定番化，差別化ファッションの一翼を担う ・ミラノコレクション開始 ・クラレ，東レ，東洋紡レーヨンステーブルの生産から撤退 ・尾州にピーターチンマー社製ロータリースクリーン捺染機導入される	・雇用調整給付金制度を利用，毛紡織工場相次いで一時帰休実施 ・ユニチカ犬山工場閉鎖，興人倒産 ・東洋紡，鐘紡，ユニチカ 3 社は深刻な繊維不況で，合理化を図るために綿・毛を中心に提携を進めると発表 ・排煙脱硫装置の排出基準サルファー1.1に規制強化。各社排煙脱硫装置設置 ・尾州大手染工場は染色廃液処理設備建設

24

第1章　日本の毛織物染色加工技術の変遷

表1.1　日本の毛織物染色加工技術の変遷の歴史と時代背景[13]

西暦	年　号	毛織物染色加工関連事項	一般社会情勢の変化
1976	昭和51年	・艶金興業，名古屋市立工業試験所 根本博士の指導で合成紙を用いた「湿式転写捺染法」開発 ・婦人服は起毛物再来，しかし30年代のものと比べて薄地で高度ではない。後染め品増加 ・艶金興業，毛織物のBasolan DCによる防縮加工実用化 ・起毛した紡毛絨の表面に，ゴムを巻いたローラーを高速回転させてピリングを強制的に発生させる「Napping加工」が艶金染工で完成 ・起毛した紡毛絨をタンブラー乾燥機で高速回転させて毛玉を作る「Sheep加工」は，Napping加工より毛玉の締まりが少なく，ふんわりとした風合いが特徴 ・「ミンク加工」は起毛品の最終工程で，特殊なブラシローラーで毛並に変化を与えたような3次元の表面感を形成した	・AWC日本事務所開設 ・繊維工業審議会「新しい繊維産業の在り方」を通産大臣に答申 ・既製服のロッキンガム三東誕生，コンベヤーシステムの縫製開始 ・東洋紡テキスタイル，ユニチカテキスタイル設立 ・IWS尾州の機屋，ニッター，染色整理業者とマテリアル9商品開発グループ結成 ・通産省，毛織機の取締り強化 ・繊工審「新しい繊維産業のあり方」答申，アパレル主導，知識集約化を提案 ・通産省，知識集約による新技術・新商品開発のため中日本繊維工業協同組合設立 ・尾張地域地盤沈下対工業用水道建設促進期成同盟会発足 ・渡玉毛織，興和紡績羊毛紡績から撤退 ・エスニックファッション流行，キャリアウーマンファッション流行
1977	昭和52年	・CSIRO開発の羊毛のSuper-washレベルの防縮法として，Sirolan BAP法（Bayer社）導入，織編地以外にオムツカバーなどにも広く普及。後にIWSは第一工業製薬にエラストロンBAP製造を認めたが，薬剤単価は低いものの使用量が多く，作業性は悪かったが改善して，現在も続いている ・中伝毛織スルザー織機24台増設し，第2工場新設	・繊維企業の他事業転換への融資制度新設 ・繊産連総会，緊急対策委員会設置，川上の不況カルテル結成で意見一致，流通業界に信用不安高まる ・繊維問屋カネイト，三栄商事倒産で浜松に倒産旋風 ・日本毛整理協会，粗悪輸入毛織物の実態調査実施 ・橋本毛織紡績部門閉鎖，田中毛糸紡績，長野紡績廃業
1978	昭和53年	・羊毛工業100年。明治12年の千住製絨所操業開始から100年にあたる ・尾州各社にT/W（ポリエステル／ウール）織物染色用の高温・高圧液流染色機（日本染色機械社製ユニエース，ラピッドユニエースおよび日阪製作所サーキュラー）設置。T/W織物の染色加工本格的になる ・染料薬液自動秤量機，芒硝自動供給装置，pHスライド装置などで染色のトータル的な自動化，無人化進む	・都築紡祖父江，熊本の羊毛トップ生産休止 ・日中平和友好条約調印 ・円高が進み，対米ドルレート180円を突破 ・東京成田空港開港 ・マニッシュルック，竹の子族出現 ・毛工連，1973年から5年間の織機買上数6,518台に ・毛整理協会廃水再生利用実験プラント研究完了 ・構造不況法施行令改正，梳毛等紡績業を不況業種に指定 ・毛工連，織機協同廃棄8,900台計画

25

第1編　羊毛繊維に関する技術

表1.1　日本の毛織物染色加工技術の変遷の歴史と時代背景[14]

西暦	年号	毛織物染色加工関連事項	一般社会情勢の変化
1979	昭和54年	・東レ，帝人，常圧（酸性）可染のポリエステル開発。カーテン等の染色（糸染）に利用するも服地には普及せず ・鐘紡，トップ染色で無人染色システム開発 ・特に複合繊維織物の薄起毛加工，パイルカット品の増加に備えて，各社が油圧式起毛機新設 ・春夏物ではウール離れで，綿・麻とポリエステルの混紡，交織物が増加 ・日本毛織一宮工場でコアヤーンの開発開始，同時に反染機ユニエースを導入	・アメリカ，中国との国交回復 ・ニット工連22,000台設備廃棄完了 ・中国政府日本の大手社に北京に事務所開設許可 ・梳紡大手18社連名で過剰設備処理の共同行為届出書提出 ・通産省，アパレル懇談会を設置第1回会合 ・鐘紡羊毛部門の合理化で四日市工場休止 ・羊毛工業100周年記念「日本羊毛工業の回顧」発刊 ・NYファッション流行（肩強調）
1980	昭和55年	・「布の風合いの計測と数値化委員会KES」の日豪合同シンポジウム，艶金興業で開催 ・羊毛の防縮のため，酸化前処理をKroy Unshrinkable Wools（カナダ）開発のDeep-Im機を使用し，バックウォッシャーで脱塩素化，水洗，樹脂処理および柔軟処理を行うKroy-Hercosett法がスライバー，織編物に広く普及する。尾州地区数社にも織物用Kroy-Hercosett連続装置導入，主としてフォーマルウェアのSuper Blackの前処理に利用 ・既製服化率70%となる。 ・CSIRO（オーストラリア連邦科学産業研究機構）とIWSが新紡績技術サイロスパン開発	・イラン・イラク戦争勃発 ・日本紡績会，野村総合研究所に「毛製品の市場拡大の可能性に関する調査」を依頼，発表 ・日本毛織，中山工場，アルゼンチナ社閉鎖 ・豪州とIWSが新紡績技術サイロスパン開発 ・過剰設備廃棄開始
1981	昭和56年	・尾州産地で複合織物増加 ・Dow CorningとIWS共同開発の溶剤可溶型シリコン樹脂を，Permec Boweのような溶剤仕上機で羊毛を処理するDC109法は，Super-Washレベルの防縮性が得られる上に，風合いが柔軟であることからニットなどに賞用される ・三井物産，新潟ハイスピナーは北条氏の発明によるコースウールを金属触媒（ニッケル）で還元－酸化する方法によりスケールオフした糸をバアンテヤーンの名称で販売。ニット，織物に使用して防縮とスムース感で好評	・アメリカ，再使用可能宇宙船スペースシャトル打ち上げに成功 ・GATT繊維交渉妥結 ・IWSが中国の9工場にウールマーク使用許可 ・アパレルで初の2,000億円企業誕生（レナウン） ・林紡会社更生計画案まとまる ・日毛，東洋紡，東亜紡ら大手梳毛メーカー減産強化 ・アパレルの15%が機屋と直接取引 ・大和紡稲沢工場閉鎖，梳毛からの撤退発表 ・オーミケンシ，グンゼが羊毛紡績から撤退 ・東邦レーヨン炭素繊維製造設備の大幅増設
1982	昭和57年	・強力な油圧起毛機によるループカット，ウェーブ仕上，モッサー仕上の安定化で生産増加 ・尾州各社でビーカー染めのための「染料・薬品自動秤量システム」導入 ・D.Cブランド（デザイナーブランド）始まるも，カリスマデザイナーの資金力不足により日本では定着せず ・風合い計測システム（KES）完成，大手紡績，染色加工会社および枚方既製服団地が導入 ・中伝毛織スルザー織機48台増設120台設置完了 ・艶金興業「国の自動縫製システム研究組合」に参加 ・ユニチカ，低温プラズマによる繊維の表面改質技術確立，艶金興業とユニチカは低温プラズマによる極薄ウール地の防縮加工技術を共同開発，生産販売する	・サイロスパン日毛，鐘紡，東洋紡が導入 ・東亜紡，溶剤洗毛装置を開発，大垣で800㌧/月 ・青山など郊外型専門店のひな形現われる ・日本，スーパーファインウール買付に積極的 ・東レ，帝人ポリエステル毛混で共同キャンペーン ・工業技術院の「自動縫製システム研究組合」発足，10年継続 ・アパレル産業の不況が表面化 ・スーパーカジュアル流行 ・尾張地域工業用水道敷設

表1.1　日本の毛織物染色加工技術の変遷の歴史と時代背景[15]

西暦	年　号	毛織物染色加工関連事項	一般社会情勢の変化
1983	昭和58年	・尾西地区でニット加工のためミルナータンブラー設置 ・煮絨に替わる連続毛織物セット加工機 HT スチーマー（山東鐵工所製）艶金興業津島工場に導入。自社で改造して連続的に羊毛織物の強力な湿潤セットが可能になり，世界に誇れる装置で，特に強撚織物のフラットセットによる寸法安定化などで威力を発揮 ・艶金興業，IWS との間で毛織物の防縮加工「シロラン BAP 加工」に関する覚書締結 ・艶金興業，アンスラゾール染料による薄地綿布の両面異色加工「SM エルベ」を工業化 ・「ストーンウォッシュ加工」「むら」「しわ」などワッシャー加工流行 ・尾州各社にミルナータンブラー導入 ・日本毛織，ファインポリエステル混紡糸の製造開始 ・高率アンゴラ混糸絶好調	・繊工審「新しい時代の繊維産業のあり方について――先進国型産業目指して」を通産省に提出 ・尾西地区に工業用水道配管敷設 ・一宮地場産業ファッションデザインセンター発足 ・尾州地区の機屋は好況で出機注文満杯 ・尾州でも綿・麻の加工増加のため，艶金興業シルケットレンジ設備
1984	昭和59年	・紡毛婦人服地生産史上最高 ・繊維工業構造改善事業協会が「泡染色装置」など3件の技術開発状況まとめる ・毛織物はミルド仕上，セミ・ミルド仕上が大流行で毛織物の80％以上がミルド仕上 ・尾州各社に CCM（コンピュータ・カラーマッチング・システム）導入される ・短いナイロンパイルを静電気で帯電させ，樹脂を塗布した捺染台上の織物表面に植毛する「フロッキー」加工がブームになる ・艶金興業，コロナ放電装置を導入，フォーマルの濃染化前処理に使用，SM スペース加工の名称で非塩素加工を訴求	・IWTO（国際毛製品機構）の53回目の総会（国際羊毛会議）が東京で開催 ・一宮ファッションデザインセンター FDC 設立 ・尾州産地革新織機レピア，スルザーの導入急増 ・尾張地域地盤沈下対策工業用水道全面通水 ・日本毛織が太陽熱利用の毛糸染色実験プラント稼働 ・尾州の工場の FA，OA 化進む ・尾州機屋のスペース満杯 ・中小企業事業団は染色整理における廃水の有効利用により大幅なエネルギー削減を可能にしたシステムを公表する ・ユニチカ羊毛工業部門を分離，ユニチカウール創立 ・DC ブランド全盛
1985	昭和60年	・ニット化率30％ ・メンズ DC ブランド発表相次ぐ ・サイロスパン紡績法を用いた織物登場。毛羽が少なく，光沢があってソフトでドレープ性のある織物好調 ・日本毛織がこの年までに商品化した新加工技術は以下のとおり 　カシミヤのブライト加工：羊毛に光沢と柔軟性を付与 　ウォッシャブル加工：毛製品の家庭洗濯可能 　スーパーブラック加工：黒の超深色加工 　アンチセット加工：高収縮特性やバブリングに対する寸法安定加工 　セルロース混染色加工：ウール／コットン混紡糸の一浴染め	・G5プラザ合意，円高加速 ・東京で第7回国際羊毛会議開催 ・中国初の海外合弁工場，NZ での洗毛工場建設に調印 ・紡毛織物の生産過去最高，紡毛糸，織物，獣毛類の輸入記録更新。ウールブーム ・通産省，中小繊維業の過剰設備の共同廃棄事業の説明会において5業種で8,020企業廃業を発表 ・東京ファッション協会および東京ファッションデザイナー協会発足 ・東洋紡シノン・ウール混紡素材開発 ・「科学万博つくば1985」開幕 ・イタリアンカジュアル流行

第1編　羊毛繊維に関する技術

表1.1　日本の毛織物染色加工技術の変遷の歴史と時代背景[16]

西暦	年　号	毛織物染色加工関連事項	一般社会情勢の変化
1986	昭和61年	・大東紡織，羊毛の分子構造変えるバイオテックで形状記憶ウールを開発 ・アパレルの中国合弁事業台頭 ・日本毛織で高付加価値商品開発のため，精紡交撚糸，サイロスパン糸，バイコンポーネント糸およびマイクロファイバーポリエステル混紡糸，ウール／ポリエステル二重構造糸，純毛超極細糸，コアヤーンを複合したり使い分けて新商品開発 ・日本毛織，学生服のウォッシャブル加工開発	・東洋紡，シノンとウール混紡素材開発 ・メンズ業界でDCブランドが台頭 ・メンズの重衣料郊外店は1985年末で500店舗 ・IWS，コースメリノでサイロスパンの細番紡毛糸に成功 ・IWS，少量の他繊維混入品の新ウールマーク制定 ・三陽商会，三井物産と合弁で米国に縫製工場設立 ・樫山が米国J.Press社買収 ・日本毛織，レシプロ連続洗絨機を導入 ・尾州産地満杯 ・ルーズフィットからボディコンへ
1987	昭和62年	・新世代ウール（サイロスパン，サイロフィル，サイロコンポ，サイスラー，ウーラップ，ハイコンポーネント，ニューファイバーブレンド糸等）の1つであるサイロスパン紡績広がる ・新世代ウールプロジェクトがIWS開発素材と各社開発素材を合わせた282種を認定，化学加工としては， 　Machine Washable Wool：酸化法，樹脂法により防縮加工を施したウール 　Soft and Luster Wool：酸化法または酵素法で羊毛表面からスケールを除去し，光沢や柔軟性を付与した 　Cool and Dry Wool：セラミックスを使用し，クールでドライな質感を付与したウール 　Stretch Wool：撚糸状態で還元剤でセットし，その後，逆方向に加撚したウール 　形状記憶Wool：クリンプを増した状態で，タンパク質溶液処理で分子構造を変化させ，セットしたウール 　Sparkling Wool：機械的にクリンプを増加させ，バルキー性・弾力性を高めたウール 　消臭Wool：多孔性セラミックス。酵素や植物エキス消臭剤などを用い，消臭性を増したウール 　芳香Wool：香りを封じ込めたマイクロカプセルを，樹脂で繊維に接着したウール 　Real Black：塩素，酵素またはプラズマ処理で染料の吸着性を高め，深みのある染色可能なウール 　が挙げられる	・尾州産地満杯。革新織機増設再開，紡毛も増 ・AJL（エアージェットルーム）で毛織物の製織も可能に ・毛織業好調。婦人機満杯の盛況，百貨店紳士服2桁増 ・中国，豪毛買付100万俵オーバー，中国カシミヤ値上 ・メンズ業界，中国スーツに本格的に取り組み，98,000着に急増 ・伊藤忠，アルマーニ，マルゾットと取り組み拡大 ・メンズの既製服化率80%台に ・メンズポスト韓国へ中国スーツに本格取り組み ・三菱レイヨン新型アクリル繊維発表 ・百貨店の紳士服商戦，高級品を中心に2桁増 ・ボディコンシャススーツ，ミニタイトスカート流行
1988	昭和63年	・ニット製品輸入が国内製品を上回る ・梳毛紡績工場の海外進出始まる。2006年までに中国で23社，マレーシア2社，ブラジル，香港，台湾に各1社の海外における企業設立に参加	・繊維工業審議会，産業構造審議会新繊維ビジョン「今後の繊維産業およびその施策のあり方」を通産大臣に答申 ・尾州は超繁忙続く ・尾州にグラフィックデザインシステム導入。枡見本，プリント柄の配色，ニットの柄出しに利用 ・ハイテク紡毛糸の開発 ・紳士服生産，10年ぶりに年間1,000万着回復 ・東洋紡，マレーシアに梳毛織糸紡績設立，太陽紡，天津太陽毛紡設立。梳毛工場の海外進出始まる ・メンズ郊外店1,000店の大台に ・DCブランド低迷，イタリアンインポートブーム

28

表1.1 日本の毛織物染色加工技術の変遷の歴史と時代背景(17)

西暦	年 号	毛織物染色加工関連事項	一般社会情勢の変化
1989	平成元年	・IWSと東レが銅含有繊維混の静電防止ウール開発 ・春夏も秋冬も新合繊ブーム ・日本毛織，濃染加工技術「スーパーブラック」を開発 ・日本毛織，一宮工場にニュースイングエース，ラピッドユニエース反染機，連続セミ蒸絨機，全自動釜蒸絨機など最新鋭設備導入 ・愛知県尾張繊維技術センター，保温・導電・抗菌3タイプの毛織物開発	・梳毛ブーム大天井，ウールの消費鈍化，レディースは多素材，梳毛紡績の経営一転最悪に ・東レ，秋冬T/W紳士服地50%アップ確保，新合繊ブーム ・中伝毛織エアージェットルーム48台本格稼働 ・帝人，世界初の非ウレタン系弾性繊維「レクセ」を開発 ・メンズもレディースもウールの消費鈍化 ・紳士服はソフトスーツ流行
1990	平成2年		・ベルリンの壁取り壊し ・繊維リソースセンター始動 ・IWS新世代ウール開発キャンペーン開始 ・岩戸景気に並ぶ好景気 ・既製服化率83.1% ・ニッケ売上史上最高，藤井毛織100周年 ・1989年，スーツ1,192万着で15年ぶり更新 ・紺ブレ急増 ・エコロジーファッションブーム
1991	平成3年	・ソトー，ザ・ウールマーク・カンパニーより新世代ウールのビオミール加工の承認取得 ・中国，ベトナムでの生産活発化 ・大手紡績，加工工場に染料自動秤量器設置 ・尾州産地でエアージェット織機導入進む ・艶金興業，鮮美色高耐光染色技術発表	・バブル経済崩壊。尾州産地景況悪化 ・毛紡春夏，新世代ウール ・精紡交撚が急浮上 ・毛紡エアージェットルーム（AJL）導入など，キャパ拡大急 ・東洋紡マレーシア梳毛紡1万錘拡大，南海マレーシア17,200錘増設 ・日本毛織，レピアとエアージェット導入
1992	平成4年	・CSIRO，IWS，BASF社紹介のアンチセット染色処方普及，染色中のロープじわ防止 ・ファッション産業人材育成機構IFI発足 ・IWS日本支部を復活 ・倉敷紡績，羊毛のタンパク質抽出に成功，合成皮革に利用 ・愛知県尾張繊維技術センター「形状記憶ウール」開発を発表 ・婦人ウールコートが百貨店プロパーで好調	・和華羊毛と伊藤忠が，寧波で羊毛加工合弁会社設立 ・日本毛織，トップチェーンのメンバーであるサンキョウ，トリイ，名神，アオキインターナショナル，はるやま等，郊外型専門店に商品供給 ・日本毛織等，尾州の大手染色加工工場でRSC洗絨機，連続溶剤精練機，自動6刃せん毛機，連続セミ蒸絨機など自動化のための設備更新 ・中国への工場進出急増 ・尾州産地AJL100台スケールに ・御幸毛織，5年計画で50億を投じ，生産体制合理化 ・バブル経済崩壊 ・ニュークチュールスーツ人気 ・フレンチカジュアル大流行

第1編　羊毛繊維に関する技術

表1.1　日本の毛織物染色加工技術の変遷の歴史と時代背景[18]

西暦	年　号	毛織物染色加工関連事項	一般社会情勢の変化
1993	平成5年	・メンズスーツ低価格競争 ・形態安定シャツ登場 ・カネボウはCSIROのアンチセット剤を使って，染色品のハイグラルエキスパンション防止加工「イプセン加工」を発表 ・日本毛織，綿混紡績・染色技術を開発	・EC12ヵ国市場統合発足 ・梳毛糸自主減産強化 ・住商が上海と北京にメンズ縫製工場設立 ・クラボウが中国湖西省に梳毛一貫工場建設 ・有力郊外店が，いっせいにカジュアルへ進出 ・IWS，マイクロバルキーヤーンデビュー ・中国での紳士服縫製50工場300万着キャパに ・繊維ビジョンがマーケットイン ・都築紡績梳毛部門休止 ・日本繊維製品品質技術センターQTEC設立 ・平成不況深刻化
1994	平成6年	・ソトー，IWS形状記憶ウォッシャブルシャツ開発 ・クローズドシステムで生産された強力レーヨン「テンセル」日本で加工始まる ・英国コートルズ社のテンセルのミクロフィブリル化（パウダー加工）のための湿式タンブラーニドムとセルロース分解酵素セルラーゼにより，ソフトでしなやかな衣料が開発され，一大ブームになる。ニドムは生産性が悪く事故率も高いために，日阪製作所がサーキュラーを改良したAJ1を発売普及する。テンセルに次いでリヨセル，モダールの加工も始まる ・ピーチ加工は，起毛機の針布の替わりにサンドペーパーを巻き付けたローラーで，表面を擦ることで柔らかい毛羽を織物表面に出す方法であるが，羊毛より強度のあるテンセルなどに多く加工された ・IWS，高性能単糸ウォッシャブル開発 ・尾州地域で羊毛製品の形状記憶，形態安定加工さかん	・日本の繊維・アパレル企業海外進出368社。産地の空洞化進む ・繊維産業流通機構改革推進協議会発足 ・上海にAWCとIWS共同の中国事務所開設 ・ダイドー伊藤忠，上海で上海同豊毛紡有限公司を設立 ・尾州フォーラム開催 ・東亜紡，日商岩井が無錫に梳毛工場設立 ・インドの羊毛工業急成長 ・尾州で，競ってイタリア製洗縮絨機等の導入始まる
1995	平成7年	・艶金興業が羊毛のアニオン化加工，「スピリットSR」を発表，マルチクロム，カチオン化加工と合わせて糸加工後，織物にして染色すると4種の異なる色の染め分けができる加工法を，イタリアで開催の国際羊毛学会で発表 ・テンセル，リヨセル，モダールなどが指定外繊維として販路広がる。尾州産地でニドムなど専用の加工機，セルロース分解酵素を使った「パウダー加工」さかん ・日本毛織とロードショップ青山が「牧場から店頭まで」一貫態勢 ・ウール強撚，交撚，合撚使いが人気	・阪神淡路大震災 ・東京地下鉄サリン事件起こる ・円，80円を割る ・1994年，獣毛輸入量史上最高を記録 ・日本テキスタイル協会設立 ・平成6年スーツ生産量1,000万着，全紳連 ・日本毛織，伊藤忠が独資で青島日毛紡織設立 ・大津毛織，兼松が上海金山大津毛織紡織設立 ・江陰大洋が防縮梳毛ニット糸本格生産 ・ウール＋オペロンが市場に ・尾州にドイツから連続蒸絨機，連続釜蒸機導入される ・東レ，世界初の常温・常圧可染のポリエステル長繊維開発 ・東洋紡績セルロースの永久しわ加工開発 ・GAP日本進出，カジュアルフライデー提案

表1.1　日本の毛織物染色加工技術の変遷の歴史と時代背景[19]

西暦	年　号	毛織物染色加工関連事項	一般社会情勢の変化
1996	平成 8 年	・日毛（オプティム），CSIRO（オーデン），IWS が共同で異形断面ウール「サイロスターウール」開発成功 ・倉紡，ウールの延伸技術を確立 ・木村鉄工所，大型高速巻煮絨機（400〜500 m 巻き）開発，主として後染め加工用に各社導入，スーツ地の風合い改善にはつながらず，また，後染め品ではエンディングの発生で普及せず ・平成ブランド全盛 ・超撥水加工好評 ・日本蚕毛，群馬工業試験所 THPP による非塩素防縮加工を発表 ・小泉化学が羊毛の非塩素防縮加工ピルゴン pp 加工発表	・中伝毛織などが江陰陽光中伝毛紡織設立 ・中国毛紡設備350万錘保有 ・IWS，トーア紡がウールリサイクルプロジェクト ・藤井毛織，タスマニアのマウント・モリストン社を買収 ・日本毛織企画開発部，創作工房を開設。紳士，婦人，ユニフォームのテキスタイルデザイナーとミラノオフィスのスタッフ参加 ・鐘紡，羊毛工業を離脱 ・カジュアルフライデー普及 ・鈴憲，長大，日興，山長「創翔グループ」結成。尾州の伝統と技術力に自信をもち，各社の有機的な結合により共同素材開発研究グループ結成
1997	平成 9 年	・軽涼スーツがニュー定番として春夏商戦を引っ張る ・紳士物に形状記憶加工がユーザーへ浸透 ・アパレル企業系 SPA 増える ・高性能単糸紡織技術 WST 実用化へ ・中伝毛織スルザー織機入れ替え。ピカノール36台，スルザー24台	・ウールエコサイクルクラブ結成 ・輸入製品の圧力が加速 ・東レ，帝人がテトロン共同キャンペーン ・消費税 3 ％から 5 ％へ ・尾州とイタリア，ビエラ産地間交流に踏み出す ・プリーツのミニスカート人気
1998	平成10年	・春夏婦人服は水溶性ビニロン K-Ⅱストレッチ織物ブーム ・CSIRO とザ・ウールマーク・カンパニー，天然のプロテイン投与「バイオクリンプ」の実用化に目途 ・日本毛織，毛織物のナチュラルストレッチ加工「アーロストレッチ」を発表 ・住友商事，ensui 事務局ウール，シルクの防縮，防しわ，形態安定「エンスイ加工」を京都府織物試験所，京都工芸繊維大学，信州大学，丹後織物協同組合等の協力機関とともに大々的に発表，尾州でも指定工場のような形で参加，羊毛の非塩素 Machine washable 加工にはならなかった	・京都議定書署名 ・兼松，トップ工場閉鎖 ・深喜毛織，敷地内に紡毛紡績新工場建設 ・DC ヤングルート人気 ・紳士服郊外店「下取セール」で秋冬市場活気 ・第 1 回ジャパンクリエーション開催 ・セクシーカジュアル人気 ・スキニージーンズ人気
1999	平成11年	・尾州でバンブー織物開発される ・日毛，日清紡，帝人のトライアングルプロジェクト「省エネシャツ」企画 ・機能性スーツがヤングもアダルトも春夏市場を引っ張る ・水洗い可能スーツが人気 ・漂白剤，防虫剤に世界初のウールマーク ・ザ・ウールマーク・カンパニー，プルミエール・ヴィジョンで Wool／K-Ⅱ（水溶性ビニロンクラロン KⅡ）による嵩高ウールをアピール ・ザ・ウールマーク・カンパニー主催のウールニット展で機能性付加加工話題に ・機能性スーツが市場を引っ張る ・瀧定が和紙使いのメンズウェア提案 ・尾州産地でもジーンズの影響を受けて，ストーンウォッシュ，ヴィンテージ加工，むら染め流行	・トーア紡，大垣工場の梳毛紡績設備を廃棄 ・日本オーガニック協会発足 ・通産省，ウールリサイクル技術開発をウールエコサイクル・クラブに委託 ・ソロスパン糸生産増 ・ユニバーサルファッション協会設立 ・「ジャパンクリエーション展」盛況

表1.1　日本の毛織物染色加工技術の変遷の歴史と時代背景[20]

西暦	年　号	毛織物染色加工関連事項	一般社会情勢の変化
2000	平成12年	・G ジャンアイテムブーム ・PTT 繊維のメンズスーツ登場 ・日本毛織，最適な織物規格でしわにならない「トラベルルック」スーツ地発表 ・クラボウ，環境にやさしいオゾン処理の羊毛防縮加工「エコウォッシュ21」を開発 ・尾張繊維技術センター，エコ，意匠，機能をテーマに試作展 ・シロセットスラックス50％増，ウールウォッシャブル比率50％に迫る	・中国の日系メンズ縫製工場が年間450万着を日本市場へ ・日本羊毛紡績会「ウールクライシス宣言」および「アクションプラン」を発表 ・羊毛紡績の構造改善が加速 ・中国，今年中に毛紡設備30万錘を廃棄 ・豪州，中国と2国間貿易協定締結。羊毛のグローバルクォータ拡大 ・サンファイン，梳毛紡績設備大幅縮小 ・尾州紳士服地受注10年で半減，婦人梳毛60％，紡毛40％減 ・中国縫製加速，コスト，品質，ファッション性および機能加工，QR，ISO 認証常識化 ・中国縫製の対日メンズスーツ，中国製生地使用40％を超える ・レザーのメンズハーフコート流行
2001	平成13年	・市場で LOHAS を意識した自然と人間にやさしい商品が要望される ・マイナスイオン加工市場を賑わす。しかしその効果は？ ・衣服の紫外線防止のための UV 加工流行する ・新生日本のアパレル産業協会発足 ・機能性付与加工，抗菌消臭，防汚加工技術研究会各地で開催 ・バンブー織物の天然染料による染色品ビジネス化 ・「水洗いできるウール」大阪市工業試験所，カワボウ繊維共同開発。タンパク質分解酵素加工 ・大阪泉大津ニブラは絹のセリシン定着を応用したトリアジン結合の架橋反応により，「ウォッシャブル紡毛」開発 ・Japan Creation 2001でソトーグループ，染色効果，表面効果および機能加工で19種の特殊加工サンプル展示	・ウールブームが世界的に広がり，世界のトップ加工満杯 ・ユニフォームにユニクロが本格参入 ・テキスタイルメーカーとアパレルの売買契約実践へ ・中伝毛織，ピカノール48台，スルザー織機30台態制
2002	平成14年	・アパレル製品輸入増加で尾州産地苦境へ ・IWS 水洗い高級ウールスーツ製造マニュアル作成 ・大福製紙，王子製紙の子会社王子ファイバーが紙糸の開発開始 ・日本毛織，ウール本来の優れた吸湿発熱特性を利用した発熱する毛織物「ウェルウォーム」加工を発表 ・日本毛織，羊毛の非塩素・非水防縮にプラズマ処理装置を導入 ・日本毛織，毛織物に非塩素・非水・省エネのプラズマ処理を行うことで Super black に替わる濃染加工「Plasma-fine Black」を完成実用化 ・ザ・ウールマーク・カンパニーが世界展開した新素材「スポーツウール」で日本毛織が独占契約	・大東紡織，鈴鹿工場の操業停止 ・オーガニックウールのマーケティングを豪州政府が支援 ・羊毛不足と中国の指値アップで羊毛相場急騰 ・豪州，干ばつで羊毛減産深刻化 ・中国の日系縫製工場，スーツラインの空き目立つ ・アジアファッション連合発足 ・レザーパンツ人気 ・重ね着（レイヤード）スタイル流行
2003	平成15年	・繊維ビジョンで国際競争力強化を提唱，「日本の繊維産業が進むべき方向と取るべき政策」 ・ジャパンクリエーションでジャパンクォリティを世界に発信 ・コンパクトウール糸新登場，単糸に再び注目 ・プリント柄浮上 ・艶金興業が「デンエンチョウフロマン」と命名して三菱鉛筆，伊藤忠商事と超微粒子を用いた泡加工による非水染色を発表 ・艶金興業が，中部電力の電磁誘導で発生する熱を利用した天然繊維の形態安定加工を「エコシェイプ」と命名して発表。電磁誘導式オートクレーブを使用 ・ザ・ウールマーク・カンパニーはウールのもつ性能を，技術的に飛躍・改善した商品群を「ウールサイエンスブランド」として展開を計画，世界最初のライセンシーは豪州の有力軍需企業メルバインインダストリー社が取得 ・スポーツウールによるスキー用 V ロフトジャケットが高性能発揮	・一宮ファッションデザインセンター，産官学による「次世代型繊維産業構築支援事業」で衣料商品開発に挑戦 ・中小企業自立事業申請で深喜毛織，大津毛織，岩仲，山長が採用される ・竹繊維品質表示「竹マーク」設定，野村産業，東レ，クラボウ，日本毛織 ・日興毛織が毛織事業を I.S.T へ譲渡

第1章　日本の毛織物染色加工技術の変遷

表1.1　日本の毛織物染色加工技術の変遷の歴史と時代背景[21]

西暦	年　号	毛織物染色加工関連事項	一般社会情勢の変化
2004	平成16年	・尾州の染色整理工場，競って抗菌・消臭加工を発表 ・倉紡，染料を使わずに羊毛の新着色に成功。「エコトーン」として発表 ・スポーツウールの織物展開が本格化 ・ポリ乳酸ウール複合素材を新開発，一宮ファッションデザインセンターが提案 ・尾州でガラ紡使いの紳士ジャケット開発	・世界的にウール需要低迷 ・豪州で世界初の11 μm の羊毛産出 ・米国・中国でウール製品のジョイントプロジェクト展開 ・三甲テキスタイルが鐘紡繊維羊毛事業を買収 ・ジョイント尾州ブランド立上げ ・「第1回 Japan Yarn Fair」尾州で開催 ・「第1回 JFF イン上海」開催 ・セレブカジュアル流行
2005	平成17年	・トータルイージーケア商品50万着視野に「TEC 会」設立 ・スーパーファイン，ウルトラファインウール増産目立つ ・カシミヤ，アルパカ，モヘヤ価格上昇 ・防縮ウール肌着の新技術に米軍注目，ウールの防炎性能を高く評価	・トーア紡がクールビズ商品登録
2006	平成18年	・クールビズ，ウォームビズが消費市場に浸透，市場に広がる ・防縮ウール肌着に米軍が注目，ウールの防炎性能を高評価 ・「涼感・機能素材の尾州産地」定着，クールビズシャツにケナフ，クールウール等	・中伝毛織，自動ドローイングシステムデルタ110台設置 ・ソトー，ダイドーリミテッドと業務提携 ・カシミヤ，アルパカ，モヘヤ価格，さらに上昇
2007	平成19年	・IWS，郊外店コナカとシャワースーツ発表 ・三甲テキスタイル，光触媒ダイヤモンド触媒ウールを開発 ・青山商事，ナノトレンドダイヤモンドスーツ（抗菌・消臭）発売 ・クラボウ，多彩なウールの製品洗い製品を販売 ・伊勢丹，オーガニックウール（グリーンウール）を使ったグリーンウールニットを発売	
2008	平成20年	・わが国の毛織物の生産量は，1972年の473,348,000 m^2 が2008年には60,227,000 m^{2}に。最盛期の12.7%に減少	・リーマンショック
2009	平成21年	・毛織物生産量54,170,250 m^{2}で前年比25%減 ・羊毛輸入量は，最盛期2,826,000俵が2005年には212,553俵と92.5%減 ・AWI 紳士服のシャワースーツ加工発表	
2010	平成22年	・洗えるウール，婦人服やジャージにも（テックール会）	・尾州を考える会発足
2011	平成23年	・艶金興業が収集した，1600年代にポルトガルやオランダ，英国から輸入されたラシャ製の陣羽織や火事装束などを一宮市に寄贈，一宮歴史博物館に墨コレクションとして保管，展示 ・艶金興業が，1800年代にフランスで作成された毛織物サンプル帳を一宮市に寄贈。これらは羊毛染色加工技術者必見の資料であり，本稿「繊維染色加工に関わる技術と伝承と進展——羊毛・絹繊維に関する技術——」とともに参考にされることを望む	・3月11日東日本大震災発生 ・「第8回 Japan Yarn Fair」尾州で開催 ・2011年度貿易統計で，輸入に占める輸出の割合は18.8% ・日本繊維産業連盟は，人体に影響をおよぼす特定芳香族アミンを生成する可能性のあるアゾ染料について「繊維製品に関わる有害物質の不使用に関する自主基準」を決定
2012	平成24年		・「第9回 Japan Yarn Fair」尾州で開催 ・インドセミナー，中国セミナー開催 ・テックール，ミャンマーで縫製開始 ・IWTO が Super S 表示をウール100%に限定
2013	平成25年	・ヤング層に高級ウールスーツ人気 ・今まで極度に薄地に人気があったが，婦人服中心に紡毛品好調 ・ウレタン樹脂含浸加工など革新的な風合いが求められる ・非塩素防縮加工に対する研究は各社で続行	・中小機構中部本部による中国のファッション市場への挑戦成功と失敗事例に学ぶセミナー開催 ・「第10回 Japan Yarn Fair」尾州で開催盛況

33

第2章 羊毛染色技術

2.1 浸 染

2.1.1 羊毛染色のしくみ

ウールの消費量は綿や化合繊に比べ極めて少ないが，吸湿性があり，撥水性を備え，軽くて暖かい性質は衣料の中で重要な地位を占め，消費生活の中でなくてはならない繊維である。このウール染色のしくみ，すなわち，染色の理論，染色の形態，使用する染色機械について概略を述べる。

(1) 羊毛繊維の構造と染色

羊毛は，主にケラチンと呼ばれるタンパク質から構成されている。羊毛繊維は図2.1のように，大きく分類すると表皮細胞（epicuticle, exocuticle, endocuticle）と皮質細胞（cortex）の2種の細胞から構成され，表皮細胞は内部の皮質細胞を包み込む外側の鞘を形成している。羊毛は繊維中で極めて高い親水性を示すが，表皮細胞，一般にスケールと呼ばれる部分は疎水性で撥水性を示す。この撥水性については，近年18-MEA（18 methyleikosanoic acid）によるものとわかってきた[1]。

しかし，内部のコルテックスは親水性で，疎水性のスケールに覆われた羊毛繊維の中にどのようにして親水性の染料が入っていくのだろうか，図2.2に示す非ケラチン質の細胞間複合体（intercellularcement）[2]を通ってコルテックスに侵入することが知られている。

(2) 水の浸透

染色作業を始めるには被染物が十分に水に濡れていることが必須で，一見濡れているようでも空気が繊維間に残り，見掛けの濡れとなって染料の浸入の障害となる。羊毛表皮の疎水性物質が水の浸入を妨げるため，古くから染色の際には水温を80℃近辺まで加熱して湿潤させていたが，フッ素系脱気浸透剤など界面活性剤の進歩によって30〜40℃の湿潤で染色がスタートできるようになった。蒸気コストと時間の節約になったが，半面，浸透剤のコスト，起泡性による染色中のトラブルがデメリットとして挙げられる。起泡性を防ぐため，脱気浸透剤の中にはシリコン系の消泡剤を配合しているものもあり，染料や他の助剤との相溶性不良で汚れ発生の注意が必要である。羊毛繊維を塩素化あるいはアルカリ処理などしたものは，表皮の疎水性物質18-MEA が除去されて，極めて濡れが早くなる。量販店等で市販されているウォッシャブルパンツの中に，ウール本来の撥水性が失われて瞬時にウォータースポット状に濡れるものが見受けられるのは，塩素処理によって疎水性のスケールがなくなり，親水性になっているのが原因と考えられる。染色整理の場合，染色前には必ず精練が行われるので，精練後乾燥せずに直接染色すれば湿潤工程を省くことになり，省エネルギー，時間短縮になる。1973年第一次

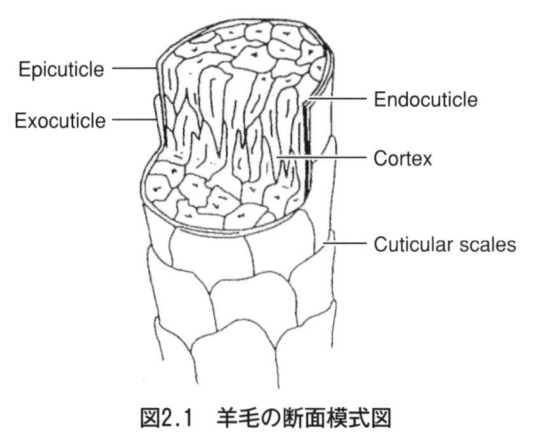

図2.1 羊毛の断面模式図
［出典：M. T. Pailthrope；WOOL DYEING, SDC（1992）］

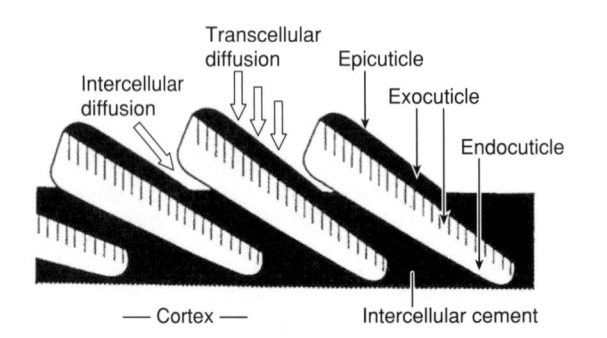

図2.2 羊毛中への染料の浸入経路
［出典：M. T. Pailthrope；WOOL DYEING, SDC（1992）］

オイルショック，1978年第二次オイルショックの当時，省エネ目的で精練から濡れ反で染色工程に送られたのだが，染色予定がくるい，濡れたまま放置しかびが発生することがあった。縮絨にて石けんなどアルカリ性で処理されたものはかびが発生しやすく，工程後に酸処理やかび防止剤を用いるなどの対策が採られた。現在では考えられない，1工場で100バッチ/日以上染色の日々が続いた時代の話である。

(3) 羊毛染色の過程

繊維内への染料の染着は次の過程で進む。水溶性染液の中での繊維表面に向かう染料の拡散，染料の繊維表面への吸着，単分子化され繊維内部へと拡散が進む。染料が繊維表面に供給される速度は染液の循環率に関係するが，個々の染料の特性，染浴のpH，無機塩，界面活性剤の要因によって決まる。羊毛繊維が染まるには，繊維と染料間の親和力が必要で，親和力には物理的結合と化学的結合がある。

物理的結合には，

①水素結合：水素原子が窒素と酸素，酸素と酸素の間を橋架けする。結合力は低い。直接染料とセルロース繊維との結合などがこれである。

②ファンデルワールス力：染料分子と繊維分子の間の引力で，分子の接触面積が大きいほど引力は大きくなる。ミリング染料，スーパーミリング染料などイオン結合にプラスして寄与する。

が挙げられる。また化学的結合として，

③イオン結合：染料アニオンと羊毛繊維に荷電したカチオンの結合で，多くの酸性染料に見られる。

④配位結合：染料と繊維を金属原子が配位して結合を強め，クロム染料や1:1型含金染料などが相当する。

⑤共有結合：染料の反応基と繊維の官能基（-OH，NH₂）間の付加反応や置換反応で結合するもので，強固な結合となる。反応性染料の染色がこれである。

が挙げられる。

羊毛と染料間の結合の強さは，上述の①から⑤へと強固となり，湿潤堅ろう度はそれに比例する。

(4) 羊毛染色上の留意項目

染色品は，使用目的に合致した色相，濃度，染色堅ろう度，物性など以下のことが求められる。

①染色堅ろう度

耐光，洗濯，汗（酸性・アルカリ性），水，摩擦（乾・湿），色泣き等が主であったが，近年では汗日光，塩素水等が複合品に要求されてきた。羊毛製品には，ほかにホットプレッシング，熱湯（ポッティング）がある。なお，染色過程で染料が羊毛繊維内部に十分拡散しておらず，上付いた状態だと十分な堅ろう度が得られないので注意を要する。このような場合，色も深味なく浅く感じられる。

②均染性

染めむら，中希（耳部分と中央部分の色差），両端末色差，汚れ，スキッタリー等があってはならない。均染性を得るには，適正なpH，温度／時間，助剤の管理が重要であるが，染色前の精練不良が不均染の原因となる場合がある。精練工程の良否は目で見て判断がつきにくく，残脂・残石けんや洗いむら，反物の場合の煮絨等のセットむらなどがある。一時期，溶剤精練（連続式）が用いられ均染に寄与したが，スラッジの処理や溶剤に使用したトリクロルエタン，パークロルエタンなど，環境上の問題から現在では使用されなくなった。

③品質

しわ，フェルト化，寸法変化，強伸度低下，ハイグラルエキスパンション等がある。布染めの場合，1980年代に常圧液流染色機の出現によって，染めしわ・染めむらともに劇的に減少したが，投入長さがウインスの50mから2〜4反つなぐと100〜200mになり，滞留槽での押し込みしわが縫製工程のスポンジングなどにより，バブリングの形で顕在するので，フォーマルのように高密度織物の場合は注意を要する。各フロー長さを一定にするため，ダミーの布を加えて揉み作用を同一にする対策が採られている。

④色相

原料染めや糸染めではまれであるが，反染めでは色が合わない場合に追加（Shading）を行う。本来，一発染色（Right First Time dyeing）が望ましいが，委託染色業（Commission Dyer）の場合，加工オーダーによって投入反数が変動するため浴比不同になりやすく，色がビーカー染めどおりに再現せず染料を追加する場合がある。

このような場合，一発で染め上がったものと追加したものでは風合いが違ってくる。また，追加回数が増えると，生地のフェルト化や強度低下などによって不良品となり，クレームの対象となるのみならず追加に要する時間と蒸気費用がロスになるので，一発染色は重要な課題である。

⑤コスト

染料・薬品原価，水・エネルギーコストが適正であり，不良品の再加工によるコスト増を防がなければならない。染料コストの比較はCCMを利用すると容易に算出できるので，処方と均染性を勘案し，常に原価意識をもって処方を作成する。染色のコストで最も大きいのは不上がり（再加工）と事故反の発生で，染料コストを削減したつもりが処方の不適正で大きな損害になることがあるので注意を要する。

⑥納期

定められた期日に染色を完了する日程管理を守り，納入先に迷惑をかけないことが必要。昔から「紺屋の明後日」といわれるように，不上がりの修正などで予定がオーバーし，定められた期日に出荷できないと信

第1編　羊毛繊維に関する技術

用を失墜し，金銭的に損害を受けることになる。品質管理と連携した納期管理が重要である。現在ではコンピュータによるバス割（染色予定表）が普及し，改善されてきている。

⑦環境と安全性

染色品からの重金属等有害物質やAOX等が人体に影響をおよぼさない安全性最優先と，排水・排気によって地域社会および作業環境に影響を与えないように配慮する。安全性に関する法規制に含まれる有害物質を含有する家庭用品規制に関する法律，MSDS制度，PRTR法，日本では法規制化していないが有害アミン物質（24品目）の使用禁止などに留意する。

2.1.2　染色の様式

染色には先染め，後染め，捺染および製品染めがある。以下のように分類できる。

(1)**先染め**：色糸を用いて織りや編みで布帛にするもので，柄物などに多く用いられる。
　①バラ毛染め
　②トップ染めを経て色糸にする
　③糸染め，糸の段階で染色する

(2)**後染め**：白生地（着色したものもある）を指定の色に染める。
　①反染め：織物や編物
　②製品染め：縫製品を染色する（ウールの場合，防縮前処理が必要となる）
　③捺染：色柄を生地に賦与する染色，ここでは省略する

以上に用いる染色機械を例示し，説明する。

⑴　先染め品の染色

①バラ毛染め

羊毛繊維をわた状で染色するのでバラ毛染めといわれ，常圧または高温高圧型のパッケージ染色機が用いられる（図2.3）。染色後は水洗，乾燥を経てカードで開繊，混毛され紡績工程に進む。染色機内の内側と外側で染着差が生じやすいが，後のカード混毛で均一化される。紡毛原料や織編物用に多く用いられる。

後の仕上げ工程での湿潤処理に十分耐え得る染色堅ろう度が要求される。繊維の配列を乱すおそれが少なく，フェルト化する危険がないなどの利点がある。

②トップ染め

梳毛の篠を，トップ（こまの意）の形状に巻いて染色する方法をトップ染めという（図2.4）。染液の流れは外から内へ流す場合が多く，染色後は脱水しトップを巻き戻しながら水洗機で連続的に洗浄して乾燥し，色トップとして巻き取る。色トップは，他の色とミックスして，製糸後に高堅ろう度の織編物になる。

トップ染めは，高堅ろう度の染料を使用して大ロットの織物を同色にむらなく仕上げることができるので，学生服やユニフォームなどに適している。トップの形状はボールトップ，バンプトップが一般に用いられるが，わが国ではボールトップが多い[3]。OBEM社

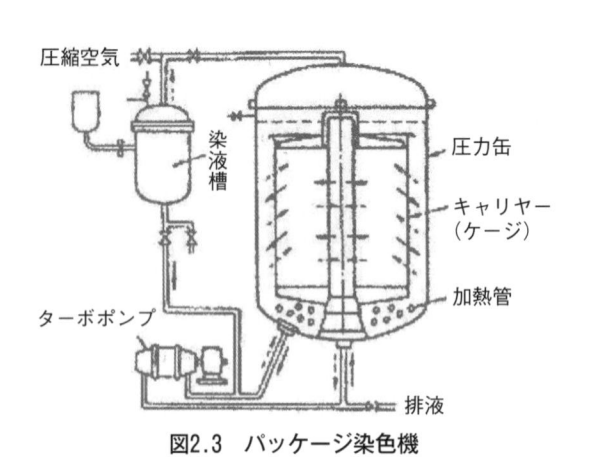

図2.3　パッケージ染色機
［出典：日本紡績協会；テキスタイルエンジニアリング 2（1991）］

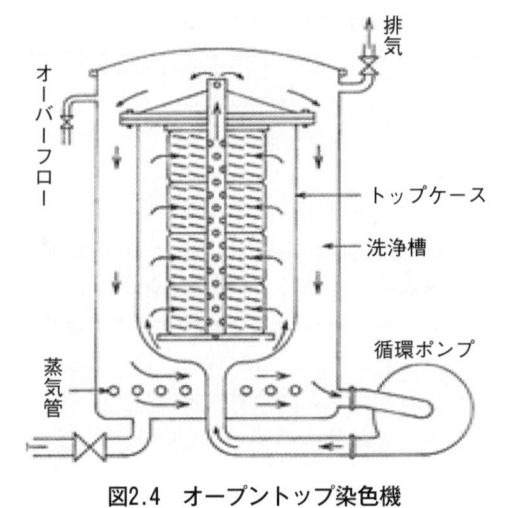

図2.4　オープントップ染色機
［出典：日本羊毛紡績会；梳毛紡績技術マニュアル（1995）］

図2.5　ビッグフォーム（OBEM社）
［出典：WOOL DYEING, SDC（1992）］

（イタリア）のビッグフォームは均染性に優れている。図2.5に示すような，直径の大きなセンターチューブをもつ内缶に，トップをコイル状に積み重ねるため均染性に富む。日本でも全自動タイプで稼働している工場がある。染色されたトップは，脱水後にバックウォッシャーで水洗し，乾燥される。乾燥は熱風乾燥機もしくは高周波乾燥機で行われる。

③－1　チーズ染色（パッケージ染色）

糸染めのチーズ染色は，糸を多孔の平行ボビンや円錐形の多孔コーンに，1kg前後をソフトにかつ均一な硬さに巻き取る。このチーズまたはダイコーンを染

色機に装填し，染液を内から外，外から内へ循環して染色する。チーズの外周部と接芯部では，巻き密度や糸張力，染液速度，染料と繊維の接触率が変わるので，均染性の高い染料の選択，染液循環方向や昇温速度などを適正に制御し均染化を図る。被染物が静止しているので毛羽の発生は少なく，単糸やジャージなどニットに適している。糸を巻き取ったコーンとコーンの間には，スペーサーが必要となる。スペーサーを取り除き，コーンを圧縮して液の流れを均一にするプレスチーズ染色法も採られている[4]。これは PP 製の圧縮ボビンに糸を巻き，その巻き取った糸をプレッサーで約50%プレスしてチーズの高さを1/2にし，1本のスピンドルに2倍の糸を装填して，装填効率を2倍にする方法である。染色槽に2倍の容量糸を装填することができ，浴比も半減して低浴比化を図ることができる。しかし，チーズを1/2にプレスすることにより，巻き密度も2倍となり，通常のポンプでは染液を通過させることができないため，高ヘッドタイプのポンプの開発が行われた。従来の垂直型（図2.6）に対し，横型（水平型）のパッケージ染色機が出ている（図2.7）。低浴比化を図るため，染色槽内の液量を少なくする水平型のチーズ染色機は，浴比を従来の垂直型に比べ半分以下とすることが可能となった。これはヨーロッパで多く用いられている。チーズ染色のむずかしい点としては，染料の凝集物がフィルター現象でコーンの芯部分に析出することが挙げられる。特に混用品の染色で，染料の相溶性，染料と助剤との相溶性が良くない場合に発生する。適切な処方を取らねばならないが，コーンの芯に通気性のあるポリプロピレン不織布を巻いて糸部への付着を防ぐ対処法や，汚れが付着した場合は芯部を数ミリカットするなどが行われている。内外層色差のチェックは，それぞれの部分を採取し，編地にして判定されている。

③－2　綛（かせ）染め

綛染めは束ねて輪にして染めるので「ハンク染め」とも呼ばれる。また，チーズのように硬く巻かないので，ソフトなカーペットや編糸，織物に適している。綛染めには，回転バック綛染め機と噴射式綛染め機がある。前者は，図2.8に示すようにシンプルな構造であるが，染色機内の液流を均等に制御するのが困難で，機壁側と中央部に起きる色差の発生に注意を要する。後者の噴射式綛染め機は，上部に染液を噴射する多孔

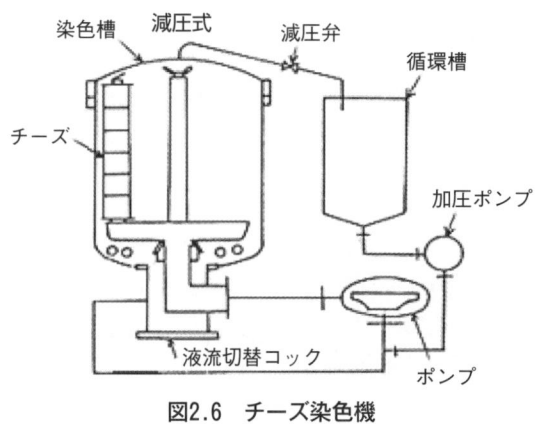

図2.6　チーズ染色機
［出典：日阪製作所の資料］

図2.7　横型チーズ染色機
［出典：Noseda 社のカタログ］

綛棒を設け，その綛棒には綛糸を間欠的にすくい上げ，回転運動させる糸送り装置が付属している。回転バックに比べ浴比は小さく，均染性が良く，比較的毛羽発生が少ない。図2.9に噴射式綛染め機の概略図を示す。

(2)　後染め

①－1　ウインス染色機

構造はシンプルで，染浴に浸かった反物をリールで持ち上げ，回転させながら染色する（図2.10）。ロープ状のため張力が掛かり，しわが発生しやすい。被染物が染浴から空気中に露出する過程で温度が下がり，機内の温度分布にばらつきがあり，また浴比も大きいなど短所もあるが，操作が簡単なこともあって古くから用いられ，汎用性に富む。長所としては，液流染色機と異なり染色中の揉み作用が少ないため，被染物の

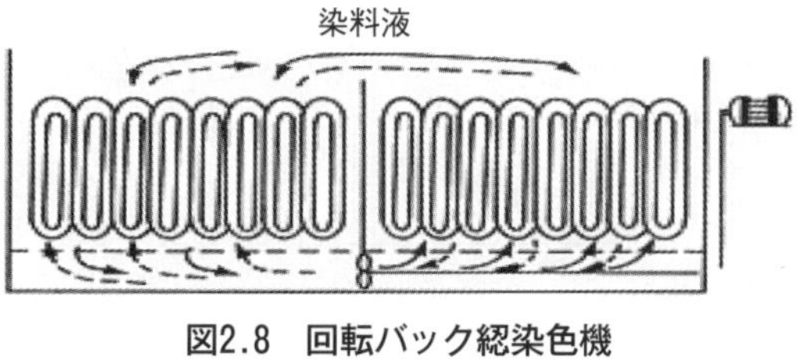

染料液

図2.8　回転バック綛染色機
［出典：日本紡績協会；テキスタイルエンジニアリング 2 (1991)］

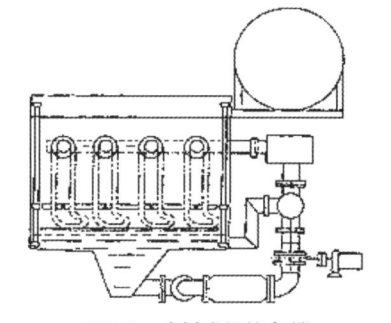

図2.9　噴射式綛染色機
［出典：加工技術，**37**，69（2002）］

37

第1編　羊毛繊維に関する技術

フェルト化が少なく，織物の表面がきれいに染め上がる。また，液流染色機中でタテ方向に押し込まれることによるバブリングが発生しない。機械の幅は1mから6mまであり，1反長50m前後の布がセパレータで分離して仕掛けられる。欠点としては，染浴の温度分布が不均一なため，投入した反物の位置によって色のばらつきが発生することが挙げられる。防止対策として，液をソフトに循環する方法がある。染色機前部の染液をポンプで吸い取り，染色機後方から流し込むことによって，色のばらつき，染めむら防止に寄与した経験がある。

1945年当時のウインスは，木曽ヒノキが用いられた木製のバスで，扉は木綿のキャンバスを使用し，色によって使用バスが制限された。ステンレスが用いられたのは戦後1950年頃で，その後急速にステンレス化へと進んだ。ウインス機の上部に蒸気の抜け孔（ダンパー）が設けられ，開閉可能であったが，ダンパーを閉めると前後の扉から蒸気が吹き出るのを嫌い，開放して染色されていた。ウールの酸性レベリング染料やクロム染料を用いた染色では，均染を得るために沸騰状態の煮き込みが行われ，数十台のウインスから出た蒸気は染色工場の屋根上に巨大な白雲を生じていた。その後，常圧液流染色機の普及で省エネルギーと地域環境への改善がもたらされた。

図2.11に1941年（昭和16年）当時の木バス，図2.12に1951年（昭和26年）当時のステンレス染色機を掲げた。

①-2　ジッガー染色機（図2.13）

片方のロールに拡布状に巻き込まれた布は，染液をくぐって反対側のロールに巻き込まれ，交互に反転して染色される。ウインスと同様に，気相と液相の温度管理が重要である。タテ方向の張力が強く，ウール布帛では一般的に用いられないが，染めしわ防止などの目的で，ウール混用品などに使用される場合がある。反末部と中央部，幅の中心部と耳の部分で染液の接触頻度が異なるなど，機構上の問題によって不均染になることもあるが，浴比が小さく，省エネルギーで経済性は高い。

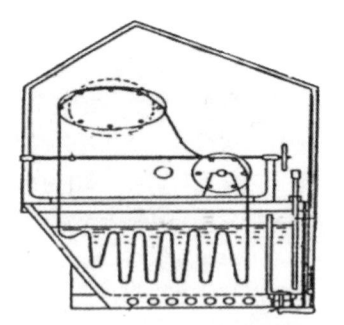

図2.10　ウインス染色機

[出典：新染色加工講座8 浸染Ⅲ，p.128（1972）]

図2.11　1941年（昭和16年）当時のウインス

[出典先詳細不明]

図2.12　ステンレス製ウインス染色機

[出典：墨敏夫；艶金興業百年史（1989）]

①-3　ビーム染色機（図2.14）

拡布状の被染物を，ヨコ方向の円筒多孔ビームに巻いて固定し，染液の流れの方向を内外に切り替えて染色する。被染物が動かないので，しわの発生は少なく，張力が掛からないが，織物組織によって布の重なりか

～　Tweet ── 木（もく）バスからステンレスへ　～

1950年頃，木バスに替わってステンレス製染色機が出現したが，当時ステンレス材は市場に出回っておらず，旧軍関係の在庫をGHQに申請して購入した。ステンレスの溶接技術の経験がないため製造に苦労されたようである。当時の価格は高く，3mウインス1台が名鉄電車の1輌に相当したという。当時，羊毛染色では酸性レベリング染料やパラチン染料に硫酸を使用していた。ステンレスが硫酸に溶けてしまう，との大論争があったと聞く。当時のステンレスバスは生蒸気吹き込みで，長時間経過すると液位が上昇したが，その後間接加熱装置を導入，逆に湯が蒸発して液位が下がった。両方併用することでうまくいったという記憶がある。

らモアレの発生や耳部分との色差が生ずる危険性がある。布の巻き込みや染め上がりの取り出しに，バッチャー装置が必要である。1960年頃には多く用いられていたが，前述のモアレ等の不上がりのほか，風合いがペーパーライクになることや生産性の低さなどから敬遠されてきた。近年になって，しわになりやすい複合品を対象に，全自動化がしやすいことなどから見直されてきている。

①-4　液流染色機

1）常圧液流染色機（図2.15）

現在の反染め染色機の主流は液流染色機で，オーバーフロー染色機ともいう。液流染色機はリール，ノズル，フローパイプ，滞留槽からなる染色機で，常圧型と高圧型がある。ロープ状の被染物は駆動リールとノズルの染液ジェット流で搬送され，フローパイプを通過しながら染着が進み，滞留槽へ戻り，循環する。近年，ウール反物の多くは，ウインスから常圧型液流染色機へとその均染性能力が優れていることから主力となっている。

1フロー染色機から6フロー染色機まであり，6フロー染色機に1フロー3反（≒150 m）を投入すると，1バッチ18反（≒900 m）の染色が可能となる。大口受注でもロット間色差を小さくすることができる。

2）高圧液流染色機

ポリエステル混などには高圧型の液流染色機が用いられる。高圧液流染色機は常圧型に比べ，被染物の揉み効果が大きく，もっぱらポリエステルなどの混用品に限って使用される場合が多い。高圧液流染色機の構造には，大きく分けて丸タンク型の染色機と水平型染色機の2種類がある。1967年頃日本に初めて輸入されたジェット染色機（米国 GastonCounty 社）は図2.16の丸タンク型で，その後，日本ではいくつかの変遷を経て，図2.17の水平型の機械が主流となった。欧州の機械メーカーは丸タンク型が多い。

1957年に東レ，帝人が英国の ICI 社よりポリエステルの技術導入後，ウール／ポリエステル混が市場に出回り始めたが，染色法も暗中模索で，常圧ウインス染

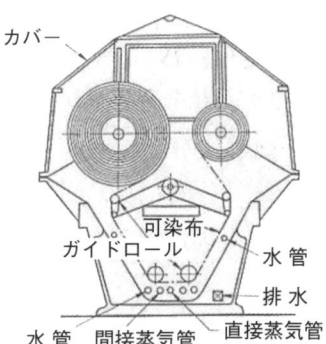

図2.13　ジッガー染色機
［出典：新染色加工講座8 浸染Ⅲ，p.128（1972）］

図2.14　ビーム染色機
［出典：日阪製作所の資料］

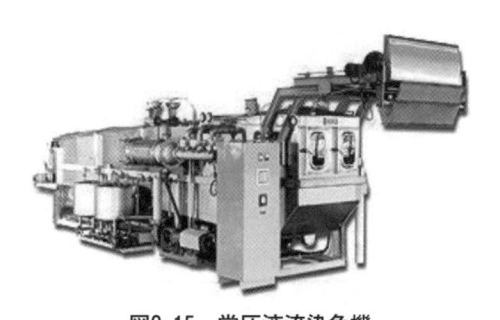

図2.15　常圧液流染色機
［出典：ニッセンの資料（スイングエース)］

色機でのキャリヤー染色はキャリヤースポット発生などが障害となった。芳香族エーテル系の Palanil Carrier A（BASF 社）はスポット発生せずに使用できたが，ビルドアップが低かった。そのような状況下に出現したジェット染色機は，救世主となった。

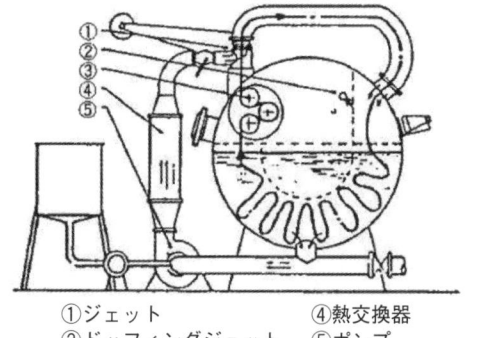

①ジェット　　　　④熱交換器
②ドッフィングジェット　⑤ポンプ
③メータリングロール
図2.16　ジェット染色機
［出典：日本紡績協会；テキスタイルエンジニアリング 2（1991）］

図2.17　高圧液流染色機
［出典：日阪製作所の資料（CUT-NS)］

第1編　羊毛繊維に関する技術

① − 5　製品染め機

近年，製品染めが増加しているが，羊毛製品の場合は染色前に防縮処理が必須である。染色のほかに，表面変化を目的とした製品洗いなどがある。主にドラム染色機やパドル染色機が用いられる。図2.18および図2.19は常圧タイプであるが，ドラム染色機には高圧タイプもある。パドル染色機はストッキングの染色に使用される。

2.1.3　羊毛用染料の分類と染色方法

羊毛は，主として酸性染料で染色される。酸性染料は化学構造上よりその染色挙動と湿潤堅ろう度等により分類される。その染色挙動は，相対分子量とスルホン基の数によって決定付けられるといって過言でない。羊毛用酸性染料を大別すると，表2.1の7つのグループに分けられる。クロム染料は，クロム処理する前はレベリング酸性染料と類似し，マイグレーション

図2.18　ドラム染色機
［出典：日進機械工業の資料］

図2.19　パドル染色機「Flainox side-paddle machine」
［出典：WOOL DYEING, SDC（1992）］

性があり均染される。しかし，一度クロムとキレート結合した後は移染しない。このほかに，反応染料があるが，共有結合で染色されるので，酸性染料と区別し2.1.4項に記述する。

(1)　均染性と湿潤堅ろう度

均染性（移染性）と湿潤堅ろう度の関係を，反応性染料含めた8種類の染料について図2.20に示す。素材，用途，染色設備に応じ，均染性や染色堅ろう度を勘案し，適切な染料選択が必要となる。ウール用染料の均染性は，染着性（strike）と移染性（migration）の両面から観察しなければならない。染着性は昇温過程の吸収曲線を評価し，移染性は染色物と同じ生地の未染布とを所定の助剤，温度の浴で処理し，移染白布の濃度を測定し移染率を求める。およそ視感でも判断できる。スーパーミリング染料，クロム染料，反応染料はほとんど移染しないので，均染剤，染浴pH，昇温速度を調整して染料吸着をコントロールしなければならない。

反染めの場合，用いる染色機で見ると，ウインス染色機で問題なく染められるのは，均染型レベリング染料，1：1型含金染料，クロム染料である。セミミリング染料，Sandolan MF染料（Clariant社）では細心の注意が必要となる。液流染色機を使用すれば，ミリング染料，1：2型含金染料も無難に染色できる。トップ染色は反応性染料からスーパーミリング染料までオールラウンドに使用できるので，染色堅ろう度の点で優位性がある。

(2)　レベリング染料

酸性染料は，羊毛その他のタンパク繊維とポリアミドの染色に用いられる。染色は，イオン結合によって酸性〜中性で染色されるが，染料は水溶性を与えるスルホン基やカルボキシル基と疎水性の脂肪族長鎖を有する。親水性染料の例として，均染型酸性染料（レベリング）がある。この染料は比較的低分子量であって，染色初期は酸性サイドでむら状に染着するが，昇温・煮沸することにより移染（migration）が起こり，均染化される。古くからレベリング染料での均染は強酸を使用し，100℃近い温度で煮き込むマイグレーション法で容易に得られてきたが，昨今では省エネルギー，作業環境の保持の要望などから，染色機の均染性能の

表2.1　羊毛用酸性染料の分類

	染料	無水芒硝量	pH	均染性	湿潤堅ろう度	備　考
1	レベリング染料	5〜10 g/ℓ	2〜3	非常に良好	不良	相対分子量400〜600
2	1：1型含金染料	0	1〜2	やや良好	良好	獣毛混同色性良好
3	1：2型含金染料	4〜6 g/ℓ	4〜6	やや良好	良好	鮮明さに欠けるが高堅ろう
4	クロム染料	0	2〜3	良好	非常に良好	濃色（特に黒，紺用）
5	セミミリング染料	5〜10 g/ℓ	4〜6	良好	やや良好	相対分子量500〜600
6	ミリング染料	5〜10 g/ℓ	4〜6	やや良好	良好	相対分子量600〜800
7	スーパーミリング染料	4〜6 g/ℓ	6〜7	不良	非常に良好	脂肪族の長鎖をもつ高分子量染料

・無水芒硝：Na_2SO_4（硫酸ソーダ）99％，結晶芒硝：Na_2SO_4 $10H_2O$ 43％，液体芒硝：Na_2SO_4 30％，換算して使用。

第2章　羊毛染色技術

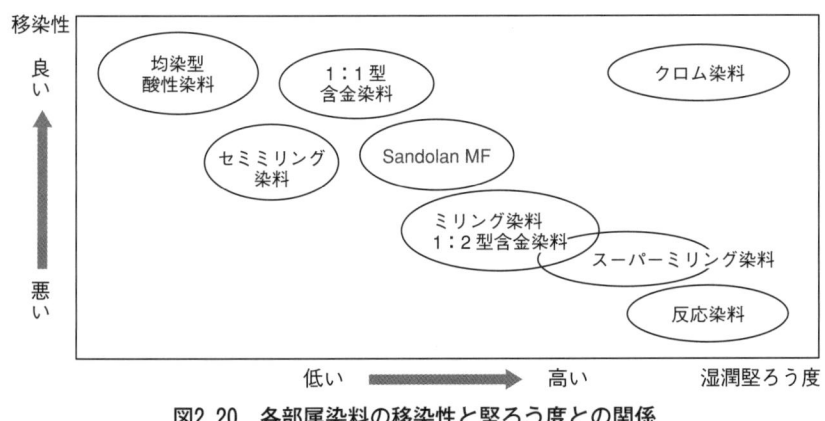

図2.20　各部属染料の移染性と堅ろう度との関係

向上，プロセスの自動制御，助剤の開発によって低温化が可能となり，92〜98℃で染色されるようになった。レベリング染料は濃色に染色すると湿潤堅ろう度が弱く，合成フェノール類のフィックス剤処理を行うと添付白布汚染は向上するも，変退色は避けられない。レベリング染料の使用範囲は淡中色に限定される。

　レベリング染料，セミミリング染料，ミリング染料，1：2含金染料の代表的な染色プロセスを図2.21に示す。

(3)　クロム染料

　クロム染料は，クロム処理前の染色段階では酸性染料と同様の染色性を有し，良好な均染性を示すが，いったんクロムと配位結合しキレート化すると，極めて強固な湿潤堅ろう度を示す。安価で均染性に優れ，高湿潤堅ろう度を有するクロム染料は，現在でも黒・紺などの濃色に使用されているが，6価クロムの環境問題もあり，最近では反応性染料への移行が進んでいる。環境上，クロム等重金属類の排水中への流出による河川や土壌汚染，また染色現場での皮膚障害等を避けなければならない。クロム排出量を最小限に抑えるために，一般的に次のような処方が採られている。

①必要最低量の重クロム酸ソーダ使用

　重クロム酸ソーダ量（%）＝0.2＋（0.15×クロム染料使用量（%））（CGY社の推奨処方）

　0.2は羊毛繊維に吸着されるクロム塩量とみなし，0.15は染料と結合するクロム塩と仮定している。染料構造によって一定ではないが，目安として用いられている。

②染浴のpH

　クロミング中のpHは3〜4の酸性域で行い，それ以上pHが上がるとクロム塩と染料の配位結合が進まず，6価クロムとしての排出量が増える。

③染料の高吸尽

　クロミング前の染浴に，未染着の染料がクロム塩と結合し排出されるのを防ぐため，十分吸収させる。

④硫酸アニオンの禁止

　硫酸アニオンは，クロム塩と染料の結合を弱めるので硫酸ソーダ（芒硝）は使用しない。古くからクロムの黒染色では，高吸尽を図るため煮沸中クロム処理前に硫酸の追加（追硫）が行われていたが，最近ではギ酸追加に変わっている。

⑤還元処理

　6価のクロム塩が，羊毛の還元性によって3価クロムに変化するのを，積極的にクロミング後期にチオ硫

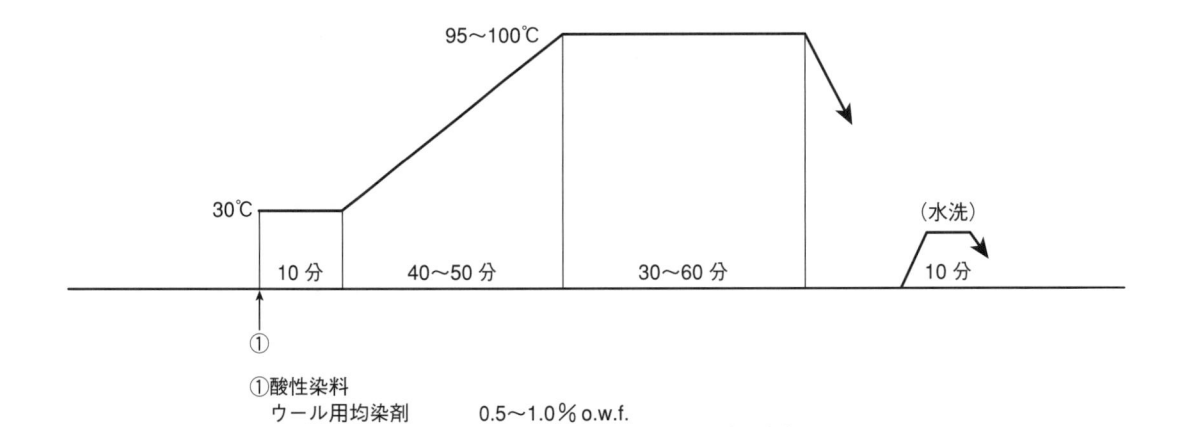

①酸性染料
ウール用均染剤　　　　0.5〜1.0% o.w.f.
酢酸，ギ酸，有機酸　　pH 3〜6（場合によって分割添加）
無水芒硝　　　　　　　5〜10g/ℓ

図2.21　酸性染料の染色プロセス

41

第1編　羊毛繊維に関する技術

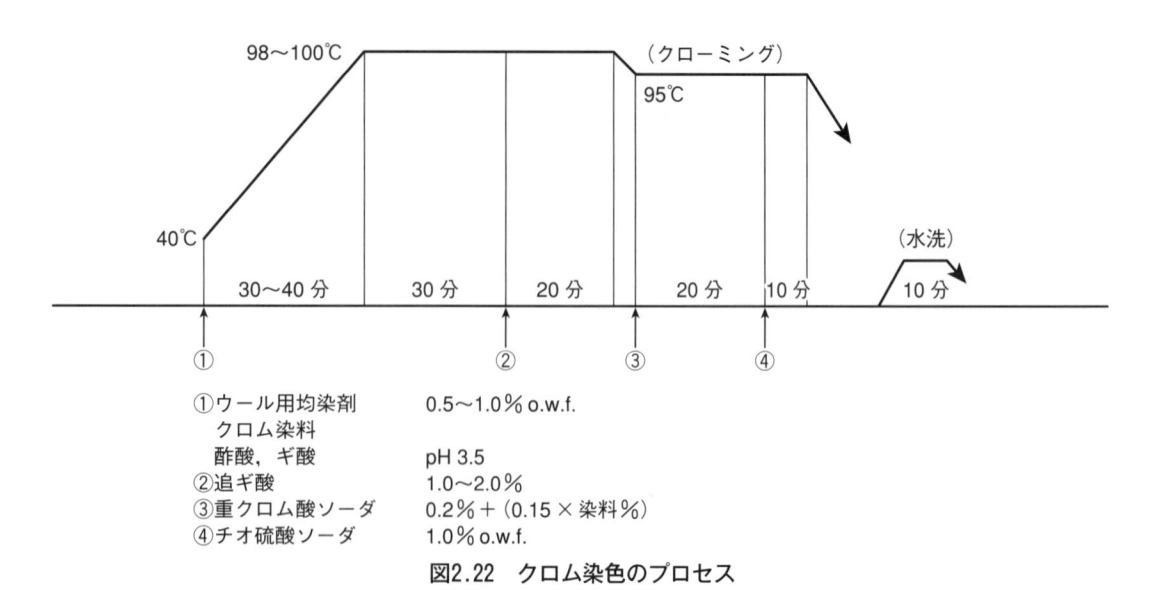

①ウール用均染剤　　　　0.5〜1.0％ o.w.f.
　クロム染料
　　酢酸，ギ酸　　　　　pH 3.5
②追ギ酸　　　　　　　　1.0〜2.0％
③重クロム酸ソーダ　　　0.2％＋（0.15×染料％）
④チオ硫酸ソーダ　　　　1.0％ o.w.f.

図2.22　クロム染色のプロセス

酸ソーダ等の還元剤を添加して還元処理を行い，有害な6価クロムを無害な3価のクロムに変換させる。そのほか，各染料メーカーよりクロム排液低減処方が発表されているので，必要な方は参考にされたい。

　クロム染料による黒色染色のプロセス例を図2.22に示す。

(4)　ミリング染料

　脂肪族長鎖をもつ酸性染料は，移染性に弱点はあるが湿潤堅ろう度は高い。ミリング染料は，その性質上，比較的均染性の良いセミミリング染料（ハーフミリングともいう），中庸なミリング染料と，均染性は劣るが極めて高い湿潤堅ろう度を有するスーパーミリング染料とがある。水溶性基（スルフォン基）と脂肪族長鎖（アルキル基）のバランスによって，均染性と湿潤堅ろう度が決まる。

　ミリング染料，スーパーミリング染料は，主に鮮明な赤，青，緑，黄色として単独に，あるいは1：2型含金染料の補色としても用いられる場合が多い。3原色用にクラリアント社（スイス）が相溶性の良い反染め用の染料としてセミミリング染料，ミリング染料を配合して，均染性に優れたSandolan MF染料を開発し，織・編物等に淡色から濃色まで広く使用されている。ウール100％品のみならず，複合品にも使用される。

(5)　含金染料

　酸性染料の一種であるが，染料中に金属（クロム）を含む金属錯化合物の染料で，染料1分子に対し金属1原子を含む染料を，1：1型含金染料という。染料2分子と金属1原子からなる染料は1：2型含金染料である。1：1型含金染料は，通常の酸性染料や1：2型含金染料に反し，強酸性で均染性が発現し，硫酸やギ酸を用いてpH約1〜2で染色される。強酸浴かつ沸騰浴で均染化され，染色後水洗，中和によってイオン結合から配位結合に変化し堅ろう度が上がるが，同じ配位結合のクロム染料ほどの湿潤堅ろう度は得られ

ない。日光による損傷を受けたチッピーウールのように，スキッタリーの生ずる羊毛繊維の均染化に優れ，最近使用量は少ないが，獣毛品や化炭ウールなど特殊な用途に使用されている［Neolan染料（CGY社），Palatin Fast染料（BASF社）など］。

　1：2型含金染料は，クロム染料よりも湿潤堅ろう度は劣るが，比較的均染性に優れており，簡単な染法で染色できる上，耐光堅ろう度が強く，鮮美色はないがバラエティに富んでいる。親染性均染剤を用い，羊毛の等電点（pH 4.5）付近で染色される方法が推奨されている［Lanaset染料（CGY社），Supralan染料（Dystar社），いずれも色揃えにミリング染料を含む］。

　1：2型含金染料は，染料構造中のスルホン基の形，数により染色性が異なる。

①スルホン基を封鎖しているタイプ：スルホン基がメチルスルホン（SO₂CH₃）やスルホンアミド（SO₂NH₂）の形に封鎖された染料で，分散染料に近い染色挙動を示し，弱酸性〜中性で染色される［Irga-lan染料（CGY社）など］。スキッタリー発生は少ない。極性（親水性）が弱く，染料2分子に対しクロム1原子が対称的に配置されている。

②スルホン基1個の染料（モノスルホン型）は強い極性（親水性）を持ち，羊毛繊維に対し良好なビルドアップ性と優れた耐光堅ろう度と高度な湿潤堅ろう度を示す。現在，1：2型含金染料の主流となっている［Lanacron S染料（CGY社），Isolan S染料（Dystar社）など］。

③スルホン基2個の染料（ジスルホン型）は，モノスルホン型染料以上に強い極性（親水性）を示し，安価で高い湿潤堅ろう度を示す。欠点としてスキッタリー発現がある［Acidol M染料（BASF社）など］。

(6)　酸ドージング均染法

　酸性染料の均染性は，染料の選択，助剤の選択，染色プロセス，染色前の精練の善し悪しにもよるが，酸の添加方法によるところが大きい。使用する酸を一括

注入すると，急激にpHが下がり不均一に染着し，その後の昇温加熱で移染が起こらず，染めむら発生の原因となることがある。古くから染色現場では，染めむら防止対策として，希釈した酸を少しずつ分割して添加する均染処方が採られていた。しかしながら，生産性の面から作業者の多台持ちが増え，作業者の個人差や，時間のずれなどから再現性に問題があった。1963年（昭和38年）当時，礼服用ドスキンの染色加工が最盛期で，タッキング，精練，縮絨，煮絨，起毛（乾・湿），染色，乾燥，剪毛，蒸絨，など高度な加工技術が行われ，染色はもっぱらクロム染色が行われた。高価な織物であるため失敗は許されなかったが，染色工程ではしわとむらが問題であった。クロム黒染色は，図2.22のクロム染色プロセスに準じて行われたが，当時はクロム処理前の煮沸中間時点で，染料吸尽を高めるために硫酸追加（追硫）が行われていた。

染めむら発生原因の1つに，この硫酸追加が急激な染着を生ずると判断し，硫酸追加を1回で行うのではなく10分間かけて添加するため，ステンレスバケツの底に小さな穴をあけて実験した結果，染めむらが急減した。15ℓに所定の硫酸を水で希釈し，10分間で滴下するに要する穴の数を試行錯誤の上，求めて実行した経験がある。当時，染料・薬品は2階の供給室から1階の染色機に，信号を受けて自然落下で供給されるという自動化システムの先鞭とも思われる装置が採られていた。その後，硫酸追加からマイルドなギ酸追加への変更によって，この問題は解消されている。

昭和50年代にはウール製品が市場から敬遠され始め，レーヨンや麻の加工依頼が急増した。ラミー，リネンの染色には反応性染料が使用され，均染を得るためアルカリの分割添加を行ったが作業性に問題があった。その後，薬剤の自動計配装置の進歩もあり，ソーダ灰の分割添加に替わり，液体アルカリによる自動ドージングシステムが採用された。ところが麻ブームも長くは続かず，せっかく取り付けたアルカリドージ

ングシステムも遊休設備化した。当時，ウール市場は量的には縮小していったが，品質面で湿潤堅ろう度アップが求められてきた。当時のウール用反染料の多くはレベリング染料が主として用いられてきたが，均染性が良い反面，湿潤堅ろう度に問題があった。セミミリング染料，Sandolan MF染料，1：2型含金染料はレベリング染料に比べ，相対分子量が大きく，マイグレーションはあまり期待できない。したがって，酸添加のpH管理がポイントとなる。

遊休設備となったアルカリドージング装置を，酸ドージングに変更してみた。使用する染料によって添加条件を決め，徐々にpHを下げていったところ，劇的に染めむらが減少した記憶がある。pHコントロール法として，硫安，酢安などアンモニウム塩やpHスライド剤による方法もあるが，酸ドージング法はウールの酸性染料均染法として有効である。しかし，事前に染料の染着特性に合致した添加条件を見出す予備試験が必要である。

COMEUREG社（フランス）の「TEINTOlab」は，適正な染色処方を求める試験機として著名である。同社のカタログに記載されているナイロンのNYLO-SAN染料による染色例で，温度・時間と各染料吸収曲線のチャートが得られるので，一例として挙げる（図2.23）。このようなデータをもとに，最適な酸添加方法が見出せる。

(7) ハイグラル防止染法

ハイグラルエキスパンション（hygral expansion, 以後HEという）は，湿度変化によって羊毛繊維が水分を吸収または放出して伸長する現象の1つである。羊毛製品は，与えられた歪みによって繊維の緩和収縮が起こるが，縫製時には緩和収縮とHEが同時に起きるため，布に複雑な寸法変化を生じることがある。HEの値は，用いた羊毛の繊度，織物の組織，先染め，後染めなどの染法によって異なる。後染めの場合，特に織物の糸が立体的にタテ・ヨコ交絡し，染色中に浴

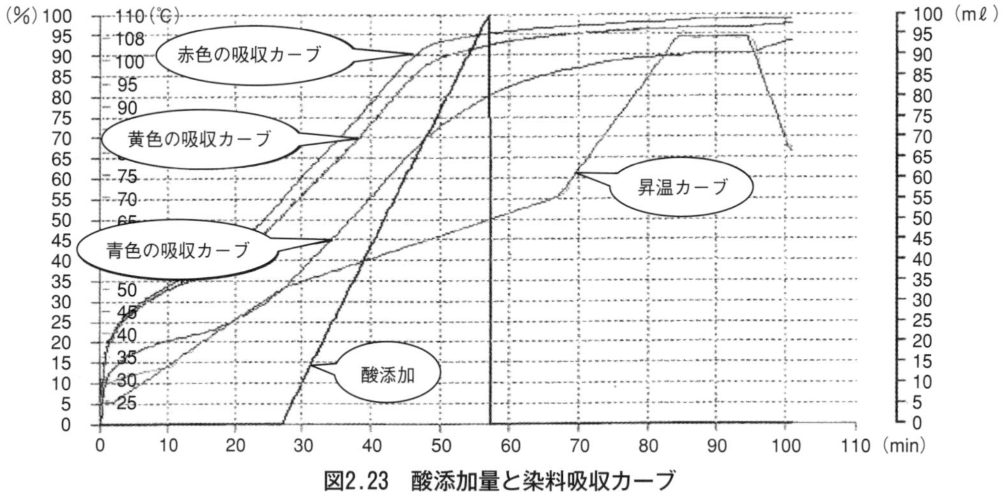

図2.23　酸添加量と染料吸収カーブ
［出典：COMEUREG社のカタログ（TEINTOlab）］

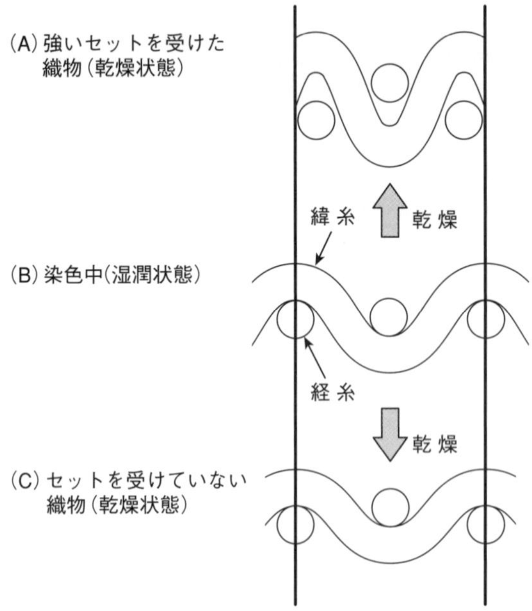

第1編　羊毛繊維に関する技術

(A) 強いセットを受けた
　　織物（乾燥状態）

緯糸　乾燥

(B) 染色中（湿潤状態）

経糸

乾燥

(C) セットを受けていない
　　織物（乾燥状態）

図2.24　染色による織物の形態変化
［出典：改森；加工技術，**28**（1993）］

中でセットが起こり，このセットが縫製品となって加湿された場合に糸が膨潤し，布が伸長して変形を生ずる。これを図2.24に示す[5]。

　強いセットを受けた染色中の織物(B)は，乾燥すると繊維タテ方向に収縮し，(A)のような状態になる。乾燥した(A)の織物に水分を加えると，繊維タテ方向に膨潤し，(B)のようになり可逆現象を示す。強いセットを受けていない織物は，乾燥するとやや細くなるが，寸法は(C)のように変わらない。したがって，染色中にセットが起こらないようにすれば，このHE現象は生じないことになる。染色浴中で羊毛繊維分子のチオール基に反応し，これを封鎖し，チオール／ジサルファイド交換反応を抑制する[6]。このため，染色中に生ずるポ

リペプタイド分子鎖間の架橋結合の再配列が防止される。その結果，染色工程中に付与された強制的な変形が，そのまま化学的に永久セットされるのを防止する効果がある。1992年 CSIRO（オーストラリア連邦科学産業研究機構）と IWS 国際羊毛事務局により，アンチセット染色技術として開発され，日本においても各社でこの技術が採用された。当時の BASF 社（ドイツ）が開発した処方を表2.2にまとめた。

　アンチセットの効果は，HE の減少のみならず，製織性の向上，ランニングマークや染めしわの発生低減におよぶ。アンチセット評価法として開角度試験法がある。被染物に標準の布を折り曲げた小片を縫い付け，染色後乾燥し，糸を70℃水中に30分間浸漬して開角度を測定する。従来法で染色したセット率は通常70～80％であるが，アンチセット染色ではこれが30～40％にまで低下する。また，布の評価法にはスチームプレス収縮試験法 HESC-FT-103A が一般的に行われている。

2.1.4　反応染料による羊毛の染色

　ヨーロッパを中心に，環境意識の高まりからクロム染料の使用を拒むメタルフリー化が要望されている。メタルフリーの対象に，クロム染料以外の1：2型含金染料も含まれるか否かは定かでない。含まれるとすれば，レベリング染料，ミリング染料，反応染料の3つの選択肢となる。レベリング染料は湿潤堅ろう度面から使用範囲が限られ，クロム染料に替わる高湿潤堅ろう度の面から反応性染料に期待するところ大である。

　反応性染料は他の染料と違い，染料と繊維とが電子を共有する結合を形成して，被染物と染料とが共有結合する染料である。この結合は，強固で抜群の湿潤堅ろう度を持っている反面，均染性に難点があり，チッピー染色になりやすく，また，高価格なことから防縮

表2.2　羊毛アンチセット処方

Basolan 2454（ASA）		Basolan 2458（ASB）	
酸性，ミリング，1：2型含金染料用 成分：脂肪族ジカルボン酸とキレート剤の水溶液		1：1型含金およびクロム染料による染色用 成分：ジカルボン酸	
0.5 g/ℓ　Basolan 2454	（最低1％ o.w.f.）	2～3 g/ℓ　Basolan 2458	
1.0 mℓ　過酸化水素水35％	（最低2％ o.w.f.）	染色助剤	
染色助剤		染色 pH4.5以下に調整	
染料		染料	
通常のプロセスで染色		通常のプロセスで染色	

〜　Tweet ── 強酸性染色　〜

　1：1型含金染料 Palatine Fast（BASF 社），Neolan（CGY 社）は硫酸を5％前後使用し，硫酸量が多いほど均染となる。染色後には必ず中和が必要であるが，たまたま中和を忘れ乾燥した結果，反中の硫酸が濃縮され化炭と同じ現象をきたし，綿の織ネームが脆化した事例があった。それ以来，1：1含金を使用しなくなったが，本染料はスキッタリーの防止に効果があり，獣毛混の同色性にも優れ，中和すれば問題ない染料である。

ウールなど特殊の用途に限られて用いられてきた。クロム染料は，クロミング前は十分な移染（マイグレーション）が得られるので問題ないが，反応性染料は染色中に移染と拡散が十分達せられていない間に共有結合が起こると不均染になる。いったん共有結合反応が生ずると，煮き込んでも均染化しないのである。したがって，反応する前に十分マイグレーションさせ，均染することが重要である。

ウール用反応性染料の出現は，Lanasol 染料（α-bromoacrylamido, CGY 社，1966 年），Drimalan F（chloro-difluoropyrimidyl, Sandoz 社，1969年）であり，その中でも Lanasol Yellow 4G, Red 6G, Blue 3G は463と呼称され，高堅ろう染色に用いられてきた。その後，安価なビニルスルホン系の Lanasol CE （Huntsmann 社）や Realan EHF （Dystar 社）などが出現し，脂肪酸アミドのエチレンオキサイド付加物 Albegal B（Ciba 社），Avolan REN（Dystar 社），Lyogen FN（クラリアント社）等の使用により均染が得られている。

α-bromoacrylamido タイプ染料の均染染色がむずかしいのは，酸性サイドで比較的早期に求核置換反応が起こることにある。それに反して，ビニルスルホンタイプの染料の前駆体であるスルファートスルホエチレンは，レベリング染料と同じくビニルスルホン化する前は均染性が良い。また，スルファートスルホエチレン（SES）からビニルスルホン（VS）に変換するのに要する時間は，100℃でも酸性サイドでは 1 時間近く要するので，その間均染するタイミングが十分あると考えられる。

ビニルスルホンタイプの染料は，従来よりセルロース繊維に用いられ，生産量も多く比較的安価である。前述の均染の面から，クロム染料に替わる有力な染料の 1 つである。しかし，ビニルスルホンタイプ染料にも反応基数，分子量，スルホン基数など，分子構造によって一様ではない。

羊毛染色の場合，反応基 1 個の Remazol brilliant Red BB 染料と反応基 2 個の Remazol Black B とではスルファートエチルスルホンからビニルスルホンへの固着率が著しく異なり，2 官能の方が 1 官能より優れているといえる。この現象について Ho Jung Cho と D M Lewis は，「羊毛繊維への異種 2 官能染料による反応染色」で表2.3および表2.4に示す実験データで説明しているので紹介する[7]。

表2.4中で VS とあるのは，あらかじめアルカリ条件で β-sulphatoethylsulphone を Vinyl Sulphone に変換したもので，ソーダ灰を用いて60～70℃で pH 8 で処理している。VS 化には，ほかにもいろいろな処理条件が発表されている。

① 表2.4に示す太字の数値はトータル固着率80％以上で，染色 pH によって異なるが，pH 3 ～ 4 では VS に変換した異種 2 官能の Sumifux Supra と同種 2 官能の Remazol Black B が固着率が高く，同じ Remazol 染料でも 1 官能の brilliant Red BB は極めて低い。

② Remazol Black B は pH 3 ～ 4 で，SES 構造では固着率が低く，pH 5 ～ 7 でトータル固着率が高く，VS に変換したものも pH 3 ～ 6 領域で高い

表2.3　試験に用いた反応性染料（SES 染料関係抜粋）

No.	染料名	メーカー	反応基	
1	Sumifix Supra brill Red 3BF	住化	MCT.SES	異種2官能
2	Sumifix Supra scarlet 2GF	住化	MCT.SES	異種2官能
3	Sumifix Supra brill Yellow 3GF	住化	MCT.SES	異種2官能
4	Sumifix Supra Yellow 3RF	住化	MCT.SES	異種2官能
5	Sumifix Supra Blue BRF	住化	MCT.SES	異種2官能
6	Sumifix Supra Navy Blue 3GF	住化	MCT.SES	異種2官能
7	Remazol brill Red BB	Dystar	SES	1官能
8	Remazol Black B	Dystar	bis-SES	同種2官能

注）MCT：monochlorotriazine, SES：β-sulphatoethylsulphone

表2.4　各 pH 領域における反応性染料トータル固着量（T%）
（反応性染料のトータル固着効果）＝ E%（反応性染料の吸尽率）× F%（吸尽染料の固着率）

pH	3		4		5		6		7	
Dye	SES	VS	SES	VS	SES	VS	SES	VS	SES	VS
1	66.7	**88.1**	**84.2**	**91.0**	74.1	65.6	55.9	43.9	47.9	42.3
2	54.4	**87.2**	73.5	**89.1**	**87.5**	**88.1**	**91.6**	**80.2**	**88.1**	78.4
3	59.6	**88.1**	76.0	**85.4**	78.9	51.6	49.4	39.9	41.0	38.6
4	55.0	**91.3**	70.7	**94.5**	59.8	**81.0**	61.6	62.0	62.2	55.1
5	64.3	**89.6**	**81.1**	**93.6**	**86.1**	**92.8**	79.7	78.7	77.6	76.6
6	59.5	**90.4**	73.8	**93.3**	57.1	52.1	35.4	33.8	31.1	32.0
7	45.1	62.6	52.9	65.6	62.3	67.6	64.2	61.0	56.1	49.4
8	50.1	**93,9**	63.5	**95.2**	**83.5**	**91.8**	**90.7**	**85.7**	**85.5**	77.2

45

固着率を示す。

③黒色の主成分として，Remazol Black B をあらかじめ VS に活性化したものは高固着率を示すが，均染性と摩擦堅ろう度の面から考察すると，SES 染料と VS 化した染料を混用するのがベターと考えられる。

図2.25に示した助剤は Albegal B や Avolan REN の主成分と想定され，染色初期染料と界面活性剤錯化合物を形成し，染色温度の上昇に伴い，染料・界面活性剤は繊維に浸透し反応できるように分解していくと Graham らは考えている[8]。

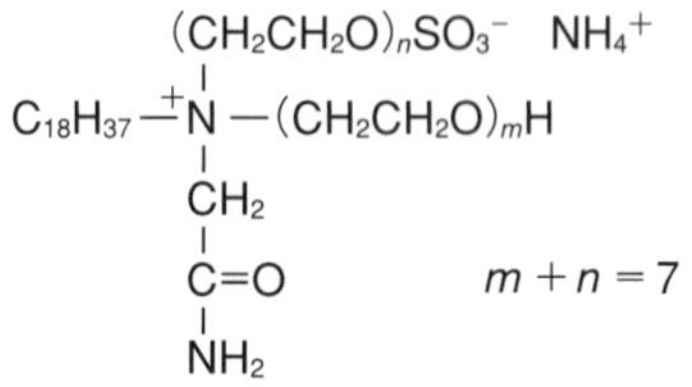

$$
\begin{array}{c}
(CH_2CH_2O)_nSO_3^- \quad NH_4^+ \\
| \\
C_{18}H_{37} \overset{+}{-} N - (CH_2CH_2O)_mH \\
| \\
CH_2 \\
| \\
C=O \qquad m+n=7 \\
| \\
NH_2
\end{array}
$$

図2.25

染色後は，アルカリソーピングを行うことによって未反応の染料を除去し，十分な染色堅ろう度が得られる。アルカリソーピングした後は酸切りを行い，羊毛を安定な状態にすることがウールの品質保持の面から重要である。現在，日本国内で羊毛用に使用されている主な反応性染料を表2.5に示す。

ビニルスルホン染料の前駆体は，スルファートエチルスルホンであり，セルロース繊維の染色時にアルカリを使用することでビニルスルホンに変換し，セルロースと反応する（図2.26）。

セルロースの場合は水酸基（－OH）と反応するが，羊毛の場合はアミノ基（－NH₂）と主に反応する。羊毛はアルカリ条件での染色はできないので，酸性サイドで染色し，染色初期はイオン結合となる。その後の沸騰染色の継続で，スルファートエチルスルホンからビニルスルホンに徐々に変化し，羊毛繊維と共有結合が進む。この反応は温度が高いほど，キープ時間も長いほど反応は進むが，羊毛損傷のリスクを伴う。最近，スルファートエチルスルホンをあらかじめビニルスル

ホンに変換した染料を混合した染料が市販されている。染色後のアルカリソーピング時の脱落が少ないことから，共有結合が進んでいると判断される。ただし，濃色の場合は湿摩擦堅ろう度の確認を要する。

染色後，アルカリ（アンモニアもしくはソーダ灰）ソーピングで未反応染料を除去するが，ソーピング中のアルカリにより共有結合が若干推進すると考えられる。ウールの場合，ビニルスルホン系反応性染料の固着率を，均染性を維持しながらいかに高められるかが今後の大きな課題である。

2.1.5 羊毛の漂白

羊毛の漂白には，酸化漂白と還元漂白がある。要求される白度に応じ，酸化漂白と還元漂白の両方を行い，フルホワイトの場合には蛍光増白剤も併用される。

(1) 酸化漂白（図2.27）

酸化漂白には過酸化水素が一般的に用いられ，活性化剤としてアルカリ剤があるが，急激な酸化反応を制御するため弱アルカリのピロリン酸ソーダやトリポリリン酸ソーダが用いられた。しかし，リンによる排水の富栄養化の問題から，他のアルカリ剤が用いられてきている。

アルカリによる羊毛の損傷を避けるため，弱酸性で過酸を活性化剤とした Prestogen W（BASF 社）があり，pH 5，80℃，1 時間で処理される[9]。このほかに，有機過酸を用いたオスボン法（大同合成化学工業）があり，コールドブリーチも可能である。

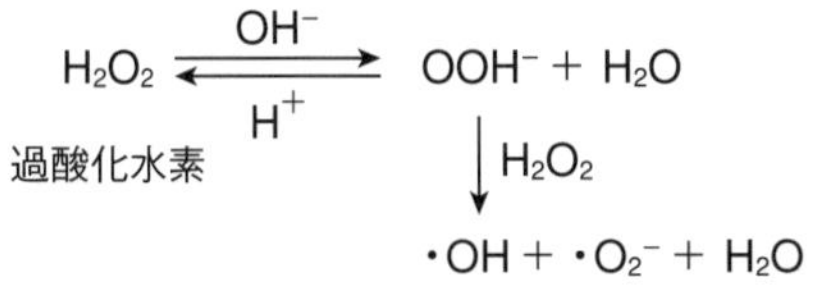

$$
\begin{array}{c}
H_2O_2 \underset{H^+}{\overset{OH^-}{\rightleftharpoons}} OOH^- + H_2O \\
\downarrow H_2O_2 \\
\cdot OH + \cdot O_2^- + H_2O
\end{array}
$$

過酸化水素

図2.27

(2) 還元漂白

還元漂白には，ハイドロサルファイトとその誘導体，亜鉛ホルムアルデヒドスルフォキシレート，ナトリウム・ホルムアルデヒドスルホキシレートや二酸化チオ尿素等が用いられる。羊毛のほとんどの還元漂白は酸

表2.5　主な羊毛用反応性染料（各社カタログより）

メーカー	染料	反応基	コメント
Huntsman	Lanasol	αブロモアクリルアミド系	3原色用
	Lanasol CE	ビニルスルホン系	濃色用
Dystar	Realan	ジフロロクロロピリミジン系	3原色用
	Realan WN	ビニルスルホン系	濃色用
住友化学	Sumifix WF	ビニルスルホン系	濃色用
	Sumifix Supra	モノクロロトリアジン＋ビニルスルホン系	3原色用

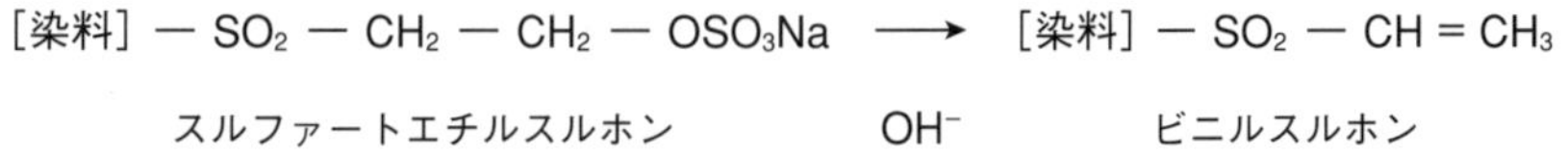

[染料] － SO₂ － CH₂ － CH₂ － OSO₃Na ⟶ [染料] － SO₂ － CH ＝ CH₃

スルファートエチルスルホン　　　　OH⁻　　　　ビニルスルホン

図2.26

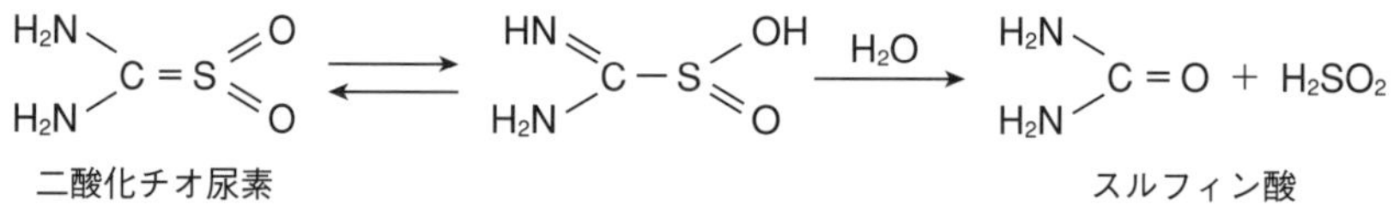

二酸化チオ尿素 ⇌ スルフィン酸

図2.28

性サイドで行われる。

二酸化チオ尿素による還元漂白は図2.28に示されるスルフィン酸の生成によって行われる[10]。

(3) 蛍光増白剤

蛍光増白剤は無色の染料であり，紫外線を吸収し，紫，青の可視領域にエネルギーを放出して，羊毛のもつ黄味を見えなくするが，耐光堅ろう度が極めて低いので注意を要する。蛍光増白剤には，一般的にクマリン系，ピラゾリン系，ナフタルイミド系，オキサゾール，スチルベン系等あるが，図2.29に示したビススチルベンが用いられることが多い[11]。

(4) フルホワイト

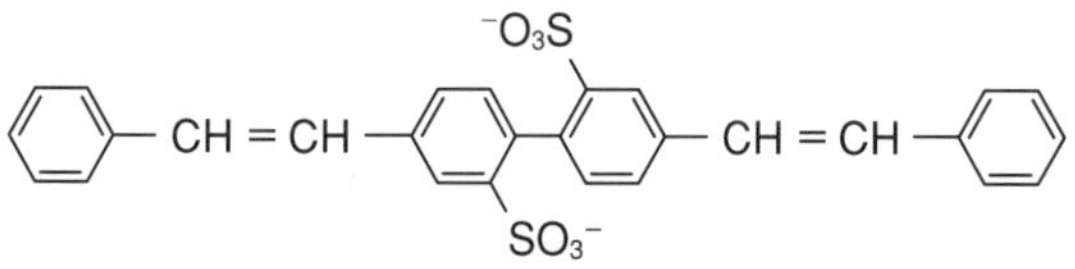

図2.29 ビススチルベン

ウールの白さは，耐光堅ろう度の制限などから綿や合成繊維に比べハンディキャップがあるが，酸化漂白，還元漂白＋蛍光増白剤，紫外線吸収剤のプロセスによってフルホワイトが得られる。蛍光増白剤を増やすと白度は向上するが，日光堅ろう度は低下する。白さは，蛍光増白剤量と日光堅ろう度とのトレードオフの関係にある。白さの表わし方には白度 W，黄変度もしくは黄変度指数 Y.I があり，白度は大きい数値が白く，Y.I 値は小さいほど黄味が少なく白度が高い。それぞれの計算式についてご興味のある方は，成書を参考にしていただきたい。

2.1.6 羊毛用染色助剤

羊毛染色に使用される助剤には界面活性を有するものが多い。イオン性別に概略を示す。

(1) アニオン系界面活性剤

セルロース繊維には親和力を持たないが，タンパク質繊維やナイロンと酸性浴中で強い親和力をもつ。特に，洗浄性に優れているほか，浸透，乳化，分散などの性質に優れたものが多い。ウール／ナイロン混の染色で，アニオン活性剤が酸性染料と染着座席を競合し，ナイロンの染着を抑制するアルキルアリルスルホン酸塩系のミグレガール２N（センカ），ナフタレンスルホン酸とホルマリンとの縮合物 Irgasol DAM（Huntsmann 社）また，合成タンニン系のナイロンのフィックス剤として Mesitol NBS（Dystar 社）などがある。

(2) カチオン系界面活性剤

アニオン界面活性剤と併用すると，沈澱ないし不解離物を生じる。このため，カチオン系活性剤で処理した布は十分な水洗が必要である。主にカチオン染料の緩染剤，直接染料，反応染料の染色堅ろう度増進剤としてのフィックス剤および柔軟剤，帯電防止剤に用いられる。

(3) 非イオン系界面活性剤

溶液中でイオン解離しない活性基をもつ界面活性剤で，他のアニオン，カチオン活性剤と併用可能である。

ウールの均染剤の多くは，アルキルアミン誘導体あるいはその硫酸化物である。非イオン活性剤は染料親和性の助剤として知られており，染料と結合して安定なコンプレックスを作り，染料の均一吸着を促進し，また，不均一吸着した染料を染浴へ脱着移行させ，均染にする。

(4) 両性界面活性剤

これらの製品は通常，カチオン性とアニオン性とを併有するポリエトオキシ化合物である。図2.30に示す構造は，その典型である。この場合，エトオキシ化された一方のアミンの末端ヒドロキシル基は硫酸化されている。反応染料やジスルホン化された１：２型含金染料のように，欠点が非常に現われやすい染料を使う場合にも，両性の助剤はチッピー羊毛のカバー，すなわちスキッタリーのない染色物とするために有効である。市販品には，Albegal A（CGY 社），Albegal B（CGY 社），Uniperol SE（BASF 社），Albegal SET（CGY 社），Lyogen UL（S 社）がある。一般的に，両性の助剤は羊毛への染着速度を増加させるが，この種の助剤は染着速度を遅らせ，また塩素化羊毛や塩素－ハーコセット羊毛に対し，染料が均一に吸収するようにコントロールする点で優れている[12]。

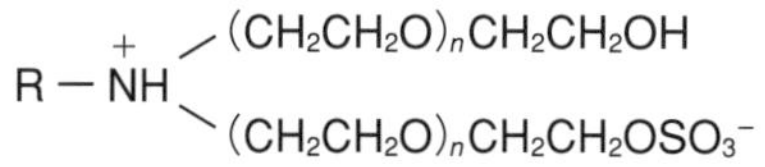

図2.30

(5) 用途別染色助剤

羊毛用染色助剤には，界面活性剤以外にも工業薬品を含め，種々の用途に使用される。以下，項目のみ列記する。

均染剤，スキッタリー防止助剤，染着抑制剤，沈澱防止剤，防虫剤，キレート剤，酸化剤，還元剤，羊毛保護剤，フェルト化防止剤，低温染色助剤，フィックス剤，蛍光増白剤，酸，アルカリ，pH スライド剤，

第1編　羊毛繊維に関する技術

pH調整剤，中性塩，浸透剤，浴中柔軟剤，分散剤，黄変防止剤，ハイグラル防止剤，紫外線吸収剤，キャリヤー，消泡剤，染料溶解剤等がある。

2.1.7　混用品の染色

⑴　混用上の注意事項

　繊維製品の混用は2者混から3者混，4者混と新規性と機能性，審美性を求めるため，いっそう進んでいる。混用数が増えるほど染色加工の難易度が増し，トラブル発生やコストアップが課題となる。使用する染料間の相溶性，染色の再現性，不良品発生防止，水・エネルギー，時間を含めた経済性を念頭に，ベストな設計が必要である。最初のビーカー染めによる色出しが重要である。この時の染料・助剤選択の良否がうまく加工できるかに関係する。メタメリズム等の関係から，その後の見本染め，量産品では染料を変更することがむずかしい。羊毛を中心にした混用では，混紡品，交撚品，交織・編品があり，羊毛の熱と染色時間による損傷度も混用内容によって異なり，混紡品に比べ交織・編品は影響を受けやすい。

⑵　ウール／セルロース

①概　説

　天然繊維どうしの混用は，吸湿性や着用性に優れるが，後染めで同色（solid）に染色するには難易度が高い。セルロースはアルカリに強いが酸に弱く，羊毛はその反対である。セルロース側の精練や使用される反応性染料はアルカリ性が望ましく，反面ウールに使用される含金染料，ミリング染料は酸性サイドが好ましい。主にウール／セルロース混の染色には，以下の4つの方法がある。

②染色プロセス

1)直接染料酸性染料一浴染法

　セルロース側の染料に直接染料を使用し，ウール側に1：2型含金染料，ミリング染料を使用する一浴染法は，レーヨン混に多く用いられるが，耐塩素水堅ろう度が弱いという欠点がある。

　図2.31に示した染料は，耐光堅ろう度に優れた直接染料の構造式で[13]，銅を含んだ直接染料の場合，色合わせなどの関係から染色時間が長時間におよんだ場合，ウールやセルロース繊維の還元性から直接染料の銅が外れることがある。銅が外れることで耐光堅ろう度が極端に低下するので，適度な酸性浴維持と還元防止剤を使用する。銅が外れて色相変化，耐光堅ろう度が低下した場合，少量の酢酸銅もしくは硫酸銅を加えて処理すると容易に復旧する。

　直接染料で高堅ろう度を得るには，染料選択とフィックス剤の使用がある。SDC分類のBクラス塩制御型，Cクラス温度制御型の中からの染料選択と，耐光堅ろう度の低下が少ないポリアミン系のフィックス剤の使用がある。

　ウール／レーヨン浴染色プロセスを図2.32に示す。

2)中性染色可能な反応性染料使用する一浴染法

　セルロース側に，モノクロロトリアジンをニコチン

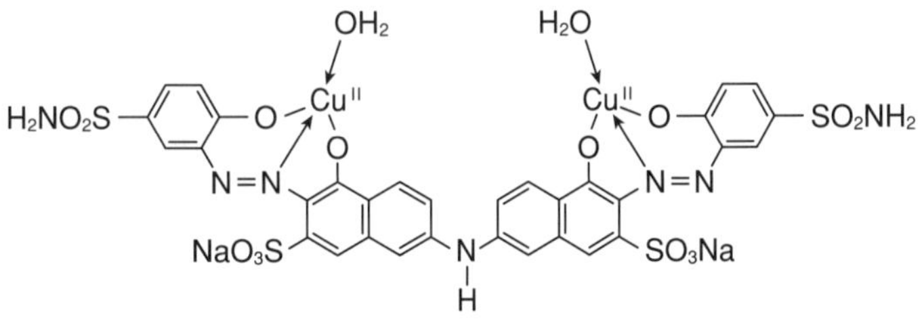

図2.31　銅を含んだ直接染料

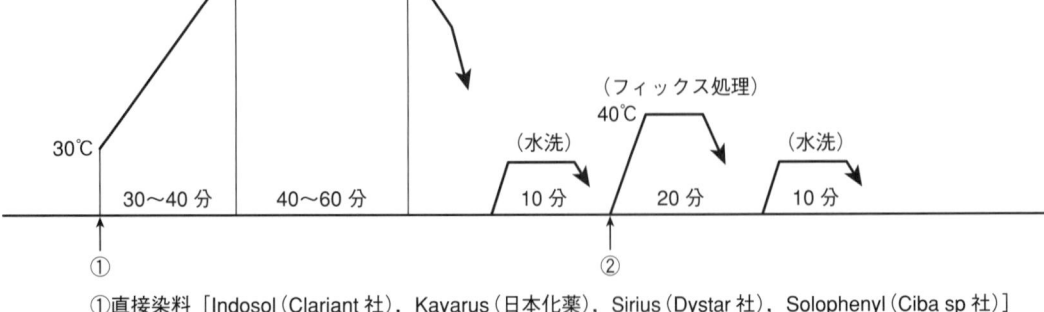

①直接染料［Indosol（Clariant社），Kayarus（日本化薬），Sirius（Dystar社），Solophenyl（Ciba sp社）］
　1：2含金染料，ミリング染料
　酢酸，酢酸ソーダ　　　　　　　　　　　　　　　　　pH 5
　還元防止剤［MSパウダー（明成化学工業）］　　　　1～2％o.w.f.
　ウール用均染剤　　　　　　　　　　　　　　　　　0.5％o.w.f.
　無水芒硝　　　　　　　　　　　　　　　　　　　　5～10g/ℓ
②フィックス剤（ポリアミン，ポリカチオン系）　　　2～3％o.w.f.

図2.32　ウール／レーヨン染色プロセス

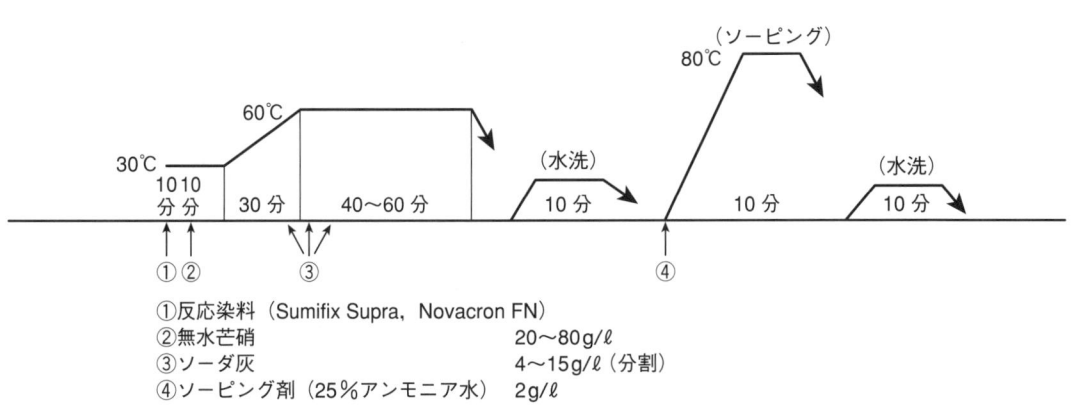

①反応染料（Sumifix Supra, Novacron FN）
②無水芒硝　　　　　　　　　　　20～80g/ℓ
③ソーダ灰　　　　　　　　　　　4～15g/ℓ（分割）
④ソーピング剤（25％アンモニア水）　2g/ℓ

図2.33　ウール／レーヨン：レーヨン側反応染色プロセス

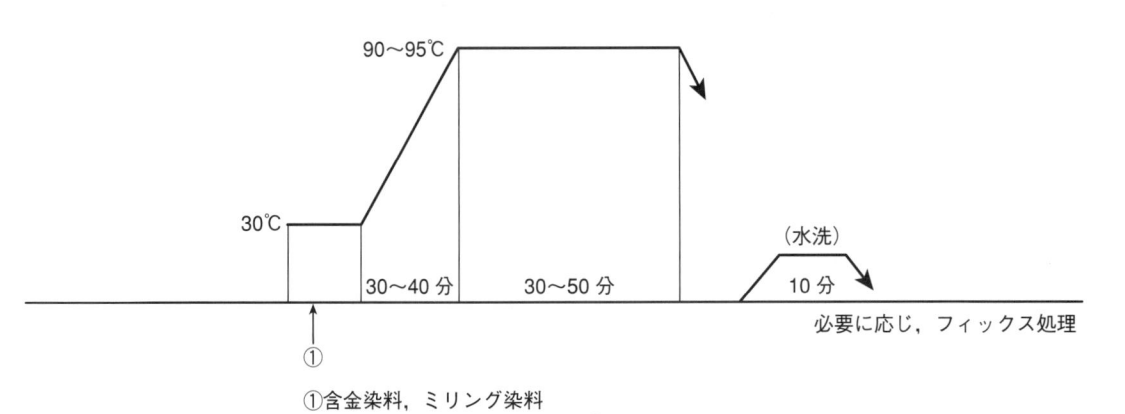

①含金染料，ミリング染料
　ウール用均染剤　　　　0.5～1.0％ o.w.f.
　酢酸，酢酸ソーダ　　　pH 4.5
　無水芒硝　　　　　　　5g/ℓ

図2.34　ウール／レーヨン：ウール側反応染色プロセス

酸で封鎖したアミノニコチドトリアジン染料[14]で中性染色可能な反応性染料（Kayacelon React，日本化薬）を使用し，ウール側は中性で親和性高い1：2含金，ミリング染料を使用する一浴染法。染色は容易であるが，色相が淡中色に限定される。染色プロセスは前項1）に示したウール／レーヨン染色プロセスに準ずる。pH＝7に保つため，緩衝剤（Kayaku Buffer 7，日本化薬）を用いる。

3）反応／酸性二浴染法

　セルロース側を60℃以下で染色可能な反応性染料を用い，極力アルカリ濃度を下げて染色し，ソーピング後にウール側を1：2含金，ミリング，ウール用反応染料を用いて染める二浴法，濃色の場合はこの方法を用いる。セルロース対象の染料として，Sumifix

Supra（住化，SES+MCT），Cibacron FN（Huntsman，F+SES），Levafix E-A （Dystar，F+MCT），Drimarene K（Clariant，F+MCT）などがある。

　注）SES：sulphatoethyl sulphpne
　　　MCT：monochlor triazine
　　　F：flurotriazine

　反応／酸性二浴におけるセルロース側の染色を図2.33に示す。

　反応／酸性二浴におけるウール側の染色を図2.34に示す。

4）同一反応染料染法

　同一の反応性染料で，先にセルロース側を60℃にて染色後にソーピングを行い，同じ染料でウールのスキッタリー防止助剤を用い，98～100℃でウール側を

～　Tweet ―― スフ混からレーヨン混へ　～

　戦後（昭和25年），当時物資難からウールにスフ（レーヨン）を3割混ぜた織物が多く，「毛七」と呼ばれた。ユニオン染料といわれる酸性染料と直接染料の配合品が用いられ，色合わせのむずかしさや品質の問題があったはずだが，先人たちは上手に染めていた。もちろん，色差や染色堅ろう度の許容範囲も現在とは違ったようだ。それから約40年，ファッション性から複合繊維ブームとなって，ウールとレーヨン，綿，麻の混用が求められ，現在に至っている。歴史は繰り返すのだが，レーヨン混は経済性から感性へと独特のドレープ性が好まれ，また重合度の高いポリノジックの出現で，当時とは比較にならないほど品質が向上した。

染色する。簡便であるが，ウール汚染を考慮した色合わせを要する。いずれの場合も染色濃度に応じ，カチオン系のフィックス処理が湿潤堅ろう度維持のために必要であるが，問題点として耐光堅ろう度低下や製品洗濯中にアニオン系汚れを吸着する再汚染がある。汚染防止法として，少量のアニオン活性剤を用いるアニオン返し処理を行う。

イージーケアの目的で，ウール側を防縮ウール使用または染色前に防縮加工するケースがある。この場合の注意点としては，セルロース用反応性染料のウール汚染が極めて大きくなることである。したがって，染色前に防染剤処理を行うなど，汚染防止の配慮が必要となり，むずかしい染色法である。

(3) ウール／シルク

①概　説

ウールとシルクのソリッド（同色）染色は，同じタンパク質であるがためむずかしく，酸性染料で染色した場合，染料の平衡吸着量は一般にシルクがウールより低い。ウール／シルクの場合，シルクは70〜80℃で最大吸収を示し，ウールに好ましい100℃付近では染料を吐き出して薄く染まる。染浴の適切な温度設定と時間がポイントになる。

ウール混に多く用いられるのは，シルクフィラメントではなくスパンタイプの絹紡糸が多く，これは繭の糸繰りできないくず繭を切り開き，短繊維にして紡績した糸である。紡績のコーマーで除去されないネップが染まらず品位を低下するので，シルクを濃く染める反応染料が用いる染法も採られる。

ウール／シルクの染色加工では，精練工程が重要である。使用されているシルク原料のセリシン除去の程度によって，染色性，光沢，風合いに影響する。通常，セリシンはシルク繊維の約25%を占めており，セリシンが抜けることにより織物が柔らかくなってドレープ性が生まれる。マルセル石けんを用いるセリシン落としは最も効果的であるが，ウール／シルクではウールが傷むので使用できない。一般的に行われるのが，

タンパク質分解酵素であるアルカラーゼを用いてセリシンを除去する方法である。酵素処理前に重曹を用い，弱アルカリ性にして中性洗剤で処理し，セリシンを膨潤させておくと酵素処理の効果が高まる。

②染色プロセス

1）酸性一浴染色（図2.35）

ウール／シルク混が染色整理工場で敬遠されてきたのは，スレの発生と色合わせの問題である。スレを完全に防ぐには吊染め（スター染色機）が良いが，生産性が良くない。リールレスタイプの高圧液流染色機を使用すると，改善できることがわかってきた。リールとの接触がないのが利点となっている。

同色の色合わせは，淡色では含金やミリング染料で可能だが，中濃色では限界がある。シルクに親和性の高い反応染料を，処方の中にどのように取り込むかがポイントと考えられる。

2）反応／含金，二浴

シルク側反応の染色を図2.36に示す。

ウール側の染色は，図2.32のウール／レーヨン染色プロセスのウール側染色プロセスに準ずる。

③シルク混染色の注意事項

絹繊維は摩擦を受けると，ささくれてフィブリル化し，染色した布地の場合，色が白っぽく変化する。このフィブリル化現象を「ラウジネス」や「スレ」と呼んでいる。特に，湿潤時に摩擦を受けるとフィブリル化が起きやすくなり，シルクの欠点の1つである。反染めの場合はこのフィブリル化，すなわちスレ発生の防止を心掛けねばならない。染色機の選択，浴中柔軟剤などの対応が必要である。

④使用染料

淡色，鮮明色では酸性染料（レベリング染料，ミリング染料）が用いられ，中濃色では1：2型含金染料が用いられる。シルクの染着開始温度は50℃付近であるが，染料の内部拡散による均染性や染色堅ろう度の点から80〜90℃で染色される。pHが低いほど染着速度は早く，染めむらの原因となる。pH調整剤，中

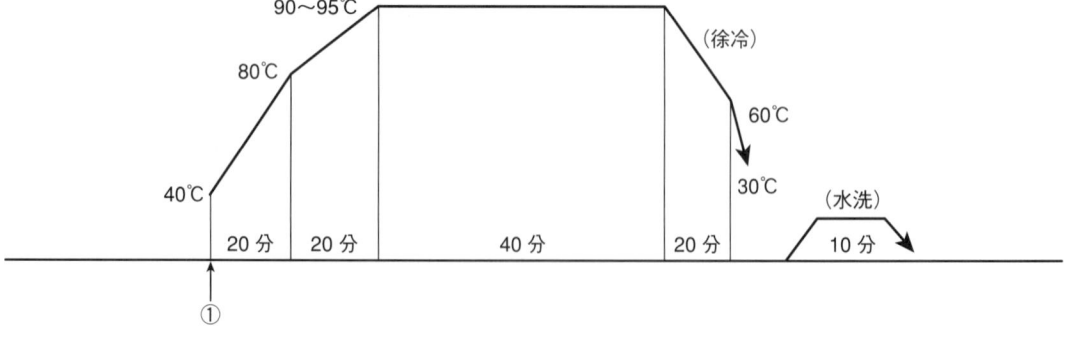

①含金染料，ミリング染料
ウール用均染剤　　　　　0.5〜1.0% o.w.f.
酢酸，酢酸ソーダ　　　　pH 6〜7
無水芒硝　　　　　　　　10% o.w.f.
浴中柔軟剤（スレ防止）　1.0〜2.0g/ℓ

図2.35　ウール／シルク含金染色プロセス

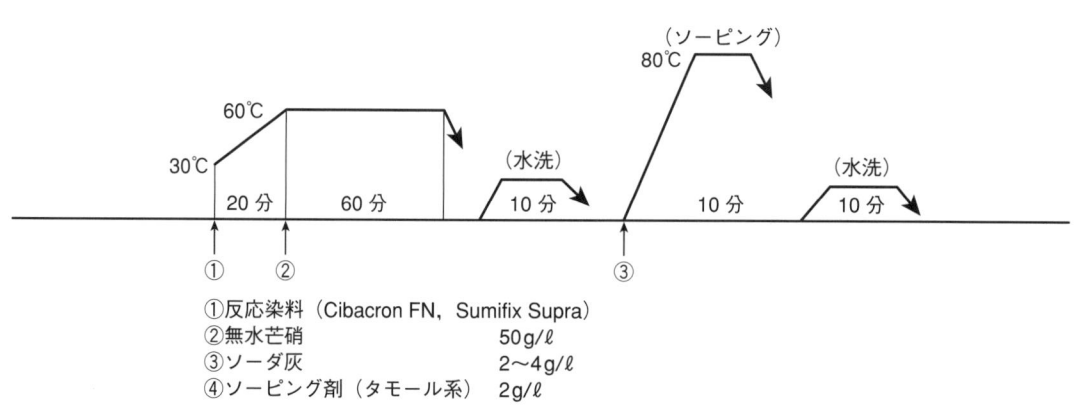

図2.36　ウール／シルク：シルク側反応／含金二浴プロセス

①反応染料（Cibacron FN, Sumifix Supra）
②無水芒硝　　　　　　　　　50g/ℓ
③ソーダ灰　　　　　　　　　2〜4g/ℓ
④ソーピング剤（タモール系）　2g/ℓ

性塩，均染剤など，被染物の状態や使用目的によって適正に選択する。シルクをウールと同色あるいはそれ以上濃くしたい場合は反応染料でシルクを染め，その後でウール側を染める二浴法が採られる。シルク繊維は反応性に富んでいるため，ほとんどすべての反応染料を用いることができる。染色は以下のステップで行われる。

　　シルク繊維への染料の吸収→染料のアルカリによる固着→非固着染料の除去（ソーピング）

1）ジクロロトリアジン系染料

　ジクロロトリアジン系染料は40〜50℃の低温で染着するため，染色条件は過酷にならず，シルクを損傷しない。しかしながら，シルクに対する親和性・染着性が高いため染めむらが発生しやすい，染色温度が低いため繊維内部への染料の拡散が悪く表面染着になりやすいなどの難点がある。

2）VS系，MCT系染料

　染色温度60〜80℃で染める中〜低反応性タイプの染料，ビニルスルホン，モノクロロトリアジン，および両者の異種2官能染料（Sumifix Supra）などは，シルクの浸染に適しているといえよう。

3）フッ素系染料

　染色温度60℃で染めるフッ素2官能（Novacron LS）およびフッ素，ビニルスルホンの異種2官能染料（Novacron FN）等がある。Huntsman社は，2011年にCibacronからNovacronに冠称を変更している。

⑷　ウール／ポリエステル

①概　説

　ウール／ポリエステルの後染めの歴史は古く，キャリヤー染色の時代から高圧液流染色機の進歩とともに，ウール／ポリエステルの染色技術は大きく前進してきた。レギュラーポリエステルは125〜135℃の高温染色が好ましく，ウールは100℃以下が望ましい。この混用品は，分散染料ビルドアップとウール脆化との相反問題でもあり，両者の許容可能な最適条件を見出すことが必要で，現在でも完全な問題解決には至っていない。

　ウール側の対処として，

・高温に対する羊毛保護剤の使用。
・スポットを生じず，堅ろう度が低下しないキャリヤーの使用で，染色温度を低くし，ウール損傷を防ぐ。
・分散染料のウール汚染を最小にする分散剤の使用。
・交織・交撚より，混紡化して多少のウール劣化も布全体としての価値低下を防ぐ。そのためにはどのくらいの混紡率が良いかを定める。

が挙げられる。またポリエステル側の対処として，

・ポリエステルの熱履歴とヒートセットによる均一性付与，筋むら，中希防止。
・オリゴマーによる汚れの防止。
・ウール汚染が少なく，ポリエステルへの分散染料のビルドアップが高い染料使用，かつ堅ろう度が十分で再現性の良い染料の使用。
・易染性ポリエステル，カチオン可染ポリエステル，PPT（Poly Trimethylen Telephtalate）などはキャリヤーを使用しなくても染色できるので，染色加工の立場では意思決定できないが，強度など用途上において許す範囲でサプライチェーンに提案する。

が挙げられる。上記の要件を満たす素材に対応した染料選択および染色方法が求められる。

②ウール／ポリエステル染色に用いられる分散染料

　分散染料は，染色特性と昇華堅ろう度によって大きくは3つのグループに分類される。低エネルギーで染色されるが昇華堅ろう度の弱いEタイプと，高エネルギーで染色され昇華堅ろう度に強いSタイプ，その中間に属するSEタイプがある。ウール／ポリエステル混に使用される分散染料は，EおよびSEタイプで，アンスラキノン系が主でソフトアゾといわれるSタイプに属する染料の一部が濃色用染料として使用される。

　分散染料は，配合した場合にその吸着速度に対して相互に影響をおよぼすことが少ない。吸尽の点でそれぞれ独立性をもっているため，単品よりは数種の構造の異なる染料を配合した方が濃色を得られることが知られている。ウール／ポリエステル混のようにウール

第1編　羊毛繊維に関する技術

の耐熱性に制限のある染色では，この特性を利用して構造の異なる分散染料を複数使用し，濃色を得ることが考えられる。

③分散剤

分散染料を用いて染色する際，染料の凝集と結晶化の防止のため，染浴中に分散剤が添加される。本来，分散染料は水に不溶のため，分散剤を加えて水に分散されるように製造されている。実際の染色の場合，それを補う意味で分散剤が用いられるが，染料濃度が高い場合は少なく，濃度が低い場合は多く使用する。一般に，リグニン系やタモール系（ナフタレンスルホン酸のホルムアルデヒド縮合物），また非イオン系の薬剤が用いられる。分散剤が適正に使用されない場合，染色中スペック（布上に小さな斑点が現われる）やターリング（染料の二次凝集物の繊維への付着）があるので注意を要する。

④キャリヤー

古くから，ウール／ポリエステル混の染色にはキャリヤー染色が用いられてきた。当初，ウール／ポリエステル混はウインス染色機でのキャリヤー染色であった。Palanil carrier A（BASF 社）のような乳化安定性の良いキャリヤーが用いられたが，分散染料のポリエステルへのビルドアップ性が低いため，表2.6に示すキャリヤーが用いられた。キャリヤーはメチルナフタレン，o-フェニルフェノールなどの分子量200以下の低分子の芳香族化合物で，ほとんど水に不溶で，界面活性剤を添加して染浴中でエマルションになるよう調

剤されている。

染浴中の乳化安定性が重要で，染色温度，時間，pH，染料などにより乳化が壊れ，キャリヤースポットを発生すると修正がむずかしいので，キャリヤー選択には注意を要する。キャリヤースポットの発生しないものとして，テレフタル酸ジメチルがある。このキャリヤーは，水に不溶のため微粉化して使用するが，染料のビルドアップ性が低い半面，スポットは発生しない。ただし，冷却時に結晶が析出してくるため，バスの清掃が必要となる。キャリヤーは染色後，繊維に残留し，日光堅ろう度の低下をきたすことがある。キャリヤーの中でもクロロベンゼン，テレフタル酸ジメチル，サルチル酸メチル，安息香酸ブチル系などのキャリヤーは染色後のソーピングによって除去されるが，o-フェニルフェノール，メチルナフタレン系のキャリヤーは染色後のソーピングでは除去されず，150～170℃，30～60秒程度の乾熱処理ヒートセットにより除去される。十分に除去されないと，耐光堅ろう度が極端に低下するので注意を要する。染色乾燥後のヒートセットは，ポリエステル形態安定のほかに脱キャリヤーの目的も含まれている。

⑤羊毛の損傷とその保護

染浴を，等電点（pH 4.5）でキャリヤーの使用を最小限にし，できるだけ高い温度で染色を行いたい。110℃×60分程度であれば，特に羊毛保護剤は必要としないが，ポリエステル繊維への分散染料の染着を高めるには，115～120℃の温度が望ましいが，羊毛損

表2.6　キャリヤー化合物の基本的特性

化合物名	構造式	分子量	融点（℃）	沸点（℃）	毒性	臭気	乳化性
トリクロロベンゼン		181.5	17	213	少	中	容易
オルトジクロロベンゼン		152	−19	178～180	やや少	やや大	容易
オルトフェニルフェノール		171	56	280～284	少	やや少	困難
メチルナフタレン	α β	142	α：−22 β：35	241～242	やや少	中	容易
安息香酸ブチル	—COOC$_4$H$_9$	178	−22	243	僅小	中	容易
テレフタル酸ジメチル	H$_3$COOC—◯—COOCH$_3$	194	140	300℃以上昇華	無	無	分散型
サリチル酸メチル	OH —COOCH$_3$	152	−8.3	243	やや少	やや大	容易
ジフェニール		154	70	255	やや少	やや大	困難

［出典：新染色加工講座8浸染Ⅲ，p.59］

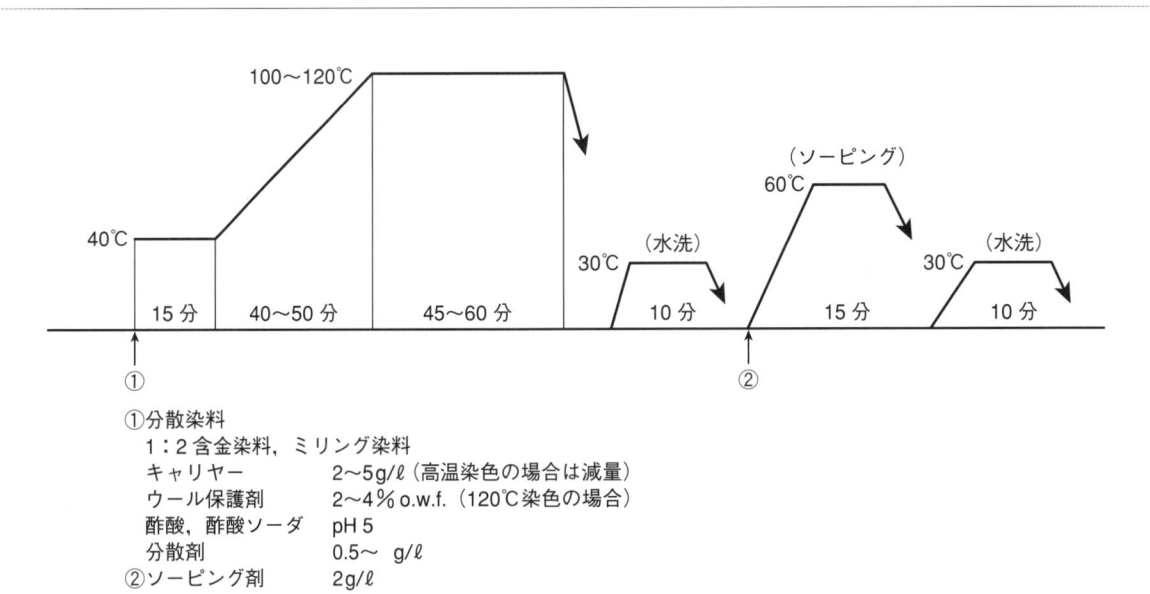

①分散染料
　1：2含金染料，ミリング染料
　キャリヤー　　　　2〜5g/ℓ（高温染色の場合は減量）
　ウール保護剤　　　2〜4％o.w.f.（120℃染色の場合）
　酢酸，酢酸ソーダ　pH 5
　分散剤　　　　　　0.5〜 g/ℓ
②ソーピング剤　　　2g/ℓ

図2.37　ウール／ポリエステル一浴プロセス

傷の危険を防ぐ目的で次記のような羊毛保護剤が使用される。

- ・タンパク質の加水分解生成物
- ・ポリカルボン酸（スケールセット AC，センカ）
- ・アルキル硫酸塩とアルキルスルホン酸塩
- ・ホルマリンおよびその誘導体である DMEU（*NN*'-dimethylolethyleneurea, Irgasol, HTW CGY 社）
- ・無色の反応染料（コスト高い）

⑥羊毛の還元性と染色への影響

ウール／ポリエステルの染色の再現性を悪くする原因として，染色中に分散染料が変色することが挙げられる。羊毛の還元性によって，アゾ系の分散染料のアゾ基が還元され，消色化する。アンスラキノン系の染料にはこの現象は認められないが，対策として微酸化性の還元防止剤であるニトロベンゼンスルホン酸ソーダの添加と，染浴の pH を酸性サイド（羊毛の等電点と同じ程度）に保つことが必要である。

⑦染色プロセス

ウール／ポリエステルの染色は，分散染料と酸性染料（1：2含金染料およびミリング染料）の一浴で染色される。染色後は，羊毛に汚染した分散染料をソーピング剤で除去する。ソーピングは，ウール側に染色されている酸性染料が脱落しない温和な条件がとられ

る。キシロール等，有機溶剤を乳化したものも効果的である。

ウール／ポリエステル一浴染色プロセスを図2.37に示す。

黒・紺や濃赤色など，染色堅ろう度が懸念される場合は，ポリエステルを先に染色し，還元洗浄によってウールに汚染した分散染料を除去してからウール側を染色する二浴染法がとられる。しかし，分散染料を染色後，還元洗浄によって汚染除去しても，その後の羊毛染色によってポリエステル中の分散染料が溶出し，羊毛を再汚染することがあるので注意を要する。

⑧サーモマイグレーション（サーモブリーディング）

ポリエステル内部に染着した分散染料が，熱や加工剤によって表面にブリードしてくる。また，染着した分散染料が，高熱を加えなくても長期間保管中に染料が移行するサーモマイグレーションに注意を要する。

アゾ系染料は，アンスラキノン系染料に比べブリードが多く，染料濃度が高くなるほどブリード量が増える。図2.38は，分散染料のアゾ系とアンスラキノン系の熱による染料のブリード量を示している，アゾ系染料の方がブリードしやすい（○印で表示）。また，△印は親油性仕上剤で処理した場合のブリードを示し，温度よりもはるかに影響が大きい[15]。後加工に用

〜　Tweet ── Jet 染色機と泡　〜

　1967年の JET 染色機の出現により，T／W の染色が急速に進展した。当時，108℃の染色温度でキャリヤーを使用したが，キャリヤーの乳化剤による発泡でタングル（絡み合い）が発生したため，シリコン系の消泡剤を用いた。しかし，抑泡時間が短く，消泡剤の追加等によるシリコン汚れが発生し，まさに泡との戦いであった。その後，染色機の進歩とウール保護剤の使用によって，染色温度も120℃近辺が可能となり，少量の低気泡性キャリヤーの併用で問題が低減した。ベストな染料・助剤の組み合わせによる短時間一発染色の実現が，生き残りへの課題である。

第1編　羊毛繊維に関する技術

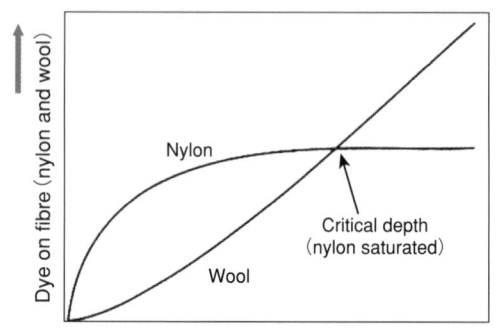

図2.38　分散染料の熱によるブリード

[出典：日本化薬；染色工業, **31** (3) (1983)]

いる親油性の薬剤には，シリコン系の柔軟剤やウレタン系の防縮剤がある。Synthappret BAP（Bayer 社）による防縮加工は，防縮性が高いことから広く普及している。

　ウール／ポリエステル混の黒・紺のように，濃色にアゾ系の分散染料が使用される場合，加工剤へのブリードをチェックする必要がある。一般的に，ジャングルテストといわれる加速試験が行われる。湿度95％，温度70℃の環境で1週間おいた後，湿潤堅ろう度，摩擦試験を行う。1週間が1年に相当するといわれるが，衣料品の場合は1週間が一般的に行われている。アンスラキノン系の黒がよいが，高価なのでソフトアゾの中から選択される場合が多い。

(5)　ウール／ナイロン

①概　説

　紡毛の強度保持や紡績性を良くするため，5〜10％のナイロン混が古くから使用されているが，最近ではファッション性や機能性の面で，ウール／ナイロン高混率の交編織品が増えている。使用染料は，酸性染料（レベリング染料，ミリング染料），1:2含金染料，クロム染料が用いられる。ウール／ナイロンを酸性染料で染色すると，低濃度ではナイロンへの染着速度が速く，濃く染まるが，高濃度ではウールの方がナイロンより濃く染まる。これは，染料吸着に関する座席数に起因する。

　P. G. Cookson と F. J. Harrigan[16]によるナイロンのアミノ基を，同じアミノ基を持つウール，シルクのアミノ基の化学当量（Concentration/equiv.kg^{-1}）で比較しているものを表2.7にまとめた。これを見ると，いかにナイロンの染着座席が羊毛に比べて少ないかがわかる。しかし，親和力は大きい。

表2.7　繊維中のアミノ基量

素　材	Concentration/equiv.kg^{-1}
ウール	0.82
絹	0.15
ナイロン66	0.036

②染　料

　ウール／ナイロン混用品は，1つの染料で両繊維が染色される。吸収速度やビルドアップ性が類似した染料の組み合わせを選択する必要がある。この分配は，使用する染料の化学構造，染色濃度，染浴の pH，各々の繊維の品質とその混用比など，多くの要因によって決まる。

　ウール／ナイロンの淡色染めの場合には，ナイロン側が極端に濃く染まる。たとえば，1％染色でもナイロンの方がウールより濃く染まり，この傾向は染料のスルホン酸基の数の少ないものほど顕著である。染色初期の吸収速度の差は，2つの染料の間の疎水性の差，および2つの繊維間の疎水性の差に起因している。ナイロンはウールに比べてはるかに疎水性であるため，より疎水性の染料が速く染まる。したがって，スルホン酸基を2個有する染料がナイロンに対して速く染着し，その半染時間（平衡吸収量の半分が吸収するまでの時間）はわずか2分である。スルホン酸基を4個有する染料は相対的に親水性で，どちらの繊維に対する吸収も遅く，特にウールでは最も遅くなり，その場合の半染時間は約3時間にもなる[17]。

　ナイロンはウールに比べて酸性染料を速く吸収するが，ナイロンの飽和値が前述の化学当量で示したとおり，ウールよりはるかに低いため両繊維に対する染料

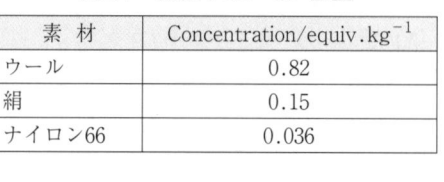

図2.39　ウールとナイロン間の染料分配

[出典：WOOL DYEING, SDC (1992)]

の分配率は染色濃度によって変化する（図2.39）。ナイロンの末端アミノ基が飽和する濃度では，羊毛の染着座席は飽和にならない。この臨界濃度は個々の染料によって異なり，スルホン酸基を1個有する染料の臨界濃度は，スルホン基を2個有する染料のそれより高くなる。なぜならば，スルホン酸基を2個有する染料は，1個の染料に比べて約2倍のアミノ基を必要とするからである。

ウール／ナイロン間の色濃度の不一致を少なくするためには，基本となる色相の染料について，色相が近似のスルホン酸基1個の染料と2個の染料のペアを，実際の染色に当たってはその混合比率を変えて使用される。好ましいスルホン基1個の染料は，主としてモノアゾ系の黄色，赤色と，アンスラキノン系の青色染料である。スルホン酸基を2個有する染料は，ナイロンでは飽和値が低いために中淡色染めに用いられる[18]。

実際の染色に当たっては，染料メーカー，ディーラー各社がそれぞれ同色性に適したナイロン用染料を販売しているので参考にされたい（Telon Dyestar, Nylosan Clariant, 等）。

③分配制御する助剤

染料のウール／ナイロンに対する分配平衡を，助剤の添加によってコントロールすることができる。

ナイロンによるこれらの染料の初期吸収を制御する緩染剤として，以下の化合物がある。

これらは，ある種のフェノール，チオフェノールのスルホン化物，あるいはナフチルアミンスルホン酸のホルマリン縮合物である。ナイロンによるこのシンタンの速い吸着は，主としてシンタン中のスルホン酸基と繊維のプロトンの付いたアミノ基との間の静電気的な結合によるものである。さらに，荷電を持たない極性基間の水素結合や，シンタンの中の非極性部分とナイロンの間の疎水性の相互作用なども，この吸着機構に寄与している。

シンタン分子が繊維表面の近くに保持されている時に最大の緩染効果が得られ，シンタンが繊維の内部に拡散するように処理すると，その効果が低下してくる。このタイプの助剤を均染型酸性染料による染色に用いた場合には，煮沸時間を延長した時のウールからナイロンへの移染を妨げない。しかし，金属錯塩染料やミリング染料の場合には，移染性が低いので初期の染料の分配比は煮沸しても変化しない。クロム染料の場合には，濃色染めでウール／ナイロンの同色性がかなり良好であるため，通常均染剤や緩染剤を使用する必要がない。金属錯塩染料やミリング染料の緩染剤として，羊毛防虫剤に使用されている無色のアニオン染料Mittin FF（CGY社）が有効で，使用濃度によってはナイロン防染剤としても用いられ，ナイロン白残しも可能であったが，製造過程の環境面から現在製造中止になっている。

④ウール／ナイロン染色プロセス

ウール／ナイロンの染色プロセスを図2.40に示す。

ナイロンのフィックス剤としては，一般にシンタンといわれる合成タンニンが使用される。

（6） ウール／アクリル
①概　説

アクリル繊維はアクリロニトリルを主成分とする共重合物であり，染色性を増すための可染基としてメタアリルスルホン酸ナトリウムなど，アニオン性物質が共重合されている。これら共重合成分の種類や割合により，アクリル繊維の物性および染色性が変化する。導入されたスルホン酸基は，染着座席としてカチオン染料によって染色できる。アクリル繊維のカチオン染料による染色は，アクリル繊維のガラス転移点温度80〜90℃以上で急激に軟化し，染着が速くなるため，アクリル100％品の染色の場合には，繊維，染料，助剤の飽和値から使用染料濃度に対する緩染助剤量を算出し，均一な染色に留意する必要がある。その後，分散型のカチオン染料（Kayacryl ED，日本化薬）が発売され，ウール混用品の酸性染料，クロム染料との一

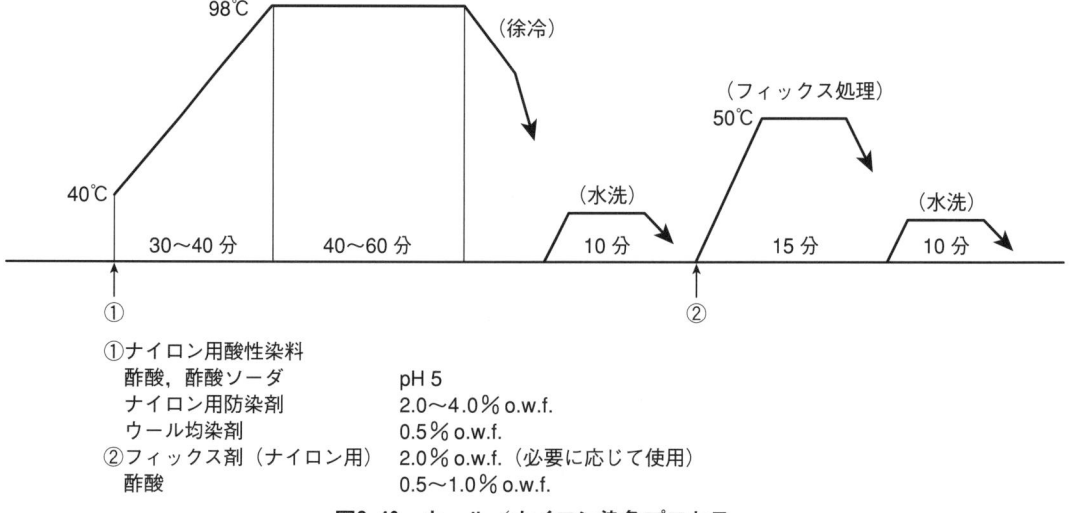

①ナイロン用酸性染料
　酢酸，酢酸ソーダ　　　　　　pH 5
　ナイロン用防染剤　　　　　　2.0〜4.0％o.w.f.
　ウール均染剤　　　　　　　　0.5％o.w.f.
②フィックス剤（ナイロン用）　2.0％o.w.f.（必要に応じて使用）
　酢酸　　　　　　　　　　　　0.5〜1.0％o.w.f.

図2.40　ウール／ナイロン染色プロセス

浴染色が容易となり，現在に至っている。染色初期段階ではウールがカチオン染料を吸着し，昇温とともにカチオン染料がアクリル側に移行するという一種の均染剤的な働きなどから，比較的容易に均染が得られる。

②染　料

従来アクリル側は，塩基性染料から進化したカチオン染料が用いられ，繊維のf値，染料・助剤のf値から計算上必要均染剤量が求められ，それを用いて正しい処方で染色すれば染めむらが発生することはないが，染色処方を誤ると修正が困難な事故反となった。分散型カチオン染料（Kayacryl ED，日本化薬）の上市後，ウール混にはこのタイプの染料が使用されて以来，作業性や均染性が飛躍的に改善された。

本染料に含まれるアニオン性の芳香族スルホン酸は，染色時に昇温とともに徐々にブロッキング剤が解離するため急激な染着が起こらず，また，解離したアニオン性物質が緩染剤および移染剤の働きをする。ED染料はアニオン染料や各種助剤との相溶性が優れているので，ウール／アクリル混の一浴染色において沈澱防止剤が不要である。ウール側の染料には，レベリング酸性染料，ミリング染料，1：2含金染料，クロム染料，羊毛用反応染料が用いられる。羊毛用反応染料をED染料と同浴で染色を行うと，解離したアニオン性物質がウール側のチッピー染色となりやすいので注意を要する。

③染色プロセス

一例としてKayacryl ED染料と酸性染料を用いた一浴染色プロセスを図2.41に示す。

⑺　その他の混用品（ポリエステル／ポリウレタン／ウール）

ストレッチ性の賦与により，製品の伸縮性による着用性能が向上するため，スパンデックス（ポリウレタン系弾性繊維）が用いられている。ポリウレタンは，酸性染料，1：2含金染料，分散染料で染まるが，分散染料で汚染したものは溶剤（石油系，塩素系）で容易に脱落し，ドライクリーニングで大きな支障となる。

ポリエステル／ポリウレタン／ウールを分散染料で染色する際，ポリエステル染色後に還元脱色し，ポリウレタンに汚染した分散染料を除去後，ウール側を染色する三浴染法が採られている。しかし，還元脱色後，ウール側染色中にポリエステルに染着した分散染料がマイグレーションを生じ，ポリウレタンに再汚染するため，完全にドライクリーニングの液汚染をなくすることはむずかしい。

カチオン可染ポリエステルは，カチオン染料で染色することができる。したがって，レギュラーのポリエステルを分散染料で染色した際に生ずるポリウレタン汚染の問題は解消し，染色温度が100〜105℃と低いことから，ポリウレタン側，ウール側とも品質劣化を避けることが可能となる。原綿の価格がレギュラーポリエステルに比べ若干高いが，製造過程，消費段階で考えると，それ以上の合理性が認められる。

2.1.8　色相管理

⑴　色合わせ上の注意事項

染色品の品質の中で，色相（業界用語で「色目」ともいう）が悩ましい課題である。染めむらやしわ，汚れなどがなくきれいに染まっても，色相が許容範囲をオーバーすると不良品となる。

工業的に指定された色相・濃度に色を合わせることは，むずかしい技能であり技術である。まだCCM（Computer Color Matching）が普及してない時代は，経験と勘により色合わせを行ってきた。色合わせは北光線を用い，上から直視および横からの透かしにより合否を判断した。北光線を用いたのは，光線が一定しているためで，直射日光や夕日の光はそれぞれ波長の色温度が異なり，色が違って見えるからである。

①演色性とメタメリズム

光源の分光分布が変化することによって，人間の目に異なった色を感じさせる。これを「光源の演色性」という。

A光源：白熱灯やタングステン電球の光

B光源：太陽光の直射光

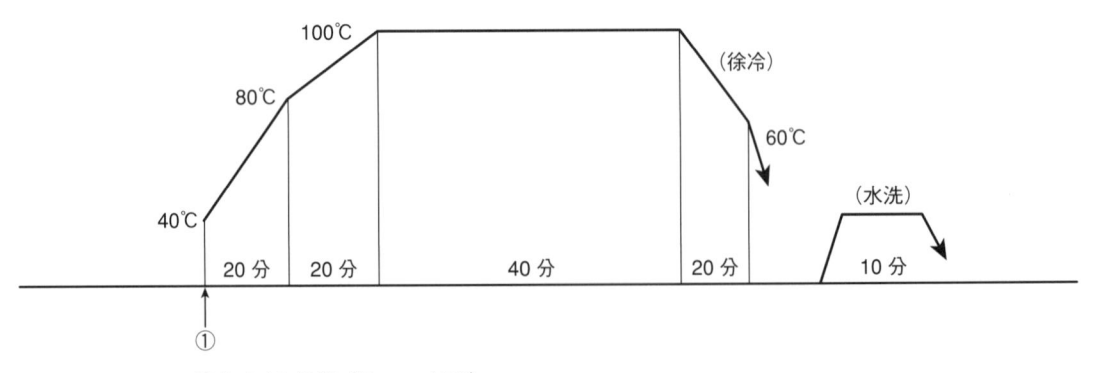

①カチオン染料（Kayacryl ED）
　酸性染料（レベリング染料，ミリング染料，1：2含金染料）
　酢酸，酸性ソーダ　　　pH 4〜5
　ウール用均染剤　　　0.5％ o.w.f.（必要に応じて使用）
　無水芒硝　　　　　　3.0g/ℓ

図2.41　ウール／アクリル一浴プロセス

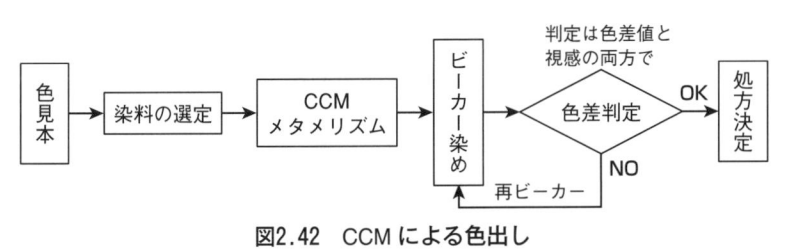

図2.42　CCMによる色出し

表2.8　レベリング染料3原色の熱互変性

カラーインデックスNo.	染料名	染料構造	熱互変性
C.I Acid Yellow 17	Acid light Yellow 2G	アゾ系	なし
C.I Acid Red 80	Alizarine Rubinol R	アンスラキノン系	あり
C.I Acid Red 82	Alizarine Rubinol 3G	アゾ系	なし
C.I Acid Blue 23	Alizarine light Blue 4GL	アンスラキノン系	あり
C.I Acid Blue 182	Alizarine light Blue HRL	アンスラキノン系	あり

注）上表は染料構造とサーモクロミズムの関係について現象的にとらえたもので理論については不明である.

C光源：北光線昼光

D光源：D_{65}昼光で，標準光源として用いられている
　光源が違うと色が違って見える現象を「メタメリズム」という。どの光源でも同じく見えるのを「アイソメリック等色」といい，ある光源で色が合っていても光源が違うと違って見えることを「条件等色メタメリック等色」という。アイソメリック等色が望ましい。

　色合わせの良否には，染料のメタメリズムに起因することが多い。ビーカー染色品や長期にわたるレピート色のように，対象となる色見本と同じ染料を使用すれば問題は発生しないが，新色が履歴不明の際は問題となる。現在ではCCMが普及しており，CCM機で混色計算すればメタメリズム最小処方が容易に得られる。しかし，CCMの基礎資料（インベントリ）がメタメリズムをカバーしていないといけない。

② CCM（Computer Color Matching）

　未知の色に合わせる方法としてコンピュータカラーマッチングCCMがある。そのプロセスを図2.42に示す。色相管理にCCMが用いられ，色見本に対し比較する被試験体との色差はΔEで表わされる。ΔLは濃度差，ΔaおよびΔbは色の系統差を表わす。測色は布表面の光の波長別反射率から求められるので，測色物の表面，毛羽などによって誤差が生じ，また，人間の目視との個人差もあり絶対的なものではない。また，濃度が高い色，たとえば黒などは反射率が極めて低く，反対に淡色は反射率が大きい。したがって，2色間の工業的色差の許容範囲は色相や濃度によって異なる。これは，均等色空間が色相によって必ずしも均等でなく，また，反射率が極めて低い黒などは，色差が一般的な色に比べ小さめに出るからである。許容色差として，$\Delta E \fallingdotseq 0.5$が採られる場合が多いが，色相・濃度によっては必ずしも妥当とはいえない。当然，ユニフォームやレピート色の場合は，狭い許容範囲が要求される。染色堅ろう度試験で変退色判定に用いられるグレースケール（JIS L 0804）の色差5号と4号の色差1.5の中間0.75を許容色差とする考え方[19]が一般的に用いられてきた。なお，このグレースケールに用いられている色差式は，Adams色差式によって決められているので，現在主に用いられているCIE 1976 $L^*a^*b^*$色差式とは若干数値が異なる。

　淡色，中色，濃色別に，ΔEのほかにΔL，Δa，Δbの許容基準値を表にまとめて合否判定を行ったが，人の視覚とのずれは存在し，最終的判断は視覚によった。同じ淡色の中でもGrey，Beigeなどの中間色と，Green，Blueでは視覚と許容基準が一致しない記憶がある。最近，新しい色差式としてCIE 2000がある。CIE 1976 $L^*a^*b^*$計算式の弱点である測色結果と視感評価との相違を補正した，最も新しい色差式[20]といわれ，今後に期待される。

③サンプリングの熱変色

　品質管理上，染色時の色合わせのためのサンプリングで，乾燥熱により変色して正しい色相が得られないことがある。これは「熱互変性（サーモクロミズム）」といい，特定の温度で可逆的構造変化を伴って変色すると考えられる[21]。特に，アンスラキノン系のレベリング染料に多く見られ，放置して冷却されると複色する可逆反応であった。レベリング染料3原色に用いられる染料について染料構造と熱互変性有無を記す（表2.8）。

　筆者は，2009年（平成21年）に小田原の早雲寺より依頼された猩々緋陣羽織復元プロジェクト（共立女子大学，西岡甲房）に参加し，羅紗生地のコチニール（サボテンに寄生する貝殻虫の一種）染色を担当した。神奈川県立歴史博物館所蔵の北条家伝来の猩々緋陣羽織と同じ色に合わせるのに苦労したが，その1つに乾燥熱による熱変色があった。サンプリングし，良しとして熱風乾燥機で110℃乾燥したところ，スカーレットがクリムゾンに変色し，再染色を余儀なくされた。

57

コチニールの場合，レベリング染料とは若干異なり，冷却しても完全な複色に長時間を要した。次回からは自然乾燥によってこの問題は解決したが，コチニールの構造はまさしくアンスラキノンなのである。

1955年（昭和30年）当時，染色現場ではサンプリングカットした布を細長い綿布で包み，蒸気パイプに巻き付けて乾燥していたが，熱変色による誤った色合わせに悩まされ，その後サンプリングしたものは一定温度，一定時間乾燥機で乾かし，加湿後に冷蔵庫で冷却するなど，試行錯誤で対処し解決した経験がある。

(2) 濃い黒への挑戦

繊維表面を粗面化して，シリコンあるいはフッ素樹脂を用いて低屈折率表面にすることで，深色化が図れる。羊毛に，この技術を応用した濃い黒のブラックフォーマルが商品化されている。黒さを表わすのに，Hunter Lab 表色系の濃度因子 L が用いられ，数値が低いほど濃い黒といわれ，ウールの場合はポリエステルのミクロクレータなどの濃さには到達しないが，L値10中心に競われている。もう1つの表示方法として，反射率から求める K／S 値（Kubelka-Munk）があり，これは数値が大きいほど濃いことになり，40付近が目標とされている。K／S 値は波長領域によって変化するので，最近では L 値が一般的に用いられている。一般に用いられている濃染ブラック方法について概説する。

①前処理工程

羊毛表面の疎水性スケールであるエピキューティクルにある（18-MEA）を酸化，エッチングすることにより，親水性化して染料の吸尽率を上げるとともに，後述の樹脂加工により入射した光の正反射光を減らし，繊維内部へ入射する特定波長の光を増やして深色化を図る。従来，Kroy 加工や DCCA による塩素処理により，スケールを除去する方法が採られてきたが，最近では低温プラズマやコロナ加工によって表皮を親水化する方法が具現化してきた。ウール本来の性質を損なわない点，塩素など AOX による環境汚染を防ぐ

視点から，今後は真空プラズマ加工が主流になると考えられる。いずれにしても，均一な処理が後の樹脂加工の成否に影響してくるので注意を要する。

②染　色

染料は，クロム染料あるいは反応染料が用いられるが，塩素による脱スケールは染色前に行う。脱スケールした羊毛表面は傷つきやすくなり，染色時のスレやむらが樹脂加工で顕在化する。

プラズマ処理は染色後に行われるため，染色時のスレやむらは塩素法に比べると少ないと考えられる。メタルフリーの観点から反応染料が用いられてきている。以前のウール用反応黒染料は高価であったが，現在ではセルロース繊維に用いられるビニルスルホン系の安価な染料を用いることによって，クロム染料に遜色ない真黒が得られている。脱スケールウールを VS 系反応染料で黒色染色し，後の濃染樹脂加工を行うと，クロム染料と違った青味の黒が得られる。クロム染料と VS 系反応染料を混ぜて染色し，クロム染料に相当する重クロムソーダでクローミングを行い，染色後にアンモニアソーピングを行うと，反応染料の未固着染料と羊毛上の余分なクロムが一緒に除去され，堅ろうで安全性の高い青味の黒が得られる。クロム染料，反応性染料，両者併用と3つの選択肢が与えられる。

③樹脂加工

濃染剤は，一般に低屈折率のフロロカーボン系，アミノシリコン系の乳化した樹脂が用いられる。量を増やすと反射率が低下し，深い黒が得られるが，反面，樹脂加工むら，汚れが発生しやすい。樹脂加工はキュースターマングル等，幅方向に均一なピックアップができるマングルパッド方式で行い，乾燥後キュアリングによって樹脂を固着させる。

以上の方法で深色黒の加工が行われているが，極めてデリケートな加工であり，量産段階では高度な品質管理が求められる。樹脂は，フロロカーボンやアミノシリコンなどを活性剤で乳化しているが，浴の安定剤や浸透剤と同浴で処理される。見本反のように少量の

～　Tweet ── 黒いろいろ　～

黒色は奥が深い，特にフォーマルウェアでは戦後のドスキン全盛期から赤味・青味と色の傾向は変化したが，深味のある黒が望まれてきた。ドスキンやタキシードクロスはクロム染料で染色されていたが，現在も礼服用ブラックはクロム染料が主に使用されている。1：2型含金染料，ミリング染料，反応染料の黒ではクロム染料の深味は出にくい。黒色の K／S 曲線の長波長領域（700 nm～）を見ると，深味があり濃い黒といわれるものは，その領域が高い数値を示している。一時期，青味の黒が人気があり，また均染性の良いクロム黒染料 Black KWE タイプがもてはやされたが，この染料は dark blue と orange，yellow が配合されたもので，CCM で K／S 曲線を見ると，Black ET，BlackPV，BlackP2B，Black5G 等に比べると700 nm～の値は低い。分散染料の黒でも，同様な傾向が通常のポリエステルで見られるが，濃染用のポリエステル素材と樹脂加工の組み合わせでは，極めて高い K／S 値，低い L 値が得られる。スケールオフなどせず，ウールの良さを損なわず，それを上回る黒はプラズマの技術で可能か，それとも新しい発想の技術が誕生するのであろうか，待たれるところである。いやそんな黒は必要ないと消費者にいわれれば別だが。

加工では問題ないが，量産ロットを連続的に処理すると，乳化がマングル加工によるせん断によって壊れ，ガムアップを生ずることがある。また，布に付着している埃や糸屑などによる樹脂汚れを防止しなければならない。樹脂液をろ過循環するとか，加工ロットを一定にして清掃後浴を入れ替えるなどの対策が採られる。また，樹脂加工は乾燥機の前部で行われるのが通常であるが，夏季などはかなりの高温になる。マングルトラフ内の樹脂液が高温になるほど乳化が壊れやすくなるので，マングル付近のスポット冷房など適切な温度管理が望ましい。

(3) 一発染色への取り組み

パッケージ染色やトップ染色では，色が合わないために追加（shading）することはまれであるが，後染めの場合でも委託染色加工業者（commission dyer）では発注反数による浴比の変動，試染と量産との再現性不一致等から染料追加によって色修正を行うことが多い。この追加作業は熱（蒸気），電力の各エネルギー，時間の浪費となり，特に長時間染色による風合い変化，強伸度低下など，品質管理上重要な課題である。

長年にわたり，一発染色（Right first time dyeing, もしくは Blind dyeing）に取り組んできているが，業態によっては十分でなく永遠の課題といっても過言ではない。色が合わない要因の中に，計量関係の染料・薬品計量誤差，染料のロットぶれ，染料の含水率，染色の浴比変動等があるが，その中で染料の含水率とビーカー染色／本機染色の再現性について取り上げる。

①染料の含水率

染料の含水率については，染料の特性，混入されている分散剤などにより一定ではなく，保管場所の温湿度管理条件により異なる。U. M. Adamiak らの Right-first-time Production in batch dyeing of wool[22] によると，"湿度高い雰囲気に長時間染料を保管すると染料重量の2倍以上の水を吸収するものもある" というデータを抜粋して，表2.9および図2.43に示した。

3原色配合で染色した場合，各染料が同率で吸水すればよいが，吸水率がそれぞれ異なると，染色濃度L以外の色傾向a値，b値，H値が異なってくる。染料の保管場所の温湿度管理が重要なことは当然であるが，完全な染料保管の温湿度管理は費用や作業法等からも限界がある。

染料をビーカーに入れ，約1週間外気に放置し，水分量測定の実験を行った際，たしかに表面5mmの部分は10%近い重量増になっていたが，30mm内部は正常であったという記憶がある。染料に添加されている含有物質によって変動する。

②染液調整装置

Sedo Treepoint 社（ドイツ）FLEX システムは，現場の染料溶解液を基準の溶解液と測色計により比色し，コンピュータによる色差計算を行い，染色スタート前に調整するもので，これだと染料保管・計量室に余分な費用を掛けなくてもよい（図2.44）。この装置は，2001年のシンガポール ITMA で展示された。日本における実用についての知見はないが，このような方法を用いることも一発染色（Blind Dyeing）の実現に効果的と考えられる。また，以前，尾張繊維技術センターで発表された，染液の染着吸収をレーザー光で計測してモニタリングする方法[23]と組み合わせてシステム化することも，今後の指針と考えられる。このような装置がうまく機能すれば，染料製造ロットによる誤差，染料計量誤差，染料の水分誤差が吸収されて，ビーカー染色の削減，コスト削減，生産性の向上に寄与すると考えられる。

③ビーカー染色と本機染色との再現性

染液測色調整装置（FLEX）がうまく機能すれば，色相確認のビーカー染色が大幅に減少できるが，現行一般的には本機で現反染色する前にビーカー染色で色相を確認するケースが多い。その場合，ビーカー処方

表2.9 20℃65%関係湿度における3原色染料の含水率[22]

染料	含水率（%）
Telon Blue GGL.	6.8
Telon Yellow RLN micro	17.9
Telon Red FRL micro	12.1

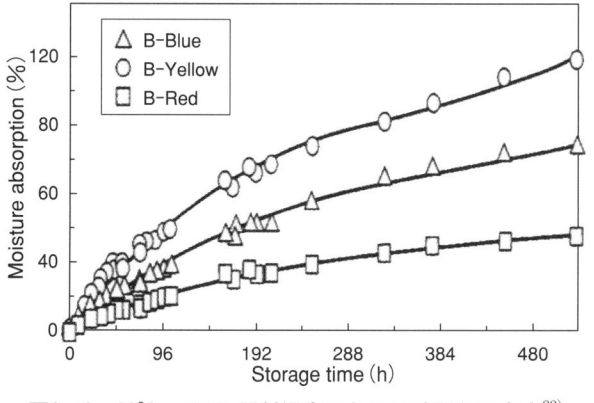

図2.43 20℃，100%関係湿度における時間と吸水率[22]

図2.44 染液測色調整装置「FLEX」
[出典：Sedo-Trepoint 社のカタログ]

を用いて本機で染色しても，色相が一致しないことがある。不一致の要因として以下のことが挙げられる。

1）ビーカー機と本機の動的メカニズムの相違

染液と被染物の接触頻度の相違が考えられる。ウールの現反染色はウインスや常圧液流が一般的であるが，ビーカー染色機は以前は攪拌装置付きの常圧ポットが用いられ，その後，カラーペット（ニッセン製ウォーターバス加熱方式），ミニカラー（テクサム技研製オイルバス加熱方式）が主流となった。赤外線加熱方式 AHIBA（datacolor 社）が早くから日本に導入され，同じく後発の赤外線加熱方式 UR-MINI-COLOR V5（テクサム技研）はポット個別に温度コントロールが可能となっている。これらの装置が混在して，使用されているが，ビーカー機と本機との再現性，相関性を統計的に処理し，修正を加えることが望ましい。

2）ビーカーで使用する染料と現物で使用する染料の違い

ビーカー染色で使用する染料は，必ず現反で使用するものと同じロットの染料を使用する。また，最近では自動計配装置が用いられる場合が多いが，ストック溶液の安定性を確認し，短期間で定期的に作り直すことが肝要である。

3）浴比の変動

委託加工の場合，染色オーダーが1反から数十反と変動し，使用する染色機の大きさから浴比も変動する。最適な染色機の選択が重要であるが，大浴比になる場合はビーカーも同浴比で確認する必要がある。そのほか，染料，薬品の計量精度，染色プロセス（温度・時間），水質の変化等に留意した作業管理が必要である。

～　Tweet ── 色合わせ　～

染色工場の評価に，色合わせの良否が問われることが多い。均染性や染色堅ろう度は良くて当然で，目で見てわかる色の違いは言い訳ができない。色合わせ業務は非常に神経の使う作業で，昔から胃潰瘍の発生率の高い業務であった。CCM はもちろん，コンピュータがなかった時代，色合わせ担当者は各自がスクラップブックに初見本と処方を克明に記録して，そのデータをもとに経験と勘で作業が進められるという，まさに職人芸であった。データは門外不出の貴重な技術資料でもあった。CCM の出現は，色合わせにとって革命であり，コンピュータはデータ類をデータベース化し，現在では色合わせ担当者の胃潰瘍云々は聞かなくなった。新しい時代の色合わせは，職人芸＋総合的染色技術の上に立った技術者によることは論を俟たない。

あとがき

　日本学術振興会染色加工120委員会による「繊維染色加工に関する知識と技術の伝承」のウール染色について執筆依頼を受けた。過去に日本学術振興会染色加工120委員会から出版された新染色加工講座を執筆された先輩の諸先生の偉業に比べ汗顔の至りであるが，多少なりともこれから羊毛の染色を志す方の参考になればと身の程知らずにお引き受けした。1951年（昭和26年）に艶金興業株式会社に入社し染色に係わってから，退社後にコンサルタントとして染色技術に関与して，2012年（平成24年）現在に至る61年間を染色に携わってきたことになる。しかし，染色業態にはバラ毛染め，トップ染め，糸染め，反染め，製品染め，捺染と広範囲にわたるが，筆者が携わったのは反染めが主体で，チーズ染め（艶金興業 津島工場）トップ染め（サンファインウール）について一部携わった程度である。したがって，反染めを中心に記述していることをご容赦願いたい。

　知には形式知と暗黙知がある。形式知の伝承は容易で，本や標準書を見れば理解できるが，書物に書かれない暗黙知をどう伝えるのかはむずかしい課題である。長年にわたる仕事を中心に会得した知の骨格を占めるのは，書物であり，講習会であり，体験とOJTである。学んだ形式知を糧に，仕事を経て醸成されたものに暗黙知が含まれてくることになる。筆者が携わった染色整理業では一貫生産業と違い，取り扱う商品が多種多様で時勢と流行に敏感に変動し，その動きに遅れないよう必死でついてきたつもりだが，新しい処方の確立と不上がり退治のために日々改善を行い，標準書の改訂が間に合わない日々であった。そのような中で会得した暗黙知は，60有余年を経ると，その根拠や出所があいまいになってしまうことをおそれるのだが，できるだけ出所や引用文献を記した。暗黙知に係わるあいまいな部分をTweet欄で紹介した。1945年の終戦から70年以上が経過した今，国内の羊毛産業は激減し，中国が主導権をもつようになった。染料，助剤，染色機械メーカーも激変し，本文中の染料メーカー名の記載に苦慮した。一例としてCiBa，Geigy，CGY，Ciba speciality，Huntsmanの名前はできるだけ記載した当時の名前にしたつもりだが，間違っているかもしれずお許しいただきたい。

　ウールの均染法の1つとして，酸ドージング法についての体験談を述べたが，設備自動化の流れとも連動している。ドスキン黒染色の追硫で触れた供給装置は，1962年（昭和37年）当時，制御工学専門の先生の指導を得て，ウインス40台の染薬供給システムが完成していたが，プロセス制御まではおよんでいなかった。真空管の時代の話である。その後，トランジスタ，ICの出現によって急速に染薬自動計配，プロセスコントロールシステムが確立され，現在に至っている。

　ウールの低温染色については割愛させていただいた。ウールの低温染色については，古くから濃ギ酸や n-プロパノール，ベンジルアルコール，苛性ソーダ処理法，酵素処理などとして取り組んできた歴史がある。80〜85℃付近が低温染色の目安としているが，染料吸尽は活性剤と酸の使用により十分可能ではあるが，染料の繊維内部への拡散が十分でなく，パステル調の色で，浸透性の良い素材に限定して行われているのが実情である。今後の進展が待たれる課題である。

　温故知新，"故（ふる）きを温（たず）ね，新しきを知る"は論語の由来だが，まさに染色技術の知と技術の伝承は，まず今までのことを記録に残し，そこから，現在を総括し，さらに未来を見据えることができればと思う。

2.2 羊毛用染料

2.2.1 羊毛用染料の返還[24],[25]

1856年（安政3年）のパーキンによる合成染料の発見から12年後，明治初年頃から，日本の羊毛産業が急速に軌道に乗り，今まで輸入に依存してきたラシャを日本でも生産できるほどに環境が整ってきた。しかし，染色加工技術はそれまで手探りで，失敗が多かった。第一次世界大戦終了後，染色工場出身のドイツ人捕虜などによる指導と併せて，西欧の新鋭の加工機の導入でようやく軌道に乗り始めた。同時に，ドイツ染料（I.G社）も輸入された。その後，昭和の初期の日本は戦争態勢に突入，軍絨や軍毛布の生産に協力し，本来の洋服地の染色加工業務は中断を余儀なくされた。戦後は，急速な洋装化で染料の需要も急増した。戦後，1955年頃までは，羊毛染色用にはクロム染料とサンド社（スイス）の均染性酸性染料が，またスフ，ナイロン，羊毛の3者混紡織物には酸性ミリング染料と直接染料が配合されたユニオン染料と称するものが使用された。また，混紡品の紡毛メルトンの女子学生用のオーバー地にはアシッドサイアニン5R（CI. Acid Blue 113）なるものが好んで使われたが，これは配合品と思われる。当時，三菱化学のダイヤセリトン（アセテート染色用で，後にポリエステル出現時にはこの染料が使われた）やパラチン染料（ドイツBASF社製，1：1含金染料）や保土谷化学の愛染カチオン染料（当時はまだアクリルはなかったので，絹を染めたのか）は市場にあった。その後，1960年頃から1：2含金染料などの新しい高堅ろう度，易染色性染料がドイツのバイエルおよびスイスのチバ，ガイギー，サンドで開発され，次々と日本に紹介された。トップ染め，糸染めおよび布染め用の染色機が木製からステンレス製に変わり，すぐに液流染色機スイングエース（日本染色機械製）の開発で，染色技術は急速に進歩した。日本の住友化学，三井化学（後の三井東圧化学），三菱化成，日本化薬および山田化学は少し出遅れていたように思われたが追従した。しかし，合繊の急増や日本における高度な中間物製造技術により，日本における染料工業は急速に発展したが，1970年代に入って，再び公害防止条例の公布および特定化学物質の指定などの安全規制強化によって世界中で製造中止品目が増え，色相，染色堅ろう度，染色コストなどで制約を受けるようになった。

以下に，羊毛用染料種属別の技術と知識の変遷についてユーザーの立場から述べる。

(1) 酸性媒染染料（クロム染料）

第二次世界大戦中の1943年頃，海軍のネイビーブルーの羊毛製軍服は，先媒染で建染めのようなもので2日がかりで染められていたと聞く。しかし，戦後1950年には毛織物の黒，紺および濃茶色などの濃色はすべてクロム染料で染色された。糸染めも同じである。特に，礼服用本ドスキン用の黒は当時，艶金興業が独占的に日産5,000～10,000 mを加工していた。その処方は下記のようであった。

Diamond Black F conc	1.0%
Diamond Black CSTE	3.0%
Mitsui Chrome Black ET（C.I. Mordant black 11）	2.0%
Mitsui Chrome Green F	0.5%
Acetic Acid（48%）	4.0%
Sulferic Acid（98%）add	1.0%
Sodium Bichromate	2.4%

Chrome Black F conc［I.G（イーゲー）社製］や，Diamond Black CSTE（元Bayer社製）は，配合染料ではなくC.I. No.もあるはずであるが，明らかではない。いずれも当時，日本では非常に重視された白や金色の綿糸の耳ネームを汚染せず高堅ろう度な染料として珍重されたが，染め足が速く，むらになりやすいという短所はあるものの，本ドスキン黒としては欠かせない染料コンポーネントの1つであった。現在のフォーマルウェアは，カシミヤ組織や裏繻子タッサー組織の織物をクリア仕上げで仕上げたものであるが，当時は経緯ともに高級メリノ羊毛を使い，組織は5枚繻子2重織で目付は約330 g/m²で，製織後，煮絨－水洗－強縮絨－水洗－煮絨した後，毛羽を一方に伏せ，固定式水アザミ起毛機で毛並みを固定するために，1昼夜ビームに巻き上げて回転させるビーバー仕上げであった。同じ工程を繰り返すこともあり，合計30工程以上掛かる最もていねいな加工法であった。それによって，牡鹿（Doe）のような毛並みと光沢，手触りで「Doeskin」の名前が付いたものである。この強い湿潤処理のために，これらの染料が必要であった。これらの染料はカバリング性にも優れ，本ドスキンのビーバー仕上技術とともに歴史に残る技術である。現在のSuper Blackのように強力な塩素前処理と10数%の黒色染料による染色，さらにその上に問題のあるシリコンやフッ素樹脂を付けて，無理やりL値を10以下に下げた織物作りは，エコや安全や着用時の快適性等の点においても，これは伝承すべき技術でも知識でもないと思う。

しかし，Chrome Black F Conc および Diamond Black CSTE ともに，1970年後半から，おそらく製造上の安全性の問題で輸入できなくなった。これに替わる染料として，日本の二葉商事は Bayer 社に艶金興業向けの特注の配合染料 Diamond Doeskin Black BG（C.I mordant Black No.9 が母体か）を紹介してきた。一方，住友化学は配合染料 Sunchromine Black KWE を染め足が遅く，均染性が良く，綿の耳糸汚染のない染料として紹介してきた。しかし，KWE は染料濃度も低く，前記 Diamond Black CSTE の半分くらいの濃度で湿潤堅ろう度も劣り，さらに1% o.w.f.程度の淡色ではスキッタリーもあり，深黒を必要とするドス

キンには使用できなかった。一方，サージやギャバジン等に用いる染料は，下記のような安価な染料が配合して用いられた。

　Chrome Black AC（C.I. Mordant Black1）
　Sunchrome Black ET（C.I mordant Black 11）
　Chrome Black B（C.I mordant Black 3）
　Mitsui chrome green F

　紺は，Sunchromine fast Blue MB（C.I mordant blue 13）を主に，Sunchromine pure blue B ex（C.I. mordant blue 1）などが用いられ，また濃度を上げるためには Sunchromine black PB（C.I. Mordant black 7）を配合して用いられた。酸は48%，酢酸（48%）2%で，濃紺には硫酸0.5%を追加することもあった。

　茶は，C.I. mordant Broun 83と15がそれぞれ2% o. w.f.で，さらに濃い茶色には C.I mordant Black 7 が加えられた。クロムの量は染料使用量の1/3が目安とされたが，6価クロムの廃水中濃度の規制による正確な必要クロム量の計算で大幅に削減され，また3価クロムの利用などで厳しい廃水規制をカバーしているが，反応染料への移行などで対応している。しかし，クロム染料は安価で再現性が良く，高湿潤堅ろう度で染色時間も短く省エネ型である。

　濃緑，濃オリーブは Chrome Green F をメインに配合されるが，染めむらの発生のために酸性の Super milling 染料で染められることが多くなった。

　Grey は，1：2型含金染料で染められる。

　糸染め各色も大体同じような染料配合で染められる。

　臙脂や赤は，ユニフォームなど高洗濯堅ろう度が要求された場合に C.I. Mordant Red 7 が使われたこともあるが，耐熱変色などの問題があり，婦人用が多いこともあって酸性ミリング染料が使用されることが多い。

(2) 均染性酸性染料

　1960年後半の1：2含金染料出現までは，クロム料で染める中濃色以外の中淡色はすべてサンド社（スイス）の均染性酸性染料3原色で染色された。しかし，当時，中近東向けの輸出品の淡色は強い耐光堅ろう度が要求されるために，1：1含金染料やパラチン染料が使用されたが，5% o.w.f.くらいの高濃度の硫酸を使って染色するために，綿のストライプの入った織物の染色はできなかった。均染性酸性染料3原色による染色は，下記の処方で染色された。

　Alizarine light Blue 4GL　（C.I. Acid Blue 23）
　Azo Rubinol 3GS　　　　（C.I. Acid Red 37）
　Xylen light yellow 2G　　（C.I. Yellow 17）
　Acetic Acid（48%）　2.0%
　結晶芒硝　　　　　　　20%
　硫酸（98%）　　　　　0.5%

　均染剤などはいっさい使用しなかったが，ギャバジン等，硬い組織の織物はロート油で前処理することも

あった。染色は水温で染料，酸および芒硝を投入，40～60分で沸騰（当時は木製バスで95～98℃），沸騰後50～60分でサンプリング，色合わせは目視で色見本に合わせたが，記憶では2～3回の染料追加で60～100分染色を続け，水洗－脱水－乾燥した。

　この3原色は染め足が揃っており，均染性が良いので，最長100分以上の沸騰継続でも染めむらは発生しなかった。染色品の耐光堅ろう度は5級基準の3～4級で，極淡色以外は紳士・婦人服とも JIS の基準に合格した。しかし，1970年代に染色品のホルマリンガス褪色の問題が発生，3原色のうち，Red は使用できなくなった。その後，Blue も製造中止になり，Acid blue 182に替わった。Yellow は Xylen light yellow 2G で，その3原色は染め足が異なり，むらになりやすく，染色現場は苦労した。特に Blue 182の染め足が速く，マイグレーション性がないことが原因と思われる。しかし，液流染色機の導入で染めむらの問題は起こりにくくなった。

　一方，Sandoz 社のセミミリング染料 Sandolan MF 3原色が登場し，レベリング染料では問題になった湿潤堅ろう度も改善され，中濃色までこの組み合わせでカバーされるようになった。

(3) 1：2型酸性染料による毛織物およびニットの浸染

　本来，紳士服地の中濃色は含金染料で染められるべきであるが，染め面で均染性とチッピー（Tippy）が発生しやすく，混紡品の羊毛サイドの染色以外使用されない。1：1含金染料は，改良されたものの，大量の強酸を使用することと堅ろう度的にも劣るために，現在，使用されることはない。しかし，カシミヤ混紡織物など多種の原料がミックスされた紡毛絨では，あえて1：1含金染料で染色している会社もあるようである。

(4) 羊毛用反応染料による毛織物およびニットの浸染

　羊毛用反応染料3原色による染色処方は，下記のとおりである。

　Reactive Blue 69　　　　X%
　Reactive Red 84　　　　X%
　Reactive Yellow 39　　　X%
　Albegal B　　　　　　　2%
　Albegal A　　　　　　　1%
　　　　　Boil 20分後，染色濃度により酢酸（48%）を
　　　　　1～2%追加

　その他の赤や Navy blue は，単品の染料に補色して色出しする。

　濃色の場合は，染色－水洗後にアンモニアソーピングすることもある。

(5) 羊毛／ポリエステル混紡品用分散染料およびキャリヤー

　羊毛／ポリエステル混紡品の両染めの染色が始まったのは1962年，帝人および東レが日本でポリエステルの生産を始めた頃からである。同じ時期に，スイス

のスルザー社の無杼織機が尾州に先立って蒲郡の3社に導入され，尾州の染色加工工場が染色加工を依頼された。当時はポリエステル用の染料もなく，アセテート用のダイヤセリトン（三菱化成工業製）と，羊毛サイドには含金染料が選定された。キャリヤーは最初，石炭酸が試験的に使用された。ポリエステルを染めることは今では想像できない厳しさで，担当の染色技術者が退社に追い込まれたほどである。しかし，間もなくポリエステル側の染料として三菱化成の Dianix Blue AC-E, Red AC-E, Yellow AC-E の3原色が発売された。いずれも配合染料ではあるが，アントラキノン系の染め足の揃った E タイプである。最も柔らかく低温で染まる E タイプと，最も硬い120℃以上でしか染まらない F タイプおよびその中間，また，昇華の水準でも分類され，昇華の優れる S タイプなどに分類されている。S, SF はアゾ系の染料が多い。キャリヤーはメチルナフタレン系のものが選ばれた。しかし，染色中も染色−乾燥後も，キャリヤー臭がひどく，後に淡色は芳香族系に，中色はオルトフェニールフェノール（OPP）に変わったが，フェノールの安全性からクロロベンゼン系（一時，使用禁止のような話があったが，使用できるようになった）などに変わっている。一方，染色温度はポリエステルと羊毛の混紡比率にもよるが，一般的なポリエステル65％／羊毛35％では，長年108℃で染色されたが，最近では羊毛保護剤を入れて，112〜115℃で短時間染色（20〜30分以下）が多い。

一般的な推奨処方は，淡中色の場合，下記のようである。

Dianix Blue AC-E
Dianix Red AC-E 01
Dianix Yellow AC-E New
Wool 用含金染料と Acid milling 染料
Carrier（クロロベンゼン系，芳香族誘導体など）
Acetic Acid（48％）0.5-1.0％ o.w.f
羊毛保護剤（ジカルボン酸誘導体）
染色温度：112℃

その後，1990年代には染料の自動秤量化に伴い，染料の液状化も行われた。

高速で回転する被染品は，染色中に泡が発生し，被染物がスリップして運転が止まることがある。特に，羊毛／ポリエステル混の染色では多発する。これを防止するために，脱気・消泡・浸透剤として Albegal FFA などが使用されるが，これがシリコン汚れの原因になることもある。他の染色助剤などとの相溶性なども，事前にチェックする必要がある。

⑹ 羊毛／アクリル混紡品用分散型カチオン染料

羊毛／アクリル混の両染めには，ほとんどカチオン染料を芳香環ホルマリン縮合物などでアニオン化した製 Kayacryl ED 染料（日本化薬）が使用されるようになった。混紡交織品の両染めの一浴染色には，使用

する染料種族のイオン性の合致が重要であり，酸性染料，反応染料，直接染料などアニオン性を有する染料種属が多いことから，Kayacryl ED 染料はカチオン性をアニオン性にしたものである。

羊毛／アクリル混の，両染め淡色 Grey の染色処方例を下記に示す。

Kayacryl Yellow 3RL-ED
Kayacryl Red GRL-ED
Kayacryl light Blue 4GSL-ED
Kayakalan Grey BL 167
Demol N　　　　　　　1.0％
Acetic acid（48％）　　2.0％

80℃まで1.5℃／1分後，10分間保持。その後，100℃まで1℃／1分で30分 Boil して完了。

濃紺の処方例は以下のとおり。

Kayacryl Navy A-ED
Kayacryl Black R-ED
Kayanol Milling Blue BW
Kayalax Navy R

黒の処方例は以下のとおり。

Kayacryl Yellow 3RL-ED
Kayacryl Black R-ED
Kayanol Milling Black TLB

紺黒は，染浴の pH を3〜4に下げ，Demol N のような分散緩染剤は使用しない。

⑺ 高耐光鮮美色の染色

婦人服やスポーツウェアに要求されるライトグリーンや鮮やかな Rhodamine pink などのような鮮美色といわれる色は，昔から除外色ともいわれ，耐光堅ろう度が1級でも許容された。たとえば，純毛のビリヤードグリーンは Acid Brilliant milling Green B（C.I. Acid Green 9）に少量の Xylen light Yellow 2G や Tartragine を配合して，いわゆるビリヤードグリーンが染色された。しかし，1970年代に羊毛に替わって各種の合成繊維が出回り，さらに鮮美な綿用反応染料の出現で，耐光堅ろう度の問題は前進した。筆者は，1990年代に羊毛をアニオン化したりカチオン化する方法を知った。カチオン化はその後，環境問題により利用は制約された。

筆者は，特にニット製品や編糸の高耐光鮮美色の染色の開発に努めた。その結果，従来，除外色といわれた色は，最低でも JIS 基準の3級以上が達成された。

処方の詳細は省略するが，中核の技術は羊毛の安価で安全なアニオン化法である。使用する染料は羊毛用反応染料，綿用反応染料，分散型カチオン染料およびカチオン染料である。この技術と薬剤は，某助剤メーカーを通じて限定販売している。

⑻ 羊毛織物の着抜染

尾州産地では，羊毛の捺染は明治の草創期から現在まであまり行われなかった。年代は若干ずれるが，捺染機は表2.10に示す4社に設置されたものの産地の

表2.10　尾州における羊毛製品の捺染の動向

社名	捺染機様式	色数	リピート幅(cm)	設置台数	備考
T.K	フラット	6	75	2	婦人服のオーバープリント
Y	フラット	6	75	1	婦人服のオーバープリント
	自動フラット	6	75	1	50m単位の小口生産
T	ロータリー(ピーターチンマー製，襖)	6	120	3	継目なしのJump型連続大柄用で，綿の椅子張など大ロットを期待したが，工賃が高く生産中止。
	常圧連続スチーマー			1	着抜染の高度な技術ではあるが，版深はフラットより浅く（フラットの100μmに対し30μmといわれる），羊毛用には多少問題があった
S	フラット	2	75	1	水溶性ウレタン樹脂の印捺部分防縮で，エンボス調の柄の生産で人気があったが，版代が高く永続できなかった

特徴が活かせず，1995年には完全に撤退した。しかし，着抜染技術や羊毛独特の糊剤の使い方など，他の新商品開発に利用が可能であることから伝承すべきと考えた。

捺染から伝承すべき技術の1つは，羊毛織物の着抜染である。

羊毛の着抜染は，下記のような処方で行われた。

①地染めは還元剤に弱いアゾ系の染料で，液流染色機によって染められた。

②乾燥後，下記の処方で調整された着抜染糊が，ロータリースクリーン捺染機で印捺された。

③印捺－乾燥後，連続常圧スチーマーで20〜30分蒸すと，地染め染料が還元抜染されると同時に還元剤に強い染料が印捺されて，たとえば黒地にライトグリーンや真紅の花模様が付けられた製品が製造された。蒸熱－乾燥後に十分水洗して糊剤を落とすことにより美しい着抜染製品が得られた。

差色は主として，

Kayanol Blue BW, Kayanol Red RW および Kayanol Milling Yellow 5GW で配色を構成

メイプロガム NP-25の250部と水750部で元糊作成

この元糊	100部
ロンガリットC	30〜50部
差色用染料	x部
Irgapadol PN New	5部
酒石酸	5〜10部

をプロペラミキサーで撹拌，100 cps（センチポイズ）程度に粘度を調整後，印捺染する。

本記述は，筆者が直接，現場作業で体験した記録である。

2.2.2　染料について[26]〜[33]

染料は繊維の染色加工の主役をなすもので，繊維製品の色付けに欠かすことのできない重要な役割を持っている。色彩のない味気ない世界を想像してもわかるように，染料により繊維製品などを色付けすることにより，われわれの日常生活を大いに豊かにしている。

繊維製品の色彩は，われわれが繊維製品を購入する際の重要なキーファクターの1つである。一方，羊毛は絹に次ぐ高級繊維であり，羊毛製品を高級品として，品位のある美麗な色に染め上げることが，羊毛染色業者の使命であるといえる。繊維として優秀な性能を持っていても，染料で染めることのできない繊維は，産業用途に適用できても，衣料や日用品として使用するには不適であるといえる。

染料は，その種類により染色可能な繊維がそれぞれ決まっており，一種類の染料でどんな繊維でも染めることはできないという特性を持っている。たとえば，羊毛を染める時には羊毛用染料で，綿を染める時には綿用染料で染めねばならない。ゆえに，染料は非常に種類が多く，それぞれに多くの色を必要とするので，染料会社や染工場は，多品種多色の染料を揃えねばならない。一方，染料は色素を繊維内部まで浸透して色付けするので，繊維の風合いに悪影響を与えないという特性があり，風合いを重視する衣料品などの色付けなどに適している。顔料のように接着剤で繊維表面に色素を接着して色付けを行う場合は，風合いに影響を与える場合が多い。

合成染料は美麗な色を出さねばならないので，非常に複雑な化学構造を持っており，各時代の最高の先端化学合成技術により製造されてきた。19世紀中頃，W.H.パーキンがイギリスで「モーヴ」と名付けた染色できる色素を，アニリンよりキニーネの合成を試みていた際に発見して以来，その化学合成技術が進歩伝承され，活用されてきて，現在の染料製造技術および応用技術が確立されてきた。

染料製造技術および染色加工技術は，長い間の技術の伝承と積極的な開発の積み重ねにより成長発展してきたもので，日本の染色加工技術は，現在では世界のトップレベルといわれるまでに成長することができた。これらの技術が，日本国内で染色業の成熟化や海外移転などにより，置き去りにされようとしていることはまことに寂しいことで，これらの技術を次世代に伝承していくことの必要性を感じる。

2.2.3　染料（主として羊毛用）の技術開発の変遷

歴史を学べば現在の事象をよく理解することができ，将来を推察できるといわれているように，染料製

造技術の発展してきた歴史と成り立ちを知ることは，染料の技術の伝承を考える上で必要な事項と考えられるので，主として羊毛用染料の開発および製造技術がどのように進歩発展してきたかの経緯を年代別に考察する。

・有史→19世紀中頃

衣料品や敷物，日用品などの着色に，世界各地で植物より抽出した煮汁や虫などの色素を使って染色が行われていた。すでに，古代エジプトのミイラの着衣が天然インジゴで染められていたことなどからも，衣料などへの染色が人類の歴史とともに始まっていたことがわかっている。しかし，天然染料の大部分は濃色が染まりにくく，色に制限があり，十分な堅ろう度が得られなかったことなどから，その後に発明された合成染料の出現によって，徐々に姿を消していく運命をたどり，工芸や趣味の分野で現在まで細々と伝承されてきたが，最近ではエコロジーの観点から，草木染めなどで若干復活の傾向にある。

・1856年

イギリスで W.H.パーキンにより，当時ガスとコークスを作る際にできる副産物で，廃棄に困っていたコールタールより分離したアニリンの酸化により，キニーネを合成しようと試みた際に赤紫色の色素ができることが発見された。この色素は絹を紫色に染めることができ，「モーヴ（Mauve）」と名付けられ，これが世界で最初の合成染料の発明となった。

次いでフランスでも，E.ヴェルギンが「フクシン（Fuchsin）」という赤色の染料を発明し，合成染料の仲間に加えた。コールタール成分から染料が合成できることが知られてから，次々と多くの染料が発明された。

・1860年代

イギリスで発明された染料の合成技術がドイツに移転し，それにつれて染料製造工業の中心がドイツに移り，続いてジアゾ化反応，カップリング反応が開発され，種々のジアゾ成分とカップリング成分（主としてフェノールやナフトール誘導体）の組み合わせにより，数多くのモノアゾ系の染料が開発された。現在，2,200種以上の染料が販売され，使用されているといわれている。

・1869年

ドイツで，アリザリンの合成という染料製造技術にとってキーファクターとなる重要な発明が成功し，その後の種々のアントラキノン系染料の開発の端緒となり，染料合成技術の発展に大きく寄与した。

・1880年代

スイスでも染料製造工業が始まった。当時スイスは特許制度がなかったので，近隣諸国の化学会社がドイツで特許になっている染料などを含めてスイスで製造を始めた。

この時代に，欧州の主要染料メーカーが出揃っている。

ドイツ：バイエル，BASF，ヘキストなど7社
イギリス：ブリティッシュアニリン→ICI
スイス：チバ，ガイギー，サンド
フランス：フランカラー

などの染料製造会社が勃興し，新製品の開発競争が激化した。しかし，染料の製造ではドイツが圧倒的に強く，第一次世界大戦前には，世界での染料製造量でドイツが約8割以上のシェアを占めていた。

・1914～1918年

第一次世界大戦でドイツからの染料の輸出が止まり，特に，日本やアメリカでは，繊維産業に大きな打撃を与えられたので，これらの国々は自国の繊維会社からの強い要望により，国策で染料製造会社を自国に設立した。日本のほとんどの大手染料会社は，この時代に政府の支援により設立されている。

1916年に日本染料製造（後の住友化学），帝国染料（後の日本化薬），翌年，程ヶ谷化学（後の保土谷化学）が設立され，その後しばらくして，三菱鉱業と日本硝子が日本タール（後の三菱化成）などを設立し，本格的に日本での染料の製造が開始された。

・1920年代

第一次世界大戦の終結で，ドイツが持っていた染料製造技術が戦時財産として連合国側に管理され，連合国側の産業を潤した。その後，ヨーロッパの染料製造会社が復活し，各国の染料会社の設備が過剰となったため，メーカーの再編成などが行われた。

各国は自国の染料工業を保護するため，輸入染料に高い関税を掛けるようになった。

・1939～1945年

第二次世界大戦の勃発で，ドイツや日本の染料製造会社が甚大な被害を受けた。

終戦となり，連合軍により敗戦国のドイツの染料合成技術がPBレポートとして公開され，その技術が世界に拡散した。

・1950年代

この頃，セルロースの水酸基に酢酸を結合させて酢酸エステルにした，半合成繊維であるアセテート繊維が開発され，生産が始まったが，従来の染料では満足な染色結果が得られなかった。そこで，この繊維を染めることのできる染料が研究された結果，不溶性染料を分散状態で使用する方法が開発された。これがアセテート染料で，後に分散染料に発展する。

これは，疎水性繊維に，水溶性ではないが水中によく分散する染料で染めるという画期的な方法であった。

その後，三大合成繊維，すなわち，ポリエステル，ポリアクリル，ポリアミドの出現により，これらの繊維を染めるための染料や染色法の開発がさかんに行われた。

ポリエステル繊維を染める染料として，アセテート

染料がポリエステル用に開発拡充され，分散染料と名付けられた。同時に，従来の繊維に比べて染まりにくいポリエステルを染めるために，キャリヤー染色法や高圧染色法などの新しい染色法が続々と開発された。

アクリル繊維用染料としては，塩基性染料の中よりアクリル繊維に染まり，堅ろう度の良い染料の選択と改良が行われ，カチオン染料と名付けられて，アクリル繊維の染色用染料として販売された。

ポリアミド繊維用には，羊毛用染料の中よりポリアミド繊維の染色に適するものが選択拡充され，ポリアミド繊維の染色用の染料として販売された。

・1956年

ICI 社がプロシオンというトリアジン系反応染料を開発した。これは，分子中に反応基を有し，繊維中の官能基と染料－繊維間に共有結合で染料が結合するという，染色技術上画期的な発明であった。次いで，ビニールスルホン系，ピリミジン系などの多くの反応染料などに発展する端緒となった。

これらの反応染料は，主として，セルロース系繊維の染色用に用いられていたが，1966年にチバ社がLanasolというブロムアクリルアミドを反応基として，羊毛の反応基と共有結合する羊毛染色用反応染料を開発した。1971年，スイスの染料会社であるチバ社とガイギー社が合併し，ガイギー社の豊富な羊毛用染料や染色法がチバガイギー社に継承された。

・1980年代

アジア諸国の発展に伴い，繊維産業および染料工業が世界の各地で多数勃興した。

日本やアメリカでも，大手染料会社が活発に活動を行ったが，日本の染料会社は後発であり，染料開発面では，ドイツやスイスなどの会社に遅れをとっていた。しかし，1980年に，住友化学から世界で初めて異種2官能反応染料の Sumifix Supra などの新染料が開発されるまでに成長してきた。

しかし，その後，先進諸国では繊維産業や染料工業が成熟化し，繊維産業は発展途上国で生産を行うようになり，先進諸国では染料工業の成長が望めなくなってきた。また，化学会社や染色工場の環境問題も深刻化し始めた。

・1990年代

染料製造会社の設備過剰などのために採算が悪化し，製品の統廃合や企業の統合などが行われるようになってきた。

大手染料メーカーは染料のコストダウンのため，染料の製造を中国やその他の発展途上国の国々で生産を行うようになってきた。

染料の製造は，最先端化学合成技術により製造される製品で，染料製造技術の発展は合成化学技術の発展と表裏一体であり，新しい合成化学技術が発明されるたびに染料も飛躍的に新しい性能を持った製品の開発がなされてきた。

また，染料産業は繊維産業にとって重要な副材料であり，繊維産業は各国の主要産業であったため，染料製造会社は各国の国家振興策などの政策にしたがって発展してきた。一方，二度の世界大戦による影響は甚大であり，特に，第二次世界大戦で連合国によるドイツの化学合成技術が PB レポートにより全世界に公開されるに至り，その技術を活用して世界各国で染料の製造が可能となったことは，世界の染料工業の発展に絶大な影響を与えた。

以上のように染料製造会社は先進諸国の最先端重要産業であったが，現在は繊維産業とともに染料産業も成熟期を迎え，先進諸国での需要が頭打ちになってきたことと，ドイツの先端染料製造技術が PB レポートなどで世界に拡散したことや，大手染料メーカーが発展途上国で製造をするようになったことなどで，全世界で染料の製造が可能になり，染料価格が下落し採算を合わせることがむずかしくなってきたため，対策として，ヨーロッパの大手染料メーカーは染料部門を切り離し，分社してのち，それらを新会社を設立して統合するという方策をとってきた。ゆえに，新染料開発のために伝承発展してきた化学合成の先端技術の中心が，染料から医薬品や農薬など採算性の良い部門に移行しつつあることは残念なことである。

染料合成で培われた化学合成技術はレベルが非常に高く，種々の分野に応用可能であり，これらの化学合成技術のより広い分野への伝承と発展が期待される。

2.2.4 羊毛用染料の特性と伝承技術

(1) 一般特性

日本に輸入される原毛は，主としてオーストラリアから来るメリノ種であるが，オーストラリアで飼われている羊は1億頭以上といわれ，メリノ種が75%，コーデル種4%，ポルウォース種2%などで，メリノ種が圧倒的に多い。また，羊には多くの品種があり，世界では3,000種以上の羊が飼育されているといわれている。それぞれの羊によって毛の質や太さが異なるので，染料の染着度も異なる。羊毛は表面をスケールで覆われており，1頭の羊でも背中や尻の部分でスケールの損傷具合が異なると染料の染着度も異なり，1本の毛でも先端と根元では染料の染着量が異なる。一方，羊から刈り取られた毛は，フリースの状態から布になるまで，非常に多くの加工処理工程を経る必要があるので，それらの工程で完全に均一に処理が行われていないと，染料の染着度の違いにより，染色むらの原因となるので，染色時の繊維の状態と用途に適応した堅ろう度をもつ染料を選んで染色する必要がある。

羊毛の染色は，フリースから最終製品までの種々の加工の途中で，一般に，わた，糸，布，製品のいずれかの工程で行われる。繊維の形状および使用される染色機などを考慮し，染色後の後加工の影響や最終製品

が必要とする色の均一性，堅ろう度などを考慮して，適用する染料の選択を行わねばならない。

たとえば，バラ毛染めの場合は，染色時に不均染になっていても，染められた毛を混合することにより色を均一にすることが可能なので，染料選択としては，均染性が悪くても繊維に親和性の高い堅ろう度の良い染料が適用される。なぜなら，染色後の加工処理工程，たとえば縮絨などで染料の滲み出しなどの問題を起こさないようにするには，堅ろう度の良い染料で染めておく必要がある。しかし，布染めや製品染めでは，染色後に縮絨のような強い処理がなく，染めむらを起こせば，そのまま最終製品に影響するので，多くの場合，均染性の良い染料を使って均一に染色される。

羊毛の染色は羊毛製品が高級品であるため，むらなく均一に染めることと，堅ろう度が十分であることなどが要求されるが，繊維自体が染色性に非常にばらつきが多いことや，長い加工工程を経て羊毛製品になるなどの多くの不均染要因を抱えている。これらを一つ一つ克服して，堅ろう度が良くて均一にうまく染めることのできる染料と染色加工法の改良が探求され，伝承発展してきた技術といえる。

(2) 天然染料

有史以来から19世紀中頃に合成染料が開発されるまで，衣料品や敷物などの色付けは，世界各地で，花や草木，樹皮，根，虫，鉱物などから採取される天然染料によって行われていた。

天然染料には，

①動物染料
・コチニール：中南米に産するサボテン科の植物に寄生するエンジ虫の雌を粉末にした紅色染料
・古代紫：BC1500年頃にフェニキア人が発見，地中海沿岸に生息する巻貝の分泌する黄色液を繊維に浸透させて，酸化すると美しい紫色に染まる染料

②植物染料
・植物の根：アカネ，ウコンなど
・樹幹：スオウ，ログウッドなど
・樹皮：カテキュー，ケルセチンなど
・葉：カリヤス，アイ，など（アイは天然インジゴで，現在は化学合成され，ジーンズなどの染色に応用されている）

・花；ベニバナ，ムラサキなど
③鉱物染料
・ミネラルカーキなど

が挙げられるが，大部分の染料は，染色に非常に手間が掛かるのと，堅ろう度が十分であるものが少なかったので，その後に発明された合成染料に置き替わってきたが，草木染めなどの工芸や趣味の分野において現在まで伝承されている。

注目すべきは，すでにこの時代に媒染法や酸化法の技術でもって色付けが行われていたことである。

(3) 酸性染料

①特　性

アゾまたはアントラキノン系のものが大部分で，染料分子中にスルホン基（$-SO_3H$）やカルボキシル基（$-COOH$）などの酸性基をもっている。染料製品では，これらがナトリウム塩（$D=SO_3Na$）となっている。一方，羊毛はタンパク質繊維で，18種以上のアミノ酸の縮合したポリペプチドの長鎖より構成されており，タンパク質側鎖や末端にアミノ基とカルボキシル基をもつ両性化合物である。酸性浴中ではアミノ基が正電荷をもつので，水に溶解してイオン化した酸性染料の負電荷とイオン結合により結合して染着する。そのほか，水素結合やファンデルワールス収着力なども染料の染着に寄与している。

酸性染料で注意しなければならない特性は，均染性と湿潤堅ろう度（耐縮絨性）が相反する性質をもっていることである。均染性の良い染料は，一般に分子が小さく，繊維に対する親和性が低いので，均染性は高いが湿潤堅ろう度があまり良くないものの，耐光性は良いものが多い。これに対して湿潤堅ろう度が良く耐縮絨性の良いものは，一般に分子量が大きく，染料の移行性に乏しいので，均染性が劣るという傾向がある。そこで，これらの染料を便宜上，均染性と堅ろう度などを勘案して，レベリング染料，ハーフミリング染料，ミリング染料と3段階に分類し，被染物の状態，用途，染色機械などを考慮して染料の使い分けをしている（表2.11）。

②伝承技術

19世紀後半に発明された化学合成技術のアゾ化やカップリング，アリザニン合成などの技術により，多くの酸性染料が開発され実用化されてきたが，初期に

表2.11　酸性染料の種類

種類	レベリング染料	ハーフミリング染料	ミリング染料
湿潤堅ろう度	悪い	良い	非常に良い
染浴 pH	2～4	4～6	6～7
均染性	良い	中	悪い
染料特性	低分子量 高溶解度 分子溶解	高分子量 低溶解度 コロイド溶解	高分子量 低溶解度 コロイド溶解
アニオンの親和力	低い	高い	非常に高い

開発された染料は分子量が小さいものが多く，湿潤堅ろう度が悪いことから羊毛加工工程の縮絨工程などで問題を起こしたので，これに対処するためアゾ染料に高分子量の化学物質をカップリングすることにより，繊維に親和力の高い染料の開発に成功した。同時に，羊毛繊維と染料の結合は，イオン結合だけでなく水素結合，ファンデルワールスの収着なども関係することが解明された。この種の親和力は一般に，染料の分子量が増すほど，溶解度が小さいほど，大きくなる傾向があることも判明した。ゆえに，分子の小さい染料ほど，均染性は良いが湿潤堅ろう度が悪く，分子が大きく親和力の強い染料ほど，均染性が悪いという傾向がある。染料の均染性と繊維への親和力，すなわち湿潤堅ろう度は相反する性質がある。均染性を改善するため，芒硝などを染浴に添加して無機アニオンを増やし，均染性を改善する方法などが工夫された。

ポリアミド繊維も酸性染料で染色されるが，合成繊維であるので，羊毛に比べて繊維自体が均一であるため，黄・赤・青の3原色染法が実施可能となり，特殊な色以外は3原色で染色する方法が開発され，染料の種類や色数の節減に貢献した。

また，ポリアミド繊維は，羊毛より染着座席が少ないことを利用して，アニオン系均染剤が開発され，染浴に添加したり，染色前にこれらの均染剤であらかじめ生地を処理して染着座席を埋めてから染める前処理法や，生機を緊張状態で高温熱処理することにより繊維の分子配列を整えるなどで均染を得る新しい方法が開発された。

(4) 酸性媒染染料（クロム染料）
①特　性
酸性染料と媒染染料の性質を共有する染料で，化学構造上，酸性基と同時に金属と錯塩を形成する水酸基（－OH）をもつアゾ染料が大部分である。水に対する溶解度が高く，酸性浴で羊毛やポリアミド繊維によく染着する。染料染着後，クロム塩で後処理（後媒染）して発色させる方法が一般的である。先媒染や，媒染剤と染料を一浴で染色するメタクロム法で行うことも可能であるが一般的ではない。

この染料は，羊毛を紺や黒などの深みのある色相に染めることができることと，湿潤，耐光堅ろう度も優れているので，羊毛用染料として重要視されている。しかし，排水に重金属のクロムの排出が規制されているので，クロムを排水に出さないよう十分な排水処理が必要である。

②伝承技術
酸性染料の均染性の良いことと堅ろう度の高いことは相反する性質であるが，これを媒染技術を利用することにより改善した染料で，分子量の小さい染料，すなわち均染性の良い染料で均一に染色したのちに，クロムで媒染を行い，堅ろう度を高めることができた。酸性染料から一歩前進した染料であるが，媒染により

色相がくすみ，美麗な色の染色がむずかしいことや，色合わせが困難なこと，染色工程が二浴になるので染色時間が長くなるなどという欠点を持っている。

(5) 金属錯塩酸性染料
①特　性
酸性媒染染料（クロム染料）の欠点を改良した染料で，染料分子内にクロムや銅などの金属と錯塩を形成している分子構造をもつ酸性染料の一種である。

金属原子と染料分子の結合割合により，1:1型と1:2型の2種があり，1:1型が先に開発されたが，均染を得るためには強酸で染めねばならないという欠点があった。

次いで開発された1:2型は，弱酸性や中性浴で染色できるので，現在は1:2型が主流となっている。色相がややくすんでいるのが欠点であるが，染めやすく染色堅ろう度が優れているので，羊毛のわた染め，糸染めに重要な地位をもつ染料となっている。

②伝承技術
酸性媒染染料（クロム染料）の長所である湿潤堅ろう度の良いことを維持しつつ，その短所といえる，色合わせの困難性や再現性不良，クロム処理を行わねばならないなどの欠点を改良する目的で，クロム金属を染料分子の中に錯塩の形で取り込んで，クロム処理を省略できるようにしたのがこの染料である。スルホン酸基をもち，染料1分子に金属1分子を配位結合させた1:1型染料が開発されたが，この染料は強酸性浴で染めねばならず，硫酸の取り扱いに注意を必要とする。この問題を解決するため，スルホン酸基の替わりにメチルスルホン基やスルホンアミド基を有する染料2分子に対し金属1分子を配位結合させた1:2型が開発された。染色が容易であること，堅ろう度が良いことなどから羊毛染色の染料の重要な地位を占めている。

酸性染料→酸性媒染染料→金属錯塩酸性染料と一歩ずつ欠点の改良がなされてきたが，次の目標として，鮮明な色相で均染性が良く，堅ろう度の良い染料の開発が望まれた。

(6) 反応染料
①特　性
反応染料は，染料分子中に，セルロースや羊毛繊維中の水酸基およびアミノ基などと共有結合をする反応基をもつことを特徴とし，水に可溶である。反応基としては，クロルトリアジン，クロルピリミジンなどの活性塩素原子（－Cl）をもつ置換型のものと，ビニルスルホン誘導体のビニルスルホン基（－$SO_2CH=CH_2$）をもつ付加型のものなどがある。当初は，主としてセルロース繊維の染色用に開発されており，繊維に対する反応性から高反応型（低温染色型）と低～中反応型（高～中温染色型）に分けられる。

染料のもつ反応基は，中性水溶液中では加水分解が比較的緩やかなので，先に繊維に染料を吸収させ，次

いでアルカリを添加してアルカリ性として化学結合を生ぜしめる染色法がとられている。色相は鮮明なものが多く、繊維との結合がこれまでの染料とは異なる共有結合によるため、湿潤堅ろう度が高く、日光堅ろう度もかなり高い。

当初開発された反応染料の多くはセルロース用染料であるが、1966年にチバ社が羊毛用反応染料を開発した。この染料は、酸性浴で羊毛を染色することができる反応染料である。

②伝承技術

繊維と染料の活性基が共有結合で染着するという、これまでと異なる画期的な方法の発明により反応染料が誕生した。共有結合は、繊維と染料間の結合方式の中で最も結合エネルギーが高く安定であるため、優れた湿潤堅ろう度が得られる。また、鮮明色から濃色まで幅広い色相の染色が可能で、鮮明で堅ろう度も高いという染料の理想像に一歩近づいた染料である。すでに、セルロース繊維染色の主要染料となり、この種の新しい染料や応用技術の開発が、現在さかんに行われている。化学結合が完了すると染料移行がないので、化学結合する前に染料移行を利用して均染性を計るのが染色技術のポイントである。染料固着にアルカリを使うので、羊毛はアルカリにより加水分解されやすいことから羊毛染色にはあまり使用されていなかった。これに対処するために、活性基をブロムアクリルアミドにした羊毛用反応染料が開発された。この染料は酸性浴で染着し、主に羊毛アミノ基の親核基と染料が不可逆共有結合をする。この共有結合により、鮮明で良好な湿潤堅ろう度の得られる羊毛の染色が可能となった。染色後、未固着の染料を弱アルカリのアンモニアで洗浄する方法を採る。非常に鮮明で堅ろう度も高いので、現在、最も将来が期待される羊毛用染料である。

2.2.5 今後の開発が望まれる染料技術

均染性が良く、必要とする堅ろう度が得られて、鮮明な色の染色が可能で、適正な価格で製造できる染料を目指して進歩してきた染料製造技術を受け継ぎ、次世代に伝承して、今後もこれらの技術をより発展させていかねばならないことはもちろんである。そのほかに、繊維業界や社会環境状況を考慮して、今後の開発が望まれる技術を挙げる。

(1) 新開発の繊維の染色

アラミド繊維やカーボン繊維など、新繊維が続々と開発されているが、これらの繊維の染色技術が追いついていないのが現状である。これらの繊維の色付けができればもっと、新繊維の用途の拡大が期待できる。

(2) 種類の異なる繊維を同条件で同色に染められる染料

現在は、繊維の種類が異なると染料も変えねばならないため、多種類の染料を在庫しなければならない。また、1種族の染料で多種の繊維を染めることのできる染料の開発が望まれる。混紡交織の染色は、繊維の比率により混紡されている繊維に適する染料をそれぞ

れの比率で配合して染色する。汚染などの問題もあり、染色は非常に複雑多岐にわたり、手間が掛かる。簡単に混紡品を染色できる染料が望まれる。

(3) 用途開発

繊維産業の成熟化に伴い、染料産業も困難な時代になってきている。これを打開するために、染料の新しい用途を開発する必要がある。現在、デジタルプリント用のインクなどに染料が使われているが、染色にこだわらず、現在まで伝承されてきた素晴らしい合成化学法の先端技術を応用して、医薬品などの時代の要求にマッチした新化学製品および用途を開発発展させることが望まれる。

(4) 環境汚染

人体に悪影響をおよぼす染料や、染色排水の処理が困難なものは使用できない。染料製造工程も含めて、今後もこの問題は深刻化すると思われるので、より環境にやさしい染料製造法、染色法および排水処理法の開発が必要である。

2.2.6 染色関連の化学製品の環境安全規制

最先端の優れた性能の染料であっても、人体に悪影響があったり、環境を汚染するようなものは価値がない。過去に種々の問題が起こり、それらに対応するために、さまざまな安全に関する規制が定められてきた。これらは負の伝承技術といえるので、染料関係の主だった規制を挙げておく。

(1) エコテックス規格

消費者と環境にやさしい衣料を推奨しようという運動から、1997年に消費者と環境にやさしいテキスタイル協会と国際協会により Eco-Tex Standard 100 とその試験法200が設定された。アミン規制、キャリヤー、重金属、ホルマリン、発ガン性染料、皮膚感作性染料、急性毒性染料などを規制。生産過程の環境対策として、Eco-Tex 1000が設定され、アゾ染料の一部が規制される。

(2) 労働安全衛生法

労働者の保護を目的。ベンジジン系染料などを規制。

(3) 化学物質審査規制法（化審法）

化学物質の製造、輸入などの規制。国、事業者は取り扱う化学物質の有害性を調査し、検査データを作成し、登録が必要。

(4) MSDS（安全データシート）

染料化学品メーカーは安全データシートを作成し、ETADO（染料の生態、毒性に関する製造業者の協会）に登録する。

(5) PRTR（環境汚染物質排出・移動登録制度）

事業者の登録、届けを義務付ける。

(6) エコマーク

日本環境協会による各商品の認定基準に合格すれば、マークを付けることができる。

(7) 染色排水の規制

水質汚濁防止法，都道府県条例。排水を下水処理場に排水する場合は，各都道府県の下水道法にしたがう。

2.3 特殊染色

2.3.1 羊毛異色染料（羊毛100％繊維製品の一浴多色染色）

本来，杢調および霜降り調の羊毛100％の糸や織編物を製造する場合，バラ毛，スライバー形態で染色，混合し，紡績，撚り糸，あるいは交編織する先染め法が実施されているが，製品になるまでに多くの工程が必要であり，また多くの時間を要することから，短納期・多品種少量生産に対応するために，時代の技術に即した一浴異色染色が実施されてきた。

(1) 主な一浴多色染色法の原理の分類

①羊毛単繊維の先端部と根元部への染料の親和性の違いを利用し，濃淡を生じさせるスキッタリー染色法。

②あらかじめ羊毛繊維に対して，染料の親和性に影響を与えるような特殊な処理を施し，未処理羊毛と処理羊毛との混紡糸，未処理羊毛糸と処理羊毛糸を交撚糸，あるいは交編織を染色する方法で，下記の染色法について述べる。

　ⅰ）マルチクロム染色法

　ⅱ）カチオン化処理羊毛使用染色法

　ⅲ）防染処理羊毛使用染色法

　ⅳ）防縮処理羊毛使用染色法

　ⅴ）カチオン化，防染および防縮処理羊毛使用多色染色法

③異なる品種の羊毛の染料親和性を利用し，濃淡を生じさせる方法。

(2) 一浴多色染色法

①スキッタリー染色法[34]

羊毛単繊維の表面は疎水性であるが，先端部分は損傷を受けて親水性となる。このように，繊維表面の疎水性の程度によって染料の吸収に違いが生じ，同一単繊維内で染色濃度差となり，スキッタリー効果による霜降り染めが得られる。

1）酸性染料による方法

酸性染料の中で，レベリング染料はミリング染料に比べ吸着が抑制され，スキッタリー効果が大きくなる。

一般的には，ドデシルベンゼンスルホン酸ナトリウムのようなアニオン活性剤を染浴に加えると，良好なスキッタリー効果が得られるが，酸性レベリング染料は湿潤堅ろう度が悪く，再現性の面でも問題が多い。

2）Neolan 染料を用いる方法[35]

1：1型含金染料の Neolan 染料を用いてスキッタリー染色をする一例を紹介する。

40℃の染浴に1.0〜2.0％硫酸（98％），アニオン活性剤として2.0％ Irgasol DAM-P，0〜1.0％ Albegal A，0〜0.5％ Albegal FFA を染料を仕立て，15分保持した後，約1℃/分で100℃まで昇温，さらに，30〜60分間沸騰処理する。

Neolan 染料と同時に酸性レベリング染料を加えると，2色効果が得られる。

3）反応染料を用いる方法[35]

湿潤堅ろう度が良好な，また，染色再現性の良好なスキッタリー染色として，反応染料を使用する方法がある。

アニオン活性剤を用い，反応染料を染色すると，アニオン活性剤の防染作用で反応染料の吸着が抑制され，スキッタリー染色となる。また，酸性ミリング染料，1：2型含金染料および Lanaset のような反応含金染料を同浴に加えると，染料は単繊維全体に染色されるので2色効果が得られる。

羊毛用の反応染料にはクロアジン系の Cibacron C 染料もあるが，ここではビニルフルホン系の Lanasol 染料について説明する。

(a)染色法：40℃の染浴に，4.0％ 硫安，1.5％ 酢酸（80％），アニオン活性剤として2.0％ Irgasol DAM-P，0〜1.0％ Albegal A，0〜0.5％ Albegal FFA と染料を仕立て，15分保持した後，約1℃/分で100℃まで昇温，さらに，30〜60分間沸騰処理する。冷却，水洗後，2.0〜5.0％ アンモニアを用いて，20分間後処理をする。

(b)染色上の注意点：羊毛の原料は，産地や羊の生育状態などにより，ロットごとに異なるので，同じロットの原糸を使用して製織する。また，紡績および織布工程において，油剤や薬剤などの付着は染めむらの原因になるので注意が必要である。染色物は色の修正が困難な場合が多いので，レピート色であっても，必ず，バルク染色前にビーカー染色による確認試験をすることが重要である。

②特殊前処理羊毛を用いる多色染色法

1）マルチクロム法[36],[37]

旧ガイギー社（スイス）の特許に属するもので，促染加工法の一種である。

(a)クロム塩処理方法：60〜65℃の処理浴に1.5％ 重クロム酸カリウム，3％ギ酸（85％）を仕立て，羊毛処理物を入れ，15〜20分で沸騰し，さらに45分沸騰処理する。次に，酸性亜硫酸ナトリウムを0.5〜2.0％加え，さらに15分沸騰処理後，50℃に冷却後，水洗し，クロム塩処理羊毛を得る。

クロム塩処理羊毛は，緑灰色に着色している。

(b)マルチクロム法の染色と注意点：マルチクロム法に適する代表的なクロム染料を表2.12に示す。

クロム染料は，クロム塩処理羊毛と親和力が高く，クロム塩処理羊毛に吸着する。中でも，クロム染料が未処理羊毛を汚染する時は，汚染部分の耐光堅ろう度を上げるため，染色中に0.2％〜1.0％の重クロム酸カリウムを加える。

クロム染料のみで染色すると，未処理羊毛は白場

第1編　羊毛繊維に関する技術

のままで濃淡の異色となり，また，酸性ミリング染料や1：2型含金染料を併用すると，それらの染料は未処理羊毛に吸着し，2色の異色効果が得られる。酸性染料は，堅ろう度面からミリングタイプの使用が望ましい。

　クロム塩処理羊毛は，保管状態により3価のクロムが6価に変質し，不均染を生じる可能性があるので，保管には注意が必要である。

表2.12　マルチクロム染色に適するクロム染料

C.I.No.	染　料　名	メーカー
Y-5	Chrome Yellow AS	山田化学
V-1	Chrome Fine Violet R	山田化学
B-1	Chrome Cyanine BXS	山田化学
Br-33	Sunchromine Brown RH	田岡化学
R-7	Chrome Red B conc	山田化学
Br-19	Chrome Brown LE	山田化学
BK-38	Chrome Light Grey G（30：100）	
BK-17	Sunchromine Blue Black P-N	田岡化学工業

2）カチオン化処理羊毛使用染色法

　従来，Contrastol W（旧 Bayer 社）[38] や，Sandspace DPE（旧 Sandoz 社）[39] などのようなカチオン系第四級アンモニウム塩化合物で前処理した処理羊毛の促染効果を利用して，濃淡の異色効果を得る方法が用いられてきたが，温度コントロール，浴比などの染色条件により，処理羊毛と未処理羊毛への染料の分配率が異なり，再現性が得られにくいという欠点があった。

　3-クロロ-2-ヒドロキシプロピルメチルアンモニウムクロライドや，2,3-エポキシプロピルトリメチルアンモニウムクロライドのようなカチオン化剤を用いて，羊毛繊維分子内にカチオン基を導入し，染料に対する親和力を高くした処理羊毛（以下，カチオン化処理羊毛という）について説明する。

(a) **カチオン化処理方法**[40]：常温の処理浴に10～15％ カチオン化剤，7％ ソーダ灰を加えて，羊毛処理物を入れ，30分かけて70℃とし，20分処理する。次に7％ ソーダ灰を加え，さらに20分70℃処理後，50℃に冷却後，よく水洗し，3％ 酢酸（85％）を加えて処理物の pH を酸性にして，カチオン化処理羊毛を得る。

(b) **カチオン化処理羊毛を使用する多色染色と注意点**：図2.45および図2.46で示すとおり，カチオン化処理羊毛は酸性ミリング染料，含金染料，反応染料などアニオン染料に対して非常に高い親和性が付与される。

　一般に，未処理羊毛の場合，アニオン染料は60℃前後より吸着し，100℃で30～60分間処理して完全に吸着するのに対して，カチオン化処理羊毛は30℃前後より染料の吸着が始まり，70～80℃でほとんど吸着される。

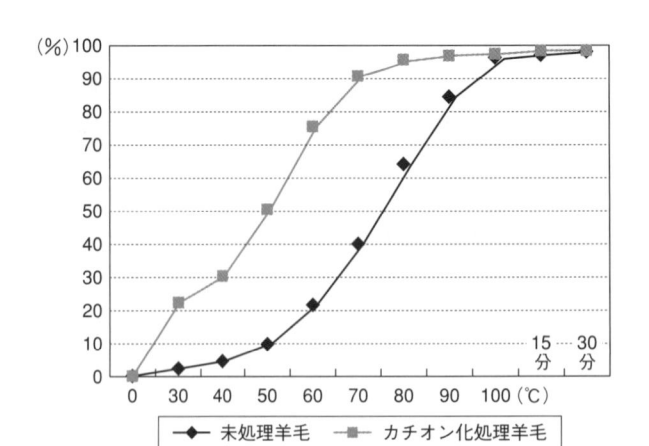

図2.45　カチオン化処理羊毛の染色性

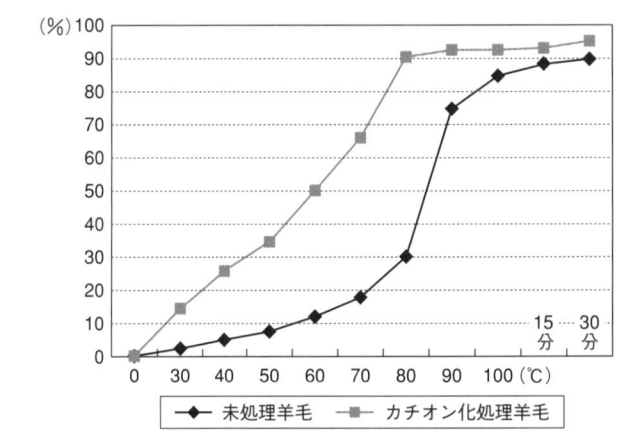

図2.46　カチオン化処理羊毛の染色性

　したがって，カチオン化処理羊毛と未処理羊毛を同一染色浴で染色すると，染料は70～80℃の時点で大部分がカチオン化処理羊毛に吸着され，未処理羊毛に染着する染料は染色浴にはほとんど残存せず，未処理羊毛はごく淡い色となり，同系色の濃淡差の多色効果を得ることができる。

　このカチオン化処理羊毛を用いる多色染色法のポイントとしては，75℃前後でカチオン化処理羊毛に大部分の染料を吸着させるために，昇温途中の75℃にて20分程度保持染色を続けることにより，再現性の良い同系色の濃淡差の異色効果を得ることができる。

3）防染処理使用羊毛使用染色法[39]

　羊毛の防染は，羊毛の染着座席を封鎖し，染料アニオンとの結合を防止するため，これまで羊毛の防染剤としてジクロロトリアジン誘導体の Sandospace R（旧 Sandoz 社），スルファミン酸，多価フェノール化合物などが用いられてきたが，完全な防染を得ることはできないままである。

　しかし，中でも多価フェノール化合物は，処理方法により高い防染性能があることがわかってきた。ここでは多価フェノール化合物を用いた防染処理について説明する。

(a) **防染処理方法**[41]：多価フェノール化合物の代表であ

るタンニン酸を防染剤として使用する。

50℃の処理浴に10～20% タンニン酸，3～5%ギ酸（85%）を仕立て，羊毛処理物を入れ，40分で沸騰し，さらに45分沸騰処理後，冷却し，よく水洗する。

次いで，50℃の新しい処理浴に5% 硫酸アルミニウム，0.5g/ℓ 酢酸（80%），0.5g/ℓ 酢酸アンモニウムを加え，20分で沸騰し，さらに30～40分沸騰処理をすることにより，防染処理羊毛を得る。防染処理羊毛は，タンニン酸の淡黄色に着色している。

タンニン酸を羊毛に固着させる薬剤としては，錫やアンチモン化合物の方が有効であるが，薬剤自体の毒性面等の関係もあり，硫酸アルミニウムを用いて錯体を形成させるのが一般的である。

(b)**タンニン酸防染処理羊毛を使用する多色染色と注意点**：

防染処理羊毛と未処理羊毛の同一浴での染色法は，一般的な羊毛染色法で行う。

染料も普通の羊毛用染料である酸性ミリング染料，1:2型含金染料，クロム染料，反応染料などを使用することができ，いずれも防染処理羊毛は高い防染性を示すが，中でも，酸性ミリング染料，反応染料が良好である。

使用染料の注意点として，防染処理羊毛は，繊維内に金属錯体を形成しているので，一部のクロム染料の中でクロム発色性の良くない染料があるため，あらかじめ，ビーカーでの確認が必要である。

タンニン酸防染処理羊毛は，羊毛用アニオン染料に防染性を示し，また，カチオン染料に容易にしかも堅ろうに染着することにより，処理羊毛の表面は疎水化され，さらに，アニオン化されているものと考えられる。

したがって，羊毛用染料のみを用いた場合は，同色の濃淡の異色染めとなり，カチオン染料と羊毛用染料を併用した場合は，カチオン染料は防染処理羊毛に，また，羊毛用染料は未処理羊毛に吸着され，色相の異なる異色効果が得られる。

4）防縮処理羊毛使用染色法

(a)**羊毛の防縮処理方法**：羊毛の防縮処理方法の詳細には触れないが，防縮処理には，過硫酸化合物を用いる酸素酸化法，塩素化合物を用いる塩素酸化法，両者を同時に用いる酸素酸化／塩素酸化法，また，塩素酸化後に樹脂を適応する塩素酸化／樹脂法など多くの方法がある。

処理方法により染色性も異なっているが，一般的に，未処理羊毛と比較すると，初期の染色速度が速くなっており，染色性の違いを利用した異色染色が行われている。

(b)**防縮処理方法と染色性**：これまで日本の紡績メーカーが行ってきた防縮処理は，生産性と安定した防縮性を含む品質面で，スライバー形態の連続加工が中心

である。

また，防縮に使用する薬剤や機械も，塩素化合物としてジクロロイソシアヌル酸ソーダ（以後，DCCAと記す）をバックウォッシャー機やパッドマングル機で処理する第1世代の加工法から，次亜塩素酸ソーダ（以後，NaOClと記す）をクロイやスプリットパッドの加工機で処理する第2世代の加工になり，現在に至っている。

第1世代加工機のパッドマングル機を用い，DCCAで塩素処理後，ハーコセット樹脂を適用したDCCA／樹脂羊毛と，第2世代加工機のスプリットパッド機を用いて，NaOCl塩素処理後，樹脂を適用したNaOCl／樹脂羊毛について，染料 2.0% Lanasol Blue 3G，助剤 1.5% Albegal B，酢酸ナトリウム，1.5% 酢酸（85%）を用いて染色した時の染色性を図2.47[42]に示す。

第2世代加工機の特徴は，羊毛繊維表面に限定して塩素化が瞬間的に反応し，よりアニオン性に帯電し，カチオンのハーコセット樹脂をよく吸着し，その結果，DCCA塩素／樹脂羊毛よりも染料の初期吸収が大きくなっていると考えられる。

次に，第2世代加工機およびスプリッドパッド機を用いて処理を行った塩素酸化処理羊毛，塩素酸化／樹脂処理羊毛および未処理羊毛の染色性を図

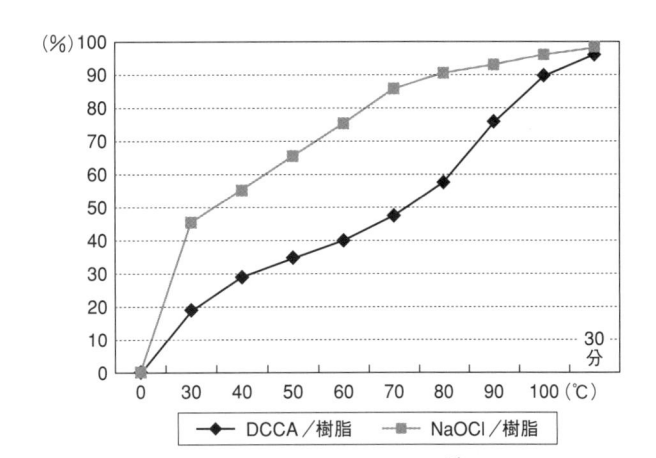

図2.47　塩素剤と染色性[42]

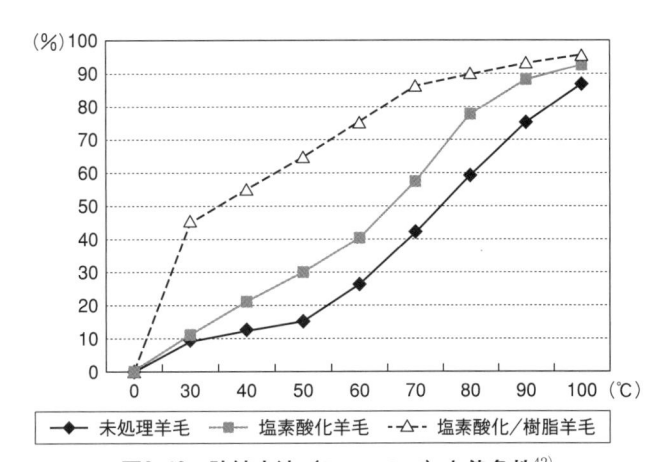

図2.48　防縮方法（Split－Pad）と染色性[42]

73

2.48[42]に示す。

　ハーコセット樹脂が適用された塩素酸化／樹脂羊毛は，塩素酸化処理羊毛や未処理羊毛と異なり，カチオン性樹脂が羊毛表面を覆っているので，羊毛用のアニオン染料を容易に吸着し，常温近くでもかなりの染料を吸着する。

　したがって，防縮処理羊毛の中で，第2世代の加工機を用いたNaOCl塩素酸化／樹脂処理羊毛が未処理羊毛との一浴多色染色には異色効果が大で最も適している。

(c)**防縮処理羊毛を使用する多色染色と注意点**：常温の処理浴に必要な助剤や染料を仕立て，NaOCl塩素化／樹脂防縮処理羊毛と未処理羊毛からなる被染物を入れ，常温で15分処理後，1℃／分で70℃に昇温し，70℃にて20分保持することにより，ほとんどの染料が防縮処理羊毛に吸着され，未処理羊毛が染料の吸着を始める60〜70℃では染色浴に残存している染料は少なくなる。その後，15分で沸騰し，さらに30分沸騰処理をすると，濃淡の異色効果のある染色物を得ることができる。

　防縮処理羊毛と未処理羊毛の一浴多色染色には，すべての羊毛用染料が適応できるが，中でも，親和性が大きく，低い温度領域で染料をよく吸着する反応性染料が適している。

(3)　**一浴3色効果多色染色法**

　前項において，羊毛繊維に対して染色性に影響を与える特殊処理羊毛を用いる異色染色について述べたが，これらの特殊処理羊毛を組み合わせて，3色効果を得る多色染色について以下に説明する。

①**同じ色相の3色効果多色染色法**[43]

1)使用羊毛原料

　特殊処理羊毛として，カチオン基を導入したカチオン化処理羊毛，染料の吸着をブロックするタンニン酸防染処理羊毛および未処理羊毛で混紡糸や交編織物などを形成し，羊毛用染料を用い，一浴で染色し，同じ色相の濃中淡の多色染色を行う。

2)染色方法と注意点

　染料は，羊毛用染料である酸性ミリング染料，1：2型含金染料，反応含金染料，反応染料およびクロム染料を使用することができる。

　常温の処理浴に必要な助剤や染料を仕立て，被染物を入れ，常温で15分処理後，1℃／分で70℃に昇温し，70℃にて15分保持後，20分で沸騰し，30〜45分沸騰処理をする。

　70℃において，カチオン化処理羊毛にほとんどの染料が吸着されて濃色に染色され，70℃で染色浴に残存している染料は，その後，未処理羊毛に吸着され，中色に染色される。また，タンニン酸防染処理羊毛にはほとんど染料は吸着されず，結果として，羊毛用染料のみを用いた場合，濃中淡の同じ色相の3色多色効果の染色を行うことができる。

　染色上の注意点は，構成されているカチオン化処理羊毛と，未処理羊毛と染料との各温度ステップにおける親和力にもとづき，それぞれの繊維へ染料が吸着されるので，昇温時間を含む温度管理が重要である。

②**色相の異なる3色効果多色染色法**[44]

　従来から行われている一浴多色効果染色法は，羊毛用染料に対して親和性の異なる2種類あるいは3種類の羊毛繊維の混合によるもので，その色調は同系色の濃淡による多色効果が中心であった。次に，色相の異なる先染め調の優れた異色効果が得られる一浴多色染色法について説明をする。

1)使用羊毛原料と染色原理

　特殊処理羊毛として，タンニン酸防染処理羊毛とNaOCl塩素化／樹脂羊毛および未処理羊毛を用いて混紡糸や交編織物などを形成し，これをカチオン染料と反応染料，酸性染料などの羊毛用染料とを併用し，一浴で染色を行うと，正の電荷をもつカチオン染料は負の電荷をもつ防染処理羊毛に，反応染料は低温領域で親和性の高いNaOCl塩素化／樹脂羊毛に，また酸性染料は防縮処理羊毛と未処理羊毛にそれぞれ選択的に吸着され，色相の異なる3種類の染料を使用すると，3色の異色効果をもつ霜降り調あるいは杢調の製品を得ることができる。

2)染色方法と注意点

　使用染料について，カチオン染料と羊毛用染料を用いて同浴で染色するが，カチオン染料は防染処理羊毛に吸着されるが，一部の染料の中には，染料の使用濃度が高くなるとアルカリ汗堅牢ろうが良くないものがあるので，あらかじめ確認が必要である。

　羊毛用染料の中で，含金染料はカチオン染料と相容性が不良であるので，使用は不適当であり，酸性染料も染色堅ろう度の面からミリングタイプの使用がよい。

　図2.48で示したとおり，反応染料は防縮処理羊毛に対して，30℃前後より染料を吸着し，70℃付近ではほぼ90%近く染料を吸着するほど高親和性がある。また，酸性ミリング染料，2.0% Irganol Brill. Blue RLSの染色性を図2.49に示す。防縮処理羊毛は未処理羊毛より高い親和力をもっているが，反応染料の染色挙動と比較すると，特に常温から70℃の温度領域において染料の吸着量に大きな差があり，低いものである。したがって，同一浴の被染物として未処理羊毛と防縮羊毛を入れ，染料として反応染料と酸性ミリング染料を同時に使用すると，反応染料が防縮処理羊毛に対し，低温領域から染料の吸着を開始して70℃ではほとんど吸着を終了する。一方，酸性ミリング染料は70℃前後より染料の吸着が多くなり，防縮処理羊毛，未処理羊毛の両方にほぼ同等の吸着をするので，色相の異なる反応性染料と酸性ミリング染料で染色すると，それぞれの親和力の違いから異色効果を呈することになる。

第2章 羊毛染色技術

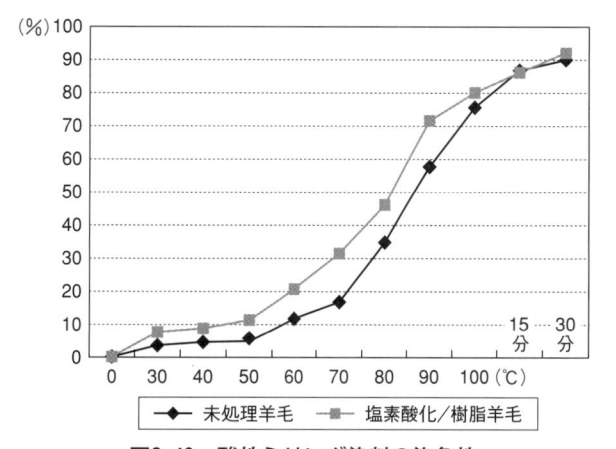

図2.49 酸性ミリング染料の染色性

染色方法は，常温の処理浴に0.5〜1.0% Albegal A，0.5〜1.0% Albegal B，0.5〜1.0% 酢酸（85%），2.0 g/ℓ 酢酸ナトリウムの染色助剤と必要な染料を仕立て，被染物を入れ，常温で15分処理後，1℃/分で70℃に昇温し，70℃にて15分保持後，20分で沸騰し，30〜45分沸騰処理をする。水洗，冷却後，2.0%〜4.0% アンモニアで80℃，15分要して後処理をする。

染色上の注意点は，同じ羊毛用染料である反応性染料と酸性ミリング染料が，各温度ステップにおいて防縮処理羊毛と未処理羊毛とに親和力の違いにより吸着されるので，昇温時間を含む温度管理が重要である。

また，カチオン染料のアルカリ汗堅ろう度を維持するために，アンモニアを使用する後処理は不可欠である。

2.3.2 特殊染色

無地の浸染に対して，色が混じったものを本稿では総称して異色染色またはMelange染めと呼称する。

異色染色（Melange染め）にはTopで機械的にビゴロウ捺染して作る霜降もあるが，本稿では染色技術によって作るものについて述べる。その方法を表2.13（次ページ）に示す。

〈Cold Pad Batch（CPB）染色〉

羊毛のCold Pad Batch（ゴールドパッチバッチ）染色法は，1960年代にIWS国際羊毛事務局から，尾州の1染色工場にライセンスが与えられた。筆者は，その受け入れ側の技術責任者として携わった。

① Cold Pad Batch染色の特徴と問題点

CPB染色は，35℃以下の低温で広幅染色できることにある。特に，ロープ染色ではループがフェルトしたり，本来の畝や凹凸感がなくなるようなアストラカンやブークレのようなファンシーな織物の染色に最適である。この方法が実現したのは，羊毛用反応染料Lanasol染料の出現にある。問題点は，紡毛織物に補強用として数%のナイロン繊維が混紡されるようになったことで，Lanasol染料はナイロンには染着しないため白く残ることである。もう1つの問題は，染色後の水洗を行う際に広幅連続方式でないとロープ水洗

ではせっかくの立体感が失われる点にある。さらに，カラーマッチングがむずかしく再染色は問題である。しかし，1発で染め上がった場合の色冴え，目風の美しさは絶妙で，イタリア製品のような色調はこの方法でしか得られない。

② CPB用の設備上の特徴

CPBは，染料糊をパディング後，巻いたまま12〜24時間，そのままストレージして初めて染色が完了するものである。最も管理しなければならないことは，幅方向・長さ方向に均一に絞ることである。パディングマングルはKustar社製のもので，図2.51のように2本のロールが横に接したものが，絞り後の染料液の垂れ下がりがないため望ましい。もう1つは，両ロールともクラウンがあり，加圧時に左右中央の絞り率が均一になるようなものでなければならない。そのためにはロールのゴムショアー硬度が65〜75度がよく，絞り率は100〜120%がよい。

③ 染料糊の調整

染料糊は，一般的に以下のような処方で調整される。

Lanasol 染料	xg
メイプロガムまたはSolvitose OFA（Vyhicle）	8〜1 g/kg
尿素またはチオ尿素	100〜300 g/kg
Albegal B（反応用均染剤）	10 g/kg
Irgapadol PN new（強力浸透剤）	10〜20 ml/kg
Acetic acid（80%）	20 ml/kg
水	
pH4.0〜4.5	
糊の粘度は100 cps	

これらはプロペラミキサーで十分に混ぜ合わせる。

織物は，あらかじめ十分に精練されたもので，均一に乾燥したものでなければならない。パディング操作は10〜20 m/分の低速で，絞る前に染料槽にむらなく十分に浸漬される必要がある。

その際，反物の継目は重ねず，突合わせで縫い合わせ，絞りロールを通過後にその部分に薄いポリエチレンフィルムを置いて，継目の糸目が次の織物に転写されないようにする必要がある。巻き終わりも同様で，その後，巻き上げた織物の両耳側もすっぽりとかぶるようにビニールシートを最低でも5周巻いて空気を遮断する。巻き上げた織物（通常150〜250 m）は台形の台の上に乗せ，5〜10 m/分くらいの低速で12〜24時間，ストレージする。その時の温度は，簡単な間仕切りした部屋で30〜35℃に保たれなければならない。染料によって一率ではないが，一般的に12〜24時間のエージングで，染料は堅ろうに固着するが，ビヒクルである糊剤や浸透剤は水洗で十分に洗い落さねばならない。コアセルベーション効果は染料，糊，尿素，促染剤および浸透剤が一体になって織物界面を覆い，時間と温度とビニールに囲まれた密閉系の，水相と油相の2相系中で浸透圧によって羊毛のような疎水性表

第1編　羊毛繊維に関する技術

表2.13　羊毛100%織物の異色染法

	加工名	原　理	製造方法	問題点
①	異色染色	羊毛の Tippy dye 性を利用したもの	綿用反応性染料とレベリング酸性染料の一浴染めで最も異色感の得られるのは，Reactive Black No.1 で鼠霜を作り，後で酸性染料の鮮美色で根元を染めるというものである。Black No.1 以外の Reactive Turquise 21等，Tippy dye になりやすい染料はこの目的に使える。同浴染めも可	白で織物保存中に，日光で折り目が日焼けし，色段ができる。管理がむずかしく量産はできない。Tippy による異色染めは色が地味で利用範囲が狭い
②	Sandlan 法		酸性ミリング染料とレベリング染料の一浴染で，Clariant 社の技術アニオン染料と競合し，初浴でレベリング染料の染着を遅らせる Demol（芳香物ホルマリン縮合物）を使用する方法。	上の方法よりは日焼けによる横段が目立ちにくいが，反面，異色効果は出にくい
③	Mittinn FF 法		無色の酸性染料といわれる Mittinn FF で，前処理後に染色すると，上の２法の日焼けによる問題を若干，緩和できる	
④	Sumi-Star 染め	イオン性の異なる染料とコントロール剤を糸染機の回転バック中で界面に凝集させ，星のような柄を作る		艶金興業で開発染色機が汚れ，再現性も低い
⑤	Melange 染め	異なる染色性の糸または Top を組み合わせ	糸または Top で下記の４種の前処理を行う。 ①羊毛をトリアジン誘導体でアニオン化 ②羊毛を Sandspace DPE（４級アミン）でカチオン化 ③羊毛をマルチクロム処理（重クロム酸塩前処理） ④未処理羊毛 Top は混綿，糸は杢にしたり，それぞれを経緯に配して織物にし，それぞれ色相の異なる ED カチオン染料，酸性染料，クロム染料で染色すると，４色の異なる色の霜降になり，糸で処理したものは多色の先染めのような杢や縞柄を一浴で染色できる。利点は，白で備蓄してオーダーがあった時に短納期で納入できることである。糸染めにない鮮美で優雅な織物ができる	再現性は良いが，前処理に多く工数が掛かる割に，糸染めとの差が得にくいSandlan DPE の使用はできなくなり，他の安全なカチオン化剤の選定が必要である
⑥	マルチカラー	ICI 社で装置開発	この機械は，ロータリースクリーンとほぼ同じ構造で，エンドレスベルト上に織物が貼り付けられ，その上に幅方向に６～９色の染料容器が並び，容器の下のノズルから色糊が織物上に間欠的に流される。ベルトの全幅にまたがるスキージロールで糊液は織物内部に刷り込まれる。色は各ノズルごとに異なることもあるが，ファッション的には地色に相当するグレーや黒のグラデーションに１～２色のアクセントカラーを載せるのが一般的で，柄は木目調が多い。色糊壺を左右に動かすことで，柄に変化を付けることもできる。色糊は，毛織物の場合には Lanasol 染料のような羊毛用反応染料と，補色に鮮美なミリング染料が使われる。糊はメイプロガムのようなローカストビーンで，粘度は絵際を鮮明にする時には100CPS と硬い糊を使うが，ぼかしてにじませる場合は適度に粘度調整する。浸透膨潤固着を助けるために100部位の尿素は一般的に配合される。最後はスチーミング固着－水洗－乾燥で終了。羊毛生地の事前の親水化は必須の条件である	筆者は1983年にプリンブリン社（仏）を訪問，その機械の稼働状況を見学し，カシミヤのビーバーにマルチクロムで染めたコート地をいただいたが，そのファンタスティックな出来栄えは今でも通用し，再現したいと考えている
⑦	Space dye		原理的にはマルチクロム染めを模倣したものであるが，ノズルの移動をコンピュータ制御にすることで柄の幅を大幅に増やし，縦横縞等幾何学的な柄まで可能にした点が特徴である。また，手編毛糸や織糸を綛の状態でスペースダイし，非常に複雑で工芸的な多色染めが可能になった。綛は，綛の長さの約80 cm の長さ，幅40～50 cm，深さ 8～10 cm の木枠に金網を張った篩状の容器に綛を並べ，上から染料液をコンピュータ制御で動かして多色のランダム模様を作り，注染のような機構で染料を下に引抜き浸透させた後，スチーミング固着し，水洗－乾燥する。色糊に抜染剤を併用するとデザインの範囲はさらに増え，用途は拡大する	織物，綛，Top のほかに，チーズでも円周方向に３色くらいに染め分ける機械は尾州の中小企業で開発され世界的に話題となった
⑧	Deknitt 法		白糸で丸編天竺に編立後，多色柄にプリントしたのち，解いて糸にし，再び織物にすると，複雑で予期しなかった多色染めができる	今でも，編糸など一部には使われている

＊霜降調の異色染めは1980年代に話題になったが，日焼け段と色相範囲が限られ，ファッション性に乏しいために現在は生産されていない。

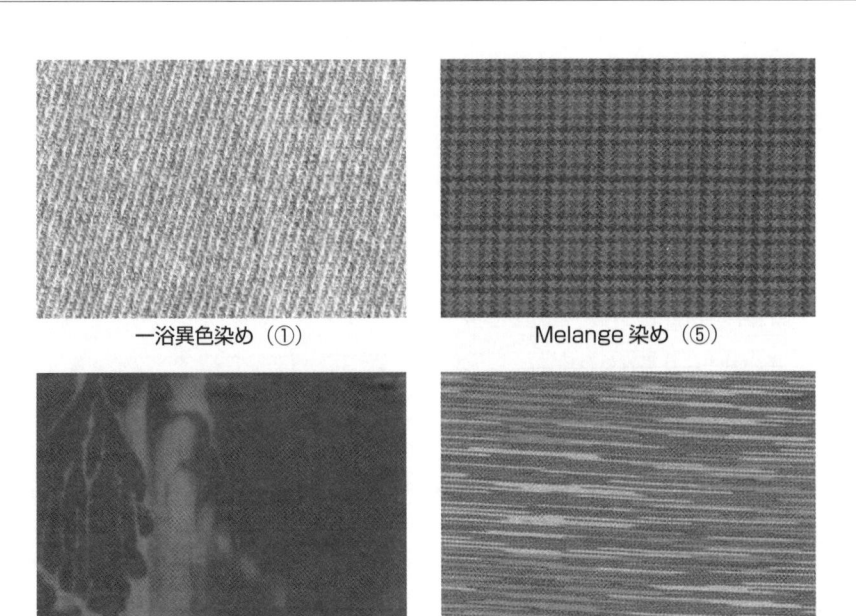

一浴異色染め（①） Melange 染め（⑤）

マルチカラー（⑥） Deknitt 法（⑧）

図2.50　各種異色染め見本〔カッコ内の数字は，表2.13を参照〕

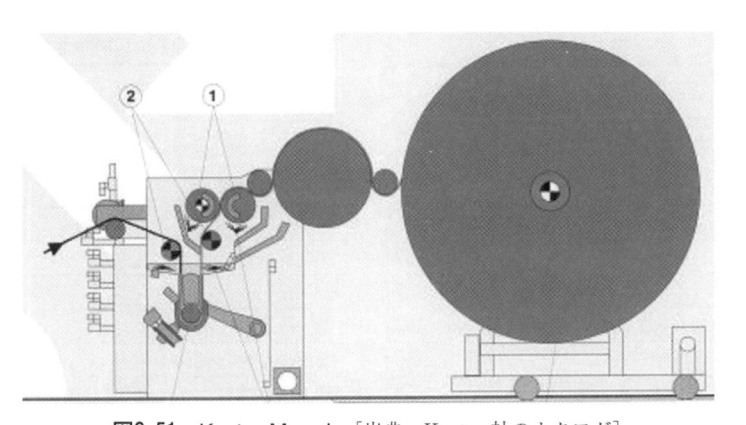

図2.51　Kustar Mangle〔出典：Kustar 社のカタログ〕

面にも均一に移行し，染着することであると解釈する。特に，Turquise Blue などフタロシアニン系の染料でも，チッピーにならず均染できる。洗浄は，ビームワッシャーかオープンソーパーで行う。1〜3回，冷水洗後，アンモニアで pH8.5 に調整し，70〜80℃で水洗と中和して完了。鮮美色から濃色まで，羊毛の立体的な表面を損なうことなく染色できる。

④まとめ

CPB は，高品質毛織物染色法として差別化できる方法である。省エネでもあるが，見本と本番の色の再現性を高めることが最も肝要である。

2.4　羊毛と合繊用染色機の変遷

2.4.1　はじめに

日本の羊毛工業が始まってから130年以上が経過し，その間，戦争など激変する社会情勢を背景に，技術革新に取り組み，とりわけ尾州産地は，イタリア・ビエラ地域，イギリス・ハダースフィールド地域と並んで，世界3大毛織物産地といわれるまでになった。

しかし，近年は中国などの繊維産業の台頭の影響を受けて，3地区とも生産量は大きく減少した。特に，尾州産地の染色整理業界では，1995年頃をピークにして減産が続き，2010年に名門の艶金興業が撤退し，蘇東興業の一社体制となってしまったため，業界では，未来を先取りした新製品を生み出すことのできる技術開発が求められている。

そこで，本稿では染色機械メーカーの立場から，これまでの染色機の変遷をまとめることとする。今後の参考にしていただきたい。

2.4.2　染色機の進歩

ウールの染色は，染められる形態により，バラ染め，トップ染め，糸染め，反染めに分類される。糸用染色機の代表的なものは，パッケージ（チーズ）染色機であり，現在も変わりなく活用されている。布用染色機は，古くはウインス，ジッガー染色機があり，その後，ビーム染色機が登場したが，1ロット当たりの処理量は小さいので，バッチ式染色が主流で行われてきた。

1970年頃より，織物や編物をループ状にして生地を走行させて染色する液流染色機が主流となった。また，ポリエステル繊維製品の登場により，高温高圧液

第1編　羊毛繊維に関する技術

表2.14

年月	染色機名	輸入先	納入先
1963年11月	織物用連続式高温高圧染色機	スイス	岐セン
1963年11月	自動ジッガー染色機	西ドイツ	竹仁染化，セーレン
1964年3月	高温ビーム染色機	西ドイツ	酒伊繊維
1964年5月	自動ジッガー染色機	西ドイツ	日本レイヨン
1964年7月	ガストン液流染色機	米国	艶金興業
1964年9月	ガストン液流染色機	米国	竹仁染化

※1961年に日本染色機械は，オーバーマイヤー社（西ドイツ）とパッケージ染
色機の技術提携を行った。

表2.15

会社名	所在地	主な製品
旭工業	名古屋市	高温高圧染色機
芦田製作所	大阪市	パッケージ染色機，ジッガー
井上金属工業	大阪市	ターボ染色機
上野機械製作所	京都市	チーズ染色脱水乾燥機
大島機械	大阪市	ウインス
川合鉄工所	一宮市	噴射絽染め機
鈴木製作所	愛知県尾西市	高温高圧染色機

会社名	所在地	主な製品
旭工業	名古屋市	高温高圧染色機
芦田製作所	大阪市	パッケージ染色機，ジッガー
井上金属工業	大阪市	ターボ染色機
上野機械製作所	京都市	チーズ染色脱水乾燥機
大島機械	大阪市	ウインス
川合鉄工所	一宮市	噴射絽染め機
鈴木製作所	愛知県尾西市	高温高圧染色機

注）他にも小規模メーカーが多くあったが，ここでは省略する。

表2.16

	出願人名称	出願件数		出願人名称	出願件数
1	ヘキスト AG（ドイツ）	262	26	日華化学	28
2	住友化学工業	257	27	セーレン	18
3	チバガイギー AG（スイス）	193	28	芦田製作所	18
4	東レ	165	29	松井色素化学工業	17
5	鐘紡	130	30	京都機械	16
6	バイエル AG（ドイツ）	127	31	明成化学工業	15
7	ユニチカ	111	32	グンゼ	14
8	日阪製作所	101	33	凸版印刷	13
9	東洋紡積	100	34	吉田工業	12
10	三菱レイヨン	90	35	工業技術院長	11
11	サンド AG（スイス）	89	36	保土谷化学工業	11
12	旭化成工業	86	37	敷島紡績	11
13	日本化薬	77	38	倉敷紡績	10
14	帝人	74	39	江守商事	10
15	山東鐵工所	63	40	大阪ボビン	10
16	三菱化学	57	41	酒伊繊維工業	9
17	三井化学	57	42	東海染工	9
18	ダイスタージャパン	49	43	バーリントン INDINC（アメリカ）	9
19	ニッセン	44	44	岩崎恒雄	9
20	イムペリアル CHEMIND（イギリス）	41	45	日本エクスラン工業	9
21	カセラ AG（ドイツ）	37	46	市金工業社	8
22	ベーアーエスエフ AG（ドイツ）	35	47	大同マルタ染工	8
23	クラレ	30	48	花王	8
24	チバ・スペシャルティ・ケミカルズ（スイス）	30	49	小松精練	8
25	三洋化成工業	28	50	アイダブリュエスノミニイ（イギリス）	8

・機械メーカーは，日阪製作所，山東鐵工所，ニッセン，芦田製作所，京都機械など。

・染色加工企業は，セーレン，酒伊繊維工業，東海染工，大同マルタ染工，小松精練など。

・繊維メーカーは，ヘキスト（ドイツ），東レ，鐘紡，バイエル（ドイツ），ユニチカ，東洋紡積，三菱レイヨン，旭
化成，帝人など。

・助剤メーカーは，三洋化成工業，明成化学工業，日華化学など。

流染色機の改良開発がさかんに行われてきたので，液流染色機を中心とした染色機の変遷をまとめてみる。

なお，どのタイプの染色機も自動化に関しては，コンピュータの発達により大きな進歩が得られた。

⑴　染色機の技術開発の歴史

わが国の染色機は，1960年代に欧米の機械の導入により，それをもとに改良を加え飛躍的に発展した。参考までに当時の染色機の輸入実態を過去の記録から抜粋する（表2.14）。

⑵　国内染色機メーカー

1960年代の主な国内のバッチ式染色機メーカーを表2.15に示す（五十音順）。

2.4.3　特許情報による技術開発経過

⑴　浸染に関するデータ

合成繊維の飛躍的な発展が始まった1971年以降の25年間にわたる出願データを，特許庁が「技術開発の傾向」として分析し発表しているので，それを引用する。

以下，浸染に関するデータをまとめる。

⑵　出願人リスト（50社）

浸染に関連する特許の出願件数は約4,000件。1971～1997年10月までに公開された出願件数を表2.16に示す。

⑶　繊維別出願件数比率（図2.52）

・セルロース：25％
・ポリエステル：23％
・ナイロン：16％
・混紡：16％
・毛：11％

⑷　構成繊維別出願件数比率（図2.53）

・ポリエステル／木綿：34％
・ナイロン／木綿：29％
・ナイロン／毛：25％
・ポリエステル／毛：12％

⑸　浸染に関連する形状別出願件数比率（図2.54）

・布帛：68％
・バラ毛・糸など：32％

⑹　液流染色機の出願実例

1971～1995年（25年間）の代表的な特許出願の内容は，染液の調合，供給などの付帯設備，滞留槽や移送部の形状，噴射部，染液吸い込み口，ローラーの位置，数などに提案が見られる。（特許庁資料より抜粋，図2.55）

2.4.4　液流染色機の変遷

バッチ吸尽染色機は，先染め用と後染め用に分けられる。

先染め用染色機は，今日まで改良はされてきたものの大きな技術革新はないと考えられる。

その点，後染め用染色機は，液流染色機の誕生後，合繊の発展とともに大きな技術革新がなされてきたので，本稿では液流染色機の変遷をまとめ，その中で

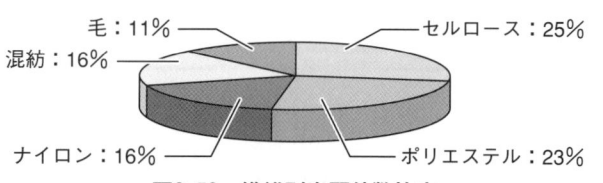

図2.52　繊維別出願件数比率

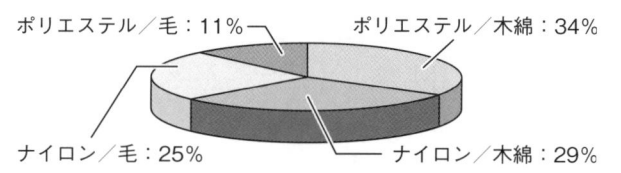

図2.53　構成繊維別出願件数比率

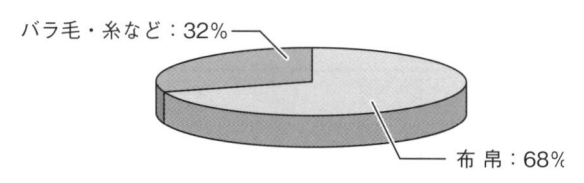

図2.54　浸染に関連する形状別出願件数比率

ウール用染色機に触れることにする。

液流染色機の誕生は，ポリエステルの出現によるところが大きく，米国ガストンカウンティ／バーリントン（GatonCounty/Burlington）社の液流染色機の発明から始まった。1961年1月（昭和36年），USAバーリントン社より特許出願され，1962年（昭和37年）6月に特許登録された。その後，世界中で開発が着手され，数多くの液流染色機が誕生した。

わが国へは，1964年（昭和39年）にガストンジェット染色機が，艶金興業と竹仁染化へ輸入された。納入機は非常に高価であったので，低価格化と国内染色業界に向いた性能を備えた染色機開発を要望され，開発改良を進めてきた。

以下，液流染色機を4世代に分類し，まとめることにする（表2.17）。

⑴　第1世代（図2.56）

①国産機誕生

1960年代までのわが国の染色工業の染色設備は，ほとんど欧米製の輸入に頼っていた。1964年に米国よりガストンカウンティ社のジェット染色機が輸入されたのを機に，国産機の開発に取り組み，1967年，日本染色機械と日阪製作所が国産の液流染色機を完成させた。

新型液流染色機の開発に当たり，米国バーリントン社の特許に抵触することなく性能確立に取り組んだ。実際に，特許権利者である米国バーリントン社は，世界中の著名な染色機械メーカーに「特許侵害」の警告を行った。日本染色機械も警告文を受け取ったが，その後，ユニエースを米国に輸出し，特許侵害してないことを立証した。

〈バーリントン社特許の概要〉

・特許公告：特公昭37-5294（USP 2978291）

79

第1編 羊毛繊維に関する技術

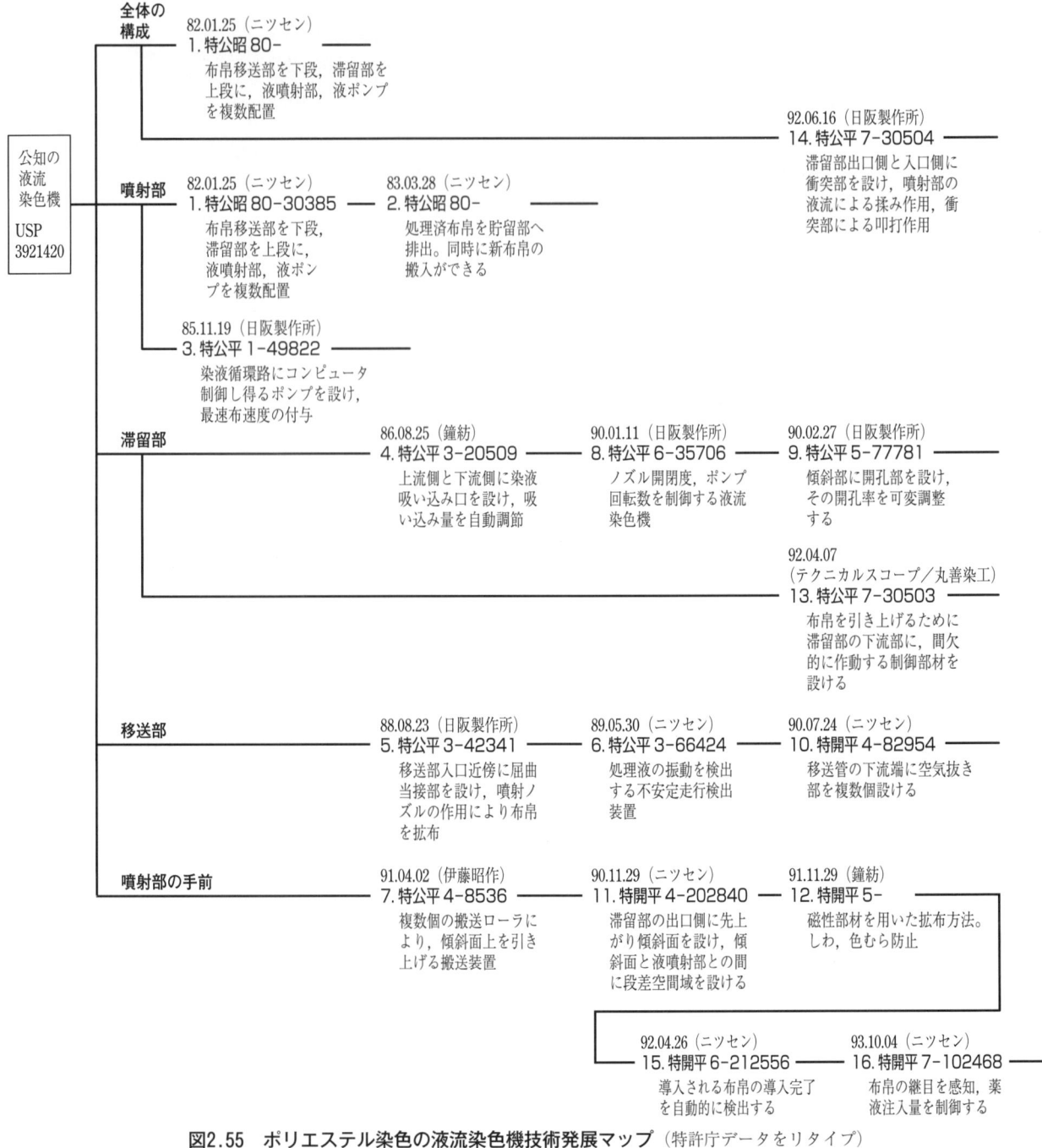

図2.55 ポリエステル染色の液流染色機技術発展マップ（特許庁データをリタイプ）

・特許名称：液体にて織物を処理する為の方法及び
装置（図2.56(a)参照）
・出願人：バーリントン・インダストリー・イン
コーポレーテッド

②グループ分け

液流染色機は，2グループに分けることができる。
第1グループは，液噴射部が処理液面より上方に配
置されており，上回り方式ともいわれる。第1グルー
プの染色機として，日本染色機械のユニエース（図
2.56(e)）と北陸化工機のロコ染色機（図2.56(f)）な
どがあり，日本染色機械はユニエース開発の前に，ガ
ストン・ジェット（図2.56(b)）によく似たバイブロ
カレント（図2.56(d)）を作ったが，目標とした性能

が得られず，すぐに，ユニエースに設計変更した。図
2.56(a)のガストンジェット機も，実用機としては図
2.56(b)の構造が中心となり，その後，図2.56(c)に示
す改良が行われた。図2.56(b)から図2.56(c)への変更
点は，液噴射部を水平構造とし，H型ともいわれた。
第2グループは，液噴射部が処理液面下に配置され
下回り方式ともいわれる。第2グループの染色機とし
て，日阪製作所のサーキュラー（図2.56(g)），増田製
作所のマスフロー（図2.56(h)）などがある。図示し
てないが，大島機械のダッシュライン（常庄型）もこ
のグループに入る。

紹介したメーカー以外にも，多くの機械メーカーが
出現した（ほとんど，第1グループに入る）。

80

第2章　羊毛染色技術

表2.17　液流染色機の変遷表

	年度	社会情勢	開発経過	繊維動向	布速	浴比	備考
			ウインス・ジッガー・ビーム				
第1世代	1962　S37		世界初の液流染色機開発	ポリエステル生産			USA ガストン社
	1963　38						
	1964　39						
	1965　40		輸入1号機（USA ガストン社製）				
	1966　41						
	1967　42		国産機誕生（ニッセン，日阪）		100	1：30	（ニ）VPH，（日）CUT
	1968　43						
	1969　44		液流染色機の増産体制	加工糸織物			
	1970　45						
	1971　46						
	1972　47						
	1973　48	第1次石油危機					
第2世代	1974　49		ラピッド染色機の開発		300	1：10	
	1975　50						
	1976　51			薄地織物			第1回 OTEMAS
	1977　52			減量加工			
	1978　53	第2次石油危機		GC ブーム			
	1979　54		セルロース用低浴比液流染色機			1：8	ニッセン・スイングエース（綿）
	1980　55						
第3世代	1981　56		ラピッド染色の高度化	高減量	600	1：8	
	1982　57						
	1983　58			シワ加工			THEN 社・AIR-FLOW
	1984　59		ウール用液流染色機	吸汗加工			ニッセン・スイングエース（毛）
	1985　60	プラザ合意					
	1986　61			天然繊維ブーム			
	1987　62						
	1988　63						
第4世代	1989　H01		新合繊対応染色機開発	超極細繊維			
	1990　02			テンセル製品化			
	1991　03						
	1992　04						
	1993　05						
	1994　06						
	1995　07	染色工場中国進出	ミスト（気流式）染色機開発		800	1：3	
	1996　08	本格化					
	1997　09						
	1998　10						
	1999　11						
	2000　12						
	2001　13						
	2002　14						
	2003　15						
	2004　16						
	2005　17						
	2006　18						
	2007　19						
	2008　20						
	2009　21						
	2010　22						

81

第1編　羊毛繊維に関する技術

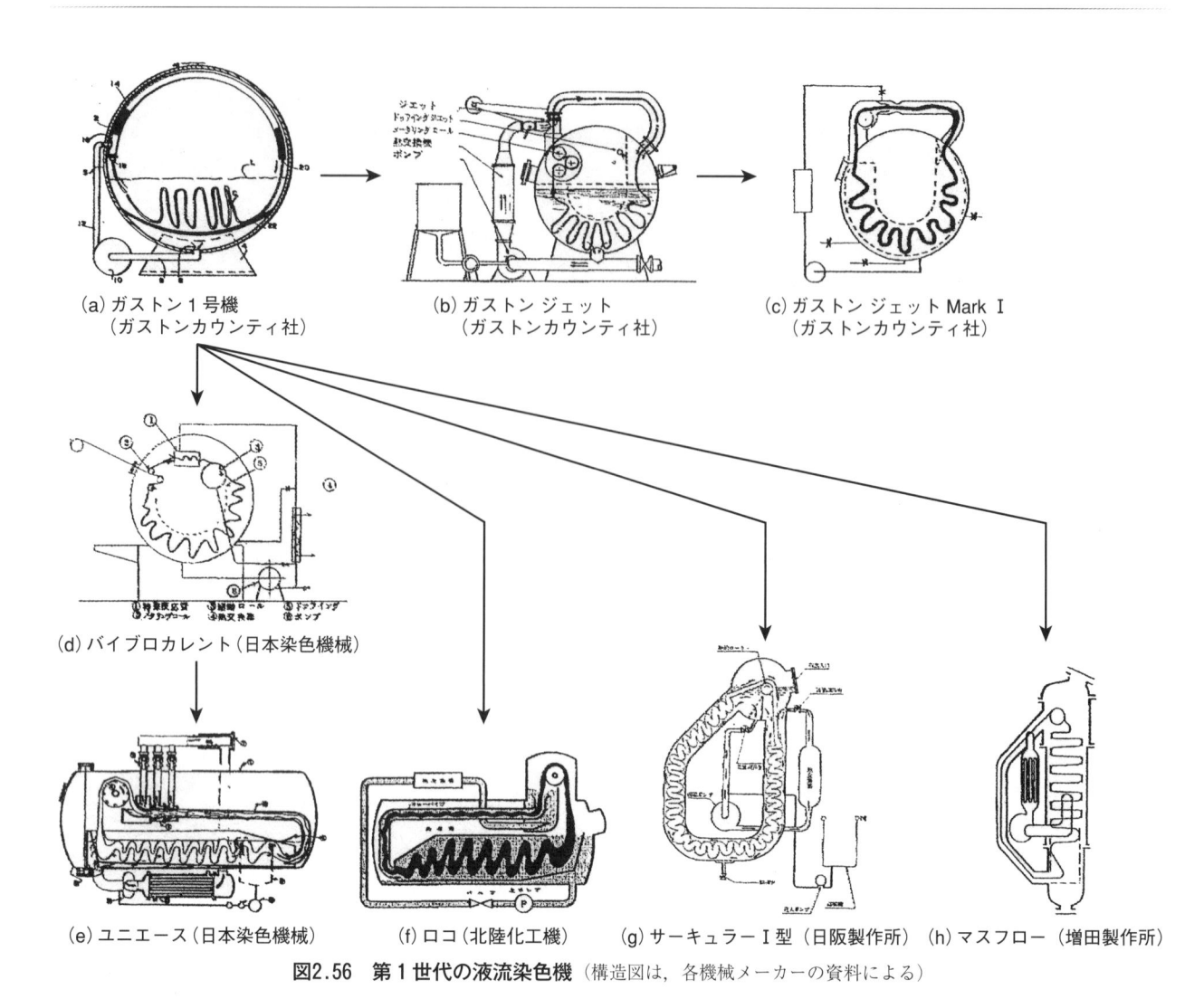

(a) ガストン1号機
（ガストンカウンティ社）

(b) ガストンジェット
（ガストンカウンティ社）

(c) ガストンジェット Mark I
（ガストンカウンティ社）

(d) バイブロカレント（日本染色機械）

(e) ユニエース（日本染色機械）　(f) ロコ（北陸化工機）　(g) サーキュラーI型（日阪製作所）　(h) マスフロー（増田製作所）

図2.56　第1世代の液流染色機（構造図は，各機械メーカーの資料による）

③グループの比較

2つのグループを比較する。

第1グループのユニエースとロコ染色機は，ポリエステルの増産を機に，採用が増大した。ユニエースは，液噴射部にオーバーフローのようなシャワー装置と角型液噴射部の上下スリットによるJET噴射機構を備え，天然繊維とポリエステルの混紡織物・編物をはじめ，パイルやベロアのような表面品位が問題になるものにおいても良好な結果が得られ，海外プラントを含め納入が増大した。北陸化工機のロコ染色機も同様であった。

第2グループの液流染色機は，第1グループに比べ，JET部での揉み効果が大きく，表面品位が問題となる製品には向かなかった。また，被処理物によりJET口径とスキマ設定の影響が大きく，操作面でのむずかしさがあった。実際に，図2.56(g)のサーキュラー染色機は，I型→III型→V型→VII型→NX型と，目まぐるしいモデルチェンジの経過があるが，第1グループに比べ，発泡作用が小さく，染色助剤選定に有利であった。

④ウールと合繊の染色機

ウールの反染めは，液流染色機が登場するまでウインスが織物や編物を問わず，広く使用された。ウインスの欠点はロープじわを発生しやすく，1反ずつ結反するので作業に手間がかかった。

ウール専用の液流染色機として，当時，合成繊維の増産体制にあり，混紡品を最重点として，染色温度の関係で汎用性を求められたので，高圧型を中心に改良を進め，毛羽立ちなど表面品位の問題が少ない，ユニエース（図2.56(e)）が採用された。

ウール用としては，常庄型液流染色機で良いが，沸騰点近くの染色を効率良くするため，ポンプのキャビテーションの対策が必要であり，沸騰点近くの温度でも安定した性能を発揮できるポンプ設計に取り組んだ（ウインスはポンプがないので，問題なかった）。

欧米製も含めて数多くある機種のうち，ウール100%の反染めに適した最適機種はなかったが，その中で増田製作所のマスフロー染色機（図2.56(h)）が採用された。当時，国内実績はほとんどなかったが，ウールの本場の英国には採用されているとのことであった。この種のタイプは，欧州の染色機械メーカーが5社ほど取り組んでいたが，後に姿を消した。

(2) 第2世代 （図2.57）

①ラピッド染色の時代

1973年11月，予想もしなかった第1次石油危機が到来した。その頃，染色業界では，バイエル社が染色

面から，ポリエステル布帛のラピッド染色法を発表したこともあり，染色機械メーカーは，ラピッド液流染色機の開発に取り組んだ。

その頃，染色業界では，第1次石油危機により生産が急激に落ち込み，倒産も多く，染色機械メーカーも採算が悪化し，北陸化工機が1975年に廃業したためロコ染色機は生産中止となった。

ラピッド液流染色機は，日本染色機械が図2.56(e)のユニエースの後継機としてラピッド・ユニエース（図2.57(b)）を開発し，日阪製作所は，サーキュラー・ラピッド（図2.57(d)）を開発した。さらに，廃業した北陸化工機の流れをくむ福田鉄工所も，少し遅れてラピッド液流染色機（図2.57(c)）を発表した。1976年11月，第1回大阪国際繊維機械ショー（OTEMAS展 1976）が開催され，ラピッド液流染色機は日本染色機械と日阪製作所より実機出展された。

②ラピッド液流染色機の設計ポイント

ラピッド染色は，染色時間をできるだけ短縮した迅速染色法であり，すでに染料メーカーの提案によりパッケージ染色機に採用されていた。

液流染色機のラピッド化では，従来機と比べ，染液と繊維布帛との接触回数を増大させる必要があり，①布速度を100 m/分→300 m/分に上げて1循環時間の

表2.18

	従来機	ラピッド機
処理量（kg）	160～200	160～200
液量（ℓ）	3,500～4,000	2,000～2,500
浴比	1：20～30	1：10～15
布速度（m/分）	100～120	250～300
ポンプ流量（ℓ/分）	3,000	4,000
液循環率（秒）	80	40

短縮を行い，②液交換率を上げるためポンプ流量を増大させた。

さらに，低浴比化により省エネルギー・省資源を達成させた。表2.18に設計仕様を示す。

また，布整列機構の開発としては，
・布速度の増大に伴う走行トラブル対策
・泡対策
が挙げられる。

③各社ラピッド液流染色機の特徴

石油危機以降の合繊の染色業界は，薄地織物，減量加工，そしてジョーゼットブームが到来し，各染色機メーカーは，社内にデモ機を常設し，染色テストを重ねることにより改良を進めた。

構造の分類で第1グループ（上回り）の機種では，

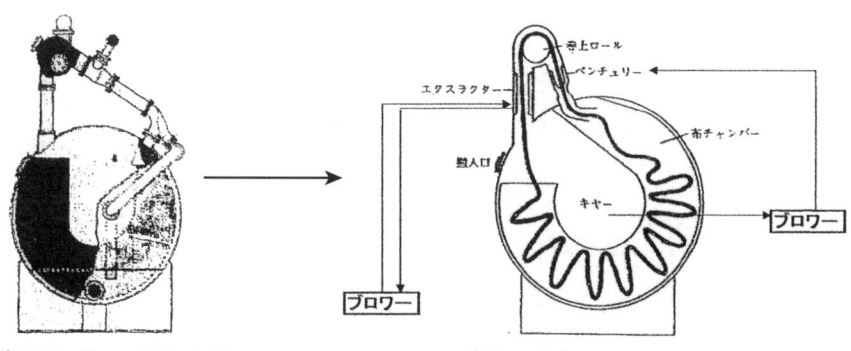

(a) ガストンジェット Mark Ⅴ
（ガストンカウンティ社）

(f) Aqualuft
（ガストンカウンティ社）

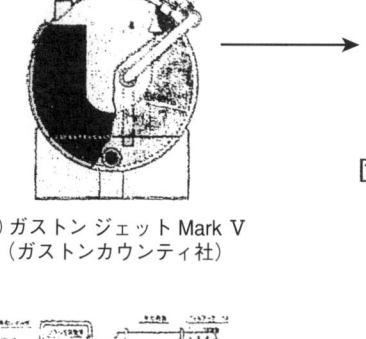

(b) ラピッドユニエース（日本染色機械）

(c) SR-WS型（福田鉄工所）

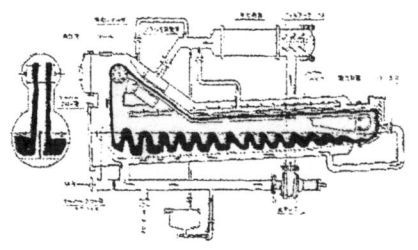

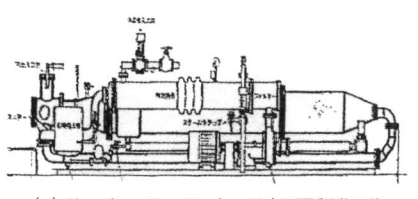

(d) サーキュラーラピッド（日阪製作所）

(e) 天然繊維用液流染色機・スイングエース（日本染色機械）

図2.57 第2世代の液流染色機（構造図は，各機械メーカーの資料による）

代表的な染色機として，日本染色機械のラピッドユニエース（図2.57(b)）があり，JET部の噴射圧力は低く，噴射流量を多くしたことにより，天然繊維と合繊の混紡品の分野で多く採用された。

第2グループ（下回り）の機種の代表的な染色機として，日阪製作所のサーキュラーラピッド（図2.57(d)）があり，JET部の噴射圧力は高く，揉み効果も大きいので，ポリエステルフィラメントの分野で威力を発揮し，合繊専用機として採用された。また，第1グループの機種に比べ，発泡が少ないことが有利な点であった。

④天然繊維用低浴比液流染色機の開発

合繊の染色は，特にポリエステルの強撚糸織物がブームとなり薄地織物を中心に液流染色機に対する改善要求が増え，さらなる改良開発を進めた。

その結果，合繊用液流染色機は目覚ましく進歩したが，天然繊維分野のバッチ染色の改良開発は後まわしの状態であったので，日本染色機械は，常庄型液流染色機の開発に着手し，常庄型の低浴比液流染色機（図2.57(e)）を完成させ，スイングエースと命名した。

本機の設計思想は，液流染色機の特徴であるポンプによる循環液流の作用を加え，布搬送滞溜部において布搬送と温度分布の均一化のため可動ケーシングを配置した。常庄型としたので，1：8程度の低浴比になるとポンプのキャビテーションが起こりやすくなるために，沸点近くで安定した性能を持続できる特殊新型ポンプを開発した。綿ニットには好評であったが，ウール用としては，さらに改良を要した。

⑤欧米のラピッド液流染色機

液流染色機の元祖である米国ガストン社は，ガストンジェット→ガストンジェット Mark Ⅰ→ガストンジェット Mark Ⅴ（図2.57(a)）と，改良型を提供しており，繊維動向に合わせて改良されてきた。一方，欧州では，厳しい染色排水規制に対応するため，超低浴比染色機の研究が進み，ガストン社はサンド社が開発した気泡染色法（サンコワッド法）を可能にし，浴比1：3として Aqualuft（図2.57(f)）を，米国グリーンビル市で開催された ATME-Ⅰ '76に出展した。

当時，欧米では超低浴比染色法として，サンド社のサンコワッド法以外に，チバガイギー社のミスト法（ドラム染色機），スベンソン社のエア・インジェクション法などがあった。

(3) 第3世代（1981～1988年，図2.58）

①ラピッド液流染色機の高度化

1980年頃になると，合繊分野で低目付化と高減量化がさらに進み，在来機では，布走行トラブルと目ヨレ・スレ・アタリの問題が増大したので，各染色機メーカーは，改良開発に取り組んだ。

1980年代初めにマイコンブームが到来し，コンピュータ制御が，身近なものとなり，染色機では，高度な温度制御と工程制御が可能となり，自動化が飛躍的に進んだ（アナログ→デジタル化）欧米では，ドイツ Then 社の AIR-FLOW 染色機が登場し，それまでの超低浴比染色機より完成度は高く，納入実績も多くなってきた。日本国内でも話題は高まったが，染色用としては普及しなかった。

②各社ラピッド液流染色機の状況

日本染色機械は，1981年に在来機と発想の異なるリールレス型のラピッド液流染色機（リールレス・ラピッドユニエース）（図2.58(a)）を完成させた。リールレス・ラピッドユニエースは，液流染色機におけるグループ分けの第2グループ（下回り）に分類でき，低テンションを達成し，600 m/分以上の高速でも安定した布速度が得られた。実生産面では，デリケート素材で高性能を発揮できた。

日阪製作所も，合繊用としてサーキュラーラピッドを R 型→ RF 型→ RA 型（図2.58(b)）など，時代の要求により改良してきた。また，日阪製作所は，天然繊維との混紡用として，第2グループでは限界があるので，第1グループ（上回り）に分類するサーキュラー NS 型を完成させた（いずれも図示せず）。

両社とも，多様化する繊維動向に対応するため，研究開発に取り組んだ。

③ウール用低浴比液流染色機の開発

合繊分野は，減量加工が一般化してきて，液流染色機はユーザーの要求に沿って改良開発を進めてきたが，天然繊維には，そのままの仕様では満足できない状態が続いたことから，日本染色機械は天然繊維（綿・ウール）用低浴比液流染色機を開発したが，綿ニットには好評を得たが，ウール織物の染色性を向上

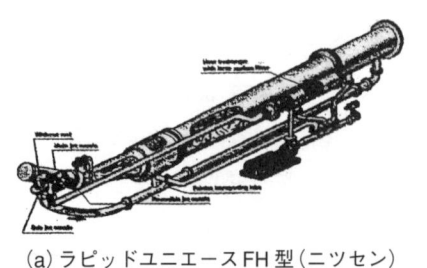

(a) ラピッドユニエースFH型（ニッセン）

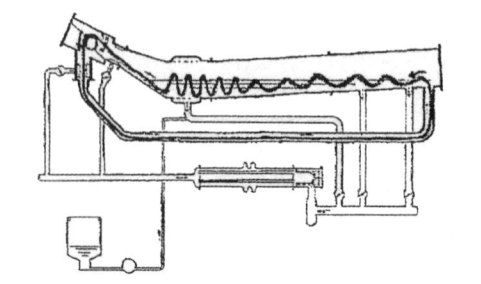

(b) サーキュラー CUT-RA 型（日阪製作所）

図2.58　第3世代の液流染色機（構造図は，各機械メーカーの資料による）

させるために設計変更し，常圧型液流染色機スイング
エース EK 型（図示せず）を開発した。従来型に比べ，
低揚程で大流量型ポンプを新設計し，液噴射部と布移
送管を大型化し，滞溜槽も形状変更した。さらに，
ウール業界特有の多品種小ロットに対応するため，単
独5フローをコンパクトに一体化させ，異なる色相を
染色できるスイングエース・マルチフロー（図示せ
ず）を開発した。

⑷ 第4世代（1989年以降，図2.59）

①新合繊対応ラピッド液流染色機

合繊分野におけるポリエステルは目覚しい発展を遂
げて，1980年代後半から1990年代に入ると，繊維メー
カー各社より，従来の合成繊維や天然繊維では表現し
得なかった質感を備えた「新合繊」を登場させた。

新合繊は，フィラメントの特殊な断面形状，異繊度，
異収縮混繊，減量加工などによるクレーター形成など，
在来の液流染色機では新合繊のもつ特徴を十分に発揮
できない上に，布走行トラブル，メヨレ，光沢アタリ
などの問題を解決するため，新合繊対応ラピッド液流
染色機を開発した。

②各社新合繊対応ラピッド液流染色機の状況

ニッセン（日本染色機械の社名変更）は，新合繊対
応液流染色機として，徹底的に低テンションをねらっ

て，リールレス・ラピッドユニエース FU 型（図2.59
(a)）を新開発した。FU 型は，リールレス構造の特長
を活かし，JET 噴射力の効率アップのため布移送管
の長さの最適化を図り，滞溜槽を水平方向 U 字型を
採用することで，この種の液流染色機に比べ，ノズル
圧力を半減でき，超極細繊維糸使い高密度織物の布走
行性が良好となり，高い評価を得られた。

日阪製作所は，サーキュラーラピッドシリーズにて
新合繊対応として CUT-RN 型（図示せず）を新しく
開発した。CUT-RN 型は，従来性能に下部チューブ，
移送管，染色槽の整列機構に改良を加え，安定走行で
きるようにしたものである。サーキュラーラピッドシ
リーズは，その後も次々と CUT-RS 型，CUT-MF 型
（図2.59(b)）など多くの機種を発表した。

③ウール用液流染色機の状況

これまで，液流染色機の開発は，染色時間の短縮，
低浴比化，自動化など合繊分野の要求により対応して
きた。特に，デリケートな素材の染色を含めた汎用性
の拡大が図られてきたが，天然繊維のように表面品位
の問題となる染色には不満足であったので，ニッセン
は，この問題点を解消するためにウール専用の常圧液
流染色機を開発した。常圧液流染色機の汎用機とし
て，スイングエース LLW-EK 型が多くのユーザーに

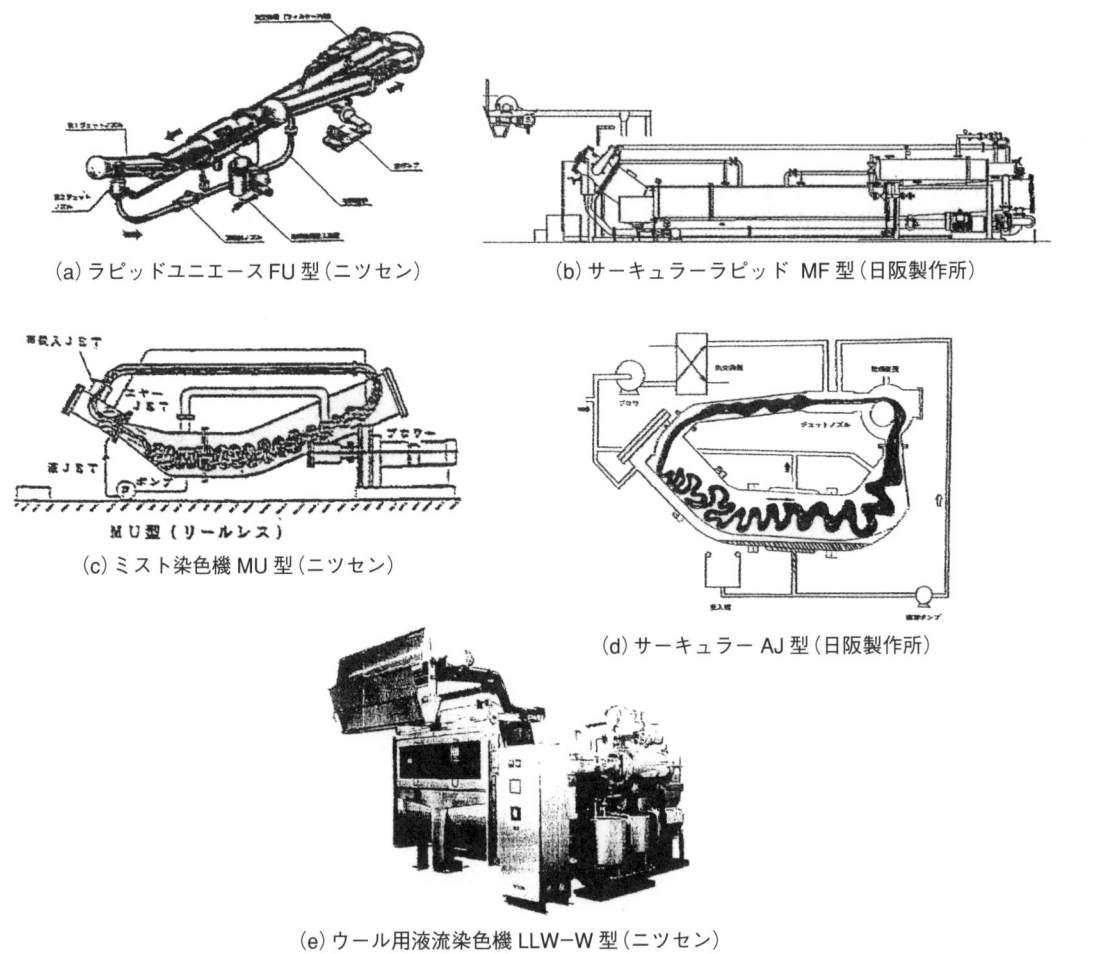

(a)ラピッドユニエース FU 型（ニツセン）

(b)サーキュラーラピッド MF 型（日阪製作所）

(c)ミスト染色機 MU 型（ニツセン）

(d)サーキュラー AJ 型（日阪製作所）

(e)ウール用液流染色機 LLW-W 型（ニツセン）

図2.59　第4世代の液流染色機（構造図は，各機械メーカーの資料による）

採用された。ウール専用には改善が必要であったので，図2.59(e)に示すスイングエース LLW-W 型を開発した。開発のポイントは，ポンプの新設計（低揚程・大流量），液流部（噴射部と布移送管）の改良，滞溜槽（形状変更）を実施し，尾州地区に採用された。

日阪製作所も，天然繊維対応として開発を進め，図示していないがサーキュラー CUT-N 型（常圧），サーキュラー CUT-RCP 型（高圧）を発表している。RCP 型は，前後に駆動リールを配置し，布を正逆循環させることを特徴としたが，広く普及しなかった。

④気流式染色機の開発

気流式染色機の開発は，欧米において厳しい染色排水規制のため超低浴比化を目的に，以前より開発されてきている。代表的なものとして，

①1976年，米国ガストン・カウンティ社は，サンド社のサンコワッド染色法を具体化し Aqualuft（図2.57(f)）を開発した。

②1983年，ドイツ Then 社は，ヘキスト社と共同開発にて AIR-FLOW を ITMA 1983に出展した。その後，欧州の染色機械メーカーの多くが気流式染色機に着手した。

③1995年，日阪製作所とニツセンが，ほぼ同時期に気流式染色機を開発した。日阪製作所はサーキュラー AJ 型（図2.59(d)）と MJ 型，ニツセンはミスト染色機 MU 型（図2.59(c)）と MR 型を製作し，染色用と風合い加工用とを区分した。

が挙げられる。

日本国内での，気流式染色機に対する評価は，両社ともに染色で多くの問題点（染めむら，染料のコンタミ，缶洗い不良など）があり，広く普及しなかった。ただし，レーヨン素材の風合い加工には実績を残した。

今後の気流式染色機は，染色上の問題点が解消できたとしても，構造上，大型の耐圧ブロワーを装備せねばならず，機械価格面でコストダウンが必須であり，繊維動向次第ではあるが，現状では製作は望めないものと考える。

⑸今後の液流染色機について

わが国のバッチ式染色機の技術革新は，1960年代まで欧米の染色機に頼ってきた。欧米の染色機開発は，染料メーカーが染色法を開発し，それを機械メーカーが染色機として製作してきた。1970年以降は，日本独特の繊維動向もあり，欧米とは異なる思想で染色機を開発してきた。ところが，最近では台湾・韓国・中国製との大幅な価格差が生じ，競争できない状態となっている。

今後の液流染色機は，高度技術の創出と，環境負荷低減への取り組みが必須と考える。

2.4.5　あとがき

本稿は，ウール用染色機を中心にその変遷をまとめ始めたが，1970年以降は，ポリエステルの増産により大きく影響を受け，技術革新がなされてきたので，合繊中心のまとめとなった。

近年，ウールでは尾州地区，合繊では北陸地区の衰退状況を考えると，繊維産業全体のこれまでにない取り組みが必要と考える。

──参考文献──

1) C. D. -Gotsch, D. J. Evans *et al.*；10th IWIORC, Aachen（2000）

2) M. T. Pailthrope；"The theoretical basis for wool dyeing", WOOL DYEING, S.D.C（1992）

3) 日本学術振興会染色加工120委員会；新染色加工講座 7 浸染Ⅲ，p.32，共立出版（1972）

4) 日本繊維機械協会；"染色機械"，平成15年度 繊維機械における技術革新と今後の方向性に関する研究報告書，p.77（1996）

5) 改森ら；"梳毛織物「イプセン加工」"，加工技術，**28**(8)，556（1993）

6) J. Kim and D. M. Lewis；"The effect of various anti-setting systems in wool dyeing. Part1: Hydrogen peroxide based systems, Part2: Sodium maleate based systems", *Color. Technol.*, **118**（2002）

7) H. Jung and M. D. Lewis；"Reactive dyeing systems for wool fibers based on hetero-bifunctional reactive dyes, Part1", *Color. Technol.*, **118**, 196（2002）

8) J. F. Graham, R. R. D. Holt and D. M. Lewis；Proc. Internat. Wool Text. Res. Conf., Aachen, Vol.5, 200（1975）

9) D. M. Lewis；"Oxidation Bleaching", WOOL DYEING, S.D.C（1992）

10) D. M. Lewis；"Reduction Bleaching", WOOL DYEING, S.D.C（1992）

11) D. M. Lewis；"Fluorescent brightening of wool", WOOL DYEING, S.D.C（1992）

12) A. C. Welham；"The role of auxiliaries in wool dying", WOOL DYEING, S.D.C（1992）

13) J. Shore；複合素材の染色（訳：安部田貞治），p.112，色染社（2000）

14) J. Shore；複合素材の染色（訳：安部田貞治），p.118，色染社（2000）

15) 白崎康夫："ポリエステル分散染料染色物の熱，加工剤によるブリードの問題"，染色工業，31（3）

16) P. G. Cookson and F. J. Harigan；"Dyeing wool blends", WOOL DYEING, S.D.C（1992）

17) J. Shore；複合素材の染色（訳：安部田貞治），p.30，色染社（2000）

18) J. Shore；複合素材の染色（訳：安部田貞治），p.31，色染社（2000）

19) 村田幸男；工業測色学，p.328，繊維社（1968）

20) http://www. konicaminolta. jp/instruments/knowledge/color/part4/07.html

21) 松岡賢；色素の化学と応用，p.142，大日本図書（1994）

22) U. K. Adamiak *et al.*；"Right-first-time production in batch dyeing of wool", *Color. Techol.*, **117**, 313（2001）

23) 堀田，森；"レーザー光計測による染液濃度のモニタリング技術"，テキスタイル＆ファッション，No.2，610（1994）

24) YAHOO 酸性染料　染色技術解説

25) Bayer Quick Response 21「羊毛の染色」基礎編，応用

編

26) C.L. Bird；羊毛染色の理論と技術（訳：加藤雅樹，高瀬福巳），日本毛織物染色整理協会（1965）
27) 越川寿一；染色加工学，酒井書店・育英堂（1985）
28) 矢部章彦，林雅子；新版 染色概説，光生館（1979）
29) 安部田貞治；合成染料工業の歴史，繊維社（2013）
30) E.S. Asquith and H.N. Leon；天然たんぱく質組織の化学，羊毛技術書刊行委員会（1994）
31) 小西謙三，黒木宣彦；合成染料の化学，槇書店（1958）
32) ウールの本，読売新聞社（1984）
33) 近藤一夫，他；染色の科学，建帛社（1988）
34) 日本学術振興会染色加工第120委員会；新染色加工講座7 浸染III，p.82（1972）
35) Ciba 社　技術資料
36) Geigy 社；Information 01175（1969）
37) Geigy 社；Information 01181（1969）
38) Bayer 社；Information GK 545 J（1970）
39) 染色工業，**42**(5)，235（1994）
40) 特願昭 58-233077号
41) W.S. Simpson；*Text. Res. J.*，**45**，769，868（1975）
42) ユニチカ技術資料
43) 特願昭 61-105568号
44) 特願平 4-355831号

第3章
羊毛仕上げ・機能加工技術

緒　言

　毛織物仕上げには，羊毛の湿熱セット性と縮絨性から他繊維織物では使用されない煮絨，縮絨および釜蒸機が用いられる。ここでは，これらの機械設備を中心に説明する。また，正確には1918年に尾州で4幅毛織物の生産が始まって以来，100年の間の日本における仕上加工機械の変遷について述べる。

　染色機については第2章2.4節，起毛機については第3章3.3節で示す。表3.1に1918年から今日まで使われてきた仕上げ加工機の一覧を示す。

表3.1　仕上加工機の名称と機械の特徴(1)

工　程	機械名	主たるメーカー名	機械の特徴	稼働率*
毛　焼	ガス毛焼機	片山鉄工 山東鐵工所	毛織物のクリア仕上げの最初の工程は毛焼である。ガス毛焼機は，基本的には2〜4本のガスバーナーで，冬物は表だけ夏物は両面毛焼される。火炎に接触するロールは，過熱と燃えカスの付着防止のために水冷している。最も重要なことは，毛織物の幅方向に筋などを発生させないことで，各社独自の工夫をしている。均一な火炎を得るために，ノズル先端に耐火使用の燃焼室を設けて完全燃焼させた後，熱風を噴出させる構造が多く採られている。また，水冷ロールは毛羽の燃えカスなどを自動的に除去する装置も付いている。火力のコントロールは，基本的にはガス圧の調整によるが，完全燃焼のためには空気比の微調整が必要である。毛織物の毛焼の場合，火炎温度は1,100〜1,200℃，速度は60〜80 m/分とされる。カシミヤ混紡織物等，毛焼によって風合硬化が懸念されるものはこの工程を通さない	100
煮　絨	単煮絨		1950年代には，下はステンレス，上は木ロールが熱水槽内に配置され，綿導布につながれた長さ50 mの毛織物は，機械の前に向き合って立つ2人の作業者によって，ブレーキロールで強いテンションを掛けながら下ロールに巻付けられ，椊で加圧されながら90℃で20分，熱セットし，バスの底の排水口から高温排液，冷水で急冷してセットを完了。巻き込み−熱セット−冷却−取り出しで1時間と生産性が非常に悪いが，セット性は高い。Yorkshire Clabbing はこれに近い。この時，高温の湯の中にいきなり織物を入れることで，織物を十分濡らす効果もあったが，pH 9にした方がセット効果が高いというのは，スケール表面を膨潤させることもあったと思う。生産性向上とセット性を高めるために，「両巻」と称して機械の前後から1反ずつ入口で2反を重ねて巻き込む方法もあったが，杢むらの発生など問題が多く，1反を綿布に変えて巻き込む方法も採られたが長続きしなかった。作業者はゴムの前垂れ，長靴姿で冬場はたいへんな作業であった。なお，毛織物の理想的なセットは，ウェットデカのように穴あきビームの内外両方から熱水が貫流するような方式が，立体的な織物構造形成のためには望ましい	30
	大型煮絨		単煮絨を大型化したもので，1回に400 mくらい巻き込むために，両端のセット時間に差があり，エンディングが起こりやすい。後染め品用に開発されたが，使用に問題あり	20
	連続煮絨		単煮絨を連続化したもので，織物は一般的には1槽に2山（6本）の直径80 cmくらいのステンレスロールの間を引っ張られながら，90℃の熱水でフラットセットされる。普通5槽で，最後の槽は冷却槽になる。処理速度は20〜30 m/分である。槽間で強いテンションで引っ張るために，経伸びが大きい。セット性も低い	100

88

第3章　羊毛仕上げ・機能加工技術

表3.1　仕上加工機の名称と機械の特徴⑵

工　程	機械名	主たるメーカー名	機械の特徴	稼働率*
煮　絨	アルパカ煮絨		単煮絨機を直列に6台並べ，1槽ごとに設けられたテンションバーで引っ張り，最終的に縦方向に20％くらい延伸する。1槽ごとの温度や処理時間は単煮絨と同じ。アルパカ裏地（経綿，緯アルパカ）や緯モヘヤ織物で，光沢のある緯糸を表面に出す効果がある	0
	高圧スチーマー	山東鐵工所	HPスチーマーと呼ばれ，一般には毛織物のプリントの発色に使われるが，導入したT社の発案で内部に設けた熱水ブースターを通し，出口に冷水槽を設けたことで抜群に高いセットが得られ，強撚織物の連続セットに威力を発揮した	100
	ウェットデカ（シルーロ）	イタリアのビーム染色機	ウェットデカは，最も理想的な毛織物のフラットセットの機械である。英国ではモヘヤのセットに使われていた。イタリアでは，あまり毛織物のフラットセット機を見かけなかったが，唯一のセット機はシルーロ（魚雷のような形）のようなビーム染色機が必要に応じて使われていたようである。ウェットデカと同じように，孔あきロールの内外から織物を通して熱水が循環し，単煮絨のように上からロールで加圧しないので立体的なセットができる。	
	コンチクラブ	MAT社	水温を110℃まで上昇させるために静水圧を用いている。大型シリンダーを囲むU字型の高温水槽中を，ガイドロールに導かれながら通過，外付けの冷却タンクで冷却−脱水して取り出される。筆者の見解では，高温・高引張が付加されても，移動しながら短時間では高いフラットセット効果は得られない	
	スーパークラブ2	m-tec社	加熱ドラム（800 mm径）を囲むように，蒸気透過性圧縮ベルトがあり，毛織物は直前にマングルで還元剤をパッド後，加熱ロールとベルトの間をテンションローラーで加圧されながら通過，吸引・冷却されながら取り出される。140℃という高温で，織物とその中に含まれる水分が加熱され蒸気になり，沸点以上の温度で処理される。ドラムと圧縮ベルトの間の高い面圧（200～1,875 g/cm^2）で熱の放散を防ぎ，ドラムから出た織物は次第に冷やされ，最後に冷却ゾーンを通過して完全に冷却される。単煮絨と比べて連続処理が可能なことや，大量の冷却水がなくなるので環境保全上の点も良い。処理速度は8～40 m/分である。これは一種のケミカルセットであるが，単煮絨と比べてセット性は低い	
ケミカルセット	連続式	CIMI社	全長約30 mで，毛焼の粉落としに始まり，水洗−Rotta社のアングラー（酸性亜硫酸ソーダ 12.5％液の定量滴下）によるセット−過酸化水素による酸化−水洗−脱水−乾燥につながる連続セット機。連続煮絨のような丈伸びは少ないが，セット性は劣る。振落−乾燥での停滞でたたみじわ発生	30～50
	バッチ	ケミカルセット機Raxhon連続蒸絨機	綿布で下巻した直径3 mの孔あきローラーの周りに，5 mm厚のゴムのエンドレスベルトを駆動し，その間をチオグリコール酸アンモニウムの5～10％溶液をディップした織物を10 m/分の低速で通し，還元処理。その後，空気酸化−ロールアップして−10時間ストレージ水洗乾燥。Side to Sideの発生や異臭，ロールの腐食のため使用されなくなった。DWI開発の水と，ベンジルアルコールの混合物に溶解した2 g/ℓの重亜硫酸ナトリウムをパッドする連続蒸絨機はこれに近い	0
水　洗	ドリー水洗機		時代とともに，上下ローラーは木材から積層ロール，硬質ゴムロールに替わった。バスの大きさは50 mのもので6～11反掛けで，石けん，ソーダ，高級アルコール系洗剤洗いと湯洗いで，計60～120分水洗する	100
	オープン水洗		バッチの広幅水洗機で，麻などロープじわの入りやすい織物に使われた。エンドレスにつながれた織物の長さは100 m程度で効率が悪く，あまり使用されなくなった	0
	拡布連続	カールヒネッケ	カールヒネッケは，広幅のまま5槽の洗濯槽で上から上下動する数個の吸盤（お椀）のような形の攪拌装置で押さえて洗う。しわになりやすい夏服地に使用していたが，精練効果が少なく使用されなくなった	0
	連続ロープ水洗		ドーリー水洗機11槽を直列に連結，それぞれロールでニップ（11～12）されながら左から右にスパイラルに移行，最右端で上の方のガイドロールを介して第2槽に移り，これを繰り返す。たとえば，第1槽は石けん槽，第2槽は湯洗い，第3槽は非イオン洗い，第4槽以後は湯洗いおよび水洗いなど，単式と同じサイクルで連続的に水洗	30

89

第1編　羊毛繊維に関する技術

表3.1　仕上加工機の名称と機械の特徴(3)

工　程	機械名	主たるメーカー名	機械の特徴	稼働率*
水　洗	連続拡布精練機	ZONCO 社（Aqua）	拡布連続水洗機 Aqua は，毛織物の精練で遭遇する諸問題を解決するために開発された。①織物の伸張を避けてテンションを調整する，②水と洗剤の使用量を減らす，③製品の風合いに影響する煮絨とセットを行う，④機械の構造がシンプル，⑤全自動化である。装置の構成は，生地入口－薬液浸漬槽－洗絨槽－第1水洗槽－第2水洗槽－第3水洗槽－最終すすぎ槽－生地出口振り落とし装置で，各槽間にはセルフクリーニング槽がある。織物は，生地テンション制御装置を経て洗絨槽に入る。織物は積極駆動のローラーで導かれ，むずかしいと定評のある織物でも，上下ロールと大径で short inter-axis でしわを防ぎ，耳を起こす働きをする。すべてのユニットはロードセルを使用，フーラドコントロールのため，新しいベクトル AC モーターに連結している。各ユニット間は一貫したカウンターカレント方式で，水の消費量を大幅に削減している。また，連続ろ過とリサイクルで，水の使用量を1,500トン/分まで削減している。織物のプレセット温度を99℃以上に保ち，水位を高くしてセット性と形態安定性を高めている。筆者は，1990年にイタリアの仕上工場で稼働している本機を見学する機会があったが，煮絨効果がこの装置にどれだけ期待できるか，ほぼフリーな状態でニップもなしにテンションだけでフラットセットするのはむずかしい。ファンシーな婦人服地の精練には良いが，梳毛の紳士服の精練には適さないと感じた。2本のニューマチック絞りロール最大圧6,000 kg は，セットにはあまり寄与しない	
	高速精練機	CIMI 社（Velotex）	この機械は，薄地の布が駆動ベルトによる空気の力と，大きなドラムによって800 m/分の高速で波状の邪魔板に投げつけられるようにし，従来機のようにローラーによるスリップ疵の発生を防いでいる。布の折り目を変えるために付けたタービンに，熱交換器を付けることによって乾燥が可能になり，最高の柔軟効果と広範な仕上げが得られるようになった	
	洗縮絨機	MAT 社（Super Velox/N）	従来のロープ水洗機で発生しやすいロープじわの発生を，布速最高600 m/分で解消，自動プログラミングで操作，袋縫省略，1バッチの容量350 kg。軽い縮絨効果も得られる	100
		ZONCO 社（Twin 400, 600, 800）ZONCO 社（New-COM 600）	ZONCO 社の Twin 400, 600, 800は，機械を使用目的に合わせるために個々のヘッドが独立したプログラムで稼働する少ロット対応機。毛織物の洗絨および縮絨用，布容量550～650 kg。縮絨ロール幅30 cm，機械幅3 m。4キャナル，薄地から厚地の毛織物まで広い範囲で使用できる。自動停止装置付き	
		ROTOMAT	Turbomat 4 seasons はローラー，ベルト，ミリングボックスを調整することで，精練から高度の縮絨まで1台の機械で行える。この機械は，高速で布を吸い上げ，その後，1,000 m/分の速度でプレートの上に進ませて，しわの発生を徹底的に防止するようになっている。このために，従来のミルド仕上工程である水洗－縮絨－水洗の3工程を1台の機械で行えるようになった。多くの機械は，ミリングボックスの蓋を上下することで，単なる水洗機と縮絨機に切り替えられる	
		m-tec 社	織物の槽からの立ち上がり部の内側に設置された空気，空気／水のタービンを使用することで，折り目の位置が変わるようにしたものが最近の機械の特徴で，このためにギャバジンのようにタテ密度の高い織物は，生機をいきなり縮絨機に掛けることができるといわれる	
縮　絨	ヘンマー		羊毛の縮絨性はスケールの異方性，すなわち Directional Frictional Effect に起因するものであるが，羊毛繊維のフェルト化には高い水分率と熱および機械力の3つの要素が必要である。一般的に，0.5%くらいの高級アルコール系洗剤溶液の100%含浸織物50 m を2重にして，200 m/分くらいの高速回転，縦ロール・横ロールで圧縮で，幅方向にキャナル（ミリングボックス）で上から厚い木製の蓋で押さえてタテ方向に圧縮し，フェルトさせる。この時の温度は45～50℃以上になる。ロールは木製であるが，高価なため一部合成ゴムに置き換えられたものもあるが，スリップしたり，薄地の織物では穴をあけるおそれもある。縮絨時間は，ミルド仕上げの場合30分程度で，幅丈を6～10%収縮させて織物表面をフェルトさせる。ロープじわ防止のために，立ち上がり部分の縞（反物のこと）分け棒の間隔を狭めてバルーン状にし，しわの位置を変えたり，水のタービンをのど部に付けたりする。最近は，水洗－縮絨－水洗の3工程を1台の機械で行うようになり，縮絨のみのこれらの機械はほとんど稼働していない	100
	ハンター		一般的にロール，キャナルが2組あり，50 m 織物を2本ずつ計4本入れて縮絨する。機構上，Heavy な縮絨には向かず，風合い出し程度に使われてきた	0
脱水機	スクイーザー			100

表3.1　仕上加工機の名称と機械の特徴(4)

工程	機械名	主たるメーカー名	機械の特徴	稼働率*
脱水機	マングル			100
	キュースターマングル	Kusters 社	ローラーにクラウンが付いていて，中央・両端が均一に絞れる。全幅均一な絞りが要求される撥水加工，濃染加工およびコールドパッドバッチ染色や Super Black のシリコン樹脂処理に使われる	50
	遠心脱水			
	吸取脱水		毛羽のある紡毛品や表面の水分除去に有効，硬いビリヤードクロスの脱水に威力発揮。今は，Robelt-Roll が代わりに使われる	
乾燥機	熱風多段乾燥機（テンター）			100
	シュランク		ロンドンシュランクを真似た，幅丈ともテンションレスの乾燥機。水平方向の木製ラチス上に載せられ，オーバーフィードで折りたたむような形で乾燥温度90℃以下で低速乾燥。仕上がり後のリラックスに用いる	0
	ヒートセッター	ヒラノテクシード，他	主として T／W 混紡織物の熱セットや，最近ではスパンデックス入り織物の幅（熱）セットに用いられる。ヒートセット温度は一般的に160～180℃で30～60秒処理。乾燥－ヒートセットを1台の機械で行うものが多い。熱源はガス	100
	コンパクター	上野山機工（カムフィット）	いろいろな形式があるが，染色加工で伸ばされた織物をゴムベルトで圧迫して経に20%程度の伸縮性を与え，ふくらみのある風合いにする	
せん毛機	単せん毛	岩倉精機工業	シングルカッターの汎用せん毛機前入れ後出しの形で連結使用可。布送りは無段変速可能。カッターゲージ調整は押しボタン式特別仕様で，デザインせん毛可能，布速は5～15 m/分，せん毛機による織物表面の毛羽の切断は「Ledger blade」と呼ばれる固定刃と，回転シリンダーにらせん状に巻かれた刃の間で行われる。せん毛機の効率は，切断速度と刃の切れ味に依存する。カッティングベッドは，切断される毛羽が立ち上がって切断しやすい位置になるように布を保持する。ブラシも毛羽を立てるために重要な役割をする。縫目検出装置も，布厚さを自動的に検知して，せん毛の高さを修正できるようになっている	100
	ST-2DX せん毛機	岩倉精機工業	自動運転可能な汎用せん毛機，空気圧調整式乾板クラッチ使用で布張力任意設定可能。75～450 rpm の間の無段変速式のブラシ装置により，せん毛しやすい毛羽の状態を見つけられる。自動カッター上げ，カッターゲージの調整は操作盤から遠隔操作でき，変位量は操作盤に表示される	100
プレス	連続油圧フラットプレス	日機	電気プレスを連続化したもので，4幅用と6幅用がある。布を一連の電気加熱板上に間欠的に動かすことによってプレスされる。温度圧力，時間，布送り速度のすべてを数値管理できるが，最近は使用されていない	0
	電気プレス		あらかじめ霧吹きした反物の山に，ラッピングクロスで均等に加湿（公定水分率に調湿）した4幅織物を，長さ方向に1 m 間隔に硬い圧搾艶紙を挟み，約20～25 m に1枚の割合で中にニクロム線の入った電熱板を挟みながら高さ約1.5 m に積み上げた後，両側から兜と称する鉄枠で挟み，4隅を直径6 cm くらいのネジを万力を使って均等に締めたのち，通電して加熱12時間放置後，ばらして再度，位置を変えて同じような作業を繰り返し完了。この時の織物の温度は70～90℃に達する。1950年当時は，その後，蒸絨仕上げが一般的であった	0
	ペーパーカレンダー		直径25 cm くらいのロール3本が重なった状態で，中央のロールに圧搾紙が巻かれ，織物は下から2ニップされ艶付けされる。両側の加熱ロールで押しつぶされることにより，強い金属光沢が付与される。アルパカ裏地の艶付けに用いられた。ただし，一時性であり，濡れると光沢は消える	
	ロータリープレス	m-tec 社（Contipress）	最も古典的な機械であるが，設置面積が小さく，蒸絨前のしわ伸ばしに今でも使われている。布は，過熱シリンダーとシリンダーを覆うような形の円弧状の研磨されたラスタープレートの間でプレスされる。プレート，シリンダーの両方がスチーム加熱され，アイロンのような役割をしたが，一時性で蒸絨の前のしわ伸ばしが目的であった。1950年頃は，せん毛－ロータリープレス－横蒸（蒸絨）のように，仕上工程の80%がこの工程であった。最近は m-tec 社の Contipress のように，加熱シリンダーと非透湿性のベルトに挟んでプレスを行い，ロータリープレスの欠点をカバーしている。6 kg/cm^2 までの圧力と，160℃のドラム温度で運転される	

第1編　羊毛繊維に関する技術

表3.1　仕上加工機の名称と機械の特徴(5)

工　程	機械名	主たるメーカー名	機械の特徴	稼働率*
蒸絨機	蒸絨機		1950年頃までの仕上工程は，せん毛－電気プレス－蒸絨で完了しており，釜蒸が導入されるまでは仕上げの主要な機械であった。綿繻子織のラッピングクロスの間に毛織物を挟んで巻き込み，最近はシーケンサー制御することで生産性が上がり，500～1,200 m/時の処理が可能。湿式蒸絨はこれに近い	100
	連続蒸絨機	BIELLA SHRUNK m-tec 社 (model DEK) (Contidec614)	さまざまなタイプの機械があるが，蒸絨ドラムに2ヵ所の蒸気加熱ゾーンを設けたことで，従来より蒸絨効果が大きい。エンドマークは発生しないが，セット効果はバッチ式より劣る。ニット用に多く用いられる。これらの連続蒸絨機には，永久セットを与えることのできるものはない	100
釜蒸機	4 本ターレット釜蒸機		国産のものが多く使われ，Vaccuming－Steaming－Backing－Vaccumingのサイクル時間などで，風合いへの影響やエンドマークの発生防止などが考慮されている。毛織物のフラットセット効果は，単煮絨やケミカルセットと比べて優れているが，120℃，6分という処理条件は，羊毛が還元変色する限界で，時に問題を発生する	100
	連続釜蒸	Bisio 社 (Mather and Platts) m-tec 社 Sperotto Rimer 社	いろいろなタイプの機械があるが，いずれもセット効果はバッチ式に劣る。新しいものは連続蒸絨と似た形式のものが多い。永久セットができるような加圧連続蒸絨機は，1970年代に Mather and Platts 社が開発した Ekofast が有名であるが，140℃までの飽和水蒸気を加圧槽に満たして織物を送るために，加圧シールとノーメックスベルトを使用した。しかし，筆者は m-tec 社の Contidec 614および Superfinish の2機種に日本から織物を送って試験したが，結果は目視でも IWTO 法によるセット率試験の結果からも，釜蒸とは全く異なるものであった。考えられる原因は，移動しながらのセットで織物にテンションが掛けられない，処理時間の約6分間，缶内圧が保たれておらず圧力相当の温度が織物に伝わっていない結果と判断される。布が拘束された状態で冷却もされているが，バッチ式の釜で減圧吸引され，効果とは差がある。また，m-tech プロセスは，Rotta 社の還元剤（おそらくアングラ）を水とベンジルアルコールの混合物に処理し，溶剤は可塑剤として働くとあるが，還元の後の酸化不十分によるたたみじわの発生などの問題がある	
		Vulcano (ビエラシュランク)	シリンダーを囲むエンドレスフェルトベルトの内側からローラーで加圧，その間にスチームを吹き付けてセットするもので，一種の高圧釜のような中を反物が通過してセットされるため，前に加湿器後部のニップがあって蒸気がもれないようにしている。フェルトベルトの劣化やドレーン汚れなどの問題がありそうである	
	Decofast	Sperotto Rimar 社	3 bar，135℃で処理できる連続デカタイザーで，毛織物仕上げでも使えるとあるが，あくまでも連続蒸絨並みのセットしか期待できない	
Sponging	スチームリラックス機	Juki スポンジング機	スポンジングやシュリンキングマシンは，釜蒸などで強く圧縮された織物のリラックスを行い，せん断硬さを小さくし，さらに寸法安定化等の目的で，日本の仕上加工工場にも1990年代から設置され始めた。織物を通気性の良いコンベヤーベルトに載せ，下から蒸気を当て織物表面に密着して全面を覆うように取り付けられた上部のダクトで吸引し，最終段階で冷却するタイプのVP と呼ばれる機械が多い。同じ頃，日本でも Juki 社のスポンジング機が関東の縫製工場で受入検査に使われた。液体窒素で－29～45℃まで冷却され，大気中の水分が布上に凝集され，セット不十分な織物は精練後の状態まで戻り，極端な幅縮とロープじわの発生で問題になったため，その後はあまり使用されなくなった	
風合い改良	エアータンブラー	ZONCO 社		

＊）稼働率は，2014年4月現在の稼働状況で生産機として使用されているものを100とした。

3.1　毛織物仕上加工設備の変遷[1]~[5]

3.1.1　第1期の仕上加工設備

　明治初年，日本で毛織物生産が始まった頃から，今日まで130年の間に仕上加工機械は飛躍的に進化してきた。1906年には，足利地域で絹織物の加工に使用された機械を真似て作った3本ロール（おそらく，砧で綿を叩いた作業を機械化したもの）や京都の由利ロールなど機械がセルの仕上げなどに使用された。1915年，尾州の染色整理会社は一宮電燈から送電開始，

4幅織物整理加工を決意，1916年和歌山より中古の4幅整理機を購入，セルの加工開始，1917年ジッガー染色機2台を購入，綿の染色を行う。同社は1918年に毛焼機導入のためにガス発生炉を設置，同年，機種は不明なるも4幅輸入機械到着設置とある。おそらく，煮絨機，水洗機，乾燥機，せん毛機，乾燥機，ロータリープレス機および蒸絨機など仕上加工機一式が導入されたと考えられる。これらは，今まで綿やセルの着物地の加工のために日本で作られたものとは異なり，まさに産業革命によってもたらされた先進的なも

ので，洋服地の製造に400年以上の歴史をもつヨーロッパの技術が仕上機械一式とともに一気に導入にされたと考えられる。1920年，同社は工場を新設，1923年にはドイツ人技師を招いて環境整備は一挙に整えられた。同じ時期に4幅毛織物の無地染めを開始した。1943年，同社は軍需工場に転用され，その間に新しい設備の導入はなかったので，1950年に筆者が入社した当時の設備は1918～1925年の7～8年の間に設置されたものと推察される。この尾州を代表する会社は，1950年には同じ規模の工場が5工場あり，短期間に大規模な設備導入が行われたことになる。これらの機械はドイツ，英国，フランスのもので，縮絨機ではアメリカハンター社，蒸絨機ではゲスナー社もある。国産機械は10％程度であった。筆者は，1950年に入社して間もなく2着の背広地を購入し仕立てた服を今でも持っているが，風合いはふくらみがあり，英国仕上げそのもので，まさに「理想布」である。その後，今日まで60数年は毛織物にとって合理化の歴史そのものであったと考えさせられる。

1948年までは染色機はすべて日本製の木製バスであったが，1950年にはステンレス製バスが導入され，数年で尾州の染色会社がステンレス製に置き換わった。

3.1.2 第2期の仕上加工設備（連続・高速化）

仕上加工機の変遷の第2期は，1948年から始まった工程の連続化・高速化である。最も変わったのは5槽の煮絨機である。水洗機もバッチ式のドーリーから，ドーリー11台を連結したロープ連続水洗機となった。

連続工程は，毛焼機－連続煮絨－連続水洗－連続煮絨で，その後にはスカッチャーで拡幅－スクイーザーで絞り－乾燥とつないで，精練は完全に連続化された。スカッチャーの後とスクイーザーと乾燥の間はJ-Boxでタイミングをとったが，このラインに作業者は1人で，加工速度は60 m/分であった。大型の10段乾燥機の前後には，ミラーを付けて監視を容易にした。

一方，仕上げは単式せん毛から3段せん毛機に代わり，それまでの電気プレスのような生産性の悪い機械から油圧連続プレスに代わり，後工程の釜蒸の投入口に振り落とされるようにした。第1期にはなかった高温高圧釜蒸機の導入で，毛織物は紙のような風合いになった。精練の連続高速化は丈伸，寸法不安定，セット不良でロープ状の浮きしわの発生など，毛織物本来の風合いを著しく阻害するものであった。

この期間に，尾州の国産の仕上機械メーカーは輸入機械に近いものを製造して，多くの仕上加工工場に納入した。和歌山地区でも，高田鉄工や和歌山鉄工などが，主として釜蒸機などを尾州に納入した。また，綿の連続精練漂白機パープルレンジなどで著名な山東鐵工所は，少し遅れて高圧スチーマーや低温プラズマ装置などのユニークな機械を製造販売した。

3.1.3 第3期の仕上加工設備（イタリア機械の輸入と風合い）

1980年代から，連続化による丈伸を改善するために，一部のバッチ式の水洗機が見直されるなど変化が起こった。イタリアのビエラシュランクやドイツのメンシュナー社の水分率自動制御連続蒸絨機等の仕上機械の輸入が始まった。その後，1990年代になるとZONCO社やMAT社などイタリアの洗縮絨機およびビヤンカラーニ社等のエアータンブラー，CIMI社の連続精練機，MAT社のコンチクラブ等の新鋭機が尾州各社に輸入され，工程短縮と風合い改善が行われた。以後，2000年までイタリア機械ブームが続いたが，2003年を境に尾州生産は中国に急速に移行し，新しい機械の導入も一部の会社以外ストップした。その間に，高圧スチーマーによる強撚織物のセット等，画期的な毛織物セット技術が実現した。また，連続煮絨機に代わる大型煮絨機も開発され，導入した会社もあるがエンディング等の問題で普及しなかった。一部の会社では，後染め品中心にm-tec社のSuperclubやMAT社のConticlubが使われている。

尾州において，4幅毛織物の仕上加工が本格的に始まった1918年から今日までの，主として紳士服地の仕上加工機の変遷に伴う工程の変化をまとめると次のようになる。

(1) 1918年～1948年における仕上加工工程
・クリア仕上げ（梳毛）
毛焼－単煮絨－バッチロープ水洗－単煮絨－（染色）－脱水－乾燥－せん毛－ロータリープレス（または電気プレス）－蒸絨
・ミルド仕上げ（梳毛・紡毛）
バッチ水洗－縮絨－バッチ水洗－（染色）－脱水－乾燥－（起毛）－せん毛－蒸絨

(2) 1950年～1980年における仕上加工工程
・クリア仕上げ（梳毛）
毛焼－連続煮絨－連続水洗（ロープ）－連続煮絨－（染色）－脱水－乾燥3段せん定毛－油圧連続プレス－釜蒸
・ミルド仕上げ（梳毛・紡毛）
連続水洗－縮絨－バッチ水洗－（染色）－脱水－乾燥－（起毛）－せん毛－連続蒸絨

(3) 1980年～2014年における仕上加工工程
・クリア仕上げ（梳毛）
毛焼－（連続煮絨）－洗縮絨機－（染色）脱水－乾燥－せん毛釜蒸－スポンジング
・ミルド仕上げ（梳毛・紡毛）
（連続煮絨）－洗縮絨機－（染色）－脱水－乾燥－（起毛）せん毛－連続蒸絨（釜蒸）－スポンジング

3.1.4 毛織物仕上加工雑感

ここで，毛織物の仕上加工について，日本で毛織物の生産が始まって130年のうち，最も変化の激しかった65年間，その業務に係わってきた筆者の意見を述

第1編　羊毛繊維に関する技術

べる。1962年頃，まだこの業務に就いて間がないころ，英国の著名な梳毛ツイードだけを作る会社の社長が来社し，工場を案内した時，その社長が毛織物仕上げの60％が精練（Wet工程）で，仕上げ（Dry工程）は40％であり，毛織物の風合いはほとんど精練工程の良し悪しで決まるといわれた。中でも大切なのは煮絨であると聞いた。筆者はその直後，商社を通じて日本の中堅毛織工場で織られた梳毛スーツ地，モヘヤ織物，梳毛ツイードを英国に送り，それぞれの織物の仕上げを得意とする会社に送って仕上げてもらうと同時に，日本でも同じ織物を仕上げた。2ヵ月ほどして手元に帰ってきた仕上品を見て驚いた。特に，モヘヤ織物と梳毛ツイードはこれが本場の英国仕上げだと感じた。手触りより Texture の美しさで格段の差があり，"羊毛は生きている"という言葉を実感した。まさに，その差はセットにあると実感した。もちろん，手で触っても高い Fukurami と Numeri 感で優れていた。その時，織物仕上加工，特に先染め織物の場合は，織卸の織物の経緯糸が正しく直交した目風の美しさを保ちながら，本来の羊毛のクリンプを完全に発現させることがすべてだと思った。そのために，最初のフラットセットである煮絨は，本当に毛織物仕上加工の60％以上の役割を担っていると感じている。その意味で，最近のイタリア製の洗縮絨機のように，煮絨なしもしくは連続煮絨程度の軽いセットでいきなり洗絨しても，ロープしわを発生しにくい機械の出現は，少しこの定説を変えるような方向に進んでいるようであるが，これはかつての英国仕上げとは異なるものであると思う。このイタリア仕上げも，糸でパッケージダイのように高圧ハイテンションで染められた織物には問題ないが，後染め品には問題があるように思う。日本特有

のミルド仕上げが好まれる最近の日本市場では，イタリア製洗縮絨機中心の仕上げが処理時間や工程の短縮でしわも出にくいために抵抗なく採用されているが，本来の羊毛仕上げとは少し違うように思う。もう1つは，高温高圧の釜蒸で最終セットされるために，いろいろな問題点が全部覆い隠されているようにも感じる。しかし，理想的な織物仕上げの観点から，また感性あふれる織物の観点からは少し問題があるように思われる。煮絨抜きで織物のセットについて，Derek Heywood 編集の Textile finishing では，セット効果を高めるために水とベンジルアルコールのような有機溶剤に，重亜硫酸ナトリウムのような還元剤溶液にパッドして，蒸絨して永久フラットセットする方法について記述しているが，還元変色やたたみじわの発生など問題があり，できるだけ効果的な煮絨が理想布製造の鍵になると思う。

3.1.5　イタリア製仕上加工機

筆者の個人的な見解では，1980年後半からなだれ込むように輸入されたイタリア製の仕上加工機の中で各社が開発したロープ精練機や洗縮絨機は，精練工程の省力化とロープじわを解消し，新しい風合い創生の意味で日本の仕上加工に革新的な影響を与えた。日本の仕上工場はこれらの新鋭機をこぞって導入し，成果を上げている。しかし，洗縮絨機以外の連続精練機，連続煮絨機，連続釜蒸機はセット性が低く，イタリア，ドイツの機械メーカーが説明するような結果は得られず，稼働台数も少ない。連続蒸絨機はニットなどを中心に稼働している。起毛機は，特定の会社の油圧起毛機が好評である。染色機械は導入されていないが，自動染料助剤秤量器は日本でも稼働している。

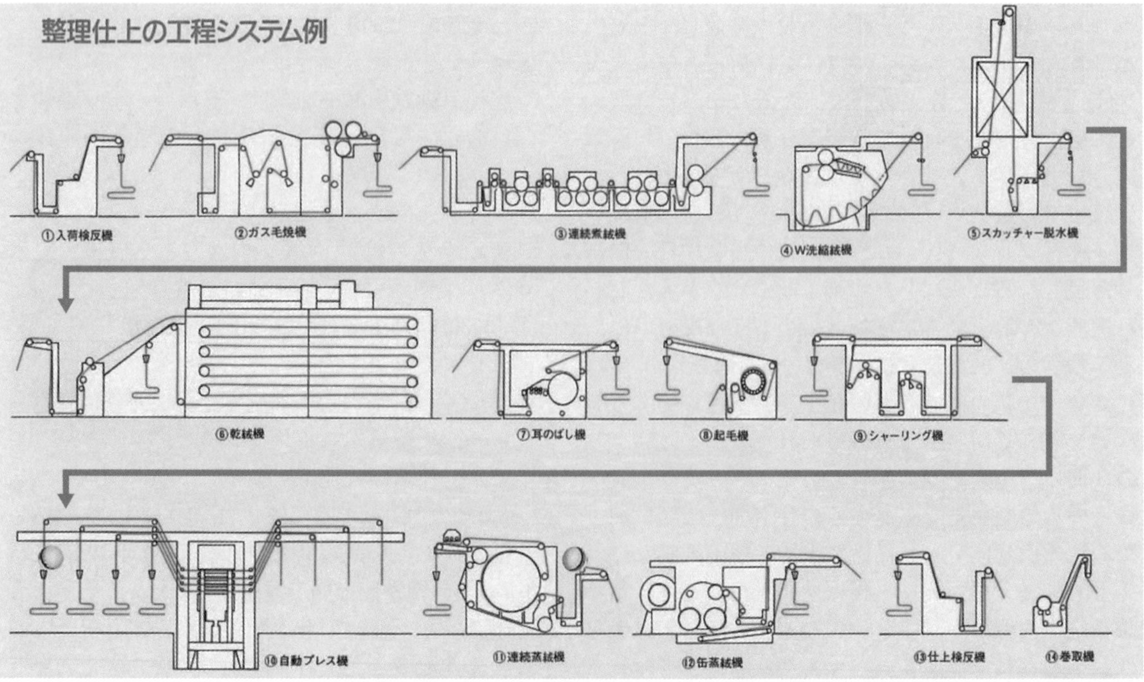

図3.1　典型的な毛織物の仕上加工工程　[出典：木村鉄工所のカタログ]

第3章　羊毛仕上げ・機能加工技術

3.1.6　水分調整

1950年代には，仕上加工工場における織物の加工日数も現在より長く，冬物の最盛期には2ヵ月以上かかることもあった。そのために，各工程間で織物は停滞し，自然に水分調整が行われた。さらに，水分率が問題になるプレス工程の前にはブラシ－霧吹き－反物を積んだ台車ごと，厚い綿導布で1昼夜間ダンピング

され，プレス工程に運ばれた。前記のように，最近のイタリアやドイツの連続蒸絨機は，工程中に布の含水率をセンシングして必要な水分を付与することも行われているが，均一な調湿ができているか懸念される。

3.1.7　毛織物の仕上加工工程と使用される設備名

典型的な毛織物の仕上加工工程を図3.1に，また主な精練加工機を図3.2に，主な仕上用機械を図3.3に，

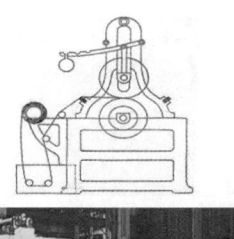

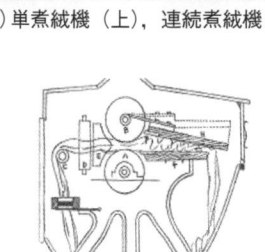
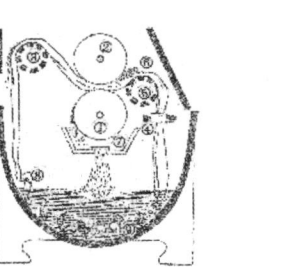
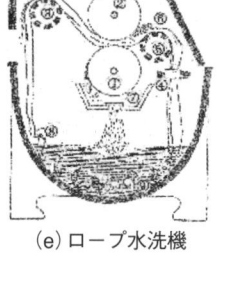

（a）毛焼機

（b）単煮絨機（上），連続煮絨機（下）

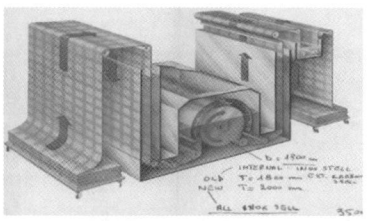

（c）連続煮絨機「Conticlub」（MAT社）

（d）連続スチームセット「Superclub」（m-tec社）

（e）ロープ水洗機

（f）Hemmer型縮絨機

（g）連続拡布精練機（煮絨・水洗機）「Aqua」（ZONCO社）

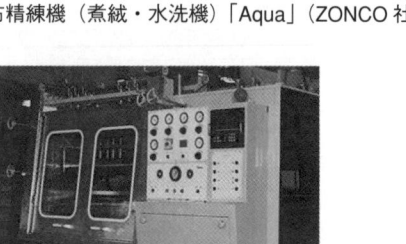

（j）W洗縮絨機（木村鉄工所）

（h）大型縮洗機（ZONCO社）

（i）Eolo洗絨機・エアタンブラー複合機（ZONCO社）

（k）多段乾燥機（木村鉄工所）

（l）ヒートセット機（ヒラノテクシード）

（m）連続煮絨・プレス複合機（Mario Croster社）

図3.2　主たる精練加工機（写真・図は，各機械メーカーの資料による）

95

第1編　羊毛繊維に関する技術

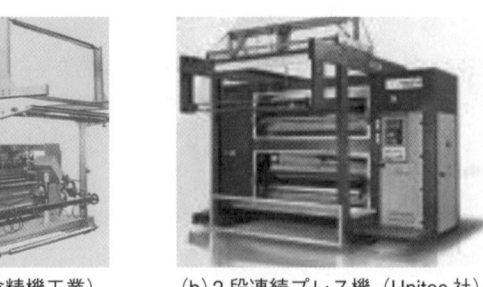

（a）2段せん毛機（岩倉精機工業）

（b）2段連続プレス機（Unitec 社）

（c）油圧連続プレス機（木村鉄工所）

（d）連続蒸絨機（木村鉄工所）

（e）釜蒸絨機（木村鉄工所）

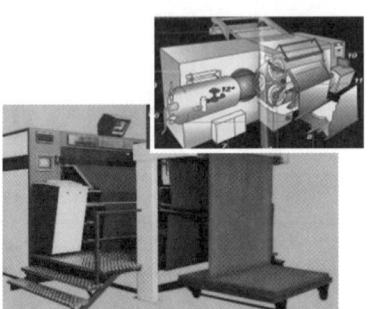

（f）「KD Suprema 90」（Biella Shrunk Process 社）

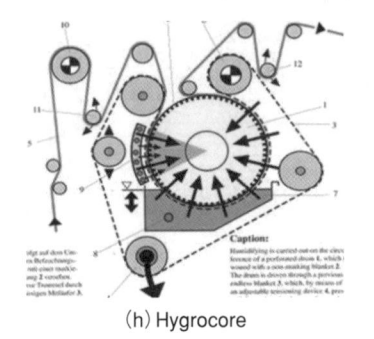

（g）「Conti-Press」（m-tec 社）

（h）Hygrocore

図3.3　主たる仕上用機械（写真・図は，各機械メーカーの資料による）

（a）「Shrinking-Steaming m/c」（Mario Croster）

（b）「Squeezer Foulrds」（Corino 社）

図3.4　その他の毛織物加工機（写真・図は，各機械メーカーの資料による）

その他の毛織物加工機を図3.4にそれぞれ示す。

3.2　精練・仕上げ

3.2.1　はじめに

　精練・仕上工程は，毛織物の風合いを決める重要な工程で，染色加工工程の中で染色とともに最も基本になる工程である。その善し悪しは機械設備にも大きく依存するが，その織物の規格と仕上目標に適合した温度や時間管理，洗剤，仕上剤の種類等，工程条件の設定が最も重要である。その織物の工程を決定するの

は，一般に当該工場の最も責任ある技術者で，仕上加工に精通した人がこれに当たる。目標とする「風合い見本」は，あらかじめ本番と同じ規格で製織した織物を，客先の希望する風合いに仕上加工し，客先の承認を得たものである。さらに，その前には「枡見本」と称し，経緯の色や撚り数，密度を変えて試織し，その規格や品質および客先が希望する風合いにしたがって仕上げたオリジナル見本である。要するに，本番の織物の仕上げ前に2回の試加工を行った上で本番に入るのが普通である。機屋は，仕上加工工場に仕上げを依

96

頼する場合に，反物と一緒に風合い見本を添付した加工指図書で，仕上げ予定の幅丈目付の他に希望する風合いの詳細を依頼する。仕上技術責任者は工程を決定し，1反1葉の加工伝票を添付して工場に流す。工程は，あらかじめ標準化された工程順序と加工条件にもとづいて進められる。委託加工の場合，1工場で毎日100社を超える得意先から入荷する織物は，品質も希望する風合いもまちまちである。通常，同じ工程で加工できるものをまとめて1つのロットとして編成して流される。ロットの大きさは先染め品の場合，水洗機キャパシティなどが単位になる。後染め品は，染色バスの容量などで同じ得意先の同じ品番でまとめてロット編成される。技術責任者による工程の決定は，「風合い見本」を作成した時の工程が基本になるが，仕上品の風合い，寸法安定性，染色堅ろう度等，消費性能まで勘案して最適の工程を決定しなければならない。この適不適は工場の技術評価につながり，真剣に行われる。工程の要所要所で指示どおり工程が進んでいるかチェックされる。これらの工程管理に際して，毛織物は他の綿や合繊と次の点で大きく異なるために，主として下記のような点で配慮が必要である。毛織物の場合，基本は1反ずつの管理である。

①羊毛は湿熱可塑性があり，100℃の熱水処理とその後の急冷で強力なフラットセットができる。このセットは，たとえばウエットデカタイザーやビーム染色機のように，孔あきのビームに巻き付けられた織物の芯と外から熱水が交互に In-out Out-in で流されると，水は糸や繊維間を通過し，クリンプを残したまま立体的に強力なセットができる。このようなセット方法が，羊毛の特性を活かした染色加工の基本である。この理想的なセットで，羊毛製品の染色加工の大半が達成されたことになる。しかし，現実は生産性等の関係などからこの方式での量産は不可能であるが，染色加工の技術者は常に原点に返って，いかにこの条件に近づけるかを工夫すべきである。

　この理想的なセットでできた織物は，伸度があって，ふくらみがあって，経緯の交差圧が小さく，せん断柔らかく，着心地が良いという，まさに「理想布」である。

②毛織物は，工程間で熱処理後，たとえば煮絨とか染色後停滞などで，「たたみじわ」あるいは「つくねじわ」と称するしわが発生し，直らないことがある。均一で完全な冷却と，振り落としではなく Roll to Roll の管理が必要である。

③羊毛は，他繊維と比べて公定水分率が高く15〜16%である。そのために工程管理は常にこれを保持しなければならない。すなわち，水分率は有効なフラットセット効果やハイグラルエキスパンション挙動の問題などから，工程中は常に意識しなければならない。プリントにおけるスチー

ミング発色性なども，この水分率が著しく影響する。工程間で一定時間のエージングを行うことが，最終風合いにも大きく影響する。

④羊毛には撥水性があり，工程中，完全に均一に濡らすことが非常に重要で，特に染色では不均一な濡れが染めむらや染めじわの原因になる。

⑤羊毛にはクリンプがあり，糸や織物にすると空気をたくさん含んで保温性が大きいなどの利点があるので，できるだけそれを壊さないような仕上げセットの条件や機種の選択が必要である。

⑥羊毛特有の縮絨性は，起毛品など他繊維ではできない高次加工を可能にするが，その反面そのために水洗や染色中にロープ状で不均一に伸張圧縮あるいは摩擦されて，染めじわの原因にもなる。この不均一を改善するために，機種の選定や昇温速度など，温度管理に配慮しなければならない。

⑦羊毛は，綿やポリエステルより非常に短時間に低温で高堅ろう度に鮮美に再現性良く染色できるが，染色時間が長いと収縮してハイグラルエキスパンション挙動発生の原因になるので，染色浴にアンチセット剤を使用して収縮をコントロールする必要がある。

⑧羊毛は，飼育中に紫外線照射の影響で，毛先だけが親水化されて根元との染色性に差を生じ，チッピー（Tippy）現象の原因になる。均一な染色には，全体を親水化する化学処理が必要な場合がある。特に，低温で染色するコールドパッドバッチ（Cold Pad Batch）染色では事前に有効な親水化処理が必要で，さらにパッド液にはコアセルベーション剤の使用を必要とする。

⑨羊毛は，適度の水分と温度によって工程中にかびが発生する危険がある。特に，夏季には濡れたまま織物を停滞させてはならない。

⑩羊毛は，100℃以上の乾熱処理で黄変する。また，釜蒸など密閉容器の中で高温高圧処理されると還元ガスを発生し，黄変したり，染料によっては変褪色も起こるので注意が必要である。羊毛は，染色加工前の生地の状態では日光によって折りたたみ目が生じ，また日焼けして段になると染色した場合に染め段を生ずる。特に，精練前の油を含んだ状態では日焼けを発生しやすい。黒い袋に入れて運搬するなど，特別な管理が必要である。

⑪羊毛は虫害に合いやすい。特に，長期保存の際は防虫加工を行い，かつ虫の食いやすい環境は避けなければならない。

⑫中間，仕上げの風合いは熟練者の手触り判定で行われるが，抜き取りで KES 試験機を用いて風合いを数値化し，良し悪しを確認する必要がある。

⑬加工機の定期的な保守や，ラッピングクロスなどの使用期間等，毛織物の品質に影響を与えるような事項の管理は社内基準にしたがって適切に管理

しなければならない。

⑭そのほか，羊毛製品の他繊維と比較した特性を表3.2に示し，取り扱い上の参考に供する。

羊毛のこれらの特性を損なわないように配慮して，工程は適切なものでなければならない。羊毛製品の最も望ましい風合いを得るために，精練に重点を置いた加工が要求される。特に梳毛織物の場合，煮絨のセットの適不適で風合いが決まるといっても過言ではない。しかし，現状は軽視されている。

優れた毛織物の特徴は，最適な経緯密度比が保たれていることである。そして，優れた仕上加工はこのバランスを崩さないことである。さらにいえば，最終製品の織物を構成する糸の繊維のクリンプが，いかに損なわれずに残っているかである。最近のように糸染めが高圧のPackage dyeで，製織が高速のエアージェットルームで織られ，エージングのためのタイミングも少ない状態で，いきなり仕上加工に入る生地には問題はあるが，それでも仕上加工工場における強力な処理に比べたら，生地はほぼ理想的な経緯密度比が保たれ，クリンプも生きている。最適な仕上加工は，紡績や織工程のストレスを緩和して，いかにこのバランスを保持するかである。

1950年代以降の工程の連続化で，最も問題のある機械は連続煮絨である。毛織物の湿熱セットは，ある程度テンションが掛かった状態が必要であるためやむを得ないが，90℃近い熱水で5槽の間を引張られてセットされれば，綾織物ではタテ方向に10%以上伸ばされ，ヨコは収縮する。タテに伸ばされるのは釜蒸も同じで，強いラッパーテンションで引っ張られた織

物は，その状態で高温高圧セットされる。これは，ほとんどパーマネントセットに近く，その後のスポンジングくらいでは上艶が少し取れるくらいで寸法はほとんど変わらない。最近は，連続エアータンブラーで緩和するとも聞くが，その成果は確認できていない。連続煮絨や釜蒸によるタテ伸びの問題は，高速洗縮絨機やイタリアのビエラシュランクの導入で改善されている。

この記述は，筆者が1950年に尾州産地の大手染色整理会社に入社後，1996年に退社するまでの46年間における毛織物の染色加工技術の変遷を実体験した記録である。入社時には，創業時の英国式の設備も加工技術も残っており，その時の機械の配置や絨種別の工程も記憶している。その工程で仕上がった服も持っている。その後，3年くらいの間に，繊維が日本の基幹産業として急速に生産量が増え，それに合わせるように設備は連続化・高速化され，一方で既製服（首つり）化で尾州産地のみならず，日本の，特に紳士服の品質，風合いの危機が10年近く続いた。その後，バッチ式の良さに気が付き，折よくイタリア製の機械とともに「新風合」の創出で，一大ブームを起こす3大変革期に居合わせた筆者の記録をまとめたものである。

現在，毛織物の生産は，長年，毛織物仕上げで苦節を味わった筆者からすると，不思議なほど順調に中国に移行し，持続している。その理由として，日本の支援ももちろんのこと，その生産方式が縫製も含め，細かい技術ではなく装置産業として移転されたからではないかと推測する。最近，元AWIの責任者から中国の紳士服生産現場やその流通の過程で，感性が全く通

表3.2　羊毛の他繊維と比べた特性

特性項目		羊毛（メリノ）	ポリエステル	綿（アップランド）
引張特性	強度（gf/d）乾（湿）	1.0〜1.7（0.8〜1.6）[注1]	4.7〜6.5	3.0〜4.9（3.3〜6.4）[注1]
	伸度（%）乾（湿）	25〜35（25〜50）[注1]	20〜25	3〜7（7〜10）
	伸張回復率（%）	99（2%伸張）	90〜99（3%伸張）	74（2%伸張）
		63（20%伸張）	—	45（5%伸張）
	ヤング率（Kgf/mm²）	130〜300	310〜870	950〜1,300
可塑性		湿熱セット性あり	乾熱セット性あり	なし
公定水分率（吸湿係数）[注2]		15.0（33.3〜35.3）[注2]	0.4（0.5）[注2]	8.5（19.0〜20.2）[注2]
水蒸気拡散係数（cm²/sec）		17〜45×10⁻⁴	4〜5×10⁻⁴	114×10⁻⁴
縮絨性		あり	なし	なし
難燃性（限界酸素指数）[注3]		23.8	20.8（溶融）	18.4
染色性		良好（染色方法が簡単）	難（要高温・高圧）	普通
保温性		高い	低い	低い
吸湿熱（Cal/g）		26.9	1.2	11.0
撥水性（接触角）[注4]		81	67	59
生分解性		あり	なし（石油系繊維）	あり
比重		1.30	1.38	1.54

注1）湿潤引張強度

注2）吸湿係数：大住吾八；織物原料，p.179，コロナ社（1964）

注3）限界酸素指数：繊維学会（編）；"酸素指数法［LOI-O₂%］値"，繊維便覧，p.126，丸善（2004）

注4）撥水性（接触角）：立花太郎，白沢謙，山内久子；日化第15年会講演要旨集，12418（1962）

じないという話を聞いた。筆者は，今も安全で着心地の良い服地の開発に専念し，毛織物の分野でも Japan Quality が認められることを念願している。長年，日本の毛織物生産の歴史に支えられて育まれた Sience としての加工技術の集積は残していかなければならない。

染色加工技術者および仕上技術者は，この現状を見据えた工程管理や品質管理が要求される。

3.2.2 標準的な毛織物仕上加工工程の説明

表3.2に示したように，羊毛は縮絨性などの綿やポリエステルにはない優れた特性によって，染色加工で生地からは想像できない多様な手触り感や表面感を創出できる。ここでは，主として梳毛織物染色加工について述べ，紡毛品の起毛加工については3.3節で詳細に説明する。

表3.3に，梳毛織物の仕上加工方法の種類と簡単な説明をまとめた。

表3.3　梳毛織物の仕上加工方法の種類と簡単な説明(1)

織物区分		仕上方法	仕上方法の簡単な説明
梳　毛		クリア仕上げ	クリア仕上げは梳毛織物の一般的な仕上げで，紳士スーツ地など梳毛織物仕上の70〜80％を占める基本の工程である。一般に，その工程は，表面毛焼−煮絨−水洗−煮絨−（染色）乾燥−せん毛−釜蒸絨である。この仕上法は，織物表面組織をクリアにし，寸法安定性や防しわ性など着用特性を高めるとともに，毛織物本来の美しいテクスチャーや光沢を発揮させる仕上方法である。先に糸染めしてから織物にした先染め品と，白生地を製織後に染色する後染め品がある。染色加工による風合い変化は織物構造に多く依存し，染色加工条件で風合いを変えられる範囲はミルド仕上げと比べて狭い（KES の THV で，0.5から1.0）。最終工程の釜蒸で押さえられた織物は，スポンジングマシンなどによって拡布状態でスチームセットして，寸法安定化と *Fukurami* を与えるために処理されることが多い。1980年代に，仕上品を再度，煮絨工程などで十分濡らして膨潤させた後，幅丈方向ともテンションレスでゆっくり乾燥させ，最後にセミデカタイザーで軽く押さえることで押しつぶされ，上艶の付いた表面を復元させるとともに，応力緩和で寸法安定性を良くする（ロンドン）シュランク仕上げが切り売り品向け織物等に採用された。しかし，いったん釜蒸のように強力なフラットセットを行ったものは簡単に復元はできない。既製服化率のさらなる増加でテーラーの数も少なくなり，シュランク仕上げは行われなくなった。一方，1990年代から，イタリアなどから導入された高性能な洗縮絨機や連続釜蒸機，VP（連続蒸熱機）等の導入で，クリア仕上げの工程短縮とふくらみのある毛織物仕上が達成された
		ミルド（メルトン）仕上げ	ミルド仕上げは毛焼はせず，水洗−縮絨（洗縮絨機）で地風を詰め，毛羽を絡ませてせん毛で刈り揃えて仕上げる。縮絨の程度でクォーターミルド，セミミルド，フルミルドと分けることもあるが，紡毛のメルトン仕上げからきたもので，毛羽を絡めて地組織を覆い，同じ組織の織物でもクリア仕上げとは異なるテクスチャー感とマイルドな手触りになる。経緯糸が絡むために織物がフェルト化し，せん断剛くなる。21〜25 μm のメリノ羊毛織物の手触りを柔らかくするために，日本ではミルド仕上げが（その年の流行にもよるが）冬用紳士服の20〜30％を占める年がある。ミルド仕上げによって表面摩擦係数は小さくなるがせん断剛くなり，KES の風合い値（THV）向上げにつながらないこともある。染色加工条件による風合い変化範囲は25〜35％で，クリア仕上げより大きい。ミルドとは縮絨したという意味であるが，縮絨は Fulling と訳されることもあり，地風を詰めることにつながる。ミルド仕上げも，洗縮絨機の導入で工程の短縮と加工ロスの軽減になった
		サキソニー仕上げ	ミルドとフラノの中間の仕上げであるが，特に Top 染めの霜降や先染め品に使うことが多く，スラックスとして用いられる
		フラノ仕上げ	本来，紡毛のベルベットやベロア仕上げを梳毛織物に施し，強縮絨−起毛−せん毛を繰り返して豊富な毛羽を起こし，蒸絨でセットする。打絨してナップを屹立させ，ビロードのような仕上げをしたものをいう。紳士スラックスの場合，経緯 2/48 使いの 2/2 の綾織物が一般的で，経緯方向の加工縮は約20％で，フェルトに近い織物をいう。紡毛フラノもある。主にスラックス用で，1950年代はカレッジフラノがブームになったが現在はない。カレッジフラノは原料構成も独特で，尾州でそのイミテーションに挑戦したが，着用中に毛羽が取れて地肌が見えたり，加工ロスが大きく，似て非なるもので終わった
		ドスキン仕上げ	梳毛織物の一種で，手触りがソフトで光沢に富み，牝鹿（Doe）のような外観がこの名が付いた由来である。経緯糸ともに，梳毛のものと経糸梳糸，緯糸紡毛のものがある。織組織は5枚繻子織で，織卸後，強く縮絨したのちに起毛し，染色後にその毛羽を濡れアザミ起毛で一方に伏せ，比較的短くせん毛し，ロータリープレス機などで強く押さえたのち，蒸絨で蒸して毛羽を固定する。黒の無地が多く，礼服用のほか，オーバー地や背広地にも使われる。梳毛織物の中で最も工程数が多く，繰り返し20数工程から30工程以上掛かる。染色は，後起毛と白やゴールドの耳ネームを美しく出すために，綿汚染のない硬い染料が選ばれた。SM ゴールド仕上げは，艶金固有の染料選定で礼服の大きなシェアを得た。現在のフォーマルウェア（Super Black）は，クリア仕上げで毛羽もなく，目付も軽く異質のものである

第1編　羊毛繊維に関する技術

表3.3　梳毛織物の仕上加工方法の種類と簡単な説明⑵

織物区分		仕上方法	仕上方法の簡単な説明
梳 毛		アルパカ裏地仕上げ	経糸に黒綿糸，緯糸に Llama（リャマ）と呼ばれるペルー山羊の繊維長の長いヘアを織り込んだもので，色は生来の褐色やグレーまたは黒で，組織は綾，繻子あるいは平織である。染色加工では，表面は入念に毛焼後，煮絨－水洗－アルパカ煮絨－乾燥－カレンダーペーパープレス－蒸絨で仕上げる。仕上げの特徴は，6 槽のアルパカ煮絨機を用いて順次経方向に延伸し，最終的に経に約20％引っ張ることで緯糸のアルパカのみが表面に出て，光沢があり滑りの良い裏地を作ることができる。夏用の裏地は平織で，アルパカの代わりにモヘヤを使い，両面毛焼してシャリ感や涼感のある裏地に仕上げられる
		モヘヤ夏服地	夏用の高級紳士服として，オールモヘヤの織物は今でも愛用されている。オールモヘヤといっても経糸は 2/48 または 2/60 のメリノで，緯糸に 1/30 または 1/24 のモヘヤ糸を織込んだものであり，最も有名なのは英国ブラッドフォードで作られてきた。日本では両面毛焼後，アルパカ煮絨機のように経方向に強く引っ張る機械で，光沢のあるモヘヤを全面的に表面に出すことによってキラキラした本来の光沢を発現する。英国では今でも，ウェットデカタイザーのような機械で織物や糸の中に，熱水を In-Out Out-in 双方向から通わせてセットすることにより，緯糸の屈曲が大きくふくらみのある織物にしている。しかし，生産性が悪く，最近では釜蒸機で代替されているが，風合いや光沢はおよばない。イタリアのモヘヤ織物は，今でも英国に加工を委託していると聞く
		梳毛ツイード仕上げ	梳毛ツイードは，コリデール羊毛のように硬く張りのある原料糸を強撚した梳毛糸を糸染めし，2～3 本，杢糸にした糸をざっくりした平織や綾織にしたツイード風の織物である。毛焼せずに，いきなり水洗や洗縮絨してアジロ（平織が経緯直交せず，乱れてアムンゼンのように見える）にし，ボリュームのあるツイード風の外観を創出する。毛羽が絡んだものとクリアなものがあるが，仕上は蒸絨で立体的に仕上げる。春秋のジャケット地として用いられる。この仕上げは英国が本場で，今でもあの優雅な織物は日本での再現はむずかしい。原料に由来するのだろうか？
		カームスキン仕上げ	梳毛ツイードとよく似ているが，経緯とも 1/30 のニュージーランド羊毛糸を糸染めし，色杢にして順逆の平織にし，染色加工では煮絨でセットを行わず，いきなり水洗－縮絨することで経緯の糸の直角の交錯が乱れ，アジロのようになる。一見，ジョーゼットのようで，柔らかくシェットランド風の高級婦人用服地ができる。1960年代に大ブームになったが，その後は流行していない。仕上はプレス－蒸絨で，光沢のある服地になった
紡 毛	クリア	クリア（ツイード等）	水洗だけで生地の目風を活かした仕上げで，シェットランド，ハリスツイードやアストラカン等も含む織物のための工程である。梳毛と異なり，粗硬で太く光沢のあるチェビオットやリンコルンなどが混紡され，厚地のジャケットやコート素材になる。仕上げは，蒸絨で軽く仕上げられる
	縮 絨	メルトン	縮絨性のあるメリノや繊維長の短い太番手（1/12～1/20's）の紡毛糸で，組織は平織，綾織または 2 重織にし，強縮絨で目風を詰め，縮毛で組織が見えないようにした後，せん毛で飛び毛を刈ってフェルト毛を残し，特殊な光沢に仕上げる。毛羽はなく，フェルト状の表面が特徴。女学生等の防寒コートなどに用いる。最近は薄手で軽くなっている
	起 毛	ビーバー，モッサー，パイル，ウェーブ等	各種の起毛仕上げについては3.3節で詳述する

・繊維辞典，商工会館出版部（1951）を参照。
・仕上加工名は，主として羊毛100％織物および編物に適用されるが，カシミヤ，その他の絨毛やナイロン，ポリエステル，綿などの混紡・交織品を含む。
・これらの織物・編物は，先染め，後染めおよび捺染したものがある。

3.2.3　羊毛およびその混紡紳士服地の標準的な仕上工程

　羊毛およびその混紡紳士服地の標準的な仕上工程を，表3.4に示す。

3.2.4　主要工程の作用の説明

〈煮絨の重要性〉

　毛織物の仕上工程中，最も重要な煮絨について，古書を引用して補足説明する。

　日本で毛織物の染色加工が本格的に行われるようになったのは，1923年頃，4 幅織物が生産されるようになってからであると思われる。1907年（明治40年）に東京高等工業学校（現東京工業大学）に招聘されたイギリス人エッガー・テーロー・サックス先生が，1931年（昭和 6 年）に帰国するまで織物仕上実習教師として多数の学生を指導し，日本の毛織物工業の隆盛に貢献された。そのノートを大同毛織が書籍としてまとめた『Finishing of wool fabrics』[5] は今や古書かもしれないが，現場の技術者としては貴重なものである。筆者が1950年（昭和25年）に染色加工会社に入社した当時は，この本に示されたような染色・加工設備が残っていた。毛織物生産量が急増し，諸設備も連続化・高速化したが，羊毛製品加工の原理は変わっていない。そこで，あえてこの古書を参考にしながら，筆者の体験と合わせて原点を振り返りながら伝えていきたい。

　1953年頃に連続煮絨機が導入されるまで，日本の紳士服地の染色整理会社は単煮絨機（Single crabbing）を用いて羊毛のフラットセットを行ってきた。しかし，この機械は 1 反（50 m）単位であったため生産性が低く，生産量の急増とともに全面的に連続煮

表3.4　羊毛およびその混紡紳士服地の標準的な仕上工程

		中心番手	基本組織	目付 (g/m²)	工程名												縮率（%）		目減 (%)
					Wet								Dry				経	緯	
					H.S(注1)	G	C	W	M.W	M	W	C	Dry	S	S.D	K.D			
冬	クリアA	2/60～2/80	平織 綾織	100～130	—	表2本	◎	○	—	—	—	○	—	—	—	◎	2～3	2～5	2～4
	クリアB	2/48～2/80	平織 綾織	160～250	—	表2本	◎	◎	—	—	—	○	○	○	—	◎	2～3	2～5	2～4
	セミミルド	2/60～2/80	綾織	160～250	—	—	○	○	◎	—	—	○	—	○	—	○	3～5	5～6	4～6
	ミルド	2/60～2/80	綾織	180～265	—	—	—	—	◎	○	—	○	◎	○	—	○	8～15	6～12	5～8
	フラノ	2/48		300	—	—	—	—	◎	○	—	○	◎	○	—	—	18～20	15～18	
夏	クリア	経2/60 緯1/30	平織	80～100	—	表4本 裏2本	○	—	—	—	○	—	○	○	—	◎	0～3	2～5	2～5
	T/W(注2) クリア	経2/60 緯1/30	平織	80	○	表4本 裏2本	○	—	—	—	○	—	○	○	—	◎	0～3	2～3	2～5

注1）H.S：Heat set（160～180℃, 30秒）, G. Gas singing（本はバーナー数）, C：Crabbing（90～100℃×20分）, W：Washing, M.W：Milling & Washing combined machine, Dry：Drying（120～130℃）, S：Shearing, S.D：Semi decatizing（100℃×6分）, K.D：Full decatizing（120℃×6分）

注2）T/W はポリエステルと Wool の混紡，交織品を示す。

絨に移行した。その理由はもう１つある。ほとんど時を同じくして，強力なフラットセット効果のある釜蒸が仕上げのセットで使われるようになったことである。釜蒸で，連続煮絨のセット不足は補完されたかのごとく見えたが，水中で行う Crabbing や Wet decatizing とは全く異なるものであったため，経緯糸の交錯圧は大きくなり押しつぶされて，空気を含まない紙のような織物に変化した。

この「繊維染色加工に関わる技術の伝承と進展」では，合理化のために失われた技術ではなく，本来の基本技術についても伝承の必要があると考え，エッガー・テーロー・サックス先生のメモの記述を紹介する。

図3.5に単煮絨機の機構を示す。

本格的な煮絨には，効果の点で２つの方法があり，織物の種類や要望されるセット効果によって使い分けされている。煮絨も Wet decatizing も，湿潤した織物にソフトでまろやかで豊かな光沢を与えるという非常に優れた効果がある。煮絨工程の目的は，光沢付与や柔軟化のほかに織目のセットと固定である。煮絨工程は精練や染色の前工程として，糸や織物のよじれ，開撚やくずれを防止し，織物本来の原形を保持するために行われる。

強い弾性を持つ Crossbred 羊毛糸などで織られた織物は，水に浸けるとすぐに波打ったりしわになったりし，精練や染色時間が長引くといっそう変化する。織物の固定またはセットは，織物を構成する繊維や糸を元の形にしっかりと固定することである。モヘヤ，アルパカ，ラスターウールのような高弾性糸は容易に滑り，リスクが大きい。形態保持のために織物を固定するには，圧縮のテンションの度合いと時間が調整され，その後の弾性率を固定するために Cooling をしなければならない。煮絨法は織物の端をラッパーに固定し，温度を上昇させながら少量の石けんの入った温水中で

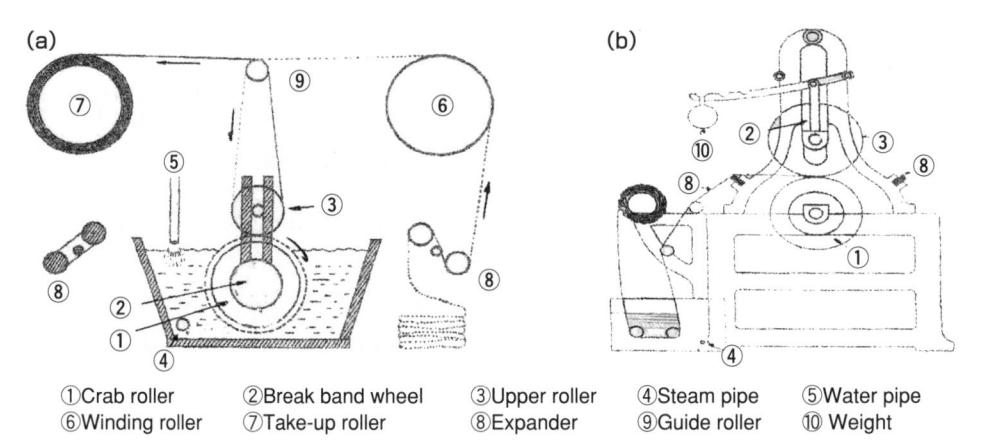

①Crab roller　②Break band wheel　③Upper roller　④Steam pipe　⑤Water pipe
⑥Winding roller　⑦Take-up roller　⑧Expander　⑨Guide roller　⑩Weight

図3.5　Gessner's Single Crab の機構図

第1編　羊毛繊維に関する技術

回っているローラーブレーキで織物に張力を掛けて巻き付ける。その時，上のルーズローラーは布目をまっすぐにするように，錘として働く。煮絨ローラーは直径φ15〜18吋（38〜44 cm）の鉄に厚い亜鉛めっきを施したものである。

　冷却された織物を煮絨ローラーから取り出す時は，バンドブレーキで張力を掛けながら平衡を保ちつつ木製心棒に巻き上げられる。さらに強いセットが必要な時は，Wet blowingのために孔あきローラーに巻き取ってBoilingする。さらに，セットの均一化のために巻き返して反対側からBoilingし，エンディングを補正する。Blowingは加圧しないので，立体的にセットされ，羊毛の特性が活かされる。セットの強さは，Double blowing＞Wet decatizing＞Crabbing＞Continuous crabbingである。

　煮絨は，梳毛織物の織構造を固定するために最も重要な工程の１つである。羊毛は湿熱で可塑性があり，湿熱高温処理するとその形態はその温度以下では容易に戻らないために，後工程のロープ状で行う水洗や縮絨でのロープじわの発生を抑制する。織物が最初に水中で濡らされる時，織機上で掛けられたテンションが一気に緩和されるので，その際には経緯糸本来の正しい形態保持のためにフラットな状態での煮絨工程が重要である。また，煮絨によって織物を構成する経緯糸が緩和膨潤して，交錯圧が減少してせん断柔らかくなるとともに，糸本来の光沢を発現する。布のセットは，糸や繊維を同じ形や位置にしっかりと固定することである。布は，決して直接煮絨ローラーまたは加圧ローラーに触れさせないことが大切である。最初のテンションを掛ける時から，ラッパーの端と外側のカバー端は保持しなければならない。煮絨時間は50 yds 1反当たり，5〜20分である。柔らかくなった繊維と糸を膨張させて加圧ローラーの助けで絞られ，エアーポケットを与え，取り外しできる心棒に巻いて最終冷却される。上ローラーによる冷却は排水作用もする。その時，ロールはロールの底から汚れた液を排出する。この液の大部分は排出され，ロールは部分的に冷却されてロールの端は逆転し，廃液する。冷却の不均等は，染色むらを引き起こす原因になる。

　Scouringの後，Second crabbingは水だけで，ラッパーもきれいに洗ったものを用いなければならない。煮絨ローラーは，さまざまな径のものが用いられる。大きいものは織物の巻厚さが薄くなって熱の通りが良くなり，より均一な効果が得られる。しかし，この機械は現在ほとんど使用されず，連続式に代わっているので，それについては後で述べる。

3.2.5　尾州地区の典型的な染色加工工場における機械設備の変遷

　尾州地区の典型的な染色加工工場（紳士服70%，婦人服ニット30%）における機械設備の変遷を表3.5にまとめた。

表3.6　染色加工工程中の不良と出荷後のクレーム分析

		不良項目	原因対策
工程中	先染め品	布目不良（Scew, Bow両方）	縮絨品に多い
		洗皺	洗縮絨機の使用により減少している
		汚れ	薬品汚れ等
	染色品	風合い不良	風合い見本に合わない
		色目不良	カラーマッチング後の熱変色もある
		染めむら	不均一な湿潤処理にほとんど原因がある。スイングエースなど液流染色機の導入で染めむら，染めじわは激減した
		染めじわ	冷却より湿潤前処理に原因がある
		中稀	染めむらのほかに，煮絨のセットむら，ヒートセットの幅方向の熱分布不良もある
		キャリヤー汚れ	熱交換器などに堆積した汚れの付着
		湿摩擦等堅ろう度不良	染料の選定，染色条件に問題あり
出荷後		中稀	染色と釜蒸の際に発生する蒸むらも原因になる。一般に，縫製後の発見で高額のクレームになることが多い
		しわ	染色しわがスポンジング，プレス等縫製中に発生
		色目不合	指定色に合わない。光源の差による演色もある
		バブリング	ハイグラルエキスパンション挙動に起因（シームパッカリングとフラットセット不良によるバブリング）
		収縮	プレスなどによる洋服のサイズ落ち
		湿摩擦等堅ろう度不良	T/W混紡品などで，経時的に発生したり，縫製のプレスなどで悪化する染料の昇華が原因のこともある。T/Wの分散染料染色後，Bap防縮処理した場合の染料の経時昇華

・最近は，機械設備がシーケンス制御でマニュアル操作が少ないため，全体に人為ミスによる不良の発生は激減している。
・中間検査（精錬工程の不良），仕上検査（仕上工程の不良）ともに数%であるが，後染め品の事故が多い。
・出荷後のクレーム金額は，年間売上高（工賃収入）の0.5%未満が目標となっているが，その年の景気動向でも差がある。

表3.5 尾州地区の典型的な染色加工工場における機械設備の変遷（紳士服70%，婦人服30%）(1)

工程名		機械名	台数	1923〜1953年代 英国式仕上げ 10,000〜15,000 m/日	1960〜1985年代 大量生産，連続化，既整の服化，合繊複合，ニット化，Add-on加工 35,000〜50,000 m/日	1990年代 イタリア製染色加工機の導入，複合化進む，風合い 25,000〜35,000 m/日	備考
Heat set		Heat set	1		●	◎	
		Heat set + Baking	1			●	
毛焼		Gas singeing	1	◎	◎	◎	山東鐵工所 2本バーナー
煮絨		単煮絨	20	◎	○		上下とも，木製ローラーからステンレスロールに移行
		大型単煮絨	1		●		
		連続煮絨機（5山）	2		●	●	木村鐵工所，木製ローラー4ニップ槽
		連続高圧スチーマー	1		◎		
		ウェットデカタイザー	1		○		山東鐵工所，Max. 400 m
		フレパカタイザー	1			●	6本ロール4ニップ槽
		連続ローラーカラー	1	● ●	○		ビーム型，2 atg
精練		ニューマチック煮絨機	18	● ●	●		6連煮絨機
		木製ローラーブ水洗機	1	○	●		
		連続11連槽ロープ水洗機	18		◎	●	硬質ゴムロール
		広幅バッチ水洗機	1		○		
	水洗	広幅ローラー水洗機	1		○		
		Henmeer (独)	20		●	●	
		Hunter (米)	2		○	●	
	縮絨	洗縮絨機	4		◎	◎	
		洗縮絨機	2		○	○	ZONCO社 [Eolo]
		木製ワインス	1				2〜4反回
		ステンレスバス	50			●	1〜2反回
染色		液流染色機	40			●	槽幅1〜6 m
		液循環式エンドレスウインス6 m	8			●	槽幅1〜6 m
		オーバーフロー	8		●	●	ZONCO社 「Acqua」
		高圧液流染色機	8		◎	●	セラー社 (伊)
		高圧ビーム（モルテンシェニー製）	10		◎	◎	加工糸織物染色用
		6ヘッドロータリースクリーン	2		◎	●	高圧ロール，スイッチエース（ニッセン）
		連続高圧スチーマー（湿熱）	1		○		ポリエステル・ウール混紡
		昇華型転写プリンター	1		●	●	Peter Timmer社 (墺)
		丸および広幅ニット用，スチーマー等，カレンダー蒸絨	6			○	Peter Timmer社 (墺)
脱水		ポリエステル用	1		●	○	2年で消滅
		高圧マングル・スクイザー	式		—		アールバッハ社 (独)
		10段熱風デンター乾燥機	4	● ● ●	◎		溶剤精練機はりゲスロンバート社（米）パークレン仕様
乾燥		幅出乾燥機	1	● ●	—	●	Kuster社
		吸取機	4	●	●	●	
		高圧マングル	1	●	—	—	熱効率は経年向上
		ロンドンシュランク	1	○	—	—	経緯デショリンレス

●: 主力設備で常時稼働，◎: 使用頻度大，○: 時折使用，—: 機械

表3.5 尾州地区の典型的な染色加工場における機械設備の変遷（紳士服70%，婦人服ニット30%）(2)

工程名		機械名	台数	1923～1933年代 英国式仕上げ 10,000～15,000 m/日	1960～1985年代 大量生産，連続化，既繋服化，合繊複合，ニット導入，Add-on加工 35,000～50,000 m/日	1990年代 イタリア製染色加工機の導入，複合化進む，風合い 25,000～35,000 m/日	備考
せん毛		Wベッドせん毛機		●	—	—	
		単せん毛機			●	○	
		3段せん毛機			●	○	
起毛		デザインカッター			○	○	
		仏式針起毛機（ベルト駆動）	2	○	○		
		英式針起毛機（ベルト駆動）	2	○	○		
		独立式針起毛機	2	○	○	○	
		油圧式針起毛機	2		●	●	
		3段針起毛機	1		○	○	
		腹式針起毛機	2		○	○	
		回転式アザミ起毛機	3		●	●	
		固定式アザミ起毛機	3		●	●	
プレス		ムンドレア	2			○	
		ローラリープレス	2		●	●	
		ペーパープレス	4		●	●	
		ブラッシ連続油圧プレス	1		●	●	
		ペーパープレス（電気）	4		○	○	
蒸絨		常圧バッチ式蒸絨機	1		●	●	
		連続蒸絨機	2		●	●	アルパカ裏地用
		半密閉セミデカタイザー	1		○	○	
蒸蒸		単式釜蒸	1			●	
		4本タレット式釜蒸機	5		●	●	
		KD式釜蒸機	2		○	○	
		連続釜蒸機	1		●	●	ビェンコラー二社(伊)
		エアータンブラー	1		●	●	ビエンコジュランク社(伊)
		エアータンブラー（ロー）	1		○	○	木村鉄工所
風合い改良		広幅製作所ジャンボキュラ	1		○	●	
		湿式AJ1	1			●	ゲスナー社（米）
スポンジング		コンパクター	1		○	○	艶消，寸法安定化
		VP (Vacuum Press)	1		○	○	連続防縮樹脂加工
		Kroy-Hercosett	1		◎	—	非塩素防縮（バッチ式）
		Neva-shrink	1		●	●	
検査		受入	4	●	—	—	排煙脱硫装置設置
		中間	6	●	●	●	
		仕上	3	●	●	●	
防縮			12			●	Tencelのフィブリル化等
仕上げ		ラシャカシヤ石炭焚きボイラー	4	●	—	—	尾張工業用水取水
		水管式重油焚きボイラー	2		●	—	活性汚泥装置改置
		負荷変動対応面小型ボイラー多缶設置システム	1			●	
給水				◎地下水	◎地下水	●	
廃水			2	●(2,000t/日)	●(6,000t/日)	●(4,000t/日)	

●：主力設備で常時稼働，◎：使用頻度大，○：時折使用，—：機械
●：主力設備で常時稼働，◎：使用頻度大，○：時折使用，—：機械
●：主力設備（尾西特別都市下水に排水）

この表は，1923年頃に尾州で4幅毛織物の生産が始まってから，1953年の日本の繊維産業隆盛期突入前の英国式の染色加工が踏襲された第1期と，その後日本で繊維製品の急激な需要拡大に伴う大量生産時代の第2期，1990年代のイタリアの染色加工機が大量に輸入された第3期の3つに分けて，機械設備の変遷をまとめたものである。また，この表は尾州の先駆的な委託加工の染色加工工場の1工場の例であるが，尾州には最盛期に同規模の工場が35工場稼働していた。この表には，ボイラーが石炭から重油に代わり，1973年の大気汚染防止条例公布に伴い，排煙脱硫装置の設置や，その後の省エネ，負荷の変動に耐えられるようなボイラーへと，時代とともに変化した状況が明らかにされている。

3.2.6 染色加工における工程中の不良と出荷後のクレーム分析

工程中，中間検査，仕上検査で発見され，再加工になる「不上がり」と，出荷後にアパレルや消費者からのクレームについては表3.6のとおりである。

3.2.7 まとめ

仕上工程は，染色品も起毛品もクリア仕上げもミルド仕上げも関係する重要な工程で，その善し悪しが仕上品の風合いに影響する。仕上方法によって工程はまちまちであり，織物の構造規格により最適な工程を選定し，最善の風合いを再現良く実現しなければならない。仕上工程は，*Fukurami* や *Numeri* を必要とする秋冬物と，*Shari* 感や *Koshi* の必要な夏物で異なる。しかし，いずれもフラットセットは重要で，羊毛特有の光沢もそれによって発現する。羊毛製品はポリエステル混紡織物と異なり，最終製品は経緯方向に適度な伸度があるので，紳士服のように「いせたり，伸ばしたり」して人の体形にフィットさせるのに適している。服になって，着用中にも弱い力で伸び，すぐに戻るので着心地が良い。そのために最適な織物構造は前提条件であるが，それを損なわず，活かすのは仕上工程の役割である。ここでは，そのための機械装置なども示しながら説明したが，望ましいのは毛織物本来の特性を十分発揮させることである。その点で，生産性や合理化あるいは寸法安定性など，過剰なスペックで本来の特性がないがしろにされるのは問題である。さらに，強い化学処理による防縮加工や撥水加工などのAdd-on加工のほとんどが羊毛本来の特性を損なうもので，望ましいものではないことを毛織物生産に携わる人は認識しなければならない。

3.3 羊毛繊維の縮絨加工

3.3.1 毛織物の尾州産地での始まり[6]〜[19]

紀元前4000年頃に，バビロニア人が羊毛を衣類として使用し，また羊より刈り取った羊毛で紀元前2200年頃のカルディア人が初めて毛織物を作ったともいわれている。

日本では，ポルトガル語の「raxa」から転化した名称の「羅紗」といわれた厚手の縮絨加工された毛織物を室町時代の末期には輸入しており，戦国時代および江戸時代には，陣羽織や火事羽織などに珍重されていたが，もっぱら毛織物は南蛮貿易により入手されていた。

明治になり洋服化が進み，毛織物の需要が増すにつれて，1879年（明治12年）に日本最初の近代的毛織物工場として，官営の南千住製絨所が開設された。その後，1896年（明治29年）には，原毛から織物までの一貫工場として，日本毛織が設立された。明治以前にも，毛織物を手掛けた試みはあったようで，たとえば慶長年間（1596〜1615年）では，京都でオランダからの輸入品を模してラシャ地を製織したり，幕末には，江戸にて飼育されていた羊の毛を用い，輸入織機で将軍の火事羽織が作られたなどのように，いくつか伝えられているが，当時は単に試作された程度で，武士や富商等一部の階層で珍重された毛織物は，すべて舶来品であった。

毛織物の需要は，幕末期より薩摩をはじめ多くの藩では軍事用に洋式を採り入れ，毛織物の軍服を着用していたが，1870年（明治3年）の軍政改革により兵装は洋式となり，1971年（明治4年）9月には明治天皇の服制に関する勅諭が発せられ，翌1872年11月になると太政官布告第373号によって礼服は洋服にすることが決定されるなど，西洋化を皇室および政府が率先して推し進めたことにより，民間でも文明開化の波となって洋装が普及し，毛織物需要の活発化を促し，その輸入が増大した。このため，明治初期における毛織物の輸入は，軍需を主にして，民間を含めて輸入総額の20〜30％にもなり，多額の毛織物輸入となった。

このような貿易収支の負担増に対し，政府は，特に軍用の自給自足体制を図るために，官営の牧羊場経営と製絨工場を計画。1975年（明治8年）に，現在の千葉県に2900余町歩の種畜場を開設し，支那綿羊に次いでアメリカとオーストラリアからメリノ種等を輸入し育成が図られたが，気候風土の問題もあり，飼育は軌道に乗らなかった。この種畜場の開設後，1879年（明治12年）9月27日に，井上省三氏を初代所長として，内務省勧農局所管の千住製絨所が開業し，輸入の紡毛機・整紡機各6台，織機42台を擁し，ドイツ人技師の指導の下，国産毛織工場第1号として稼働した。

この官営の製絨所に続いて，東京の芝白金台町に後藤恕作氏による羊毛製糸社が1880年（明治13年）に設立されたが，極小規模の家内工業的な工場で，その後1884年には，栗原イネ工場（後の大同毛織）等，いくつかの会社が設立された。

明治20年代になると，近代的な生産体制の会社が登場。1886年（明治19年）8月に資本金30万円で創設し，1889年（明治22年）6月に東京・王子に工場

を建設した東京毛糸紡績（1893年に東京製絨と改称）は，ラシャやフランネルなど紡毛織物を製造。そのほか，東京に日本毛布製造，大阪に大阪毛糸紡績，大阪毛布製造等が設立された。当時としては，耐久性のある服地として軍服や制服類に用いられ，保温性など優れた実用性が認知されたことによる増大する需要を満たすには，千住製絨所やその後の民間数社の生産量では不足であり，依然として毛織物の輸入は高い水準であった。わが国の羊毛工業が産業的基盤を築くには，日清・日露の戦争を経て，明治の末まで待つ必要があった。

東京や大阪においては，上記のようであったが，後に，手織りの本場といわれる尾州［愛知県一宮付近のことをいう。尾張の国の西部，一般には尾西（びさい）という］での機業地でも同様であった。

戦国時代以来，民衆は質実剛健の気風が養われ，木綿が実用品として絹布を凌駕し，綿花の栽培が普及した。綿（わた）といえばコットンの名称になり，絹綿（きぬめん）は真綿（まわた）と呼んで区別した。江戸時代には，尾張平野は麦作の後には木綿が作付けされて白雪のような綿花が実り，農家の人はそれを収穫する。収穫された綿花は，そのまま売る人もあるが，多くは農閑期を利用して，綿を紡いで綛糸にして，家の事情や相場の成り行きにより売買されていた。それを，一宮から多くの仲買人が2～3人組で買い付けていた。これらの人々が夕暮れに仕事を終えて帰る有様を，森の鴉が田圃を荒して黄昏時に塒（ねぐら）に帰るようすに似ているとして，これら綿買商の人々に「一宮からす」というあだ名が付けられたそうで，これは，農家にとっては相場に精通している綿の仲買人に利益を吸い取られている感じを持っていたからではないかと思われる。同様な意味合いで，「笠松とんび」（笠松は，一宮市とは木曽川を挟んで岐阜県側にある地名）という言葉が笠松の仲買人には付けられていた。それゆえに「一宮からすに笠松とんび」と対言葉で，この地方ではよく人々にささやかれていたようである。明治の初期には，綿織物がさかんで，政府も優秀な綿種を配布するなど綿紡に力を注いでいたが，1891年（明治24年）の濃尾大震災の後は綿作が不作となり，安価な綿の輸入増による打撃とともに，綿作はなくなった。

他方，毛織物については，1882（明治15年）頃，中島郡起村（現在の一宮市，元尾西市）の渡辺弥七氏が，名古屋で綿毛布の製造を始めた。次いで，同じく起村の箟直八氏がシカゴ市博覧会に綿との交織の毛織物を出展（1892年），また，中島郡花池村（現在の一宮市）の酒井理一郎氏と三条村（現在の一宮市，元尾西市）の加藤平四郎氏は，原料毛糸を輸入して，着尺セルを試織したが，染色整理の技術が未熟であったことも相まって発展しなかった。

染色整理の技術といえば，明治の初期では，綿織物

や絹綿交織織物を石の上で砧（きぬた）を使用して叩く，いわゆる砧打ちを行っていた。これを「艶出し」といい，この艶出しを仕事にしていたものは「艶屋」といわれていた。この艶出しを業として始めたのが，葉栗郡玉ノ井村（現在の一宮市木曽川町）の墨嘉右衛門氏で，艶嘉と称して織物整理の専業者として開業したのが1855年（安政2年）である。艶金の名称の由来は，墨宇吉氏（嘉右衛門の三男）が元服してから金兵衛と称したことにより，艶屋の金兵衛，艶金で知られるようになった。

3.3.2 尾州毛織物の揺籃

1765年（明和2年）頃以後，桟留縞，寛大寺縞，結城縞等の商品名の織物がさかんに織られ，これらの織物は，舟や馬によって運搬されていたために，笠松や起など舟運の港町に問屋が生じ，笠松町には丸半（林半一郎氏の生家），田中屋（二代目片岡毛織社長孫忠氏夫人の生家），一宮市（元尾西市三条北今）では国島商店（慶応元年に国島武右衛門氏創業）等があり，当時港町として栄えた笠松町の旧港町（現在港公園）には，大八車が通りやすくするための石畳が史跡として残っている。

1887年（明治20年），尾張一宮町松岡忠右衛門氏および森島衛門氏が横浜から毛糸を購入，尾西で初めて毛綿交織の夏向きのシジラ織りを製織した。

また，豊田佐吉が織機等の研究のために玉ノ井の艶嘉へ滞在していたのが1889年（明治22年）で，「尾西織物史」によれば，一宮の浅野隅三郎氏宅に寄寓し，艶屋の機械を分解したりして熱心に研究されていたとのことで，艶金染工の墨末芳社長はよくこのことを話されていた。

1896年（明治29年）に，津島の片岡春吉氏（片岡毛織創業者）が設立されたばかりの東京モスリン紡織（後の大東紡織）で修行し，毛織物の技術と木製手織機を土産に帰郷し，1898年（明治31年）3月に片岡毛織工場を設立した。しかし，当時の国産毛織物は，舶来品と比較して大きく劣っていた。この時のモスリンは，単糸使いで薄くて下着にしか向かず，上着にはならなかった。しかも，洋服を着るのは軍人や官吏がほとんどで，民間用の用途はわずかでしかなかった。当時，舶来品ではセルジスに人気があり，これにヒントを得てか，単糸を双糸にし，しかも杢にして和服向けにすることや，1幅織機を2幅に代え，整理加工については，梳毛織物の表面の毛羽を取り除くための，アルコールランプを大型化したガス焼き器具の考案，また艶付けプレスとして，大型アイロンを湯熨斗（ゆのし）機にするなどを考案し，品質向上の努力がなされた。

そうした努力により，明治30年代になると，尾州では，1幅木綿の織物から2幅毛織物の着尺用のセルの試織に成功し，量産化の時代へと発展していくが，当初は，舶来セルの人気はあったが，以前に国産セル

の名前を付した粗悪品が市場に出回った問題があり，新しい国産セルが市場で認知されるためには，その販売ルートの開拓が不可欠であった。

そこで片岡毛織の片岡孫三郎 氏は，東京日本橋田所町にある呉服問屋の市田商店の東京店へ国産セルを持ち込み，努力の末に販売してもらえることに成功した。市田商店では，1903年（明治36年）からこの縞セルを「ブドー・セル」と名前を付けて販売した。

明治の晩年頃の尾州での整理過程は，従来の砧打ち作業は稚拙ながらも動力化され，乾燥はレール状に針を取付けた台で天日で行い，糊付けは糊桶に織物を浸けて，絞り台の上で心棒に巻きながら絞る方法で行われていた。しかし，尾州でのセルの加工は，ガス焼きして水洗する程度であったため，それでは満足されず，京都で整理されていたのもあった。

3.3.3　毛織物仕上加工の進展

尾西における毛織物は，1892年（明治25年）頃に，酒井理一郎・加藤平四郎・鈴木鎌次郎 諸氏が絹毛セルを，また，筧直八 氏により綿毛混織を試みられたが，整理加工ができずに進展しなかった。その後，酒井理一郎 氏が再び絹毛セルを手掛け，1898年（明治31年）には片岡春吉 氏が純毛縞モスリンを織り出したり，その後多くの方々により，綿セルや純毛セルの織りが始められた。しかし，当時の艶屋での整理方法は，前述のように，毛焼にアルコールランプ，艶出しは砧打ち，それに，大熨斗を当てる程度の稚拙なものであった。

1902年（明治35年）に片岡春吉 氏が，梳毛織物の縞セルを第2回全国製産品博覧会に出展して有功二等賞銀牌を獲得した。この博覧会により，足利など，他産地の優れた出展物に触発されてか，尾州の機屋と艶屋とが合同で，愛知県立工業学校の柴田才一郎 校長や早川熊蔵 教諭などを招いて研究会を催した。また，艶屋の墨清太郎 氏（墨宇吉の息子，艶金興業初代社長）は足利に遊学したのち，再度足利に赴き，楊柳機をはじめ，その他2～3の整理用の機械を購入してきた。楊柳機とは，圧搾式ロールによって，柳の枝のような型を布に付ける機械のことで，奥村（一宮市奥町）の滝本与兵衛・野田健次郎・渡辺正右衛門 各氏が，この楊柳機で加工した楊柳御召を市場に出して好評であった。

毛織セルは，1907年（明治40年）頃に苅安賀の中野鶴次郎 氏が丸紅から2幅の純毛セルの注文を受け製織したが，尾州では，ガス焼きして，木曽川で水洗乾燥する程度しかできなかった。毛織物の仕上機械は不足しており，艶金の設備では，半セル（交織物）が精一杯で，純毛の本セル整理は手に余る仕事であった。そのため，長谷川伊蔵 氏（長谷川毛織の初代社長，当時は元尾西市小信，現一宮市に本宅工場ともにあった）は，地元の艶屋でなく，京都西陣の撚糸再製に仕上げを委託していた。その後，長谷川 氏の紹介で，

墨清太郎氏が，この撚糸再製の見学を許され，幅出し，糊付け，乾燥，シュライナー等の設備に出会い，たいへんなカルチャーショックを受け，これをヒントにして清太郎氏は，名古屋の鍛冶清で3本ロールを試作したといわれている。

中野毛織は，自工場で織り上げた本セルを仕上げるために，ドイツから仕上機械を輸入，他の有力機屋でも，本セルの生産増加が見込まれることにより，仕上機械の完備の必要性を感じ，鈴木鎌次郎（三条）・筧勝三郎（小信）・今川四郎兵衛（小信）・長谷川伊蔵（小信）・渡辺芳次郎（起）・小川平作（奥）の6氏が，墨宇吉・清太郎 両氏親子を後押しして，1万円の資金をもとにし，小信の元艶金の墨本社（県文化財に指定）の敷地に工場1棟を建設し，ボイラー室，幅出し機，毛焼機，艶出し機，竪蒸機，楊柳機，3本ロール等を据え付けた毛織物整理工場を作り上げた。

3.3.4　4幅織物の到来

1904年（明治37年）2月10日に日露戦争が勃発し，毛織物業界には軍需需要が殺到した。この軍需生産は，官民挙げての総動員体制にもかかわらず，需要は満たされなかったため，不足分は輸入で補われた。

日露戦争の後半から景気も上向き，1906年（明治39年）には企業勃興による戦後の好景気をもたらした。しかし，この好景気は続かず，1907年（明治40年）1月に株式の暴落をきたし，反動恐慌に見舞われたが，欧米文化の流入はむしろ拡大し，毛織物の需要は増え続けていたために，尾州の機業地では起業の気運が高まっていた。この時期，2幅織物は服地用としては不完全で，市場では4幅織物の希望が多くなり，東京や大阪の大工場では，4幅力織機が輸入され，染色整理の設備も同様に4幅へ移項する状況へと向かっていた。

片岡春吉 氏は，他産地のこの状況を踏まえ，尾州も4幅織物を手掛けることを決意し，1906年（明治39年）に4幅力織機と染色整理を，ドイツのハートマン，イギリスのジョージ・ホジソンの両者に発注した。当時，機械の輸入に当たっては，価格のべらぼうな高さはもちろん，手続きや相手国の商習慣の違いからトラブルがいろいろ発生していたらしく，彼が注文した機械設備が，すべて手元に到着したのは1909年（明治42年）のことで，足かけ4年かかったとのことである。しかも，その後，分解して送られてきた機械を，ドイツ語や英語で書かれた説明書を頼りにして組み立てなければならないという難問が控えていた。そして，稼働できたのは1909年（明治42年）9月のことで，尾州において初めての舶来設備による織布から染色整理までの毛織物の生産体制ができた。そのほか木全角次郎 氏が，1912年（大正元年）にドイツ製4幅動力5台を発注。一方，1914年（大正3年）には，第一次世界大戦により，欧州からの毛織物の輸入が途絶え，1915年（大正4年）には，毛織物不足で市価

の暴騰をきたしたにもかかわらず，4幅織機の輸入は
ままならない状況で，服地業界では4幅織機の必要性
が増大していた。そこで，名古屋の広瀬銓市 氏が国
産化を目指し，平岩織機の平岩種次郎 氏に4幅織機
の試作を依頼した。当時，羅紗王といわれた大阪の芝
川 氏が経営していた大阪毛織の許可を得て，ジョー
ジ・ホジソンの織機を模写して，1917年（大正6年）
10月に完成させた。この織機の試運転状況を見学し
た尾州機屋の諸氏は，合計124台もの織機を平岩織機
に発注した。

このように，4幅織物の拡大が進んでいたが，その
仕上加工の状況といえば，精練は手洗い，乾燥は竿に
懸ける垂れ干しといったもので，機械化されていな
かった。そのような状況の中で，墨貞一 氏は，輸入
4幅整理機械の買入れ契約を独断で決行した。

1918年（大正7年）には，艶金では4幅毛織仕上
設備が稼働したが，技術的には先染め2幅本セルの整
理技術だけで，2幅着尺の英ネルの縮絨さえも苦慮し
ていた状態であった。そこで，先進企業の参観や技術
者を招致，1919年（大正8年）には，ドイツの染料
会社にいたドイツ人捕虜のシュルツとコラレフスキー
という染色技術者に指導を仰いだ。

当時の起毛については，小崎庄太郎 氏（小崎毛織，
後の大洋製絨）が，長繊維の羊毛を用いてショールを
作ったが毛が出なかった。そこで，近藤房吉 氏（艶
金に勤務後，津島の羊毛製整に移る）に相談。近藤氏
は，以前油汚れを揮発油で落としたものを起毛した際
に毛がよく出たが，揮発油が蒸発し乾いてからは毛が
出なかったという経験から，噴霧機でベンジンを噴霧
しながら起毛したとのことである。ところが，出た毛
羽が長すぎるので，短くできないかということになり，
金剛砂ロールで毛を起こしてせん毛機で刈り揃えた。

欧州は，大戦による国土荒廃のため物資が不足した
が，日本では戦禍を被らず生産を拡大し，交戦国への
物資の供給国になり，1918年（大正7年）11月の戦
争終結後もしばらくは好景気に乗って毛織業界も好況
が続いたが，1920年3月に株式の暴落により不況の
兆しとなった。1921年頃より復興した英独から毛織
物の新製品が大量に輸入されるようになり，1923年
（大正12年）に起きた関東大震災の影響もあって，4
幅毛織物は苦戦を強いられた。しかし，2幅着尺セル
は日本ならではの品物であるため，輸入に脅かされる
ことはなかった。

4幅織物に関してはこのような状態であり，4幅織
物を発展させる目的で，国島長一郎 氏（中外毛織の
伊藤 隆社長の父）や墨貞一 氏等が，芝川商店の協
力を願って，4幅毛織研究会を結成した。尾西毛織物
の宣伝を兼ねて，その成果を東京・大阪で発表したが，
技術が未熟で，織段など欠点のある織物であったため
酷評を受けた。第2回目は1926年（昭和元年）に大
阪は能楽堂，東京では松屋百貨店で展示会を開いたが，

未だ未完成との評価で，3回目にもまだ出展品には無
疵のものはないと批判されたが，名古屋で消費者にも
公開したところ好評であり，努力は認められた。

3.3.5 毛織物の染色

墨貞一 氏は，毛織物工場視察のため渡欧（1923年
9月帰国）中，ドイツのワルター・メルケル氏を招く
契約をした。そこで，3年契約で招いたメルケル氏の
指導により，酸性染料による毛織物の染色で，子供
服・婦人服の染色技術は向上した。また，海軍紺サー
ジは，アリザリン・ブルー（媒染染料）による染色で，
当時一番染色堅牢度のある染色を確立した。

愛知県の毛織物業界は，製織業の伸長につれて，染
色整理の加工業も発展し，艶金（1924年艶金興業を
編成）が一宮および津島にも工場を設立，蘇東工業
（1923年設立の一宮整理が1924年に社名変更），茶周
染工，茶建工業，平松染工，津島染色整理，羊毛製整，
名古屋織物整理，名古屋染絨等，また，織布兼業では，
片岡毛織，中野毛織，御幸毛織，山直毛織等多くの会
社が名を連ねるようになった。

しかし，毛織物の生産が2幅着尺から4幅の洋服地
に移行すると，品質，主に染色堅ろう度の点に問題が
発生した。当時の品質検査は，必ずしも厳格でなく，
不良品も出荷されていたようで，1930年（昭和5年）
頃，大阪の消費地から非難が起きた。その頃の流行色
は茶系統が主流で，酸性染料で染められていた。この
事態を憂えた当時の大阪羅紗商業組合の理事長は，大
阪府の知事に協力を要請，そこで愛知県知事に厳重な
申し入れがなされた。1930年（昭和5年）12月9日，
県令第79号をもって「愛知県毛織物検査規則」が公
布された。そして，1931年（昭和6年）6月1日よ
り愛知県毛織物検査を開始，名古屋，一宮，津島に県
営検査所を置き，各整理工場に出張所が設けられた。

1912年（大正元年），レーネ・ボーン博士が金属錯
塩染料の開発を行った。ウールを酸性染料で染色した
場合，鮮やかな色彩が得られるが，水洗いの堅ろう度
が弱いという欠点があり，堅ろう度を良くするために
は，酸性で染めた後にクロムや銅などの金属を作用す
る方法が採られていた。博士の研究は，染料の化学構
造中にこの金属原子を染料分子と1対1の割合に組み
込み，染色中に金属が作用して堅ろう度を向上させる
ものであったが，これは木綿のプリントが目的であっ
た。それをウールに用いようと目を向けたのはスイス
のチバ社の実験室で，ウールの重量に対し8％の濃硫
酸を用いることで堅ろうな染色ができることが判明し
た。この染料は，ドイツのBASF社とチバ社から商
品化されたが，濃硫酸を多量に使用するため，布の損
傷が大きかった。その後，1930年（昭和5年）に濃
硫酸の使用量を4％にし，ノニオン系界面活性剤を助
剤として使用する研究が進み，検査基準に合格する染
色方法の確立に寄与した。

尾州の毛織物は，大正の終わり頃から，満州，韓国，

中国，東南アジア，中近東へと輸出が広がっていった。当時の輸出毛織物は，後染め無地のサージで，主に津島地区で生産されており，一宮地区では主に柄物を生産していたというのが一般のイメージで，大平洋戦争まではサージが輸出されていたが，高級品ではなかったため，アメリカへの輸出も試みられたが品質に問題があり進展しなかった。

この頃，児玉毛織は内地向けのドスキン，カシミヤの高級品を生産。特にドスキンは，整理技術が品質を左右するもので，縮絨，起毛，せん毛には細心の注意が必要である。縮絨では「しわ」が発生しやすく，せん毛では毛羽を短くするため，糸に結目があると疵になることから，途中で丹念に補修しなくてはならない。また，起毛においても密な毛羽を出さないと地肌が見えるといった問題があり，仕上加工に当たって多くの工程が掛かる織物である。ドスキンは礼服用の生地で，当時評判が良かった。現在，日本では，この頃のようなドスキンが使用されなくなってきており，ドスキンの製造技術はなくなりつつある。また，昭和の初め頃にはパイルオーバー地も多く生産されていた。この織物の起毛には，アザミの実（チーゼル）も使われ，ドスキンやビリヤードクロスにもこのチーゼルが製造によく使用されていた。

3.3.6　戦時の軍絨生産と終戦直後

第二次世界大戦が始まり，オーストラリアからの羊毛の輸入は途絶え，南米からも同様で，満蒙地方の粗悪な原料が頼みといったモノ不足の時代となり，原糸の割当ても次第に少なくなり，品質も低下し，技術の向上とは程遠い状態で，消費者の段階では配給統制が敷かれるようになった。

工場の生産体制も戦争一色となり，生産物は軍絨一辺倒で民需向けはほんのわずかで，軍絨の生産でも，原糸は割当て制，毛布が主体で軍服地などを生産，将校用毛布は純毛，兵卒用毛布は毛30％くらいの人造繊維も混ざった粗悪品で，南京袋に毛がはえた程度のものであり，せっかく品質向上に向かって技術の研鑽に励んでいたのが影を潜めた。

工場も，軍需工場に転換させられたところもあり，そこでは航空機や船舶の製造に必要な部品の製作を行った。その上，繊維業界では金属類の供出により，スクラップを余儀なくさせられ，操業できないところが増加。さらに，1945年（昭和20年）7月28日の一宮の空襲によって焼かれた工場もあり，ますます生産はできにくくなった。

濃尾震災以前は，美濃，尾張では綿花が栽培されており，綿実は水車や手締機で絞り，その綿実油は石けんの材料にも使用されていた。艶金では，第二次世界大戦前まではマルセル石けんを自家製造していたが，材料が物資の配給統制になり石けんの自家製造は中止された。

第二次世界大戦の直後，食料不足の日本では，軍部が所有していた羊毛を輸出して米を輸入する方針が出された。戦後は，世界的に繊維製品も不足していたので，輸出がしやすかったと思われるが，毛織物を製造するに当たり，極端なモノ不足の中で，染料，石けん，石炭など必要資材を入手しなければならない。その上，モノの値段については，公定価格は定まっているが闇値があって，資材調達に労力が必要な時代であった。ボイラーの燃料用石炭も不足し，御嵩町から亜炭を仕入れて，トラックで運搬していたが，そのトラックは木炭車で，エンジンが掛かるまでに時間がかかり，しかも故障が多く途中で動かなくなったりしたため，たいへん苦労したことを当時の運転手がよく話していた。

戦後，繊維産業は，軍需産業に転換したり，鉄不足でスクラップや，空爆で設備が破壊され，その上，戦後賠償のための差押さえ等に合い，その生産能力は低下していた。それにもまして，原料不足で在庫原料を食い延ばししてしのいでいた。戦後，羊毛の輸入が初めてできたのは，1947年（昭和22年）の6月であった。

しかし生産された毛織物は，救援食料や復興資材の輸入の見返りとして輸出に回され，内地向けには少ししか廻らず，しかも品質的にはスフが混入された粗悪なものであった。このような戦争による破壊からの回復の遅れや，極度の物資需給の不均衡と，終戦処理のための歳出による通貨の膨張によるインフレが猛威を振るった。それによる卸売物価は，1947年（昭和22年）末で終戦時の27倍強に達し，さらに上昇の勢いで，この頃から毛織物業界は目覚ましい価格景気に恵まれ，いわゆる「ガチャ万」といわれる時代になった。

当時，国内では深刻な衣料不足で，なんでも構わず織りさえすれば飛ぶように売れた。もちろん原料も不足し，織機の稼働率は低いが，ガチャンと1音，織機を動かすだけで，万単位のお金が入ったといわれ，「ガチャ万」という比喩が生まれた。

このインフレの高進を抑えるため，「経済安定九原則」が打ち出され，経済顧問としてJ・M・ドッジ公使を招いて「ドッジ・ライン」を推進し，昭和24年度国家予算は均衡方針で編成，4月には1ドル360円の単一為替レートになった。このインフレの急な収束は，逆に深刻なデフレとなり，毛織物の価格も崩落を招いた。

1950年（昭和25年）6月，朝鮮戦争の勃発により，警察予備隊と海上保安官の増強がなされ，太番手のカーキ色のサージの発注が増し，朝鮮戦争特需が起きたが，1951年3月には戦局が硬直状態となり，アメリカの戦略物資の買付けは停止状態となったため，繊維問屋の倒産も増加する。

この時期，毛織物業界には，「フラノ旋風」が巻き起こった。フラノといえば，織り地がしっかりしていて縮絨と起毛が施され，フランネル調で軽くソフトな手触りで高級感のある洋服地であるが，戦後の混乱期

第1編　羊毛繊維に関する技術

に作られたフラノには粗悪品もあり，屑糸を混ぜて織り，起毛して体裁だけフラノに模した製品も出回った。機屋も，特別な技術や設備を必要としなかったため，過剰生産となり，特需景気の終わりと重なって価格の暴落が始まった。このため，機屋は早く代金を回収する必要上，製品化を急ぎ，染色整理部門には仕事が殺到した。

これらのフラノ等を整理加工するには，縮絨技術が品質を決める重要な鍵になる。

3.3.7　縮絨仕上加工

羊毛のフェルト現象は古くから知られて利用されている。その理論については，羊毛繊維は他繊維には見られない「スケール（キューティクル）」と称される鱗片状のもので覆われており，しかもその1つ1つの端が繊維の先の方向に向かっているため，繊維を蠕（ぜん）動させると，先端方向と根元方向との摩擦係数の違いにより，根元方向には進みやすく先端方向へは戻りにくく，それゆえ外部からの圧縮によって相互の繊維が絡み合い，順次内部に侵入してフェルトが起きるという考え方が主体になっている。特に，湿潤時やアルカリ性時にはスケールが開き，摩擦係数の差が大きくなる（表3.7）。

表3.7　羊毛の静摩擦係数[6]

		単位（μm）
乾燥羊毛	スケール順方向	0.11
	スケール逆方向	0.14
湿潤羊毛	スケール順方向	0.15
	スケール逆方向	0.32

(1)　羊毛の縮絨方法

羊毛の縮絨には，主に以下の5つの方法がある。

①繊維の集合したウールのウェブを，水で湿らした2枚の綿布の間に挟み，蒸気でウールの内部まで十分な湿度と温度を加え，これを2枚の金属板に挟んで加圧と加熱を加えながら振動を与えて縮絨をする。

②フック（鉤）の付いた多数の針（ニードル）がブラシ状に刺してある針板を，垂直にウェブに突き刺したり引き上げたりすることを繰り返して，ウェブ中の繊維どうしを互いに絡ませるニードルパンチ法。

③縮絨機を使用して行う。縮絨機（ロール式）の構造（図3.6　縮絨機の図参照）は，囲われた箱の中に一対の木製ロールA，Bおよびキャナル（channel）と呼んでいる木製樋にリッド（lid）と称する内蓋Dが付いている。この蓋は，トラップFに錘を載せて加重を掛けるようになっている。この加重量は，錘で調整できる。この狭いキャナルを無理に押し通すことにより，主にタテ方向の収縮が起きる。また，幅方向の収縮は，スロット（slot）Cの入り口の広さを変えることができるスリットの幅を変動して調節する。

ロールA，Bの材質については，ゴム製のものもある。ゴム使用の当初は，反物がゴムに吸い付いて事故率が高かったが，ゴム質も改良されて今は問題ない。また，このロール自体にも圧力調整機能が付いており，縮絨度合いをコントロールできる構造にもなっている（図3.7参照）。

また，邪魔板に被縮絨物をぶつけることで揉み効果を出す機構をもった縮絨機もある。新しい縮絨機は，使い勝手が良いように，加圧方法はエアー等が数値で調整することができ，キャナル等の材質はステンレス製等に代わってきている。しかし，木製とステンレス製とは，摩擦の度合いが異なるため，縮絨性に微妙な違いが生ずることがある。

④回転式洗絨機（ドラム式ワッシャー）を使用して行う。この方式で染色専用のものは，ドラム式染色機という。機構は，横型の回転するドラムの中へ縮絨させるものを入れて，回転させると被縮絨物は揉まれて縮絨が進む（図3.8参照）。

⑤洗縮絨機（縮洗機）で縮絨を行う。回転式縮絨機はロープ水洗機と似通った構造をしているので，洗絨も同一機械でできるような構造になっている（図3.9参照）。

縮絨では縮絨剤を使用することが多いので，縮絨後にはそれを洗い落とす必要がある。その工程を，機械を変えずにそのままで洗いができるため便利である。また，縮絨工程前にも，しわ防止等のために前洗いを行うのに，同じ機械でできるので重宝である。

以上の縮絨機のうち，尾州の染色整理会社で一般的に使用されているのは，③および⑤で，④は軽くてエ

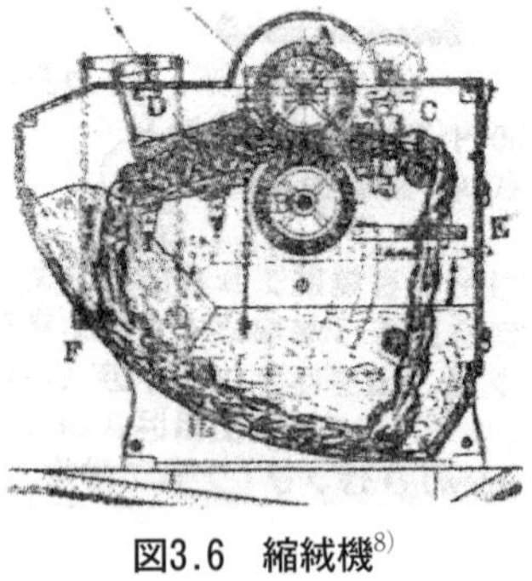

図3.6　縮絨機[8]

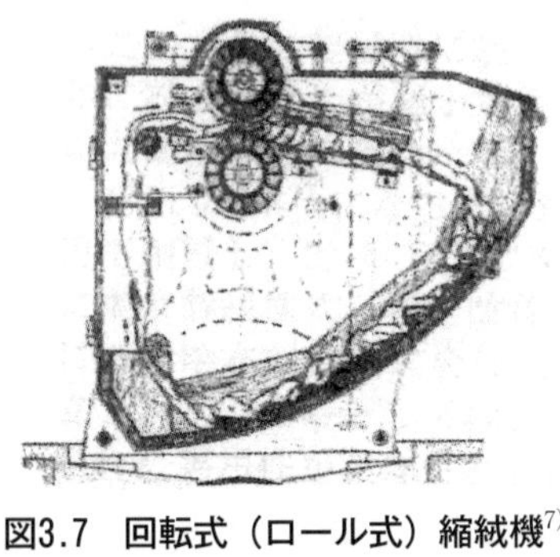

図3.7　回転式（ロール式）縮絨機[7]

第3章　羊毛仕上げ・機能加工技術

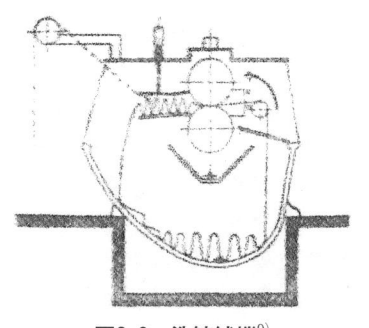

反転時の状態

図3.8　ワッシャー・ドラム染色機（外胴反転型）
［出典：日進機械工業のカタログ］

図3.9　洗縮絨機[9]

アリーな風合いに仕上げる目的に使用する。

(2)　縮絨目的

　縮絨の目的は，羊毛のフェルト性を利用して，布帛の幅や丈を収縮させて組織目を密にして肉厚感を出すとともに，表面は密な毛羽で覆い，ウール特有のソフトな感触と外観をもった風合いに仕上げることである。また，収縮することにより強力が増し，起毛物で毛羽を出しやすくする。そのほか，硬い風合いの布帛を揉むことで，柔らかくするためにも利用できる。

　整理加工の中で，ロープ状での操作中に「しわ」ができたり，煮絨工程で「杢むら（water mark）」が発生したりすることがあり，縮絨で軽く揉むことで，その欠点を直すのにも使用する。

　羊毛の紡毛布帛にとって，縮絨は風合い形成に当たり，最重要工程であり，縮絨を必要とする布帛には次のものがある。

　フランネル，フラノ，ツイード，メルトン，ベロア，ブランケット，シャギー，ビーバー，モヘヤオーバー，カシミヤオーバー，アンゴラコート等。また，梳毛織物でも，フラノやドスキン，バックスキン等は縮絨を行う。

(3)　縮絨に影響をおよぼす要因

　縮絨の結果と要因との関連性について，正確にはわからないが経験則的にまとめてみると，次のようではないかと思われる。

①羊毛の種類

　数多くの種類の羊が世界には存在し，それぞれ毛質が異なる。また，フリースの場所によっても違いがあり，同種の羊でも，飼育された土地の風土と気候や飼料等，その環境によっても違いが生じる。たとえば岩場の多い所では，ケンプ（死毛）が多い。また，温度

が高く，乾燥する地方の羊毛はヘアが多く硬い。

　羊毛の種類により毛羽長さが異なる。繊維長については，以下のようである。

　"スコティッシュ　ブラックフェイス種：平均11インチ，リンカーン　ロングウール種：平均8,5インチ，スワルデーイル種：平均7.5インチ，デヴォン　ロングウール種：平均7,5インチ，サウスダウン種：平均7.25インチ，シロップシャー種：平均2.5インチ，チェビオット種：平均2.75インチ，レスター種：平均4.75インチ。

　メリノ種については，初めにスペインの農夫が，薄黒い柔らかな毛をもつターレンテニイ羊の牝と，アフリカ羊の牡との混血種を作り，その中の純白種を固定させることに成功したのがスパニッシュ・メリノの起源であり，スペインから種羊をシドニーへ移入したのは1775年で，それ以後改良が加えられて成功したのが，オーストラリア・メリノである"［出典：湯原五郎；毛織物の話洋装社（1955）］

　ツイードについては，サキソニー，チェビオット，シェットランドといった羊の種類名を冠した各種ツイードがあり，それぞれ名称の羊の毛が使われており，産地が異なり毛質もそれぞれ異なる。日本で生産されているツイードの中には，原料をよく吟味して，それぞれの羊の種類に似通った毛質を選んで使用し，実際それぞれの種類の羊毛を使用していないものもある。これらについては，単にツイードと称しているが，商品説明では，"企画者の製作意図はサキソニー・ツイードのような風合いを目標にしている"といった言い回しをしている。これらは，それぞれ毛質が異なっているので，縮絨条件も異なる。

　一般に，メリノ種のように細く，柔らかい毛質の羊毛は縮絨しやすく，縮絨剤の濃度も薄くてよい。その上，縮絨は，早く進む。縮絨は最初は除々に進むが，特にある時点で急激に早くなるところがある。その時点以上になると縮絨のしすぎになる。縮絨オーバーになると，硬くフェルト状になり，無理やり伸ばして収縮率を同じくしても，毛質の良くない原料で製造したかのような硬い感じの風合いになってしまう。

　カシミヤやモヘヤは羊ではなく山羊であり，これら獣毛は，目的の収縮を得るまでに時間がかかる。モヘ

表3.8　形態による羊毛の分類[10]

	直径 （μm）	長さ （cm）	縮れの数 （数/インチ）
細い羊毛	17～24	5～10	9～20
中位の太さの羊毛	25～32	7～15	5～8
太い羊毛	30～40	10～35	1

　細い羊毛ほど長さが短く，太いほど長い。また，羊毛にはクリンプと呼ばれる「縮（ちち）れ」があるが，細い羊毛ほど細かい縮れがたくさんあり，太くなると数も少なくなる。

111

ヤは縮絨性がなく，カシミヤの場合は通常の羊毛の3倍くらいの時間がかかる。しかも，しわになりやすいので注意が必要である。しわは，絹との交織の場合にも発生しやすい。また，ケンプやヘアが混入したりしていても，縮絨時間が長くしわになりやすい。

②縮絨時の圧迫力と布速度

通常，縮絨機に布帛を投入する時は，耳巻き防止としわ防止のために袋縫い（タッキング）を行う。これは，両耳を合わせて縫うことによって中に空気がたまり，風船のようにふくらみ，縮絨中にしわの位置が移動し，しわ防止になる。

尾州で扱われている織物は，通常，1反の長さは50mで，これを25mの2本通しでエンドレスの環状にして機械に掛ける。布の走行スピードは，約130m/分位で行われる。この速度で狭いキャナルに押し込まれることで，揉まれて縮絨が進行する。

キャナルの内蓋に圧力を掛けて狭くすれば，揉み効果は増すが，これは，主に長さ方向の収縮を促すために行う。また，ロールに圧を掛けるのも，収縮を増す作用をする。さらに，このロールの手前のスリットを狭くすると，幅方向の収縮を助長する。このように，織物に掛ける圧力とスピードは，縮絨率に大きな影響を与えるが，そのバランスをうまく調整しないと破れ等の事故につながる。最近の機械は，圧力等の調整が空気圧等で容易になり，管理上においても便利な構造になっている。縮絨時間を短縮できる高性能機は，布スピード250m/分のもある。縮絨機内では，布速度が早く，狭い場所を無理に通すことで毛織物は揉まれて収縮するが，その時摩擦により熱が発生する。縮絨は，温度が高いほうが，冷えている時より進行が早い。しかし，適当な温度は35〜40℃くらいで，春頃に見本を作り，本番は夏場になることがよくあり，縮絨の加圧条件や時間を見本時のデータで行うと，収縮しすぎになることがある。作業中に温度が上がりすぎる時は，扉を開いて放冷して冷ますこともある。

③縮絨助剤の種類

梳毛毛織物は煮絨が最重要工程とされるが，紡毛では縮絨が風合いの決定を左右する重要ポイントになる。

縮絨方法には，助剤としてはなにも使用しないで行う「空（から）揉み」がある。これは布を軽く揉むことで，柔らかくする目的で多くは行う。

「水縮」は，縮絨剤を使用しないで，水だけで湿らして行うもので，主に先の「空揉み」と同じ目的で行うが，「水縮」の方が毛羽落ちは少なくフェルトも進みやすい。（水縮を水以外を使用していない意味で，空揉みという場合もある）。

縮絨には，石けんが広く使用されている。それは，縮絨性が良く，しわになりにくい効能があることによる。ただし，石けんによっては縮絨後の洗絨で完全に洗い落とすことができにくく，石けんが布に残ることがある。また，その石けんに使用されている油脂のヨ

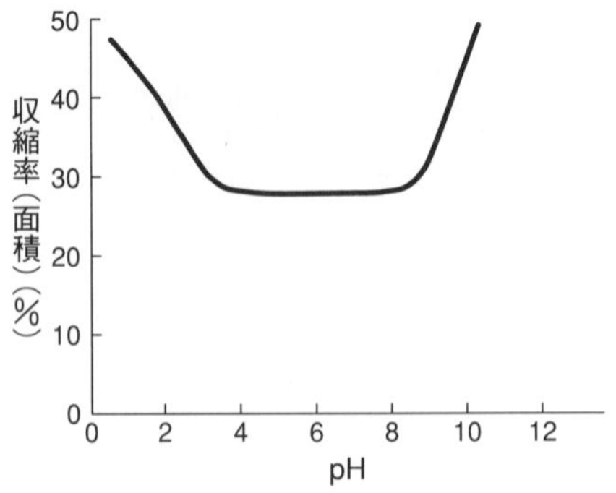

図3.10 縮絨とpH[7]

ウ素価が高いと，日数の経過により酸化が進行し，布の黄変と悪臭が出るような事故につながることがある。石けん縮絨はpHにも関係（図3.10）するが，フェルト化の進行が良いので，縮絨しにくい織物に使用する。また，地締まりと肉厚感のある風合いになるので起毛物に向いている。最近の石けんはオリーブ油等から製造されており，洗い落としが容易になってはいるが，残石けんや遊離アルカリ，遊離脂肪酸は，色の変色や悪臭の原因になるので，十分に洗い落とすことが必要である。

戦後，界面活性剤の研究が進み，油脂と苛性ソーダによるけん化反応にて製造される石けんに加えて，高級アルコールの硫酸化エステルによる活性剤が製造された。これを使用することによって，残石けんの問題は少なくなり，また，水質にもよるが，金属石けんによる不具合も解消され，さらに風合いについても石けんよりソフトに仕上がるため，多く使用されるようになってきている。そのほか，ノニオン系の活性剤など縮絨剤も数々あるが，あまり脱脂力の強い洗剤を使用すると，油が抜けすぎて，かさついた風合いになることがある。また，洗剤による泡立ちは，しわ防止につながるので一定量は必要である。活性剤の使用濃度は，織物の質と縮絨目的，洗剤の種類，泡立ち具合により定められ，通常2〜30%濃度で行う。水分量は，布を指先で押さえて液が少しにじみ出る程度で行う。縮絨剤は，前もって溶液に浸け，絞って機械に掛ける。縮絨機に投入されている被縮絨物にジョウロ等で直接掛けると，縮絨むらになることがあるので注意を要する。ただし，縮絨途中に摩擦の熱で温度が上がり，水分が少なくなった時には，ジョウロに縮絨剤等を入れて，上から掛ける。現在の縮絨機は，シャワーが組み込まれていて，縮絨剤を掛けるのに手作業で行うことはなくなってきている。

次に，ソーダ灰による縮絨で，紡績工程中や織布中に布帛に給油された油を利用して，炭酸ソーダを使い，石けんエマルションを布上に作り縮絨する方法がある。この方法はほとんど行われていないが，活性剤での縮絨の中にソーダ灰を加えて縮絨を行うことはある。

酸性サイドで行う酸縮絨は，アルカリサイドでは色が脱色するおそれや，白場のある先染めものの場合に

利用するが，縮絨性が早い上に，手触りが硬い感じになる欠点がある。

④被縮絨物の種類

縮絨の効果に影響する要因には，羊毛の太さ，繊維長，羊の種類，フリースの場所，羊の年齢等，原毛の違いなどが挙げられる。また，原毛に手を加えられて加工されたもので，その加工の違いによる要因等がある。糸に加工されたものでは，梳毛，紡毛，純毛，混紡，染色，糸番手，撚り数などが，糸が布帛に加工された種類の違いについては，織物，ニット，ジャージ，織密度，織組織等があり，それぞれが複雑に組み合わさって布帛ができ上がっている。ゆえに，縮絨では，これらの違いを考慮して，目的の風合いになるように縮絨条件を決めて行う。

(a)ミルド・ウーステッド

ウーステッドを縮絨して製造するが，梳毛であるためしわが発生しやすいので，煮絨をしてから縮絨する。毛羽巻きが少ない時は，起毛で毛羽を出すこともある。

(b)フランネル（英ネル）

非常に柔らかで，コシがなくふっくらした織物で肌触りの良いものが求められる。初めは婦人用の肌着に使用されていたが，次第に肉厚になってきた。細番手の糸が使われており，梳毛品は煮絨後に縮絨を行う。煮絨しないで行うと，梨地のような表面になることがある。

(c)カームスキン

生地は，梳毛で強撚タイプの硬目で，これを縮絨しソフトにすると，ハリがあり清涼感の中に柔らかさがある風合いになる。煮絨後に縮絨を行うが，縮絨の度合によって風合いに大きな差が生ずるので，縮絨技術が求められる。

(d)フラノ

フラノには，梳毛フラノと紡毛フラノがあり，ネルと比較して地厚でコシがあり，外衣に向くように作られ，婦人・紳士ともに着用される。1950年（昭和25年）頃にフラノ旋風が起きた。フラノには，縮絨だけでなく起毛およびせん毛の技術も必要であり，その上，なによりも使用されている原毛の良し悪しが製品の優劣を決定付ける。

(e)ツイード

先にも記したように，ツイードには多種多様な種類がある。したがって，原料の素材もウールが主体であるがさまざまなものがあり，糸も梳毛，紡毛，撚り数，染め糸，生糸，意匠糸等多種多様で，吟味された素材を組み合わせ，その毛質を活かした組織を企画者は設計する。整理加工ではその意図をくみ取って加工する。この時，縮絨が最重要工程になる。回転式縮絨機では，地が締まりすぎることがあり，ワッシャー機を使用する場合もある。ワッシャー機は，マイルドな縮絨をするのに向いている。ツイードで有名なものに，ハリスツイードがある。これは，スコットランド産の羊毛で生産されるツイードで，ハリス・ツイード協会の商標である。

(f)ドスキン

服飾辞典に，「牝鹿の皮のこと。また，これを模して織った最高級の紡毛織物。強めの撚りを掛けたメリノ羊毛の紡毛糸を経緯に使い，通常5枚繻子に織る。8枚繻子もある。仕上げはビーバー仕上げであり，織り上げたのち，強く縮絨し，軽く起毛して，その毛羽を一方に伏せて短くせん毛し，蒸気を掛けながら強く圧絨する。柔軟で光沢のある織物である。わが国のドスキンは，経に梳毛糸，緯に梳毛糸もしく紡毛糸を使い，5枚繻子か緯二重に織ったものが多い。経緯とも紡毛糸を使ったものもある。黒無地に染め，背広，コート，スーツ，制服などに使われる」と記されているように，ドスキンの仕上げは，毛羽を短く刈るので，少しの欠点でも目立つので，縮絨，起毛，せん毛の技術が品物の優劣を決める。特に，密な毛羽をもたせて，せん毛で短く刈り込むことが重要で，せん毛の刃の切れ味が良くないと光沢が出ない。縮絨では，しわの発生に注意。そのため袋縫いして，縮絨中はよく広がって，しわの位置が絶えず移動していることを確認しながら行う。

(g)ショール

軽くて肌触りが良いものが求められるので，原料から吟味されて高級な原料が使用される。特に，原料としてカシミヤがよく使用される。整理加工では，手触りを主眼において，縮絨および起毛を行う。

(h)メルトン

古くから羅紗（ラシャ）と呼ばれていた紡毛織物で，縮絨することで地を詰めて，それによって発生した毛羽だけで覆われている。ゆえに，使用に際して毛並みが乱れる心配がなく，丈夫な生地である。

組織は，平織・綾織が主であるが，二重織や変織組織もあり，経に梳毛糸を使用したのもある。組織は縮絨度合いが強くて，仕上がり品では，表面を見ただけではわかりづらい。

メルトン仕上げには地締まりが必要で，石けん縮絨が向く。

(i)ベロア

メルトンに近い状態まで縮絨し，起毛で毛羽を出す。そして立毛仕上げにして，せん毛できれいに刈り揃える。せん毛の切味が悪いと光沢が鈍くなるので，良く切れるせん毛機を使用する。毛羽の具合がビロードに似ている立毛のため，密な毛羽を出すよう，縮絨および起毛は注意を要する。

(j)ビーバー

ベロアの毛羽は，布の面に対して直立しているが，ビーバーの毛羽は一方の方向に寝ており「海狸（ビーバー）」の毛皮に似ているのでその名が付けられている。毛羽を一方に伏せるために，最終起毛はウェット起毛でよく毛ならしをして棒巻にする。セットの意味

で（セット剤を使用する時もある），一昼夜置いたのち，脱水乾燥する。最終の毛ならし起毛には，固定アザミ式起毛機を使用するが，アザミを使用しない時は，ブラシ機を用いる。

(k)シャギー

シャギーとは，毛深い，毛むくじゃらのという意味で，表面毛の毛足が長くて，もじゃもじゃと毛羽立った毛織物のことである。しかし，毛並みは，一方方向に向いてスキットしていた方が高級感があるので，最終起毛はビーバー仕上げと同様，毛ならしは十分に行う。

(l)ブランケット

主として保温を目的とした寝具として用いられる織物で，時には角巻きや膝掛けにも使用される。これらには，用途に応じて仕上がりの寸法が決まっている。ブランケットの名の由来は，英国の織物業者であるトーマス・ブランケット氏が毛布工場を設立したことに由来するという説がある。

加工方法は，縮絨度合いはふくらみのある，空気を含んだエアリーな感じで，地締まりは必要ない。ハリ・コシは少なく，特に膝掛けにはない方が良い。起毛毛羽は，多く密に出す（中にはメルトン状のブランケットもある）。毛羽の長さはまちまち，形状もいろいろで，玉羅紗のようにナップ加工されたものや，羊の毛のような形状のシープ加工のもある。

(m)オーバーコート

外套のことで，通常，冬の防寒着となる暖かさを保つためのものである。先のメルトン，ベロア，ビーバー，シャギーはオーバーコートにもなる。これらは，毛並みの方向性や毛羽の長さにより名称が異なる。このように，仕上加工の方法により名前が違うのとは別に，使用されている原料によってもさまざまな名が付けられている。たとえば，カシミヤ，モヘヤ，アンゴラ，キャメルなど，獣毛が使用されることが多い。

・カシミヤオーバー

カシミール山羊の毛で，毛質は細く柔らかで，軽くて暖かく，滑らかな感触と光沢があり，高級品として扱われている。カシミヤはフェルトになりにくく，縮絨には時間を要する。通常のウールの場合，縮絨時間は40〜60分くらいのところ，120〜180分くらいかかり，また，しわにもなりやすいので注意が必要である。その上，縮絨がまずいとカシミヤの滑らかな感触が半減してしまうことがあり，縮絨の善し悪しは製品の品質を左右する需要な工程である。カシミヤは，いつの時代でも高級品であるため流行に左右されないが，価格が高いというイメージが強かった。しかし，1970年代になると，値頃感のある価格になり，消費に活気が出て，多く生産されるようになってきた。また，カシミヤは，波が付きやすく，ウェーブ加工を施したのも多い。

・モヘヤ

アンゴラ山羊の毛で，弾力に富み，光沢が強く，乳白色で繊維は30μmの割合に，太く弾力性のある繊維。モヘヤは縮絨性がないので，縮絨によって布の表面にモヘヤ繊維が集まり，それをビーバー仕上げのように毛をならすと，光沢のある乳白色のモヘヤが並び，すきっとした意匠効果が出る。1960年代には人気があり，流行した。モヘヤは縮絨性がないので，混紡して使用するが，縮絨や起毛における落毛により，糸の時では同一混率であっても仕上がると混率が違うように見えることがあり，縮絨起毛の出来具合いは品質に大きく影響する。

・アンゴラ（ラビット）

アンゴラウサギの毛は，アンゴラ山羊と比較して，非常に細く柔らかで光沢が強い。独特な温かみのある手触りが特徴。この毛の製品には，メリヤスのケープやショール等に使われる。

アンゴラウサギの毛は，抜群に良い温かみのある毛質を持っているが，縮絨で絡みにくく混紡して使用するが，落毛が多く，起毛においても同様で，製品になっても抜け毛が多いため，重ね着した時に他の衣類にアンゴラの毛が付着することもある。その欠点を留意して加工する必要がある。

・キャメル（ラクダ）

ラクダの毛は，ビキューナに次いで細く，色は茶褐色（ラクダ色）で，漂白でも白くならないが，染色は可能。ラクダには，剛毛と柔らかい毛とがあり，剛毛は絨毯や毛芯地に使用する。柔らかな毛は軽くて冬には温かであり，夏には反対に冷感を感じる性質をもつ。

ラクダの毛も混紡して使用される。それは，メリノが20％混紡されている方が，紡績性や製織性の点からも都合が良くきれいに仕上がり，かつ，手触りも良いのができるからである。

⑤縮絨の度合いを決定する目標

縮絨の程度を決定するポイントは，被縮絨物の種類により異なるが，最重要にするのは風合いである。目標見本があれば，それと比較して決定する。しかし，見本はほとんどのものが乾燥されていて，最終工程まで終えたもので，縮絨中では，まだ中間段階であり，しかも濡れている。この条件の違いを考慮に入れて決定しなければならない。そのために，技術と経験が必要である。特に，ツイードは風合いを重視して決める。

次に重視するのは収縮率で，生地の長さを測定しておいて，縮絨途中でその布の長さを測り，何％の縮みになっているかをチェックしながら縮絨を行う。測定方法は，回転するロールを動いている布にあてがい，つなぎ目からつなぎ目までに何回転したかで，その長さを測定する。道路の長さを測定する時，人が歩きながら車輪状のものを道路に転がして，歩いた距離を知る方法と同じ原理である。しかし，現在の回転式縮絨機では，つなぎ目にセンサーになるものを縫い付け，

その位置を感知して，長さを測り，縮絨率を計算し，自動で表示されるようになっている。そこで，縮絨率を目的値に達するように，キャナルやロールの圧を調節しながら，時間をかけて行う。起毛物については，この収縮率を目安にして縮絨を行う。目安としては，12～25％くらいの縮みで，後工程の起毛およびせん毛等の仕上がりまでには，これから3～8％くらい伸びる。ゆえに，縮絨後の伸びも考慮して，最終目標の目付になるように行う。目付とは，生地の重さを仕上りの面積で割った数値で，g/m^2で表わし，これを仕上り「持係り」目付といい，仕上りの重さを仕上りの面積で除した数値（g/m^2）は仕上り「実目付」と称している。

　3番目は，幅がどれだけになっているかということで，通常，4幅の布は，150 cmで売買されている。150 cmより狭く仕上がると，縫製段階で目標の製品着数が作れなくなるなどのトラブルが発生する。そのために，縮絨中は時々幅を測定しながら行う。幅の表示には，耳内と耳共との2つの表示方法がある。織物には耳と称して，幅方向の両端しに中側と組織が異なる部分がある。組織に違いがないものは，ピン式乾燥機で乾燥した時，ピンの針の跡が付く。この針跡より外側を仮りの耳とする。その耳を含んで表示する幅を耳共，耳を含まず耳の中側の長さで表わしたものを耳内と称する。通常は耳内表示が多いようである。起毛物では，生地幅は160～185 cmくらいで，縮絨では155～165 cmくらいにする。中には，軽い縮絨で見掛け上，幅が入ったかのように見えても，仕上げると広くなることもあるので注意が必要である。

　そのほかには，手持ち感，肉厚感もチェックする。これは，風合い項目の一部なのかもしれないが，幅や丈の縮率のチェックだけでは縮絨中の目減り状況がわからないので，毛羽の脱落状況を目視しながら，手持ち感を見て，縮絨条件を調節しつつ運転し，最適と思われた時点で終える。

　縮絨中，他に注意を要する点はしわの発生である。縮絨中にしわの位置が変わらないと，しわが強くなり，後工程で直らなくなるので，しわの位置が移動しているかどうかのチェックをすることが大切である。もし，しわの位置が変わらない時は，手作業で布を幅方向に広げたり，タッキングしてある時は，縫い目の間から空気を入れてふくらませたりして，しわの位置が変わるようにする。また，縮絨機のキャナルは狭くなっているので，詰まりが起きて，布が進まなくなることがある。ストップして一部分で擦られたところがスリップ疵になったり，縮絨むらになったりする。そのほか，運転中の反物の絡まりや，何かに引っ掛かったとして，スリップや縮絨むら，破れが生じたりする危険等がある。

3.3.8　起毛仕上加工

　縮絨と同じく毛羽を発生させる工程で，紡毛織物に

主として起毛を行う。しかし，毛羽の出方については，縮絨でのイレギュラーで表面に付着したような毛羽とは異なり，方向性のある豪華な毛羽が出る。

(1)　起毛方法

①手起毛

　布帛を毛羽で覆うためには，手芸品などによく用いられているのが，アザミ（チーゼル）や針ブラシを用いて，手作業で毛羽を出す方法である。起毛面積の狭い物や，部分的に起毛する時に行う。

②針起毛

　図3.11のような針布を約60～70 mm φのシリンダーに巻き付け，この針布ロールを被起毛物の表面で回転させて毛羽を出す。

③アザミ起毛

　キク科アザミ属多年草の植物の実（薊）（図3.12参照）を，串刺しにして，回転できるようにドラムに取り付ける。この上に被起毛物を被せ，これが進むにつれ，ドラムは逆に回転して，アザミで毛を掻き出すことができるという構造の，回転式アザミ起毛機を用いる。

　同じくアザミを用いた方法で，アザミを枠に平面状に詰めたものを，ドラム状に固定する。この固定されたアザミ枠のドラムを回転させて被起毛物を擦り，起毛する方法で，固定式アザミ起毛機を使用する。

針布　　　　　　　手捌き用針布

英式　針金起毛機
図3.11　針起毛
［出典：南海鐵工のカタログ］

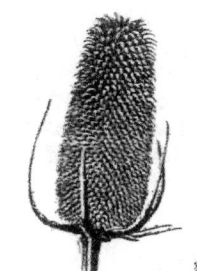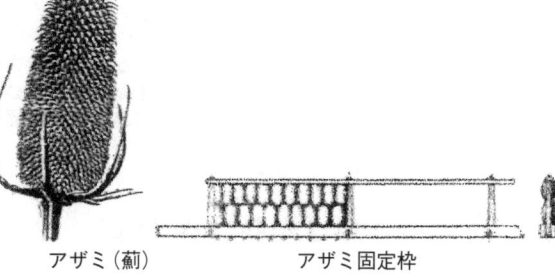

アザミ（薊）　　　　　アザミ固定枠
図3.12　アザミ起毛[7]

④エメリー起毛（ペーパー起毛）

　針布の代わりに，サンドペーパーを針布ロールに巻き付け，布帛の表面を摩擦して，ピーチの表面のような毛羽を作る。

(2)　起毛目的

　起毛の効用は，布帛に使用されている糸や織組織の状態を毛羽で覆い隠し，色彩のコントラストを柔らかにしたり，柄物の輪郭をぼかして，落ち着いた印象を与える効果がある。

　また，表面に毛並みを付けた毛羽を多く出すことで，豪華さと高級感を与えることができる。その上，起毛することで肉厚感やソフト感が増し，温かみのある風合いになる。

　その他の目的としては，パイルオーバーのパイルの切断やシール織りの分繊を行うためにも起毛機を使用することがある。

(3)　起毛に影響をおよぼす要因

①原料の種類，糸質，糸撚，織物の組織等，素材による要因

　縮絨と同様，一般に柔らかいものほど毛羽が出やすい。起毛工程では，テンションが掛かるので，一定以上の強力がなければ起毛ができないとともに，毛羽が出るにつれて強力低下も起きるので，それに耐えうる強度が必要である。針金起毛機による起毛は，主に緯糸から毛を出すので，緯糸は毛羽の出やすい原料の使用と，起毛での強力低下に耐えうることが必要。それゆえに，起毛中は絶えず緯方向の強力をチェックしながら行い，一定以上の強力（検査基準値）が得られなくなる前に起毛を中止する。風合いよりも強力の方を優先する。

②起毛前に行われた（予備工程）履歴

　起毛織の縮絨工程の優劣が起毛に大きく影響する。縮絨不足だと，強力不足で十分起毛ができなかったり，密な毛が出ずに地肌の見える荒い毛羽になる。また，縮絨で使用した界面活性剤の種類によっても異なるが，風合いにも違いが出る。石けん縮絨は地締まりがあり，脱脂力のある活性剤を使用した場合は，かさついた感じになる。

　糸は，よく解されている方が起毛しやすく，そのために，ロープ状で洗浄，縮絨を行う。しかしそれによって，しわが出ることがある。この工程でのしわ防止やしわ直しの目的で，煮絨工程を行う時があるが，煮絨を行うと地が締まり，毛羽を出すための起毛回数が多くなることがある。逆に，縮絨前に軽く起毛をしてから縮絨すると，縮絨がマイルドになる。この場合は起毛が容易になり，密な毛羽が多くなるので，二重起毛と称して時には行う。

③起毛剤の使用

　起毛で毛羽が出やすいようにする目的で使用される起毛剤には，メーカーにより種々あるが，大別すると，柔軟剤系とワックスおよびオイル系とがある。前者は，繊維を柔らかくすることで起毛での毛羽が出やすいようにする。後者は，繊維を滑りやすくして，毛羽を引き出しやすくする機能を利用する。ただし，起毛工程後は，洗浄工程を行わないのがほとんどであるから，繊維に残留しても問題のないものであることが条件になる。

④起毛時条件

　起毛を行う時，被起毛物を乾燥状態で行うか，湿潤状態で行うかにより違いが生ずる。前者をドライ（乾）起毛，後者をウェット（湿潤）起毛と称しているが，そのほかに，同じウェットでも水起毛と称している起毛機がある。水起毛機は，固定式アザミ式でシングルアザミ起毛機とも称して，起毛最終段階で毛ならしと光沢を付与する目的で使用する。

　通常は，先にドライ起毛を行うが，ドライの場合，毛羽は出やすいが，毛羽落ちも多く，目減りし，また，ホコリが舞い上がるので集塵装置が不可欠になる。最近の起毛機は，作業環境と安全のため，機械ごとボックスの中に入れて，バキュームで集塵されている。

　ウェット起毛機はドライと同じ構造であるが，針布の針が錆びにくいようにステンレスもしくは真鍮でできているので，ドライでもウェットでも両方使用できる。ウエット起毛は，目減りが少なく，毛足も長く，光沢が出るのでそれを好む人もある。

　ある一定量を起毛すると，起毛されて出た毛羽が邪魔してこれ以上の起毛がしづらくなることがある。その時は，中刈りと称して，せん毛を行う。中刈りを行ってから起毛すると，起毛密度が高くなる。

(4)　起毛機

①針金起毛機（ワイヤー起毛機・針縫毛機）

　直径約60〜70 mm のロールに針布を巻き付けた針布ロールが，24（12組）〜30本円筒型に配置されている。針布ロールは，針先が布の進行方向を向いているカギ針が巻いてあるナゼ針（パイル・ローラー：P. R，後針）と，それとは逆向きのカギ針を巻いてあるカキ針（カウンターパイル・ローラー：C. P. R，前針）の2種類が交互に配置されている。

　針起毛機は，単作用式（single acting）と複作用式（double acting）があり，一般的に使用しているのは後者の複作用式である（図3.13参照）。起毛機の形式には，英独仏式と分類されており，細部の点では異なるが，基本構造は同じである（図3.14）。

　針金起毛機の起毛理論は，起毛機の構造上（図3.15参照），差動運動を起こして複雑な動きをするために理解するのがむずかしく，針金起毛機の運動様式

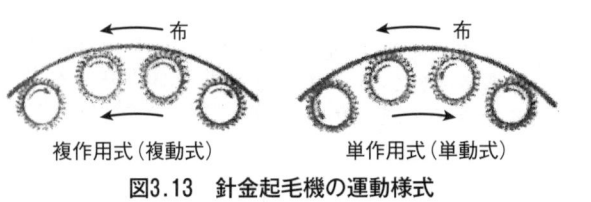

複作用式（複動式）　　　単作用式（単動式）

図3.13　針金起毛機の運動様式

の図（複動式）で針の動きを見ると，毛並みの向きが実際の場合と逆になるように見える。そのためにいろいろな説がある。

起毛された布の毛並みの方向が，進行方向に向かって伏せている状況から，毛羽を掻き出しているのはpile roller（ナゼ針：P. R，後針）の方で，conunter pile roler（カキ針：C. P. R，前針）は毛ならしをしているだけで，名称と作用が逆になっているという説がある。

しかし，実際では，C. P. Rの針の摩耗がP. Rのそれより激しいので，C. P. Rの方が起毛に寄与している率が高いと思われる。C. P. Rの働きとしては，針布ロールの回転はベルトによって駆動されていて，被起毛物である布は，このロールを逆の方へ回転させるように作用する（止める方向）。この動きで，C. P. Rの針が被起毛物である布に刺さるために，C. P. Rは抵抗を受けて回転数が減少する。その極端な現象が起きたと考えて，C. P. Rはブレーキが掛かったようになり，ベルトはスリップして針は制止した状態になったとする。この状態で針布ロールが取り付けられているシリンダーは，被起毛物の進行方向と同じ方向に向かって回転するため，布に刺さっていた針が毛羽を引っ張りながら離れる。その時，通常は布のスピード（8〜20 m/分）よりシリンダーの表面速度（85〜110

rpm）の方が早いので，針の相対速度と方向性から，布の進行方向と同一方向の毛並みになるように引き出されて起毛される。

P. Rの働きについても同様で，P. Rの表面の相対速度と方向が布速度より早く，カギ針の向きが進行方向に向いていることから，毛羽を布の進行方向へ掻き出す作用と，C. P. Rで出された毛をなでる働きをする。ただし，P. Rは布の進行方向と逆方向に回転するので，針と布との摩擦は，C. P. Rのそれより小さいと思われる。

この件について，加藤雅樹 氏（元加藤染工場 社長）によると，起毛機の構造が差動運動をなし，この運動により被起毛物の走行が与える起毛ロールの回転数と，ベルトバンドが与える起毛ロールの回転数との回転差が，起毛力あるいは摺動力（Chafing）となる。

C. P. Rが起毛する作用は，従来，織物とC. P. Rとの間の関係速度から，C. P. Rが織物を摺動的に引っ掻くと考えられていたが，C. P. Rの針先は織物に順次突き刺さるため，摺動作用は起きず，織物面上を転がるように移動し，針が織物より離れる時に繊維が掘り起こされ，初めて起毛されるものであると考える。

P. Rの場合は，ベルトバンドが与える回転数でそのまま回転し（針先は織物に突き刺さっていない）。同一方向に織物走行が与える回転数との差が摺動力となり，C. P. Rによって起毛された毛羽を逆なでして，めり込ませるような結果を与える（図3.16参照）と説明されている。

針布ロール（C. P. RおよびP. R）を回転させる方法で，平ベルトで駆動しているものは，抵抗が大きくなるとスリップし，針布ロールの回転を遅くする方向に働く。針は，羊毛の毛羽をドラムの回転に合わせて引き出したり，なでたりする。この時，ドラムの表面速度が布速度より速いため，布の進行方向への毛並みとなって現われる。しかし，起毛機によっては，平ベルトでなく，Vベルトやギア，油圧式のもあり，ス

独式　針金起毛機

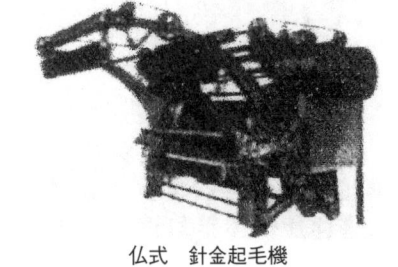

仏式　針金起毛機
図3.14　針金起毛機
［出典：南海鐵工のカタログ］

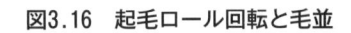

図3.16　起毛ロール回転と毛並

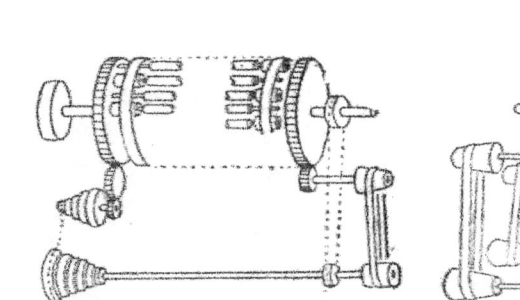

図3.15　針金起毛機[8]

117

第1編　羊毛繊維に関する技術

表3.9　各種針金起毛機の特長と用途

起毛機名	特　長	用　途
仏式起毛機	毛は少し荒いが，毛が出るのは早い	綿・合繊繊維等の硬い毛の出にくい生地の荒起毛・中間起毛用
独式起毛機	細かく短かい密集した起毛ができる	毛布等の荒起毛・中間起毛，毛織物の仕上起毛用
英式起毛機	ソフトタッチの細かい起毛ができる	毛織物や合成繊維織物など柔らかい繊維で，ソフトタッチの起毛に適する
米式起毛機	環のある編物の起毛ができる	綿メリヤス・合繊アクリル等の裏毛起毛用
油圧式起毛機（標準型）	ゲージによる操作で，油圧ポンプやモーターによる駆動であり，機械操作は容易である。従来の英・独式起毛機の代用機となる起毛機である	すべての織物・編物等のカット起毛およびトリコット等のループ起毛用

［出典：南海鐵工のカタログより抜粋］

リップは起きにくい。ゆえに，針布ロールの回転がより確実になるので，０ポイント（針布ロールの表面速度と布速度が同じで，このポイントでは，起毛が行われない）を設定しやすいという利点があり，針布ロールが確実に回転するので，起毛作業の再現や，C.P.RおよびP.Rの働きの調整がしやすい。しかし，羊毛の起毛は少し遊びがあることで，より毛羽を引き出し，長い毛羽の起毛ができる。そのほか，羊毛用の起毛の針は，綿や合繊用の針ほどシャープではない（図3.17，図3.18参照）。

この図からわかるように，羊毛用の針は，しなやか

で，三角の形状で，針先は丸みが付いておりシャープではない。ウールの起毛は，繊維を切るだけでなく，引きずり出す作用があることが望まれる。ゆえに，綿やポリエステル用の起毛針でウールを起毛した場合，繊維が切られて落ち毛が多く，その割に毛羽が出ない。逆に，ウール用の針で綿等を起毛しても引っ掻く力が弱く，毛羽は出にくい。そのため，両者を扱ってる工場では，両方の針布の起毛機を準備する必要がある。

C.P.Rの回転数を上げると，布に針が当たる回数が多くなり密な起毛になるが，被起毛布のスピードを上げると，C.P.Rの針は強く当たるが，毛羽密度は粗くなる。また，P.Rの作用についても効果は減少する。

起毛における注意点は，被起毛物の機上での張力は，強すぎると毛羽落ちや強力低下を起こしやすくなるので，機上で波打たない程度のほどほどの張力で行う。しかし，起毛機に巻き込まれると，破れ事故につなが

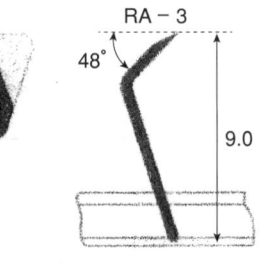

毛織物に用いられる針布で，布に柔らかく作用する。起毛の仕上がりが緻密となり，婦人服地などの紡毛織物には最適である。

図3.17　毛織物用起毛針
［出典：金井重要工業のカタログ］

NS加工

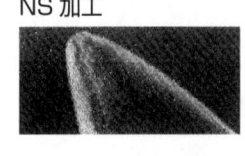

毛・アクリルなどの織物・編物の起毛の際に生じる初期の落毛を減少させる。毛羽密度向上のために針先の先端を曲面形状とし，側面の研磨傷を減らして平滑面とする加工である。

NR加工

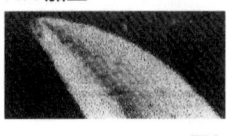

鋭い針先で平滑な側面を得る加工で，ポリエステル・アセテート・ナイロンなどのトリコット生地のスエード調の起毛に適している。

図3.18　針の特殊加工
［出典：金井重要工業のカタログ］
毛織物用起毛針と針の特殊加工は，金井重要工業のカタログより抜粋。

図3.19　複作用式針金起毛機[7]

図3.20　油圧起毛機
［出典：南海鐵工のカタログ］

118

第3章　羊毛仕上げ・機能加工技術

るので弱すぎてもいけない。布と布を継ぐ「反継」を念入りに行い，途中で解けないように縫い終わりをきちんと止める。また，それを確認することが重要である。起毛中に継目が解けると，これも破れ事故になるので，通常の反継とは違うことを認識して行う（針で引っ掻くので，解けやすいことによる）。また，布途中に破れがあると，そこから機械に巻き付くこともあるので，そのような箇所も必ず養生しておくことが必要になる。

そのほか起毛に際して注意すべき事項は，起毛機を稼働する前に，起毛針の傷みがないか，針の曲がっているものや，折れているところはないか，また，毛屑や糸が針布に巻き付いていないかなどを点検する。これらの事例があると，起毛むらの原因になる。

長く使用した起毛機は，針布の針の中央と両端では摩耗度に差が生じている場合がある。このような起毛機で起毛すると，耳際の毛羽が多くなり，中央と毛羽の出方に差が生じ，時には耳際だけ強力が不足することがある。

先述したように，起毛工程では毛羽のホコリが多く出るので，火災に気を配る必要がある。特に綿などの起毛では，静電気などで着火することがあり，集塵ダクトにも配慮しなければならない。

②回転式（ロータリー）式アザミ起毛機

アザミの実（チーゼル，薊の実）を串に刺して，それを直径1m内外のドラムの周囲に，回転できるようにして取り付ける（図3.21）。

このドラムに取り付けられたアザミ，被起毛布は2～4箇所が接触できるようになっている。布とアザミとの接触具合は，布の位置を移動させる棒状のもので調節できるようになっている。

アザミは別名，羅紗掻草（ラシャカキクサ）といわれているように，果実の穂にある小苞片は極めて多数

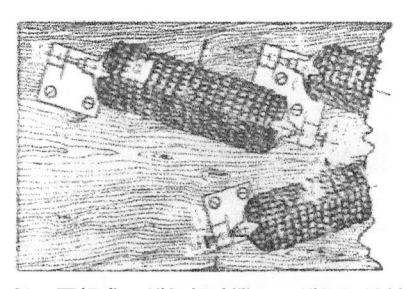

図3.21　回転式アザミ起毛機のアザミ取り付け[7]

図3.22　回転式アザミ起毛機[8]

で強靱，しかも，先端が鉤（かぎ）状に曲がっている。この特長ある形状が，羊毛の起毛には絶妙に働いて毛羽を突き出す。また，強靱さもほどほどで，被起毛物の損傷が少ない。回転式アザミ起毛機は，針金起毛機で行うより長い毛羽が出て，光沢が出る（図3.22）。

アザミによる起毛は，湿潤（ウェット）起毛が適している。布の損傷が少なく，外観，光沢が良く，高級感が出るので，針起毛後に好んで使用されている。

しかし，最近では敬遠されつつある。その理由として，アザミはウェットで行うことが多いため，かびが発生したり，型が崩れたりして傷みが早い。しかも，串に刺す時に，同じ太さの円筒型になるように2～3個のアザミを合わせて1個の串にするため，串作りに手間が掛かる。また，固定アザミも，アザミを枠に詰める際，起毛むらにならないようにアザミ刺しをしなければならず，熟練の技がいる。

アザミは比較的高価であるので，ワイヤーブラシで代用されてる工場もある。一時期，針金やプラスチックでアザミの形状を真似たものもあったが，長続きしなかった。

③固定式（枠差式）アザミ起毛機

回転式アザミ起毛機では，アザミを串に差したが，固定式はアザミを枠に詰め，その枠をドラムの表面に円形状に固定し，回転式と同じようなシステムで使用する。

アザミの枠への詰め方にはいろいろあるが（図3.23），なるべく凹凸をなくしてフラットな表面にするのが目的で，艶むらにならないようにするためです。アザミを枠に詰める作業をアザミ刺しといっているが，これは根気と技術を要する。

固定式アザミ起毛機は，起毛工程の中では最終に行う場合が多い。それは，光沢の付与と毛並を揃えるのに適しているからである。起毛最終での，この起毛機の使用方法は，ウェットで行い，起毛が済んだ時点で棒巻きにする（図3.24）。そして，セットするために，一昼夜棒に巻いたままの状態にしておいてから脱水機で絞り，乾燥する（セット剤を使用する場合もある）。

アザミは，サイズや形が種々異なるため，取り付け

図3.23　アザミの詰め方[7]

119

第1編　羊毛繊維に関する技術

図3.24　固定式アザミ起毛機（シングル）[7]

図3.25　固定式アザミ起毛機（ダブル）[7]

図3.26　水起毛機[7]

に際しては均一になるように設置することが重要である。また，不均一による艶むらが発生しないかテストしてから行う。

アザミ起毛機には，シリンダーが1個のものや2個連なっているダブル起毛機もある（図3.24，図3.25）。

針金起毛機でも，複数台の機械を連結して高能率化が図られている。中には，上下・前後に連結されているところもある。

④水起毛機（シングルアザミ起毛機）

固定アザミ起毛機の一種で，シリンダーが1個で，アザミの取り付け方は，先の固定アザミ起毛機と同じである（図3.26）。

シリンダーの上部と下部には，巻き取り用のロールがあり，被起毛物は上下に動き，このロールに巻き取られる。使用目的も，前の固定アザミと同じである。

下のロールは，舟の上にあり，その下ロールに導布を使用して被起毛物を巻き付ける。次に，舟に水を入れ，布は水の中を潜り，それに浸かる状態で引き出す。これを上ロールに導布を使って巻き取りができるように継ぎ合わせる。布は，上下ロールの中央にあるシリンダーに取り付けた固定アザミの回転により，毛ならしされながら，上下に動かされる。アザミとの接触度

合いは，調節できるようになっている。

ロールには，ブレーキドラムがあり，布の張力を調整して，毛ならしを行う。通常，5回くらい行い，手前にある巻取りロールに巻き上げて，一昼夜据え置いたのち脱水乾燥する。

⑤ムンドルフ針金起毛機

パイル・オーバーコートの起毛用に，針金起毛機を改良された起毛機である（図3.27）。

パイル・オーバーは立毛コート地で，組織の一部を起毛で切り，全面に毛羽が出ている厚地のもので，組織は二重織りになっており，緯糸の一部が浮き組織で，この部分を起毛で切断する。すると，畑の畝のような感じになる。1960年代には多く生産されていたが，今では重く感じるのか，厚地のコート類は人気がない。

ムンドルフ起毛機は，針金起毛機の上部に針金でできたブラシ状の直針が取り付けられており，直針は回転することなく，パイル組織に織られた浮き緯糸を切断する，パイル・オーバー地を加工する特殊起毛機である。

⑥エメリー起毛機（ペーパー起毛）

針布の代わりに，サンド・ペーパーを針布ロールに巻き付けた起毛機で，布の表面をサンド・ペーパーで摩擦して，ピーチ調の短くて細かい毛羽をもたせる目

図3.27　ムンドルフ針金起毛機[7]

図3.28　エメリー加工機（Sanding Machine）
［出典：オ・エム・マシンのカタログ］

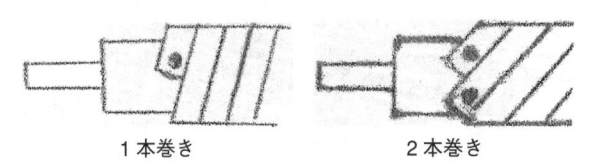

1本巻き　　　　2本巻き
図3.29　針布の巻き方

的に使用される（図3.28）。

エメリー起毛は，被起毛物との接触面での摩擦抵抗が大きいために，布に張力を掛けて行う。このため，強力低下が起きやすい。また，ペーパーは針布と異なり，掃除するのがむずかしいため，前に加工した布の毛羽が次に加工する布に付着するので，色物を加工する時は，手順に考慮しなければならない。また，サンドペーパーの消耗が早い。エメリー起毛はピーチ加工ともいわれ，1985年頃にビンテージものが流行るにつれて，市場での要求は多かった，上記の問題で加工の方は広まらなかった。ただ，ジーンズなどには着古した感じがもてはやされて，グラインダーなどを用いた部分的手作業で色落ちさせて，ビンテージ調を意図的に作り出すことも行われた。

(5) 経糸の起毛

普通，針金起毛機は緯糸から起毛している。これを，経糸からも起毛したい場合には，針布の巻き方を変更する。通常，針布をロールに巻き付けるのに，針布を1本で巻いていく。これを，図3.29のように，2本で巻くと，針布の巻き角度がより斜めになり，カギ針の先も斜めになる。そのため，針は経糸にも刺さり，経糸からの起毛もできるようになる。経糸と緯糸との色が異なると，経糸の毛羽が出る分だけ色が変わる。この変化を利用して，裏表の色が異なる布を作ることもできる。

(6) 起毛針の研磨

新しい起毛針は，針先がシャープで切れ味が良く，それゆえ起毛中に毛羽が切断されて落ち毛が多くなる。そのため，通常の起毛には，少し使用された，いわゆるあたりのついた（なれた）針布での起毛機で行う。

逆に，使い古すと切れが鈍くなり，毛羽の出が少なくなる。その時は，針の研磨を行う。針の研磨は，針布ロールを台の上に固定し，回転できる円盤砥石（グラインダー）を起毛用針にあてがう。その研削盤は，回転しながら針布針のピッチに合ったスピードで移動して研磨していく（図3.30）。

(7) 縮絨，起毛物の表面加工

①せん毛機（経せん機）

縮絨，起毛工程が済んだ布帛は，表面にはなんらかの毛羽が生じている。最終段階で，その毛羽はそのままでよいのか，長い物だけを刈るのか，一定の長さに刈り揃えるべきか，また，きれいに刈り込むのがよいのか…など，さまざまな場合がある。それらの要求に応えるために行うのがせん毛である。

せん毛機には，図3.31に示すように，らせん状の刃の付いたロール状のカッターナイフ(A)と，その下側に長方形の下刃（アンダーナイフ）(B)があてがうように取り付けられている。この(A)，(B)がハサミの作用をしせん毛する。毛羽長さを決めるのは，この両刃の接触点とアンダーナイフ(B)の下にあるアンダーベッド(C)

図3.30　起毛針布研磨機[7]

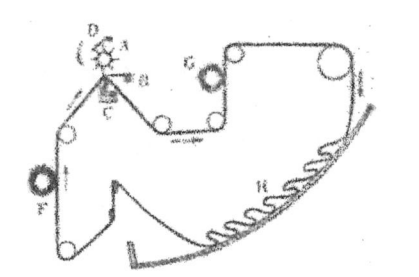

図3.31　せん毛機要図[8]

図3.32　三段式経せん毛機[7]

との隙間間隔で決まる。この隙間の間隔は，微調整できるようになっている。

回転刃(A)と下刃(B)は一体となって上下に動き，継目などが刃部に近づくと，自動で上に上がる装置が付いているものや手動のものがある。

せん毛機には，刃を緯糸方向に設置した経せん機（図3.32）や，刃をタテ方向に設置し，これをヨコ方向に往復させて，毛を刈る横型せん毛機がある。

せん毛でも，毛を刈り取った毛羽が多く出るため，起毛と同じく吸引集塵するが，これは，ただ毛屑を取るだけではなく，せん毛中にカッターが熱をもつのを冷却する意味合いもある。

②デザイン・カッター（デザインせん毛機）

柄状にせん毛できるデザインせん毛機は，先のせん毛機のアンダーベッド（ベッター）が柄を彫刻されたロールになっていて，そのロールは被せん毛物の速度に合わせて回転して，柄状にせん毛できる。このせん毛機は1柄に1ロールで，柄を変えるには，その柄用のロールを作る必要があるが，今ではコンピュータでベッターを部分的に上下させることで柄ができるようにもなっている。

③ポリッシング機（ポリッシャー機）

金属製の円筒型ビーターに，傾斜状に溝を付け，電気で熱する（ガスを燃焼させて熱する場合もある）。

温度は被処理布により異なるが，200℃程度加熱し，高速回転（800 rpm）させて毛羽（パイル）を摩擦して光択を付ける。シリンダーの溝は，せん毛機のカッターの刃のようになっているものと，櫛状にギザギザになっているものがあり，パイル1本1本をアイロンを掛けるようにして，光択を付ける（図3.33）。この際，被加工物には，適度な湿気が必要で，時には，スチーミングを行って加工することもある（図3.34）。

立ち毛仕上げのものは，向きを変えて往復行う場合がある。

ポリッシャー加工した起毛物は，折りたたんだ場所の毛羽の曲がりが，伸ばした時に復元しにくくなるという欠点が生ずることがある。そのため，出口で冷却したり，棒巻きにする。

④シュライナー・カレンダー（図3.35）

金属ロールを高温にするために，ガスバーナーもしくは電気で熱し，ロールの表面温度を高くして（熱アイロンを掛けて光沢が出るのと同じ原理），被加工物を通して全面に光択を付ける。金属ロールに柄を彫刻したものを使用すると，柄状に光択が付く。羊毛は，水分や湿気に合うと，風合いが戻る性質があるので，水分によって光択が失われやすいが，ポリエステル繊維が含まれていると光沢は消えにくくなる。ただし，

図3.33　シリンダーロールの溝

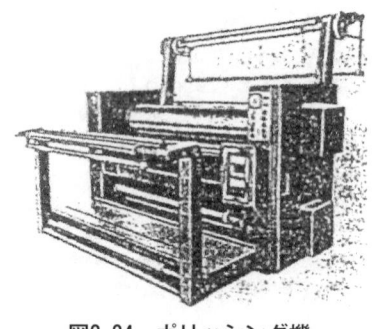

図3.34　ポリッシング機
［出典：岩倉精機のカタログ］

図3.35　シュライナーカレンダー
［出典：小松原のカタログ］

ナイロン混のものは熱に弱いため，ナイロンが焦げやすく，黒い燃えカス状のものが付いたりする。また，樹脂加工されたものの樹脂がカスとなって，ロールや布に付着することもある。これらの事故は，ポリッシャーでも同様である。熱源にガスを使用した場合は，温度は上がりやすいが，温度むらが生じやすい，一方，電気式は所定の温度にするのに時間がかかるが，安定しやすい。

シュライナーは，目潰しの目的に使用されるほど，圧力が掛かるものがあり，起毛物には扁平になるので不向きである。また，耐熱性ラッパーを使用して，連続蒸絨機のようなタイプで，シリンダーの温度が高温になるものがある。このようなタイプの設備は，起毛物でも使用するが，金属光択により光りすぎるので，光択を一部消すために蒸絨等を通すこともある。

⑤ナッピング機

起毛した織物に表面変化を付ける目的で，表面の毛をピリングができたように，均一に毛玉を作るための設備である（図3.36）。

適当な湿潤を与え，起毛された被加工物の上から，凹凸のあるゴムの板を押しつけながら円を描きつつ，前後左右に擦るように水平運動をさせて，毛羽を玉状にする。ピリングを強制的に付ける加工である。加工速度がゆっくりで，上板が前後左右に運動しているため，布送りがスムーズに進行しない場合があり，運転中は目が離せない。

⑥シープ加工

この加工はナッピングとよく似ているが，加工方法は異なる。ワッシャー機，ドラム式染色機，タンブラー式洗浄機等を使用して加工する。

これら機械の共通点は，横式円筒内に同心の円筒型のバスケットがあり，その中に被加工物を入れて，こ

ナッピング表面

図3.36　ナッピング機[7]

図3.37　ミルナー染色機
［出典：東京洗染機械製作所のカタログ］

れをバスケットとともに回転できる構造になっている。この構造で，被加工物の投入口が横側になっているのが，図3.37および図3.38に示す機械である。

加工方法は，目的の長さにせん毛した被加工物を，適切に湿潤してバスケットに入れる。これをゆっくり回転させると，被加工物はバスケットの回転に伴い，上に移動する。上に上がったところで，重力により下に落下する。このような動きにより，毛羽が絡まり，毛玉状になる。毛玉の大きさは，毛羽が長いと大きくなり，短いと小さくなるが，あまり短かすぎると，玉にならないこともある。

シープ加工の毛玉は，ナップ加工の毛玉より柔らかで大きく，羊の毛皮に似ていることからこの名前が付いている。

シープ加工は，ナップ加工と同じく，柔らかな毛質ほど加工しやすく，加工時間も短い。ウールのほか，アクリル繊維もシープになりやすいので，1970年代にはアクリル毛布に多く加工が施された。アクリル織維は，羊毛と同じように起毛物に適しており，縮絨しなくても起毛ができ，長い毛羽も出せる。比重も軽く，きれいな染色も行うことができ，肌触りも良いので，アクリル毛布は多く生産されるようになった。

⑦渦紋整毛機（ミンク加工）

直径6cmくらいの円形ブラシを幅方向に並べ，被加工物の表面上で回転させて渦紋を付ける装置である（図3.39）。

丸ブラシの位置を固定したままで加工するとストライプ状の渦紋ができ，左右に移動させると波型やクランク型になった渦紋になる。また，ブラシの下に，柄状に凹凸のあるロールを被加工物の進行に合わせて回転させると，その柄に見合った柄の渦巻紋ができる。

1960年代には，毛羽の長いコートが多く出回り，それにつれてこの加工もミンク加工といわれて多く加工された。特に，シール織りされた毛足の長いものに適しており，多く生産された。この柄は和装にも着用

図3.38　全自動水洗脱水機
[出典：稲本製作所のカタログ]

図3.39　渦紋整毛機の要部[7]

され，ママコート用などに加工された。

⑧ウェーブ加工

ウェーブ加工は，起毛工程での最終段階の毛ならし後，棒に巻き取る前に行う。装置としては，表（毛羽の出ている方）を上にして，急に下へ折り曲げができるように，全幅に渡る板を取り付けて加工する。ブラシや固定アザミによる毛ならし用の機械の出口にステンレス板を取り付け，ウェーブ加工機とする。

毛ならしを終えた湿潤状態の被加工物を，屈曲板の上を通して下に折り曲げると，ウェーブは自然に発生する。それを棒巻きにする。通常の起毛物の操作に，屈曲板で折り曲げる操作を追加するだけで，あとは同じである。毛羽が長いと大きな波になり，短いと細かい波になる。ただし，あまり短いと波にならないこともある。そのため，毛ならし後に一度乾燥し，せん毛後にウェーブ加工をする場合もある。ウェーブは，細く柔らかい毛質が出やすく，特にカシミヤの毛はウェーブができやすい。ウェーブ加工後，乾燥やせん毛では，ブラシを掛けないことが重要である。

⑧　デザイン起毛（部分起毛）

デザイン・カッターは起毛したものを柄状にせん毛するが，デザイン起毛はその逆で，模様状に毛羽を出すものである。この加工は専用の機械を使用せず，加工工程で行う。被加工物（羊毛毛帛）に，捺染機で防縮剤を塗布する（防縮剤を塗布したところからは，毛羽が出ない）。防縮剤は，ウレタン系の樹脂（BAP）が多く使用される。防縮効果を出すために，熱処理後，洗浄・縮絨をする。樹脂の付いている部分はフェルト化しないので起毛で毛羽が出にくく，樹脂の付いていない場所は毛羽が出やすいので部分的な起毛ができる。ただし，縮絨が多いと収縮不同が大きく，凹凸になる場合がある。すると，起毛でしわによる起毛むらができる。これを防止するためには，先に縮絨して，後から樹脂を付ける。そして，縮絨せずに起毛を行う，もしくは縮絨を少し追加してから起毛する。

逆に，凹凸を出す加工をしたい場合には，上記の原理を利用するか，塩縮加工をする。ウレタン樹脂（BAP）を使用した場合は濃染効果が出て，樹脂が付いたところは色が濃くなるため，収縮していない部分が濃くなり，不自然に見える。塩縮加工にはそれがないが，スチーミングの時に白煙が多く出ることと，強度低下のリスクがあるので，BAPで行うのが主流となっている。

⑨　染色整理加工の意義と変遷

原始時代の衣類は，麻（苧麻，大麻）や藤，楮など草木の皮から採った靭皮繊維を糸にして作られていたと思われる。絹は，5世紀頃に朝鮮半島からの渡来人が，桑を植え，養蚕を行ったといわれ，染織技術も渡来人により広められた。木綿は，もっと時代が下って，桃山時代から江戸時代にかけて本格化したといわれている。人が衣類を身にまとうのは，体を覆い，身を保

護するために必要だからである。しかし，人類は，文化が進むにつれて美意識本能が目覚め，色彩や外観，それに加えて，手触りや感触の良い衣服を作る工夫がなされるに至ったのである。

色彩を豊かにするには，繊維を染める必要がある。染色には，染料を使用するが，昔は色を付けるには，自然の動植物から得られる染料や，岩石から取れる顔料等が使用されていた。ヨーロッパで発明された化学染料が，大正の終わりに日本にもたらされてからは，その使い勝手の良さや，色合い，堅ろう度の良さで，ほとんどの工場で化学染料を使うようになった。しかし，1970年頃，環境問題等が取り上げられるようになり，染料を扱う作業環境や衣類に染着した染料について問題視されたため，草木染めに関心をもたれるようになった。しかし，草木染め用染料は高価な上，濃色や堅ろう度の良いものを得るのがむずかしく，未だ一般的な普及には至っていない。しかし，今では環境問題だけでなく，草木染めで染められた色彩が好まれている。染色整理加工は，染色だけに環境問題があるのではなく，水，エネルギーも多量に使用する産業であるため，そのほかにも，使用する洗剤・溶剤・薬品等について，環境問題には特に配慮しなければならなくなっている。

起毛物の染色整理については，目付が重い分だけ，洗剤・染料・水の1反当たりの使用量も多い。その上，紡毛が多いため落ち毛が多く，排水溝には毛羽がたまり，起毛工場では，強い吸塵装置が必要になる。また，乾燥でも，肉厚のために，熱や電気など，エネルギーの使用量が多い。したがってに，環境問題にも配慮しながら加工しなければならない。

婦人起毛物は，1960年頃より仕事量が多くなり，生産能力以上の発注があったため，一部を外注に依存するほどになる。その時，紳士物と婦人物との生産時期がずれて，紳士物の方が少し早いため，紳士物が終わった工場に応援を依頼する。

注文は5月頃から出始め，7〜8月がピークで，納期は8月15日のお盆までで，それが遅れると納期遅れとなる。盆が過ぎると，縫製の方で冬物の販売までに間に合わないからであった。これでは，色目が決まってから納期までの日数がないため，だんだん納期は延びてきて，10月頃の納品でもよいというものも出てきた。その代わり，途中で売れ筋の色が変わったことによる色目の変更をしたり，どうしても必要な色のみを優先して加工するなど，工場内は乱流状態になる。その上，納期には間に合わないといけないということで，忙しくなる前に染色工程前までを済ませておくものもあり，よけいに混乱状態の様相を呈した。そのため，梅雨時も重なってかびが発生したり，汚れが多く出たりした。

起毛物の種類としては，モヘヤ，カシミヤ，キャメル等の獣毛を混紡したものが増加し始め，また，ルー

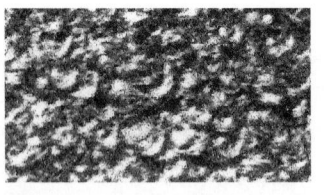

図3.40　アストラカン・モヘヤ

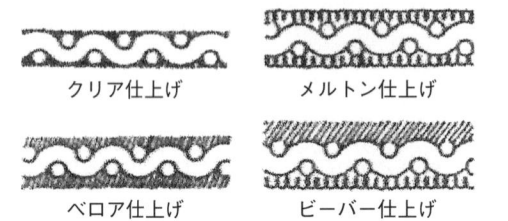

クリア仕上げ　　　メルトン仕上げ

ベロア仕上げ　　　ビーバー仕上げ

図3.41　各種仕上げの断層モデル

プ状の表情をしたアストラカンが出てきた（図3.40）。アストラカンは，ループ状のまま仕上がるものもあるが，起毛でループをカットするものもある。アストラカンは，縮絨せずに起毛する。これの起毛は，強く起毛しないとループが切れない。ループ・ヤーンを切ると，ハの字状の毛羽になる。ただし，起毛するアストラカンのループ糸は，全面に使用されているわけではなく部分使用である，緯糸を全部切ると強力不足になるからである。また，染色は広幅で行わないとしわになるものがある。

その後，モッサーやベロア仕上げの短い毛羽のものも多くなってきた（図3.14）。

1965年頃より，アクリル繊維が出回り，羊毛とは異なるアクリル繊維の長所を活かした起毛物も後に作られるようになった。

ウール起毛物が多く生産されたのは1990年頃までで，ジーンズやビンテージファッションが浸透するにつれて，毛ならしされた起毛物は，重く，硬い感じがして，若者のトレンドからははずれていき，生産量は少なくなってきた。

衣類全般が，薄く軽くなる傾向にあり，たとえば，昭和の前半に背広といわれていた紳士物の目付は1ポンド/m²（約450 g/m²）くらいの重さがあったが，今では軽くて薄いソフトスーツが主流になっている。それゆえ，糸，織，整理工程で，さまざまな工夫を施して変化のある衣類生地を製作する際に，軽く，薄いという制約が生じるため，凝ったものが作りにくくなっている。

しかし，ウールは有史以来，人類が使用してきた繊維であり，優秀な保温性など，ほかには見られない特異な性質を持っており，人間にやさしい素材である。そして，整理加工の方法により，さまざまに表情を変えることができる特殊な繊維でもある。したがって，特殊な糸，織，整理工程など伝統的に培われた技術が失われないようにしていきたい。

大正，昭和の初め頃に，尾州で織物の発展に寄与さ

れた方々は，その後，主に紳士物の服地の製造に尽力されることとなった。婦人服地の方は，どちらかといえば，戦後新しく機屋を始められた方が多く，新しい感覚でモノ作りをされて，毛織の本場といわれる地場産業の発展に寄与された。婦人物の分野で，起毛物服地を多く生産された機屋には，水海毛織，小関毛織，鈴憲毛織，中伝毛織，早善織物，岩仲毛織等があり，そのほか野田健毛織，木玉毛織等が当時の婦人起毛物のファッションを支え，もちろん服地問屋である，市田，吉忠，丸紅，瀧定，滝兵等との連携も密に，コラボレーションされて発展してきたと思われる。

当時の消費者が服を購入する時の基準の中には，服地の素材やテキスタイルのデザインの善し悪しが入っていた。最近では，このウエートが少なくなり，服地ではなく服そのもののデザインに重きを置く傾向にある。ゆえに，服地の製造には，コストや生産量の方へ技術の目を向けており，伝統的な職人気質が薄れてきているように思える。

日本の若者のファッションは世界に注目されているが，服地作りの方は海外に押され気味になっている。しかし，衣類は，人類にはなくてはならない必需品であるがゆえに，なくなることはない。それゆえに，日本の歩んできた伝統技術を財産として残していきたいと思う。

3.3.9 圧縮ニット[13],[20]〜[22]

ニット（knit）とは，人が毛糸で，手袋などを「編む」という意味で，編針を使用して糸を連続したループ状にして編んだ布帛のことで，また，編地で作られた製品にも使用される名称でもある。古くからメリヤス（伸び縮みするという意味で，漢字では「莫大小」と記す）といわれ，下着に多く使用されていた。

ニットには，編み方によってよこ編（weft knit）とたて編（warp knit）がある（図3.42）。よこ編は，1本1本の編み糸がよこ方向（幅方向）にループを作りながら動き，その輪奈をたて方向（長さ方向）につなぎながら編んでいくもので，たて編は，編み糸がたて方向にループをつないで進んでいくもので，輪奈はたて方向や少し斜め上に左右に連結して編んでいく。ループとは，JIS の定義によれば，「屈曲したわな（輪奈）」のことである。

ループを作りながらよこに進む，よこ編で編物を形成する方向が左右に往復して編まれるものを横編（flat knit）といい，らせん状に進行して円筒状に編んでいくものを丸編（circular knit）という。たて編には，ミラニーズ（milanese），ラッシェル（raschel），トリコット（tricot）がある。

「メリヤス」の語源はスペイン語の Medias から発したといわれている。近年では丸編機の開発が進み，種々の柄を容易に編むことができるようになり，外衣に向く編物が作られ，編物による製品が多く供給されるようになり，下着ばかりでなく外衣も含めてニットと総称されるようになった。

織物の基本的製造法は経糸と緯糸の交錯構造で，数千年間変化がないといわれているが，産業革命後，急激に織物機械は進歩し，近年では，革新織機の開発には目覚ましいものがある。他方，ニットの編機も急激に開発が進展し，特に丸編機が種々生産されるようになり，ニットの外衣が大量に製造され，市場に出回るようになった。

ニットの仕上加工について，当初，織物用の整理設備ではたて方向にテンションが掛かりすぎて，仕上がりの目付が不同になり，風合いにばらつきが発生したり，また，ロープ状のしわが生じても，よこ方向に引っ張って直すことがむずかしく，したがって，複雑な加工を行うには，それなりの工夫が必要であった。しかし，現在では設備機械の改善も含めて，織物と同じような工程も行われている。

経糸と緯糸の交錯構造の織物は，打ち込みを強くして，地の締まった布ができるが，ループ状の編物は目が粗いため空気を多く保持できるが，反面逃げやすい。そのため，冬場のインナーとしては最適であるが，風のある冷たい冬の季節のアウターとしては，寒くて敬遠されがちになる。

その防風対策として，織物であれば密度の高い企画にするといった対策を採れるが，ニットでは樹脂加工を施したり，起毛で毛羽をもたせたりして，隙間にものを詰めるような加工を施す対策が採られた。また，綿や合繊では，熱ローラーで圧縮しながら熱を掛け，目を潰して防風効果を上げることも考えられるが，熱ローラーの方法はチンツ加工やシュライナー加工といわれているもので，本来は表面に光沢を付けるのが目的の加工であるため，光沢が付いて冷たく感じられる。

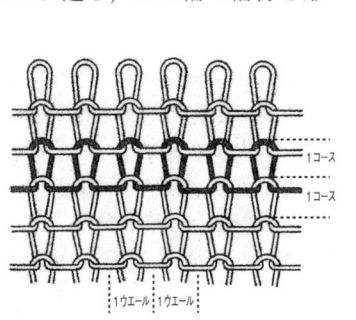

よこ編での編糸の動き

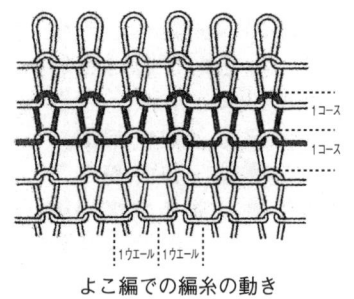

たて編での編糸の動き

図3.42　編糸の動き

第1編　羊毛繊維に関する技術

そのほかには，防風性の高い布帛を貼り合わせるボンディング加工などがある。

　冬物の編物といえば，毛糸を手で編んだ手編みの製品を連想される方が多いと思われる。この冬物の温かい感じをできるだけ残して防風性を上げるには，羊毛素材のものであれば，羊毛の縮絨性を利用して，ニットをフェルト化させることで隙間を少なくして，防風性を高めることができる。それゆえ，通常より多目に縮絨した加工が行われた。このフェルト地の締まったような風合いのニットに好感がもたれるようになり，この圧縮されたような風合いが織物にも波及して，厚手のメルトンのような風合いの織物も同様に好感がもたれたため，この加工が一時期を風靡し，それゆえに，この圧縮風に仕上げた加工が加工方法の1つに数えられるようになり，ニットをメルトン加工のように縮絨を強く施したものを「圧縮ニット」と称するようになった。また，これは織物にも使われ，「圧縮ニット風」とか「圧縮加工」などと称されている。

　メルトン（Melton）は，羅紗（raxa：ポルトガル，rassen：オランダ）の一種で，羊毛で地の厚く密な組織の毛織物のことである。羅紗は，今では毛織物全般のことも指すが，もとは室町末期頃に日本に輸入され，陣羽織や火事羽織など特殊環境条件での用途に用いられた。メルトンの名は，イギリスのレスター州のメルトン・モーブレー（melton mowbray）というキツネの狩猟地の地名からきたという説と，この織物の創始者であるハロー・メルトンからきたとする2つの説がある。

　メルトンは，主に太番手の柔らかい紡毛を使用して，平織か斜文織で製織後に十分な縮絨を施し，表面の毛羽をごく短くせん毛して仕上げた厚手の織物で，表面は平滑で一面に毛羽で覆われているが，ビーバー加工のように毛並みは揃っていない。起毛すると柔らかくなるが，メルトン加工は，一般には起毛せずに縮絨で毛羽を出すのが基本である。

　縮絨を多く施すには，原料の羊毛についても吟味する必要がある。縮絨性の欠ける原料で作られた織物を急激に強く縮絨すると，縮絨にむらが生じたり，しわや表面に粒状の吹き出物ができたりすることがあるので注意が必要である。また，同じ縮率でも，縮絨剤や縮絨時のpHによっても風合いが異なる。それゆえに，地締まりのあるかっちりとした風合いにするには，石けんを用いて縮絨する。一方，地締まりは少なく，持ち重みのしない軽い感じに仕上げるには，タンブラー式のワッシャー機を用いてマイルドに時間をかけて縮絨する。この場合は，柔らかくライトな仕上がりになる。当初は，前者の地締まりのあるものが好まれていたが，重くて硬いため，次第に後者の風合いがより好まれるようになった。

　縮絨を多くするということは，風合いのばらつきを生じさせやすい。現場では，縮絨中の幅および丈の縮み具合や，風合いをチェックしながら行うが，後の乾燥での伸び率の違いで風合いのばらつきが生じる。ゆえに，縮絨では糸の絡み度合いにも目配りが必要となる。縮絨差は，色目によっても起きる。一般に，淡色は縮絨しやすく，濃色はフェルトしにくいので，縮絨時間に違いができる。そのほか，縮絨中には，摩擦熱の発生の度合いや，微妙なキャナル中でのとどまり具合などの差が，毛羽の絡み具合に違いが生じて風合いに影響するので，縮絨の担当者はその縮絨度合いを見分けることができるスキルが求められる。また，最近の縮絨機はエアーを利用して，ロープ状の布帛のしわの位置を絶えず変えて，しわ発生を防止するようになっている機種も出ている。

　なお，風合いを形成するためには，縮絨だけでなく樹脂を用いて，より肉厚に感じさせて圧縮感を出すという場合もある。ただし，この場合は，樹脂の味が強くなることがあるため，樹脂の種類や量を吟味して使用することが求められる。もし，樹脂の味がきつい場合は，その度合いに応じて，水洗，縮絨，起毛等で柔らかく風合いを調整したのちに，せん毛で表面をきれいにする。

3.3.10　ワッシャー加工[7),9),21),23)~26)]

　ファブリックの仕上加工の目的の1つは，外観や手触りを良くすることである。これらは風合いという言葉で多く表現されているが，その風合いの善し悪しは，個人の好みや，その用途により異なる。わが国において，和服といわれる着物を多く着用していた頃の仕上げは，いわゆる洗い張りという布地を糊付けし，板の上に伸ばして貼り付けたり，細い竹ひごを数多く弓状

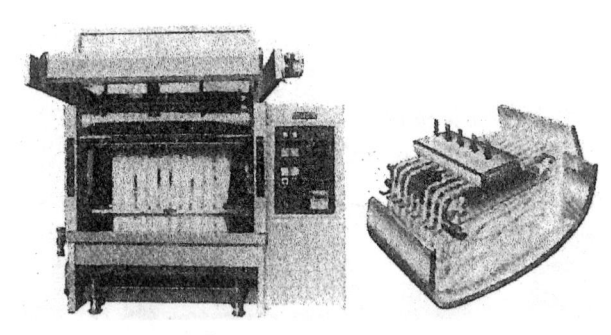

図3.43　「SUPER VELOX/N」洗縮絨機
［出典：MAT社のカタログ］

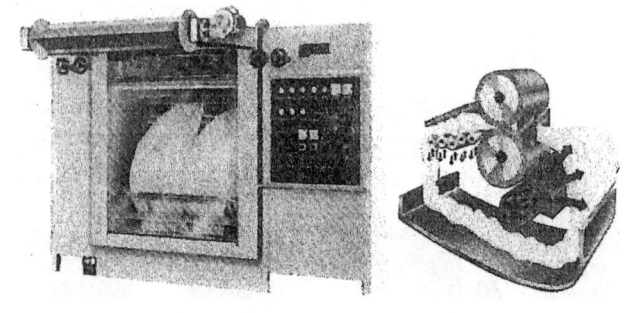

図3.44　「TURBOMAT」洗縮絨機
［出典：MAT社のカタログ］

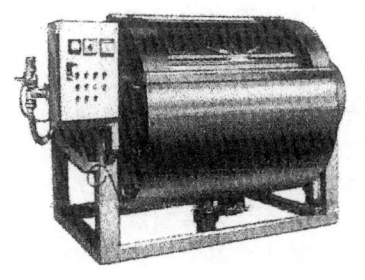

図3.45　ワッシャー・ドラム染色機
［出典：日進機械工業のカタログ］

にして，広げた布地を幅方向に引っ張るようにして天日乾燥をするものやアイロン掛けやピンテンターでスチーミングをする方法等で，しわを伸ばして外観を良くする方法が採られていた。しかし，洋風化が進み，4幅の布地が生産されるにつれ，仕上げ方法の機械化が進み，仕上加工として，洗浄→乾燥→蒸絨は，通常の工程として一般化するようになった。

仕上加工の重要性が認められて，さらに外観と手触りを良くするために，乾燥後の工程として，圧力を高くした蒸絨やロータリープレスおよび電気プレス等によって押さえを強くして光沢をより多く付与したり，ヌメリ感を付けることなどが行われた。特に，紳士物の背広地は，電気プレスによる光沢のある服地に人気があったため，ほとんどの布地が最終工程で押さえた仕上げが施されていた。しかし，1980年代になると，画一的に押さえてピチッとした硬い感じの風合いは，若者に不向きだといわれるようになってきた。また，布地も薄地のものが多くなり，押さえが強いとペーパーライクになってしまうため敬遠され，折しもカジュアルウェアやビンテージ物に人気が高まっていたこともあり，糸自体が本来もっているふくらみのある風合いや，表面に変化のあるものの風合い傾向に変化し，人工的な風合いから，ごく自然な感じに仕上げることが好まれるようになった。

こうした趣向の変化に対応するために，仕上加工の方法には，天然繊維のごく自然なふくらみのある柔らかい感じを活かした風合いにする傾向が見られるようになった。押さえていたことによる硬い感じの風合いから柔らかい風合いにするには，押さえる工程を省略するだけでよいのではと思われるが，そのような単純なものではない。布帛を仕上げるに当たっては，洗浄工程や染色工程があり，羊毛では縮絨といったロープ状で操作される工程等があるため，この時に発生したしわが残っていたり，表面が不規則に踊って凹凸に偏りを生じてバランスを欠いていたりして，品位がない風合いになっている場合が多い。この問題を解消するには，やはりいったん押さえる操作を行って，一度，仕上工程を終了した後に濡らすか，もしくは洗浄を行い，乾燥し直して自然な風合いにするという，二重の工程を行うことが多くなった。そのほか，最初の精練や染色で発生するしわや表面のイレギュラーな凹凸等

を解消するためにも，羊毛繊維では煮絨，合繊ではヒートセットおよび乾燥時には経緯にテンションを掛けて行い，乾燥後には，蒸絨，プレス等を行って表面をきれいにする。これらの操作を行う条件により，濡らした後の風合いの戻り具合に差が生じるので，目的の風合いにするために何をどのようにするかは，各社のノウハウにより行われており，決まった工程があるわけではない。

ワッシャー仕上げを，別の表現で洗いざらし加工ともいうように，洗って乾燥しただけのような風合いに仕上げているが，商品としては，やはり外観や手触りの良いものでなければならない。そのために，上記のような工夫がなされている。そして，一度，仕上がった状態の布帛を洗いざらしの風合いにする方法として，日本ではワッシャー機といわれているタンブラー方式の洗浄機で軽く洗浄したりする。そのほか，種々の変化を付ける方法として，このワッシャー機が多く使用されている（図3.45）。

布帛の通常の仕上加工は，ロープ状で洗浄してから，絞りロールで脱水させ，ピン式乾燥機で乾燥を行うが，この方法は作業性は良いが，経緯に張力が掛かり，糸が伸びた感じになりやすい。そのために，乾燥機では送り込みを十分に掛けて，緯の引っ張りを少なくしたり，ショートループ乾燥機を使用したりして，自然の風合いを表現するように工夫する，上記のワッシャー機を使用した方が，テンションの掛かり具合が少なく，ロープ状のしわ発生も少なく，揉まれ具合もマイルドで，ふくらみのあるソフトな仕上がりになる。したがって，ワッシャー加工はワッシャー機を使用して加工されることが多い。

「AW-F80HVP」（東芝）　　「NW-8PAM2」（日立製作所）
図3.46　家庭用全自動洗濯機
［出典：各社カタログ］

第1編　羊毛繊維に関する技術

図3.47　商業クリーニング用ウェット洗浄機
［出典：三洋電機テクノクリーンのカタログ］

ここでいうワッシャー機はドラム式の洗浄機のことで，一般家庭で使用されている洗濯機に構造上はよく似ている（図3.46，図3.47）。ワッシャー機のドラムのサイズにはいろいろなものがあり，構造もさまざまで，投入口もよこ方向やたて方向から行うものなどがある。用途も，洗浄だけでなく染色にも使用されている。特に，ドライクリーニング業界では，ウェットクリーニングに用いられている構造のものでも，洗浄や布地を湿らす目的として使用されている。

ワッシャー機で洗浄，もしくは湿らせた布帛は脱水・乾燥を行うが，脱水方法としては先述したように，布地にできるだけテンションが掛からない方法で行うのがより自然に近い風合いに仕上がるために，絞りロールによる脱水より，遠心力を利用して水分を飛ばす遠心脱水で行うことが多い（図3.48，図3.49）。その後，乾燥するが，その乾燥方法もドライクリーニン

グで主に行われているドラム式のタンブラー乾燥機を使用するのが自然乾燥に近い。

ワッシャー加工は，天然繊維のもつ柔らかくふくらみのある自然な風合いに仕上げることが目的であるが，仕上がり状態の要求にはさまざまなものがある。乾燥を最終工程とした場合，タンブラー乾燥のままだと自然乾燥に近いが，表面の凹凸がイレギュラーすぎて品位に欠ける感じがする。その時は，ピンテンター式の乾燥機を使用したり，乾燥後に押さえの軽い蒸絨を行う場合がある。このように，さまざまな風合いへの注文に応えるために，種々の既存の設備を組み合わせて加工が行われている。また，羊毛素材は，ワッシャー加工によりフェルト化が進む。その対策として，防縮加工を施した後にワッシャー加工を行うこともある。そのほか，ワッシャー機の代わりに液流染色機やパドル染色機を使用することもある。

ワッシャー加工は布帛だけにとどまらず，縫製を済ませた製品にもこの加工を施すことにより，使い古し

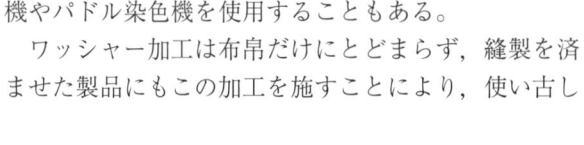

図3.48　遠心脱水機
［出典：日進機械工業のカタログ］

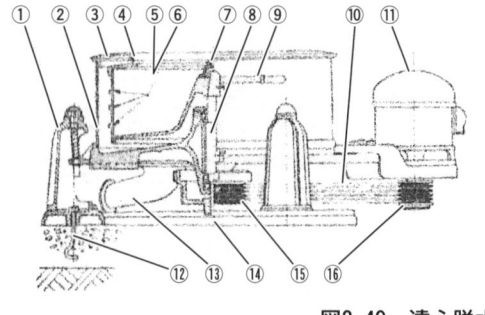

①支柱　　　　⑨ブレーキハンドル
②ケーシング　⑩Vベルト
③天板　　　　⑪モーター
④蛇の目　　　⑫地行ボルト
⑤バスケット　⑬排水口
⑥補強環　　　⑭ペット
⑦グリスカップ　⑮ブレーキ車
⑧立主軸　　　⑯スリッププーリー

図3.49　遠心脱水機[7]

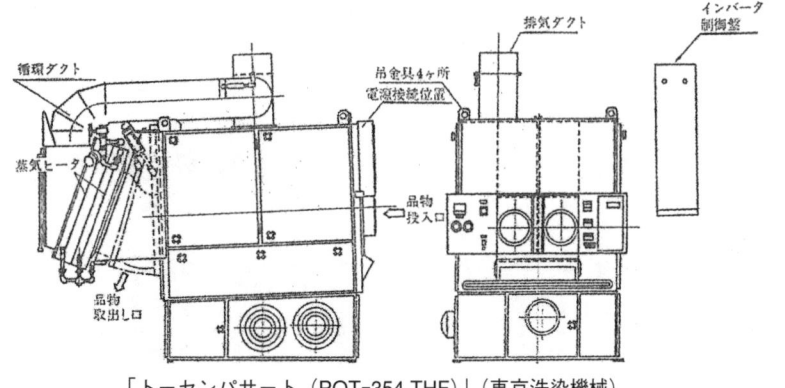

「トーセンパサート（POT-354 THF）」（東京洗染機械）
図3.50　タンブラー乾燥機（処理量100kg/バッチ）[9]

第3章　羊毛仕上げ・機能加工技術

たビンテージな感じを表現でき，ワンウォッシュ加工といわれて若者に好まれるようになってきた。また，ワッシャー機での洗浄時に脱色剤を使用し，むら状に脱色させて，より古い感じを出すことなども，特にジーンズ業界では多く行われている。

ごく自然に着古した感じに表現するため，種々の工夫がなされるようになり，加工されたもののできあがり具合と加工方法により，次のようにさまざまな名称が付けられたものがある。

① ウォッシュアウト
何度か洗浄を繰り返した感じにする。

② フェードアウト
日に焼けた感じ。

③ ブリーチアウト
漂白剤を使用して色落ちした感じ。

④ ストーンウォッシュ
軽石やプラスチックの石，ゴルブボール等を一緒に入れて洗浄し，布との摩擦を多くして，色落ちさせる。

⑤ ケミカルウォッシュ
漂白剤と石を入れて過激な操作をすることで，色落ちさせる。

⑥ サンドブラスト
砂や砂利をジェット気流で吹き付けて色を落とす。

TT-210　（8.4kg）
TT-350　（14kg）
TT-600　（24kg）
TT-1000（40kg）
注）カッコ内は処理量

「TT-600」（処理量24kg）

図3.51　軸なし回転乾燥機

［出典：エレクトロラックス・ジャパンのカタログ］

FL-124　（8 ～ 12kg）
FL-184　（15 ～ 20kg）
FL-244　（22 ～ 30kg）
FLE-403（28 ～ 40kg）
FLE-803（56 ～ 80kg）
注）カッコ内は処理量

「FLE-403」（処理量28 ～ 40kg）

図3.52　縮絨・ソーピング水洗システム

［出典：エレクトロラックス・ジャパンのカタログ］

「ジェットプレスター」

図3.53　パドル染色機（ホリゾンタル型）

［出典：藤室製作所のカタログ］

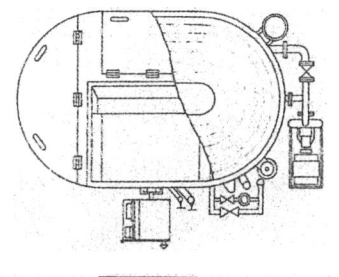

「SP 型」（大島機械）

図3.54　パドル染色機（オーバーヘッド型）[9]

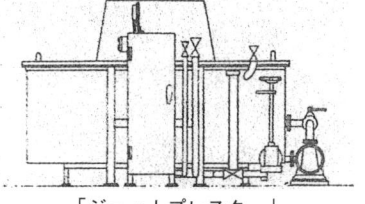

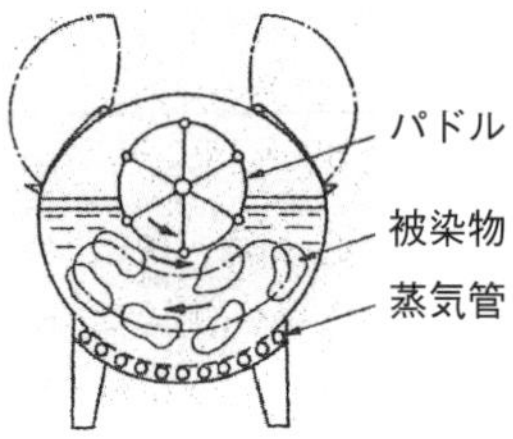

パドル

被染物

蒸気管

図3.55　パドル染色機[26]

「Circular AJ」

図3.56　液流染色機

［出典：日阪製作所のカタログ］

129

第1編　羊毛繊維に関する技術

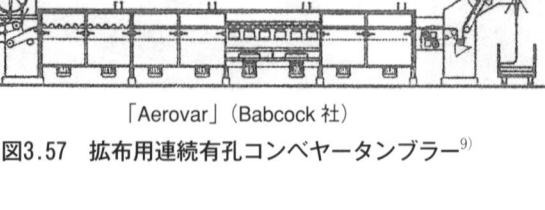

エアージェット吹出しおよび吸引　　　ノズルシステム

「Aerovar」(Babcock 社)

図3.57　拡布用連続有孔コンベヤータンブラー[9]

⑦パウダー加工（白化加工）

ポリノジックレーヨン（リヨセル，テンセル等）や絹は，ワッシャー機で洗浄すると，白い線が蜘蛛（くも）の巣のように表面全般にできる。しかし，洗浄中に布地がうまく広がり，マイルドに行うと，白化現象は線状でなく，白粉が吹き出たようになる。この現象を利用したものをパウダー加工という。

この加工を実際に行うには，大容量のワッシャー機で被洗浄物の量を少なくし，マイルドな運転をして，被洗浄物のしわの位置が絶えず変わるような操作方法が条件となる。しかし，このような加工方法は生産性の観点からも現実にはむずかしい。また，白化が発生しにくい時には，ストーンウォッシュを行うこともあり，白線の発生が起きる。

そこで，加工中にできた蜘株の巣状の白い線を消す方法として，酵素を使用する。

ポリノジックレーヨンは，強度は強いが硬くて折れしわができやすいので，ワッシャー処理を行うと筋状の白い線が発生するが，セルロース分解酵素で処理すると，白い線はなくなり，全面に白い粉が付いた感じのパウダー状の表面になる。風合いは，柔らかくしなやかになっていく。そして酵素の失活を行うと，手触りの柔らかい布地に仕上がる。

⑧エアータンブラー加工

ふくらみのある自然な感じの風合いにするために，タンブラー乾燥を行うが，この装置で操作したと同じような効果をあげるために開発されたものとして，エアータンブラーがある。タンブラー乾燥機はバッチ式であるが，エアータンブラーは連続式になっているのもあり，加工能力が高い。

布地を熱風と一緒に飛ばし，振動を与えたり，邪魔板等に衝突させて，しわの発生を押さえながら，揉み効果をできるだけ出せるように，各メーカーが考案し製造している。

⑨シープ加工

シープ加工は，上記のカジュアル向きのワッシャー加工とは少し趣が異なるが，古くから毛織物に行われてきた加工で，表面毛羽が毛玉状になった加工である。

ジェットエアーによるビーティングが，連続的に繰り返されるため，加工布に均一なタンブリング効果を与えることができる。

図3.58　シュリンクドライヤー

［出典：壽工業のカタログ］

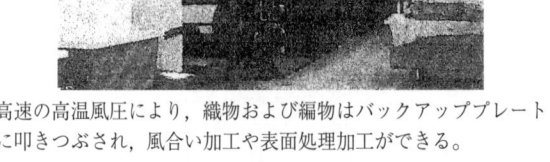

高速の高温風圧により，織物および編物はバックアッププレートに叩きつぶされ，風合い加工や表面処理加工ができる。

図3.59　クラッシュタンブラーⅠ型（オーブ状生地連続処理）

［出典：サムエンジニアリングのカタログ］

加工方法は，主に羊毛繊維やポリアクリル系繊維の毛羽を有する布帛をウェット状にして，ワッシャー機のようなタンブラー方式で揉むと，毛羽がピリングができたような毛玉になる性質を利用して行う。同じような加工に，ナッピング加工がある。ナッピング加工は，摩擦抵抗が出るゴム等を貼った板を回転させて布帛の表面を摩擦し，毛羽にピリングを発生させて全面に毛玉を保有させた加工である。ナッピング加工は半ば強制的にピリング状にするため，毛玉の形状が小さく締まった感じになるが，シープ加工は毛玉が大きく柔らかい感触になり，チンチラや羊毛の毛羽が丸くなって玉状になっている状況に似ていることから，この名が付けられたと思われる。

第3章　羊毛仕上げ・機能加工技術

図3.60　「TURBANG COMPACT-ROTOR」
［出典：Anglada 社のカタログ］

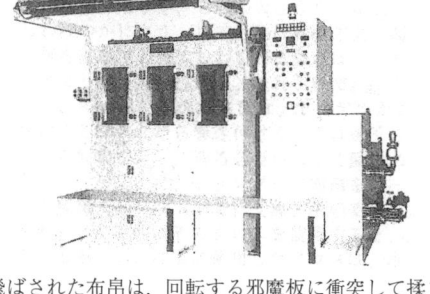

熱風で飛ばされた布帛は，回転する邪魔板に衝突して揉まれる

特　長
①高付加価値加工＝特殊風合い加工
②高圧気流処理による従来にない風合い
③気流処理による均一・均質なフィブリル化加工
④タンブラー効果による乾燥風合い加工
⑤仕上加工剤の付与による新風合い加工
⑥先染めおよびプリント後の風合い加工
⑦超低浴比＝超低比染色
⑧低浴比染色の実現（1：3）
⑨低浴比を応用した減量加工，リラックス，解撚加工
⑩独特のむら染め加工

図3.61　風　神
［出典：大島機械のカタログ］

特殊熱風ノズルによる衝撃的な布帛の乱舞

図3.62　シュリンクサーファー「乱舞」
［出典：大島機械のカタログ］

上記のように，ジーンズやカジュアルウェアでは，いかに自然な柔らかい風合いを出すか，時には使い古した感じを出すことができるか，各社それぞれに工夫を凝らして種々のワッシャー加工が考案されている。

3.3.11　しわ加工（Cresing finish）[20],[21]

自然な感じを持った外観や風合いを出すことが，ビンテージ物の流行につれて，表面に変化を付けるものが多くなった。ワッシャー加工もその一例であり，表面の状態は千差万別で，洗いざらしの凹凸の感じをより強調して，全面に「しわくちゃ」なしわを残した状態のものまでが求められるようになり，しわを強制的に付けたしわ加工が行われるようになった。しわ加工は，梳毛やプレーンな表面のものばかりではなく，有毛品であるスエード調やモッサー，ベロア，ピーチ加工など短毛仕上げをされた起毛物や，全面フロッキング（電着加工）を施された布地等にもしわ加工されるようになった。この有毛品は，通常での仕上がりはき

れいすぎて冷たく人工的な感じを抱くことがあるが，キャッチしわ（つかみしわ）を施すと，自然なやさしい感じに変わるのである。

加工方法は，素材によりしわの固定法に違いがあるために多少異なるが，一般には，しわの状態にしたのちに機械的圧力と熱を加えて，しわを固定化する。

しかし，いかにして求められるしわの形状を作るかが問題で，しわの出方がバランス良く均一であることや，しわの大きさも細かいものや荒いもの，たて状のしわであるのかランダムなつかみしわなのかにより，加工方法は各社が工夫を凝らしている。

羊毛繊維でたてしわを作る場合は，ロープ水洗や縮絨機，ロータリープレス，カレンダー等で行うが，それだけではセット性が不十分でしわの耐久性に乏しい。そこで，多く用いられた方法は，セミデカタイザーもしくはフルデカタイザー（Decatizing 機）に，加工する布をロープ状に絞りながら巻き付ける。それをそのまま蒸気で蒸してセットする。この方法は，特別な設備を新しく作る必要がなく簡単にたて状のしわ加工ができるためによく用いられた。しかし，シリンダーに布帛をロープ状に巻き付けた上に，ラッピングクロスを巻いて蒸気で蒸しセットを行うため，その使用したクロスにしわの跡が残り，しわ加工後に通常セットを目的としてそのクロスを使用すると，加工布帛にしわの跡が艶むらとなって残るので，しわ加工に使用したクロスは，本来の作業には使用できなくなるため注意が必要である。

その他のしわ加工機としては，熱したパイプの中に布地を何回か通す方法や，熱ロールにロープ状にして

131

第1編　羊毛繊維に関する技術

図3.63　ロールカレンダー
［出典：小松原のカタログ］

図3.64　エンボスカレンダー
［出典：小松原のカタログ］

図3.65　シュライナーカレンダー
［出典：小松原のカタログ］

通すことを繰り返す方法等が行われたが，それぞれ一長一短があり，今では，小さいシリンダーに被加工布をロープ状に巻き付けた後，それを取り出してロープ状のまま布に包み，チーズ（cheese）染色機の釜の中に入れて蒸気蒸しを行い，しわの付与とセットをする方法が多く用いられている。

しわの形状については，単なるたてしわの場合は，ロープ状にして何かに巻き付けるだけでできるが，斜線状のしわは，巻き付ける際に被加工布に撚りを掛けながら行うと，たてしわにならずに斜め状のしわになる。また，布をつかんだ際にできるしわ（キャッチしわ）のように四方にランダムにできるしわにするには，被加工布を手作業でつかんでしわを作りながら，狭い袋に詰め込んで口を縛る。それをロープしわの時と同じように，チーズ染色機に入れて蒸気セットを行う。被加工布をつかんで袋に入れる際に，細かくつかんで入れるか，大きくつかむかにより，しわのでき具合が

異なるため，この作業がしわ加工のポイントになる。しわ加工では，このつかみしわの要望が一番多い。しわの形状をセットする方法には，チーズ染色機のほかに，釜蒸機（Full-decatizing）のオートクレーブの中に入れて蒸す方法もある。また，しわの形状を長く維持させるために，セット剤を使用したり，樹脂で固定する方法を採る場合もある。

上記は，素材が羊毛の場合であるが，羊毛以外の素材については，『繊維の百科事典』には，次のように記載されている。

"合繊繊維のヒートセット性を利用し，織編物をロープ状にするかまたは積極的にねじりを加えたあと熱固定して，しわを付与する方法が一般的で，そのためのしわ加工機も開発されている。加工法としては液流染色機，ロータリーワッシャーなどによりロープ状で生地にしわを付け，このしわを残したまま乾操幅出しする方法，織物をねじり，乾熱または湿熱で固定したのち解撚する方法，型付けローラーで模様を付ける方法，綿織物に防染糊をプリントし，アルカリ処理で非プリント部を縮ませて凹凸感を出す方法，液体アンモニア処理後，高圧熱水によりしわ加工する方法などが行われている。そのほか，むら染めと併用する，しわをフェルトカレンダーで押さえ付ける，しわ加工のあと染色機で処理するなどの方法も行われている。

素材としては，ヒートセット性に優れるポリエステル100％またはポリエステル・綿混，ポリエステル・レーヨン混などの織編物が使用されている。製品は，婦人用ファッション衣料に用いられている。"

羊毛素材でも，捺染機を使用して防縮剤を柄状にプリントし，水洗，縮絨機でその柄が出るように部分的に収縮させてしわの感じを表現し，耐久性のあるしわ加工をする方法もある。

3.4　機能加工技術

3.4.1　緒　論

羊毛製品は，これまで述べてきたように他繊維にない優れた特性があり，その特性を損なうような付加価値加工は好ましくない。羊毛の問題点の1つに，水洗するとフェルトして収縮し，サイズが小さくなるというものがある。Machine Washable 性が要求されるような場合に限って，防縮加工は必要になる。

また，羊毛は虫が食いやすいという欠点がある。そのための防虫加工は昔から行われてきた。もう1つは，着用快適性の点としてのストレッチ加工である。Spandex Stretch 織物は急増しているが，ここでは羊毛の本来の特性を活かし，織物規格を考慮することで，より安定したストレッチ性を付加するための Natural stretch 加工について説明する。

また，現在，広く普及しているプリーツ加工についても簡単に述べる。なお，各種の防縮加工については3.4.2項および3.4.3項で，Super Black は第 2 章

2.1.8(2)項で，異色染めやむら染めなど特殊な染色加工法による特殊染色は第2章2.3節で，起毛による特殊加工は第3章3.3.8項で詳述している。

機能加工は，これらの羊毛製品特有の加工のほかに，合成繊維製品や綿織物で開発され実施されているような加工が，毛織物染色加工工場にも要求されており，種類も生産高も年々増加している。しかし，ここでは加工名と簡単な紹介にとどめる。

3.4.2 防縮加工―(1)

羊毛繊維集合体が，水の存在下で機械的に撹拌される時，完全に不可逆な収縮が起こる。洗濯などによって発生するこのような収縮は，他の繊維では見られない羊毛繊維独特の現象で，いわゆるフェルト収縮である。

この羊毛繊維のフェルト化現象の要因は，図3.66のように種々あり，単純ではないが，羊毛繊維表面に存在するウロコ状スケールの形態に起因する方向性摩擦効果（DFE：Directional Frictional Effect）が主要要因であるとの考え方が一般的である。つまり，繊維の根元から毛先への摩擦係数と毛先から根元への摩擦係数との差が，大きければ大きいほど，よく絡み合い，フェルト化しやすくなる[27]。

羊毛繊維のこのウロコ状スケールは，規則正しく常に毛根から毛先の方向へ突き出し，図3.67に示したようにエピクチクル，エキソクチクル，エンドクチクルの3層からなる[28]。重量としては繊維の約10%を占めており，主成分はエキソクチクルとエンドクチクルである。個々のクチクル細胞を包んでいるエピクチクルは3～5nm程度の薄い膜で，非常に疎水性が高く，化学薬品に対しても高い抵抗性を示す。エキソクチクルは，多くのシスチン結合で架橋されたケラチンタンパク質であり，膨潤しにくい硬い構造であるが，均一層ではなく，特にシスチン含量の高いA-layerと呼ばれる層が存在する。一方，エンドクチクルはシスチン含有量の少ない非ケラチンタンパク質を組成とする水膨潤性が極めて高い層である。このように，スケール細胞は水による膨潤度に差のある組織が貼り合わさった構造となっており，羊毛繊維の含水率が大きくなると，バイメタルのようにスケールエッジが立ち上がる（図3.68）。このため，洗濯などで水分と機械力が羊毛繊維に作用すると，繊維の移動によって繊維どうしが互いに絡み合い，フェルト化する[29]～[31]。これを防ぐ羊毛繊維の防縮加工は，このDFEをいかにして解消しスケールの絡み合いをなくすかにかかってくる。また，羊毛繊維集合体の場合には，ポリマーによ

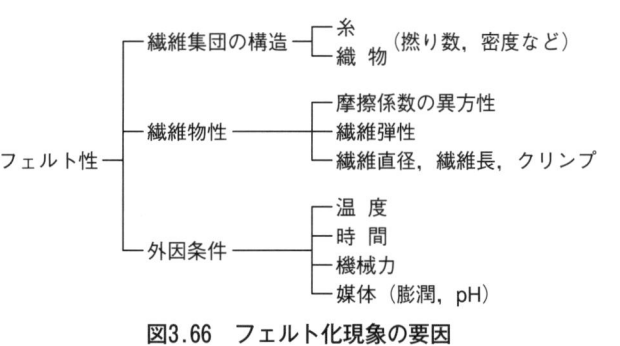

図3.66　フェルト化現象の要因

エピクチクル（12% CYS）
エキソクチクル"A"（35% CYS）
エキソクチクル"B"（15% CYS）
エンドクチクル（3% CYS）
細胞間充填物

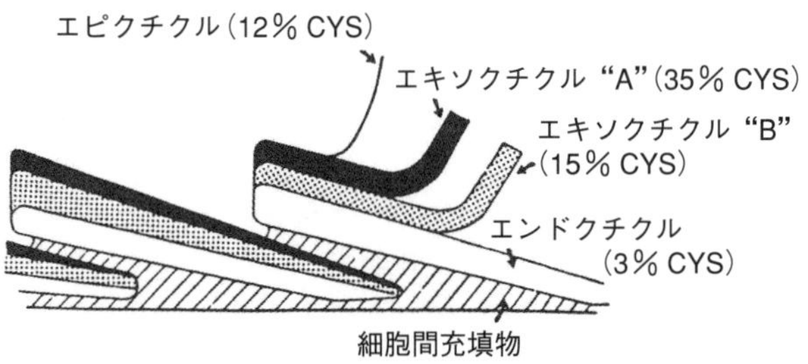

図3.67　羊毛繊維クチクルの模式図[28]

表3.10　羊毛製品のための機能加工

加工名	対象製品	備　考
防　縮	紳士・婦人・ニット	3.4.2項および3.4.3項参照
防　虫	礼服等	3.4.4項参照
防　炎	消防服等制服関係	3.4.5項参照
ストレッチ	スラックス等	3.4.6項参照
プリーツ	紳士・婦人服	3.4.7項参照
風合い加工	紳士・婦人服	シルキータッチ，カシミヤタッチ
染色加工	紳士・婦人服地	Super black，異色染め，むら染め等
ドレープ	婦人服	薄地ウール，レーヨン混紡品等
防しわ	薄地スーツ地	旅行用など
抗菌・消臭	紳士・婦人服	酸化チタン加工が主力であるが，加工剤や加工法から十分な効果は得られていない
撥水・撥油	コート，その他	
帯電防止加工	撥水加工品	撥水撥油加工などで低下した機能を補うためや，低水分状態での帯電防止のために行う
抗ピル加工	ニット	単糸ニットで甘撚，低ゲージ，ナイロン混紡品に発生しやすい
吸水・速乾	肌着，シャツ	
エンボス加工	紡毛オーバー地	フラットスクリーン捺染機やロータリースクリーン捺染機で，ポリウレタン樹脂をプリント－乾燥－固着後，縮絨で樹脂のない部分をフェルトさせて凹凸のある彫刻のような表面を作る
光沢加工	紳士・婦人服	オフスケール等，毛羽取りした表面をペーパーカレンダーで潰して光沢を付与

第1編　羊毛繊維に関する技術

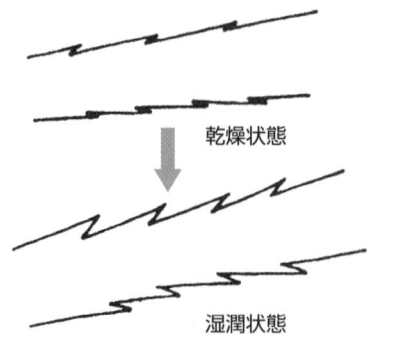

乾燥状態

湿潤状態

図3.68　吸湿によるクチクルの立ち上がり[29]

り構成繊維を互いに点接着して，繊維の移動を防ぐ方法も採られている。

⑴　防縮加工の始まり

　Youatt が1835年に初めて光学顕微鏡によって羊毛繊維表面のスケールの存在を確認して以来，羊毛の防縮加工の研究が進み，Speakman, Scott[32], Harris[33]等を経て，1953年には，Moncrieff により古典的解説書が著され，その中に今日の防縮加工の基礎的事項がすでに記されている[27]。Moncrieff はその著書の中で，DFE について，Differential Frictional Effect（摩擦係数の異方性）は間違いではないが，なにか変であり，Directional Frictional Effect（方向性摩擦効果）である"と記している。

①スケールの柔軟化，一部分解

　スケールの柔軟化，一部分解により DFE を解消する方法として，シスチン結合の切断能力をもつ酸化剤による処理が当初から検討された。最も古い方法は，織物を酸性溶液に浸した後，次亜塩素酸ナトリウム溶液で処理する湿式塩素化処理法であった。得られる防縮効果は問題なかったが，工程管理や均一加工がむずかしく，実用化には至らなかった。このため，これに代わる塩素化方法の研究がさかんになった。そして，1930年代に英国の WIRA（Wool Industries Research Association）により，塩素ガスを使った乾式塩素化

法が商業化されたが，水分コントロールのむずかしさと特殊装置を要するために，広く普及しなかった。反応をスケールだけに集中させるために，有機溶剤系での塩素化処理の可能性が検討され，たとえば，塩化スルフリルによる Dri-Sol プロセス（Yorkshire Chemicals 社）が1944年に提案された。しかし，有機溶剤のコストの問題などで，他の管理しやすい湿式塩素化法の開発へと期待が移った。

　次亜塩素酸ナトリウムとギ酸を用いて pH4.5下で30分処理し，時間をかけて均一な反応を図った方法である Negafel プロセス（Finishing Processes, 1941年），過マンガン酸カリウム，次亜塩素酸ナトリウム，塩化カルシウムにより塩素および酸素酸化する Dylan Z プロセス（Stevenson's Ltd./Precision Processes Textiles Ltd.：PPT 社，1945年），次亜塩素酸とアミノ樹脂緩染剤による Melafix プロセス（Ciba-Geigy AG 社，1948年）などが開発された（図3.69）[34]。

　これらの塩素化処理は羊毛に防縮効果を付与できるが，工業的スケールでの均一処理はそれほど簡単ではなかった。このため，他の薬剤の利用についても検討され，アルカリや酸素酸化剤をベースとする方法，重亜硫酸ナトリウムを含んだ酵素（パパイン）溶液処理，銅塩の希釈溶液で処理した後に過酸化水素で処理する方法などが1940年代に提案された。PPT 社は，1940～1950年代からモノ過硫酸などの新しい薬剤を用いた Dylan プロセスの研究を進めた[27]。ほかに，濃厚塩中で過マンガン酸カリを使う方法が CSIRO（オーストラリア連邦科学産業研究機構）により1960年に発表された[35]。これは，中性塩類の濃厚水溶液が羊毛の膨潤抑制効果をもつことを利用して，酸化剤の反応をスケール層もしくはごく表面のコルテックス層にだけ限定する方式で，後に NEVA SHRINK プロセスと呼ばれた[36]。

　コントロールが比較的容易なことから，有機塩素化合物の応用も検討され，DCCA（ジクロロイソシアヌ

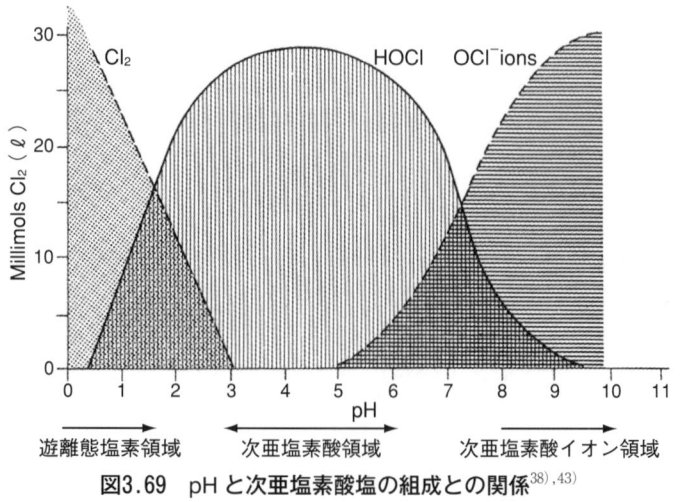

図3.69　pH と次亜塩素酸塩の組成との関係[38],[43]

pH が低いほど，酸化反応はクチクル表面に集中。中性ではクチクル，コルテックスとも酸化。

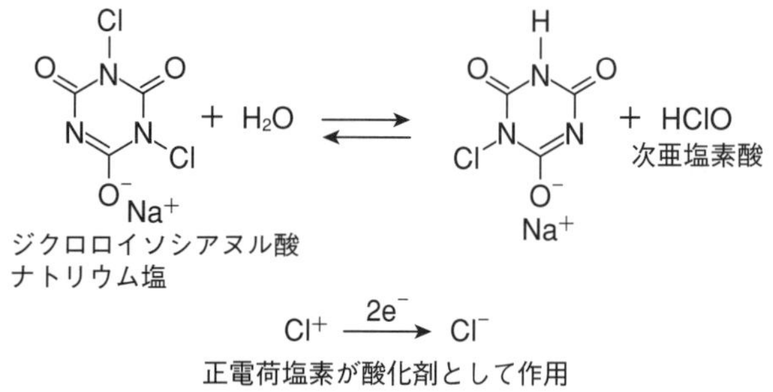

Cl
H
+ H2O
+ HClO
次亜塩素酸
Na+
ジクロロイソシアヌル酸
ナトリウム塩
Cl+
2e−
Cl−
正電荷塩素が酸化剤として作用

図3.70　DCCA 塩素酸化経路[39]

ル酸塩）に注目が集まり，Fi-Chlor（Fison's Ltd. 社，1968年）や Basolan（BASF 社，1966年）が商品化された（図3.70）[37)〜39)]。

②ポリマーによるスケールの被覆

界面重合方式により，ナイロンポリマーでスケール表面を被覆して DFE を減少させるポリマーによる防縮加工が，1961年に米国農商務省で開発された。室温で，水相とこれに混じらない有機溶媒相との界面でポリマーを形成させるもので，Bancora プロセスとして Bancroft 社により工業化された[40)]。有機溶剤浴の水分管理が必要であり，広く普及するには至らなかった。

1964年に，CSIRO は羊毛繊維表面へのポリマーの広がりと付着，さらにはハロゲンを軽く作用させてあらかじめ羊毛を活性化し，次いでポリマー処理し，2〜3％のポリマー付着量で高い防縮効果を達成する方式に関する論文を発表した[41),42)]。これらの成果は，塩素化／樹脂法，塩素化／Hercosett（Hercules 社）プロセス開発へと導いた[43)]。

③点接着による繊維移動の防止

布帛中の繊維と繊維との接点を樹脂で接着することにより，繊維の相互移動を防止して防縮性を付与する研究も古くから行われ，ゴムラテックスを用いる Positex 法（WIRA，1938年）やメチロールメラミンによる Lanaset 法（American Cyanamid 社，1949年）などが開発されたが，風合いの問題で採用されなかった[27)]。1969年代になると，Synthappret LKF（ポリウレタン系ポリマー，Bayer 社），Zeset TP（ポリエチレン系ポリマー，DuPont 社）など，有機溶剤系での樹脂加工法が紹介されたが，やはり，風合いや樹脂の保管などの問題により，あまり普及しなかった。1972年代にはチオール化合物を使う Oligan SW（Ciba-Geigy AG 社）プロセスが業界導入されたが，後に樹脂の生産が中止された[44),45)]。同じく，1972年に CSIRO により，Synthappret LKF からポリイソシアネートポリウレタンポリマーの水溶性重亜硫酸塩付加物調整法が開発され，水系での加工を可能にする Synthappret BAP（Synthappret LKF の重亜硫酸塩付加物，Bayer 社，図3.71）を生み出した[46)〜50)]。

⑵　日本での防縮加工

①日本での防縮加工の始まり

日本での工業的規模での防縮加工の始まりには，次の３つのことが大きく係わった。

1)CSIRO/IWS（国際羊毛事務局）開発技術の技術移転基地としての IWS 一宮技術センターの開設

1962年に愛知県一宮市に設立され，翌1963年から NEVA-SHRINK 防縮加工技術の日本の業界への紹介が始まった[51)]。CSIRO で開発された濃厚中性塩存在下で過マンガン酸カリ処理する方法で，良好な白度と柔軟な風合いを特徴とした。引き続き，新しく開発された防縮加工法の国内への紹介，導入を進めた。

2)ウールマーク制度の発足とウールマーク・ウォッシャブル基準の制定

1964年にウールマーク制度が発足し，1968年にはウールマーク・ニットウェア製品の品質基準の１つとして耐洗濯性基準が定められた。それ以後，防縮加工技術の進展と消費者ニーズの変化に合わせた基準作りを進め，ウォッシャブル・ウール製品普及を側面から支えた[52)〜54)]。

3)英国 PPT 社開発技術の導入

1964年に，過硫酸による PPT 社独自の酸素酸化

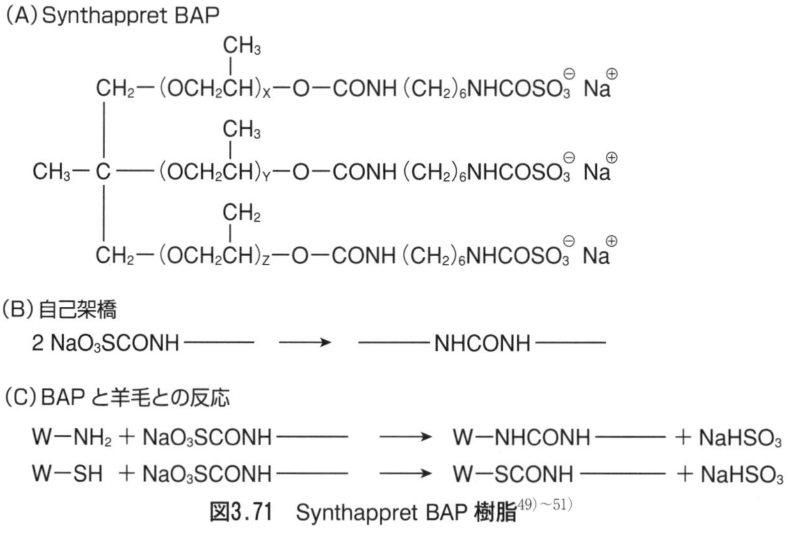

(A) Synthappret BAP
CH3
CH2—(OCH2CH)x—O—CONH (CH2)6NHCOSO3⊖ Na⊕
CH3
CH3—C—(OCH2CH)y—O—CONH (CH2)6NHCOSO3⊖ Na⊕
CH2
CH2—(OCH2CH)z—O—CONH (CH2)6NHCOSO3⊖ Na⊕
(B) 自己架橋
2 NaO3SCONH——— → ———NHCONH———
(C) BAP と羊毛との反応
W—NH2 + NaO3SCONH——— → W—NHCONH——— + NaHSO3
W—SH + NaO3SCONH——— → W—SCONH——— + NaHSO3

図3.71　Synthappret BAP 樹脂[49)〜51)]

第1編　羊毛繊維に関する技術

法である Dylan XB および Dylan XC-P プロセスを日本の業界へ導入するなど，積極的な技術サービス活動を日本でも開始した。その柔軟な風合いと仕上がりの白さ等の面で，Dylan 加工羊毛は好評を博した。その後も耐洗濯性能を向上させた数種の Dylan 加工技術を紹介し，国内への導入を行った。

②日本で当初導入された防縮加工法[51),52),55)]

酸化処理によりスケール細胞中のシスチン架橋結合を酸化開裂させて，三次元網目構造を軟化し，スケールが水中でゼリー状，粘性液体化するようにして，羊毛繊維どうしのひっかかりや DFE をなくす，DylanXB/Dylan XC-P プロセスと DCCA 法が，1960年代に初期の工業的防縮加工法として国内で広く採用された。

この2つの加工法は，日本だけでなく全世界で普及し，防縮加工羊毛の生産量が飛躍的に増加した。これは，加工羊毛の品質の良さに加え，性能の高い水平パッダーが開発されたことが大きく寄与した。水平パッダーとバックウォッシャーを用いたスライバーの連続処理によって，安定した品質と大量生産が可能となり，日本に防縮加工法が導入されて以来，10年後の1970年代前半には国内で年間約300万 kg 以上の羊毛が加工されるに至った。

しかしながら，これらの酸素酸化法や塩素化法によるスケール先端の柔軟化，一部分解操作だけでは，得られる防縮効果に限界があり，商品バラエティに乏しく，よりいっそう高度な耐洗濯性能が付与できる防縮加工法への要望が高まり，酸素酸化法の改良，さらには塩素化処理と樹脂との併用法の開発へと移っていった。

1）Dylan XB/Dylan XC-P プロセス

PPT 社により開発された過硫酸を用いる防縮加工法で，XB はバッチ処理，XC-P はスライバーの連続処理を意味した。日本には1964年頃導入され，主に，水平パッダーによるスライバーの連続処理法と紡毛バラ毛のバッチ処理法が用いられた。

2）DCCA 法

次亜塩素酸ソーダによる塩素化処理に比べ，羊毛と塩素との反応のコントロールが容易である，有機塩素化合物，ジクロロイソシアヌル酸（DCCA）あるいはそのアルカリ金属塩を用いる防縮加工法のことを，IWS が DCCA 法と称し，1966年に日本に紹介した。日本では，Basolan DC（BASF 社），ハイライト（日産化学），ネオコール（四国化成）などが使われた。

スライバーの連続処理および，トップ，糸，編立製品でのバッチ処理が可能で，3〜5 ％ o.w.f. の DCCA で防縮効果が得られた。連続処理法は，「Basolan 法」（BASF 社）や「Pad-Acid」法（Pechiney St. Godain 社）も紹介されたが，日本では主に IWS 開発の「Pad-Store」法が採用された（図3.72）。

3）Dylan XC-Ⅱ法

Dylan XC-P の改良法として開発された Dylan XC-Ⅱ法が，1970年に国内に導入された。塩素化剤（DCCA あるいは次亜塩素酸ナトリウム）と過酸化剤（モノ過硫酸などの過硫酸塩化合物）を併用した塩素酸化／酸素酸化法で，水平パッダーとバックウォッシャーにより，スライバーを連続的に処理する。塩素酸化法の防縮性，酸素酸化法の白度と風合いの良さを活かした加工法であり，Dylan XC-P 法よりも高い耐洗濯性能をもたらすものの，DCCA 法にも当てはまることではあるが，これら酸化処理によるスケールの柔軟化，一部分解からくる物性面の問題から，達成できる防縮度には限界があった。

4）塩素化／樹脂加工法
（塩素化／Hercosett プロセス）[56)〜58)]

1960年代前半に CSIRO によって開発され，IWS により工業化された加工法で，DCCA あるいは次亜塩素酸ソーダなどの塩素化剤で羊毛繊維に塩素化前処理を施し，次に少量のカチオン性ポリアミドエピクロルヒドリン樹脂（Hercosett 57，Hercules 社）あるいは Pollamin E-10（東邦化学）で樹脂加工し，羊毛繊維表面にごく薄い均一な皮膜を形成し被覆する方法である。このため，風合い低下も少なく，非常に高度な防縮性能が付与できる（図3.73）。耐洗

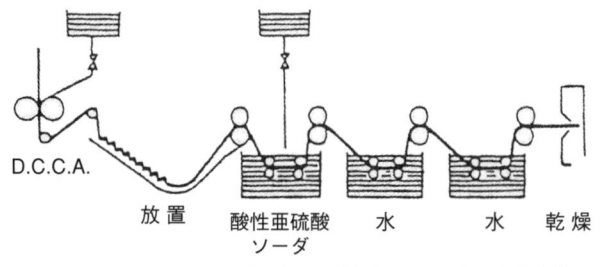

図3.72　Pad-Store 法による連続式 DCCA 処理装置[51)]

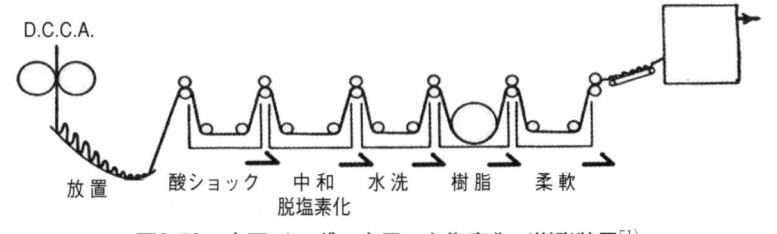

図3.73　水平パッダーを用いた塩素化／樹脂装置[51)]

$$\text{Wool}-\text{S}-\text{S}-\text{Wool} \xrightarrow{\text{Cl}_2/\text{NaHSO}_3} 2\,\text{Wool}-\text{SO}_3\text{H}$$

図3.74 スルホン酸基を生じるジサルファイド結合の酸化[57),58)]

$$\text{Wool}-\text{CONH}-\text{Wool} \xrightarrow{\text{Cl}_2/\text{NaHSO}_3} \begin{array}{l} \text{Wool}-\text{COOH} \\ \text{Wool}-\text{NH}_2 \end{array}$$

図3.75 カルボキシル基と一般アミンを生じるクチクル中でのペプチド結合の開裂[57),58)]

濯性能が非常に高いマシンウォッシャブル製品の製造が可能となり，世界中で広く普及した。日本では1972年に導入され，1975年に商業生産が開始された。

この加工法における塩素化前処理は，スケールの先端を一部分解，柔軟化し，羊毛繊維どうしの絡み合いを少なくする効果もあるが，ここでの強酸性下における低濃度の塩素化前処理は，引き続く樹脂加工工程に対して，次のような重要な役割を果たす。すなわち，

(a)羊毛繊維の臨界表面張力を増大させ，濡れやすくする（羊毛繊維はそのスケール表面のエピクチクルに基因し，もともと非常に濡れにくい繊維であり，臨界表面張力は，30 dyne/cm 程度であるが，塩素化前処理を施すと69 dyne/cm に増大する）。一般的に樹脂が繊維上に拡張するためには，その樹脂の臨界表面張力は繊維のそれよりも低くなければならない。ここで使用する Hercosett 樹脂の臨界表面張力は52dyne/cm であり，塩素化前処理を施すことによってはじめて，均一なる樹脂皮膜の形成が可能となる。

(b)スケール中でのジサルファイド結合（−S−S−結合）のスルホン酸基（−SO₃H）への開裂。（塩素化前処理羊毛の表面は，中性から弱アルカリ性領域で，−SO₃⁻，−COO−イオンを帯び，アニオン活性となる。羊毛繊維表面に分布され

たポリアミドエピクロルヒドリン樹脂 Hercosett は，アゼチジニウムイオンをもち，カチオンに帯電している。このため，羊毛繊維表面と界面電気化学的に反応し，次いで共有結合により強固に接着し，均一なごく薄い皮膜を形成する）。

また，ここで使用する Hercosett 樹脂は，水中では可逆的かつ等方的に，乾燥時のほぼ5倍にも膨潤するため，少ない樹脂量にもかかわらず，Superwash と呼ばれる非常に優れた防縮性能が得られる点も大きな特徴である。

5）Dylan FTC 法[52)]

水平パッダーにより塩素化と樹脂処理を同時に行う連続式 Dylan GRC や，バッチ処理により塩素化剤で前処理した後に樹脂加工する Dylan GRB を1972年に紹介したが，風合いや白度などの点で日本では採用されなかった。1977年には，リン酸緩衝液で中性に保持された次亜塩素酸ソーダ水溶液で水平パッダーにより塩素化を行い，引き続いてバックウォッシャーで酸ショック−水洗−脱塩素化−水洗−柔軟処理する改良酸化処理法 Dylan FTC 法が国内に導入された。翌年には，次亜塩素酸ソーダと過マンガン酸カリといった2種類の酸化剤を含む水

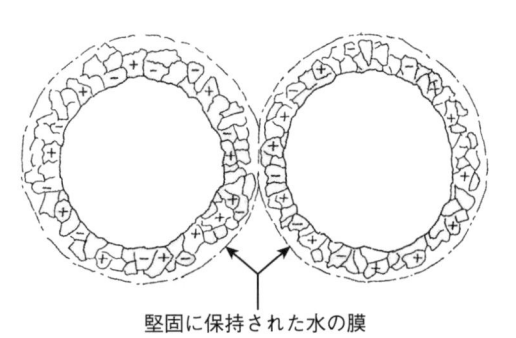

堅固に保持された水の膜

図3.77 塩素化／Hercosett 処理羊毛の水との相互作用の模式図[58)]

表面潤滑効果をもたらす，軽く架橋されたカチオン性編目構造模式図

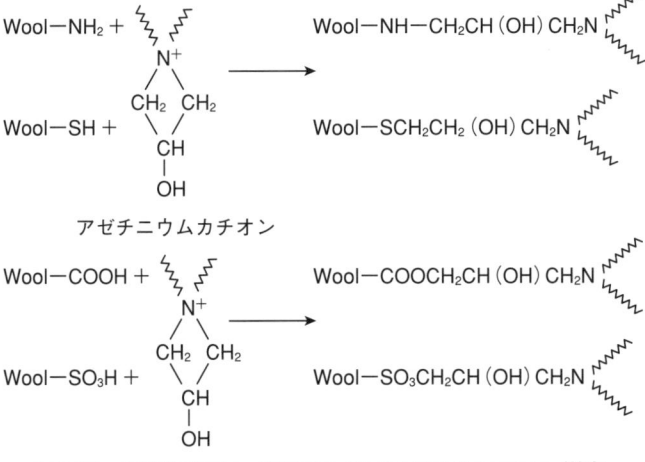

アゼチニウムカチオン

図3.76 塩素化羊毛とポリアミドエピクロルヒドリン樹脂，Hercosett との反応[57),58)]

第1編　羊毛繊維に関する技術

溶液での連続式処理を行う Dylan Fullwash も紹介された。いずれの場合も酸化剤処理だけによる処理であったため，羊毛の損傷度との兼ね合いがむずかしいという欠点があった。このため，PTT 社は，塩素化／樹脂法に類似した Dylan PL と Dylan PK 法を1980年前半に開発している。

③第二世代防縮加工技術の国内導入

一般に塩素化反応は，処理液 pH 値を下げれば下げるほど，反応速度が速くなり，その分，反応を羊毛繊維のスケール部分だけに集中させることができる。しかし，DCCA を使った水平パッダーによる連続処理や染色機でのバッチ処理では，反応が急激すぎるために均一処理がむずかしく，処理液 pH 値のコントロールにより反応速度を押さえながら処理される。このため，処理がスケールだけにとどまらず，羊毛繊維内部にまでおよぶ危険性をはらみ，ある程度の繊維損傷は避けられないものであった。また，次亜塩素酸ソーダによる強酸性下でのサクションドラム方式の場合には，反応副産物が塩素化処理槽中に蓄積して，処理の均一性を損なうという問題を内在していた。

こうした問題を，装置的に一挙に解決する全く新しい考え方に立った装置が，1980年以前にカナダの Kroy 社によって開発された。Kroy「Deep-Im」と呼ばれるこの装置は，図3.78に示したように，U字管を使用した垂直・深水浸漬原理にもとづく新しい塩素化処理機で，毛細管現象と静水圧との複合効果によっ

て非常に均一な処理効果が得られる[59]。

塩素化剤として，通常，塩素ガスを用い，特殊注入器中で塩素ガスと水とを混合し，次亜塩素酸を発生させ，強酸性雰囲気の中で羊毛繊維と反応させる（図3.79）。羊毛トップは反応槽に対して垂直に近い角度で導入され，処理液に進入する直前に，この塩素ガスを注入した強酸性次亜塩素酸水溶液でスプレーされる。静水圧によって羊毛トップ中の空気ポケットが瞬時に除去され，トップは直ちに完全に湿潤し，羊毛繊維と塩素との反応が非常に均一に完結する。

この優れた処理の均一性によって，従来の方式よりも塩素濃度および樹脂濃度を減少させても，従来のものと同等か，あるいはそれ以上の防縮性，いわゆる Superwash Wool が得られる。さらに，処理が羊毛繊維表面だけに集中するため，繊維損傷が非常に少ないのも大きな特徴である。

日本には1984年に，世界で5番目，台数で8台目として1台導入された。また，その後も国内の紡績企業によりその採用が続いた[60]。

この Kroy「Deep-Im」装置の成功に刺激され，これとは別の独自の発想にもとづく他の新塩素化処理装置が，西ドイツの Fleissner 社によって開発された。Fleissner「Split Pad」Chlorinator と呼ばれるこの塩素化処理装置は，図3.81に示したように，水平パッドマングルと約2m長のタンク内に組み込まれた浸漬ローラー群から成り立っている。次亜塩素酸水溶液を噴霧ドリップ方式により含浸させた羊毛トップを

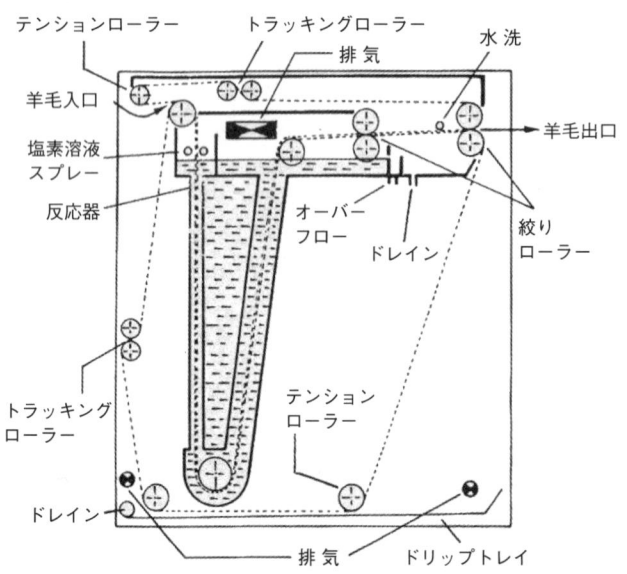

図3.78　Kroy「Deep-Im」装置[55),56),59)

図3.80　Kroy／Hercosett 連続式防縮加工[59]
Robert Jowitt & Sons Ltd.におけるクロイ／ハーコセット法（後方写真）。クロイ「ディープイン」機で塩素化された羊毛スライバーは，サクションドラム，バックウォッシャーで中和，水洗，樹脂および柔軟処理される。

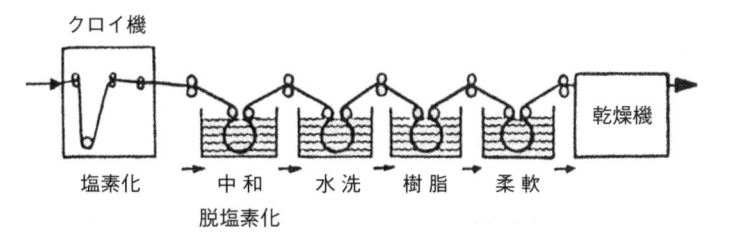

図3.79　Kroy／樹脂連続式加工装置[56]

第 3 章　羊毛仕上げ・機能加工技術

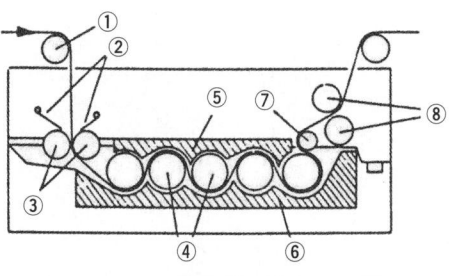

①フィードローラー
②処理液供給システム
③スプリット－パッド
④トランスポーテーションローラー
⑤上部ディスプレイスメントボディ
⑥下部ディスプレイスメントボディ
⑦デリバリーローラー
⑧絞りローラー

図3.81　Fleissner「Split Pad」Chlorinator[61]

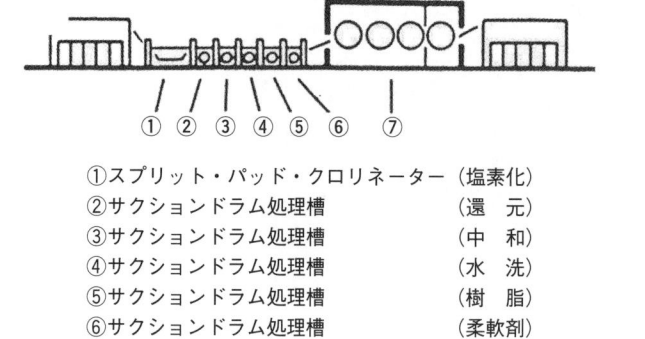

①スプリット・パッド・クロリネーター（塩素化）
②サクションドラム処理槽　　　　　　（還　元）
③サクションドラム処理槽　　　　　　（中　和）
④サクションドラム処理槽　　　　　　（水　洗）
⑤サクションドラム処理槽　　　　　　（樹　脂）
⑥サクションドラム処理槽　　　　　　（柔軟剤）
⑦乾燥機

図3.82　Fleissner「Split Pad」Chlorinator 連続式塩素化／
　　　　樹脂防縮加工[61]

パッドマングルで絞り，その際にローラー間隙を数mmあけて絞ることを特徴としており，この操作で気泡を全く含まずに羊毛トップに塩素化剤を供給するようにしている（図3.82）。処理液と羊毛トップは，槽内の浸漬ローラーを通る間に反応を完了する。この装置も，1986年および1989年に日本の紡績企業により導入された[61]。

　これら2つの装置は，pH2.0で次亜塩素酸（HOCl）を羊毛繊維に反応させるため非常に化学反応性が速く，最初の1秒以内にその反応の大部分が完了し，羊毛繊維表面にだけその反応を集中させることができる。このため繊維損傷が極めて少なく，また，このような急激な反応条件下でも非常に均一に処理でき，次に続くHercosett樹脂加工の均一性，効率を飛躍的に高めることができる点に最大の特徴があり，羊毛スライバーの連続式加工方法の主流を成し，現在も世界中で数多く稼働している。

　また，これとは別に，Kroy「Deep-Im」装置，Fleissner「Split Pad」Chlorinator とともに第二世代防縮加工機と呼ばれる，Dylan SRW Chlorinator（Dylan 社／Woolcombers 社）[62]や Andar Applicator（BASF 社／Andar 社／IWS）方式も開発され，海外では一部普及したものの，日本の企業による導入はなかった。

④スケール剥離による防縮加工法

　1983年に，昭和58年度日本繊維学会技術賞（スケール剥離による羊毛の新素材化）[63]を受賞した「Vantean（ヴァンテアン）」プロセス（日本ハイスピナー）

の出現により，世界で初めて羊毛スケールの大部分を除去しても，商品としての物性および価値を保った防縮製品が製造できることが証明され，これに続いて各種の脱スケール加工法が見出され，実用化された。これらは，塩素化あるいは酸素酸化といった酸化防縮加工を基本としたものが大部分であるが，スケールを大部分除去するために，処理条件があまりにも強すぎると羊毛繊維本体である皮質細胞が酸化剤の影響を受け，著しい物性低下を来たす。このため，いかにして羊毛繊維のスケール部分だけに限定した強い酸化処理を均一に行うかが重要となる。

　これら脱スケール加工によって高度な防縮性能が付与されるのに加え，シルクのような光沢とやさしい肌触り，カシミヤのような艶としなやかさが得られるため，特に IWS により「ソフト＆ラスター」加工ともいわれた[64],[65]。

1）Vantean プロセス（日本ハイスピナー）[66],[67]

　羊毛繊維を，ニッケルのような重金属をイオンとして含む水溶液中に浸漬し，スケールの接合部分とエンドクチクルとにこれを吸着させ，次に，次亜塩素酸イオン溶液中で処理し，上記部分において急激な接触的酸化分解を起こさせ，スケール組織をその内側から崩壊，剥離する。親水性で平滑，ソフトな表面となり，触感が大きく改良され，水分の吸脱着が速く，快適性が増し，肌に直接着用する衣類やカジュアル用途に製品展開された。また，ソフトな手触りと酸化防止機能による耐光性から自動車用椅子張り地にも採用された。後に，塩素に代わり濃厚な過水素水溶液による E-WOOL（大東紡織／名川繊商／日本ハイスピナー）の開発へと発展した。

2）過マンガン酸カリウム／塩法

　脱スケール加工に要する過マンガン酸カリ濃度は，スケール先端の柔軟化，一部分解防縮加工処理濃度よりも当然高くする必要があるが，得られる効果と物性低下とを考慮し，通常5〜7%程度適用された。しかし，強伸度低下は免れず，また使用する塩の管理の問題などで，一部の染工場で実施されるにとどまった。

3）DCCA／過マンガン酸カリウム法

　DCCA／過マンガン酸カリの濃度を高め，同時にその割合を3：1に変えることにより脱スケール化が達成されるが，物性管理のむずかしさが工業化の

第1編　羊毛繊維に関する技術

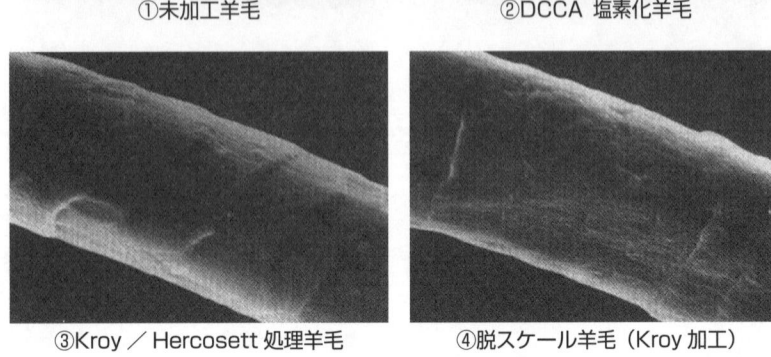

①未加工羊毛　　②DCCA 塩素化羊毛

③Kroy／Hercosett 処理羊毛　　④脱スケール羊毛（Kroy 加工）

図3.83　各種防縮加工羊毛の電顕写真

ネックとなった。

4）第二世代防縮加工技術による方法

　Kroy「Deep-Im」装置あるいは Fleissner「Split Pad」Chlorinator の特徴を活かし、乾燥した羊毛繊維と塩素とを瞬時に反応させ、非膨潤状態で塩素化処理し、処理薬剤を繊維本体内部に浸透させることなく脱スケールする方法である。前述の第二世代防縮加工法の場合は、1.5〜2.0% o. w. f. の塩素が適用されるが、脱スケール加工の場合は、4〜6％塩素が必要となる。しかし、羊毛繊維と塩素の反応は、0.5〜1秒以内にほぼ完結するため、繊維損傷を極少化することができ、国内でも連続式脱スケール加工あるいは「ソフト＆ラスター」加工として大いに普及した。

5）酵素加工

　スケール細胞中のエンドクチクルは非ケラチン質で、タンパク質分解酵素によって容易に抽出される。さらに、スケール細胞中の他の部分も、酸化剤によってシスチン架橋結合を切断すれば、同じく消化分解され得る。この原理を応用した、酸化剤前処理／タンパク質分解酵素処理併用法がいくつか考案された。酸化剤処理に続く酵素処理を、いかにスケール部分だけに集中させるかが重要であり、たとえば、塩類を併用して羊毛繊維の膨潤を押さえながら処理する方法などが開発された[68]。

　他の方法として、アルカリプロテアーゼを含むpH8.5以上のアルカリ性溶液で処理することを特徴とする脱スケール加工など、タンパク質分解酵素単独処理による方法もいくつか開発され、一部実用化された[69]。いずれもバッチ処理であり、また処理後の酵素の失活化の問題、さらには酵素のコストの高さ等が普及の障害となった。

⑤点接着して繊維の移動を防止する方法／日本での織物の防縮加工

　CSIRO により開発された、水系での加工を可能にする Synthappret BAP をアクリルエマルション（Primal K3, Rohm Hass 社）あるいはウレタンディスパージョン（Impranil DLH, Bayer 社）と併用して加工する Sirolan BAP プロセスが1977年に IWS を通じて日本に紹介された[70]。また、日本では CSIRO/IWS のライセンスを得て、Sirolan BAP プロセス用として同タイプの樹脂、Elastron BAP（第一工業製薬）も販売された。

　布帛中の繊維と繊維との接点を樹脂で接着して、繊維の相互移動を防止して防縮性を付与するもので、水系でのパディング／乾燥／ヒートセット操作による布帛の加工法である。風合いの硬化は避けられないものの、高い防縮効果が得られる。加工後に、洗絨機や反染め機での後洗い工程を組み込むことで風合い改良を図った。そして、その独特なハリ感を活かして、家庭洗濯できるウール・カジュアル・シャツがまず商品化された。続いて、1978年には高度な耐洗濯性能を活かしたウールのオムツカバーが開発され、好評を博した。1980/1981年には、マシンウォッシャブル・ウール・スラックスとウールブレンド・スラックスが商品化され、一定の評価を得て、1990年代を通じ、毎年約95万kgの布帛が Sirolan BAP 加工された（図3.84）。

　しかし、数量の拡大および商品の多様化には、風合いのいっそうのソフト化が求められ、次のような方法が行われた。

1）よりソフトな樹脂の開発

　ハードセグメントとして作用するウレタン結合の含有量を少なくして、ソフト化を図った Elastron NEW BAP-15（第一工業製薬）が開発され、Siro-

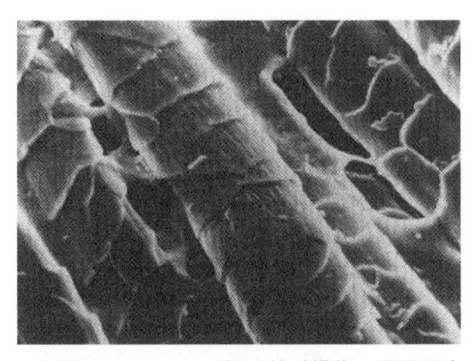

図3.84　Sirolan BAP 加工羊毛織物の電顕写真

lan New BAP プロセスとして1998年に業界導入が始まった[71]。

2) 物理的処理との組み合わせ

常圧下でのコロナ放電処理法をはじめとする，物理的手段による防縮加工方法も古くから試みられている。また，減圧下でのプラズマ放電処理法も，加工装置が開発され一部実用化された。酸化プラズマ処理により，羊毛繊維表面は親水化し，DFE が少なくなり，防縮性能が付与される。これらの効果は，化学的酸化処理，たとえば塩素化やモノ過硫酸カリで得られる効果と類似したものであるといわれている[69]。これら物理的処理を前もって施し，樹脂への反応性を高めるとともに，使用する樹脂量を減らして，高度な防縮性能を保持しながらソフト化を図る方法が現在でも行われている。

3) Kroy Fabric Machine の利用

反物の連続式塩素化処理装置，Kroy Fabric Machine が Kroy 社により開発され，日本での1号機が1990年に導入された。この装置は，前述の第二世代防縮加工技術に属し，塩素は極めて有効に消費される。塩素処理を強酸性下，スプレー方式で行うもので，広幅状態の反物に均一に塩素処理できる[72]。Kroy Fabric Machine は，防縮加工のみならず，プリント下加工，反染めでのフェルト防止のための反染め下加工，ソフト＆ラスター加工，フォーマル用ブラックの深色加工前処理など，その汎用性が広いため国内での導入が続いた（図3.85）。樹脂加工前にこの装置で前処理を施し，樹脂への反応性を高め，使用する樹脂量を減らしている。

4) 新しいウォッシャブル・ウール布帛製品の開発

上述の風合改良法の出現と，形状保持性を付与するシロセット加工，縫製副素材と縫製技術とが相まって，国内では1999年にイージーケア・ウールスーツ[53]，2004年に家庭用タンブル乾燥可能なトータル・イージーケア・スラックス，2007年にシャワークリーンスーツ[73]，2009年にレディスのウォッシャブル・ウール・スーツといった今までになかったウォッシャブル製品が，それぞれ商品化された。

(3) 第三世代防縮加工技術

防縮加工羊毛生産量の統計は，1997年頃までは

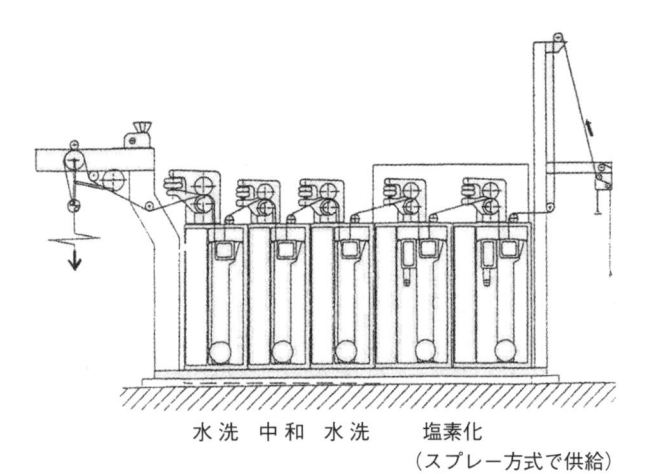

水洗　中和　水洗　　塩素化
（スプレー方式で供給）

図3.85　Kroy Fabric Machine[38),69)]

IWS によってまとめられていたが，その後の動向についての発表はあまり見られない。ただ，The Woolmark Company の2012年2月の情報では，塩素化／Hercosett 処理羊毛は，全世界で年間約3,000万 kg 生産されていると報告されている[74]。統計が取られていた最後の年の1997年における全世界の防縮加工羊毛生産量は3,500万 kg で，そのうちの71％（2,500万 kg）が，主に塩素化／Hercosett 処理による連続式スライバー処理であった。残りは，ガーメント，織物，バラ毛での加工であった。同じく1997年の日本の防縮羊毛生産量は全体で約372万 kg，そのうちのスライバーの連続処理は75％の278万 kg（マシンウォッシュ223万 kg，ソフト＆ラスター：55万 kg）であった[75]。消費者が防縮性能を最も求めるウール製品は，セーターをはじめとするニットウェアであり，これら連続式スライバー処理羊毛は主にニット糸として販売された。

1974年に，消毒薬用塩素と有機物質との反応により生成したハロホルムが飲用水中に見つかって以来，羊毛産業においては，塩素化／Hercosett 処理工程から排出される Hercosett 樹脂，可溶性タンパク質，残脂などが残留塩素と反応して生成する吸着性有機ハロゲン化合物（AOX：Adsorbable Organic Halogens）への懸念が高まった。AOX は，食物連鎖を経て人体内に蓄積し，発ガン性をもつ可能性があると指摘されている。

このため，AOX の排出のない新しい防縮加工法の研究開発が，世界中の羊毛研究機関で行われた。そして，日本で2つのスライバー用 AOX フリー連続式防縮加工法が「第三世代防縮加工技術」として，世界に先駆け初めて実用化された。

① AOX，吸着性有機ハロゲン化合物

塩素化有機化合物は，人工的に作り出されたものがほとんどである。不燃性，卓越した分解力，高反応性といった多様な優れた特性をもつため，世界中の家庭や産業界で広く使用されている。一方で，環境への悪影響も無視できない。生分解に耐性があり，親脂質性

第1編　羊毛繊維に関する技術

で脂肪質組織に濃縮される。その結果，長期間にわたり生物圏に残存して，種々の弊害をもたらす。また，普遍的にはいえないが，人体に対する急性毒性があり，多くの有機ハロゲン化物が発ガン物質あるいはその疑いのあることが証明されている。1974年に，アメリカのミシシッピ川に依存するニューオリンズ住民の水道水の中から，消毒薬用塩素と有機物質との反応により生成したハロホルムが見つかって以来，工場から排出されるAOXに対する対策が始まった。

ドイツでは，繊維産業に対しても，危険物質を含む排水はあらゆる可能な手段を使ってこれを回避すべきとの立場に立って，希釈が可能な下水口での濃度ではなく，各工程での排水規制値（0.5～3mg/ℓ AOX）（1992年）が提示された。また同時に，特に塩素処理工程からの排水に対しては，1mg/ℓ AOXとする案が示された。しかし，これら規制値については，今なお議論が続いており，具体的な法規制までには至っていない[62]。EUエコ・ラベル基準では，ハロゲン系防縮加工剤と加工法は，羊毛スライバーを対象としたものだけを適用可としている[76]。しかし，オーガニック繊維製品に対するGOTS（Global Organic Textile Standard）基準では，羊毛の塩素処理を禁止している[77]。また，最終製品に問題がなくても，サプライチェーンにおける環境への影響を懸念する小売店や消費者の声も多い。

②ウール・スライバーの連続式防縮加工とAOX

防縮加工羊毛の70～80％は，連続式塩素化／樹脂（Hercosett）法によって加工されている。塩素発生剤（水に溶かした塩素ガス，あるいは次亜塩素酸イオン）による酸化処理の後に，脱塩素／中和処理を施し，最後にポリアミドエピクロロヒドリン系樹脂により加工するもので，これらを連続的に行っている。当然のことながら，塩素化さらには樹脂がAOXの発生源になることが予想される。ドイツのDWI（ドイツ羊毛研究所）の調査によると，加工全体の廃液中AOX濃度は39 mg/ℓに達し，提案規制値1 mg/ℓ AOXを大幅に上回ることがわかった。廃液を含めた各処理槽の

AOX負荷量とAOX濃度を調べると，図3.86のように樹脂そのものよりも，塩素化処理と中和処理が大きな比重を占めることがわかった。羊毛表面のタンパク質と塩素が反応して生成された塩素化タンパク質が，羊毛繊維から分離し，すべての処理槽中に分散するが，特に中和工程において，繊維が膨潤するとともにpHが変化するため，その脱落が多くなる[62]。これらの分析結果から，提案されているAOX濃度を達成するためには，排水処理技術による方法か，あるいは，塩素に関与しない全く新しい防縮加工法の開発が不可欠となり，世界各国の研究機関で研究が進められた。

排水処理技術については，加工槽の内の最初の4槽においては，AOXの半分は固形で存在するため，マイクロフィルター処理で40％，凝集処理で50％ほどの低減が可能である。しかしながら，多量の凝集剤が必要となることや，AOXを含んだフロックの廃棄あるいは焼却が問題となる。木炭による吸着も非常に効果的ではあるが，あまりにも高価となる。アルカリ加水分解も考えられるが，塩素化アミノ酸には効果がない。蒸発・灰化は，量が少なくAOX負荷の大きい樹脂および柔軟槽の廃液にしか適用できないし，1,200℃以上の温度が必要となるとともに，ダイオキシンを発生させないことが必要で，費用的にも無理となる。生物処理も考えられるが，実際の排水処理では他の薬品が混在し，実現性に乏しい。このように，排水処理技術による解決はむずかしく，AOXを含まない新しい連続式防縮加工法の開発が強く望まれた。

③海外での塩素に関与しない第三世代防縮加工技術の動向

塩素化剤を使用しない防縮加工法として，各種酸素酸化剤，酵素，プラズマ，グロー放電などとの組み合わせ，さらには，各種ポリマーの併用による数多くの研究開発が行われた。代表的な例としては，次のようなものが挙げられる。

1）USDA Ozone/Hercosett Process[78]

Zero AOXではないが，非塩素系連続式防縮加工として，湿った羊毛スライバーをオゾンで前処理して次にHercosett樹脂加工するOzone/Hercsett

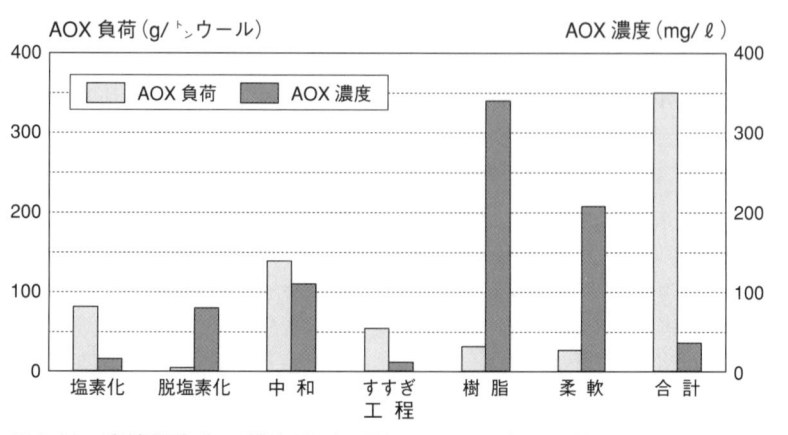

図3.86　連続塩素化／樹脂法（6槽）における各処理槽から排出される AOX負荷および濃度[62]

Process（米国農務省西部研究所）が1975年に発表されたが，装置コストの問題などで実用化されなかった。

2）Sirolan ZAOX 連続式スライバー防縮加工[62),79),80)]

モノ過硫酸塩などの酸化剤を使う連続処理についての報告が，1995年に CSIRO によりなされた。特に，反応速度の重要性が指摘され，20秒以内に反応が完了する酸化剤の選択について報告の後，1998年にモノ過硫酸を主体とした酸化処理とシリコン系樹脂とを組み合わせた連続処理法，Sirolan ZAOX システムを発表し，IWS とともに日本，ドイツ，オーストラリアで実用化試験を進めたが，シリコン樹脂などの問題で導入には至らなかった。

3）Dylan EXO-S/Dylan Simpl-X[78)]

PPT 社は，モノ過硫酸ナトリウムとこの PMS の酸化力を強化する薬剤とを組み合わせた酸化前処理法と，独自開発の樹脂処理からなる連続式防縮加工法 Dylan EXO-S プロセスを開発したと1998年に報じられたが，その後実用化されたかどうかは不明である。しかし，過硫酸とポリマー処理とを組み合わせたバッチ処理による Simpl-X プロセスは，繊維状あるいはガーメントの防縮加工法として，海外では一部採用されている。

4）Superwool プロジェクト[81),82)]

プラズマ処理や酵素処理を応用した連続式防縮加工法の可能性についての多くの報告が，第10回 IWRC（アーヘン，2000年）で DWI（ドイツ羊毛研究所）が中心となり行われた。特に，装置の開発や新しいポリマーの応用など，機械メーカー，化学薬品メーカーも含めたプラズマ処理の研究に注目が集まった。その後，2005年から2009年にわたって EU の LIFE III プログラムの支援の下で実施された，SUPERWOOL プロジェクトの成果として，Richter F＆A 社の Corona Finish となって実用化された。これは，連続的にプラズマ放電処理された羊毛トップを，次の工程でポリマー処理するもので，今のところ細番手羊毛の処理が可能で，ソックス，アンダーウェア，細番手羊毛使いセーター向けの糸が製造されている。粗い原料については引き続いて研究中である。

5）E-TEC 法[83),84)]

BWHK 社から「E-TEC」非塩素系防縮加工トップや「ベストトリートメント」トップの紹介があるが，加工の内容は明らかではない。

④国内での塩素に関与しない第三世代防縮加工技術

目指すプロセスが，連続式なのかバッチ方式なのかが重要となる。防縮加工羊毛は，量的にはニット糸用スライバーでの処理が多いため，既存の塩素化／Hercosett プロセスに代わる非塩素系連続方式の開発が強く望まれる。一方，バッチ式処理の場合には時間的制限の壁がないため，その分，連続式に比べると非塩素

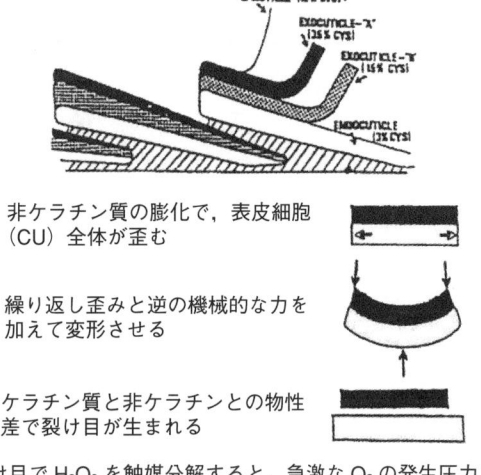

非ケラチン質の膨化で，表皮細胞（CU）全体が歪む

繰り返し歪みと逆の機械的な力を加えて変形させる

ケラチン質と非ケラチンとの物性差で裂け目が生まれる

裂け目で H_2O_2 を触媒分解すると，急激な O_2 の発生圧力で硬いケラチン質が剥離する

図3.87　E-Wool 加工表皮模式図[94)]

化法の開発の幅が広がる。塩素を使用しない防縮加工法の開発は，国内でも，たとえば，酵素[86),87)]，プラズマやコロナ[88)〜91)]，有機還元剤[92)]，羊毛タンパク[93)]，光触媒[94)]などを利用して活発に行われている[95)]。このような状況の中，日本で2つの羊毛スライバー用非塩素系連続式防縮加工技術が開発されただけでなく，第三世代防縮加工法として世界に先駆け実用化されていることは特筆に値する。

1）E-WOOL[96)〜98)]

触媒として金属塩溶液（銅イオン）を用い，機械的応力でエキソクチクルとエンドクチクルとの間に裂け目を作り，次に，過酸化水素溶液に浸積し，クチクルを急激に分解させ，エンドクチクルを残してスケールを剥離し，防縮性を得るスライバーの連続式加工法といわれている。Vantean（日本ハイスピナー）技術を発展させて，塩素を使うことなくスケールの大部分を連続処理によって剥離するプロセスで，1996年に E-WOOL（大東紡織）として工業化された（図3.87）。白度が高く鮮明色が可能で，抗菌性もあり，ニットウェア，肌着，毛布などの寝装品などに使われている。

2）ECO・WASH[99),100)]

パッドスチーム法による過硫酸水素カリウム（PMS）による羊毛表層部に集約された一次酸化した後，高濃度のオゾンガスを気液ミキサーで水中に5μm 程度の超微細気泡にして，直接羊毛スライバーに吹き付けて，羊毛表面だけを二次酸化して，次に還元処理を施す非塩素系連続防縮加工法で，2000年11月末に ECO・WASH（クラボウ）の名称で発表された（図3.88）。オゾン・ガスの超微細気泡により，特に羊毛繊維のクチクル先端部分を気体の分子運動のようにして酸化攻撃する方法で，オゾ

第1編　羊毛繊維に関する技術

| 前酸化処理
PMS をパディング／スチーミング | → | 酸化処理
微細気泡 O₃ の吹き付け | → | 還元処理
NaHSO₃ をパディング | → | 水　洗 | → | オイリング | → | 乾　燥 |

図3.88　ECO・WASH 処理方法の概略[97]

ンガスによるガス反応処理やオゾンガスを水に溶解して反応させる溶液反応方式とは大きく異なり，繊維の損傷を最小限にとどめて，羊毛に防縮性を付与できる。また，クチクル全体を改質しないため，羊毛繊維のもつ撥水性を損なうことなく防縮加工できる。インナーウェアやソックス，寝装分野，カジュアル分野等で商品展開されている。

(4)防縮加工羊毛国内生産激減と国内防縮加工技術の海外移転

羊毛も含めたセーター類の輸入比率は，2000年で94.9％，2006年で98.7％を示し，国内でのセーター類の生産は激減している[101]。これに伴い，ニット用防縮加工糸の需要も減少し，さらに，海外生産防縮加工羊毛糸の価格との競合が追い打ちを掛け，国内での防縮加工羊毛トップの生産は減少の一途をたどった。日本では，2001年まで加工数量の統計が取られていたが，それによると，2001年の日本での防縮加工羊毛生産量は全体で約244万kg，そのうちのスライバーの連続処理は54％の132万kg（マシンウォッシュ：119万kg，ソフト＆ラスター：13万kg）であった。残り46％の112万kgは，羊毛混も含めた Sirolan BAP 加工織物である。連続処理羊毛の生産量は，(3)項のはじめで述べた1997年の生産量から半減している。これ以後のデータは見当たらないが，羊毛糸の全体の国内生産数量動態（1995年：7,200万kg，2000年：3,400万kg，2009年：820万kg，2010年：930万kg，2011年：1,030万kg）[102] などから判断すると，底つき感はあるものの，現在の日本での防縮加工トップの生産数量は非常に少ないものと想像するに難くない。国内に設置されていた Kroy「Deep-Im」装置あるいは Fleissner「Split Pad」Chlorinator の操業停止あるいは海外移設も続いた。こうした海外シフトの動きは，新たな付加価値を生み出す新しい方式にもおよび，世界に先駆けて日本で開発され工業化された2つの第三世代防縮加工技術がその装置とともに海外に移転された。海外では，E-WOOL（大東紡織）は 3e-WOOL（Eco-Life Textile 社）[103]，ECO・WASH は OZONE・WOOL（JinXiu 社）[104] の名称で生産が続けられている。

2001年の羊毛混も含めた Sirolan BAP 加工織物の生産量は，上述のとおり112万kgであった。まだ当時は Sirolan BAP 加工の海外生産は少なく，1997年の94万kgから20％増加となった。しかし，国内生産は2000年をピークに減少に転じ，2003年には64万kgにまで減少し，海外依存の度合いを深めている。

(5)おわりに

羊毛製品の耐洗濯性基準としては，IWS ウールマーク基準がグローバル基準として広く認められている。ドライクリーニング基準，手洗い洗濯基準に始まり，防縮加工技術の進展に伴い，今では家庭用タンブル乾燥可能なトータル・イージーケア基準にまで至っている。塩素化／Hercosett 処理羊毛や Sirolan BAP 加工織物の Superwash 性能には目を見張るものがある。しかし，すべての水洗いできる製品が Superwash である必要はない。それぞれの製品タイプに合った水洗いの方法が，それぞれにあるものと思われる。家庭で水洗いできる製品の要望はますます高まるものと予想されるが，ただ洗えるだけの羊毛製品ではなく，環境にやさしいことはもちろん，本来の羊毛らしい高級感，しなやかな風合い等への影響が今まで以上に少ない防縮加工方法とその水洗い製品およびそれに適した洗い方の開発が日本の羊毛業界に課されたテーマの1つではないかと思われる。

3.4.3　防縮加工—(2)

羊毛は，弾力性などの合成繊維や綿にない8つの優れた特性をもっているが，唯一の欠点は水洗いするとフェルト収縮することである。現在ではこのフェルト収縮を防止する Machine washable 技術は確立しており，特にニットには不可欠の非常に重要な技術である。羊毛製品のフェルト防止のためには，なんらかの化学処理が必要である。水洗いまたはその他のウェット工程の際に起こるフェルト化は，羊毛のスケール表面のキューティクルの摩擦異方性，すなわち DFE によるものである。羊毛のフェルトのメカニズムと防フェルト化に対する幅広い化学処理に関する考察は，1979年に K. R. Makinson[105] によって行われている。論文は，処理羊毛の染色物の湿潤堅ろう度低下に関しても考察している。ここでは，種々の防縮工程と処理羊毛の染色性の変化についても述べる。

(1)　Top の防縮

現在でも，クロリネーション処理は最も一般的で，基本となる羊毛のフェルト防止方法である。酸性クロリネーション処理は，アルカリ法よりも風合い変化が最少で，光沢や黄変もない。クロリネーション処理の欠点は，酸性染料のようにアニオン染料で染色した時の湿潤堅ろう度が未処理に対して1〜2級低下することである。この低下は，クロリネーション前処理後すぐに Hercosett 125 のような反応性ポリアミド−エピクロロヒドリン樹脂処理を行った場合に最も顕著である。最も確実な Machine washable wool は，Chlorine-Hercosett である。

最近，Kroy Deeping クロリネーターは酸性次亜塩素酸ソーダ浴法に置き換わる傾向にある。Fleissner

社と Woolcomber 社は，クロリネーション設備を改良した。Precision Processes Textile Ltd. 社は同じ Chlorination resin system で特殊樹脂として Dylan GRC を採用した。多くのポリカチオン樹脂には，酸化工程で明らかに完全防縮に達するための補強の効果がある。Hercosett のようなこれらの樹脂のいくつかは，繊維中のチオール基と樹脂中の第2アミノ核残渣の両方による架橋が考えられる。一方，Basolan F のような樹脂は，繊維と架橋または共有結合する可能性は全くない。したがって，両方のタイプは Machine washability 使用を叶えるための防縮において同じ改良を与える。初期の表面酸化工程において，塩素または過酸化基のどちらかは主に防縮を与えるが，繰り返しの洗濯に耐えられないのでポリカチオンで補強する必要がある。それは，最初の表面酸化工程が塩素か過酸化基のどちらが主として防縮を与えるために働くかということの現われである。しかし，この段階では繰り返し洗濯による防縮性の保証は，ポリカチオンによる後処理が必須である。

表面酸化は，スルホン酸（シスチン残基）に対するキューティクルのジスルホン酸の多くを転換する。これら残基は高い吸水性で，表面タンパクの水による膨潤性を増加させる。そして物理的性質を柔らかくし，また，スケールの形も変える。繊維表面が疎水性から親水性に変わることは，フェルト特性変化に非常に大きく影響する。しかしながら，この変化は繰り返し洗濯の間に繊維から徐々に分解される水和物や，強いアニオン残基を含む損傷タンパク質の生成によってももたらされる。かくて，総体的な Anti-felt 性効果は徐々に消失する。これらのアニオン性タンパク質の沈澱と次のポリカチオン処理によって，繊維に強固に固定される Anti-felt 性効果は繰り返し洗濯の後でも保持される。Chlorination-resin 処理は，一般的に Top に連続的に処理されるが，衣類の形成にも重要な役割をする。水溶性のカチオンポリアミドエピクロルヒドリン Hercosett（Hercules）は，クロリネーション処理羊毛に生成されたアニオン性表面に対してしっかりと固定される。これらの樹脂はアゼチジニウムカチオンを含み，樹脂を不溶性に擦るようないろいろな原子に対して反応性をもつ。おそらく，ポリマー中の第2アミノ残基とアゼチジニウム間のわずかな架橋生成によるものであろう。加えて，システインチオール基と反応によって，羊毛繊維表面に共有結合が起こりそうである。キュアされたポリマーのカチオン性は，2つの残基未反応のアゼチジニウムカチオンプロトン性の強いアミノ基に依存する。Region 9～10にあるプロトン化した強いアニオン基の Pka はキュアされた樹脂のカチオン性は，pH＞10の家庭洗濯条件下では小さいが，中性か酸性状態では大きくなる。カチオン性は第4級残基のためで，未反応のアゼチジニウム基は，洗濯中にこの基のアルカリ加水分解により置換された1,2

ジヒドロキシプロパン残基を与えるために除去される。かくて，酸性条件にされるためにこのようなポリマー仕上げカチオン性とアニオン染料と強力に反応し続ける。しかし，洗濯条件ではカチオン性は弱く，アニオン染料の湿潤堅ろう度は低下する。BASF 社は，防縮とアニオン染料，特にミリングと1：2含金染料の湿潤堅ろう度の改善の両方から，第4級樹脂 Basolan F の全面的な使用を提唱している。染料の湿潤堅ろう度におけるこのカチオン性水溶性ポリマーの効果は，非常に注目に値する。Acidol Black M-SRL 5％で染めた黒でさえ，Basolan F で軽く処理すると，非常に良い洗濯堅ろう度および Potting 堅ろう度を示す。一般に，ジスルホン含金染料の湿潤堅ろう度は次のようなオーダーになる。クロリネーション羊毛を Basolan F で後処理した場合＞Chlorine Hercosett 羊毛を染色後に Basolan F で後処理した場合＞Chlorine Hercosett 羊毛を染色後に Basolan F で後処理しなかった場合の順である。クロリネーション処理羊毛の酸性染料による染色品の湿潤堅ろう度増進のための Basolan F の使用についての興味ある結果は，処理羊毛の防縮性を強めることである。ジスルホン型1：2含金染料の湿潤堅ろう度改善に加えて，モノスルホン，非対称の1：2含金染料 Lanasyn S（S），Isolan S（Bay 社）Lanacron S（CGY 社），Neutrichrome S（ICI 社）ノンスルホン，スルホアミドまたは1：1含金染料 Palatine fast（BASF），Neolan（CGY 社）の湿潤堅ろう度に対して Basolan F は有効である。工場で行う場合，BASF は次のような処方を推奨している。

酸性ハイポクロライトでクロリネーション－
脱塩素，すすぎ－乾燥－染色－Basolan F 処理
Basolan F は，染色またはプリントの後に使われる。Lisseuse またはパディングで処理される。染色機の場合は，次の方法で処理される。浴の pH は，水酸化アンモニウムまたは適当なアルカリで7.0～8.5にし，2～6％ o. m. f. の Basolan F で後処理－浴の温度を40～50℃ に上げて，10分処理する。Schumacher-Hamedate 等は FTIR を用いて，いろいろな防縮法で製造された S 酸化物の研究のために分析した。KRS5 結晶による ATR 測定による表面深度3μm の測定結果を表3.11に示す。

この分析結果によると，最適防縮は明らかにモノ過硫酸工程の後に，Bisulphite 処理した時にのみ達せられることがわかる。繊維表面の水和を変えるために必要なアニオン基の濃度は，シスチンモノオキシド残基とシステイン S-Sulphonate を与えるための酸性亜硫酸ソーダの次のような反応に到達する。XPS は，工業的な防縮工程における S の表面化学を研究するために行われた。羊毛の酸化防縮工程におけるシスチンモノオキシド，システイン酸と systeine-S-sulphonate の役割の確認である。酸性クロリネーション処理羊毛の問題の解決は，特別なシリコンをベース

145

表3.11　Relative amounts of sulphur oxidation products formed during shrink-resist processing

Oxidation product	Frequency / cm^{-1}	Treatment	Quantity
RSO$_3^-$	1,042	Chlorine-Hercosett	+++
	1,042	KHSO$_5$	++
	1,042	KHSO$_5$ + bisulphite	+
RSOSR	1,076	Chlorine-Hercosett	+
	1,076	KHSO$_5$	+++
	1,076	KHSO$_5$ + bisulphite	+
RSSO$_3^-$	1,024	Chlorine-Hercosett	++
	1,024	KHSO$_5$	+
	1,024	KHSO$_5$ + bisulphite	+++

にしたソフナーを用いることである。それは，染料の吸収を妨害することなく繊維の表面特性を変える。環境的圧力，クロリネーション工程における有機塩素化合物の生成の自覚を増すことと結び付けて考える。Top の防縮工程の次世代のバージョンは，Peroxy-acid もしくは塩素をベースにしたものかのどちらかである。

Haefely は最近，羊毛 Top に高度な防縮性を付与する酵素のパディング処理をベースにしたプロセスについて述べている。特別にデザインされた酵素は，スイスの Biochemie A-Kundl 社と Schoeller-Hardturm AG 社が共同で開発した。しかし，洗濯機でニットウェアを洗濯した場合，10%以下の洗濯収縮を得るためには同時に10%の強度低下をきたすことがわかった。処方の詳細はまだ明らかにされていない。

(2) Garment shrink-resist treatment

Botany, Shetland や Lamwool などのニットウェアは，しばしばパドルや回転式ドラムマシンで防縮処理される。さまざまなプロセスが，Full machine washable を付与するために使われる。

① Chlorine-resin process

衣類は，一般に Dichloroisocyanuric acid（DCCA）と脱塩素のために，Bisulphite を用いてクロリネーション処理される。そして，別に Hercosett, Basolan F または Dylan GRB のようなカチオン樹脂処理で仕上げられる。この処方の欠点の１つは，クロリネーションと関連した黄変である。Bereck と Reincke は，Bisulphite よりむしろ Anti-chlor 剤として過酸化水素を用いて Nonyellowing の処方を開発した。

$$OCl^- + H_2O_2 \rightarrow Cl^- + H_2O + O_2$$

さらに，過酸化水素は塩素と相乗的に Anti-chlor 剤として働くために，防縮効果を高める働きをする。そのために塩素の量を著しく減らすことができ，廃水中の AOX（Absorbable organohalogen）の問題を軽減するとともに羊毛のダメージを減らし，柔らかい風合いを与える。柔軟なポリマー Basolan SW（BASF社）は，完全な Machine washable 性を付与するために，Bisulphite 液中に2.5% o. m. f. 使用される。

このような多くの工程において，染色はクロリネーションの後に行われ，次いでカチオン樹脂処理が行われる。ポリカチオンは，防縮性と染料の Wet fastness 改善の両方に働く。BASF 社は，糸と衣類の両方のために次のプロセスを推奨している。

Basolan DC（DCCA）でクロリネーション－脱塩素－すすぎ－染色－ Basolan F 処理

これらの方法の明らかな利点としては，染色屋が標準の染色機で完全な Machine washable 品を作り出すことができることである。欠点は，一度 Basolan F 処理されると，Overdyeing ができなくなることと，淡色の場合には汚れやすくなり，また家庭洗濯中に消色することである。

Sandoz 社は，羊毛の染色湿潤堅ろう度を改善するためとしてカチオンポリマーの開発に積極的で，ホルムアルデヒドの濃縮，ジシアンジアミドと塩化アンモンで形成したカチオン性 Fixing agent を含む液で，染色羊毛の後処理方法を開発した。最近になって Sandoz 社は，前クロリネーション羊毛，および Chlorine-Hercosett 羊毛，未処理羊毛に，ミリング染料と１：２含金染料で染色した後処理のために Sandopur SW 液の販売を始めた。Sandoz 社は次のような Fersh Bath 法を推奨している。

(a) クロリネーション羊毛：浴を50℃でセット，8～10% o. m. f. Sandopur SW 溶液を加えて20分処理

(b) 未処理羊毛：浴温度70℃，pH7.5～8.0（Ammonium Hydrooxide）に Set，6～8% o. m. f. Sandopur SW 液を加えて20分回す。

(c) Hercosett 羊毛：浴温度50℃，pH7.5にセット，8% o. m. f. Sandopur SW 液を加え，さらに2% o. m. f. Lyogen WD 液を加えて20分回す。

ICI 社は，Fixogen FC-MW でこの分野に参入した。この製品は強いカチオンで，ホルムアルデヒド－ジシアナミド濃縮物と優れた摩擦堅ろう度を保証する精練剤と混合物である。使用方法は Sandopur SW と同じである。これらのカチオン後処理の多くの欠点は，染料－カチオン性ポリマー混合物の Hot steam press や Pressure Decatising 工程により分解することである。

この潜在的な欠点にもかかわらず，これらの剤は反応染料を用いることによって，さらに経済的な machine washable wool で Deep shade に染められるということで，染色家の人気は増しつつある。

② Polymer only system

Polymer only system は，Chlorin-resin garment system ほどの成功はないが，紡毛ニット工場が Polymer only の防縮加工の経験を持っている。その最初は，IWS のラボで反応性ブンテ塩やカルバモイルスルホン酸基によって可溶化され，50℃の曇点を人工的に誘導し，羊毛に対して直接性を持つポリエーテルベースのポリマーが紹介された。羊毛に対するポリマーの吸着に続いて，表面キュアまたは樹脂の架橋がアンモニア水の添加により達成された。この工程における発明段階では，40～50℃で曇点を得るためのこれらのポリエーテルポリマーの水溶液の低濃度が観察された。そして，これらの濁った溶液のみ反応性ポリマーの物理的な形態を与え，羊毛表面に吸収される可能性があった。この技術において広く用いられたポリエーテルポリマーは，ブンテ塩誘導体の Nopcolan SHR3（Henkel Nopco 社）とカルバモイルスルホン酸塩 Synthappret BAP（Bayer 社）である。反応性ポリマー使用のために，有機溶剤工程は未だにあるプロセスでは採用されている。最も興味のあるのは反応性シリコン DC109（Dow Corning 社）である。

(3) Fabric shrink-resist treatment

織物の防縮加工においてウインチによる大浴比処理は可能であるが，プロセスコントロールがむずかしい。そのためにパディング法が検討されてきた。Kroy 織物防縮法は，DCCA pad-batch 法と同じように非常に高度な Machine washable 性を得られる方法である。繊維に防縮性を付与するために，架橋反応性ポリマーが広く使用されてきた。一般に，製品はポリマーの水溶液またはエマルションで Pad され，ポリマーの繊維表面への架橋を強めるために Bake される。このような仕上の電顕写真は，広範囲にわたる繊維と繊維の Bonding を示し，キュアによって耐久性のある接着媒体として働いていることがわかる。

Sirolan BAP の Pad-bake 工程は，反応性ポリエーテル Silrolan BAP と分散型ポリウレタン Impranil DLH との混合をベースにしている。炭酸ソーダは触媒として用いられ，ポリマーは150℃で Bakeing される。その他の Pad－dry－bake 防縮法としては，チオール末端基ポリエーテル，ポリテトラヒドロフランのチオマレイン酸エーテル，ポリエーテルの酢酸ブンテ塩とアジリジン末端ポリエーテルが含まれる。すべての Pad－dry ポリマー防縮法は，シリコンベースのポリマー以外は風合いがざらつくもしくは硬く，Finish の流行から外れている。

そこで，Lewis はキュアリングの必要がない Pad-batch-wash-off 方式を開発した。末端基にブンテ塩

をもつポリエーテルを含む Pad 液である Nopcolan SHR3 を，硫酸ソーダおよび炭酸ソーダを用いることにより，原布の風合いを損なうことなく優れた防縮性が得られた。その製品は過去 5 年間，Wool rich な綿混紡織物の量産を続けてきた。このシステムの利点は，エネルギーコストを削減し，熱黄変を除去し，織物の完全な Flat-set ができるために，織物はそのまま染色することができ，また特別な前処理を行うことなくプリントすることができる点である。このような前処理の原理において，羊毛布の小浴比 Jet 染色機でもフェルトに対して安定性があるのである。Lewis は，Pad-batch プロセスにおいて，アニオン染め，Bunte salt polymer, sodium di-iso-octylsulphosuccinate 810g⁻¹) sodium metabisulphite (10 gℓ⁻¹) および尿素（300gℓ⁻¹）を含む Pad 糊液で，染色／防縮混合処理ができることを紹介してきた。反応染料は，Machine washable 織物に対する湿潤堅ろう度に対する要求が高いため好まれている。このプロセスは，省エネ，省水，加工時間短縮の点から経済的である上に，堅ろう度が高く，かつ Machine washable である。

(4) そのほか多方面の開発

Rakowski は，1989年にプラズマを用いて羊毛 Top や織物が非常に効果的に防縮できることを明らかにし，装置と操作方法について詳しく述べた。このようなシステムは，水系処理法と比べて非常に環境にやさしくまた経済的である。

Leeder と Rippon は t-ブトキシカリウム（C₄H₉KO）による羊毛の防縮処理について述べている。それは，この工程がクロリネーションより羊毛表面のキューティクルの損傷が少ないということを明らかにしている。それは，エピキューティクルの最外層の疎水性層の化学変化を前提としている。

多くの研究者は，Synthappret BAP のような反応性ポリマーの防縮効果を大きく増進するために，テトラエチレンポンタミンのようなアミンによる羊毛の前処理について述べている。Erra 等は，カチオン活性剤と亜硫酸の両方を含んだ防縮処理を羊毛に施すことが可能かもしれないという非常に興味ある報告をしている。

(5) Machine washable wool のための染色堅ろう度の必要条件

IWS は，家庭洗濯に耐える Chlorine-Hercosett 処理羊毛規格に適合する強い染色堅ろう度の確立に成功した。耐光堅ろう度（TM5），ホウ酸を含む Heavy-duty detergent による洗濯試験（TM193），アルカリ汗堅ろう度（TM174），摩擦堅ろう度試験（TM165）が含まれる。羊毛の特別な要求にもとづく湿潤試験の添付白布には，Chlorine-Hercosett 処理羊毛で編まれた織物が用いられる。最適な染料は，反応性染料，クロム染料，1：2含金染料およびミリング染料の中から選ばれたものである。上述の Top, Hank, Pack-

147

age および Piece dye のための最も一般的な防縮素材は，Chlorine-Hercosett 羊毛である。Hercosett 樹脂が表面に付着したカチオン性は染色工程におけるさまざまな面で影響を与える。たとえば，アニオン染料染色での初期染着が増す。反応性でない染料やクロム染料の湿潤堅ろう度は低下する。

　かくて羊毛の染色は，普通の染色よりも一般的にわずかに高い pH と低い温度で行うことが推奨される。これらの素材の染色の初期には，特に反応染料とクロム染料が好んで用いられた。中間色や濃色には，最高の湿潤堅ろう度を得るためにアンモニア水による後処理が行われた。さらに，最近では中間色までミリング染料と1：2含金染料が用いられ，最適なカチオン後処理が行われるようになった。

3.4.4　防虫加工

　羊毛を攻撃する最も多い害虫は，日本ではヒメカツオブシムシやカツオブシムシが有名であるが，これらは湿気と温度のある条件では虫害を起こす。いずれも幼虫のみが害となる。しかし，最近は衣生活が変化したことなどにより，カーペット以外の衣服用の生地の防虫は日本ではほとんど行われなくなった。そこで，ここではニュージーランド AgResearch Ltd. の P. E. Ingham の最近の研究論文を中心に紹介する。

⑴　羊毛用防虫剤の変遷

　羊毛製品は保存中に虫害の危険がある。特に，撚りの少ない単糸のモスリンやセルの保管中に虫に食われることが多く，毛織物生産が軌道に乗りかけた1928年（昭和3年）頃から防虫加工が行われていたようである。当時どのような防虫剤が使われていたかは定かではないが，第二次世界大戦後，間もなく毛布やドスキンの防虫に「デルモス」（化研工業）の名称でデルドリン（農薬用）が使われた。デルドリンは，1955年にオーストラリア CSIRO の Dr. Lipson らによって開発されたものであるが，毒性があり，日本では1972年（昭和47年）には使用禁止になった。デルドリンは極めて安定で変質することがないが，羊毛の防虫に応用するには人体におよぼす影響を考えなければならず，特にデルドリンが水蒸気によって揮散しやすいことが問題になった。

　1962年当時，防虫剤として実用的なものはバイエル社の Eulan 類と Geigy 社の Mitin 等で，水溶性で羊毛に親和性のある永久防虫剤である[106]。防虫剤は，防虫効果が大きく，持続性のあるものでなければならない。しかし，デルドリンは繊維親和性ではなく，洗濯耐久性はないが，少量で強い殺虫効果があるために使用された。

　低級脂肪酸アミドで，防触性は良好で加水分解を受けにくい Eulan U-33は，羊毛によく吸収され洗濯にも堅ろうであるために万能な防虫剤として染色工場で染色と同時に処理された。当時は，起毛加工した本ドスキン仕上げした礼服に多く使用された。

　尿素結合をもった Mitin FF は，水溶性・繊維親和性で永久防虫剤として用いられた。尿素型防虫剤としては，スルホン基を有する水溶性のものばかりではなく，水不溶性のものも水に分散して羊毛に吸着させて目的を達することができる。

　このほか，フェノール性の防虫剤がある。代表的なものは，フェニルメタン型の Eulan CN，Eulan FL である。しかし，日本における衣生活の変化と薬剤製造側の理由で使われなくなった。

⑵　環境対応型防虫加工

　1980年からは，カーペットの防虫剤としてピレトリン類化合物のペルメトリンが使われ，今も主流になっている。ピレトリン類の分子構造はメルメトリンと同様で，天然にはシネラリア菊の花から見つけられた。ペルメトリンは安価で，人体への害は少なく，洗濯しても落ちず水に溶けにくい。しかしながら水に溶けた場合には有害で，イギリスでは排出規制が厳しい。

　ビフェントリンはニュージーランドの WRONZ で1990年に開発され，ペルメトリンの代わりに使われるようになったが，とりわけ環境への負荷が小さい。

　クロルフェナピルは，2007年に Catomance（UK）／AgResearch Ltd. で昆虫防止剤として開発された。これは，非ピレトリン防虫剤であるために，羊毛を食べる虫には効果が期待できない。幼虫から羊毛を守るためにさまざまな防虫剤が検討されているが，以下の点でむずかしい。1つには防御効果が低いことであり，ほかにニオイ，色，風合いの点で悪い効果があることである。

　最近，AgResearch で開発され，Chemicolor NZ で紹介された界面活性剤をベースにした Ecolan CEA がある。これは通常の染色工程で適用され，染色の均一化に貢献し，幼虫防御と高い堅ろう度が得られるのが特徴である。

⑶　日本における防虫加工の動向

　日本では，最近ほとんど防虫加工は行われていないが，ECO で使い勝手の良い防虫剤なら起毛物，薄地のモスリン，フォーマルウェアや防炎カーテンなどに積極的に加工すべきではないだろうか。

3.4.5　防炎加工

　羊毛の防炎加工の最新情報は，ニュージーランド AgResearch Limited Ltd. の P. E. Ingham による Flame Retardancy of Wool with Metal Complexes と IWS ノミニー・コンパニー・リミテッドに聴取したものにもとづく。

⑴　Zirpro 加工

　羊毛は他繊維と比べて発火温度が高く，限界酸素指数が高く，低い燃焼熱，低い熱放射，窒素含有量が少なく，公定水分率が高い，溶融せず，さらに自己絶縁性があり黒焦しても炎が広がらないというように，燃焼に対して非常に有利な性質をたくさん持っている。表3.12に他繊維と比較した羊毛の特性を示す。

第3章 羊毛仕上げ・機能加工技術

表3.12 各種繊維の可燃性

繊維名	限界酸素指数（%）	燃焼熱（kcal/g）	燃焼温度（℃）	融点（℃）
Cotton	18.4	3.9	255	溶融せず
Rayon	19.7	3.9	420	溶融せず
Nylon	20.1	7.9	485～575	160～260
Polyester	20.6	5.7	485～560	252～292
Wool	25.2	4.9	570～600	溶融せず
Zirpro Wool	27～33	—	—	溶融せず

羊毛製品の燃焼を遅らせるのに，金属化合物の一部に効果があることは昔から知られている。濃紺色のクロム染料で染色した羊毛サージは，洗濯にも強いので消防士の制服に使われてきた。しかし，劇物の六価クロムは，厳しい排水規制だけでなく，衣料に残留するクロム量も規制され，使用できなくなった。1970年代から子供の夜着や，公共施設および住宅の家具，輸送機器などの防炎に対する規制はいっそう強化され，羊毛のように本来より高い防炎性のある繊維に対しても，さらに高レベルの防炎性が求められるようになった。同じ頃，IWS（Internaional Wool Secretariat）は，ジルコニウムやチタンとの反応をベースにしたZirpro加工を開発した。Zirproは多様な防炎規制と要求項目をクリアした。Zirpro加工は防炎と防縮，撥水撥油，時には染色と組み合わせて処理できる。Zirpro処理は，負に帯電したジルコニウムまたはチタンが，酸性条件下で正に帯電した羊毛に吸収されることをベースにしている。この結果，約3％の防炎剤が繊維内部に付着し，防炎効果が発揮されるがその時，風合いなどへのマイナスの影響を与えることは少ない。これらの反応は，羊毛タンパク構造のより強い架橋と安定化をもたらす。羊毛の高い水分吸収率を損なったり，変色を起こすことも少ない。Zirpro処理された羊毛は，洗濯にもドライクリーニングにも耐える。

⑵ 防炎処理の有効性と新しい防炎剤の開発

LOI値は処理のレベルにより大きく異なり，垂直燃焼試験の結果に合格するにはLOI値が26.5～27でなければならない。LOI値27を達成するための各種の処理条件がある。

Zirproが紹介されてから，いくつかの異なる性能の羊毛の防炎加工が開発された。その1つは，バナジウムやチタンをベースにした金属－フッ素処理で，この処理は羊毛の燃焼防止に特に効果的であり，0.4％以下のわずかな付着量で効果があることがわかった。処理プロセス中で，ハロゲンは炎を持続するフリーラジカルと干渉し，燃焼を抑える効果がある。ハロゲン誘導体の使用は，現在規制されているにもかかわらず，さまざまな分野で重要な役割をしている。代替物としては，揮発性燃料が発火点に達しないように織物の熱分解温度を下げる傾向にあるリン化合物がある。

最近の防炎剤の研究は，膨張剤の開発に集中している。これらの防炎剤は防炎性を高熱抵抗性，絶縁性の炭層の形成と結び付けている。もともと，セルロース製品のために開発されたものであるが，羊毛特有の膨張性は今や羊毛本来の防炎性と炭層形成特性を高めることを裏付けている。

羊毛と防炎糸の混紡品は，高度に特殊で専門的な最終製品製造分野において有望な将来がある。

羊毛の防炎性で商業的に用いられている金属は，効果の大きい順にバナジウム＞アンチモン，ジルコニウム，スズ，モリブデン，＞タングステン＞ブロムである。しかし，バナジウムは羊毛にかなり強い色がつくのが問題である。

⑶ 日本における羊毛製品の防炎加工の現状

日本では，大手毛紡績一貫工場で，数量は少ないが消防服などにZirpro改良型の金属－フッ素（ジルコニウム－フッ化水素）が使用されているようである。

3.4.6 ストレッチ加工

2010年，アメリカでは婦人用服地の80％がスパンデックスを含んでいるといわれるほど，伸縮織物は人体の動作に即応した機能を有し，着心地やしわにならないなど扱いやすさから必需品になっている。しかし，スパンデックスに代表されるポリウレタン系伸縮糸は，紫外線劣化，熱劣化，塩素およびパークレンを用いたドライクリーニングによる性能低下の問題がある。ポリウレタン85％以上とポリウレアおよびエーテルの共重合体として，1959年にDuPont社で考案された柔らかい弾性繊維である。いろいろな製法があり，耐熱性などに若干の差はあるものの，世界のスパンデックスの94.5％以上が乾式溶融紡糸法で生産されている。ここではLycra等，同類の弾性繊維をスパンデックスと呼称する。

スパンデックスストレッチ製品の大半はスポーツ，肌着や靴下に用いられ，織物に使われるのはわずかで，特に紳士服では％的にはほんのわずかである。元来，羊毛100％織物は通常の仕上方法による最終製品の伸度は織組織やカバーファクターによらず，タテ方向で4％，ヨコ方向で6％は確保され，可縫製性や着心地の点で特に問題はない。スパンデックスを必要とするのは，特にヨコ伸びが少ないポリエステル／ウール混紡品や，ミルド仕上げしたスラックス地であるはずである。スパンデックスを使った織物は他の方法より弾性回復率が高く，寸法安定性も優れているために最近では増えている。ここでは，特に紳士服地のストレッ

149

第1編　羊毛繊維に関する技術

表3.13　ストレッチ織物の製造方法と簡単な取り扱い上の注意事項

	ストレッチ織物の製造法名	商標名	適用方向	加　工　法	染色加工上の注意事項
Natural Stretch	撚り加工によるもの（仮撚開撚法）。東レ出身の技術者が大塚撚糸に指示し、糸加工後に艶金興業で染色加工	バーミーストレッチ	ヨコ方向	羊毛単糸に1,000～1,200回/m 追撚後、95～100℃の Steam で20分撚糸セット後、0 に戻して再度、同条件でセットした糸をヨコに打ち込んだ織物を、染色加工でリラックス処理後、収縮した状態で固定する。その際、筬幅は収縮分を見越して10～15％広く織卸する	ヨコ方向の撚りむら多発、シャトル織機では問題があったが、シャトルレスの織機では問題解決できるのではないか
	還元剤Aによるストレッチ（2Way も可能であるが、撚り数、密度原糸の特性選定が必要）	Aro-Stretch	タテヨコ	要求されるストレッチ％にもとづき、織卸幅を設計。弾性回復率向上のため、ヨコ糸は強撚糸で双糸がよい。織組織は平織、ポプリンで緯密度が高い方がよい。染色加工工場における処理方法は液流染色機で、 Coboral MB　6.0% o.w.f. Coboral MB　2.0% o.w.f. で100℃×10分、水洗－有幅で乾燥－蒸絨で完了。仕上幅は予備実験で確認、指定幅に仕上がるように織物を設計する	日本で開発された技術であるが、イタリアの大手化学会社ランベルティー社が日本を含む世界53ヵ国に販売。ストレッチ性、優れた弾性回復率のほかに風合いがソフトで防しわ性に優れており好評
	還元剤Bによるストレッチ	Elaswool	タテヨコ	羊毛のパーマネントセット剤の1つであるチオグリコール酸アンモンまたは MEABS の15% o.w.f. で80～100℃×10分、毛織物を還元処理すると、回復率の良いストレッチ加工ができる。処理装置は液流染色機で、回転は60m/分でリラックスしながら緩徐に収縮させるのがよい。後処理は、水洗後にマレイン酸2% o.w.f. で処理、亜硫酸水素ナトリウム。亜硫酸水素ナトリウム法により羊毛に与える膨潤効果は大きく、数％の強力低下はあるものの弾性回復率は90％以上と大きい。処理によって少し硬化するので柔軟後処理した方がよい。また、同じ薬剤によるパッド－スチーミング－酸化法も可能である	織物構造、原料の特性から薬剤の使用量は考慮すること。艶金興業による開発である

チ加工について説明する。なお、Natural Stretch とは羊毛のクリンプなど天然の繊維の特性を利用し、織物規格では経緯密度バランス等に配慮した織物に、さらに仕上加工でその性能を向上し、安定化する加工法である。

そのほか新しい紡績法で得られた SST 糸を使った織物は、適切な弾性糸織物の染色加工方法をとれば、新奇な優れた風合いのストレッチ織物を生産できる。

・ストレッチ織物の製造方法

表3.13に、ストレッチ織物の製造方法と簡単な取り扱い上の注意事項を示す。

3.4.7　プリーツ加工

(1) シロセット加工

1960年代に IWS のシロセット加工が発表されて以来、主として女子学生のスカートなどにこの加工が普及してきた。その後、紳士スラックスや既製服の部分的なセットにもこの加工が行われるようになった。IWS の指定工場の認可やマークの表示などで、この加工は定着した。加工剤も、初期にはチオグリコール酸アンモニウム等を主剤に使用したが、雨期になると加工製品に独特の臭気が発生するなどの問題があった。しかし、順次改良され、現在使用されているシステインはニオイも気にならず、進化している。加工法は、指定セット剤溶液を被処理物に霧吹きなどで一定濃度含浸させ、製品ごとに定められた時間の Steam-

ing－Baking－Vacuming サイクルで処理し乾燥すると、耐久性のあるプリーツ加工ができる。

(2) プリセンシタイズ加工

艶金興業が IWS の支援を得て開発したものである。染色加工の最終段階、すなわち釜蒸を終えた反物にマングルパッド法でシロセット加工薬剤を含浸させ、乾燥して出荷、縫製段階でプリーツ加工の際に所定の水分率になるように霧吹きしてプレスセットするものである。当時、綿の加工にも行われたプレキュアおよびポストキュアのポストキュアに相当するものであったが、プレスセットまでの保管方法等の問題で定着しなかった。

(3) オールセット

1978年頃、一宮市の山下氏が発案して実施した方法である。織物セットや糸蒸に広く使われている高圧釜蒸機を利用したものである。シロセットと比べて、強く耐久性のある処理が可能である。被処理品に合わせた型紙（電気プレスに使われたような厚さ3mmくらいの圧縮紙）をクリップで挟んで釜内に吊り下げ、織物処理と同じような Vacuming－Steaming－Bakeing－Vacuming 処理をしたものと推察されるが、織物と違って均一なテンションが掛けられないために加工むらや色むらを生じやすく、数年は続いたが使われなくなった。

150

第3章　羊毛仕上げ・機能加工技術

⑷　樹脂によるプリーツ加工

1980年代にCSIRO，IWS，英国のイルクレイ研究所で開発された樹脂によるプリーツ加工法LINTRAKがある。これは，特に紳士用のスラックスなどに用いられ，ラインを付けたい部分の裏面谷間に速乾性の樹脂を線引きするものである。耐久性はなく，その部分が硬化するなどの問題があったため定着していない。

3.5　風合い

3.5.1　緒　言

染色加工において，「風合い（Handling）」は織物の品質そのものである。糸から織布，染色加工，縫製につながる衣服生産工程の中で，常に意識される非常に重要なキーワードの1つである。衣料としての織物の風合いは，直接，身体に接触し，身の動きに応じた挙動によって評価されるもので，正確には「着心地性」であるが，実際にはHandlingと呼ばれるように，手で握った時の感じで評価されることが多い。

それは，それぞれ個人的な標準にもとづいて点検されるために，判定者の経歴やライフスタイル等で差があり，同じ人間でもTPOによって違った判定になることがある。そのように曖昧で普遍性のない感覚である風合いは，工業生産の場での使用には問題がある。

1930年代から，欧米を中心に風合いに関する研究は始まり，日本でも1960年代から論議はさかんであったが，1970年初頭から研究が始まったKES（Kawabata Evaluation System）[106]は1973年には完成し，世界中の大学，研究所および染色加工やアパレルの現場でも使われ始めた。風合いは，本来，織物の幾可学的構造にもとづくものとする欧米の考え方とも一致し，議論に終止符が打たれた。風合いという感覚量を，力学量に置き換えて共通の言葉で対話できるようにし，力学量に置き換えるために手の感覚を通した主観的な判断を，客観的な数値というデータに置き換えることができる計測装置と評価システムである。KESが不動のものになったのは，このように人の衣生活にもとづいて設計された特徴ある測定装置にある。

引張，せん断，曲げ，圧縮および表面特性と重さ，厚さから得られる17個の力学パラメータが人の衣服着用時に近い条件で測られ，感覚的な風合いと非常によく一致することが確認された。織物の力学量測定が可能になってからは，そのシステムを使って数値的に話し合うことが可能になり，流通の中でのコミュニケーションは飛躍的に改善された。

「風合い」は，繊維の力学的性質と，繊維を織物にした場合の組織が作り出す織物の硬さ，こしの強さ，柔らかさなど織物の醸し出す「あじ」をいう。織物構造と密接に関係し，糸の太さ，経緯密度および織組織でほとんどが決まると考えられている。「地風」がそれに当たる。しかし，一方で織物の「あじ」は同一の原料を使用しても，紡績，製織，仕上加工の方法が異なれば全く違った「あじ」を作り出すことができる[107]。他方で「目風」という言葉もある。「目風」は，織物表面の「立体感」や「色さえ」の良さであり，手で触る前に直感的に判断し，後の「風合い」判断に影響を与える要素である。

本節では，風合いを形成する2つの要素，すなわち織物構造と染色・加工の両面から風合いについて科学的に考察する。前述のように，風合いは織物構造に大きく依存するが，一方，羊毛繊維は高い含水率と縮絨性，湿熱セット性など他の繊維にはない8つの優れた特徴を持っているので，独特の加工特性も有しており，後加工でその特徴を活かした高機能加工や感性豊かな高品質の衣料品生産が可能である。

ここでは，風合いについていくつかの観点から説明を試みる。特に，手触りによる風合い評価とKESによ客観評価法について3.5.2項で詳細に説明する。

3.5.2　風合いについて

⑴　風合いの意味と羊毛繊維の優れた特性

この記述に当たり，最初に風合いの意味を明らかにしておく必要がある。また，対象になる製品は，外衣料用の紳士・婦人および子供服地で，羊毛製品，羊毛と合成繊維の混紡製品および交織複合織物である。

緒言で述べたように，風合いは織物構造と密接に関係し，糸の太さ，経緯密度およびタテヨコ糸の交錯数から計算されるカバーファクターによってほとんどが決まる幾何学的モデルで完璧に説明できる。後で詳しく述べるが，現時点でそれを忠実に実現したのがKESの測定装置であり，そこで得られた基本力学特性は手触り風合いで得られる情報のすべてを網羅しており，それ以上，議論を挟む余地がない。手触り風合いに関する限り，心理的な要素を考慮する必要はない。新素材の出現などで風合い感覚表現に行き詰まると，思い付きで新しい特性を勝手に決めて説明しようとする研究者もいるが，それは慎むべきである。ただ，Primary Hand Valueには多少問題がある。KES開発時点で集約した手触り風合い用語に合わせて，当時，流行した生地サンプルで熟練技術者らの判定にもとづき強引に数値化したものであるため，現時点では修正の必要がある。要は，人の感覚を忠実に再現できる装置の開発である。基本的にはKESの測定装置（引張，せん断，曲げ，圧縮および表面特性測定機器）の精度や使い勝手の改善は必要であるが，評価項目に思い付きで踏み込むことはできないし，その必要が現時点ではないことを認識すべきである。新素材に対応する新しい風合い用語，たとえば「しっとり感」や「サラサラ感」などは，そのための計算式やセンサーおよび測定条件の開発などで対応できるように思われる。衣料以外の用途における新しい感覚表現の計測システムは，一対比較のような方法が現時点では行われているようである。

風合い，すなわち地風のほかに目風がある。目風と

151

は，織物表面の整然としたテクスチャー感や，色さえの良さや表面の毛羽の状態などであり，手で触る前に直感的に判断し，後の風合い判断に影響を与える要素であるが，本稿では目風は含まない。

　一方で，織物の風合いは，染色加工の方法が異なれば全く違った風合いを作り出すことができる。天然の羊毛は，前述のように他繊維にないたくさんの特徴をもっているので，染色加工で洗練された高付加価値・高機能加工付与が可能になる。たとえば，縮絨工程と起毛技術により，織卸の生地とは外観や風合いの全く異なる新しい製品を創出することができる。これらの縮絨・起毛品の風合いについては，3.3節で詳述している。

　「感性」や「快適性」の良さは，風合いの善し悪しと密接に関連する非常に重要な判断材料である。本稿の目的である「日本の染色加工の技術と知識の伝承」において日本に残された領域は，「感性」や「快適性」の良さの領域である。これは，まさに毛織物の最も得意とするところである。一方，持続可能なモノ作りのために，工程の省力，省資源，省エネルギー化にも，本稿が貢献できることを確信する。

　羊毛は，他繊維にない以下のような優れた特性を持っている。この特性を活かして，さらに高い性能と感性豊かな織物にするために，仕上加工の役割は大きい。

特徴①羊毛は優れた弾性繊維であるとともに可塑性もある。
特徴②羊毛は吸湿性，保湿性が良く，水分を発散しやすい。
特徴③羊毛は縮絨性がある。

特徴④羊毛は難燃性である。
特徴⑤羊毛は染色性が良い。
特徴⑥羊毛は温かく，保温性がある。
特徴⑦羊毛は撥水性がある。
特徴⑧羊毛は生分解性繊維である。
特徴⑨羊毛は軽い。

　表3.14に，現在，全世界で最も使用量の多いポリエステルおよび次に多い綿繊維と比較して，その性能を示す。

(2)　風合いの主観評価

　染色加工現場において風合い管理は，今でも非常に重要な業務である。特に，生地を「いせ」たり「伸ばし」たりして立体形成する紳士服の場合，生地の物性，すなわち風合いは，縫製のしやすさ，好ましいシルエットの形成や型崩れを防ぐために非常に重要な因子である。風合いの良い織物を作るために仕上工場における加工条件を決めたり，仕上品の品質を判断する場合にも重要な判断基準になる。染色加工工場における風合い管理者は，現在でもほとんどの場合，手触りだけで判断している。

　風合いは，まず織物の表面のテクスチャーを目で感じ，その後，次のような方法で手触り判断される。その方法は，個人差はあるが，一般的に人差し指と中指の間に織物を挟み，親指で織物を動かしながら，無意識に織物の全力学特性項目である引張，せん断，曲げ，圧縮，表面摩擦特性および厚み，重さに相当する感覚まで瞬時に判断する方法である。判断の基準は「標準風合い見本」（事前に同じ原料，構造の織物で加工し，客先の承認を得ている）との比較によることが多い。また，指先以外に織物を片手でワシ掴みにしてしごき，

表3.14　代表的な繊維素材の性能

特性項目		羊毛（メリノ）	ポリエステル	綿（アップランド）
引張特性	強度（gf/d）乾（湿）	1.0～1.7（0.8～1.6）[注1]	4.7～6.5	3.0～4.9（3.3～6.4）[注1]
	伸度（%）乾（湿）	25～35（25～50）[注1]	20～25	3～7（7～10）
	伸長回復率（%）	99（2%伸張）	90～99（3%伸張）	74（2%伸張）
		63（20%伸張）	—	45（5%伸張）
	ヤング率（Kgf/mm^2）	130～300	310～870	950～1,300
可塑性		湿熱セット性あり	乾熱セット性あり	なし
公定水分率（吸湿係数）[注2]		15.0（33.3～35.3）[注2]	0.4（0.5）[注2]	8.5（19.0～20.2）[注2]
水蒸気拡散係数（cm^2/sec）		17～45×10^{-4}	4～5×10^{-4}	114×10^{-4}
縮絨性		あり	なし	なし
難燃性（限界酸素指数）[注3]		23.8	20.8（溶融）	18.4
染色性		良好（染色方法が簡単）	難（要高温・高圧）	普通
保温性		高い	低い	低い
吸湿熱（Cal/g）		26.9	1.2	11.0
撥水性（接触角）[注4]		81	67	59
生分解性		あり	なし（石油系繊維）	あり
比重		1.30	1.38	1.54

注1）湿潤引張強度
注2）吸湿係数：大住吾八；織物原料，p.179，コロナ社（1964）
注3）限界酸素指数：繊維学会（編）；"酸素指数法［LOI-O$_2$%］値"，繊維便覧，p.126，丸善（2004）
注4）撥水性（接触角）：立花太郎，白沢謙，山内久子；日化第15年会講演要旨集，12418（1962）

「ソフトさ」や「こし」「はり」の強さやしわ回復性等を判断することもある。

織物の強度や染色堅ろう度などの物理的化学的性能は，別に抜き取り試験で検査されるが，織物の着用時の着心地性や織物の感性的な価値は，手触りだけで評価されるのが一般的である。

上記のようなことをほとんど一瞬に判断するには，素材の特性，織物構造や染色加工による織物の物理化学変化についての十分な知識やたくさんの経験の積み重ねが要求される。特に，染色加工工場で最適な加工工程を決定したり，最終仕上品（一次製品）の品質を1反1反検査する技術者には，そのような判断能力が強く求められる。1960年頃から日本で急速に既製服化が始まるが，それ以前のテーラーの時代には，末端の仕立屋はもちろん，取り扱い問屋，商社および機屋の流通各段階において，風合いは非常に重要で，共通のコミュニケーション方法であった。とりわけ染色加工工場の技術者には，織物原料や織物構造に起因する問題点までを染色加工でカバーすることが期待された。風合いは本来，織物構造に大きく依存するものであり，染色加工は大半が委託加工生産であることから，織物作りには関与していないために，今までは染色加工でカバーできることには限界があった。

既製服化の進展とともに，1着1着に時間をかけてていねいに仕上げたテーラー方式から大量生産方式に一変し，風合いに関する考え方も急変した。既製服化でアメリカ式のコンベヤー方式になり，手アイロンが大型プレス機に変わり，「襟」や「前身」だけでなく，「見返し」まで接着芯で貼って「伸び止め」されることが一般的に行われるようになった。寸法安定性の良い合繊混紡服地の増加に影響され，縫製では生地のデリケートな風合いはあまり問題されなくなったかに見えた。しかし，一方で風合いが良くて着心地が良く，感性的に優れた服に対する要望も高まっている。

(3) 風合いコミュニケーション

図3.89に示す紳士服の流通経路の中で，風合いに関するやり取りが最も真剣に行われるのは，毛織物製造業者（親機）と染色整理会社の技術者の間である。そのほか，アパレルメーカーと毛織物製造業者および百貨店の仕入担当者の間でも，商品企画の中で風合いは重要な判断材料になる。

羊毛関係の染色加工の大半は委託加工生産であるために，織物製造業者が企画する織物構造にはほとんど関与していないにもかかわらず，良い風合い作りの責任の大部分が染色加工にあるように考えられてきたが，最近は染色加工業者が独自にモノ作りを行う傾向も一部にはある。

風合いに関する業者間のコミュニケーションは，KESの基本力学特性を念頭に，感性も含めて数値にもとづく科学的なやり取りに移行しなければ日本の繊維の存在理由がない。

(4) 衣生活環境変化に伴う風合い変化

日本で毛織物の生産が始まったのは明治の初期であり，その後，大正末期の1923年頃に尾州産地で4幅毛織物（150〜160 cm）の生産が始まり，同時にドイツ等から本格的に毛織物の染色仕上ができるような機械が輸入されて，英国式の毛織物の染色仕上技術が定着したのは昭和の初期である。その後，戦争を挟んで1950年（昭和25年）頃に，ようやく安定した毛織物生産が可能になった。当時は，毛織物仕上げも本来の英国式の工程が忠実に採用されていた。

戦後，日本でも着物や軍服から洋服の生活へと急変した。衣生活の変化とともに，毛織物の需要が急速に増加した。それに合わせるために，紡績から染色加工まで急激な増産体制が敷かれた。染色加工工程でも，それまで煮絨機（Crabbing machine）を中心とするWet重点の英国式仕上から，連続化・大容量化が進み，そのセット不足を補うために釜蒸機（Full-decatizer）

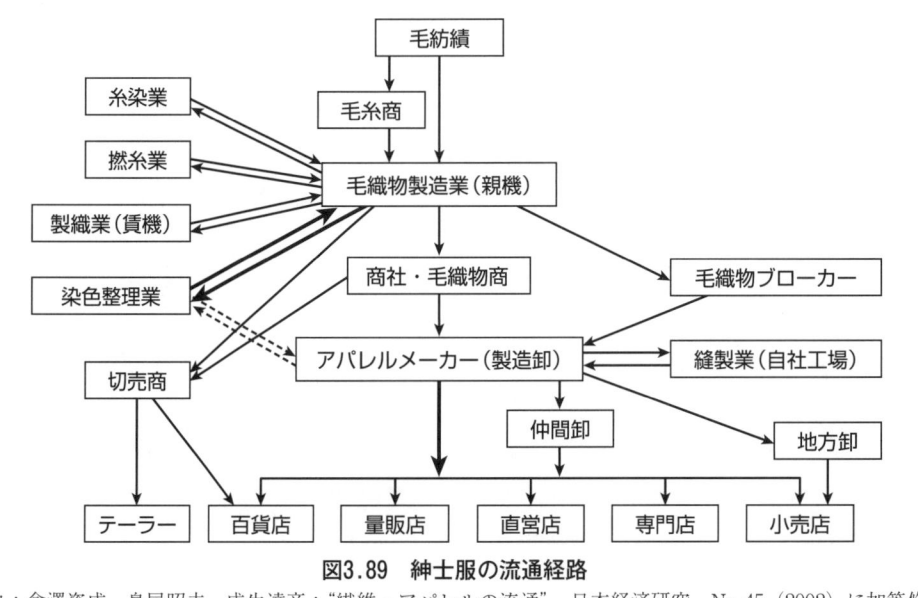

図3.89 紳士服の流通経路

［出典：倉澤資成，鳥居昭夫，成生達彦；"繊維・アパレルの流通"，日本経済研究，No.45（2002）に加筆修正］

第1編　羊毛繊維に関する技術

のような従来は毛織物仕上には用いられなかった高温高圧スチームで織物をセットする機械が導入され，染色加工も Wet 中心から Dry 重点仕上へと変わった。さらに，期を同じくして，洋服の仕立も従来のテーラーによるハンドメイドから既製服化が急速に進んだ。それに伴い，毛織物の物流方式も一転した。今まで風合いについて熱心に要求してきた毛織物問屋や商社に代わって，既製服業者と直接話し合うようになり，風合いに対する要求も一変した。さらに，その頃からポリエステルをはじめとする新しい合成繊維の躍進と，織物に代わるニットやラッセルなどの進出も，毛織物の風合いに少なからず影響を与えた。

　1960年代後半から始まった機能加工ブームは羊毛製品にもおよび，最初にスコッチガードによる撥水・撥油加工がブームとなった。しかし，その摩擦耐久性の悪さから加工剤の使用量が増え，硬い上に伸びがなくなり，水分移動が特徴の羊毛はその機能を失った。また，羊毛の弾性回復率の良さも消失した。ホコリが付きやすいため防塵加工を施したものや，スパンデックスのような伸縮糸を使った織物も増えた。毛織物の風合いを大事にした毛織問屋もなくなり，染色加工業者の発言力も小さくなっていき，その悪循環を阻止できなかった。現在でも日本ではそれが続いている。羊毛，綿，合繊という区分の中で，羊毛の他繊維にはない優れた固有の特性を大事にし，さまざまな状況に影響されずに頑張れなかったことを羊毛に係わった一員として深く反省している。少なくとも，本稿が羊毛本来の風合いを伝承することに役立てば幸いである。

　一方，風合いを計測して数値化する動きは1970年から日本で始まった。1980年に実用化が始まったKES は，風合いという個人差のある主観判断を完璧に数値表現できるシステムに育て上げ，世界中で認知され，信頼されることとなった。筆者自身も，手触り風合いの熟練技術者としてこのシステムを駆使し，羊毛製品だけでなく合繊混紡交織品やニット製品などたくさんの風合い解析を行い，確認してきた。今は，こ

れまでに培ったデータベースを用いて，「理想布」の設計と最適工程の検索手順の作成に鋭意尽力している。

　日本で毛織物生産が始まった当時の風合いが，戦後の合理化などでどう激変したかを図3.90と表3.15にまとめた。

⑸　風合い計測法の進歩

　1930年，英国の Shirly Institute の F.T. Peirce は，織物の硬さ，滑度などの感じを表わそうと考え，物理的な方法で織物のたわみの長さ，織物の重さ，撓抗度の値を算出して，織物を握った時の手に感じる折り曲げ抵抗，すなわち硬さを表わすことを考案した。また，Du-Pont 社の E.V. Lewis は数平方インチの円板の間に布片を挿入し，錘によって圧力を加え，1/100 mm 目盛のマイクロダイヤルゲージによって圧力と厚さの関係を測定し，織物を握った時に感じる厚みと硬さを測ることを考案した。最近では，2011年にアメリカ・カリフォルニア州のニューサイバーテック（Nu Cybertek Inc.）社も風合い計測システムPhabr-O-meter（phES）を発表している。それは，KES のように基本的力学特性を測定するのではなく，円環内から布を引き上げる時の力と歪みの関係を測定することにより，重さ，厚さのほかにドレープ性，しわ回復性, Softness, Smoothness, Stiffness, Stretch index, Fabric Extraction Energy, および Relative hand Value（グループの中の一番良い風合いの織物を0として，数値が小さい方がよい）などを測定することができる。KES のように手の感覚を通した主観的な風合いを，客観的な数値というデータに置き換えることはできないが，1分程度の短時間に直接消費性能を数値で比較できる点が良い。しかし，重さ以外にKES との相関は全くなく，工学的な利用はむずかしい。そのほか，最近では主観評価の方法も進歩し，C. Luible らの「Subjective fabric evaluation」は，サンプルの一端を固定して両手指で引っ張ったり，曲げたり，せん断したり，押さえたり，擦ったりして，あたかも

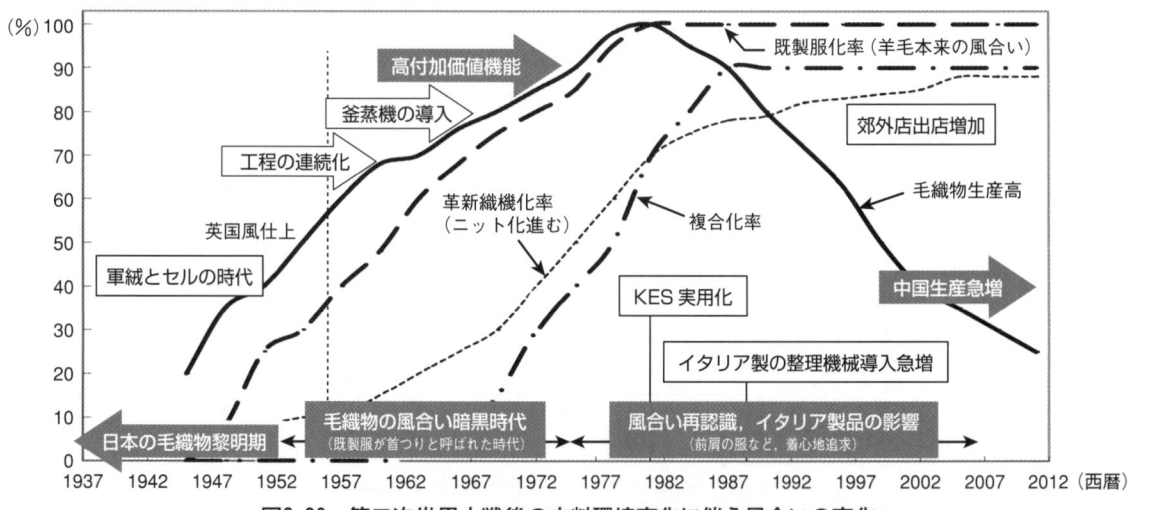

図3.90　第二次世界大戦後の衣料環境変化に伴う風合いの変化

154

表3.15 環境の変化に伴う風合いへの悪影響

毛織物生産環境の変化	風合い・品質におよぼした影響	開始時期	100％達成時期	寄与率
既製服化	硬く縫製しやすい生地が好まれた。接着芯の採用と縫製技術で，生地の風合い上の欠陥はある程度カバーされた。本来の羊毛の特性は無視され，むしろ伸びない生地が好まれた。毛織物暗黒時代である	1960年代，既製服は「首つり」といわれ，毛織物でも糊付して，上艶のある風合いが好まれた。既製服は全体の20％程度，80％はテーラー向け	1975年には既製服化率90％で，接着芯の高品質化，普及とともに急増	−30
毛織物生産方式の合理化・連続化	需要の急増により，紡績から染色・仕上げまで大量生産方式に移行。連続化と生産期間短縮で，羊毛生産に要求されるエージングによる応力を緩和されないまま製品化された	1960年頃から毛紡績の合理化，織機の革新化。染色加工では連続煮絨，連続水洗および釜蒸の導入。合理化のため風合いは軽視	1980年頃から一部でバッチ式水洗が見直され，エージングの必要性も話題に上がる	−23
羊毛本来の優れた特性を無視した特殊加工の横行	合繊の耐洗濯性の良さなど，取り扱いやすさを真似た加工は，羊毛本来の弾力性，保温性，吸湿，放湿性を消失させ，風合いも硬く，ふくらみのある羊毛の風合いや伸張回復率の良さを犠牲にした	1965年頃から，Kroy Hercosettなどのケミカルセット，各種防縮加工が始まる。1980年頃からBAP防縮によるMW（Machine Washable）加工普及。化学的処理は，染色加工のような物理処理により風合いへの影響大	1985年頃からNew Bapの採用で，風合いは少し柔らかい方向になるが，樹脂による風合いへの悪影響は不可避	−2
糸染めはパッケージ染色・高圧染色へ移行	戦後，糸染めは綛染めが主体であったが，高圧のチーズ染めになり，織物はウインス染色から液流染色に代わり，糸は伸びて，やせて，硬く，伸度がなくなり，色さえも低下した	1960年頃から，手染めや回転バックによる綛染めから硬巻きのパッケージ染色に置き換わる	1975年頃から次第に大型のパッケージ染色機に移行。大型で硬巻きチーズ染色で風合い劣化	−10
合繊の進出	羊毛本来の風合いよりもポリエステルの機能性が重視され，伸びない硬い生地でも容認された。しかし，一方でアメリカバーリントン社の1/30の抗ピル性でソフトなジャケットは好評	1970年頃から，夏物を中心にポリエステル65％，Wool35％トロピカルが夏服の定番になり，伸びない硬い生地がイージーケアで人気	1985年頃からポリエステル低率混に移行，細番手でさらに薄くなり，風合いは柔らかい方向になるが伸びはない	−10
住居環境整備による衣料の軽量化	冷暖房が普及して，紳士物冬物の目付が450 g/mから300〜350 g/mと薄くなり，番手も細くなって，ふくらみがなくしわの寄りやすい腰砕けの織物に変わっている	1980年代，IWSの新世代ウールの普及とともに，適正規格を外れた極端に軽目の織物が横行。しわや，型崩れが発生して，大阪枚方の縫製メーカーをはじめアパレルから非難を受ける	しわや型崩れの問題を解決しないまま，目付はさらに軽くなり，腰砕けで柔らかく，イタリア品とは似て非なる織物が主流になる。主たる生産が中国に移り，問題がすり替えられている	−10
織機の革新化と適正密度	織機の回転数が，数倍から10倍以上速くなり，開口角度も小さくなったために，経緯糸の交錯が不十分で，ふくらみに乏しい扁平な織物になっている	1960年代に初めて無杼織機（スルザー社）が導入された頃は，このことが問題になったが，今はそれが普通で問題にもされなくなった	毛織にウェルタージェットルームが使われ始め，昔とは「織あじ」「地風」が違うが，実用上は問題ない。しかし，KES基本力学特性では快適性などで明らかな差がある	−5
ニット化	高速で大量生産できる編地やラッセルは，織物とは異なる風合い管理が必要になった	ジャケットなどで着やすいニットが採用されるようになり，重厚感が求められる紳士服の風合いの概念に変化が起こる	360°伸びる快適なニットジャケットは，新しい需要の対象になる	−5
原料羊毛 Top 生産方式の変化	日本ではTopメーキングが行われなくなり，品質管理ができなくなっている	1970年代始めから排水規制が厳しくなり，日本は洗い上がり羊毛を輸入し，Topの風合変化まで配慮していない	現在も同じ状況である	−5
イタリア製品および加工機の影響	高品質で風合いの良いイタリア製の織物が入るようになり，特徴のあるイタリア製の織物仕上加工機が大量に導入された。織物のデザインは真似たが，織物密度・仕上方法は日本式で，似て非なる織物が生まれ，イタリア品に置き換わることはなかった。イタリアは，英国の煮絨に重点を置いた仕上方式とは異なり，着用耐久性には問題あり	1985年頃から感性豊かなイタリア製品が注目され，最高級紳士服地として日本でも使われるようになったが，寸法安定性などで問題発生	安定した物理的・化学的な特性を重視する日本のアパレルは，イタリア製を日本市場向けにリメークし，本来の風合いは失われた	+15
KES の普及	大阪枚方の縫製メーカーを中心に，KESの引張，せん断特性，特にEMTとGおよび2HG5に対する数値目標が示されたが，最後まで織物産地（尾州）と枚方の間の合意は得られなかった（枚方の営業と生産の一本化の欠如）	1973年に始まった「布の風合い計測と数値化」の作業は，日本繊維機械学会を中心に，紳士服製造に係わる技術者集団によって推進，世界的に認められる	1981年には，4種の測定機器の普及・販売とともに実用化が始まる。その後，全自動の測定機器の開発によって，全項目の測定・判定に要する時間は短縮されたが，さまざまな事情で現場での工程管理への利用は進んでいない	

155

第1編　羊毛繊維に関する技術

KESのような役割を両手で行うバーチャル法で，従来の手触り評価よりかなり高い精度で主観評価でき，客観評価に近づいたといわれているが，まだ実用の段階ではない。1980年に，オーストラリアの羊毛研究機関 CSIRO から発表された FAST（Fabric Assurance by Simple Testing）は，簡易な圧縮，曲げ，引張試験機と寸法安定性試験機（ハイグラルエキスパンション測定）をシステム化したもので，アパレル対応の試験機である。日本でも，1960年後半の風合い研究が全盛の頃，カンチレバーやハートループ等，JISの試験機を利用した風合い計測に関する「織物の風合いに関する考察」，「染色工場における風合い管理」，「織物物性に関する2，3の考察」など多数の論文が発表されているが，具体的な「風合い計測システム」の考案には至らなかった。

3.5.1項で述べたように，風合いという手の感覚を通した主観的な判断を，力学量という客観データに置き換えるというシステムである KES は1973年に完成したが，1980年には「風合い計測数値評価システム」KES[106]が軌道に乗り，その後，全測定装置が全自動化され，精度が一段と向上したことで個人差のある手触り風合いを基本的力学特性に置き換えて数値で示す

ことが可能になった。これにより，研究のためだけではなく，現場での工程や品質管理にまで利用範囲が広まり，全世界で認知され使われるようになった。

KES の最大の特徴は，人間工学的に配慮した計測機器の設計思想にあると思われる。人間が実際に衣服を着用した時に掛かる力や，その時の服地のせん断角度に合わせて測定範囲を設定して，無意識な人の動きに合わせて実際に掛かる力や方向を計算し，そのヒステリシスを測っている。このシステムの特徴の詳細と測定方法等については，次項で詳しく述べる。

しかし，織物生産や縫製の現場および流通の日常業務の中で風合いを議論する時に，いつでもどこでも誰もが KES の基本特性だけで会話し，仕事を進めることはできない。KES の開発に当たって真っ先に行われたのは，それまで各社・各人が思い思いに使っていた用語を統一することであった。冬の紳士服地は *KOSHI, NUMERI, FUKURAMI* の3原風合いに，夏の紳士服地では *KOSHI, HARI, FUKURAMI* および *SHARI* の4つに統一された。そして，これらの風合い値は，基本力学特性から計算で Primary Hand Value として定義された。風合いの善し悪しを表わす Total Hand Value（*THV*）も計算でき，今までの風合

（a）引張およびせん断試験機（FB-1）

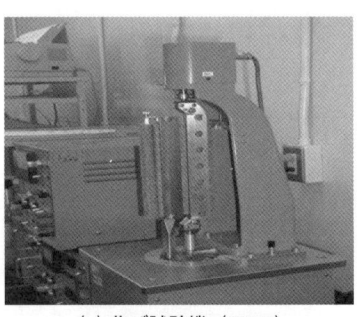

（b）曲げ試験機（FB-2）

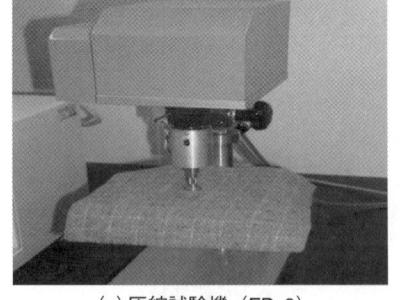

（c）圧縮試験機（FB-3）

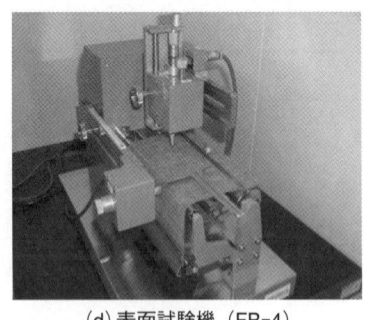

（d）表面試験機（FB-4）

図3.91　KES の全基本物理特性測定試験機

表3.16　Bipolar Handle attribute 風合いの特質とその両極限

Attribute 特質	Description 記述	
Firmness	Supple - Stiff	しなやかさ - かたさ
Roughness	Smooth - Rough	滑らかさ - 粗さ
Extensibility	Inextensible - Stretchy	伸びにくさ - 伸やすさ
Fullness	Lean - Full	やせた - ふくらみのある
Springiness	Limp - Springy	弾力がない - 弾力に富んだ
Coolness	Cool - Warm	冷たい - 温かい

第3章　羊毛仕上げ・機能加工技術

表3.17　布の基本力学的特性とその意味

物理特性	記号	特性値	単位	特性値の持つ意味
引張	LT	引張荷重－伸び歪曲線の直線性	— —	数値が1に近いほど，ゴムシートのような特性であることを示す。$LT=WT/WOT$
	WT	引張仕事量	$gf \cdot cm/cm^2$	単位面積当たりの引張のエネルギー F_{max} 一定で行うので，よく伸びる試料や LT の大きいものは大きくなる
	RT	引張レジリエンス	%	$RT=(WT'/WT)\times100$，引張に対する弾力性で LT の大きい試料では値は大きくなる。ゴムシートの場合は100%近くなる
	EMT	伸び率	%	F_m 500 g で引張った時の伸び率
曲げ	B	曲げ剛性	$gf \cdot cm^2/cm$	試験は，曲率 K が-2.5～2.5 cm^{-1}の範囲で等速曲率（変形速度0.50 cm^{-1}/秒）の純曲げで行われる。曲げ剛性 B は，曲げヒステリシス曲線の往き帰りの傾斜の平均値で，この時，タテ軸は単位長さ当たりの曲げモーメントである。この値が大きい布，曲げにくい織物は着心地が悪く疲れるが，あまり柔らかくしなやかだと「はり」がなくなる
	$2HB$	曲げヒステリシス幅	$gf \cdot cm/cm$	$2HB$ は K＝0.5～1.5間のヒステリシスの平均的な幅と K＝-0.5～1.5間のヒステリシスの平均的な幅をさらに平均した値で，曲げに対する弾力的な性質を示す。曲げ特性においても，引張特性と同じくその特性地の異方性が衣服の外観や着心地に大きく寄与することから，経緯方向の B_2/B_1 が重要視される
剪断	G	せん断剛性	$gf \cdot cm/degree$	織物は，タテ糸とヨコ糸の交差角をわずかに変えるだけでせん断変形するが，紙で作った服はせん断剛い。この性質は，織った布独特の性質である。変形様式は，力 W（10 gf/cm）をタテ方向に与えておいて同時にヨコ方向にせん断変形を与える。せん断ずり速度は0.417 mm/秒（せん断歪速度は近似的に0.00834/秒）。せん断試験は，せん断角が8°で回復過程に移るように定めている。したがって，最大せん断ずり量は50 mm×tan 8°＝7 mm となる。せん断剛性 G はせん断曲線の傾斜である。G が大きいことは，せん断に対する抵抗が大きいことを示す
	$2HG$	$\varphi=0.5°$におけるヒステリシス幅	gf/cm	せん断ヒステリシス曲線のヒステリシス，すなわち幅が狭いほど，変形は元に戻りやすいことを示す。$2HG$ はわずか0.5°だけせん断した時のヒステリシスを示す
	$2HG5$	$\varphi=5°$におけるヒステリシス幅	gf/cm	$2HG5$ は，5°だけせん断した時のヒステリシスを示す
圧縮	LC	圧縮荷重－圧縮歪曲線	—	面積 2 cm^2の円形平面をもつ鋼板間で圧縮される。その時の圧縮速度は20 μm/秒，圧縮最大荷重は50 gf/cm^2であって，回復過程も同一速度で測定される。$LC＝WC/WOC$，$WOC＝P_m(T_0-T_m)/2$，P は単位面積当たりの圧力，T は試料の厚み，T_0は P＝0.5 gf/cm^2における T，Pm, Tm は P の最大値（＝50 gf/cm^2）の時の T，WC' は単位面積当たりの回復エネルギー，P' は徐圧過程における単位面積当たりの圧力
	WC	圧縮仕事量	$gf \cdot cm/cm^2$	圧縮エネルギー
	RC	圧縮レジリエンス	%	
表面	MIU	平均摩擦係数	—	ピアノ線で作られた接触子を10 gfで試料に圧着させながら，平滑な金属面上に置かれた試料を0.1 cm/秒の一定速度で水平に2.8 cm 移動させ（測定部分は2.0 cm），その間の凹凸状況を測定する。その時の試料には20 gf/cm（3.5 cm 幅の試料であれば70 gf）の張力が与えられる。表面摩擦は，粗さ測定に用いた接触子を10本並べたものを接触子とし，50 gfの力で試料に圧着させる。その他は粗さ測定と同じ条件とし，接触子と試料間の摩擦特性を測定する。平均摩擦係数で表面の滑り状態を表わす。値が小さいと，滑りやすいことを示す
	MMD	摩擦係数の平均偏差	—	摩擦係数 μ の平均偏差，表面の滑り状態におけるむらの有無を表わす。MMD は MIU の大小と関係なく，滑りが均一かどうかを示す値
	SMD	表面粗さ	μm	表面粗さの平均偏差で，布の厚さの変動を表す。布表面の凹凸の少ない織物は，小さい値になる
厚さ	T	圧力0.5 gf/cm^2における厚さ	mm	厚みは，圧縮特性測定の際に測定された P＝0.5 gf/cm^2における試料の厚みを T として用いる。厚み T は，T_0 を mm 単位で表示したものである
重さ	W	単位面積当たりの重量	mg/cm_2	

注1）基本力学的特性は経緯で26（とαT＝$\varepsilon m_2/\varepsilon m_1$ と αB＝B_2/B_1である）αT，αB は風合い計算には使わないが，衣服の縫製や縫製後の外観，形態および着心地に大きく寄与する値である。

注2）JIS と比べて，KES は人間の繊細な感覚をベースにした風合いを測定するために，低荷重域における布の特性を精度良く捉えることを目的として作られている。

第1編 羊毛繊維に関する技術

表3.18 衣服着用時の形態や変形挙動に関与する基本特性の組み合わせ値とその意味

基本特性の組み合わせ値		値のもつ意味，関係する実用的意味
B/W	単位面積当たりの重量 W に対する曲げ剛性 B 比	自重で垂れ下がる時の形態に関係し，値の小さいものほど深く垂れ下がり，ハングがよくない
$2HB/W$	単位面積当たりの重量 W に対する曲げヒステリシス幅 $2HB$ の比	自重で垂れ下がる時の形状の不確定さに関係し，大きい値をもつほど形態が不確定で，動作した時の布の動きのリブリネスさに欠ける
$2HB/B$	曲げ変形における弾性成分とヒステリシス成分の比	大きな値をとるほど，着用における型崩れや，しわが生じやすい。適度な値をもつものが形態保持性に優れ，仕立映えする
$2HG5/G$	せん断変形について同様の比	
MMD/SMD	表面粗さ SMD に対する摩擦係数の変動 MMD の比	小さな値をもつものほど表面のタッチがなめらかで，肌触りの善し悪しに関係する
WC/W	単位面積当たりの重量 W に関する圧縮エネルギー WC の比	大きな値を持つものほど繊維の充実度のわりに圧縮柔らかい
WC/T	厚さ T に対する圧縮エネルギー WC の比	大きな値をもつほど圧縮柔らかい
W/T	厚さ T に対する重量 W の比	見掛け比重で，小さい値をとるものほど空気の含量が大きくふっくらしている
$\sqrt[3]{B/W}$	Bending length	布の自重による垂れ下がりに関係する量，布の自重で同じ曲げ角度に曲げる時の布の曲げ長さに対応する値で，大きいものほど曲げにくく静的ドレープ係数が大きくなる
$\sqrt{2HB/W}$	Unbending length	布の自重による垂れ下がりにおいて曲げヒステリシス効果のため，垂れ下がり形状の形態不定に関係する量。ドレープ形状では，その形状不確定さに関係するパラメータで大きい値をとるほどドレープ形状が定まらず，リブリネスさに欠ける

注）衣服は他の工業製品と異なり，布といういわば半製品の段階でいったん商品になる。したがって，布の商品価値と衣服の商品価値は同じではない。布として高い評価を受けても仕立てにくかったり，仕立映えしないことがある。布自体の評価ということについては，布のどのような面を評価したかによって異なるが，風合い評価の面ではかなり満足できるようになっている。しかし，アパレル生産における衣服の仕立てやすさとか仕立映えということについては別の角度で評価する必要があるので，この表はその時にある程度役立つ。

いに関するコミュニケーションは非常に容易になり，正確に行われるようになった。

また，参考までに風合い表現には表3.16に示すような2極表現もある。これも風合い計測とは結び付かないが，感覚的にはわかりやすい。

(6) 「風合い」計測数値評価システム KES

風合い計測数値評価システム KES[106] は，手の感覚を通した主観的な判断を，客観的な数値というデータに置き換えることができる唯一のシステムである。誰もが共有できる客観的な評価には，表3.17に示される17個の力学パラメータのそれぞれに，意味を持つ力学的特性値が使われ，全体で手触り感覚のすべてをカバーしている［なお，表3.17注2）の内容を具体的に示したものが表3.18である］。

一方，手触り風合いを今でも使い続けている現場では，熟練者はいくつかの共通の言葉で風合いを表現しているが，KES 発足の時点で議論の末に冬用紳士服地の風合いを KOSHI，NUMERI および FUKURAMI の3つと，夏用紳士服地の風合いは KOSHI，HARI，FUKURAMIM および SHARI に集約した。各用語の定義は，風合い計量と規格化委員会，日本繊維機械学会発行『風合い評価の標準化と解析』[106] に示されている。また，これらの風合い計算値は，前記の計測した力学量を用いた計算式で Primary Hand Value として求められ，主観判断の手触りによる「こし」「ぬめり」および「ふくらみ」を客観的な計算によって求められ

る。しかし，筆者の個人的な意見では，KES 創設に際して多くの風合い関連の熟練技術者20名よりなる小委員会で500種の冬用紳士服地（52％梳毛織物，31％羊毛ポリエルテル混紡，9％紡毛，6％合成繊維加工糸織物）の手触り風合いを判定し，力学特性との相関性を統計的に処理し相関が認められている。また，現場でも元の風合い表現に戻るのではなく，冒頭の緒言で述べたように力学特性用語で会話すべきであると思う。力学特性値そのものか，たとえば単に硬いというのではなく，せん断剛いとか曲げ硬いというような会話の方が的確な相互理解のため有効である。

3.5.3 可縫製性評価

(1) 仕立てやすさ

仕立てやすさとは，平面状の衣服素材で立体的な衣服を構成する，いわゆる仕立てる際の難易度をいう。布の力学特性から仕立やすさを予測するために，多変量残差回帰分析を行った。この結果から，仕立てやすさに大きく関与する力学特性を順次挙げると，摩擦特性，引張特性，圧縮特性となり，次に曲げ特性，せん断特性と続く。そして，摩擦特性のみでyとYとの相関係数は0.887となり，かなり高い計算精度でこれらの基本力学特性から仕立てやすさの程度を予測できることがわかる。

仕立てやすさに直接関係する，最大いせこみ率とセット性についても研究されている。梳毛織物においては，最大いせこみ率が12〜17％の時が仕立てやす

158

さのピークであり，力学特性の中では $2HG5$ が最も関係し，この特性値が大きくなるにしたがって，最大いせ込み率が大きくなるという傾向が認められている。セット性と梳毛織物の仕立てやすさの関係では，セット性の数値が小さい（セット性が良い）ものほど仕立てやすく，力学特性の中では $2HG5/W$ が最も関係し，この特性値が大きくなるにしたがってセット性が良くなる傾向が認められている。なお，最大いせこみ率は，縫製工程における後肩のいせこみを想定し，ヨコ糸方向に対し，$25°$ 方向に長さ $L_0 = 15$ cm として，ホフマンプレス機を用いて布に座屈を生ずる直前まで最大限にいせこむ。その後，標準状態にして 1 週間放置してバブリング部を除き，さらに 1 週間放置した後，いせこみ部分の長さ L を測定して次式により算出する。

$$最大いせこみ率 = (L_0 - L)/L_0$$

セット性の測定には IWS 法を用い，5×4 cm の試料をヨコ糸方向に 2 つ折りにし，$120℃$，1.7 atm，アイロンの重さ 4 kg，底面積 200 cm^2 で15秒スチームプレス，15秒バキュームした後，折り目付けされた長さ 4 cm の糸をほぐし取る。あらかじめ用意された0.1%非イオン系浸透剤を含む25℃の液中に入れて，2 分間浸漬した後，糸の開角度を測定する。

(2) 仕立映え

仕立映えとは，仕立て上がった服が美しく立派に見えることである。もちろん，衣服の外観の美しさのみが優れた衣服の条件とは限らない。衣服の品質の良さは着やすく，かつ美しい服であり，さらにこれらの良さが持続するような服であろうと考えられる。しかし，美しい外観は品質の重要な要素の 1 つである上に，着やすさにも関連があるように思われる。服が仕立て上がった時点で，立派な服になるか外観の劣る服になるかは，一定水準以上の仕立技術では布地の性質によるところが大きく，このような布地の選別は縫製工場では非常に重要な業務である。仕立映えに関する確立した定義や評価基準はないが，

① 美しく立派な服である。
② 美しい滑らかな曲面が自然に保持されている。弾力，丸み，ふくらみ，立派な外観，動きの美しさ。
③ よくこなれている，折り目が美しい。
④ 体へのなじみの良さ。縫目，いせや伸ばしに無理

がなく，裏地や芯地など副素材ともなじみ，かつ表地の性格がそのまま現われている。変形しやすさと形態保持性。

などが挙げられる。

(3) 総合風合い値 THV

布の風合いに関して，最も簡単でかつ理解のむずかしい表現は，「良い風合い」と「悪い風合い」というものである。たとえば，ここに良い風合いの布があるとする。なぜこの布の風合いが良いのかとなると，「ぬめり」があって適度に「こし」「ふくらみ」があるからということになる。この例では，基本風合いと「良い風合い」「悪い風合い」の包括的な風合い表現との関係を示している。この包括的な表現を THV（Total Hand Value）という。THV 5 は極めて優れた風合い，THV 1 は非常に悪い風合いで，THV 3 は平均的な風合いを示す。優れた風合いは，人間に適合する，人間味あふれる布地，着てその良さを感じ，手放せなくなる布地の風合いと，H.E.S.C（Hand Evaluation and Standardization Committee）の総意で決められたものである。HV から THV を得る式を以下に示す。

・冬用紳士服地の THV

$$THV = -1.2293 + 0.5904Y_1 - 0.0441Y_1^2 - 0.1210Y_2 + 0.051Y_2^2 + 0.6317Y_3 - 0.0506Y_3^2 \quad \cdots\cdots(1)$$
$$Y_1 = KOSHI \text{ の } HV$$
$$Y_2 = NUMERI \text{ の } HV$$
$$Y_3 = FUKURAMI \text{ の } HV$$

・夏用紳士服地の THV

$$THV = -1.3788 - 0.0004Y_1 + 0.0006Y_1^2 + 0.7501Y_2 - 0.0361Y_2^2 + 0.5190Y_3 - 0.0369Y_3^2 + 0.2555Y_4 - 0.0352Y_4^2 \quad \cdots\cdots(2)$$
$$Y_1 = KOSHI \text{ の } HV$$
$$Y_2 = SHARU \text{ の } HV$$
$$Y_3 = FUKURAMI \text{ の } HV$$
$$Y_4 = HARI \text{ の } HV$$

(4) 仕立映えと風合い値および基本的力学特性の関連性

仕立映えの良さは縫製技術者による判断であるが，総合風合い値（THV）は布の製造，仕上げ関係技術者による布の良さの評価であった。この両者の関係を検討するために，仕立映えと THV に関して布地を 4 つのグループに分類し，力学的特性の特徴を捉えた。

表3.19に，紳士用冬用スーツ地の仕立映えと THV

表3.19　紳士用冬用スーツ地の仕立映えと THV による分類

仕立映え	THV-cal range	基本的力学特性の特徴
Good	High（3.82〜4.17）	図3.92に示すように，引張，曲げおよびせん断特性に特徴的なパターンがある
Poor	Low（0.36〜2.19）	図3.92の斜線の範囲から，ほとんどすべての特性値がはみ出す
Good	Low（1.51〜2.83）	引張，曲げおよびせん断の 3 ブロック特性は，図3.92の斜線の範囲にあり，表面および圧縮特性が範囲外にある。HV のパターンも異なる
Poor	High（3.83〜4.23）	表面および圧縮特性が THV を高める要素を満足させているが，ヨコ糸方向の伸びが小さく，曲げ，せん断特性のいずれかが大きすぎる値を取り，図3.92の斜線の範囲から外れる

第1編　羊毛繊維に関する技術

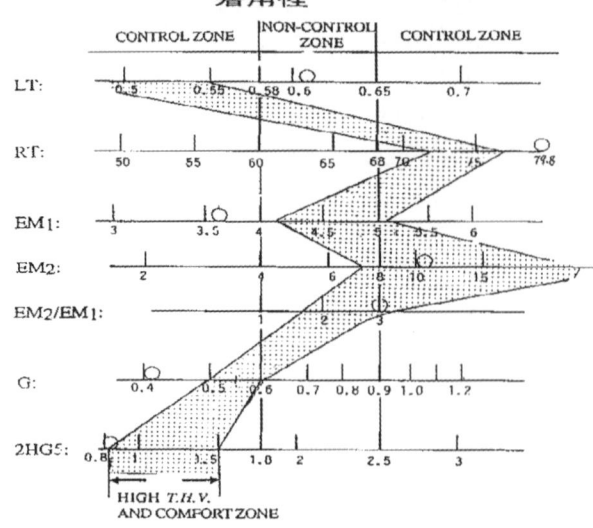

図3.92　可縫製性，仕立映えに優れた縫製品のためのKES特性の範囲

による分類を示す。

(5)　可縫製の良い力学特性の最適値

　図3.92に，織物の可縫製に関する力学特性の最適ゾーンを示す。

3.5.4　風合いを作る染色加工工程

・優れた風合いの織物とは

　良い風合いを作るための方法や比較を行うに当たり，あらかじめよい風合いとはどんなものかを定義しておく必要がある。

　風合いが良いということは，人間に適するということであるが，その条件として平易な言葉で表現すると下記のようなことがいえる。

　①適度に伸びること，回復する弾性力があること。

　②適度にしなやかさ，曲げ硬さをもち，また，曲げ硬さと重さの間に適当な関連があることと，ある程度弾力に富むこと。

　③曲げ，引張り，圧縮など，さまざまな変形に対して違和感のある硬さが取れていること。

　④表面が人間の皮膚を刺激しない滑らかさ，柔らかさ，硬さをもつこと。

　一方，KESを考えた川端季雄 博士は，*THV*が高い服は「着て愛着を感じる服」であるとしている。そして，KESではこれを力学特性の組み合わせた式で示している。筆者はKESが実用化されて以来，新しい織物の開発や新しい染色加工を開発した場合にKESで評価し，手触り風合いとの関係を調べているが，5つの力学特性，17個の力学パラメータのうち，特定の力学パラメータと良い風合いの関係を確認できた。結論として，優れた風合いの織物はタテヨコ糸の間に隙間があり，*FUKURAMI*があって空気をたくさん含んだ織物であり，冬温かく夏涼しい織物になる。図3.93に梳毛，2/2 綾織紳士服地のタテ糸断面を示す。(a)は理想的な仕上の織物断面節，(b)は好ましくない仕

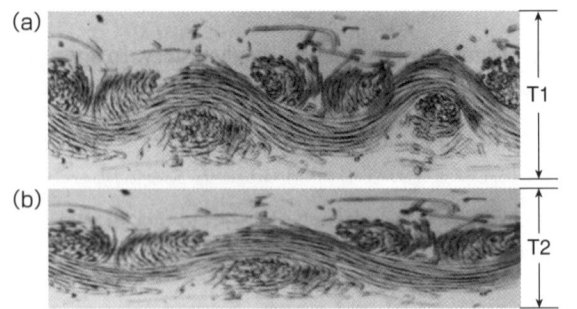

図3.93　梳毛，2/2 綾織紳士服地のタテ糸断面
(a)は，理想的な仕上げの織物断面。

上で扁平で紙のような織物断面を示している。

　筆者は，織物構造を原糸の品質，撚り，番手，経緯密度を，標準を中心に変化させた場合の風合い変化，染色加工条件を大幅に変化させた場合の風合い変化，染色加工の各工程ごとに織物の風合いがどのように変化するか，また，防縮加工剤，その他の機能加工剤が風合いにおよぼす影響などについて，手触りによる主観判断とKESによる客観評価を行い，KESの信頼性を確認している。また，抗ピル性や，チクチク感など今まで適切な評価法がなかった問題を，KESの物理的特性と相関性から判定する方法を提案している。

——参考文献——

1)　染色仕上機器集，繊維社（1989）

2)　D. Heywood（編）；テキスタイル加工：日本語版（Textile finishing）（訳：安倍田貞治，小林重信），IS（2004）

3)　伊藤忠システック㈱の最新仕上機械カタログ

4)　㈱木村鉄工所の製品カタログ

5)　エッガー・テーロー・サックス；Finishing of Wool fabrics（東京工業大学 織物仕上実習教師）大同毛織（1907）

6)　P. Alexander and R. F. Hadson；羊毛の化学と物理（訳：小川明宏），p.32，日本繊維機械学会（1959）

7)　日本学術振興会染色加工第120委員会（編）；染色加工講座 第7，共立出版（1959）

8)　鈴木義稽，吉田高年；染色整理概論，槇書店（1951）

9)　伊藤博，他；新実用染色講座，色染社（1987）

10)　別宮不二雄，北原彰曠；たのしい羊毛講座，p.15，日本繊維新聞社（1990）

11)　繊維講座第7集，一宮尾西地方繊維研究会（1982）

12)　服飾辞典，文化出版局（1979）

13)　吉川和志；新しい繊維の知識，鎌倉書房（1974）

14)　湯原五郎；毛織物の話，洋装社（1955）

15)　片岡毛織創業九十年史，片岡毛織（1988）

16)　片岡毛織創業九十年史（二），片岡毛織（1990）

17)　尾崎久弥，森徳一郎；墨清太郎（艶金七十年の歩み），艶金興業（1960）

18)　墨敏男（知と技の軌跡100年），艶金興業（1989）

19)　墨金治郎；尾州艶屋物語（艶金とその中の私），大岩出版（1974）

20)　峯村勲弘，他（編）；繊維の百科事典，丸善（2002）

21)　日比暉；なぜ木綿，財団法人 日本綿業振興会（1994）

22)　新村出（編）；広辞苑（第六版），岩波書店（2008）

23) 染色加工仕上年鑑（1995年版），繊維社（1995）
24) 新世紀の洗濯革命，繊維社（2000）
25) '85〜'86 染料・薬剤・機器 製品情報，繊維社（1985）
26) 足立達雄；色染化学 2 加工，実教出版
27) R. W. Moncrieff；Wool Shrinkage and its Prevention, National Trade Press, London（1953）
28) J. D. Leeder；*Wool Science Review, 63*, 3-35（1986）
29) 梅原亮；クリンプ，**43**，8-22（1979）
30) 中村良治；クリンプ，**33**，3-9（1976）
31) 宮本武明，坂部寛；染色工業，**32**，523-531（1984）
32) J. B. Speakman and E. Stott；*J. Textile Inst.*, **22**, T339（1931）
33) M. Harris；*Am. Dyest. Report*, **34**, 72（1945）
34) C. S. Whewell；"Chemistry of Wool Finishing", Chap 8, Chemistry of Natural Protein Fibers（ed.：R. S. Asquith），Plenum Press, New York and London（1977）
35) J. R. McPhee；*Textile Res. J.*, **30**, 349-357, 358-365（1960）
36) Anon；"過マンガン酸カリ防縮加工"，国際羊毛事務局（1967）
37) Anon；*Wool Science Review*, **34**, 1-9（1968）
38) 改森道信；染色工業，**41**，347-363（1993）
39) J. M. Cardamone, J. Yao and A. Nunez；*Textile Res. J.*, **74**, 555-560（2004）
40) R. E. Whitfield, L. A. Miller and W. L. Wasley；*Textile Res. J.*, **31**, 704（1961）
41) H. D. Feldtman and J. R. McPhee；*Textile Res. J.*, **34**, 634-642（1964）
42) H. D. Feldtman and J. R. McPhee；Proc. 3rd International Wool Textile Research Conference, Paris（cirtel）3, 345（1965）
43) J. Lewis；*Wool Science Review*, **55**, 23-42（1978）
44) J. K. R. F. Cockett；*Wool Science Review*, **56**, 2-29（1980）
45) T. Shaw；*Wool Science Review*, **46**, 44-58（1973）
    T. Shaw；*Wool Science Review*, **47**, 14-24（1973）
46) G. B. Guise；*J. of Applied Polymer Science*, **21**, 3427-3443（1977）
47) K. W. Fincher, M. A. White；Report No. G30, CSIRO Div. of Textile Industry, 1-4（1976）
48) P. G. Cookson and A. G. De Boos；*Textile Res. J.*, **62**, 595-602（1992）
49) 改森道信；染色工業，**41**，607-620（1993）
50) 改森道信；染色工業，**42**，70-84, 133-143（1994）
51) 川原賢一；クリンプ，**43**，27-32（1979）
52) 川原賢一；クリンプ，**52**，39-42（1982）
53) 水森吉紀；加工技術，**34**，225-229（1999）
54) 柴田豊；染色工業，**48**，15-27（2000）
55) 改森道信；染色工業，**32**，583-601（1984）
56) 川原賢一；加工技術，**21**，256-261（1986）
57) 川原賢一；加工技術，**19**，640-644（1984）
58) J. Lewis；*Wool Science Review*, **54**, 2-29（1977）
59) Anon；クリンプ，**51**，64-50（1982）
60) Anon；加工技術，**19**，644（1984）
61) 柳堀節雄；加工技術，**23**，427-432（1988）
62) 川原賢一；染色 Dyeing and Finishing, 16, 72-78（1998）
63) 北條博史；繊維学会誌，**39**，213（1983）
64) 柴田豊，梅原亮；加工技術，**23**，153-159（1988）
65) 改森道信；染色工業，**41**，566-577（1993）
66) H. Hojo and M. Kamada；IV, Proc. 8th International

Wool Textile Research Conference, Christchurch, 390（1990）
67) 北條博史；繊維と工業，**44**，379-383（1988）
68) 唐川忠士；染色 Dyeing & Finishing, **11**, 6-9（1993）
69) M. A. ラシュフォース；クリンプ，**65**，74-82（1990）
70) 家久浩一，乗次宏明；加工技術，**19**，527-576, 645-647（1984）
71) "水洗いスーツ"に対応始まる"，染織経済新聞（2000. 7.19）
72) 礒部洋一郎；加工技術，**26**，452-456（1991）
73) 堀満夫；繊維機械学会誌，**64**，111-116（2011）
74) "Treatment Methods", The Woolmark Company, 27 Feb. 2012
    http://www.woolmark.com/learn-about-wool/ treatment-methods（2012.06.06アクセス）
75) 川原賢一；加工技術，**34**，698-703（1999）
76) Commission Decision 2009/567
    Official Journal of the European Communities, EU eco-label to textile products（2009）
77) Global Organic Textile Standard, Version 2.0, International Working Group on GOTS（2008）
78) Q. H. Chen, K. F. Au, C. W. M. Yuen and K. W. Yeung；*Textile Asia*, April 2000, 38-43（2000）
79) R. J. Denning, G. H. Freeland and G. B. Guise；Proc. 9th International Wool Textile Research Conference, Biella, 208-216（1995）
80) Anon；*Wool Record*, January 1998, 31（1998）
81) SUPERWOOL の HP
    http://www.superwool.en/en/sw_history.htm（2012.10.14アクセス）
82) CORONA FINISH の HP
    http://www. superwool. en/en/Corona_Finish_en. htm（2012.10.13アクセス）
83) A world first from BWHK – new Organically Certified Tops の HP
    http://www.woolnews.net/news/a-world-first-from-bwhk-new-organically-certified-tops/（2012.10.11アクセス）
84) "環境配慮型のウール防縮加工"，繊研新聞（2009.8.20）
85) 山本周治，北野道雄，安田庄子，松井淳子，半谷朗；テキスタイル＆ファッション，**21**，13-16（2004）
86) 高橋正；繊維と工業，**55**，155-164（1999）
87) 吉村由利香，大江猛，安部郁夫；加工技術，**31**，671-675（2001）
88) 後藤徳樹，脇田登美司，細谷敏博；繊維学会誌，**47**，100-106（1991）
89) M. Mori, M. Matsudaira and N. Inagaki；*Journal of Textile Engineering*, **52**, 19-27（2006）
90) 田原充，木村裕和，高岸徹；繊維機械学会誌，**49**，T281-T289（1996）
91) 田原充，馬渕伸明，高岸徹；繊維学会誌，**59**，153-157（2003）
92) 松下浩子，上石洋一，新井幸三；群馬県繊維工業試験場業務報告，**2000**，29-31（2001）
93) 篠塚雅子；茨城県繊維工業技術センター研究報告書，**23**，35-39（1994）
94) 栗原英紀；埼玉県工業技術センター研究報告，**2**，218-219（2000）
95) 改森道信；加工技術，**39**，262-267, 344-347（2004）
96) H. Hojo and T. Ogura；I, Proc. 9th International Wool

Textile Research Conference, Biella, 217-224（1995）

97）北條博史；染色 Dyeing and finishing, **16**, 87-92（1998）

98）北條博史, 大図恵治；繊維機械学会誌, **51**, 441-442（1998）

99）唐川忠士, 梅原亮；繊維工学, **55**, 340-344（2002）

100）白井安弘；繊消誌, **49**, 118-122（2008）

101）ニット外衣・下着の需要の推移, 日本ニット工業組合連合会（2007）

102）繊維製品の生産量及び販売額, 平成22年繊維・生活用品統計年報, 経済産業省（2010）

103）Shanghai Eco-Life Textile Science & Technology Development Co., Ltd. の HP
http://www.made-in-china.com/showroom/eco3ewool-top（2012.10.21アクセス）

104）"談・トークとーく", 繊維ニュース（2011.5.10）

105）K. R. Makinson；Shrinkproofing of Wool（1979）

106）川端季雄；風合い評価の標準化と解析, 日本繊維機械学会 風合い計量と規格化研究委員会（1975）

107）近藤正文；繊維辞典（編著：繊維辞典刊行会, 監修：通商繊維局）, p.36（1951）

第2編

染色加工概論
ならびにウールの知識・特異性

改森　道信：技術士（繊維部門）

　　　　　　　　（元　鐘紡株式会社，カネボウ繊維株式会社）

は じ め に

「ウールの染色加工の基礎」を専門誌に5年ほど連載したことがある[1]。ウール工業で染色加工に従事する若きエンジニアを対象にまとめたものであった。本稿は，染色加工に携わる方のみならず，企画や販売，クリーニング関係など，より広い方々を対象に，染色加工の基礎をできるだけ平易に説明しようと思っている。衣料関係に用いられる繊維の大部分は，綿やポリエステルであるため，これらを中心に説明していく。

セルロース繊維やポリエステルは，炭素，酸素，水素の3元素（原子）から成り立つ。ナイロン，アクリル，シルクなどは，3元素に窒素が加わった4元素から成り立つ。ウールは，さらに硫黄が加わり5元素からなる。構成する元素数が多いほど，当然のことながら繊維の構造は複雑になり，化学反応も多様化する。染色や加工は物理的な作用や化学的な反応で生じるが，元素数が多いほど複雑な挙動を示す。

ウールを学べば，すべての繊維の染色加工の基礎を学ぶことにもなる。さらに，ウールには，他の繊維にはない独特な性質も発現する。ところで，読者の皆さんは「紳士スーツを他の素材で作ることができない」理由をご存じだろうか？ウールの特異な製品特性，染色加工特性や染色加工を進める上で必要な一般的な知識については，第2章で説明したい。

現在，単位には，国際（SI）単位系が使用されている。染色加工の基礎的な現象の究明につながった実験データ等では，CGS単位系が使用されたものが多い。引用文献等をSI系に変換しなおすのも煩雑なため，そのままCGS単位を使わせてもらう。

第1章 染色加工の基礎

1.1 着 色

物質に「色がつく」ということはどういうことなのかを考えてみよう。

1.1.1 光と色

地上に降り注ぐ太陽の電磁波[注1]のうち，人の目で見える光は可視光線と呼ばれる。可視光線が物に当たり，吸収されずに反射もしくは透過した波長を，人はその物質の色として感ずる。人が色を感じるシステムを図1.1[2]に示す。この図は，光源から出た光の波長のうち，物質に当たって反射された波長を，眼を通して大脳で色として感知するようすを模式的に示したものである。

吸収されずに反射もしくは透過した波長を余色という。可視光線の波長と余色の概略例を表1.1に示す。波長は文献等で異なり，可視光の範囲の明確な定義はないようで，JIS Z 8120では短波長側は360〜400 nmで，長波長側が760〜830 nmとなっている。

ところで，特定の波長を吸収する物質は，着色剤や色素などと呼ばれる。

人間が色を感じるのは，何も染料・顔料といった着色剤や色素に起因するものだけではない。虹の色，シャボン玉の色，蝶の羽の色などは構造色と呼ばれる。これらは，光の干渉，回折，散乱といった現象によるものである。また，たとえば，金は100 nm 程度の粒子径までは金色をしているが，50 nm では紫，15 nm 程度の大きさになると赤色を呈する[3]。金属の自由電子は金属中を動き回っているが，粒子径が小さくなると限られた微小な金属内に閉じ込められ，動く範囲が限られ，特定の波長を吸収する性質（プラズモン共鳴）が発現するようになるため着色する。

近年は，地球環境の維持や改善のために，染料や顔料を使わず，天然起因のこれらの着色方式に倣おうとする傾向が強まりつつある。

1.1.2 染料，顔料の大きさ

染料や顔料は，特定の波長を吸収する物質である。JISの繊維用語（染色加工部門）JIS L 0207によると，染料は「水などの媒体に溶解又は分散し，繊維などに親和性があって吸着され，ほぼ満足できる堅ろう性をも

表1.1 可視光線の波長と吸収光・余色

吸収光		観察される色
波長 (nm)	吸収光の色	余色
400 〜 435	紫	緑・黄
435 〜 480	青	黄
480 〜 490	緑・青	橙
490 〜 500	青・緑	赤
500 〜 560	緑	赤・紫
560 〜 580	黄・緑	紫
580 〜 595	黄	青
595 〜 610	橙	緑・青
610 〜 750	赤	青・緑
750 〜 800	紫・赤	緑

図1.1 知感覚のプロセス[2]

注1）電磁波：電磁波の性質は，波長，振幅，伝播方向，偏波面（偏光）と位相で決められる。波長は長い方から，電波・赤外線・可視光線・紫外線・X線・ガンマ線などと呼ばれる。なお，電磁波を波長変化として考慮したものはスペクトルといわれる。

つ色材」，顔料は「水に不溶で，繊維に対して親和性のない有色の微粒子。これを繊維に適用するにはバインダーといわれる接着剤が必要」と説明されている。

通常の染料の大きさは，せいぜい20Å（オングストローム，10^{-10}m），2nm（ナノメートル，10^{-9}m）前後と，遺伝子・DNAと同じくらいの大きさである。しかし，実用の染料は，水に溶けた状態でも，集合体（「会合」という）となっている。分散染料のように水に溶けず水中に分散している場合でも，実際には多量の染料が集合し，通常は1,000nm程度のサイズとなっている。

他方，顔料は着色に用いる粉末で，光の波長を選択的に吸収して，反射または透過する色を変化させる機能を持つ。顔料のサイズは大きいが，近年，ナノサイズ化が進んで，70nm程度までの大きさに至っている。

1.1.3　結合様式

繊維に染料が結合する様式について考えてみよう。結合には，共有結合，疎水（そすい）結合，イオン結合，水素結合および配位結合の5つの様式がある。繊維の中ではウールだけが，このすべての様式で結合することができる。この模式図を図1.2に示す。染色との関連で重要なのは，イオン結合，共有結合および疎水性結合である。また，図中でイオン結合に「補助的」と付記した示した理由は，1.1.4項で述べる。

なお，主な染料の種類と適応繊維，結合様式を表1.2に示す。

1.1.4　結合の強さ

有機物，無機物等で結合の強さは異なるが，一般に，共有結合≧配位結合＞イオン結合＞金属結合≫水素結合＞疎水結合といわれる。

染料分子と繊維との結合（染色，染着）の大部分は，共有結合もしくは疎水結合のいずれかである。

また，繊維の仕上げセット性に重要な役割を果たすのは，水素結合，共有結合，および合繊の場合には熱による物理的な変化である。

なお，水素結合や疎水結合は，一つ一つの結合力は微々たるものであるが，数が多いので重要な役割を果たす。

(1)　イオン結合

$$R-NH_3^+ + D-SO_3^- \rightarrow R-NH_3^+ \cdot {}^-O_3S-D$$

染色の本などでは，ウールやシルクなどと酸性染料との結合方式をイオン結合とする例が圧倒的に多い。染色従事者にとって，繊維のプラス部分に染料のマイナス部分が電気的に結合するという「イオン結合」という概念は理解しやすく，初歩的にはそのように理解して，あえて誤りであると異議を申し立てるようなことでもない。しかし，繊維と実用の酸性染料等との実際の結合はイオン結合ではなく，疎水結合であることを知っておいてほしい。

もちろん，繊維への近接はイオン結合の作用によるところが多いので，繊維との結合はイオン結合と疎水結合の共同作業によるものであると考えてほしい。

このことは，すでに，1970年以前にJ. Meybeckらが実験で，「$D-SO_3^-$はイオン的な作用でウールの

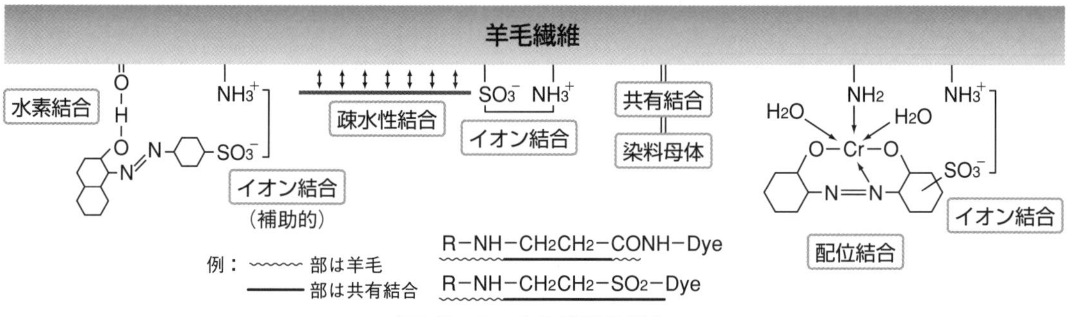

図1.2　ウールと染料の結合

表1.2　主な染料の種類・繊維・結合様式

染料種属	繊維	主な結合様式
直接	セルロース	水素結合，疎水結合（分散力）
建染	セルロース	水素結合，疎水結合（分散力）
ナフトール	セルロース	水素結合，疎水結合（分散力）
反応	セルロース，ウール	共有結合
酸性	ウール，ナイロン	イオン結合，水素結合，疎水結合（分散力）
含金	ウール，ナイロン	イオン結合，水素結合，疎水結合（分散力），配位結合（1:1型のみ）
酸性媒染	ウール	イオン結合，水素結合，疎水結合（分散力），配位結合
分散	ポリエステル	水素結合，疎水結合（分散力，配向力，誘起力）
カチオン	アクリル	イオン結合，水素結合，疎水結合（分散力）

第2編　染色加工概論ならびにウールの知識・特異性

$-NH_3^+$に引き付けられるものの，染料と繊維との結合はイオン的な作用と無関係に生じている」ことを証明している[4]。

　詳細に興味のある方は，文献を参照いただくとして，彼らの実験から一例として，アルキル（Alkyl）基のみが異なる酸性染料（図1.3）でウールを染色するケースを取り上げる。染料の構造式がいきなり出てきて，とまどうかもしれないが，実験を理解するためにはその方がよいと思って引用した。お許しいただきたい。

　ウールの染色に際し，酸として HCl を用いた場合，ウールの $-COO^-$ に H^+ が吸着され，$HCOOH-CR-NH_3^+$ とプラスに帯電する。この時，対イオンの Cl^- はウールにほとんど親和性をもたないので，$-NH_3^+$ の周辺に拡散して分布しているような状態となる。ここに，染料・$D-SO_3Na$ が加えられると，$D-SO_3^-$ が $R-NH_3^+$ に引き付けられてイオン的に結合すれば，イオン結合が成立することになる。とすると，今まで NH_3^+ の周辺に電気的に引き付けられ拡散していた Cl^- が，相手の対イオンを失って放出され，同じく $D-SO_3^-$ の対イオンの Na^+ とともに浴中に出てくるはずである。

　染料と酸とを同時に入れても，まず，H^+ が速やかに吸着されて平衡に達する。次いで，イオン径の小さい Cl^- が繊維に近接拡散し，最大吸着に達した後，ゆっくりと拡散してきた巨大イオンの $D-SO_3^-$ に置換されていく。このようなようすを模式的に図1.4に示した。

　Cl^- と $D-SO_3^-$ とがウールの $-NH_3^+$ とイオン結合するとすれば，Cl^- と $D-SO_3^-$ の $-NH_3^+$ への作用機構は，ともにマイナス1（-1）価の電荷なので，ほぼ同等のはずである。したがい，平衡状態において，

両者は主として濃度に比例した結合割合を保ち，繊維内外でこの割合も同じとなるはずである。ところが，実際には $D-SO_3^-$ の方が Cl^- よりはるかに多く繊維に吸着される。その替わりに，Cl^- が溶液中に放出されるかというと必ずしもそうとはならない。

　アルキル（Alkyl）基のみが異なる図1.3で示した染料・SOP，S2P および試薬として有名な Orange Ⅱ でウールを染色した場合に，これに伴って放出される Cl^- 比率を図1.5に示す。ここで，Cl^- 放出割合を $R\%$ で，その時の染料吸尽率を $E\%$ で示している。

　Orange Ⅱ（C. I. Orange 7，分子量 M. W. $= 328$），および，置換基のない染料（SOP，M. W. $= 358$）の Cl^- 放出量は染着全モル数の10%程度，さらに疎水性の強い R $= -C_2H_5$（S2P，M. W. $= 386$）では，1%程度となる。また，R $= -C_4H_9$ 以上の染料では Cl^- は浴中に認められないことを別に報告している。

　もし，$-NH_3^+$ が $D-SO_3^-$ と電気的に結合したとすれば，今まで NH_3^+ の周辺に電気的に引き付けられ拡散していた Cl^- が，相手の対イオンを失って放出され，浴中に出てこなければならない。ところが，R $= -C_2H_5$ 以上の大きな置換基の染料では Cl^- の放出が見られないのは，「$D-SO_3^-$ はイオン的な作用でウールの $-NH_3^+$ に引き付けられるものの，染料と繊維との結合はイオン的な作用と無関係に生じている。そして，$-NH_3^+$ が $+$ イオンとして有効に働いているから，Cl^- が繊維周辺にとどまっている」と考えられている。

　染料のウールに対する平衡染着率と pH との関係を図1.6に示す。置換基 R が大となるほど，また疎水性

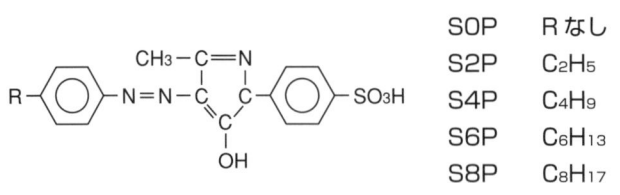

	SOP	R なし
	S2P	C₂H₅
	S4P	C₄H₉
	S6P	C₆H₁₃
	S8P	C₈H₁₇

図1.3　実験に使用した染料

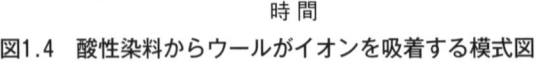

図1.4　酸性染料からウールがイオンを吸着する模式図

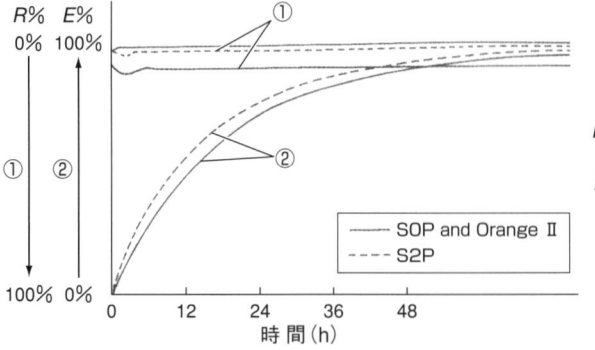

$$R\% = \frac{\text{浴放出 Cl}^-\text{モル数}}{\text{繊維上染料モル数}} \times 100$$

$E\%$：染料吸尽率（%）pH3, 35℃

SOP and Orange Ⅱ
S2P

図1.5　染色に伴って放出される塩素アニオンの比率

168

第1章　染色加工の基礎

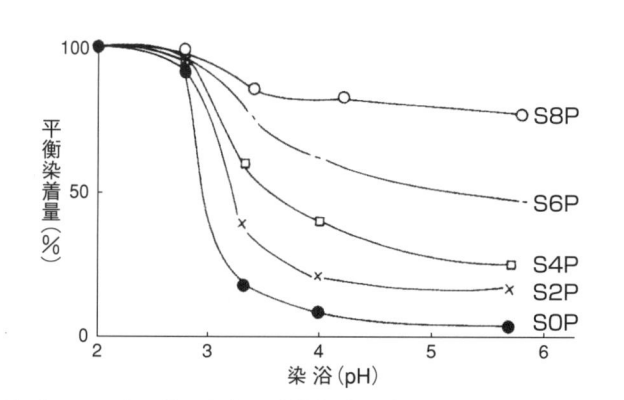

図1.6　アルキル基の異なる酸性染料の羊毛に対する平衡染着率

が強まるほど，染着平衡はpHに影響されなくなって
くる。言い換えると，疎水性の強い染料では，イオン
的な吸引作用は染料と繊維との結合に寄与しないこと
を示している。

　すなわち，疎水性が強くなると，イオン結合とは異
なった他の種類の繊維−染料間の結合力が作用する。
このような結合力は，繊維の疎水性部分と染料の疎水
性部分の間に働くと考えられる。この作用で働く結
合・疎水結合については次に述べる。

　ところで，S4Pの分子量は414と，染料としては小
さいサイズの酸性レベリング染料に属す。このような
小さな染料でも，イオン結合の関与よりも疎水結合の
関与の方が大きい。まして，通常染色に使用されるミ
リング酸性染料[注2]以上の繊維との染着機構は，疎水
結合によるところが大きいと考えてよい。

　ここで注意しなければならないのは，疎水結合は染
料が繊維に近付いて初めて発生する力で，「結合の生
成には，まず染料が繊維に近接すること」が前提とな
ることである。

　なお，吸着量（染着量）と吸着速度とは異なる。た
とえば，S8Pの場合，pHが中性付近と酸性とでは吸
着量の差は少ないが，図1.7のように吸着速度はpH
が低いほうがはるかに速い。これは，繊維への近接に
イオン的な吸引力が大きな影響を持っていることを示
している。

　イオン的な作用による繊維への染料の近接と，疎水
結合による繊維・染料の結合との関連については，海
洋で船がエンジンの作用で岸辺に近づく（「イオン的
に近接」に相当）が，波止場には錨（いかり）やロー
プにより係留（「疎水結合」に相当）されるといった
ケースを想定していただければ理解しやすいと思う。

⑵　疎水結合

　この結合は聞きなれない名前かもしれない。いった
いどのような結合なのであろうか。

　極性基を持たないベンゼンなどの疎水性物質（溶
質）が入ってきた時には，水分子は物質との接触面積
を最も小さくし，この物質から逃れようとする。その
ため，この物質からやや離れた近接回りでは，水分子
が高い密度で集合し，規則性を持った構造[注3]（疎水
性水和）を示す。このような例を図1.8に示す。

　疎水性物質どうしが近接した時には，この両者を合
体させてその周りに疎水性水和する方が，水と物質と
の接触面積を少なくできる。このため，近接した疎水

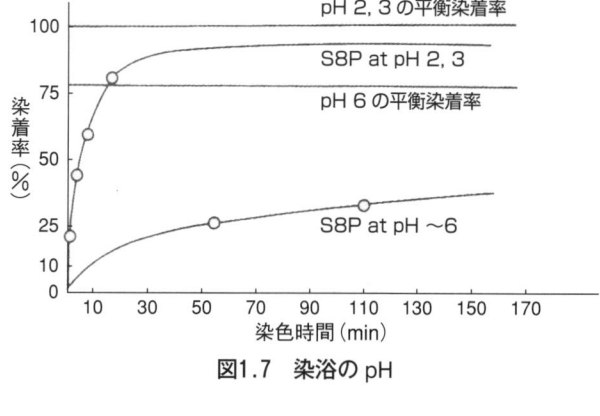

図1.7　染浴のpH

図1.8　疎水性水和モデル図

注2）ウール用染料にはいろんなタイプがある。酸性染料（染料サイズの小さい方から，レベリング，ハーフミリング，ミリ
　　　ング，スーパーミリング），含金染料（1:1型，1:2型，スルホアミド型），クロム染料，反応染料など，用途や染
　　　色形態等々に応じて使い分けられている。
注3）これをiceberg（アイスバーグ，氷状構造）と呼んでいる。

169

第2編　染色加工概論ならびにウールの知識・特異性

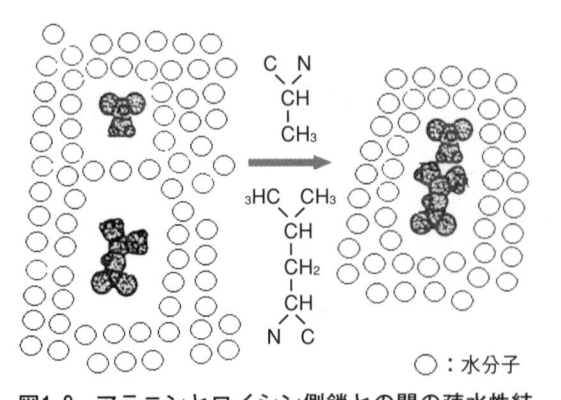

図1.9　アラニンとロイシン側鎖との間の疎水性結合モデル図[5]

○：水分子

性物質どうし（疎水基あるいは分子どうし）を集合させるような作用が働く。このような作用で働く結合力を，疎水結合と呼ぶ。

　この結合の例として，アラニンとロイシン側鎖とが，水中で疎水結合を形成する有名なモデル図を図1.9[5]に示す。疎水物質のアラニン，ロイシン側鎖が水中にある場合，その周囲は水分子に囲まれているが，水分子は絶えず疎水物質から逃れようとしている。なんらかの理由で両者の距離が狭まるような事態に至れば，両者間にある水分子が逃れてしまって，好むと好まざるとにかかわらず，両者は近接して結合してしまうといった現象が生じる。

　ここで，疎水結合と表記した結合は分子間に作用する力で，ファンデルワールス力，インターカレーション－π－π相互作用といった分け方，分散力，配向力，誘起力といった分け方などで説明されるが，染色との関連では，疎水結合という表現で用いられることが多く，本稿でもこの言葉を用いる。疎水結合は字のごとく，水分子から逃れようとする作用によって働く結合であると考えていただいて結構である。

(3)　共有結合

①染料－繊維の反応

　綿の染色等で極めて重要な結合である。例を図

1.10に示す。

　反応染料の代表的なものは，トリアジン型（トリアジン環に活性塩素，フッ素などをもった型）と，ビニルスルホン型である。

(A)求核反応

　トリアジン型染料のC原子の電子は，結合する電子吸引性の高いClに吸引（Clはδ^-に帯電）され，δ^+となる。他方，セルロースは図1.10(a)に示したように，アルカリ性では$-O^-$とイオン化し，この電子が，δ^+に帯電しているC原子に供給され，Cl^-が分離し，染料－繊維の結合が生成する。

(B)付加反応

　ビニルスルホン型染料は，ビニルスルホン基のπ電子雲（電子雲については，次項(2)にて説明する）にセルロースの$-O^-$イオンよりの電子が移り（共役してπ結合生成），電子雲を増加することで，水分子のδ^+に帯電しているH原子を引き付け，図1.10(b)に示したように，ビニルスルホン基にO原子，H原子が付加することで，染料－繊維の結合が生成する。

　反応染料は，主に綿の染色に使用されているが，シルクでも良好な染色堅ろう度や鮮明な色相が得られるので多用されている。また，ウールでも，環境への対応のために重金属を使用する酸性媒染染料（クロム染料，以降クロム染料と称す）が減少し，代替の反応染料による染色が増加方向にある。近い将来は，ウールの染色でも最も大きなシェアを占めるものと思われる。

②二重結合

　たとえば，エチレン $H_2C=CH_2$ は図1.11のような平面図を持った構造をしている。すなわち，二重結合のうちの1本はC－Hと同じようにC－Cを共有結合で結んでおり，互いに1つの平面で120℃の角度を保っている。

　このようなC－H，C－C間の結合をσ（シグマ）結合と呼び，原子どうしで互いに電子を出し合って2つの電子より成り立っている。

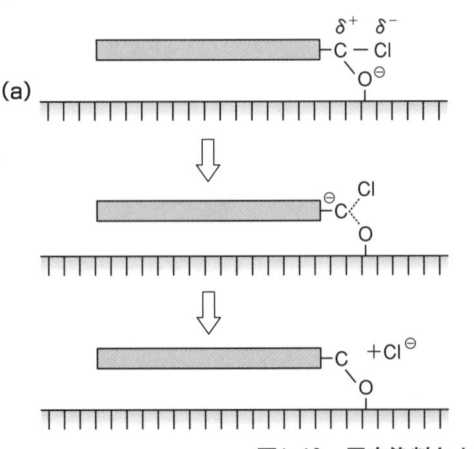

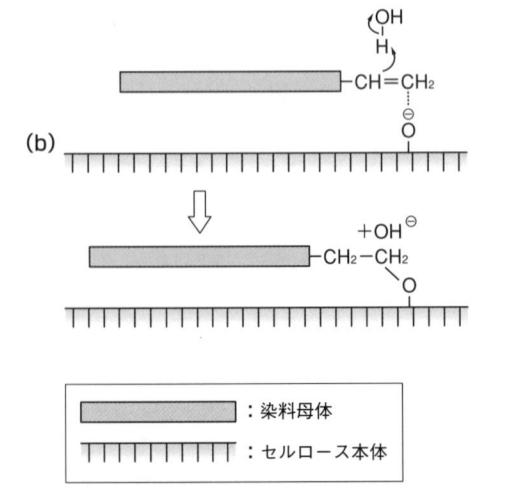

：染料母体

：セルロース本体

図1.10　反応染料とセルロースとの反応機構

170

第1章　染色加工の基礎

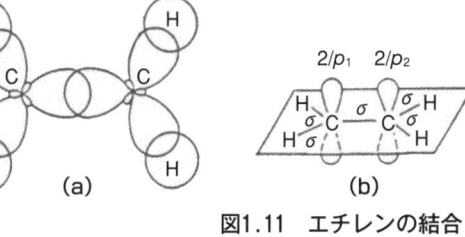

図1.11　エチレンの結合

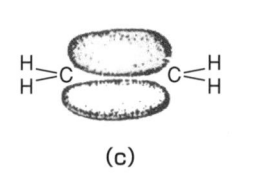

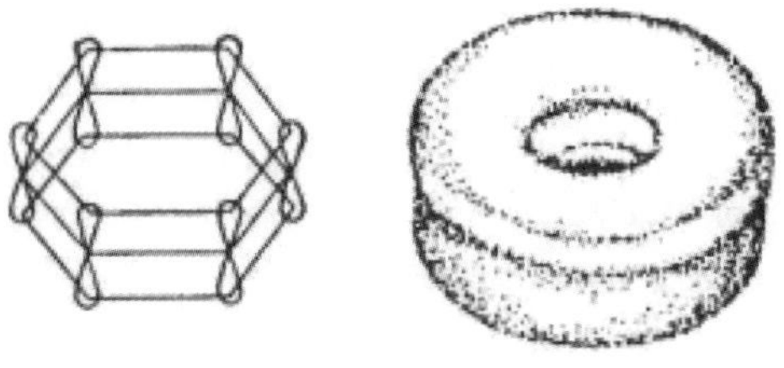

図1.12　ベンゼンの結合

ところが，他の1本に相当する結合は，(b)図では平面と直行する軌道上に電子があることで示されている。実際には(c)図のように，この2つの軌道は融合して2つの炭素原子核の周りで分子軌道を形成して，いっそうの安定化が行われる。このように，他の1本の結合は，C-C面と平行に生ずる電子雲の重なりでできている。このような2つの軌道が融合して生じた結合をπ結合という。

π結合はσ結合よりも弱く分極しやすく，π結合を形成する電子（π電子）は移動しやすい。ベンゼンなどのように，共役二重結合を持つ化合物では，π電子は図1.12のように環平面の上下にドーナツ状に広がった電子雲を形成する。

（4）配位結合

通常，σ結合は互いの原子どうしが1個ずつの電子を出し合って，2個の電子より成立している。これに対し，共有結合に供せられる電子対が2個とも一方の原子から出され，原子と原子または原子と原子団が結合する場合の結合を配位結合という。結合にさずかるのは共有結合の相手のいない電子対（ローンペア：lone pair）で，このペア電子を相手に与えて結合する。

たとえば，図1.13にアンモニウムイオンの場合を示す。(a)に電子構造図を，(b)に構造式を示す。共有結合を表わす価標（-）と区別するため，ローンペアを出す分子またはイオンから，受ける原子またはイオンの方向に→を付けて配位結合を表わす場合も多い。

配位結合は，共有結合とは生成の仕方が異なるだけで，生成した結合は共有結合と全く同じものである。

なお，配位結合によりできたイオンを錯（さく）イオンといい，錯イオンを含む塩を錯塩という。また，配位結合による生成物を錯体化合物と呼ぶ。

染料にも配位結合を含んだ錯体染料があるが，錯体染料というよりも，錯塩染料とか，含金（属）染料などと呼んでいる。本稿では，含金染料の名称で呼ぶこととする。

染色との関連で重要な配位結合は，クロム染料によるウールの染色で，染料と繊維をイオン的に近接させたあと，重クロム酸塩・$Cr_2O_7^{-2}$［VI価のクロム・Cr（VI）］で後処理して生成するIII価のクロム・Cr（III）により，繊維と染料間を配位結合で結び，強固に染着させるケースである。この詳しい機構については文献[6]を参照願いたい。

（5）水素結合

この結合も聞きなれない名称かもしれない。水素結合にもいくつかのタイプがあるが，加工や日常のセットに使用されるのは，図1.14に示すようなケースである。すなわち，＞C＝O基と，HO-基との間に成立する…で示した結合をいう。＞C＝O基の酸素原子は，ややマイナス（電子が過剰，電子雲が多い，δ^-）に帯電している。他方，-OH基の水素原子は，ややプラス（電子が不足，電子雲が少ない，δ^+）に帯電しており，これらが近接しておれば酸素原子からの電子雲が水素原子の方に移り，結合が生成する。

この結合は，水中では水分子が介在して切断するが，乾燥するにつれて再生してくる。これを図1.15に模式的に示す。

この結合は，綿の加工工程では，水蒸気で吸湿して水素結合をいったん切断し，織物を縦方向に押し込んだ状態として乾燥させ，水素結合を再生させて固定化することで，水濡れした場合の収縮を抑制する「サンフォライズ加工」等で重要な役割を生じる。

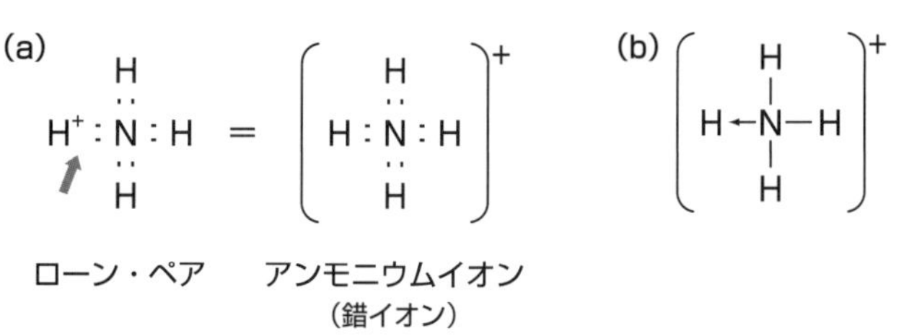

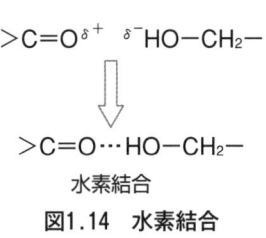

図1.13　アンモニウムイオンの構造図

図1.14　水素結合

171

第2編　染色加工概論ならびにウールの知識・特異性

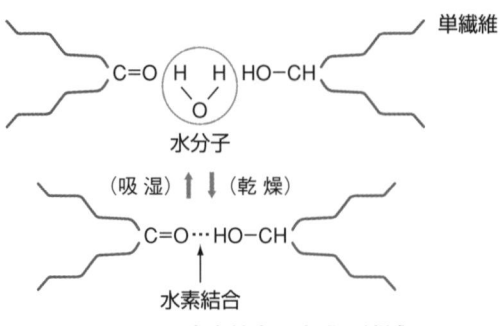

図1.15　水素結合の生成・消滅

　読者の方々も，朝方に髪の寝ぐせを直すために，水に濡らして形を整え，自然に，もしくはドライヤーで乾かすことでセットすることがあると思う。これは，髪を濡らして水素結合を切断し，形を整えた上で乾かして，その位置で水素結合を再生させることで再セットしていることにほかならない。

　また，夜にせっかくアイロン掛けでフラットにしたはずの衣類が，朝になると凹凸が生じていて，アイロン効果が消失しているといった経験をされたこともあろう。この原因を図1.16に示す。この現象は，たとえば，公定水分率が15%のウールを霧吹きして，水分率をW%としたあと，アイロン掛けをしてX%とすると，（W－X）%に相当する水分消失による水素結合が生成する。その後，自然放置して，ウールが吸湿して元の15%に戻ったとすると，（15－X）%分の水素結合は吸湿することで消滅してしまうことを示している。なお，（W－15）%に相当する効果を「残留アイロンセット効果」という。

　吸湿せずにアイロン掛けをした場合には，（15－X）%相当分の水素結合ができるが，自然放置中にウールが15%となると，この生成していた（15－X）%分の水素結合は消滅して，アイロン前の状態に復帰するため，アイロン効果がなくなるという次第である。

⑹　金属結合

　金属は，陽イオンが規則正しく配列し，金属原子から離れた電子が，この陽イオンの間を比較的自由に飛び回って陽イオンを結合させている。すなわち，金属は規則正しく並んだ陽イオンと，それらを結合させる

自由電子とから成り立つ。

　金属の電導性，熱伝導性，展性，延性などの優れた性質は，この自由電子の存在による。ただし，この結合様式は繊維とは関係が少ない。

　なお，金属イオンは，水中では金属が電子を失った状態で，プラスに帯電している。金属イオン自体は小さく，Åレベルの大きさであるが，普通は，金属イオンの周りには水分子が取り囲んだような状態（水和という。1.2.2項で説明）で存在している。

1.2　水

1.2.1　水の構造

　染色には水が必須である。水についての基礎事項をまとめておこう。まずは，水の不思議な性質・特殊性を知ってほしい。

　水の分子量は18にしか過ぎない。この分子量なら，通常状態では気体となってしかるべきであるのに，液体として存在するのはなぜであろうか。

　水分子は水素原子2個と酸素原子1個よりなり，H_2Oなる分子式をもつ。水分子を構造式で表示すると図1.17，電子構造式で示すと図1.18のようになる。電子構造式でわかるように，酸素原子の6個の外殻電子のうち，2個は水素原子と共有するために使用され，残り4個は共有結合にあずかっていない電子対（ローンペア）2組として存在している。

　とすれば，水分子はどのような構造を取っているのであろうか。この構造モデルについては，多くの例が出されている。これを図1.19[7)]に示す。

　H-O-Hが線上に並んでいるのではなく，二等辺三角形を形成している。電子の分布には片寄りがあり，水素原子はδ^+に帯電し，酸素原子はδ^-に帯電している。そして，水素原子は電子を引き付けたがっているし，酸素原子はローンペアを2組ももち，これを供給したがっている。このため，水素原子は他の水分子の

$$H-O-H \qquad\qquad H:\overset{..}{\underset{..}{O}}:H$$

図1.17　水の構造式　　　図1.18　水の電子構造式

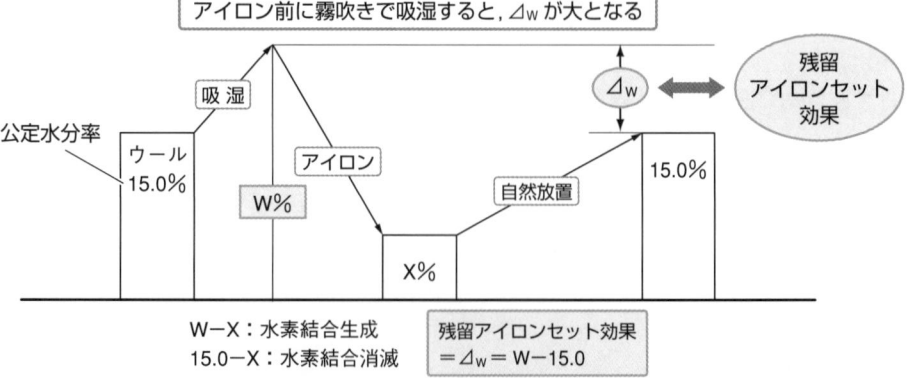

図1.16　アイロン前の吸湿の効果

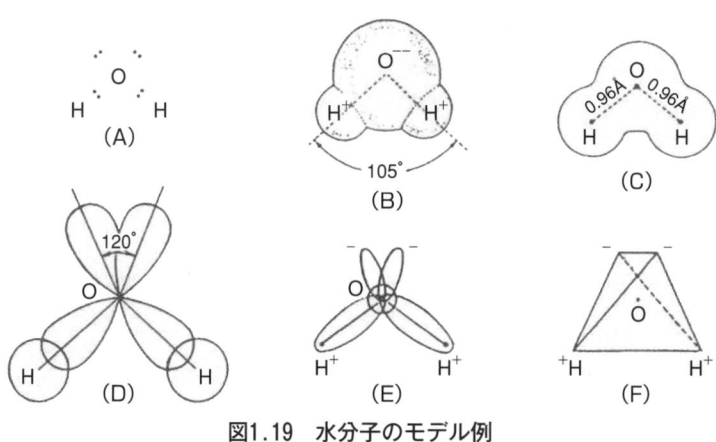

図1.19　水分子のモデル例

酸素原子のローンペア１つを引き付け，また，酸素原子は水素原子に電子を供給する働きをする。この結果，水分子の周りには４つの水分子が引き付けられる。密接すなわち氷状態では，図1.20[8)]のような最接近分子をもつと考えられている。

この結果として，氷分子は図1.21[9)]に示すような構造を示す。

このように，水素原子と酸素原子のローンペアとの間に生ずる電子の局在化，「水素原子と酸素原子との近接状態」を「水素結合」と呼ぶことは既述した。この水素結合の強さはほぼ５kcal/molで，共有結合の50〜150 kcal/molとは比較にならないほど小さなものである。

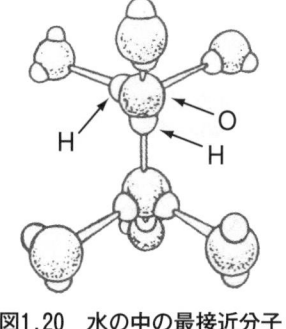

図1.20　水の中の最接近分子

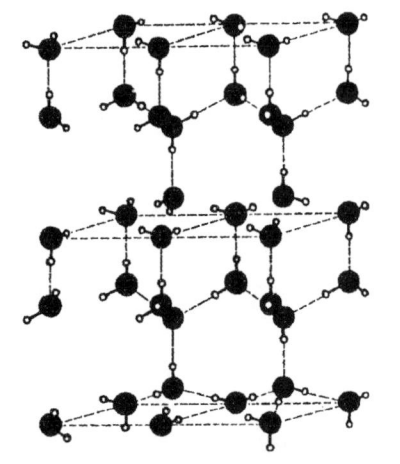

図1.21　氷の構造

液体状態の水の中でも，水素結合による構造の規則性は強く残っているから，分子量が小さいにもかかわらず大きな分子量と同じように振る舞う。このため，気体とならず液体として存在しうる。液体状態の水の，ある瞬間は分子の集合が生じており，これを「クラスター」と呼んでいる。このクラスターは，極めて速い速度で生成・消滅を繰り返しているので，われわれの眼に感知されることはない。

1.2.2　水　和

水分子（H_2O）は水溶液中で解離して，水素イオン（H^+）と水酸化物イオン（OH^-）を作るが，H^+は水分子を引き付けてヒドロニウムイオン（H_3O^+）になっている。このように，水分子が溶質分子あるいはイオンに強く引き付けられる現象を「水和」という。なお，ヒドロニウムイオンとして，H^+にH_2O１分子が付加したH_3O^+としたが，実際には多数の水分子が水素結合を介して水和している。

金属結合（1.1.4(6)項）で，金属イオンに関し「水和」という表現を用いた。水中では，金属イオンが裸で存在するわけではなく，水分子が周りを取り囲んで（水和した）水和イオンとして存在する。よく説明に使用されるFe^{2+}イオンの場合には，水溶液中では［$Fe(H_2O)_6$]$^{2+}$イオンとなり，さらに，これらが周りの水分子と水素結合でつながることで溶液中に分散した状態になっている。

なお，水和という言葉は，無機物や有機物に水分子が付加する状態，無極性分子の水和（疎水性水和），水和物といったことなど，さまざまな用途・意味に使われている。

1.2.3　繊維表面での界面状況

染色を進めていく上で，染料が繊維表面に吸着される界面の状況は重要であるため，ここで説明しておきたい。

(1)　ζ電位

水中で２つの相が接していると，その境界線（界面）には電位差が生じる。電位差が生じれば，これを打ち消すような方向に水が配位する。

ナイロンやウールなどイオン性繊維の場合には，解

173

離によって生じたイオンにより，繊維がプラスやマイナスに帯電している場合が考えられるが，たとえば，ポリエステルのように全く解離基を含まない繊維でも，水中でマイナスに帯電することに注意してほしい。

ポリエステルは，なぜ水中でマイナスに帯電するのであろうか？　2つの相が接した時，誘電率の少ない方がマイナスに帯電するとの経験則によるものとする説，また水中ではOH⁻の水和数はH⁺の水和数よりも少なく，繊維表面に近づきやすく，優先的に繊維表面に吸着される説などがある。

繊維が水と接する場合にも，図1.22[10]のように電位差が発生する。ここで，実際に実験で数値が求められるのは，相対的に運動するスベリ面（固定層表面）での数値である。このスベリ面での電位のことを「ζ（ジータ）電位」と呼ぶ。これに対し，固体表面の真の電位を「ε（イプシロン）」電位と呼ぶ。図のように，ε電位はζ電位と異なり，逆転している場合もある。染色工程では，染料が繊維に吸着するのに先立ち，まず繊維近辺に接近していかねばならない。このためには，ζ電位の方が重要であると考えられている。各繊維についてのpH7におけるζ電位を，表1.3に示す。すべての繊維が液中ではマイナスに帯電しているため，カチオン性物質は繊維につきやすい。アクリル用

表1.3　各種繊維のpH7におけるζ電位と等電点

繊維	ζ電位（mV）	等電点
綿	−40〜−50	—
絹	−20	3.8〜4.0
羊毛	−40	3.4〜4.9
ナイロン6	−59〜−66	5.0〜5.6
アクリル	−95	—
ポリエステル	−81	—
ポリエチレン	−140〜−150	—
ポリプロピレン	−100〜−106	—

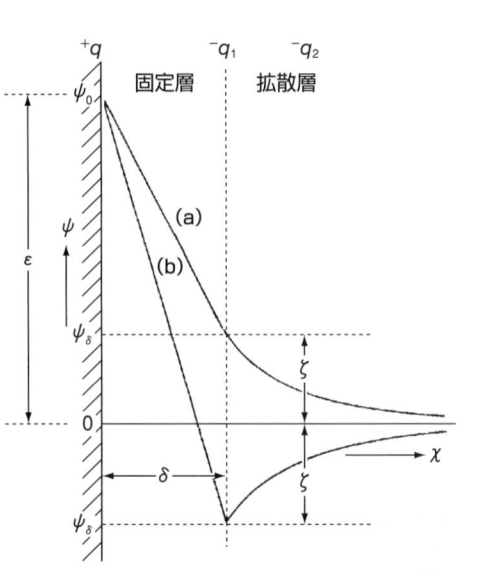

図1.22　固体表面からの距離と電位変化[10]

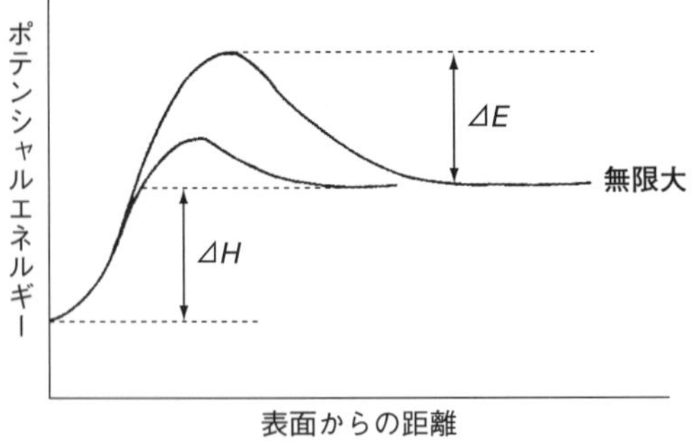

図1.23　繊維界面付近のポテンシャルエネルギー

のカチオン染料が，どんな繊維でも容易に着色（汚染）しやすいのはこのためである。この原理を利用して，繊維に顔料と反対の電荷を与え，その後，顔料を加えることで，バインダーを用いずに，ロータリー染色機を用いて5分間で染色を終えるという「5分間染色サイクル」といった提案も出されている[11]。

(2) ζ電位と染色性

繊維界面は通常，マイナスに帯電しているが，この電位はイオン性染料（以降，イオン染料と称す）に対しては引力もしくは斥（せき）力として作用する。

アクリル繊維をカチオン染料で染色する時は，引力が働き，染着速度が速くなりすぎて染めむらとなりやすいので，場合によっては緩染剤などを使用する必要が生ずる。

しかし，斥力が働く場合には，染料分子が繊維表面に吸着する前に，このζ電位の障害（イオン的な反発力）を乗り越えなければならない。電位が大きいほど，障害も大きい。

このようすを図1.23に示す。染料イオンが繊維に近づくと，斥力が働き，ポテンシャルエネルギーは高まる（ΔE）が，さらに近づくと，各種の化学結合・物理結合が作用し始めるので，ポテンシャルエネルギーは低下し，繊維表面に吸着される。これにより，無限遠にあった時よりも，ΔHだけ低いエネルギーの状態になって安定する。ΔHは反応熱であり，この場合は熱を放出する。綿における塩類の作用の1つは，このΔHを低めることである。

(3) 境界膜

流れの中に置かれた固体の表面に近い部分では，流れに速度勾配があり，遠く離れると一様な速さとなる。固体表面から一様となっているとみなせる点までの，速度勾配のある領域を「境界層（hydrodynamic boundary layer＝δ_H）」と呼ぶ。

染料の移動の観点から見ると，染液の撹拌速度が支配的な領域で，染料濃度が均一な部分と，染料の自由拡散が支配的で染料の拡散速度が律速段階となっている領域が存在する。後者の領域を「拡散境界膜（diffusional boundary layer＝δ_D）」と呼ぶ。この膜の厚さは，計算上は境界層の約1/10，数μmであろうといわ

第1章　染色加工の基礎

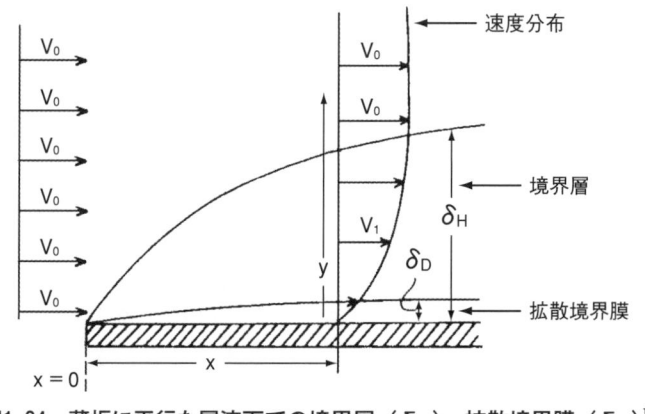

図1.24　薄板に平行な層流下での境界層（δ_H），拡散境界膜（δ_D）[12]

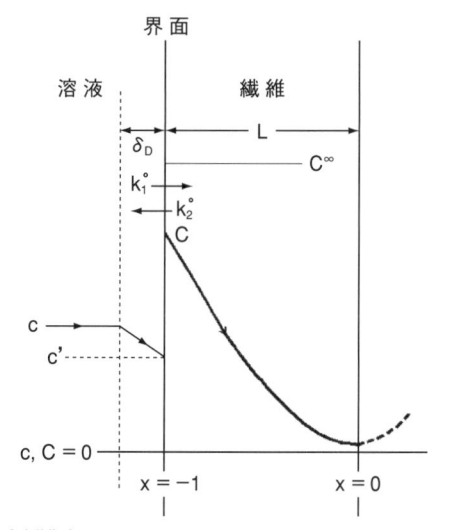

c：溶剤濃度
C：シート内での染料濃度
L：シート厚×1/2
k_1°：界面を通して溶液からシートへの染料通過速度定数
k_2°：界面を通してシートから溶液への染料通過速度定数

図1.25　平板シートに対する拡散境界膜

れている。この関係を図1.24[12]に示す。また，繊維表面からの距離と染料濃度との関係を，図1.25に示す。

　染液の流速が速ければδ_Dは小さくなるが，0（ゼロ）となることはない。流速にむらがあると，速いところはδ_Dが小さい。したがい，染料は速く繊維表面に到達することができる。速いところは濃く染まることになり，流速に変化があると不均染の原因となりやすい。

(4)　繊維界面での状況

　繊維界面での状況を箇条書きに記す。

　①界面で，水分子は繊維の親水性部分とはイオン水和をしている。また，繊維の疎水性部分からは逃れようとして疎水性水和を形成している。あるいは，疎水性部分に吸着した界面活性剤の親水性部分にイオン水和をしている。

　②繊維表面は通常，マイナスに帯電し，これを打ち消すように，水／活性剤がそれぞれプラス面を繊維に，マイナス面をアニオン染料に向けて規則的

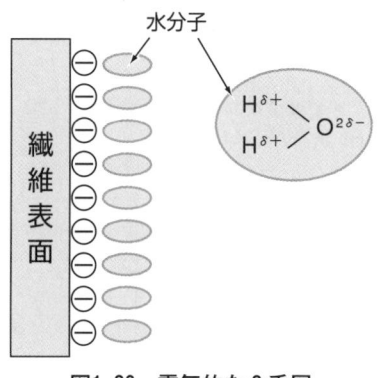

図1.26　電気的な2重層

に並び，電気的な2重層（図1.26）を形成している。染料が繊維に到達するには，この電位障害を克服できるだけのエネルギーを持つ必要がある。

　③染液の撹拌を強くして，できるだけδ_Dの距離を小さくした方が繊維表面に近接しやすい。

　④温度を上げると，原子−原子間の動きが活発となり，ついには弱い結合レベルから切断が始まる。染液の温度を上げると，染料に水和している水の結合が緩み，活性剤とのコンプレックス（複合体，後述）の結び付きも弱まり，染料は比較的身軽となって動き回るようになる。また，繊維表面の水や活性剤からなるバリアーも緩んでくる。温度の上昇につれ，染液の粘度が激減し，これにつれて流速が増加するのでδ_Dが減少する。

　このような総合効果で，繊維表面に到達する染料が増加する。また，いったん，繊維表面に達すると，染料には各種の結合が作用するので，染液にはなかなか戻りにくい状態となる。

(5)　染色平衡

　平衡状態にある染浴中の染料濃度と染着量との関係は，ある温度において図1.27のようなタイプに分類される。S型は，濃度が増すにつれて吸着量が増す。L型は濃度が増すにつれて，染着座席が少なくなってきて，最後には全く染着できないようになる。C型は，繊維と染浴への分配率が決まっているような場合で，

175

第2編　染色加工概論ならびにウールの知識・特異性

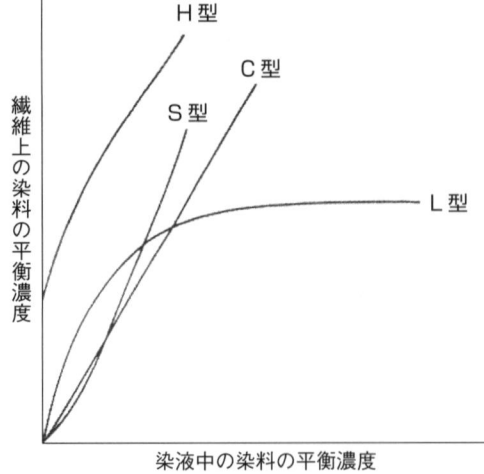

図1.27　染液中の染料の平衡濃度

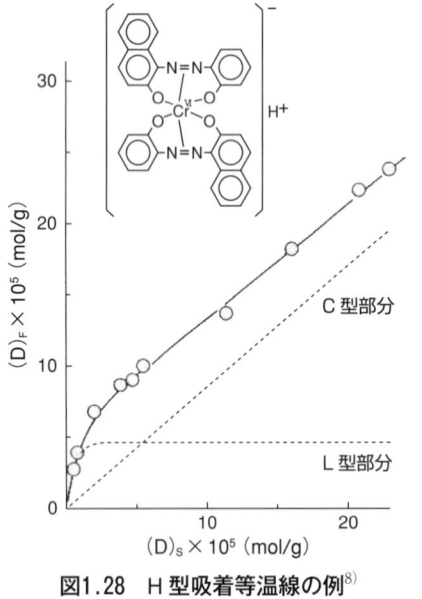

1：2型含金染料 － ナイロン6フィルム
pH3.5，80℃×120h

図1.28　H型吸着等温線の例[8]

分散染料によるポリエステル染めなどの場合が当てはまる。H型は，L型とC型の混合したものである。

　酸性染料によるウール染めの場合，染料タイプがレベリング型の場合は，イオン結合が中心でL型となる。しかし，通常，ウールの染色に用いられるミーリング型あるいは含金染料では，疎水性部分による染着が大きなウエートを占めるので，飽和することなく，染料の濃度とともに増加するH型となる。H型吸着等温線の例を図1.28[8]に示す。疎水性部分の割合が高くなるほど，C型の割合が大きくなる。

1.3　拡　散

　繊維表面にたどり着いた染料は，もう一度水中に移行するものと，会合状態を解かれ単分子化して繊維表面から中に移行するもの，すなわち，拡散するものとに別れる。この項では拡散について考えてみよう。

1.3.1　拡散現象[13]

(1)　親水性繊維／イオン染料のケース

　繊維中には網目状空孔が存在し，染料はこの水路を通って拡散すると考える。染料分子は空孔中を拡散していくと同時に，その壁に吸着される。この場合の拡散力として，以下の2点のことがいえる。

①親水性の高いセルロース繊維に，直接，染料などの親水性物質が非結晶領域の中を，濃度の高い方から低い方向へ移行・拡散していくケース。染料はイオン性を帯びるが，繊維はイオン性を帯びていない。染料のイオン性は水溶性を与えることが主な役割で，染料は濃度勾配にしたがって移行（拡散），漂っていく途上で，自己の疎水的な構造部分が繊維の疎水部分と親和性が高く，疎水結合ができる箇所に至れば結合していくといったケースを想定すればよい。

②ウールなどに酸性染料が拡散していく場合，染料のマイナス電荷が繊維のプラス電荷に引き寄せられて移行，染料と繊維の電荷の平衡が拡散に大きな影響を与える。生成するイオン結合の溶解度積が小さければ，生成した構造体（complex）の疎水性は高く，繊維の疎水部と疎水結合して最初に結合した末端基から動きにくく，拡散力は小さい。溶解度積が大きければcomplexの親水性が高く，自己と親和性の高い疎水結合を生成する場所を求めて移行（拡散）していくことになる。このような場合の拡散の推進力は化学ポテンシャルμ（後述）の差で，μの高い方向から，低い方向に移行拡散する。これについては，後述の2.1.3(2)③項を参照いただきたい。

(2)　疎水性繊維／分散染料のケース

　疎水性繊維では，染料溶液が満たされるほどに十分大きな空隙や毛管もないので，染料は(1)項とは異なった現象で拡散していくと考えられている。非結晶領域に染料は入っていくが，この染料分子が入り込み得る非晶領域の間隙の大きさは刻々と変わっている。

　たまたま染料分子が移行できるだけの間隙ができ，かつ染料が繊維との親和力に打ち勝つだけ激しく活性化されたような状態にあると，染料の中からこの空隙に浸入できるものが出現する。このような場合，拡散は染料分子を収容するに十分な大きさの自由体積ができる確率に依存する。

　なお，このような間隙ができるためには，繊維高分子鎖の熱運動が起こらなければならない。ところが，このような熱運動は比較的狭い温度範囲内で始まる。この温度を「ガラス転移点（T_g）」と呼んでおり，この前後で染色性が大きく変わる。

1.3.2　拡散モデル

　表面からの距離と拡散した染料の濃度との関係を，モデル的に図1.29[14]に示す。

　Ⅰ型は，繊維の染着座席が順番に表面より飽和されていく場合を示しており，ウールのイオン性末端基を

176

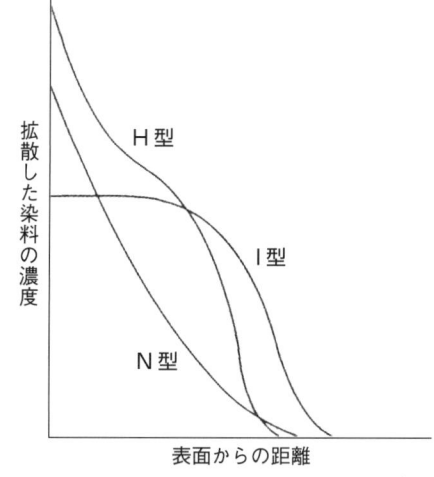

図1.29 拡散濃度分布曲線のタイプ[14]

小さいサイズのレベリング型の酸性染料イオンが飽和しつつ拡散していくような場合，すなわち，イオン吸着のL型（図1.28）による染色系で見られる。

N型は，分散染料がポリエステル繊維内を拡散していくような場合に，すなわち，分散吸着のC型およびF型の染色系での拡散で見られる。

H型は，I型とN型とが同時に起こっている場合で，ウールをミーリング酸性染料や含金染料で染色するケースなど，ほとんどの場合の染色に見られる。

1.4 熱力学

この項目は，実際の染色作業を進める上での関連性はそれほど強くないと思われるので，あるいは飛ばして次の1.5節に進んでいただいても構わない。

1.4.1 自由エネルギー

ある現象が起こるかどうかは，ギブスの自由エネルギー G の変化が負（$\Delta G < 0$）なら起こるということを覚えておいてほしい。

自然に起こる変化は，G が減少する変化である。ところで，G は，エンタルピー H とエントロピー S の両方に関係し，$G = H - TS$ となる。

いま，ある現象が起こるかどうかは，その前後の $\Delta G = \Delta H - T\Delta S$ で，$\Delta G < 0$ なら起こることとなる。

ところで，H は熱として含まれるエネルギー量で，$\Delta H < 0$ の変化は発熱反応である。一般に，染料が繊維に染着する反応は発熱反応であり，自然に起こりやすい方向である。

また，S は，乱雑さの尺度，取りうる状態の数が増えるかどうかを示している。S が増える変化は自然に起こりやすい。たとえば，染料が繊維に染着するという現象は，自由に動き回れた染浴の中から，繊維上の決まった点に固定されることになり，自由度が減少するので S は減少する。したがい，自然には起こりにくい方向にあるといえる。

したがって，反応が進むかどうかは，少なくとも $\Delta H < 0$ となるか，$\Delta S > 0$ となるかのいずれかである

必要がある。$\Delta S < 0$ でも，ΔH が十分マイナスで差し引き $\Delta G < 0$ となるなら，この反応は自然に起こる。

1.4.2 親和力

(1) 化学ポテンシャル

染色平衡系で，染料の染浴相から繊維相への移りやすさの尺度として，親和力が用いられる。現状のある時点で，温度・圧力・染料濃度の微小変化に対する G の変化量を「化学ポテンシャル（μ）」と呼ぶ。

染料が染浴相にある時と繊維相にある時とで，化学ポテンシャルに差があると，化学ポテンシャルの大きい方から小さい方へと染料は移行する。

染色系では圧力を無視すると，染浴相にある染料のもつ化学ポテンシャル μ^s は，

$$\mu^s = \mu^{0s} + RT \ln a^s$$

となり，繊維相にある染料のもつ化学ポテンシャル μ^f は，

$$\mu^f = \mu^{0f} + RT \ln a^f$$

と表わせる。ここで，平衡下では，$\mu^s = \mu^f$ である。

また，μ は任意にある標準状態を決め，その時の化学ポテンシャルを示す。a は染料の活量である。濃度が希薄な場合には，近似的に染料濃度 [D] を用いる。肩字の s, f はそれぞれ染浴相，繊維相を示す。

(2) 標準親和力

親和力は，化学ポテンシャルの差として表わすことができ，

$$-\Delta \mu^0 = -(\mu^{0f} - \mu^{0s}) = RT \ln a^f/a^s - \Delta \mu^0$$

を標準親和力といい，染料の染浴相から繊維相への移りやすさの尺度となる。

$\Delta \mu^0 < 0$（$-\Delta \mu^0 > 0$）の時，染色が起こる条件となり，$\Delta \mu^0 = \Delta H^0 - T\Delta S^0$ で表わされる。

温度が高まると，親和力は低下する。

なお，$\Delta \mu^0$ の値は，染着機構が異なると，計算式の仮定および標準状態などが異なるので，異種染着機構間での比較は意味がない。

1.5 染 色

染料や顔料が，繊維と結合して強く堅ろうに繊維に保持される状態を「染色」と称し，これに対して染料が繊維に付着しているが，脱落しやすい場合を「汚染」と称する。本題の染色に入る前に，染料および助剤について説明しておこう。

1.5.1 染料について

対象繊維に応じて，使用する染料が変わってくる。繊維素材と主な使用染料を表1.4に示す。また，染色形態や求める堅ろう度基準に応じても使用染料は異なってくる。

ところで，根本[15] は図1.30のように5つの染料の構造式を挙げ，疎水基と親水基で構成される染料（イオン染料）と，親水基が分子全体に分布する分散染料や1：2型含金染料のような染料とに大きく分類できることを示している。

第2編　染色加工概論ならびにウールの知識・特異性

表1.4　衣料素材と主な染料

主な衣料素材	染色時に使用する主な染料
セルロース（綿，麻，レーヨン，キュプラ，リヨセル等）	反応，直接，建染，硫化，ナフトール
ウール	酸性，含金，反応，クロム
シルク	反応，酸性，含金，直接
ポリエステル	分散
ナイロン（ポリアミド）	酸性，含金
アクリル	カチオン（塩基性）

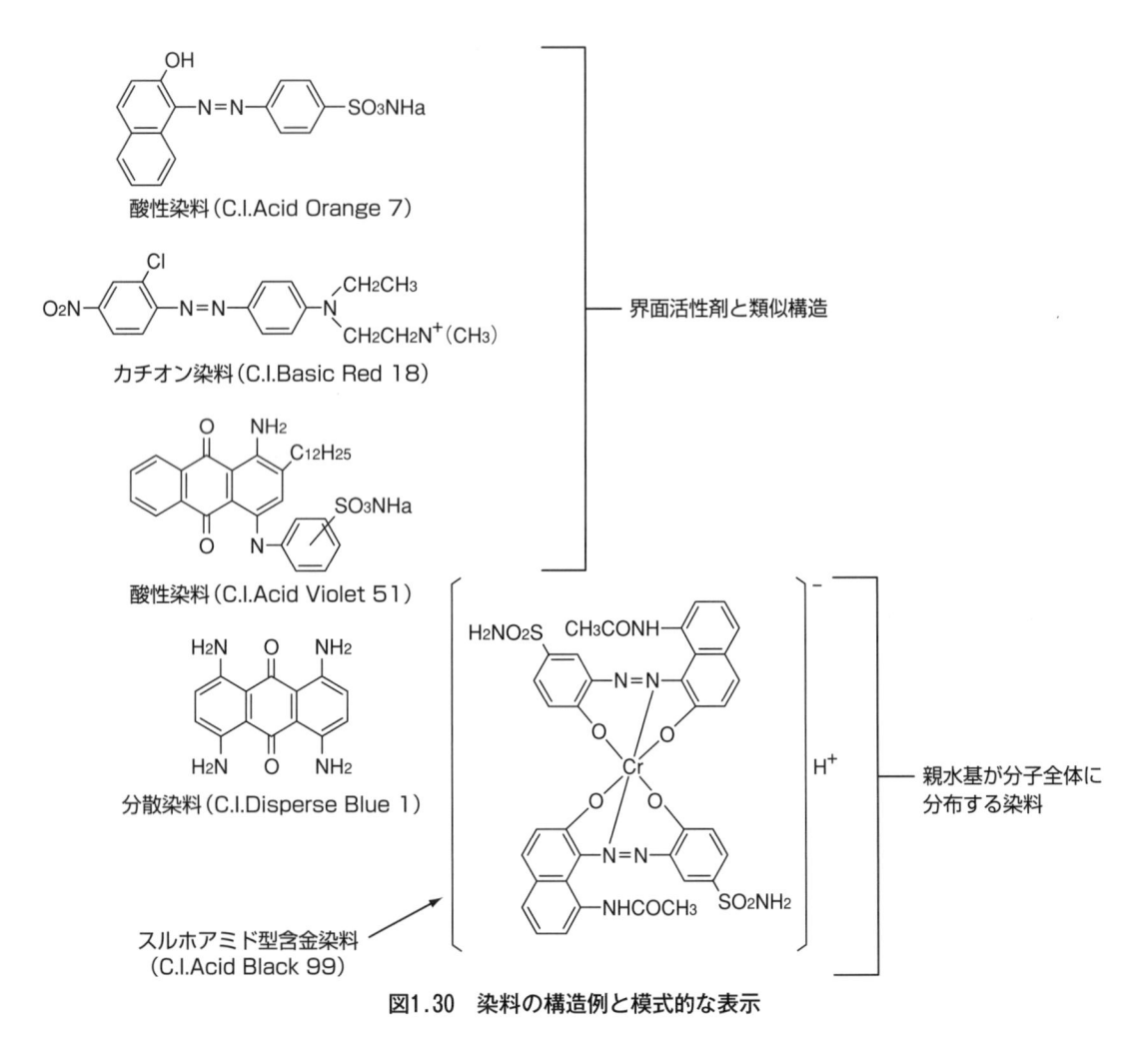

酸性染料（C.I.Acid Orange 7）

カチオン染料（C.I.Basic Red 18）

酸性染料（C.I.Acid Violet 51）

分散染料（C.I.Disperse Blue 1）

スルホアミド型含金染料
（C.I.Acid Black 99）

界面活性剤と類似構造

親水基が分子全体に
分布する染料

図1.30　染料の構造例と模式的な表示

疎水性部分　＋　親水性部分*

染料属種	親水基*の イオン性	主な染色対象素材
分散染料	$\delta\pm$	ポリエステル
酸性染料	-	羊毛，ポリアミド
直接染料	-	綿，羊毛，レーヨン
反応染料	-	綿，羊毛，レーヨン
カチオン染料	+	アクリル

図1.31　染料の構成

イオン染料の場合には，極性の強い親水基が電子リッチ（δ^-）となりやすく，δ^+に帯電している原子や原子団あるいは分子があれば，互いに吸引しあう。分散染料や1：2型含金染料は，σ電子で連なった平面構造に，$-NH_2$，$=O$，$-SO_2NH_2$，$-NHCOCH_3$など極性は低いが，親水基をもち，1.1.4(3)②項で示した図1.11，図1.12のように，平面構造の上下に動きまわるπ電子と共役して電子雲を形成，これがδ^+に帯電している原子や原子団あるいは分子と吸引しあうこととなる。

いずれの染料も，図1.31のように疎水基（疎水部分）と親水基をもつ構造をしていると考えてよい。

1.5.2　助剤について

綿やウールの染色では重要な項目であるが，これら

178

第1章　染色加工の基礎

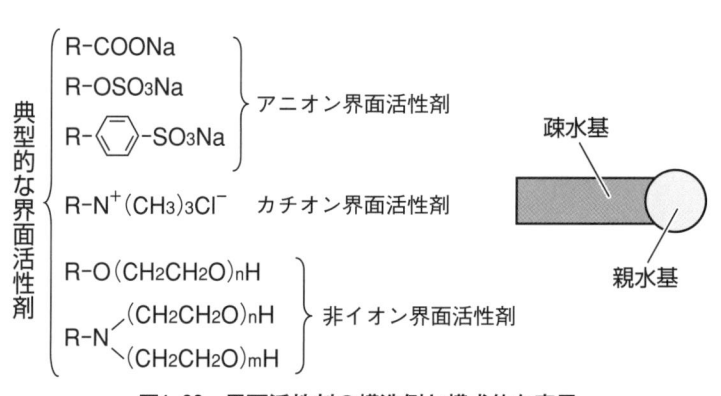

図1.32　界面活性剤の構造例と模式的な表示

以外の素材の染色に携わる人にも，以下に記すような事項は基礎知識として身に着けておいてほしい。

浸染工程での染めむら事故を防ぐために，綿のように芒硝（ぼうしょう）を除けば界面活性剤等の助剤の役割が小さな繊維と，助剤の果たす役割が極めて大きいウールなど，繊維によって助剤の役割も種類も異なる。助剤としては，界面活性剤が中心であるが，そのほか，無機塩，pH調整剤といったものが使われる。セルロース系繊維には無機塩が重要な役割を果たす。

界面活性剤も，分子内に疎水性部分と親水性部分をもつ。根本が，典型的な構造と模式的な表示を行っているので，これを図1.32に示す。界面活性剤は，アニオン系，カチオン系，非イオン系の3タイプに分かれる。染料と同様，疎水基と親水基より構成され，染料と相互作用を生じて，好ましい染色結果をもたらすように作用する。

(1) 界面活性剤
①表面張力の低下

界面活性剤は，水中では疎水基が水より逃れようとする作用（水への反発）のため，より安定な場所を求めて動き回り，水の表面で親水基を水中に，疎水基を空気中に出したり，あるいは疎水性物質に疎水部分をひっつけたりして，できるだけ水との接触を少なくするようにしている。このように，界面活性剤が空気との界面，固体（容器や繊維）との界面に集まる現象を「界面吸着」という。集まった界面活性剤は，疎水性部分を互いに接触するように規則正しく配列する。水面に浮かんだステアリン酸の薄層のようすは，図1.33のようになると考えられている。

液体は気体と接すると，表面積をできるだけ小さい形にしようとする。このような力を「表面張力」と呼ぶ。表1.5に，接触気体・空気に対する液体の表面張力例を示す。表面張力が大きいほど，空気と接触する表面積を小さくしようとする。界面活性剤が存在すると，水との界面に吸着され，空気－水の界面が，空気－界面活性剤の疎水基の界面に置き換えられる。このため，表面張力は低下する。

ところで，界面活性剤をうまく水の表面に配列させ，最高の表面張力低下効果を得るためには，疎水性

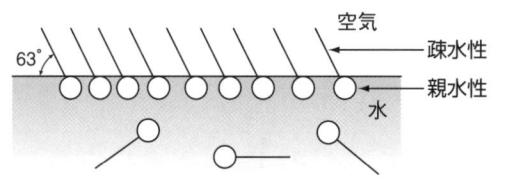

1個の分子が占有する面積は，ステアリン酸で20$\triangle$Å²（平方オングストローム）
1Å² = 10⁻⁶cm

図1.33　水に浮かんだステアリン酸の薄層のモデル

表1.5　空気－液体の表面張力

物質	温度(℃)	表面張力(dyn/cm)
水銀	20	475.0
水	20	72.6
	60	65.0
	100	58.8
グリセリン	20	64.4
ベンゼン	20	28.9
エチルアルコール	20	22.7
エチルエーテル	20	17.1

と親水性のバランスが重要である。この親水性と疎水性のバランスを示す指標として，非イオン系界面活性剤（以降，「非イオン界面活性剤」と称す）についてHLB（Hydrophile Lipophile Balance：親水性疎水性バランス）が用いられている。ここで，非イオンというのは，$-(CH_2CH_2O)n^-$（ポリオキシエチレン＝EO）鎖をもつ化合物のことをいう。

HLBは，オレイン酸，オレイン酸カリウムそれぞれのHLBを次のように定めて，その他の活性剤にその間の適当な数値を与えたものである。

・$CH_3(CH_2)_7CH＝CH(CH_2)_7COOH$のHLBを1
・$CH_3(CH_2)_7CH＝CH(CH_2)_7COOK$のHLBを20

HLBが大きいほど，親水基であることを示す。

同様に，親水性や疎水性を表現するのに，有機性／無機性値の概念もあるが，これらの詳細については成書[8]などを参照いただきたい。

② CMC の形成

界面活性剤は，吸着する界面がなくなれば，水中では水と反発する部分をできるだけ少なくするように，

第2編　染色加工概論ならびにウールの知識・特異性

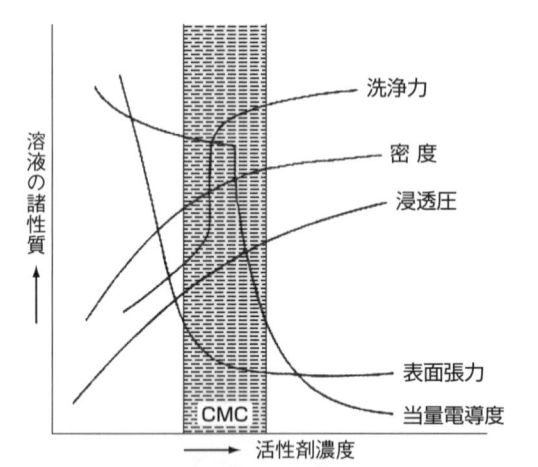

図1.34　各種ミセルの模式図

小型ミセル　　球状ミセル　　層状ミセル　　棒状ミセル

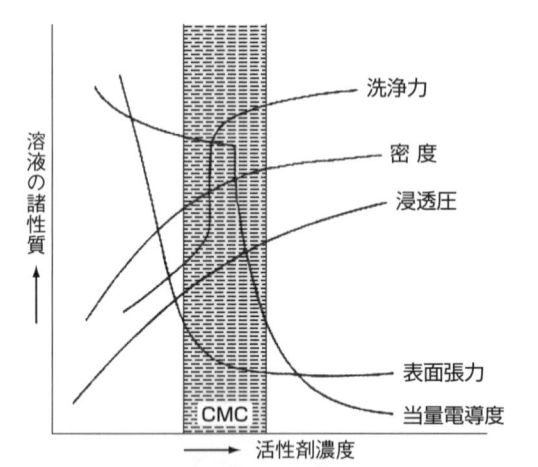

図1.35　界面活性剤の濃度と諸性質

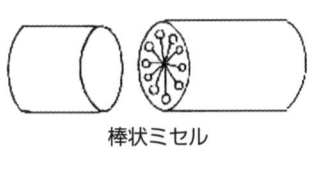
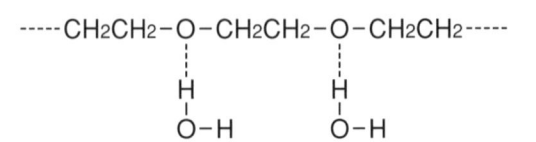

図1.36　非イオン界面活性剤と水分子との作用

親水性部分を外にして集まる傾向を示す。

このように，界面活性剤が疎水基を内側に，親水基を外側にして作る集合体を「ミセル」と呼び，ミセルを作る限界濃度を「ミセル限界濃度（Critical Micelle Concentration：CMC）」という。ミセルには，図1.34に示すようにいろんな形がある。界面活性剤の水溶液は，ミセルができると，電気伝導度，浸透圧，洗浄力などの物理的性質が急激に変化する。この状況モデルを図1.35に示す。

③界面活性剤とイオン染料との相互作用

ウールの均染対策として助剤は極めて重要なポジションを占めるので，後ほど2.1.3(3)項（p.219）で詳述する。興味のある方は，そちらも参考にしていただきたい。

界面活性剤も，染料と同様に親水基と疎水基とを持つ。活性剤と染料の相互作用についても，根本の文献等からとりまとめて説明する。

a) イオン性が反対の場合

親水基どうしが結合したコンプレックス（以降，complexと称する）を形成する。この場合，親水基が封鎖されるため親水性は低下する。溶解度が減少し，場合によれば沈澱を生ずる。

このような現象は，溶解度減少による繊維表面への集合・沈着を図ったり（促染），染料の極性を低下させたり（緩染）するのに利用されている。しかし，染料−活性剤の結合が強すぎると，complexが繊維上に到達しても染料の繊維への移行が妨害される。また，

染液から染料がなくなり，染色は完了されたように見えても，水洗の段階で活性剤が脱落するのにつれて，染料がいつまでも尾を引いて脱落する現象（ドレーニング現象）が発生しやすい。

なお，界面活性剤の量が多いと，生成したcomplexがCMCに可溶化されるような場合も出てくる。このような可溶化現象は，染料の単分子化を図るとともに一時的な染料貯蔵庫の役割を果たすので，イラツキ・スキッタリー防止，均染化あるいは低温染色などに応用されている。

b) イオン性が共通の場合

一般には，界面活性剤のミセル形成が最優先するが，染料・助剤の疎水基どうしが結合したcomplexを形成する可能性もある。この結合では，疎水基の表面積が減少し，親水性のcomplexが形成され，溶液内での安定性は向上し溶解度は高まる。

c) 非イオン界面活性剤とイオン染料との相互作用

ポリオキシエチレン（EO）基を有する酸素原子は，図1.36のように水分子と水素結合を生成し，このようなイオン水和により水に溶解している。

水温が上がると水和が破壊され，非イオン界面活性剤の溶解度が減少し析出が生ずる。この析出，濁りの始まる温度を「曇点」という。

非イオン界面活性剤と染料は，図1.37のように，染料および界面活性剤の疎水性部分どうしが疎水結合（図では「/」で表示）して，親水性complexを形成する。

図1.38[16]に，イオン染料と非イオン界面活性剤共存系の表面張力変化のモデル図を示す。図でa〜b間はcomplex I，b〜c間はcomplex IIの生成を示す。染料があった方が，表面張力が高い。これは，染料の疎水性部分と活性剤の疎水性部分とが結合して，疎水性部分の占める割合が減少し，相対的に親水性部分が増加していることを示す。すなわち，親水性complexを形成している。また，d点に至ると，界面活性剤の

180

$$R-O-\!\!\sim\!\!\sim\!\!\sim + D-SO_3^- \;\rightleftharpoons\; \sim\!\!\sim\!\!\sim-O-R/D-SO_3^-$$

/：疎水結合

図1.37　非イオン界面活性剤と染料との反応

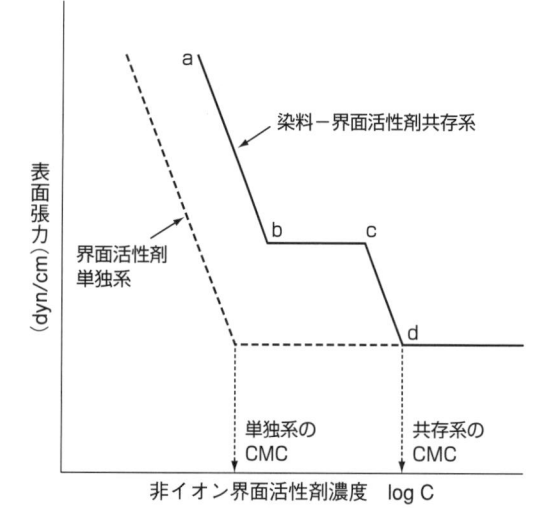

図1.38　イオン染料－非イオン界面活性剤共存系の表面張力変化のモデル図[16]

表1.6　染料と非イオン界面活性剤との complex

非イオン界面活性剤	Complex I	Complex II
	n	n
NP 10	3	20
NP 20	2	11
OA 8	3	30
OA 20	3	30

・染料：C. I. Acid Blue 120
・NP：ノニルフェノール
・OA：オクタデシルアルコール
・末尾数字：エチレンオキサイド付加モル数

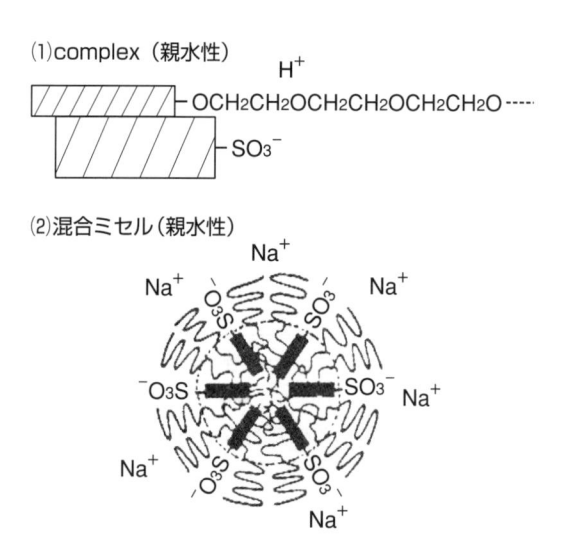

図1.39　アニオン染料と非イオン界面活性剤との complex，混合ミセルの模式図[15]

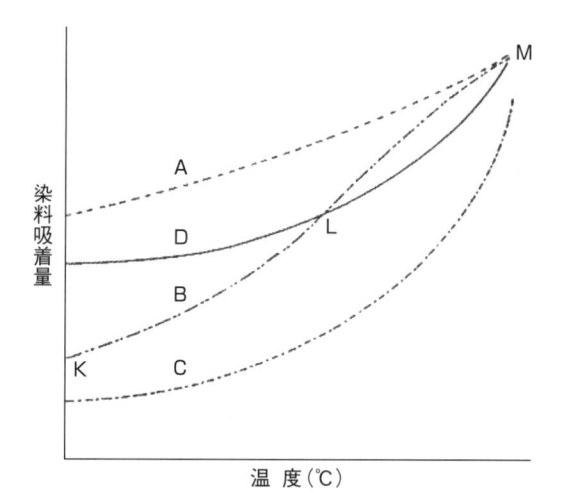

図1.40　非イオン界面活性剤のタイプと温度による吸着挙動の相違（模式図）

みのミセルの生成が始まることを示している。なお，この complex を形成する分子数については，個々のケースにより，また温度により異なるわけであるが，たとえば，染料が C. I. Acid Blue 120 の場合の非イオン界面活性剤との結合モル数を表1.6に示す。また，アニオン染料と非イオン界面活性剤との complex，並びに混合ミセルの模式図を図1.39[15]に示す。

ところで，非イオン界面活性剤の種類と染色温度，染料吸着量との間には，図1.40のような模式的な関係がある。

Dが助剤を使用しない吸着カーブである。Aは染料・助剤間に相互作用がない場合で，活性剤による繊維の湿潤作用のために促染効果が見られる。B，Cは染料・助剤間で親水性 complex が生じ，このために緩染効果を示す。しかし，Bの場合には高温になると促染効果に転ずる。

染料と界面活性剤の作用は疎水部分間で生じるので，染料分子の疎水性が高まるほど疎水性結合は強く

なり，生成 complex の溶解度は高く，曇点も高くなる。

このような親水性の生成 complex の溶解度は，EO数および染浴の温度に左右される。EO数が多いほど親水性の強い complex を形成する。また，温度が高まるほど complex 形成能は低下する。

このため，温度が上がるにつれて，非イオン界面活性基の溶解度が減少し，中には complex が繊維上に沈着してくる場合が出てくる。これが，Bのケースで促染効果を示すようになる（KL間は緩染作用，LM間は促染作用）。

④分散染料と界面活性剤の相互作用

分散染料と非イオン界面活性剤の相互作用を図1.41[10]に示す。ここで，CMC以下の濃度では，相互作用による染料・活性剤の complex が生ずる。それ以上では，ミセルへの染料の可溶化が起こり，活性剤

181

第2編　染色加工概論ならびにウールの知識・特異性

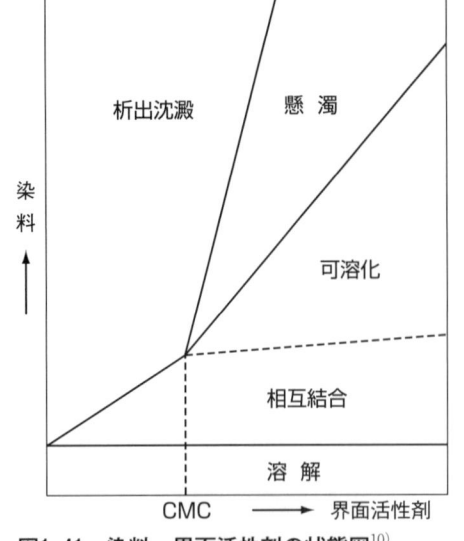

図1.41　染料－界面活性剤の状態図[10]
（分散染料－非イオン界面活性剤）

中に染料は貯蔵されたようになる。染着により溶解染料が系から減少すると，ミセルから水中へ染料が溶け出して，これを補充することで染色が進行すると考えられる。

⑤キャリヤーの作用機構

　これには種々の説が出されているが，ここでは，Murray[17]らの説を紹介する。

　繊維に吸収されたキャリヤーは，疎水性繊維の内部機構を弛緩させ，染料の繊維内拡散を容易にする。すなわち，キャリヤーは吸収され，部分的に鎖間結合と置き換わり，より切れやすい繊維－キャリヤー結合を形成する。そのため，同じ熱エネルギーでも繊維間隙の開口の数が多くなり，水は浸透しやすく，染料拡散も容易となる。

⑥染色助剤としての作用

　繊維－染料－助剤の組み合わせにより，作用機構は異なる。

　ここで，助剤の主な役割を列記すると，

①染料分子と繊維の染着座席を競合することにより，染料の吸着を穏やかにする。染料より先に繊維の活性基に作用して，これをブロックして染料の急激な吸着を抑制する場合，染料と同じような相容性を持ち，無色の染料として作用する場合などがある（繊維親和性助剤）。

　アクリル染色で使用されるカチオン系緩染剤とカチオン染料とのケースがこれに相当する。他方，ウールのアニオン助剤とアニオン染料との競合については，2.1.3(3)①項（後述）で競合的な作用は否定されている。

②染料とcomplexを作り，染料の極性基を弱めるように作用し，繊維への吸着速度を緩和させ，均染化を図る。あるいは，繊維表面への凝集を促進させ，繊維への近接を図ることで促染作用をもた

らす（染料親和性助剤）。

③染料・繊維の両方に親和力をもち，染料とのcomplex生成による極性基の封鎖と，溶解度減少化効果および繊維とのcomplex形成能力とで，繊維表面への移行と均染化を助ける（繊維染料親和性助剤）。

④繊維への染料貯蔵・供給基地として作用する（コアセルベート剤）。

⑤繊維の内部構造を弛緩させて，染料の内部拡散を容易にさせる（キャリヤー）。

等が挙げられる。

(2)　無機化合物の役割（芒硝の役割）

①共通塩効果

　これは，塩のカチオンイオンの働きを利用している。イオン染料は液中で，

$$DNa \leftrightarrows D^- + Na^+$$

といった解離平衡をとっているが，ここで無機塩として，たとえばNa_2SO_4を加えると，Na^+濃度が増し，平衡は左にずれて染料の解離が抑えられる。すると，染料アニオンのマイナスへの帯電性が低下し，染料どうしの電気的な反発力が低下して，相対的に疎水性水和の寄与が大きくなり，染料が集合・会合しやすくなる。

　塩の添加量が適切であると，繊維表面への染料の塩析効果による近接が可能となり，染着を促進する（綿への反応染め，ウールへの含金染めなど）。しかし，塩の作用がすぎる場合，たとえば綿の直接染料染色で芒硝を多量に使用した場合などには，繊維に吸着した会合染料の単分子化（1.5.6項，後述）が損なわれ，染着量が減少するといった現象が出てくる。

②繊維の表面電位低下

　これも，塩のカチオンイオン（Na^+）の働きを利用している。

　繊維表面は，通常，マイナスに帯電している。水は，これを打ち消すように電気的な2重層（1.2.3(4)項）を形成して，アニオン性染料が繊維に近接するのを妨害している。ここに，カチオンイオンが加えられると，水および繊維表面のバリアーの力が弱まり，染料は繊維に近接することができるようになる。

　綿への直接および反応染めなどで芒硝を使用するのは，このように繊維表面の界面電位を低下させるためである。

③緩染剤として作用

　これは，塩のアニオンイオンの働きを利用した場合である。

　レベリング酸性染料でウールを染色する場合には，染料アニオンと塩のアニオンとが染着座席を競争するし，カチオン染料でアクリルを染色する場合には，染料イオンとの競合により染着が抑制されたりする。

第1章　染色加工の基礎

(3) pH 調整剤
①繊維表面電位に対する効果
　ウールやナイロンなどの染色の場合，pH を酸性側に保ち，繊維表面をプラスに帯電させることで，染料がより近接しやすくすることをねらっている。
　図1.10で，反応染料とセルロースとの反応機構を示したが，セルロース繊維が強アルカリで強くマイナスに帯電することが，繊維と染料との反応を誘引する。
②共通塩効果
　塩と同様。
③その他，加水分解防止など
　アルカリ側では染料は加水分解しやすいので，通常，酸性サイドで染色する。また，カチオン染料の場合には，カチオン基の安定化に役立っている。

1.5.3　顔料について
　欧米では顔料染色の比重が高いが，わが国では風合いがあまり良くないことから，従来は子供服や産業資材用途などに限られていた。しかし，顔料のナノサイズ化が進み，風合いは改良されてきている。顔料染色は染料染色に比べ，水やエネルギーの使用量が極端に少なく，ターペン等の有機溶剤の使用も極小化され，環境にやさしい「エコ染色法」として脚光を浴びつつある。やや古い話しとなるが，2005年末には，"無水染色は，ナノオーダーの薄膜を形成できる水性エマルションを接着層とし，ナノサイズの微粒子顔料インクをジェットプリントすることで繊維に堅ろうに固着するシステムで，染色後の洗浄や色定着工程を省くことができる"[18]と大々的に訴求された。
　最近では，図1.42のように，ナノサイズの顔料＆樹脂を封入したカプセルをプリントし，加熱してカプセルおよび樹脂を溶融，樹脂成分を繊維表面の顔料粒子の近辺にだけ配位させて，微量の樹脂で顔料を接着するといった方法が主流になりつつある。全面にプリントする，いわゆる「しごき」と呼ばれるプリント方法や，連続染色と同様にナノサイズ顔料・樹脂カプセルを溶解ないし分散させた液に，パッド・ニップ法で付着させ，加熱することでカプセルおよび内部の樹脂を溶解させ，繊維表面に被膜を形成させてナノ顔料を接着させるといった方式で，無地染めも可能となってきている。風合いが良く，摩擦堅ろう度も比較的良好で，着色という点では染料染色とほとんど遜色（そんしょく）ないレベルに到達しつつある。
　通常の染色では，ロープ状染色時に揉み込まれることで微細な毛羽等が出て，これにより優れた風合い効果を与えるが，このような効果を経済的・エコ的にどう実現していくか，黒など極濃色をどう実現していくかといったことが，今後の顔料染色の課題であろう。また，顔料染色の欠点である，有機溶剤に溶け出しやすく，ドライクリーニングや汚れ落としのための有機溶剤ガンで顔料が脱落しやすいといった問題については，顔料の選定でかなりカバーできるといわれるが，色相によっては新たな顔料や樹脂の開発が必要になるものと思われる。
　さらに，カプセルは100 nm 以下であるといわれるが，インクジェットプリントの目詰まり対策には，いま少し改善の余地（技術的には可能ではあるが，コストアップとなる！）が残されている模様で，今後のいっそうの進歩改善が望まれる。

1.5.4　染料と顔料との基本的な違い
　図1.43に模式的に示す。

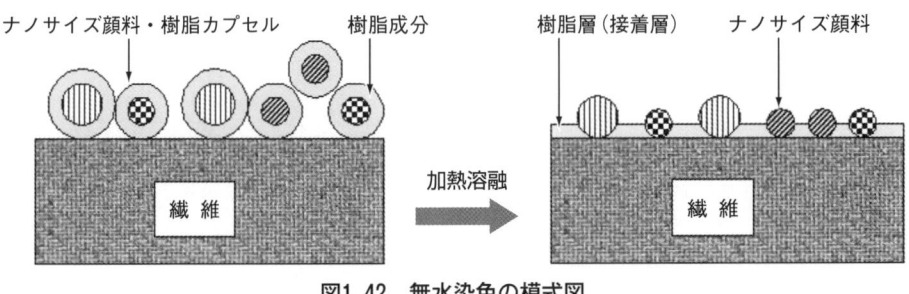

図1.42　無水染色の模式図

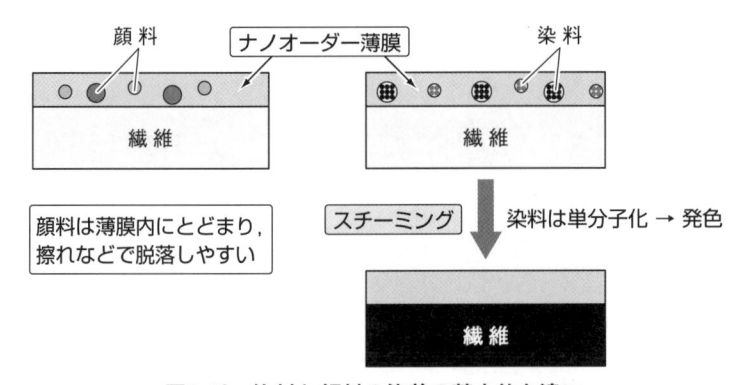

図1.43　染料と顔料の染着の基本的な違い

183

第2編　染色加工概論ならびにウールの知識・特異性

表面に吸着された染料は，染色の第3ステップで単分子化（1.5.6項，後述）されて繊維内に拡散・発色するため，繊維内部も着色されるが，顔料染色は繊維表面にとどまるので，①摩耗等で繊維表面が削られると色素も削り取られてしまう。当然，耐久性等には問題があるので，用途は自ずと限られる。また，顔料染色は有機溶剤に弱く，②ドライクリーニングや汚れ除去のための溶剤処理等で脱色しやすいという大きな弱点をもつことにも留意が必要である。

こうした弱点を克服できることが染料の特徴といえるが，今日のナノテクノロジー染色の進歩で，染料でも浸染工程（第1ステップ）を省略できる見通しが見えてきた。浸染する代わりに，数十nmという少ない会合数の染料群より構成されるインクを，繊維表面にプリントもしくはパッド・ニップで供給し，省エネ・エコ染色できる可能性が高まったことにある。これにより，大量生産が必要な綿の連続染色（1.5.5項，後述）に比べ，小ロットでの生産が可能となる。

今後の大きな課題は，安価な染料インクの供給，浸染に匹敵するだけの単分子化（良好な発色）を可能とする高性能スチーミングシステムの開発，気相（気流）加工による風合い改良技術の実現であろう。

1.5.5　多様な染色方法

染色形態・染色方法を図1.44に示す。製品染めも浸染の一形態である。多彩な染色形態があることを知ってほしい。

(1)　素材の主たる染色法

①綿

わた染め，糸染め，反染め，製品染めといった浸染以外に，連続染色（反物）やプリントで染色される。また，ジーンズ用には糸での連続染色によるインジゴ染めも実施されている。

②シルク

和装用を中心に糸染めも行われるが，反物でのプリントの対応が主体。液流染色機を用いる反物での浸染は，スレ対策がむずかしいので，吊り染めやスター染色機を用いるのが普通である。液流染色機は，ピーチスキン加工（フィブリル化加工）を施すような製品に限られている。

③ウール

浸染での対応。なお，連続染色やプリントは基本的には行われない。

④合　繊

一般には，アクリルはわた染め，トウ染め，ナイロンは反物（後染め）で，ポリエステルも反物でのプリントや反染めが中心となる。

また，図1.44で「ドープ染め」として紹介した方法は，一般に，ポリプロピレンのような難染色性繊維や，大量生産が要請される学生服用のポリエステルの黒などに用いられる。紡糸する前段階の未着色樹脂と高濃度の顔料を分散加工させた原着（げんちゃく）用の樹脂を希釈混合して溶融紡糸する方式である。また，アクリルでは，紡糸途上で着色樹脂を適応するドープ染めも実施されている。

(2)　染色方法

①浸染（しんせん）

JIS L 0207[19]によると，"染色方法のうち，被染物を染液に浸して行う染色。広義にはバッチ式と連続式を含むが，狭義にはバッチ式だけを指す"とある。ここでは，狭義の意味で使用する。綿，ポリエステル／綿混以外は，バッチ式で行われるケースが多い。

主要工程は，①処方作成，②計量・溶解・調液・注入，③染色工程よりなる。

a)処方作成

客先から提出された色見本にもとづき，試験染め見

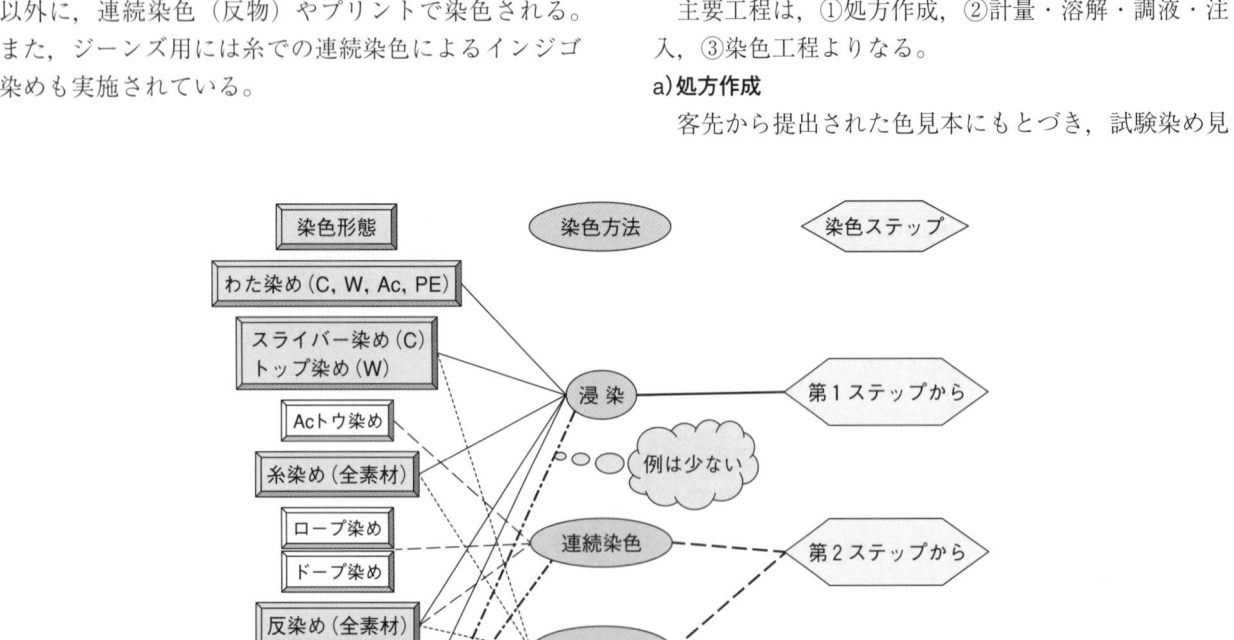

図1.44　多様な染色形態・染色方法

本を提示し，承認を受けて染色処方を作成する。一連の作業に，コンピュータカラーマッチング（CCM），コンピュータカラーサーチ（CCS）などの活用が一般化している。また，試染用の染料や助剤の調液もコンピュータカラーキッチン（CCK）で行い，試染機による染色作業を含め，試験室作業の自動化も志向されている。

b)計量・溶解・調液・注入

染料は，顆粒状のものを使用して自動計量，続けて自動溶解され，助剤の計量も自動的に行われる。これらの染色槽への注入も，自動で行えるようなケースも増えている。

c)染色工程 （イメージを図1.45に示す）

被染物を染液に浸して，徐々に時間をかけ，温度を上げて染料を被染物に取り込んでいく。液流の速さ（撹拌速度）および染液の昇温速度が均染性に大きく関係する。特に，染料の繊維表面への吸着・沈着工程である第2ステップでの均一な吸着が重要である。しかし，第3ステップの項（1.5.6節）で説明するように，綿やポリエステルでは，ウールやナイロンほどの慎重な制御が要求されることは少ない。

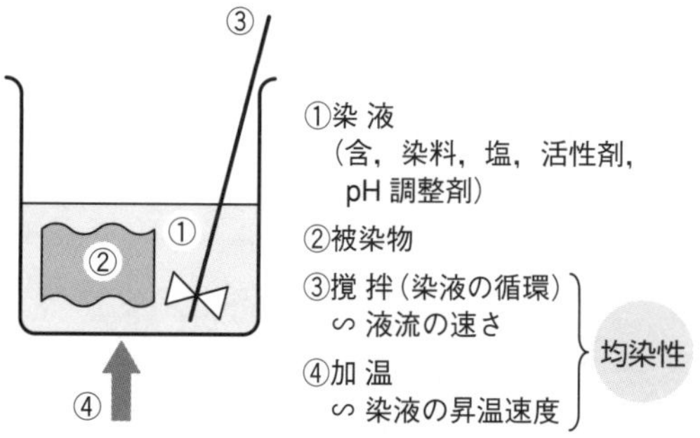

図1.45　浸染工程のイメージ図

②連続染色

JIS L 0207[20]では“布などに連続的に行う染色。染料及び薬剤を含浸付与させた後，蒸熱又は乾熱で処理して染料を固着させる染色”としている。綿などセルロース繊維や，ポリエステル／綿混の無地染色には，この大量生産方式が重要な位置を占めている。ここで，綿用の染料の主体は，反応染料とスレン染料である。

主要工程は，①処方作成，②調液，③染色工程よりなる。

a)処方作成

浸染工程と基本的に同様。

b)調　液

指定された染料や助剤の計量および溶解作業も，液

体染料や顆粒状染料を使用した自動計量器が一般化し，CCMと連動したシステムとして自動的に行われるようなケースが増えている。

c)染色工程

連続染色の処方の位置付けは，浸染とプリントの中間にある。プリントと異なり，必要であれば何回でも染料を分けて適応することができる点（多浴多段染法）で，浸染に類似するが，染色が極めて低浴比で行われる点ではプリントに近い。このため，プリントと同様に一液多段発色手段をとることができ，可能性のある処方は多岐にわたりうる。

綿の反応染料による染色は，染料，浸透剤，マイグレーション防止剤，還元防止剤などを含んだ染料パディング浴に20〜30℃で浸漬（ディップ）後，ピックアップ率が60〜80%程度となるようにニップする。その後，図1.46（次ページ）に示したように多様な方法で，染料を固着・単分子化する。

スレン染料の場合には，ケミカルパッド後に101〜103℃で20〜45秒程度スチーミングし，過酸化水素，酢酸で調整された浴に50〜60℃で1分程度酸化して，水洗，洗浄，水洗を通して乾燥される。

ポリエステル／綿混では，たとえば以下のような工程が行われる。

- **分散／反応により一浴二段法の場合**：両染料を一浴でパディング→乾燥→サーモゾール[注4]→スチーム法，アルカリショック法[注5]あるいはバッチアップ法（図ではパッドバッチ法）で固着される。サーモゾール後の洗浄や反応固着後も還元洗浄はできないので，綿汚染の少ない分散染料の選定がポイントとなる。反応染料は各種のタイプの種属が適応可能であるが，アルカリショック法，バッチアップ法には，特にビニルスルホン型タイプが好適といわれる。

- **分散／スレンによる一浴二段法（サーモゾール・パッドスチーム法）の場合**：両染料パディング→乾燥→サーモゾール→ケミカルパディング→スチーミング→酸化→水洗→ソーピング→水洗→乾燥の工程で行われる。すなわち，ポリエステルを分散でサーモゾール固着，綿をスレンでパッドスチーム固着する。淡色には，スレンのみでサーモゾール・パッドスチームまたはパッドスチーム発色することも可能である。

なお，布は，染料や薬剤を選択的に吸着する作用もあるので，パディング容器の容量を小さくして，絶えず新鮮な染薬剤が供給されるようにする，繊維との親和性が比較的低く，配合する染料どうしで染め足の

注4）JIS L 0207：2005 3033（サーモゾル染色）：ポリエステル繊維及びその複合素材に分散染料液をパディングし，短時間の乾熱処理をすることによってポリエステル繊維に染着させる連続染色。

注5）JIS L 0207：2005 1002（アルカリショック法）：反応染料による綿などの染色，な（捺）染で，染料付与後の布地を高濃度のアルカリ浴に短時間浸せきして固着する方法。

第2編　染色加工概論ならびにウールの知識・特異性

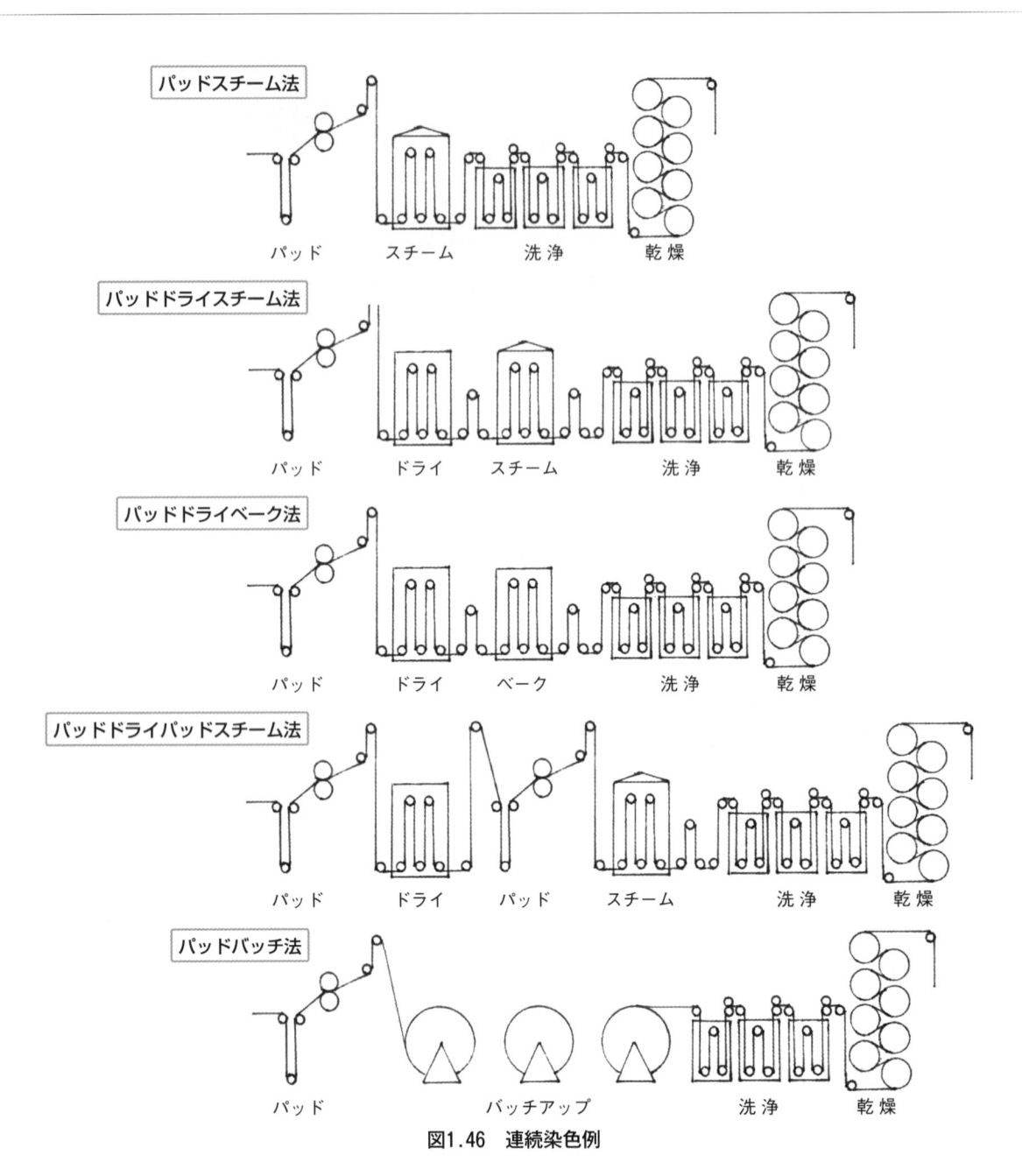

図1.46　連続染色例

揃ったものから選定するなどの染薬剤の工夫，またマングルのゴム硬度やニップ圧とピックアップ率，ニップ幅などの管理のように機械面からの工夫などにより，テーリング[注6]（エンディング）等の連染のトラブル減少化を図ることも必要である。

　染料と固着に必要な助剤を同時にパディング付与するものを「一相法」，両者を別々に付与するものを「二相法」と呼んでいる。一相法の工程はシンプルであるが，染液の安定性に注意を払う必要がある。二相法は，一般に，一浴目で染料を，二浴目で助剤を別々に付与するもので，パッドドライパッドスチーム法ともいわれる。工程は複雑となるが，二相法の一番の特長は，

発色の再現性が向上する点である。

　染液をパディングで連続付与したあと，バッチアップして，固着工程を非連続で行う半連続染色法も図示（パッドバッチ法）した。反応染料の場合などは，ロールアップ後，常温状態でロールをゆっくりと回転させつつ，2時間から48時間程度放置して固着，その後，洗浄して過剰な染薬剤等を除去するといった方法も採られている。他にもパッドジッグ法[注7]なども行われている。

③プリント（捺染，な染）

　JIS L 0207[21]では，な染を"染料・顔料による繊維などへの着色模様の付与。な染方式には，直接な染，

注6）JIS L 0207：[2005] 3060（テーリング）：パディング法による連続染色で，染色物の長さ方向に色相が連続的に変化していく染色欠点。
注7）セルロース用の染料液をパディングで付与し，ジッガで固着する。ジッガ染色に比べ均染性に優れるといわれる。

186

第1章　染色加工の基礎

抜染及び防染がある"としている。

　プリントには，染料と糊とを混ぜて，粘度を高めて色糊とし，これを反物上に図柄として置き（印捺，プリント），蒸気で蒸して染料を単分子化して繊維に移行させ，反物に図柄を置く「染料プリント」，顔料を樹脂（バインダー）と一緒に図柄として置いて，加温して樹脂を繊維と固定化させる「顔料プリント」がある。なお，たとえば，顔料粒子が10μm（ミクロン）から10nm（ナノメートル）と$1/10^3$に小さくなると，同じ面積に存在しうる粒子数は10^6倍となり，繊維との接点が増えるため，結合力が増加し，バインダーが

不要もしくは使用量が極小化できるようになる。これを模式的に図1.47に示す。バインダーがないか，もしくは使用しても微量であることから，風合いが向上する。

a)プリントの概要

　プリントには，色糊を使用するスクリーンプリントやローラープリントが工業的には主流であるが，環境・省エネ・省資源等の観点から環境にやさしいインクジェットプリントが次第に重きをなしつつある。

　図1.48にスクリーンプリントの例，図1.49にはロータリープリントの例を紹介する。布の上に，色糊（インクジェットプリントの場合は，インク）を置き，乾燥後，蒸熱（スチーミング）して，あるいは，染料によっては熱処理で染料を繊維内に昇華移行・単分子化して固着する。顔料の場合には，乾熱で樹脂皮膜を形成させ，固定化させる。

　プリントは一段で行わなければならず，二段法が採用できない。このため，浸染や連続染色に比べ，複合素材を染料で同色にするのはむずかしい。さらに，発色が二相方式など多段発色で行われ，個々の染料の発色（染着）が不安定である。これらを総合して，他サ

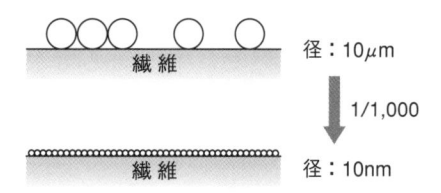

同じ面積に存在できる粒子数は 10^6 倍に増加.
→繊維との接点が 10^6 倍に.

図1.47　ナノ化の効果

図1.48　スクリーンプリントの例（ICHINOSE 7000）[22]

図1.49　ロータリープリントの例（ICHINOSE SAMURAI）[22]

187

イドの汚染を少なく，染料の染着を絶えず一定として，再現性をいかに保つかが染色工場の腕の見せどころといえよう。

プリントでは，スチーミング時や後処理時の白場汚染が問題となる。染料の昇華性，およびスチーミング温度と発色性との関係の把握が必要である。また，洗浄条件の設定も重要で，まず多量の冷水で洗浄する。必要なら，活性剤やアルカリ剤などを用いて再汚染の防止を図る。その後に，温度は低めに抑え，活性剤を多く用いて再汚染を防止しつつ洗浄する。

綿織物のプリントでは反応染料が中心に使用される。しかし，複合素材のプリントには顔料プリントが使用されるケースが少なくない。風合いが硬くなる，ドライクリーニングや汚れ落とし工程で問題が出やすいなど，いくつかの欠点があるものの，環境への影響が少なく，ナノ顔料の開発もあり，今後は重要性が増すものと思われる。また，複合素材のプリントに，単一種属の染料としてスレン（バット）染料の活用も注目される。これは次項に示す。

シルクでは，反応染料および酸性染料が使用される。ポリエステルの場合には，分散染料が使用される。

b）主要工程

配色準備，トレース・彫刻，枡見本・ストライクオフ，調液，プリントの順となる。

・**配色準備**：客先からの図案に対し，何組かの配色を作成する。

・**トレース・彫刻**：図案を必要な色数に分解し，トレースフィルムを作成する。トレースフィルムは，光学的手法により感光性樹脂を用いて，色数に応じたロールあるいはプリント型の焼き付けを行い，プリント用ロール（またはプリント型）の作成を行う。コンピュータグラフィックを中心とした電子機器の活用，レーザー光を用いた彫刻作業など，近代化・自動化の幅が広がっている。

・**枡見本・ストライクオフ**：プリント用ロール（型枠）が完成すると，配色見本にしたがって，何通りかのプリント品を指定された原反上にプリントして客先に提示する。図柄の主要部分のみの見本を「枡見本」，原反全幅にプリントし，送り（レピート）を数回含むものを「着分見本」や「ストライクオフ」という。

・**調液**：無地染めと同様に，CCM，CCSの活用，現場用の自動調糊装置の設置がかなり進んでいる。

c）プリントの種類

「機械プリント」と「手プリント」（ハンドプリント），これらの中間に位置する「走行式プリント」がある。機械プリントには「ローラープリント」「ロータリープリント」「スクリーンプリント」がある。

・**ローラープリント**：機械プリントの原型といえるが，最近では比重が低下している。線や水玉などの幾何模様とか小花などのプリントに適し，直径10～20cmの中空の銅ロール表面に柄を彫ってある。プリント加工速度は，80～100m/分程度と速い。

・**スクリーンプリント**：平板のスクリーンを何枚か並べて，同時に印刷を進行していく。プリントの作成は，ロータリー方式と同様に焼き付けて作成する。大柄の色彩豊かな高級プリント品のプリントに適している。プリント速度は8～15m/分と遅く，生産性は低い（図1.48）。

・**ロータリープリント**：ニッケル製網目状円筒の表面に感光性樹脂を塗布し，前述のトレースフィルムを巻いて焼き付けると，トレースフィルムと同じ模様がプリントされる。こうして直径20cmほどのロータリー用スクリーンが作成され，プリントが行われる。適用される柄はかなり広範囲にわたる。プリント加工速度は40～60m/分（図1.49）。

d）蒸熱（スチーミング），乾熱処理発色

プリント発色のさせ方も，使用する染料や素材に応じて異なる。

・**綿織物の場合**：蒸熱法や乾熱処理法が一般的で，処理時間は数分から10分程度である。

・**シルクの場合**：連続スチーマーでは水分量がどうしても不足するため，満足のいく発色が得られないので，高級品に対してはバッチ式のスチーマーも使用されている。

・**ポリエステルの場合**：サーモゾール法（高温乾熱処理）で発色される。

e）水　洗

発色の終わったプリント布から，糊剤，未固着染料，助剤を除去するために水洗を行う。プリント糊の膨潤による除去と，未固着染料の再汚染防止が重要である。プリント特有の問題として，白場汚染，色移りなどの問題が発生しやすい。水洗後は速やかに乾燥することが肝要で，連続方式が好ましい。

④スレン染料による複合素材のプリント

スレン染料は，水に溶けない色素を還元作用により水に溶ける状態として繊維に染着させた後，酸化処理により水不溶性とする。湿潤堅ろう度，汗－日光，塩素－日光などの複合堅ろう度，塩素漂白や塩素消毒処理に対し，高い堅ろう性を持つのが特色である。

スレン染料分子のキノン基は，アルカリ性による強い還元処理で水溶性のロイコ体となるが，アルカリが不十分だと不溶性のバット酸を生成する。親水性のセルロース繊維などにはロイコ体が，疎水性繊維にはバット酸が染着すると考えられている。スレン染料では，このような2つの染着挙動が1つの染色系の中で個別に，あるいは同時に，時には平衡して進行することにより，複合素材を単一染料で同色堅ろうプリントすることができるという特徴をもつ。

⑤インクジェットプリント[注8]

従来方式を大きく変えるデジタル方式は，プリント準備作業に続き，「無版プリント」（インクジェット

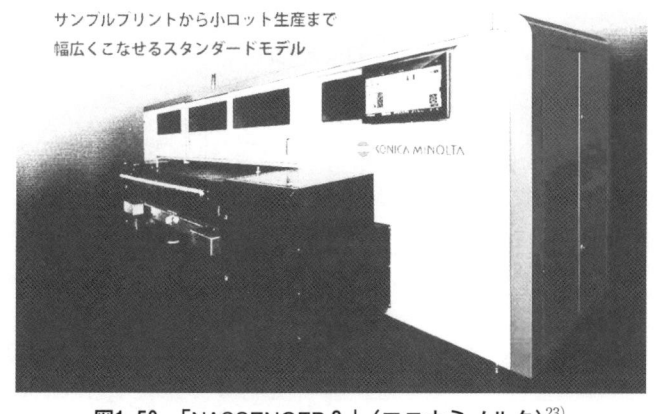

図1.50 「NASSENGER 8」（コニカミノルタ）[23]

プリント）に発展して，見本作りの手段として定着，さらに高速化の途上にあり，本生産機としての地歩を固めつつある。

　今後の重要なプリント法であるので，若干説明を加えておこう。布帛用のプリント機にも，パソコンのプリンターと同じように，5色から8色（もっと多くの特異色インクを備えたものも多い）程度のインクを搭載したヘッドが布上を移動しつつ，そのつど必要とされる色のインクを噴射していく「スキャン方式」が使用されてきた。この方式では，時間当たりの印捺量を高めることがむずかしく，小ロット生産や試作などのように，実用機以外の用途でしか初期の間は展開できなかった。

　しかし，近年は高速化が図られ，高画質・高生産性が実現されつつある。たとえば，コニカミノルタの「NASSENGER 10」は，従来のフラットスクリーン捺染機の生産ロットをカバーし，標準のプリント能力は310～580 m²/hr（8色時）と紹介されている。また，「NASSENGER 8」（図1.50）は，デジタル捺染でのビジネスをさらに充実させたい中規模ロットを扱う顧客に最適で，標準のプリント能力は130～240 m²/hrという。

　ところで，スキャン方式での高速化は，行き着くところまできたといわれている。最近は，「シングルパス方式」といって，インクヘッドは動かず，反物だけが動き，その上に単色のインクを布帛の進行方向に垂直にズラリと並べたヘッドより必要な個所に噴射し，続いて次々と他の色相のインクを布上に噴射していく方式のプリント機の開発が，MS社（伊），SPG社（蘭），コニカミノルタ等のメーカーで進められている。

　従来のスクリーンプリント機やロータリープリント機の生産性に匹敵，あるいは凌駕するような生産能力を示すといわれている。コニカミノルタのシングルパス方式「NASSENGER SP-1」は，50～80 m/min 程度の能力を有している。なお，スキャン方式の加工能力は m²/hr で表わし，シングルパスは m/min で示す。

　スキャン方式では，色濃度の大小（グラデーション）や，解像度（レゾリューション）は，スキャン回数を増加させることでレベルアップが図られるが，シングルパス方式では，限られたノズルよりインクの噴射を行うために，加工量と解像度は反比例する。精緻さを求めないデザインであれば，生産性はアップできるが，そうでないものは自ずと加工速度を落とさざるを得ない。

　ところで，スキャン方式に比べ，シングルパス方式は難易度が高く，表1.7のような難題を解決して実用化に成功したという[24]。一例を挙げると，ノズルの1つが目詰まり（ノズル欠）すれば色抜けとなるが，この事故に対しては，隣接するノズルを使って直ちに補正する「ノズル欠補正技術」を開発することで解決を図っている。

　プリントに関しては，そのほかにも多様な用語がある。フラットスクリーンプリント，オートスクリーンプリント，直接プリント，防染，先防染，化学防染，物理防染，防抜染，後防染，抜染，白色抜染，着色抜染，還元抜染，地染め，オーバープリント，ブロッチ染，しごき染，転写プリント，注染（ちゅうせん），機械プリント，糸染，手染，ハンドスクリーンプリント，ブロック染，重色染，着色防染，半防染，白色防染，白色抜染，ほぐし染，ワックスプリント，二相染，両面染，ビゴロプリント，ろうけつ染め，友禅染め，すり友禅，型紙染，絞り染め，発泡加工等々（上記はすべて JIS 表記による）があるが，説明は省略する。

注8）JIS L 0207：2005 4007（インクジェットプリント）：コンピュータ制御によって必要なインクを吐出し，繊維上に描画する染。インクの吐出方式として，連続方式，オンデマンド方式があり，さらに，後者には，ピエゾ方式とサーマル方式がある。

第2編　染色加工概論ならびにウールの知識・特異性

表1.7　シングルパスの難題[24]

項　目	スキャン方式	シングルパス方式
ノズル欠の影響度	致命的ではない	致命的
使用インクの乾きやすさ	問題にならない	大きな問題に
印刷濃度	調節可能	簡単ではない
単色部の色平滑性	調節可能	簡単ではない
デザインの制限	限定的	存在
繰り返し画像サイズ	無制限	制限あり
全体的な許容度	許容範囲が広い	許容範囲が狭い

⑶　染色形態

①わた染め

わた染め，原料染めなどといわれるもので，染色機例を図1.51に示す。染色後に内槽の外ケースを取り出した後，底部を吊り上げて染織物を取り出そうとしているところを示している。この染色機は，綿わたなどの原料に水を掛けながら，機械的に，あるいは足で踏みつけるなどで染色機の内槽に装填したあと，中心部のスピンドルから染液を内→外方向に噴出して染色する。

②糸染め

a)パッケージ染め

糸染め（Yarn dyeing）には，綛（かせ）の状態で染色する場合（Hank dyeing）と，コーン（テーパ型，錐形）やチーズ（シリンダー型，円柱型）の形態で染色する場合（Corn dyeing, Cheese dyeing）がある。後者の場合，パッケージ染め（Package dyeing）と称するのが一般的であるが，わが国では，パッケージ染めよりも，コーン染めの場合も含めてチーズ染めと称する場合が多い。なお，パッケージ染めの概念は広く，広義では，オーバーマイヤー型染色機で行われるバラ染め，トップ染めなども含まれる。本稿では，パッケージ染めをコーンやチーズ形態での染色の意味に使用する。

パッケージ染色の例を図1.52に，また染色機の模式図を図1.53に示す。染色パッケージは，準備工程（ワインダー，下巻き）で，シリンダー型，テーパ型，圧縮型（Press dye tubes）など，各種形状の染色ボビン（チューブ）に糸を巻き取って作られる。

また，使用するボビンに応じて，パッケージ間の固定に使うスペーサー（Spacers）の有無や形状が変わっ

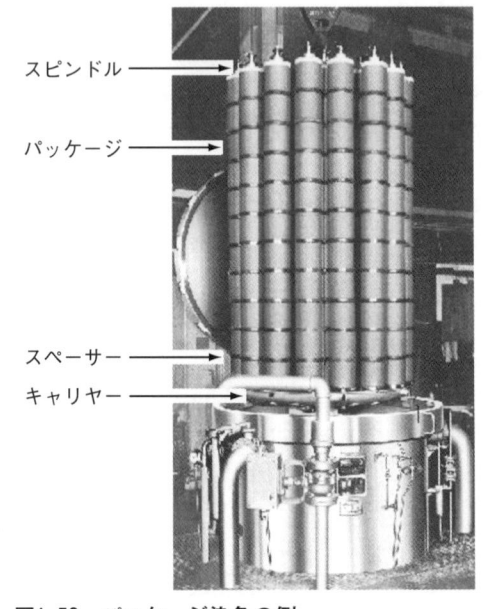

図1.52　パッケージ染色の例
（「Lolymac model LLC」日阪製作所）[26]

図1.51　原料染めの例[25]

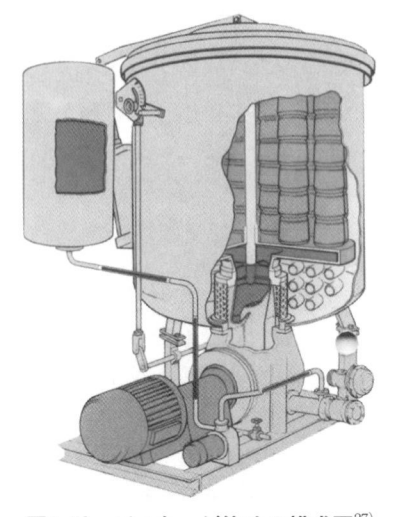

図1.53　パッケージ染めの模式図[27]

第1章　染色加工の基礎

てくる。図1.52は，パッケージとスペーサーを交互にスピンドル群に積層し，スピンドル上部で液が流れないように上蓋で止めた状態のキャリヤーと称する内槽を染色機から引き上げているところである。

コーン型よりも，チーズ型もしくは圧縮ボビンを用いてシリンダー型の染色パッケージとする方が，巻き密度の均一性の点で，すなわち，染色事故を最小とする上で好ましい。また，自動化・省力化の点でも好ましい。

なお，パッケージ染色機には，垂直型，水平型，水平チューブ型，サンプ式[注9]，浸液式，サンプ／浸液式など，さまざまな形式がある。

また，キャリヤーの搬送，染色機への搬出入には，手動でクレーン操作を行って実施するのが普通であったが，最近は自動化が進んでいる。

b）綛染め

噴射式綛染め機（噴射バルキー）と，キャビネット染色機と呼ばれる2つのタイプが主流である。

・噴射式綛染め機：図1.54に模式図を示す。染色筒に綛を仕掛け（装填），シフターで綛を移動させながら，筒より噴出する染液で染める。このタイプの染

色機の場合，綛の装填・搬出，さらには脱水，乾燥のハンドリングといった作業は，労働集約的な要素が強く，現実には人海戦術で対応している。

・キャビネット染色機：図1.55に模式図を示す。液流が垂直方向に変更された後に，整流部分に入るので，綛と平行流が得やすい。液流による綛乱れのおそれが少なく，液流を強く，また液量を多くすることも可能で，綛密度を高めることができる。このため，浴比は噴射バルキーと同じ1：10〜15程度と小さくでき，かつ染めむらの発生度合いも減少する。また，綛の装填・搬出・脱水・乾燥は，染色とは切り離して進行させることができ，自動化も進められている。

③反染め

反染めは，シルクのような特殊な素材を除いて，ジッガー染色機やウインス染色機で染色されていたが，現在では，液流で反物を移行させつつ染色する液流染色法が用いられている。液流染色機には，図1.56のようなよこ長型と，図1.57のようなコンパクト型（たて型，V型，U型，丸型など）がある。

ウインス染色機ではロープじわが問題であったが，

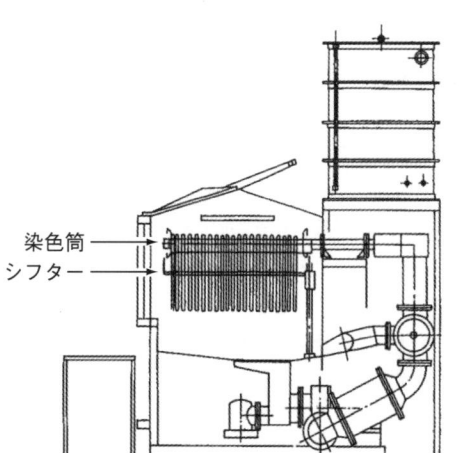

図1.54　噴射式綛染め機[28]

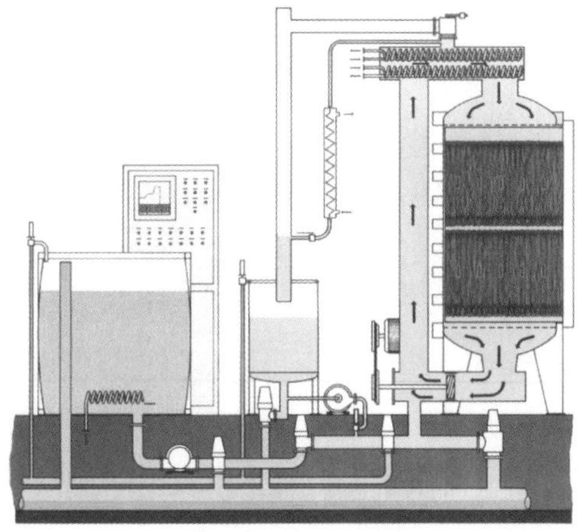

図1.55　キャビネット染色機（綛染め）の模式図[29]

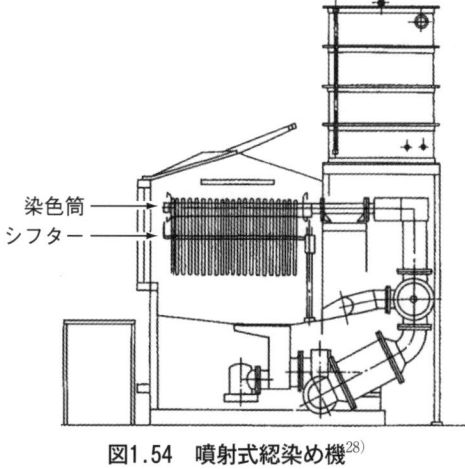

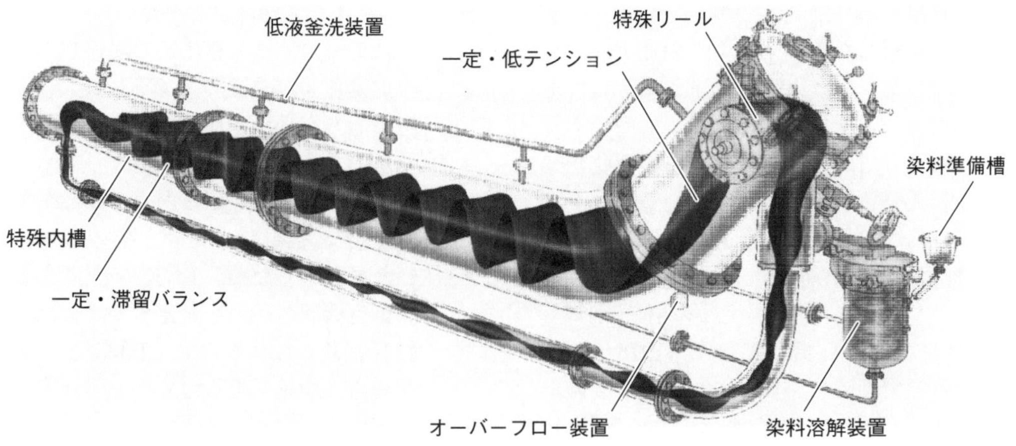

図1.56　液流染色機の例（マイルドサーキュラー Model MF 型）[26]

注9）被染物が染液に完全には浸っておらず，一部だけ浸っているような染色法。染液は内→外への一方流で行われる。

191

第2編　染色加工概論ならびにウールの知識・特異性

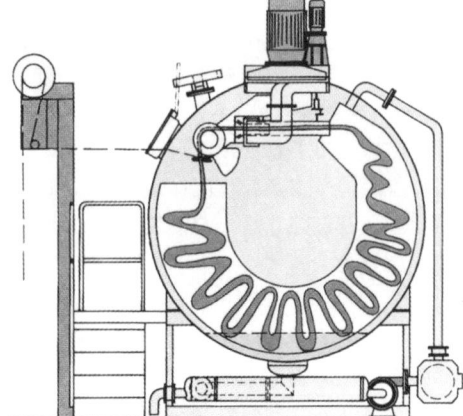

図1.57　液流染色機の例（Krantz AERO DYE）

図1.58　無人染色システム（鐘紡 鈴鹿工場）

液流染色機では押し込みじわが出やすい。もちろん，液流染色機でもロープじわへの対応策が必要なことには変わりない。押し込みじわが出た場合，反物は波打ち，縫製品で問題となるバブリング現象と同じような外観を呈する。このため，このような押し込みじわを「バブリング」と称するケースもある。

コンパクト型はループ長が短く，ヘッド数が多い，各ヘッドの均一化への調整がむずかしい，反始反末の縫い合わせ手間が多いなど，省力化および高度の制御化には向かないが，よこ長型に比べ浴比が格段に小さく，押し込みじわが出やすい。したがって，このようなトラブルが生じても，後加工で修正しやすい綿や，低級品用途のポリエステル素材では多用されている。他方，よこ長型は高級品やナーバスな素材用途に特化されつつあるように思える。

なお，反物の移動にも，よこ長型には，ジェット流，駆動リール，オーバーフロー流の3者の力を適宜組み合わせて使用することで，デリケート素材への対応を考慮しつつ高速化を図ろうとするものが多い。

⑷　その他

①自動化，システム化，高速化

染色では，染色形態や染色方法以外に，自動化や染色システム化も重要であり，進歩が著しい。また，ナノテクノロジーを利用した色素・インクの進歩，さらにはこれを使うインクジェットプリントシステムの進歩，特にその高速化の進展には目を見張るものがある。

浸染用の染色機でも省力化・省人化，省エネ化が進められ，完全な無人染色工場も出現している。

ここでは，染色機への被染物の無人自動搬出入，染料・助剤の自動計量・自動溶解・自動投入（注入）などにより，無人化，省力化，省エネ化，多品種・小ロット対応化，短納期対応を目指して1976～1978年に開発導入された，世界で初めて完成された染色工場の無人システムの一部を図1.58に紹介する。この鐘紡 鈴鹿工場に設置されたトップ染め無人染色システムは，以降の糸染め無人染色システムの原型をなすものである。詳細は文献[30]を見ていただきたい。

②ラピッド染色理論

染色理論では，ラピッド染色の理論が提唱され，特にポリエステル素材の液流染色機での高速化・短時間染色に大きな影響を与えた。考え方として重要なので，ここで紹介しておく。例として，表1.8のような特性を持つ染色機を考えてみよう。以下に，表の作り方および考え方を紹介する。

1）循環数

$C = A/B$

2）有効領域率

$R = P/Q \times 100$

ここで，Pは染色物と接触する有効な領域であり，次のように算出される。

$P = 染色量 \times (1/\rho - 1)$

ρ：充填密度

たとえば，従来型の場合，

$P = 100 \times (1/0.31 - 1) \fallingdotseq 223$

3）領域交換率：K

有効領域の染液の入れ替え回数を示す。

$K = R \times C$

$T = \kappa K/V$

V：平均染着速度（V%/℃）

T：昇温速度（℃/分）

ここで，Vは染料に最も関係した数値で，染料の選定により決まってくる。また，κは染色機の均染能力を表わす係数で，実験的に求めた数値を使用できる。

これにより，T値を求めることができるが，染色工場で実際にκ，V値を求める時間的余裕はないと思われるため，$T \propto K/V$と考える。

染色機間の能力を対比する場合は，Vは染料に特有と考えられるので，$T \propto K$と考えてよい。すなわち，均染を得るための昇温速度は，染色機のK値に比例すると考えてよい。

このような考え方で表を作成すると，低浴比型は同じ均染性を得るには，従来型の30％の時間で昇温してもよい。換言すると，低浴比型（浴比1：4）では

第1章　染色加工の基礎

表1.8　染色機の特性比較

		従来型：100 kg	低浴比型：90 kg
総液量	Q（ℓ）	1,200	360
浴　比	B（ℓ/kg）	12	4
染液流量	A（ℓ/kg・分）	40	18
染液循環数	C（回/分）	3.3	4.5
充填密度	ρ	0.31	0.36
有効液量	P（ℓ）	223	160
有効領域率	R（%）	18.6	44.4
領域交換率	K（%）	61.4	199.8
昇温速度比率		1	3.3
昇温必要時間比率		1	0.3

表1.9　染色加工関連の環境対応項目とその対応策

	項　目	対応例
助　剤	AOX	・ウールの防縮加工，改質加工 → 酸化剤，酵素，低温プラズマ，オゾン ・綿の塩素系漂白剤 → 酸素系漂白剤，低温プラズマ，オゾン
	高濃度の電解質	・多官能性高反応染料の開発（直接性の向上／移染性向上の二律背反性に解決）
	直接染料，フィックス剤	・含銅タイプのフィックス剤を使用しない反応染料に切り替え
	環境ホルモン	・ノニルフェノール → APEO（アルキルフェノールエトキシレート）フリー界面活性剤への切り替え ・環境対応型フッ素系撥水撥油加工剤 → PFOA（ペルフルオロオクタン）フリー，PFOS（ペルフルオロオクタンスルホン酸）フリー
染　料	AOX	・ハロゲン含有反応基 → ビニルスルホン系，複素環フッ素系染料へ
	粉じん	・自動計量機の導入
	発ガン性	・芳香族アミン生成染料，発ガン性染料を使用しない
	接触アレルギー性	・アレルギー性染料についての確定と，それを使用しない
	バット染料類	・インジゴ，バット，硫化染料のロイコ体生成のための還元剤，およびその酸化生成物は有毒 → 還元剤に替えて，電解還元法が検討
	重金属	・メタルフリー染料，とりわけ反応染料への切り替え
その他	皮革のなめし	・クロムなめし → 植物タンニン／反応染料
	着色排水	・多官能高反応染料の開発，極低浴比染色機の開発 ・非水系染色：超臨界炭酸ガスの利用，ジェットプリント ・継続浴染色，染色浴利用 ・染料の膜分離と再利用：インジゴなど ・反応連続染色，反応捺染での尿素の多用 → ハイドロトロピック剤の活用，水分制御スチーマー技術，濡れ蒸（Econtrol 法，ECO-Flash 法） ・各種排水処理技術の応用．オゾン酸化分解法など ・顔料捺染（全世界の捺染量の60％以上を占める） ・残色糊の低減と再使用 ・低ホルマリン加工，ノンホルマリン加工
	ドライクリーニング溶剤	・パークロロエチレン（テトラクロロエチレン），もしくは石油系溶剤が使用されているが，前者は毒性の点で，後者は引火性の点で，規制が強化されつつある ・VOC（揮発性有機溶剤）は，改正大気汚染防止法では規制の対象とはなっていないが，自主管理が要請されており，回収装置付き乾燥機の導入などが進んでいる． 　→ 水系のウェットクリーニングなどへの代替が期待されつつある

従来型（浴比1：12）の1/3以下の昇温時間でよいことがわかる。

液流染色機の場合には，染色循環数の代わりに布循環数を使用し，

$$C' = L \times l$$

　L：布速（m/分）

　　l：布ループ長（m）

$$T = \kappa \times R \times L / V \times l = \kappa \times R \times C' / V$$

で考えればよい。

(5)　染色加工を取り巻く環境問題／生態への悪影響が懸念される問題

表1.9にまとめた。個々への対応は割愛する。重金属対応として，メタルフリー染色が取り上げられている。重金属の定義は定かではない。大辞典（三省堂）では“比重の大きい金属。ふつう比重4以上のものをいう。白金，金，水銀，銀，鉛，銅，鉄，クロム，マンガン，コバルト，ニッケルなど”としているが，染色加工に深く関係するのは，Cr，Co，Ni，Cu や Fe

第2編　染色加工概論ならびにウールの知識・特異性

などであろう。さらに，後媒染剤として Al（比重 2.6989），Zn（比重7.14），還元剤関連で Zn といった金属もよく使用される。

重金属を含む染料には，フタロシアニン染料，クロム染料[注10]，含金染料があるが，中でも使用頻度の高いのはクロム染料である。

ウール染色で，重金属対策（Cr）のため，クロム染料の代替として反応染料の使用が増えている。原料染め，トップ染め，糸染めでの代替は容易であるが，反染めへの代替は技術的な障壁が高く，難易度が高い。対応技術は第2章で紹介する。

1.5.6　染色の進行

染色は，次の3ステップの過程を通って進む。

・第1ステップ：染料が繊維表面に拡散していく
・第2ステップ：繊維表面に吸着される
・第3ステップ：単分子化され，繊維内部に拡散していく

(1)　第1ステップ

染色は，染めようとする繊維物質（被染物）を染料を含んだ液に浸し，染色を助ける薬剤（助剤）を加え，温度を上げて染色するのが普通である。このような染色法を浸染ということは既述した。

染料は会合しており，その染料群に助剤（界面活性剤）が結合して複合体（complex）を作り，さらにこの複合体の−OH 基などの親水性基に，水分子が水素結合で水和する。他方，疎水部分からは水分子どうしが距離をおいて離れて水和しているようすを図1.59に模式的に示した。

イオン染料の，第1から第3ステップへの染色の進行についての模式図を図1.60に示す。染料・助剤の complex 群は，液中の至るところに拡散していく。温度が高くなるほど，動きが活発になる。実際の染色では，イオン的な吸引力を高めるために，イオン性繊維の場合には＋に帯電するように pH 調整される。また，染液の攪拌効果も加わり，染液の均一化，繊維表面への拡散が図られる。

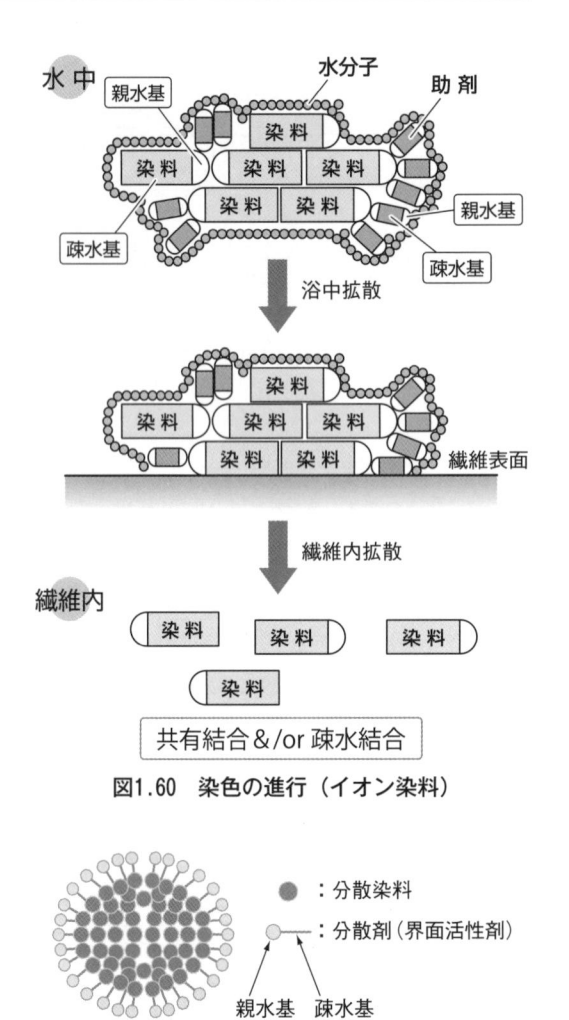

図1.60　染色の進行（イオン染料）

図1.61　分散染料の complex

JIS L 0207 染色加工の繊維用語[31]によると，分散染料は"水に難溶性であり，水に分散した状態でアセテート繊維，ポリエステル繊維などの疎水性繊維に親和性のある染料"とされている。分散染料は水に溶解することのない疎水性の高い物質であるが，それと親和性のある界面活性剤（分散剤）が液界面の方に親水基を向けて，染料群の周辺を取り囲んで作る図1.61のような complex が作られ，この周辺に水が水和するため，水中で懸濁分散し，保持される。なお，分散剤の量は，染料100% 品で 70～80%，200% 品で 40～50% と，かなりの重量を占める。

このような分散染料による，第1から第3ステップへの染色の進行を，図1.62に模式的に示す。

(2)　第2ステップ

図1.60のケースでは，温度が上がって染料群の動きが活発となり，あるいは，pH の調整でイオン的な吸引力によってたまたま繊維表面に近接した染料群は，疎水結合で，いったん繊維表面に保持される。図1.62では，complex は染液の温度が上がるにつれ，分子の動きが活発化し，疎水結合は緩み，細分化してく

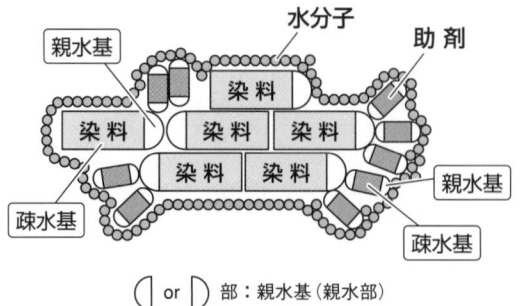

図1.59　イオン染料の complex

注10）クロム染料自体には Cr を含んでいるわけではないが，後処理において Cr（Ⅲ）で配位結合・媒染させて本来の染料として機能することから，重金属を含む染料と考えられている。

194

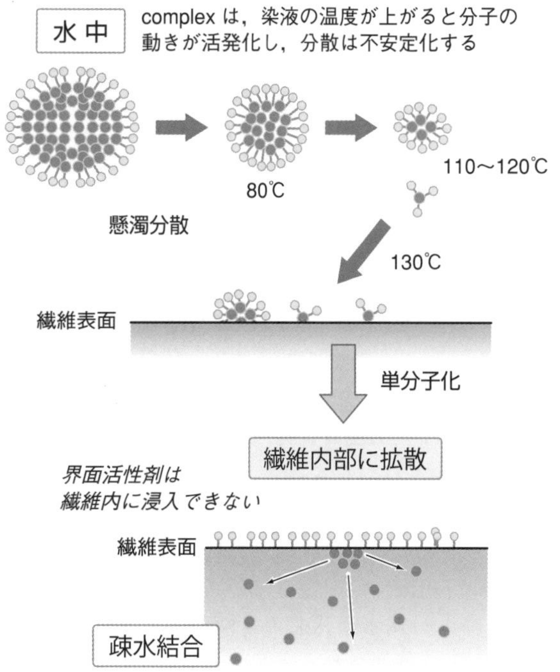

第1章　染色加工の基礎

```
┌──────┐   complex は，染液の温度が上がると分子の
│ 水 中 │   動きが活発化し，分散は不安定化する
└──────┘
```

（図：懸濁分散　80℃　110〜120℃　130℃　繊維表面　単分子化　繊維内部に拡散　界面活性剤は繊維内に浸入できない　繊維表面　疎水結合）

図1.62　染色の進行（分散染料）

る。また，繊維も80℃近辺ではガラス転移点を超え，繊維構造が緩み，細分化・単分子化して，繊維表面に達した染料を内部拡散できるようになる。110〜120℃では細分化が進み，小さなサイズのcomplexが生成し，さらに，単分子化して繊維表面に到達する染料も増加する。

Vickerstaff[32]は，第3段階が律速とした。この見解を支持する報告は数多く出されている。しかし，実際の染色では「堅ろうに染まる」という以上に，「均一に堅ろうに染まる」ことが要請される場合が大半である。したがい，実践上はいかに均一に繊維表面に吸着させるかが，すなわち第2ステップがより重要となる。浸染工程の第2ステップをうまく推移するためには，助剤の役割が大きい。また，このステップに影響を与える界面の状況については，1.2.3項に既述した。

なお，繊維表面に至ったあと，染料に配位していた助剤は，疎水性の高い繊維内部には移行することができず，繊維表面にとどまり，染料群が第3ステップに入る。

プリントやディップ・ニップによる連続染色などは，第2ステップから始まる。第1ステップがないだけ，浸染よりも楽なように感じられるかもしれないが，別個のトラブル要件があり，また異なったむずかしさがある。

⑶　第3ステップ

温度の上昇（エネルギーの上昇）および時間の経過で，染料群は徐々に単分子化され，イオン的な作用や熱的なエネルギーによって繊維内部に拡散・移行して，構造的に安定な疎水結合や共有結合を生成できる場所に至ったら，そこで安住することに，すなわち，染着するに至る。この拡散についての考え方については，

すでに1.3節で述べた。

⑷　第3ステップと染色の容易性

①セルロース繊維

親水性が高くイオン性の少ない繊維であり，第3ステップで，繊維内に染料が1.3.1⑴項で述べたように拡散して，疎水結合あるいは共有結合を形成できる位置で落ち着くことになるが，親水性の高い染料のため，疎水結合力は弱く，移染しやすい。したがい，第2ステップにあまり気を使わなくても，第3ステップで均染化が図られる可能性が高く，染めむらにはなりにくい。たとえば，修正困難な染めむらとなった場合には，建染染料や硫化染料を除き，還元処理で染料を分解消色させることができるため，再度新たに染色するといった手段をとることも可能である。

②ポリエステル

第3ステップで，染料は，1.3.1⑵項で述べたように，繊維の空隙に入り込む。この空隙の大きさは刻々と変化している。その変化に応じて，染料の最適な疎水結合位置も絶えず変化しており，染料も絶えず移行しやすく均染化を図りやすい。

③ウール

単繊維でも，傷んだ毛先と根元では染色性が異なる。このような繊維の集団を均染に染めるのは至難の技で，染料の制御だけではどうにもならず，第2ステップで染色助剤の支援を受けて，等しく繊維表面に到着させることがまず大切である。また，その後の第3ステップは，染料自体の性質に応じて挙動が異なるので，求める堅ろう度や色相の均一性等に応じて染料部属を使い分けする必要がある。これらについては第2章で述べる。

1.6　仕上加工

素材の組み合わせ，形態（織，編，糸），染色手段（浸染，連染，プリント），加工目的（外観，風合いなど）等により，加工工程，染色・加工装置，加工方法などが異なる。ここでは，綿とポリエステルの織物を中心に概要を述べていきたい。なお，他の素材のうち，ウールは挙動が大きく異なるので，第2章で述べる。

また，染色加工工程は，準備工程，染色工程，仕上げ加工工程よりなるが，染色工程については既述した。

織編物の染色加工工程の流し方としては，「拡布状（Open Width）」と「ロープ状（Rope）」で，また加工方法は「連続式（Continuous）」と「バッチ式（Batch）」とがある。

さらに，工程は「染色」を中心として組み立てられ，「仕上げ加工」はこれに追従するのが普通である。

1.6.1　綿の準備工程（染色前工程）

晒品および後染め品の場合は，受入，検反，投入，結反，毛焼，糊抜，精練，漂白，シルケット，幅出乾燥，（減量）という準備工程に連続して染色加工され

195

る。先染め品の場合には，精練・漂白工程を除いた工程を経て，加工工程に入れられる。

準備工程を経て，無地染め（浸染，連続染色，バッチ染色）やプリントを施された染色品は，続けて加工される。

仕上げ加工工程では，幅出仕上げ，糊付加工，樹脂加工，防縮加工，カレンダー仕上げ，エメリー仕上げ，起毛仕上げ，スエード仕上げ，その他の特殊仕上げなどが施される。

〈セルロース繊維どうしの場合（綿，麻など）の基本工程〉

毛焼－糊抜－精練－漂白－シルケット－染色－仕上げ加工

〈セルロース，合繊の場合の基本工程〉

糊抜－精練（リラックスも含む）－漂白－ヒートセット－（減量）－染色－毛焼－仕上げ加工

⑴　毛　焼

紡績工程や製織工程で生じた糸表面の毛羽をきれいにするのが，毛焼工程の役割である。一般には，綿加工工程の第1工程として行われるが，たとえば，液流染色機での染色後に毛羽立ちが多い場合には，加工に投入される前に「中間毛焼」を施す場合もある。

⑵　糊　抜

製織工程で経糸の切断を少なくして効率を高めるために，糊付けにより補強することが一般的に行われており，糊剤（サイジング剤）を除去する必要がある。ところで，昨今は，織機の高速化などにより，糊剤の内容が変化し，除去しにくい傾向にあり，使用されている糊剤に応じて糊抜処方を変えねばならない。デンプンは酵素と酸化剤，PVA・CMCはアルカリと酸化剤，アクリル・酢ビ系は強アルカリと活性剤，油剤・ワックスは活性剤の適応が基本である。

⑶　精　練

精練は，原綿に含まれる綿ろう，その他の脂質などを除去する目的で行われる。準備工程や糊抜工程を通らない織物の紡績や紡糸，製織編時に付与した各種油剤は，この精練工程で除去される。組み合わせる素材の化学的・物理的特性を十分わきまえた上で，最も影響を受けやすい繊維の損傷を極小とする処方が選択される。

通常は，拡布状，連続方式で処理され，苛性ソーダを界面活性剤とともに付与し，30分ほど蒸熱してけん化[注11]した後に洗浄して除去するのが一般的である。もちろん，液流染色機などを用いて，希薄な苛性ソーダ中で煮沸するといった方法もとられている。

精練剤としては，アルカリ，活性剤，有機溶剤，酵素，酸化剤に大別される。

⑷　漂　白

糊剤ならびに原綿のワックス類を除去した綿布は，水をよく吸い，浸透性は良いが着色物質やその他の不純物が残留しており，これらの分解脱色が目的である。漂白剤には，酸化および還元剤がある。

通常は，漂白剤を含む助剤を付与し，20分程度蒸熱して水洗乾燥する。

最近では，地球環境を守るといった観点から過酸化水素晒が主体になっている。さらに，ペルオキシターゼといった酵素の加工も取り上げられつつある。

精練・漂白を，薬品のwet on wetによる高率付与（130〜150％）と短時間蒸熱（2〜10分）で行う設備も上市されている。

⑸　漂白についての基礎事項

「漂白技術」については，文献[33]にまとめているので参照願いたい。

主な漂白剤と適応繊維を，表1.10[34]にまとめた。還元剤系の漂白剤は漂白作用力が弱いので，セルロース繊維には過酸化水素，亜塩素酸ソーダ，次亜塩素酸ソーダがよく使用される。

過酸化水素の解離について図1.63に示す。過酸化水素の解離機構には，異種解離（heterolytic dissociation）と同種解離（homolytic dissociation）がある。これらの解離は，漂白の白度や品質に重要な係わりを持っている。

過酸化水素の水溶液をアルカリ性にするか，もしくは重金属イオンが存在する状態にすれば，解離が増大，活性化して漂白作用が活発になる。

異種解離で，活性化して漂白作用のあるパーヒドロキシイオン（HO_2^-）の持続的安定的な供給が果たされる場合に，最も漂白効果が高まる。

また，重金属等が存在する場合の同種解離は，酸化作用が強く，ヒドロキシラジカル（OH・）が生成し，着色物質の分解漂白に寄与するが，セルロース繊維を損傷させてしまうので，通常は異種解離を発生させないように注意される。たとえば，金属を含んだ染料で染めた綿製品を過酸化水素漂白すると，金属周辺の繊維が脆化して，穴があきやすくなるなどのトラブルを引き起こす。しかし，カシミヤなどの獣毛の一部は異種解離に耐久性が高い。このため，着色カシミヤの漂白に工業的に利用されている。

・過酸化水素の模式的な漂白機構

まだ，明確に解明されたわけではないが，大筋として，パーヒドロキシイオン（HO_2^-）が生成。

$$H_2O_2 + OH^- \rightarrow H_2O + HO_2^-$$

不安定なパーヒドロキシイオンはさらに解離して，酸素（O_2）とアルカリ（OH^-）に分解が進んでいくと考えられている。

$$2HO_2^- \rightarrow 2HO^- + O_2$$

注11）現在では，一般にエステル類が加水分解されてカルボン酸とアルコールになる反応をいうようになった。エステル化反応の逆反応のこと［出典：日本大百科全書，小学館（1984）］

表1.10 主な漂白剤と適応繊維[34]

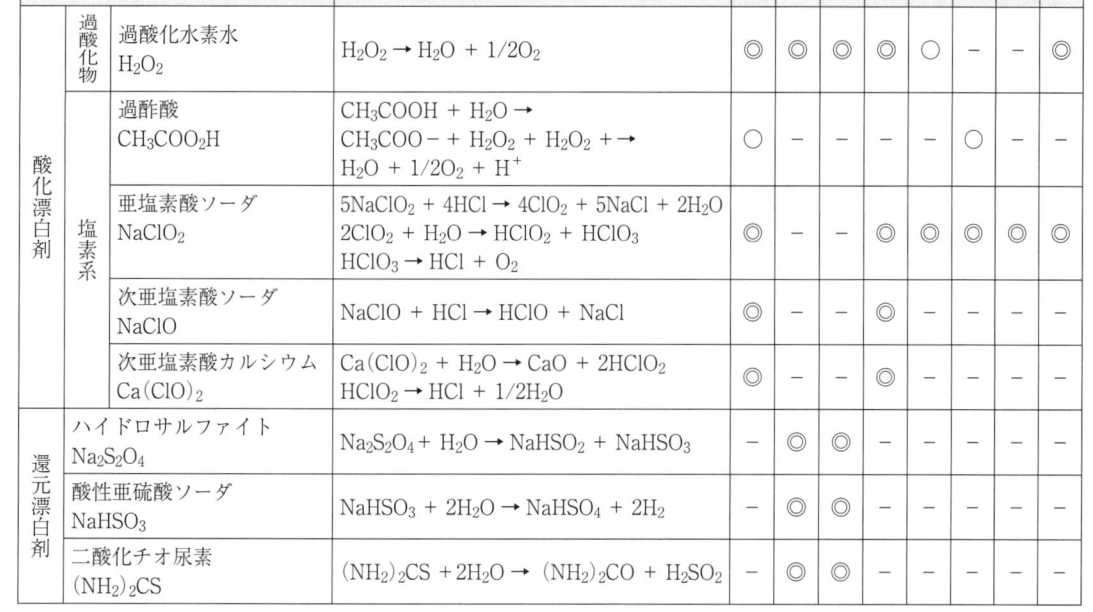

漂白剤		反応機構	繊維							
			綿	羊毛	絹	レーヨン	ポリエステル	ポリアミド	アクリル	アセテート
酸化漂白剤 — 過酸化物	過酸化水素水 H_2O_2	$H_2O_2 \rightarrow H_2O + 1/2O_2$	◎	◎	◎	◎	○	−	−	◎
塩素系	過酢酸 CH_3COO_2H	$CH_3COOH + H_2O \rightarrow$ $CH_3COO- + H_2O_2 + H_2O_2 +\rightarrow$ $H_2O + 1/2O_2 + H^+$	○	−	−	−	−	○	−	−
	亜塩素酸ソーダ $NaClO_2$	$5NaClO_2 + 4HCl \rightarrow 4ClO_2 + 5NaCl + 2H_2O$ $2ClO_2 + H_2O \rightarrow HClO_2 + HClO_3$ $HClO_3 \rightarrow HCl + O_2$	◎	−	−	◎	◎	◎	◎	◎
	次亜塩素酸ソーダ $NaClO$	$NaClO + HCl \rightarrow HClO + NaCl$	◎	−	−	◎	−	−	−	−
	次亜塩素酸カルシウム $Ca(ClO)_2$	$Ca(ClO)_2 + H_2O \rightarrow CaO + 2HClO_2$ $HClO_2 \rightarrow HCl + 1/2H_2O$	◎	−	−	◎	−	−	−	−
還元漂白剤	ハイドロサルファイト $Na_2S_2O_4$	$Na_2S_2O_4 + H_2O \rightarrow NaHSO_2 + NaHSO_3$	−	◎	◎	−	−	−	−	−
	酸性亜硫酸ソーダ $NaHSO_3$	$NaHSO_3 + 2H_2O \rightarrow NaHSO_4 + 2H_2$	−	◎	◎	−	−	−	−	−
	二酸化チオ尿素 $(NH_2)_2CS$	$(NH_2)_2CS + 2H_2O \rightarrow (NH_2)_2CO + H_2SO_2$	−	◎	◎	−	−	−	−	−

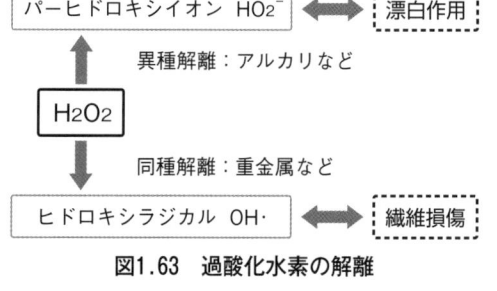

図1.63 過酸化水素の解離

・過酸化水素の同種解離

次の反応で，ヒドロキシラジカル（OH ラジカル，OH·）が生成。

$$H_2O_2 + e \leftrightarrow OH\cdot + OH^-$$

HO₂·などのラジカル類の酸化作用は強力で，繊維を漂白するよりも変質に至らしめる酸化力をもち，繊維を損傷する。鉄（Fe）や銅（Cu）およびマンガン（Mn）のような重金属イオンが存在すると，これらが触媒になって，同種解離が起きてしまう。

・過酸化水素の活性化

過酸化水素による漂白は，パーヒドロキシイオンが生成することから始まるが，このイオンは不安定で，活性化した状態では解離が進み，漂白作用のない OH⁻ イオンと O_2 に分解するだけである。この分解を抑制し，パーヒドロキシイオンの安定化を図ることが，漂白効果をより良くするためのプロセスである。この条件は漂白する繊維によって異なるが，液の温度，pH 値，時間，加工繊維に適した安定化剤などを正しく選び，パーヒドロキシイオンの有効利用を考えなければならない。

活性化と安定化は，過酸化水素漂白の基本的な要素といえる。図1.64に模式的に示した。

1)アルカリによる活性化：過酸化水素は pH 6 までは安定度が高く，たとえば pH 2 から pH 6 までの間

図1.64 過酸化水素の活性化，安定化

では，100℃の状態で数時間置いても過酸化水素の濃度はあまり変わらないといわれている。しかし，pH値が6以上では分解が促進され，特にpH9以上になると急速に分解が始まる。これに温度が加わると，さらに分解は加速する。このように，過酸化水素の活性化にはpH値と温度が重要な条件であり，漂白する繊維にあった適正なpHや温度などを選ばなければならない。

2) 酸による活性化：酸も，過酸化水素の漂白作用を促す物質である。安定性の高い酸で過酸化水素の漂白をすることは，矛盾しているように思える。ここでいう「酸」は，活性化によって過酸化水素からパーヒドロキシイオンを生成するのではなく，漂白作用のある過酸を作るための酸である。過酸化水素を有機酸または無機酸と反応させると，過酢酸や過蟻酸あるいは過硫酸のような過酸ができ，これを漂白剤として使うことができる。オスボンコールドブリーチ法も有機過酸を利用する漂白法である。

3) 重金属による活性化：重金属を活性化剤として実用的な漂白を行えるのは，着色の強い動物の毛に限られている。毛のメラニン色素に鉄イオンを結合させ，その後，過酸化水素の水溶液に浸漬して漂白するというものである。この時に使う鉄イオンは2価（Fe^{++}）のものが有効である。3価（Fe^{+++}）は繊維損傷が大きいため使用されない。また，2価の鉄イオンとして使用する硫酸第一鉄の溶液で処理した漂白物は，空気と接触すると酸化して効果が減退するので，処理は空気と接触しない設備で行う必要がある。

4) 酵素による活性化：現在，工業的に実用化されているのは，過酸化水素漂白の後に繊維に残留した過酸化水素を常温で分解することを目的としたものである。漂白工程の残留過酸化水素による染色への障害を防止する目的で，綿などのセルロース繊維を反応染料で染色する場合に，酵素「カタラーゼ」が染色前に使用される。

また，セルラーゼ，ペクチナーゼ，プロテアーゼをトランスグルタミナーゼ（TGase）で修飾処理した酵素剤を使用することで，それぞれの酵素を単独で処理した場合に比べ，原綿の一次壁に含まれるペクチン，タンパク質，ワックスなどの夾雑物の除去効果に優位性がある[35]といった報告もされている。ただ，この報告によると，漂白という面では効果は大きくはない。

・過酸化水素液の安定化剤

過酸化水素を活性化させた場合の解離によって生成したパーヒドロキシイオンの解離が，さらに進んでいくのを抑制し，効果的に利用するために使用する薬剤を「安定化剤」という。これは，異種解離したパーヒドロキシイオンの急速な分解を抑制することと，同種解離による$HO_2\cdot$の生成を防止することの2作用を高

めるものである。安定化剤としては，ケイ（硅）酸塩が代表的である。しかし，ケイ酸障害（後述）をなくすために，代わりに非ケイ酸塩系（ノンシリカ）の安定化剤（リン酸塩や脂肪酸系の安定化剤）が，一部使われている。

1) ケイ酸ソーダ（$Na_2SiO_3 \cdot 5H_2O$）：無色または白色の結晶片か塊状物で，常温の水には不溶であり，加圧下の熱水にしか溶けない。市販されているのは，40%のNa_2SiO_3を含む粘稠のある液状態で，一般に「水ガラス」または「3号硅曹（けいそう）」と呼ばれている。この状態だと水に溶けやすいので，安定化剤として一般に使われている。

ケイ酸ソーダは，一般的にはケイ酸ソーダのアルカリが過酸化水素の異種解離を促進するとともに，ケイ酸ソーダが持っているpH緩衝作用で異種解離の平衡移動を制御して，パーヒドロキシイオンを効果的に利用できると考えられている。

2) ケイ酸障害：漂白工程中に，空気中の炭酸ガス（CO_2）と次式のように反応し，繊維や機材に影響をおよぼす無水ケイ酸が生成する。

$$Na_2SiO_3 + H_2O + CO_2 \rightarrow SiO_2 + Na_2CO_3 + H_2O$$

無水ケイ酸（二酸化ケイ素，SiO_2）は水に不溶な物質で，繊維や機械等に付着して加工品の風合いを損ねたり，あるいは汚したりする弊害を起こし，さらに機械のメンテナンスにも支障をきたす「ケイ酸障害」といわれる原因になる。

特に，ニット用原糸など風合いが重視されるものの加工には，ケイ酸障害の問題を考慮に入れて対処する必要がある。

3) リン酸塩：羊毛を中心とした動物繊維の場合には，安定化剤としてリン酸塩を使用するのが望ましい。動物繊維そのものが，植物繊維に比べ耐アルカリ性が劣るため，高いpH値と高温での処理が適さない。また，$HO_2\cdot$に対する影響が綿に比べて大きいからである。

⑹ シルケット（マーセライジング）

綿では，極めて重要な技術であるため，多くの解説資料や，文献，パンフレットが出されている。ここでは，要旨だけを説明しておこう。

綿繊維が苛性ソーダで著しく膨潤収縮することが，1844年にJohn Marcerにより発見され，1890年にはHarace Loweにより緊張処理で絹様の光沢の発現が見出され，光沢の向上や染色性の向上，形態安定性（防シワ性），風合いなどの改善を目的に広く使われるようになった。この加工は，「マーセリゼーション」とか「シルケット加工」といわれる。

綿を苛性ソーダ溶液に浸漬すると，セルロースの水酸基（－OH基）にナトリウムイオン（Na^+）が接近して，セルロースが電離し，セルロースの水酸基間の水素結合が切れ，セルロース分子間の結合力が低下する。分子間の空隙が増加，また，ナトリウムイオンの

繊維内への取り込みによる浸透圧の増加などと相まって繊維は膨潤し，解撚や収縮が起こる。この状態で緊張処理を行う。

続く水洗により，苛性ソーダが除去されると，繊維分子間に新しく水素結合が生成し，処理前に存在していた各種の歪みもなくなり，寸法や形態的に安定した状態となる。

・**各種のマーセル化の技術とその技術の概要**

シルケットは高温処理にするほど，時間を長くするほど，反応は内部まで行きわたるため，特に湿時の形態安定性は高まり，風合いもソフトとなる。逆に，シルケット処理が低温となるほど浸透性が乏しくなり，反応が表面のみに局在化されるため，繊維表面のみが強くマーセライズ化されて光沢が増強され，麻のような硬い風合い・光沢を持つ「擬麻（ぎま）加工」に至るが，他方，形態安定性は乏しくなる。また，液体アンモニア（液安）処理は極めて浸透性に優れ，－33℃でも繊維内に浸透することができ，高温シルケット以上に優れた湿潤形態安定性およびソフトな風合いを示す。

これらについては，表1.11[36]に概要を示す。

・**シルケット加工の構造変化**

表1.12[37]に示すように，加工によって密度は大きく低下し，非結晶化度は顕著に増加する。このように，非結晶化領域が増加し，内部構造の弛緩が起これば染色性に変化が生じる。加工により，水，ヨウ（沃）素などのような低分子量の物質が入りうる非結晶領域は著しく増加するが，この領域には染料のような高分子量の物質は必ずしも入れない。苛性ソーダによる加工に比べ，液体アンモニア処理は非結晶化度が高いにもかかわらず，染着量はわずかしか増加せず，場合によっては低下する。液体アンモニア処理では，非結晶域は多くなっても染料の入りうるような部分は少ないと考えられている。

なお，アルカリ・緊張化処理では，当然，繊維は膨潤した状態で行われ，湿の状態で分子間の接近した箇所において分子間架橋が行われることから，乾防しわ性よりも湿防しわ性への影響が高い。

また，シルケット加工後に染色すれば，染色性は高まり，カラーバリューは高まる。しかし，加工前に染色（当然，カラーバリューは低い）し，その後にシルケット加工を施しても（新たな染料は供給していないにもかかわらず，）カラーバリューは著増する。加工

表1.11 マーセル化の種類とその技術の概要[36]

マーセル化の種類	適用温度処理時間	アルカリ温度	特 徴
通常マーセル化 conventional mercerisation	15〜20℃ 30〜60 sec	NaOH 20〜30°Bé	・光沢の増加 ・染料親和性の増大 ・引張り強力の増加 ・形態安定性の改良
低温マーセル化 cold mercerisation	−10〜0℃ 20〜60 sec	NaOH 20〜35°Bé	・透明感 ・光沢効果非常に大 ・擬麻加工 ・冷凍設備が必要
	2〜6℃ 20〜60 sec	NaOH 15〜16°Bé	・硬い高級ボイル風合い
高温マーセル化 hot mercerisation	80〜110℃ 5〜50 sec	NaOH 29〜33.5°Bé	・通常マーセル化の特徴をさらに改良，増大 ・風合いがソフト ・防シワ性（特に湿潤時の） ・W&W性の改良 ・糊抜，精練工程の省略可能
液安マーセル化 liquid ammonia mercerisation	−33℃以下 1〜10 sec	NH₃ 100%	・風合いがソフト ・W&W性の改良 ・防シワ性/強度性質のバランス改良 ・厚生地（ベルベット，コールテン，デニム，ベッドシーツなど），縫糸 ・設備費大

表1.12 苛性ソーダ，液体アンモニア処理における綿の結晶・非結晶の変化[37]

	密度 （g/cc）	結晶化度 （%）	非結晶化度 （%）
未処理	1.554	76	24
液体アンモニア処理/乾熱	1.524	33	67
液体アンモニア処理/水	1.538	36	64
苛性ソーダ（弛緩）	1.530	40	60

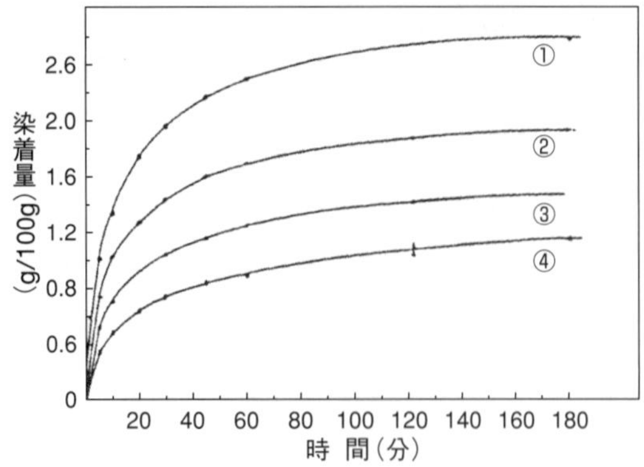

第2編　染色加工概論ならびにウールの知識・特異性

① 苛性ソーダ　② アンモニア水
③ 未処理　④ 液体アンモニア／乾燥／蒸熱
図1.65　シルケット加工法と染色挙動の関係[38]

により繊維表面の形状が変化し，図1.1で示した反射スペクトルに変化が生じたことを示しているものと思われる。

シルケット加工法と染色挙動の関係を，図1.65[38]に示す。

1.6.2　ポリエステルの準備工程

紡糸時に，糸切れ防止の目的で付与される静電気防止剤等の油剤や高速織機における糸切れ防止用の糊剤等を除去するために，糊抜および精練が行われる。

合繊の場合，漂白は原則として必要ないが，混紡の場合等の処理に当たっては，ポリウレタンには塩素系漂白剤は厳禁，また，トリアセテート，アセテート，ポリアミド，ポリエステルには次亜塩素酸系のものは不適であるので注意が必要である。

ポリエステルの準備工程のポイントは減量にある。ポリエステルはベンゼン環をもつ剛直な繊維で，衣料品に適するように柔らかくするために，減量加工は避けることができない手段である。減量加工は，ポリエステルの風合い加工の基本技術といえよう。シルクが精練で脱セリシンされ，羽二重のような柔らかな風合いが得られることに倣ったものである。

織物のたて糸，よこ糸の表面を溶かすことで，糸が細くなり，たて糸とよこ糸との交差点での拘束力が弱まり，糸が動きやすくなることによって，織物の柔らかさが増加する。このため，シルクや合繊の風合いが改良される。

この加工は，ポリエステル／綿混素材に実施されることもある。特に，レーヨンなどの強アルカリに弱い素材の場合には，アルカリ使用量を最小とし，減量保護剤を併用するのが一般的である。

1.6.3　仕上げ

最終製品の用途により，さまざまな加工方法がとられている。

(1)　綿

①幅出仕上げ，糊付仕上げ

仕上げ幅の確保が目的である。時には，仕上げ用柔軟樹脂を付与して，あるいは，デンプンやPVAを含んだ仕上げ用樹脂を付与して若干の硬目加工を行うこともある。なお，蛍光晒（蛍光増白染料併用晒）の場合，蛍光染料は樹脂加工と併用して適応するのが一般的である。

ポリエステル混で，ポリエステル用蛍光染料にも適応する必要がある場合には，パッド・ニップで織編物に付着させ，サーモゾール法でポリエステルに染着してから，綿サイドの蛍光染料を仕上げ樹脂加工で対処するのが普通である。

②樹脂加工

綿織物の仕上げ加工では最も一般的な工程である。低ホルマリンタイプのグリオキザール樹脂を中心として含む薬液に，パッド・ニップで織編物に適応し，乾燥後，キュアリングで樹脂を繊維に反応させ，膨潤を抑制，水素結合の関与を抑制することによって，寸法安定性や防しわ性を付与する。次の③項で述べるように，ホルマリンを含まない効果的な樹脂加工法が昨今の課題となっており，各種の方法が模索されているが，性能的に代替が可能といいきれるほどの処方は確立されていない。

・一般の樹脂加工工程

樹脂パッド－ドライ－キュア－洗浄－幅出しドライ

なお，撥水加工やSR加工などの機能加工も，一般樹脂加工と同様の工程となる。

③綿の形態安定加工

図1.66に，綿への形態安定加工の原理を模式的に示した。(a)は加工前の綿の状態を示す。(b)に水系処理で樹脂や機能加工剤（反応基をもつ）を導入したケース，(c)にホルマリンガス（気相）で処理して$-O-CH_2-O-$基（メチレン基）を導入してセルロース単繊維間を架橋したケースを示した。

(b)は，置換基が水の場合，膨潤し，乾くと元に戻る。水の代わりに，樹脂や反応基が入ると乾いても飛ばないので，膨潤は安定する。このような場合，形態は濡れた状態で最も安定するので，洗濯時に形態は安定する。(c)は，乾いた状態でホルマリン処理（VP処理）して非結晶領域をメチレン結合で架橋させて，水中での膨潤を抑制する。この場合は，形態は乾いた状態で安定することに注意してほしい。

樹脂については，硬化縮合型と繊維素反応型の2タイプがある。前者は，初期縮合物を適用し，ベーキングすることで，その一部は縮合して3次元的な熱硬化型樹脂となって，繊維内に沈着し，他はセルロース分子間を架橋させる。繊維のヤング率を向上させ，着用時の防しわ性，洗濯時の防縮性を向上させるが，引張り強度や摩耗強度が低下しやすい。後者は，セルロース分子鎖間を架橋するタイプで，ジメチロールエチレン尿素（DMEU），ジメチロールグリオキザールモノウレイン（DMDHEU）などである。DMDHEUの反応機構を図1.67に示す。

$-CH_2OH$基が，繊維の$-OH$基と反応して$-CH_2O$

第1章　染色加工の基礎

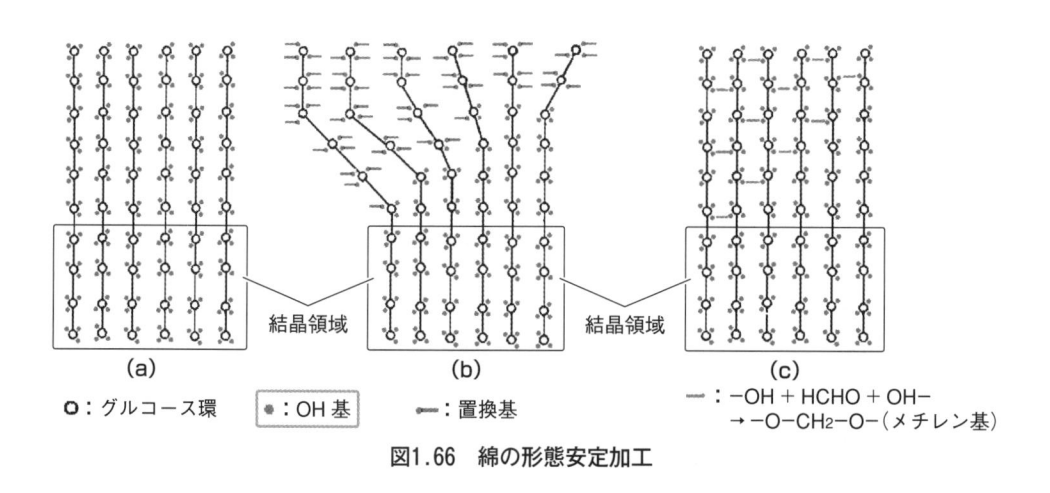

○：グルコース環　●：OH基　━：置換基

━：－OH + HCHO + OH－
　　→－O－CH₂－O－（メチレン基）

図1.66　綿の形態安定加工

が生成するが，これが解離して，あるいは加水分解して，

　　　　－CH₂O－ → HCHO（気化）

とホルムアルデヒドを遊離しやすい。そこで，図1.68(b)のジメチルグリオキザールモノウレイン（DMeDHEU）のように，－CH₂OH基を含まない樹脂がノンホルタイプとして利用されているが，性能が劣るので，低ホルタイプの樹脂加工の一部として利用するケースが多いといわれる。

④ポストキュア加工

縫製後に，製品で形態安定加工を施す方法をポストキュア法という。あらかじめ，加工段階で，樹脂パッド－ドライした反物を，裁断－縫製－高温高圧プレス－キュアという方法によって形態安定性能を与えるものであり，基本操作はパッド－ドライ－キュアと同様である。

⑤綿の防縮加工

a）綿の防縮加工

合繊および合繊混は，熱セットにより防縮効果が得られるが，セルロース系繊維はなんらかの防縮加工を行わないと防縮効果は得られない。

b）原　因

綿織物の場合，洗濯による収縮は一般に5〜10％と大きな値を示すが，糸収縮は2％以下の小さな値を示すに過ぎない。織物の大きな収縮率は，織物の構造的理由からくるものである。図1.69のAのように，製織や加工工程でたて方向に引き伸ばされたことによる歪み（A，Bの差）が緩和され，安定状態（B）となった織物が濡れると，糸が膨潤して変形し（B，Cの差），Cのようになってしまう。すなわち，A→Cにより大きな収縮を示す。

c）防縮加工法の作用機構

・**マーセル化**：綿はマーセル化により膨潤し，円筒状の安定した形となる。これにより綿の膨潤度は低下し，図1.69のB→Cの膨潤変形が小さくなる。しかし，マーセル化ではA→Bへの収縮を取り除くことはできず，防縮のためには次の樹脂加工や機械的方法と組み合わせる必要がある。

・**樹脂加工**：セルロース繊維内の非結晶部分に，樹脂を固定または架橋結合させ，水などの浸入による膨潤を防止し，繊維間分子結合の破壊－再結合挙動を取りにくくする。

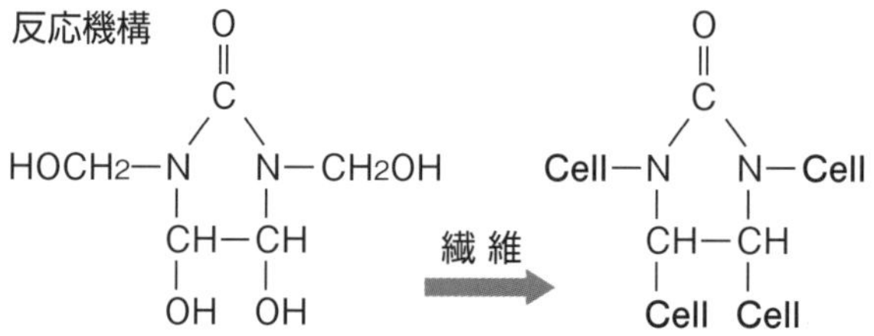

反応機構

$$\text{HOCH}_2\text{-N} \quad \text{N-CH}_2\text{OH} \xrightarrow{\text{繊　維}} \text{Cell-N} \quad \text{N-Cell}$$

図1.67　樹脂とセルロース繊維との反応機構

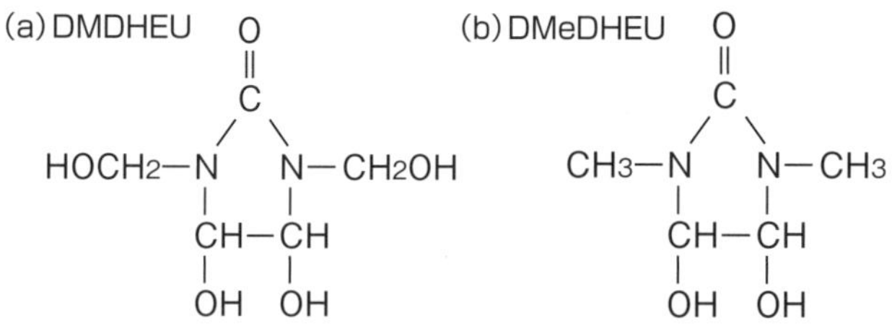

(a) DMDHEU　　　　　(b) DMeDHEU

図1.68　ノンホルタイプの樹脂(b)の構造

201

第2編　染色加工概論ならびにウールの知識・特異性

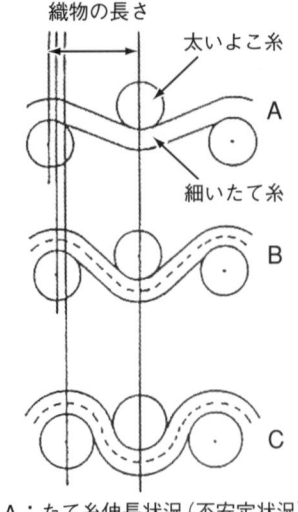

A：たて糸伸長状況（不安定状況）
B：安定状況
C：フリー膨潤（収縮）

図1.69　織物収縮の幾何学的解明

・**機械的方法**：サンフォライズ加工など，あらかじめ収縮率を測定し，その量だけ機械的にたて方向に押し込んで，図1.70 C の状態にもっていく。なお，この加工は厚みのあるラバーベルトの内外の円周差を利用して圧縮収縮させ，熱により水分子が飛ぶにつれて生成してくる水素結合（1.1.4(5)項）で形態を安定させるものである。

⑥光沢または型付加工

　加工工程は，樹脂パッド－ドライ－カレンダーまたはエンボス－キュア－洗浄－幅出しドライが基本である。

　カレンダー仕上げは，加熱した金属ロール，ゴムロールあるいはフェルトロールなどに織編物を圧力下で接触させて，艶出し，型付け（エンボス）などの表面加工を行う。綿織物を大型ロールで圧迫して表面摩擦を加えるという鏡面仕上げも一般的である。

⑦フィブリル化，バイオ加工など

　絹のフィブリル加工と同様の商品が，ビスコースレーヨン，ポリノジック，キュプラ，溶剤紡糸レーヨン（精製セルロース：リヨセル，テンセル）を用いて，フィブリル化とバイオ加工による毛羽処理により作り出されている。中古感のあるフェードアウト調の色相を好む流行もあって，染色後の反物や縫製品にしてからのフィブリル化／バイオ処理が行われている。また，フィブリル化してからの後染色／バイオ処理も実施されている。

　フィブリル化には，各種のタンブラー，ドラムワッシャー，気流処理機や各種の風合い加工機が用いられる。バイオ処理も，フィブリル化に続けて同バスでの処理や，染色前後あるいは同時に処理する場合が多い。気流処理機の例を図1.70[26]に示す。この処理機は，図からもわかるように，少量の処理液を布に供給し，気流で布を移送させつつ物理的な揉み作用等を加えて，細かいうぶ毛を発生させ，また，布のコシを砕いて柔軟化させる等の機能を有する。また，素材を選べば極低浴比染色機としても使用できる。

(2)　ポリエステル

・**熱セット性の利用**

　固体中で，一般に原子は，常温時，$2 \sim 40 \times 10^{12}$ Hz の振動数，原子間隔の10%ほどの振幅で振動している。ここに熱を加えると振動エネルギーは大となり，ついには結合エネルギーを上回って結合が破壊され，溶解するに至る[39]。

　熱セットは，加熱による結合の破壊と再結合を利用するもので，熱で繊維分子が活性化される性質を利用して，フラットセット，折り目付け，形態安定加工などが行われている。活性化は，ガラス転移点（1.3.1(2)項）以上の温度で加速される。なお，合繊は加熱で収縮しやすいという欠点もある。低温アイロンでも繰り返し熱処理が行われると，都度少しずつ収縮が生じる。まして，ポリエステル／綿混の形態安定シャツに，綿に適応される高温アイロン処理を行うことは厳禁で

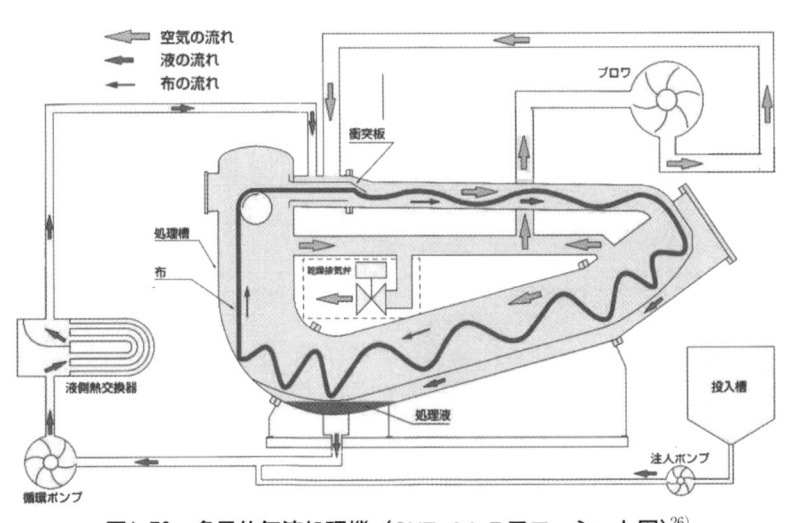

図1.70　多目的気流処理機（CUT-AJ-F フローシート図）[26]

ある。なお，セット効果は再結合時に，再結晶がうまくいくほど高まる。

ポリエステル，ポリアミドのように規則性の高い簡単な鎖状分子は再結晶しやすいが，アセテート，アクリルのように非対称分子は再結晶しにくく，セット効果も少ない。

合繊への熱的セットの概略を，表1.13にまとめた。

熱的方法は，機械的外力作用による固定と併用して効率を高める場合が多い。ロール，フェルトカレンダーなどによる幅出し仕上げ，タンブラーによる回転式仕上げ，ローラーネットなどによる振動仕上げ，ベルト，シリンダーなどによるオーバーフィード式の強制収縮仕上げ等が挙げられる。

異色なのはナイロンである。ナイロンが汎用合繊中で最も高い強力を有し，耐摩耗性，疲労性に優れている理由は，図1.71のように，水素結合をもっているためである。水素結合で架橋化しているから，ポリエステルに比べて繰り返し変形応力による結晶化の進行が少なく，フィブリル化を起こしにくい。一方，水素結合が関与するので，再配列がむずかしい，比熱が高い（PE の約1.5倍）。また，乾熱ではセット性が悪く，たとえば，仮撚りでのセットも PE の8割程度といった特異性をもつ。

そのかわり，湿熱（120〜130℃）で効率的にセットすることができる。これは，湿潤で加熱結晶化が進み，繊維の構造形成がなされるためと考えられている。

また，剛直な芳香環をもたず，比較的結晶度が低い。吸湿した水分子が可塑剤として作用し，2次転位点を室温以下に下げるため，染色性は良好である。

1.6.4 特殊加工

難燃加工，衛生加工，撥水加工，防水加工，ノンホルタイプの形態安定加工など，多岐にわたっている。詳細は割愛し，数例を紹介するにとどめる。

(1) 親水性の基の導入
①綿

親水性の基を導入することで，繊維への水分子の吸着が発熱反応であることを利用した「発熱繊維」機能や，親水性が高まることで，洗濯時の汗汚れ（皮脂など）が落ちやすくなり，空気中の酸素や光等で蓄積してきた汗汚れや皮脂が反応して「黄ばむ」現象を洗剤なしでも抑制する「防汚れ・防黄ばみ」機能などのほか，「消臭機能」等々を訴求するケースが多い。

親水基としてはメタクリル酸等を用いて，グラフト重合による −COOH の導入等が一般的である。図1.72[40]に，近年開発された電子線照射グラフト重合のスキームを紹介しておく。電子線を照射して繊維表面

表1.13 各種繊維とヒートセット条件

繊維	熱水セット	飽和蒸気セット	乾熱
ポリエステル	120〜130℃，5〜20分	120〜130℃，10〜30分	190〜210℃
ナイロン6	100〜110℃，5〜20分	110〜120℃，10〜25分	170〜190℃ × 15〜60秒
ナイロン66	100〜120℃	110〜130℃，10〜30分	170〜190℃ × 15〜60秒
アセテート	－	－	140〜160℃ × 180秒
アクリル（エクスラン）	－	ホフマンプレス式 80〜100℃，15〜30秒	90〜110℃，35〜40秒
スパンデックス	－	－	150〜175℃ × 90秒以下

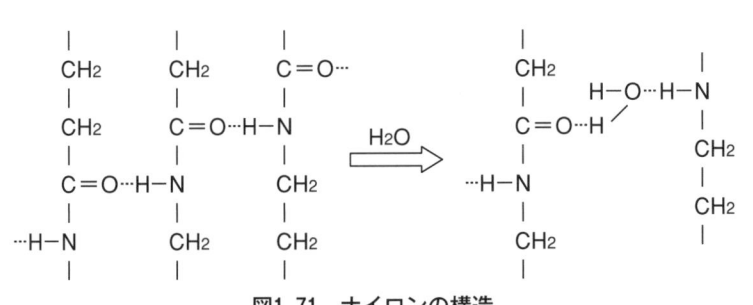

図1.71 ナイロンの構造

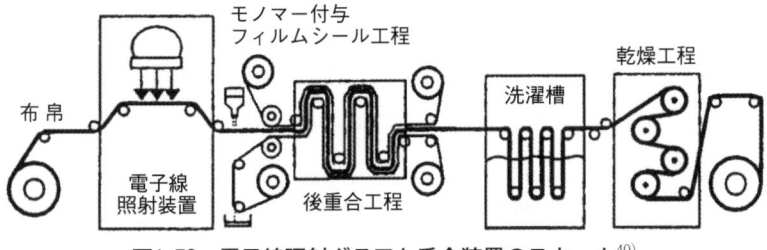

図1.72 電子線照射グラフト重合装置のスキーム[40]

203

第2編　染色加工概論ならびにウールの知識・特異性

分子レベルで活性化させ，別のグラフト化合物など高分子鎖を結合させる技術である。分子レベルでの結合が強固で，洗濯や摩擦による耐久性が向上し，ノンホルで環境にやさしいと訴求されている。

②ポリエステル

　水系の機能剤を，繊維表面に耐久性良く固着させるには，繊維表面を親水化する必要があり，その手法の１つとしてさまざまなグラフト重合が，以前より研究・適応されている。グラフト重合で親水性基（－OH，－COOHなど）を導入し，吸水性，防汚性，制電性といった機能剤を付与する。

(2)　撥水撥油加工

①綿

　固体の表面張力（γ_c）と液体の表面張力（γ）との関係を表1.14[41]に示す。$\gamma_c > \gamma$の場合には液体が固体を濡らす。撥水撥油加工剤の主成分であるフッ化炭化水素（フッ素樹脂）は表面張力が低く，綿やポリエステルのみならず，撥水性の高いウール表面にも広がることができるが，繊維との耐久性の良い接着のためにはいろいろと工夫が必要である。

　セルロース繊維への撥水撥油加工効果の耐久性向上の概念図を図1.73[42]に示す。綿の場合，反応基が架橋剤を介して繊維と結合する。架橋剤の工夫，パーフルオロアルキル基の密度の増加により，洗濯100回後でも優れた撥水撥油性能を訴求する製品も上市されている。

②ポリエステル

　図1.74[42]のように，たとえば，繊維表面への固着化にメラミン樹脂を用いることで，機能を担うパーフルオロアルキル基の配向が洗濯後も乱れないように防止する作用により，耐久性を高めることができる。

表1.14　固体の表面張力（γ_c）と液体の表面張力（γ）との関係[41]

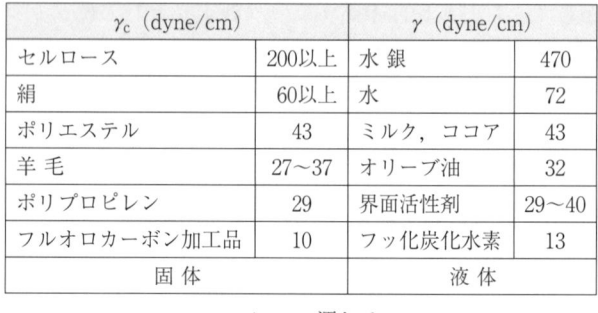

γ_c （dyne/cm）		γ （dyne/cm）	
セルロース	200以上	水　銀	470
絹	60以上	水	72
ポリエステル	43	ミルク，ココア	43
羊　毛	27〜37	オリーブ油	32
ポリプロピレン	29	界面活性剤	29〜40
フルオロカーボン加工品	10	フッ化炭化水素	13
固　体		液　体	

$\gamma_c > \gamma$：濡れる

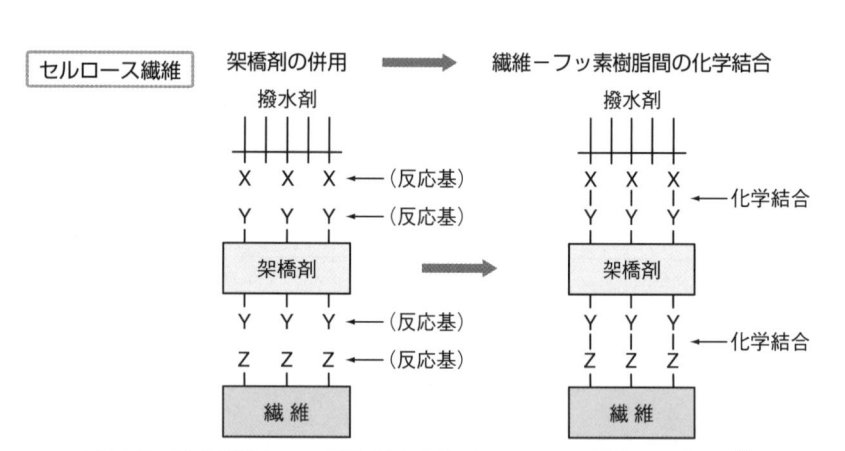

図1.73　撥水撥油加工の耐久性向上法（セルロース繊維：概念図）[42]

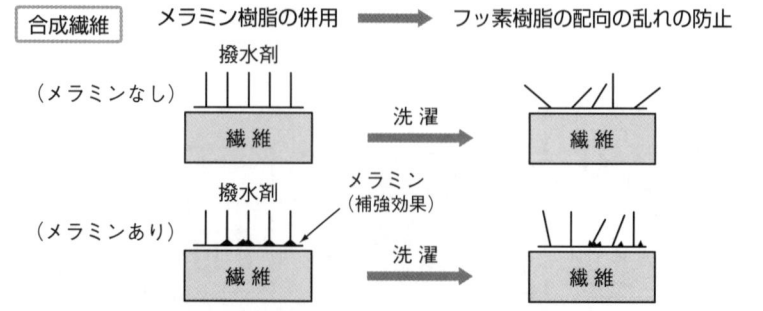

図1.74　撥水撥油加工の耐久性向上法（合成繊維：概念図）[42]

(3) 微細化機能加工剤の適用例

微細化できる機能加工剤は一種の無色の染料と考えられ，分散染料による染色と同時にポリエステル内部に取り込んで，機能を発揮させることができる。

臭素系難燃剤は安価で難燃性が高いため，現在世界中で最も多く使用されている難燃剤であるが，人体残留性が指摘されたため，2006年より欧州有害物質使用制限指令（RoHS 指令）で使用が制限されている。ところが，これら臭素系難燃剤のうち，HBCD（ヘキサブロモシクロドデカン）は，代替技術が見出せない中，現在でも，染色時に吸着させるなどして使用されている。

しかし，環境中に残留しやすい有害化学物質を規制するストックホルム条約の加盟国が，2013年5月のジュネーブにおける締約国会議で，HBCD を新たな使用禁止物質と決めた。環境省などは近く，化学物質審査規制法にもとづいて国内の生産と使用を禁止する方針と伝えた[43]。代替物質への切り替えは，いよいよ差し迫った課題となった。

──参 考 文 献──

1) 改森；染色工業，**38**，35（1990）～**43**，614（1995）
2) 飛田；染料と薬品，**18**，354（1973）
3) 小林；染色加工研究会公開講演会資料集，日本繊維機械学会（2005.3.4）
4) J. Meybeck, P. Galafassi；Proc. International Wool Text. Res. Con., Part 1, 463（1970）
（要約）改森；染色工業，**39**，158-160（1991）
5) G. Nemethy, H. A. Scheraga；*J. Phys. Chem.*, **66**, 1773（1962）
6) 改森；染色工業，**39**，589-604（1991）
7) S. Davis, 他；Water（日本語版「水の伝説」，訳；戸田盛和，他）河出書房新社（1969）
O. Ya. サモイロフ；イオンの水和（訳；上平恒），地人書館（1967）
内海誓一郎，他；水－生命のふるさと，共立出版（1974）
8) 黒木宣彦；染色理論化学，槙書店（1966）
9) W. J. Moore；新物理化学（訳；藤代亮一），化学同人（1964）
10) 日本学術振興会染色加工第120委員会（編）；新染色加工講座 3，共立出版（1972）
11) M. Alpert；*Am. Dyestuff. Rep.*, **76**(9), 18（1987）
12) R. McCregar, R. H. Peters；*J. Soc. Dyers Colour*, **81**, 393（1965）
13) T. Hori, Y. Sato, T. Shimizu；*J. Soc. Dyers Colour*, **97**, 6（1981）
14) 木村；染色工業，**21**，712（1973）
15) 根本；色材，**53**，488（1980）…ただし，1：2型含金染料は，筆者が入れ替えた。
16) 根本；染料と薬品，**14**，329（1969）
17) A. Murray, K. Mortimer；*Review of Prog. Coll & Related Topics*, **2**, 67-72（1971）
18) 日本経済新聞（2015.11.28）
19) JIS L 0207：[2005] 3038（浸染）
20) JIS L 0207：[2005] 3082（連続染色）

21) JIS L 0207：[2005] 4055（な染，プリント）
22) 東伸工業㈱のカタログ
23) コニカミノルタ㈱のカタログ
24) 日本染色加工同業会技術討論会配布資料（2016.4.15）
25) LAIP 社のカタログ
26) ㈱日阪製作所のカタログ
27) Longclose L.T.D. 社のカタログ
28) ㈱伸光製作所のカタログ
29) OBEM 社のカタログ
30) 石沢，大嶽，林田，中原；繊維機械学会誌，**32**, 445, 495, 547（1979）
繊維染色の FA・FMS 化，p.136，繊維社（1988）
31) JIS L 0207：[2005] 7048（分散染料）
32) T. Vickerstaff；The Physical Chemistry of Dyeing second ed.（1954）
33) 繊維技術データベース「漂白技術」，繊維社
34) 井上重由（編）；実用染色講座，色染社（1980）に一部加筆
35) 尾張繊維技術センター 研究論文"修飾酵素による綿の精練"（2005）
36) 西島，山本；染色工業，**28**，110（1980）
37) M. A. Rousslie, *et al.*；*Text. Res. J.,* **46**, 304（1976）
38) 橋本；綿の染色仕上加工，p.21，日本繊維機械学会（1998）
39) 脇田；染色工業，**19**，200（1971）
40) クラボウ，福井県立工業技術センター 開発報告（2004）
41) K. M. Byrne, M. W. Roberts, J. R. H. Ross；*Text. Res. J.,* **49**, 34（1979）などから
42) 明成化学工業；加工技術，**32**，362（1997）
43) 日本経済新聞（2013.5.10夕刊）

第2編　染色加工概論ならびにウールの知識・特異性

第2章
ウールに特異な染色加工

2.1　ウール繊維の構造上の特徴

　ウールは，他の繊維にはない多くの特異点をもっているが，まず，ウール表面細胞の構造および単繊維の構造の2つの紹介から入ろう。

　ウールの表皮細胞（クチクル，スケール）は，図2.1のように親水性のエピクチクル，エンドクチクルという両クチクルが疎水性のエピクチクルによって覆われた構造をもつ。図2.2に，フェルト[注1]化現象が生じる原理（模式図）を示す。黒で示したエンドクチクルの方が，より親水性で，水を含むと白で示したエキソクチクルよりも膨潤するので，表皮細胞（スケール）が立ち上がり，スケールどうしが物理的に絡み合うことでフェルト化現象が生じる。

　また，単繊維は図2.3のようにオルソコルテックスと

パラコルテックスの2層構造をもち，クリンプ（縮れ）をもつ。なお，オルソコルテックスが，絶えず表面に位置していることにも注意していただきたい。両コルテックスの膨潤度の相違から，水分の吸放湿に応じ，クリンプは伸縮する。吸湿（吸水）するとクリンプは伸び，乾くと縮む。この状況の模式図を図2.4に示す。

　ウールは大気中の水分に応じ，絶えず伸縮を繰り返して動いているため，"ウールは生きている"といわれる。また，後ほどHE（ハイグラルエキスパンション）の項（2.2.8項）で説明するが，織物自体も大気中の水分率に応じて伸縮する。このような自然に生じる伸縮挙動で，着用中に生じたしわもタンスに吊り下げて放置している間に自然と修正されてしまう。

　なお，吸放湿あるいは濡れ・乾燥を繰り返してもクリンプの伸縮性は阻害されないが，染色等の高温水中処理や還元処理を受けると，クリンプは伸長したままでセットされ，単繊維の伸縮挙動は抑制されてしまう。染色や仕上げ等の高温処理で，クリンプは伸びたままセットされ，その伸縮挙動は小さくなるが，逆に，HE は大きくなる。クリンプの伸縮挙動と HE 現象による伸縮挙動とは相反する点にも注意してほしい。

エピクチクル（疎水性）
エキソクチクル（親水性）
エンドクチクル（親水性）
細胞間充填物
コルテックス（皮脂層）

図2.1　表皮細胞（スケール）の模式図

エンドクチクル
エキソ
クチクル

水分を吸って
ふくらむ

図2.2　縮みのメカニズム

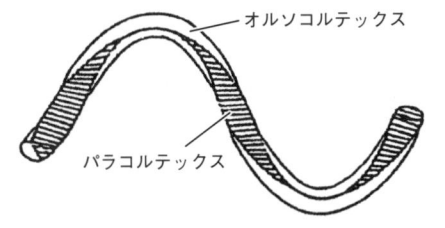

オルソコルテックス

パラコルテックス

図2.3　ウール単繊維の構造

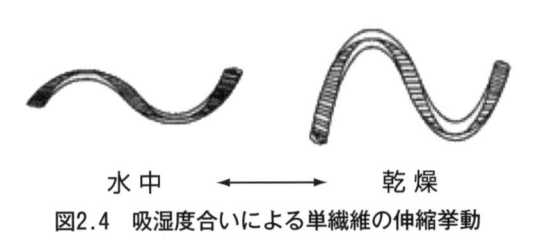

水 中　←→　乾 燥

図2.4　吸湿度合いによる単繊維の伸縮挙動

注1）JIS L 0207では，「フエルト」ではなく「フェルト」を使用している。

第2章　ウールに特異な染色加工

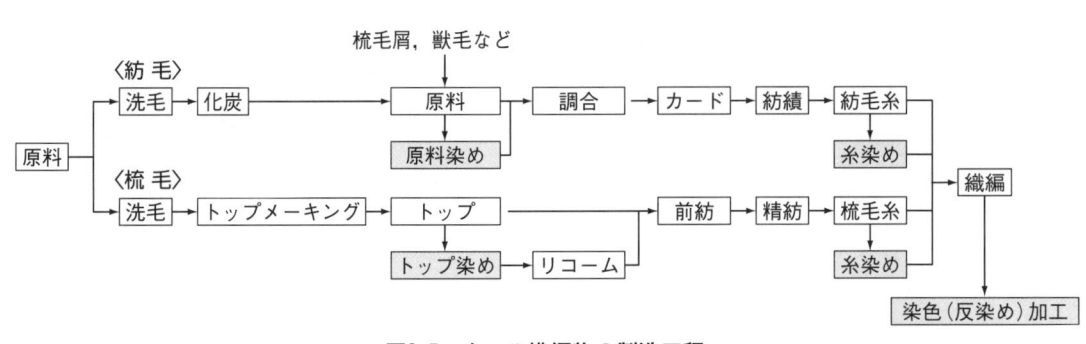

図2.5　ウール織編物の製造工程

2.1.1　ウール織編物の製造工程

ウール織編物の製造工程の概略を図2.5に示す。ウールの染色は，原料（バラ染め，原料染め），トップ染め（スライバー染め），糸染めおよび加工途上の反染め（後染め）と，多様な浸染方法が採られる。他方，プリントは発色性が悪い，反転現象[注2]が生じるなどのため，良い製品とはならない。わが国ではスカーフ等にハンドプリントされている程度で，実用化されるケースは少ない。

(1)　洗　毛
①ウール不純物
a)原　毛

採集したウールを原毛（げんもう）とか，脂付きウール，グリース付きウール，グリージーウールと呼んでいる。羊は放牧され，牧草を食べて成育しているので，原毛にはウール分泌物以外に，汚物や土砂，また当然のことながら植物性の物質が混在してくる。植物性の混在物を「植物性夾雑物（きょうざつぶつ）」と呼ぶ。

原毛からこれら不純物を取り除いた繊維分をクリーン・ベース，クリーン換算量などという。これらの不純物の量，種類は成育環境によって異なるが，原毛中の繊維分（クリーン換算量）は60％弱である。

b)主要不純物

土砂などの無機質汚れとウール分泌物とに分かれる。

ウール分泌物のうち，水溶性化学物を「スイント」と呼んでいる。水溶性のカリ塩が主体で，炭酸塩，尿素，炭酸アンモニウムなどからなる。

水に溶けない部分を「羊脂（ようし）」とか「ウールグリース」と呼んでいる。これは，ウール繊維を外気から保護するためのワックスのような物質で，脂肪酸エステル，不けん（鹸）化物，遊離脂肪酸などからできている。水には乳化性が大きく，有機溶剤やけん化エマルションで除去される。回収した羊脂を精製することで，化粧品として高価なラノリンなどが得られる。

②洗毛（せんもう）工程

原毛に混入している土砂を懸濁（けんだく）して除き，ウールの表面を覆うグリースを乳化，スイントを溶解して洗い落とし，さらに遊離できる植物性夾雑物を取り除く作業を「洗毛」と呼ぶ。紡毛と梳毛では方法が異なる。

a)紡毛糸

紡毛用原料の洗毛の代表的な工程図をMAT社のカタログから引用して図2.6に示す。洗毛の最終工程で，浸酸，乾燥，ベーキング，粉砕までの工程を示している。しかし，通常は，続いて原料に残留する硫酸を中和する工程を通したのち，乾燥して洗毛工程を終える。図2.7に洗毛のようすを示す。フォークを多数備えた大きな熊手状の道具を動かして，原料を液中で移動させつつ，土砂類，グリース，スイントを除去していく。

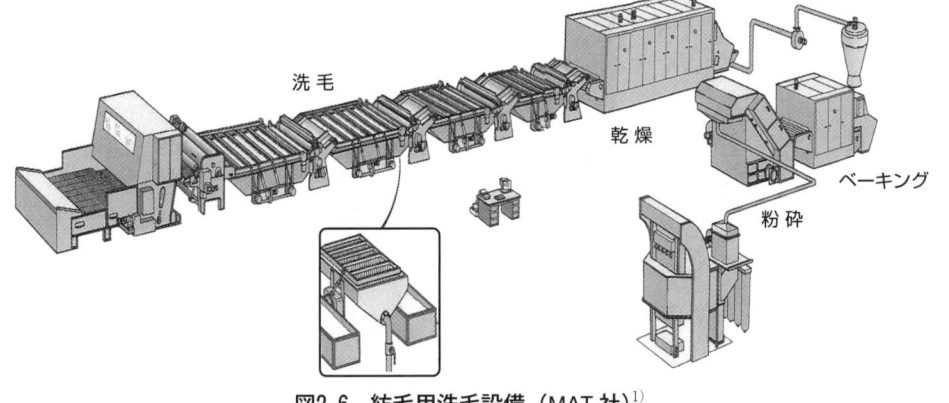

図2.6　紡毛用洗毛設備（MAT社）[1]

注2）着用中に，表の印刷柄が裏面と入れ替わり，色柄がボケてしまう現象。

207

第2編　染色加工概論ならびにウールの知識・特異性

図2.7　紡毛用原料の洗毛のようす[1]

　洗毛を終え，次のカード工程に投入できる状態の
ウールを「洗い上げウール」と呼ぶが，この状態では，
植物性夾雑物のほかに0.5〜1.0%程度のグリースと，
いく分かの灰分，16%前後の水分を含んでいる。

b)梳毛糸

　トップメーキング工程は，カード，前ギル，コーマ，
後ギルで行われる。最初のカード（図2.8）工程を通
して，出てきた繊維の粗で薄いシート（ウェブ，図
2.9）を数枚集め（ダブリング）て，太い繊維束とする。
次いで，ギルで引き伸ばし（ドラフト）つつ混ぜ合わ
せ（ミキシング），より均整な細い繊維束としていく。
前ギル工程中に，「再洗（バックウォッシュ）」と呼
ばれる洗浄工程を入れる場合が多い。カードの給油油
剤を除去し，新たに紡績工程に適した油剤を供給する，
単繊維のクリンプを伸ばして紡績工程の品質を高め
る，繊維束中の土砂やスイントを除去するなどの目的
で行われる。

　洗毛に，かつては，せっけんソーダ法が用いられて
いたが，ウール繊維はアルカリには非常に敏感で，減
量や損傷の原因となる。また，グリースを除去しすぎ
ると，風合いが硬く，粗い感じとなり，熱・蒸気で黄
変化しやすいなどの欠点も出る。このため，アルカリ
性での洗毛（アルカリ洗毛）は避けられ，現在は，非
イオン洗毛が中心となっている。非イオン界面活性剤
には，高度の乳化力，分散力，洗浄維持力，保護コロ
イド力，汚物の最付着防止能力などが要求される。広
いpHで使用することが可能で，アルカリ洗毛のみな

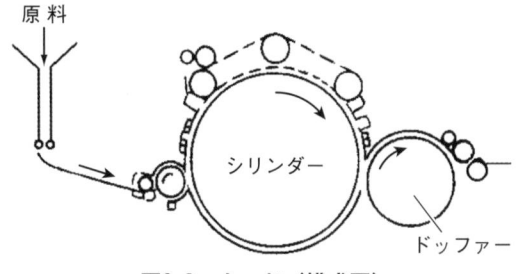

図2.8　カード（模式図）

図2.9　カード出口（カネボウ繊維㈱鈴鹿工場）

らず，中性洗毛や，pHが4から6の等電点[注3]領域
（等電帯）での酸洗毛にも使用できる。等電帯では
ウールの膨潤度は最低となり，損傷度は少ない。

③植物性夾雑物の除去

　梳毛糸を作る工程と紡毛糸を作る工程では，植物性
夾雑物の除去方法が異なる。

a)梳毛糸

　梳毛糸の紡績（梳毛紡）には，羊の肩や背中など良
質の部分の原料を洗毛して使用するので，夾雑物の含
有量が少ない。トップメーキングの工程途中でスライ
バーを梳り，含有されている繊維物質を物理的に除去
する。このような植物性夾雑物を除去する工程を，
「コーミング」（Combing）とか「コーマ」と呼ぶ。

b)紡毛糸

　紡毛糸の紡績（紡毛紡）では特殊原料や，羊の腹お
よび尻の部分のような汚れた短繊維など梳毛紡績に不
適な部分や，梳毛紡績の屑毛を使用する。原毛中の植
物性夾雑物を化学的＆物理的に除去する工程は，「化
炭（カーボナイジング）」と呼ばれる。

⑵　化　炭

①化炭法

　植物性夾雑物を強酸で炭化させ，粉砕して微細な炭
素粉として除外する。洗毛工程の最後の槽に硫酸を入
れ，これに浸して，すなわち，浸酸（酸浸け）し，乾
燥・ベーキング（baking），粉砕（burr crushing）・除
去（dedusting）する。植物が炭化するような強い酸
性条件にも，ウールは若干の損傷を受けるものの耐え
ることができる。

　紡毛織物では，反物の状態での化炭も行われている
（わが国では行われていない）。その設備の写真およ
び断面図をそれぞれ図2.10，図2.11に示す。①浸酸，
②絞り後に，③タイミングを取って，④乾燥・ベーキ
ングを通し，⑤ビーティングとブロワーを利用して化
炭物の除去を行う。通常，白生地はこのまま中和工程

注3）ウールのプラス電荷とマイナス電荷が等しくなるpHのこと。

第 2 章　ウールに特異な染色加工

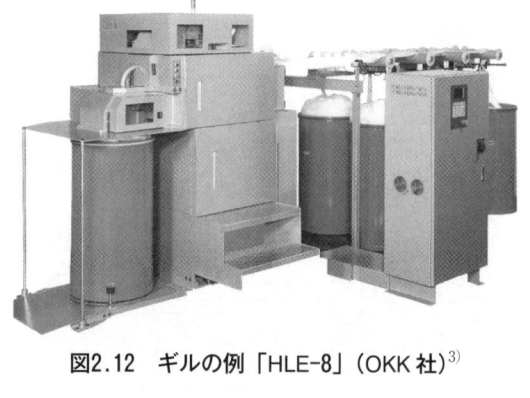

図2.10　紡毛反物化炭機（Serracant 社）[2]

図2.12　ギルの例「HLE-8」（OKK 社）[3]

図2.13　ギルの出口

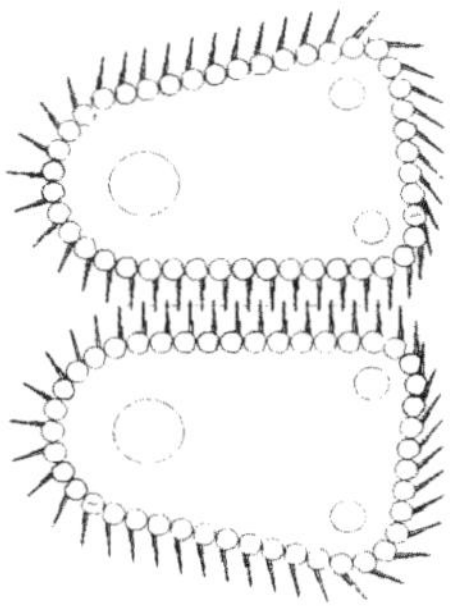

を通らずに，染色へと投入される。

②染色への影響

　通常の化炭ウールは表面クチクルが損なわれており，染め足が速く硫酸化も不均一で，染めむらを生じやすい。

(3)　紡　績

　洗毛，化炭工程を終えたあと，梳毛紡では，トップメーキング，前紡，精紡，仕上げの工程を経て，糸になる。紡毛紡では，調合，カード，紡績で糸とされる。

①梳毛糸

a)トップメーキング工程

　トップメーキング工程は，ギルで引き伸ばしつつ混ぜ合わせ，より均整な細い繊維束とする。このような目的に使用する装置を「ギル」と呼ぶ。

　ギルの例を図2.12に示す。また，ギルの出口のようすを図2.13に示す。ギルは針の集合体で，その断面の模式図を図2.14に示す。多数の針がチェーンでつながっている。この針の集合体で繊維束を上下より挟み，束の軸方向に移動させることで束を引っ張って細くする。この操作を繰り返して，最終的には，通常20〜25 g/m 程度の太さのスライバー（繊維束）とし，これの 7 〜10 kg を管巻き（くだまき）する。この装置を図2.15に示す。管巻き玉から，管を抜き取った形態を「トップ」と呼ぶ。わが国では，一般にトップの形態で市場に流通しており，紡績メーカーはこれを

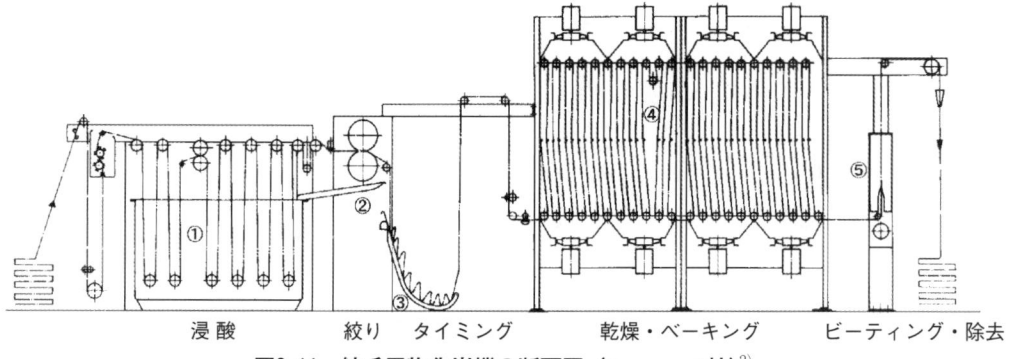

図2.14　ギル（模式図）

購入して梳毛糸を製造する。染色する場合には，染色用の染液が通るように多数の穴を穿った管に巻き替えて染色機に供するのが普通である。

　なお，コーマ（コーミング）は「細い櫛」を用い，

浸酸　　　　絞り　タイミング　　　乾燥・ベーキング　　　ビーティング・除去

図2.11　紡毛反物化炭機の断面図（Serracant 社）[2]

209

第2編　染色加工概論ならびにウールの知識・特異性

図2.15　「PB-LEBELER/PBLE-8」（OKK社）[3]

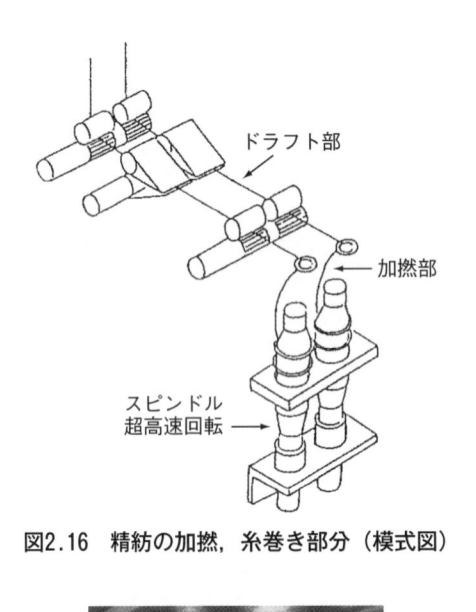

図2.16　精紡の加撚，糸巻き部分（模式図）

低速で，繊維束を櫛削って，単繊維群を引き出して束をいったん切断させ，繊維間に含まれている夾雑物を除去した後，この単繊維群を置き直して束を再度形成させるという複雑な操作を行う工程である。

b）リコーム

　市販のトップを購入して糸を作る場合，前紡工程に入る前にコーミング工程を通すのが普通である。トップをブレンド（ミキシング）して，前ギル，コーマ，後ギルという工程で，トップに残留する短繊維や夾雑物を除去し，繊維の平行度を高め，スライバーの均質化・均整化を図る。この場合のコーマはトップメーキング時のコーマに続くもので，通常，リコーム（リコーミング）と呼ばれる。

c）前　紡

　スライバーを数本合わせて（ダブリング）ドラフトするという工程を繰り返して，むらのない細いスライバーとする工程。ギル，細番化ギル，ラッピングエプロン付き仕上げギルといった工程を経て，撚りのない状態でボビンに巻かれて次の精紡工程に移る。ボビンに巻かれた細いスライバーを「粗糸」と呼んでいる。

d）精　紡

　粗糸をドラフトしながら撚りを掛けて糸とするのが精紡工程で，これに使用される装置が精紡機である。精紡機は，粗糸を仕掛けるクリール部，粗糸を延伸してより細くするドラフト部，細くした繊維束に撚りを掛ける加撚部，糸を巻き取る糸管部（スピンドル）からなる。図2.16に，加撚から糸を巻き取る部分の模式図を示す。スピンドルは，毎分5,000～9,000回以上と超高速回転しており，これによって糸に撚りが掛かる。細い糸ほど撚り数が多い。なお，回転は駆動ベルトを経由して与えられる。加撚された糸は，糸管に順次巻き上げられて「紡錘型」の形状となる。精紡の工程例を図2.17に示す。上部に懸垂した粗糸を，図2.16のような装置を通して精紡糸としているところである。

　なお，粗糸を延伸して細くなったスライバーに撚りを掛ける場合，撚りはスライバーの細い部分に集中し，

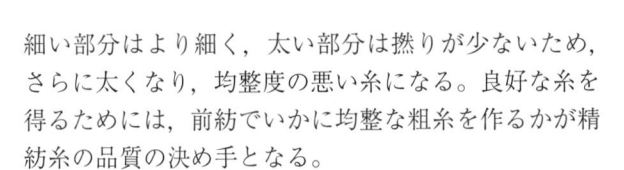

図2.17　精紡工程例（カネボウ繊維㈱鈴鹿工場）

細い部分はより細く，太い部分は撚りが少ないため，さらに太くなり，均整度の悪い糸になる。良好な糸を得るためには，前紡でいかに均整な粗糸を作るかが精紡糸の品質の決め手となる。

e）仕上げ

　糸管には，紡錘型に通常80～100gの糸が巻き取られている。これを自動的に取り出し（オートドッファー），織糸のように撚りの多い場合には，真空釜に入れて蒸気で蒸し（スチーミング），撚り止めを行うのが普通である。横（編み）ニット糸では，通常，撚り止めを行わない。

　撚り止めの終わった糸管より糸を解除し，自動ワインダーでつなぎ合わせて，1～2kgのコーン（円錐形のボビン）に仕立てて単糸とする。

　双糸にする場合には，合糸機を用いて，単糸2本を平行ボビンに合糸して巻き取り，チーズ形状とする。続いて，合撚機で2本の合糸した糸を加撚して双糸とする。通常はコーン形態で仕上げられる。なお，そのままでは撚り戻りするので，スチーミングして撚り止めを行うのが普通である。ただし，ニット糸などのよ

図2.18　手編み毛糸の撚糸工程例
（カネボウ繊維㈱鈴鹿工場）

うに撚り数が小さい場合には，撚り止めは行われない。

図2.18に，精紡した糸2～5本を撚り合わせて手芸用の糸を作っているところを示す。

なお，単糸の撚り数（下撚り）と双糸にする場合の上撚り数とのバランスが悪いと，水にぬれた場合に，ニット製品に「斜行」[注4]という現象が生ずる場合がある。これは，糸企画，製品企画上の問題である。着用段階で，水に濡れたり汗をかいたりすると発生する。斜行の程度が少ない場合には，アイロンで修正も可能であるが，修正できないほどの斜行現象が生じる場合には，糸企画から検討し直すことが必要となる。ウール製品では，SH/SS交換反応（後述）を利用して修正することが可能な場合もある。

②紡毛糸

紡毛は，原料のもついろいろなキャラクターを活かした糸づくりが志向され，本来は多様な特徴を有する英国種などの原料ブレンドが特徴である。しかし，最近は英国種などの激減，軽衣料化の進展などで，個性・特性のある原料を使った「本物のツイード」などはほとんど姿を消し，カシミヤ等の高級獣毛との混紡糸と，梳毛屑を使用した安価な糸との2極化が進んだ。

紡毛原料の繊維長さは，20～40mmが普通である。工程は原料，調合，カード，紡績，仕上げと短い。単繊維の糸長が短いので，糸番手を太く，かつ，撚り数を多くして強伸度を保持する。また，織編物ともに，フェルト現象を利用し，繊維を絡ませ，強度を保持するのが普通である。衣料用横ニット製品には，斜行問題等を避けるため通常は使用されない。

a) 調合

調合は各種の原料をブレンドする，あるいは，原料染めした各種の着色原料をブレンドする工程で，原料を調合室と呼ばれる部屋に風送して，部屋上部より部屋の各部へ吐出させてミックスする。

b) カード

調合室より，カード前に原料を風送し，コンベヤー

で供給量を均一化しつつ，針布ローラー（シリンダー）前に供給し，針に引っ掛けて順次ローラー上に移行させてウェブを作る。シリンダーを出たカードウェブは直角方向にたたまれて，次のシリンダーを通す。通常は，3山のシリンダー工程を通して，繊維配列がランダムで平行性のない薄いシート状になる。

続く，ラビング工程で，カードでできた薄いシートを，皮テープで7～16mm程度の細い幅に分割し，これをコンデンサーで揉み，篠（しの）を作る。篠作りに当たり，シートを繊維の平行度を乱すことなく分割しなければならない。また，揉皮と繊維間で摩擦係数差を大きくして，十分な揉み効果を与える必要がある。

c) 紡績

紡績は，篠にドラフトと撚りを掛けて糸とする工程で，古くよりミュール紡績法が使用されていたが，現在はリング紡績法が普及してきている。前者は篠をドラフトしながら撚りを掛けて糸とし，間欠的に糸を巻き取る方式であり，後者は梳毛紡と同様に連続的に巻き取る方法である。精紡上がりの糸はワインダーでコーンアップされ，単糸あるいは双糸として使用に供せられる。

⑷　精　練

洗毛～紡績で使用される油剤や糊剤を除去するために，一般には染色前に精練するのが普通である。クリーニングに使用する溶剤を使用すれば容易に取れるような油剤も，工業的には水系で脱落させている。

①梳毛糸

非イオン界面活性剤0.5～1g/ℓを用い，70℃×15分程度処理するのが一般的である。

しっかりとしたメーカーの梳毛糸なら，前処理としての精練は必ずしも必要ではない。しかし，この場合でも温湯で処理（「湯通し」ともいわれる）してから染色に入るのが普通である。

湯通しの目的は，ⓐ脱気泡，ⓑ水溶性油剤の除去，ⓒ金属イオンの除去である。

糸染めの場合には，さらに，ⓓ撚り止めの目的で行われるスチームセット時のセットムラへの対応として，高温での湯通しが必要な場合がある。

ⓐ～ⓑの目標には，50℃×5分程度であれば十分である。ⓒについては，90～100℃×5分程度の処理が必要である。

②紡毛糸

紡績油剤の主体がオレイン酸を中心とする場合には，ソーダ灰を用いて，けん化することにより自己乳化洗浄をさせる。

紡毛油が，鉱物油／オレイン酸の組み合わせの場合とか，未洗浄ウールが使用されているような場合には，非イオン界面活性剤とソーダ灰 and/or アンモニアを

注4）織物の場合，緯糸が経糸に対して，直角ではなく斜めになっている現象。生地の仕上加工で発生する。

第2編　染色加工概論ならびにウールの知識・特異性

用いてアルカリ洗浄する。

長期の在庫などで油剤が酸化した場合には，非イオン界面活性剤／ソーダ洗浄によっても除去はかなり困難である。過去には溶剤系の洗剤の力を借りていたが，現在では，このような助剤は規制されて入手困難である。長期在庫を避けるように管理する，あるいは，染色前に専業者に依頼して反物の状態でパークレン処理を施すといった処方が取られる場合もある。

2.1.2　漂　白

これについては，1.6.1(4)および(5)項で概要は述べた。参考にしてほしい。

(1)　ウールの黄変

①ウール繊維中の着色物質

泥，油脂，皮膚あるいはバクテリアなど，外部要因に起因するものの大半は洗毛工程で除去され，光退色黄変物質，湿潤工程での黄変化物質，メラニン色素などが残留する。

②日光の作用

太陽光のうち，地上に到達する波長の短い方の限界はほぼ300 nm である[4]。波長のウール黄変化作用を図2.19に示す[5]。ここで，縦軸は照射前後の黄変指数の差である。

290〜320 nm の中紫外は，日光中最も黄変力の強い成分である。逆に，320〜380 nm の近紫外および可視380〜475 nm では漂白効果も見られ，特に430 nm 近辺では漂白効果が強い。蛍光増白処理のない未処理ウールでは，黄変効果よりも漂白効果が勝ることを示している。

また，蛍光増白処理を施した場合に，日光で著しく黄変化しやすくなることにも注意いただきたい。なお，綿に使用される蛍光増白剤は，日光で分解しても綿素材を黄変化するようなことは少ない。しかし，どのようなタイプの蛍光増白剤も，ウールに使用すると分解物質がウールと結び付き，著しく着色（黄変化）する。したがって，蛍光増白剤は使用厳禁と考えて対処するのが賢明である。

③日光による黄変の原因

多数の人々により探求されているが，"ウールの日光による黄変はトリプトファンが主犯で，チロシンがこれに続く。シスチンの関与は少ない"と集約できる。

ウール中のトリプトファンのベンゼン核が酸化されて黄色顔料となる。すなわち，日光で黄変した繊維内には黄色顔料が生成されているので，いくら化学薬品を用いて漂白しても原理的に白くなることはない（顔料は分解できない。無理に分解しようとするとウールの方が損傷される）ことに留意してほしい。

④光漂白

図2.19のように，430 nm 付近の可視光線でウール中の黄色色素が分解されることにより漂白される現象をいう。特に，中性塩素化による防縮加工ウールの生地やパステル色の場合には，漂白効果による変色が問

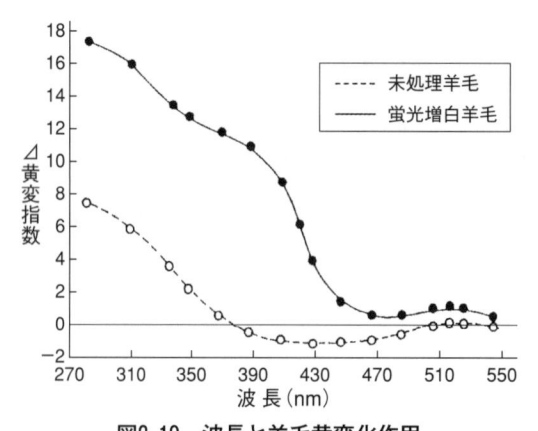

図2.19　波長と羊毛黄変化作用

題となることがある。

(2)　酸化漂白

①酸化剤

過酸化水素，もしくはこれと有機物とを反応させて作った有機過酸がよく使用される。

②過酸化水素のウールへの反応

過酸化水素の増加につれ，ウールケラチン中のアミノ酸，特にシスチン（−S−S−）結合が酸化されて，システイン酸（−SO₃H）となる。このシステイン酸量とアルカリ溶解度とは正の直線関係にあるので，アルカリ溶解度がウールの損傷度合の尺度として広く採用されている。

③有機過酸

過酸化水素に有機塩類を作用させて生成する過酢酸や過ギ酸などの有機過酸を使用して，弱酸性で高温短時間処理も実施されている。従来のアルカリ法に比べやや白度は劣るが，ウールの損傷度は少ない。

(3)　還元漂白

ウールには多くの還元剤が使用されるが，還元漂白によく使用されるのはハイドロサルファイト，アルデヒドサルホキシレート類，二酸化チオ尿素およびスルフィン酸誘導体である。還元漂白は，効果をあまり求めない場合には，時間・コストともにかなり有利な漂白法である。

(4)　酸化還元漂白

酸化あるいは還元漂白だけでは達成できない白度要求に対し，実施される。白度の向上のみならず，耐光堅ろう度の向上も若干であるが期待できる。

(5)　蛍光増白ウール

蛍光増白ウールは通常のウールより著しく黄変しやすいので，商品寿命の短いベビー用品以外の国産ウール製品には，通常使用されない。

(6)　漂白効果の持続性

酸化漂白ウール，還元漂白ウールの耐光堅ろう度，アルカリ，スチーミング，乾熱に対する黄変挙動は異なる。

表2.1に，スチーミング（釜蒸し）に対する挙動を示す。黄変指数（G）が小さいほど白度が高く，スチー

212

表2.1 漂白糸の黄変指数（G, DIN 6167）と釜蒸し（22分）後の黄変化度（⊿ G）

漂白条件	黄変指数 (G)	スチーミング温度と⊿G			
		85℃	95℃	105℃	115℃
未漂白	24.1	1.7	2.0	4.7	7.7
①：酸化漂白	16.8	2.8	3.8	6.3	9.0
②：ハイドロ還元	14.7	1.2	1.9	3.6	5.1
③：①＋②	11.0	1.7	2.5	4.0	6.1
④：アルカリ性酸化漂白	15.7	8.0	11.9	15.8	16.4
⑤：二酸化チオ尿素	14.6	1.2	1.7	2.1	3.7
⑥：ロンガリットC還元	15.5	2.1	2.5	4.4	7.0

ミングでの黄変も少ない。アルカリ性で酸化漂白したものは，特に黄変しやすい。逆に，還元漂白したものの中でも二酸化チオ尿素処理は優れた白度維持性をもつことがわかる。なお，酸化漂白したものは，スチーミングのみならず，日光，アルカリなどでも黄変しやすい[6]。

このような酸化漂白の欠点をカバーするために，還元漂白を併用することが古くより行われている。

2.1.3 染 色

(1) ウール用染料

①概 要

ウールは，次項（(2)項）で述べるように，他の繊維と異なり，単繊維自体でも部分部分で組成が異なり，異なった染色挙動を示すなどの特異性がある。また，色相もメランジ調からソリッド調まで，求められる堅ろう度も流行の商品や比較的着用期間の短い婦人物から長期使用されるユニフォームまで幅広く多岐にわたっている。用途ごとに，たとえば，ユニフォームでは格別の色相再現性と耐光性が求められるなど，色相・色調・耐久性への要求が異なる。これらの要求に最適に対応できるようさまざまな部属の染料が使用される。それを表2.2に示す。また，図2.20には染料について，湿潤堅ろう度と移染性との関係，反染機械と適応できる染料との関係，先染め用途での堅ろう度からくる染料の限界を示した。

表2.2 ウール用染料

部 属	染色 pH
酸性レベリング染料	5 － 3.5
ハーフミリング酸性染料	5 － 5.5
ミリング酸性染料	4.5 － 6
スーパーミリング酸性染料	5 － 7
クロム染料（酸性媒染染料）	4 － 6
1：1型含金染料	2 － 2.5
スルホアミド型1：2含金染料	5.5 － 6
モノスルホネート型1：2含金染料	5 － 6
ジスルホネート型1：2含金染料	4.5 － 5.5
反応染料	4.5 － 6

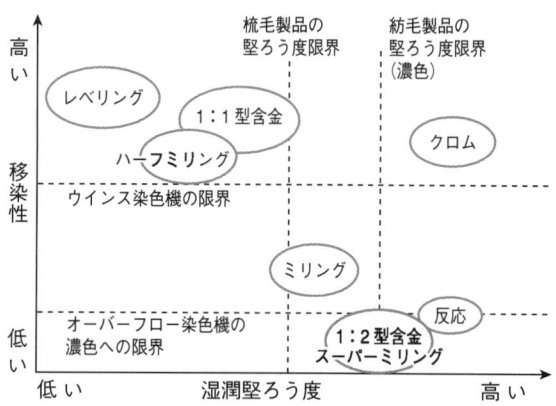

図2.20 ウール用染料のクラス分け

各染料についての詳細な情報がほしい方は，文献[7]を見てほしい。ただ，クロム染料については，水質汚濁防止法で規制には該当しない可能性が出てきたので，以下に簡単に述べておく。

②クロム染料の染色

クロム染料の染色時に，重クロム酸塩が使用される。ところが，重クロム酸カリウムは，たとえばREACH規則による高懸念物質（Substance of very high concern：SVHC）の候補に2010年6月18日に公示され，2017年9月21日より日没日（使用禁止開始）とされている[8]。このように，世界中で重クロム酸塩使用への規制が強化されつつあり，クロム染料の反応染料への代替が進んでいる。

わが国でも，重クロム酸塩自体の使用が禁止される日の到来が懸念される中，学生服など耐光性・耐候性が要求される用途に使用されているクロム染料には代替がなく，今後どのように展開していくべきか見通しがつかず困っていたのが現実であろう。

このような中，つい最近のことであるが，重クロム酸塩の使用についての明るいニュースが伝えられた。それは，「2015年，6価クロムを3価クロムに変化させる技術が開発された」との報告[9]である。この報告の詳細は提示されていないが，その要旨は次のようになると考えられる。すなわち，染色残浴中の6価クロム $\{Cr（Ⅵ）\}$ アニオン（$Cr_2O_7^{2-}$）を還元処理して，3価クロム $\{Cr（Ⅲ）\}$（Cr_2O_3）としてウール繊維に担

第2編　染色加工概論ならびにウールの知識・特異性

持させてしまえば，排水中に出ることはなくなり，排液中のCr（VI価，III価，全Cr）量は水質汚濁防止法の規制の対象外となるというものである。この技術開発で，クロム染料の使用を継続できる目途がついた。なお，Cr_2O_3自体は土中にも豊富に含まれている物質であることから，人体への影響は軽微だと思われている。

ただし，還元処理による染料の変退色の懸念，新たに生成してくるCr_2O_3は暗緑色で，その色素が増加することによる色相のくすみ，艶が損なわれる方向に向かうので，還元剤の選定，適応条件の探索など，上記技術の適応に当たっては十分な検討が必要であろう。

還元処理をするにしても，染色残浴中の$Cr_2O_7^{2-}$は少ないに越したことはない。そこで，重クロム酸塩使用量を低減する方法[10]を述べておきたい。

ウールの繊維とクロム染料との結合はCr（III）であるのに，ウール染色には毒性が懸念される$Cr_2O_7^{2-}$を使用するのか，なぜ，ナイロンやシルクに使うようにクロムミョウバン等々の3価クロム塩を使用しないのか？クロム染料の染色に3価クロム塩を使おうとする努力も多数なされている[11]。これらの中から1つだけJ. Xingらの文献を紹介しておこう（表2.3）。

浴比1：40，pH3.5の染料液に被染物を投入し，40℃から100℃まで20分で昇温，さらに30分染色を続け，次いで，（No.1）媒染剤を使用しない，（No.2）媒染剤：$Cr_2(SO_4)_3 \cdot 6H_2O$，（No.3）媒染剤としてSSA＝5-スルホサリチル酸ナトリウムと$Cr_2(SO_4)_3 \cdot 6H_2O$とから調製したSSA−Cr（III）化合物を投入して30分間加熱を継続したあと，水洗→Na_2CO_3水溶液（pH8）中で60℃×10分処理→水洗した。また，（No.4）重クロム酸塩を用いて定法どおり染色した。それらの染色物の測色値を表にまとめたものである。No.

3とNo.4は$\triangle E$ 5.95と色差は大であるもののかなり近い値を示している。No.2とNo.3の違いは，SSAがCr（III）のウールとの反応を促進したためと考えている。他の文献からも，染料によって色相や堅ろう度面で全く使用できないものや，なんとか使用できそうなものまであるが，いずれにしろ，従来の重クロム酸塩と同じようには使用できないことがわかる。

・クロム染料の構造的な特徴

分子間および分子内でCrとの配位結合を形成できるように，図2.21のような構造を持つのが特徴である。配位により新たな環が形成されるが，環を作る員数は通常5～7原子である。

・$Cr_2O_7^{2-}$とウールとの反応

通常の染色pH領域では$Cr_2O_7^{2-}$の酸化力は弱く，主体はシスチンへのアルカリ加水分解の機構であると考えられている（図2.22）[12]。

・Cr（III）とウールとの反応

Hartley[13]は，図2.23のようにSN1反応で進むと考え，これを提唱している。ところが，Cr（III）は不

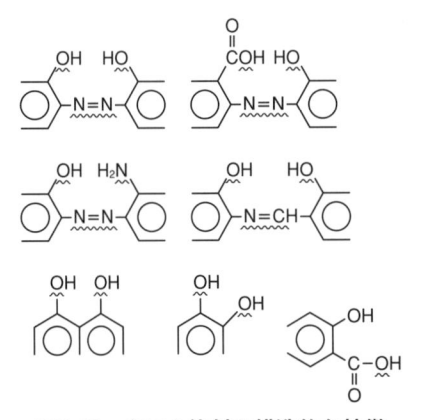

図2.21　クロム染料の構造的な特徴

表2.3　1% C.I..Mordant 1 による染色の測定値

CIE値	No.1 [媒染なし]	No.2 [Cr（III）]	No.3 [SSA/Cr（III）]	No.4 [重クロム酸塩]
L*	47.21	39.69	47.57	44.81
a*	−41.83	−150.02	−97.91	−92.67
b*	−38.07	−85.49	−40.16	−39.56
$\triangle E$	50.92	73.65	5.95	—

処　方	No.1	No.2	No.3	No.4
羊　毛（g）	3	3	3	3
染　料（%）	1	1	1	1
酢　酸（%）	1	1	1	1
重クロム酸塩（%）	—	—	—	0.3
SSA（%）	—	—	10	—
$Cr_2(SO_4)_3 \cdot 6H_2O$（%）	—	1.3	1.3	—

①シスチン結合の加水分解

$$-CH_2-S-S-CH_2- \ + \ H_2O \ \longrightarrow \ \underline{-CH_2SH} \ + \ -CH_2SOH$$

$$-CH_2SOH \ \longrightarrow \ \underline{-CHO} \ + \ \underline{H_2S}$$

②シスチンのβ脱離反応

$$-CH_2-S-S-CH_2-CH \ + \ OH^- \ \longrightarrow \ -CH_2-S-S^- \ + \ CH_2=C$$

$$-CH_2-S-S^- \ \longrightarrow \ \underline{-CH_2-S^-} \ + \ \underline{S}$$

注）下線で付した5つの生成物は，シスチン結合よりもはるかに酸化されやすく，還元性を示す。

図2.22　シスチンへのアルカリ加水分解の機構

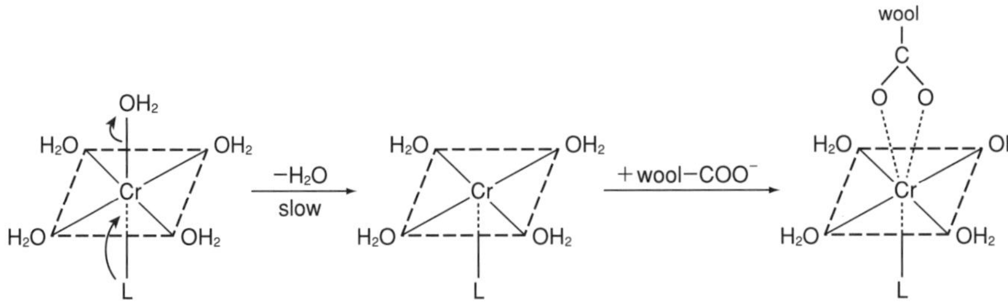

第2章　ウールに特異な染色加工

図2.23　Cr（Ⅲ）とウールとの反応機構

活性で，反応を起こしにくい。この不活性な金属が，極めて不活性で安定なCr（Ⅲ）－ウール結合を容易に形成するのはなぜであろうか。この秘密は次のようなCr（Ⅵ）還元ステップにある。

・第1段：Cr（Ⅵ）→Cr（Ⅳ）…シスチンの酸化が起こる。
・第2段：Cr（Ⅳ）→Cr（Ⅱ）…シスチン，チロシンの酸化を伴う。
・第3段：Cr（Ⅱ）とカルボキシル基が反応。
・第4段：Cr（Ⅱ）→Cr（Ⅲ）への空気酸化。

すなわち，Cr（Ⅲ）は不活性であるが，極めて活性なCr（Ⅱ）を経することで，ウールおよび染料と容易に配位結合を形成する。

・重クロム酸塩削減法

　鐘紡㈱（後ほど，カネボウ繊維㈱）大垣工場では，1970年に公害が脚光を浴びた時点で「重クロム酸の使用量を可能な限り減少する」との命題に取り組んだ。

　結論として，クロムと1：1型，1：2型complexを作る染料ともに，ほぼ理論的に配位に必要な使用量

で満足なクロム化ができることがわかった。この経過は参考文献10）に示した。当時の極めてプワーな実験機器を使って導き出したもので，今なら，もっと簡便により精度の良い結果が得られるはずである。

　実験誤差，染料製造誤差などを考慮して，理論的に必要な量の約20％増をクロムの実用必要量と考えて重クロム酸係数を設定し，以降，カネボウ繊維㈱の各工場で実用化してきた。

　各工場での色相再現性，堅ろう度などで問題はなく，理論必要値×1.2倍使用法（「係数法」と称す）は十分実用に耐えると判断している。ここで簡単に紹介しておく。詳細は文献を見ていただくとして，「係数法」と当時慣習的に使用していた染料の30％量使用の「慣習法」とを対比した結果だけを紹介する。この染色レサイプ例を表2.4に示す。さらに，この時の染色残残浴のクロム量を表2.5に示す。また，染色条件を表2.6に示す。（A）が慣習法であり，（B）が係数法である。

　かなり濃色についても，（B）で低位のクロム残に

表2.4　実際の染色への適応例

レサイプ No.	レサイプ				K₂Cr₂O₇量	
	染　料		助　剤	L.R.	(A)	(B)
1	Brown KE 118% 2.30% Black B conc. 1.40		Na₂SO₄ calc. 5% 90% CH₃COOH 3 Level. agent 1	1：40	1.00	0.52
2	Brown KE 118% 0.81% Yellow 5G 0.77 Black B conc. 1.20		Na₂SO₄ calc. 5% 90% CH₃COOH 3 Level. agent 1	1：40	0.83	0.41
6	Black PB conc. 2.00% Black P2B 2.00 Yellow M conc. 0.70		90% CH₃COOH 3% 80% HCOOH 1 Level. agent 0.5	1：25	1.40	0.80
7	Violet R conc. 0.06% Blue B 2.00 Black P2B 0.65		Na₂SO₄ calc. 5% 90% CH₃COOH 1.5 Level. agent 1	1：25	0.81	0.34
10	Brown KE 118% 1.95% Black B conc. 0.35		Na₂SO₄ calc. 3% 90% CH₃COOH 3 Level. agent 0.3	1：20	0.69	0.34
12	Yellow 5G 3.50% Brown KE 118% 0.90		Na₂SO₄ calc. 3% 90% CH₃COOH 3.7 Level. agent 0.3	1：20	1.30	0.63
13	Red S-80 3.00% Brown KE 118% 0.40		Na₂SO₄ calc. 3% 90%CH₃COOH 3.3 Level. agent 0.3	1：20	1.02	0.68

（A）：慣習法（染料濃度の30％），（B）：係数法（理論必要量×1.2）

215

第2編　染色加工概論ならびにウールの知識・特異性

表2.5　残浴中の Cr 量

レサイプ No.	残浴 Cr			
	（A）慣習法		（B）係数法	
	Cr（Ⅵ）	Cr（total）	Cr（Ⅵ）	Cr（total）
1	20.0	25.4	2.9	3.0
2	5.0	6.1	0.0	1.3
6	6.9	8.2	0.0	0.2
7	12.3	14.2	0.0	0.0
10	23.8	—	0.0	—
12	26.0	—	4.9	—
13	18.5	24.0	4.1	4.8

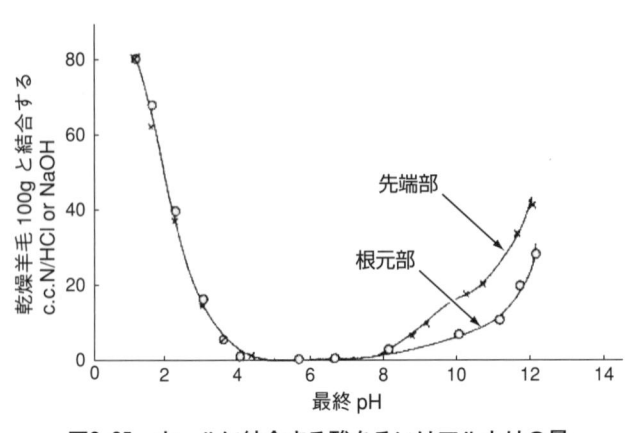

図2.25　ウールに結合する酸あるいはアルカリの量

表2.6　染色条件

No.	染色機械	被染物形態	クロミング条件
1, 2	試験機	糸・反物	102℃×30分
6, 7	ウインス	反物	bp×40分
10, 12, 13	チーズ染め	糸	102℃×30分

抑えることができることがわかる。なお，（A）（B）の両ケースで，染色物の色相や堅ろう度には全く差はなかった。

慣用法では，過剰投与により生成したCr_2O_3は暗緑色をしており，本来の染料の色相に，さらに暗緑色の染料を加えた色相となることに注意いただきたい。

染色の再現性，色相の鮮明さには，暗緑色のCr_2O_3量が影響を与えるので，少ないに越したことはない。

（2）ウール単繊維の染色挙動

①チッピー

人造繊維は，少なくともロット内では染色に関する性質は均一と考えられる。また，綿や麻といった天然繊維でも，その生成過程から見て少なくとも1本の繊維内では，染色性はほぼ一定と考えられる。

ところが，ウールは，原産地や繊度の相違はもとより，1頭の羊の部位によっても，さらには1本の繊維内でも性質は均一でなく，染色性は大いに異なる。

繊維の先端は光，雨，摩擦などに曝され，根元部分と比べ，損傷が激しい。スケールも破損されて疎水性が低下し，染料や薬品などの吸着が速く，一般に濃く染色される。このように，単一の繊維の先端部と根元部とで，色が違う（微細な染めむら）現象を「チッピー（tippy, tip：先端）という。

日光に曝露された部分は，スケールの損傷のみならず，S（硫黄）分が少なくなっている。日光と空気の作用で，アルカリによる加水分解と同様の加水分解を受けることが多数の文献で報告されているが，この結果，SS 結合が開裂し，図2.24[14]のように，−SH 基，−CHO 基などが生成し，還元性に富むことになる。この還元性は，クロム染料の後処理でⅥ価 Cr の重クロム酸塩をⅢ価に還元させ，染料をウールに配位結合させる時に重要な役割を演じる。

図2.25に，塩酸もしくは苛性ソーダに22.2℃×48時間処理した場合のウールに結合する酸あるいはアルカリの量を示す。酸に対してはウールの先端部も根元部も同じであるが，アルカリの結合量は先端部のほうが多い。Race らは，先端部は acidity であるが，これはシステインの−SH 基の解離定数と関連しているとしている。

②スキッタリー

チッピー現象以外に，異なったタイプの原料を配合した場合にも，原料による染着性の相違のため，色相は異色の配合のようになる。

また，染着性が同じで，同色に染色されたとしても，繊度が異なると光学的な反射の相違のため，色相は濃淡の配合となる。

さらに，他の素材でも見られる現象であるが，密度の高い織物を反染めする場合などに，移染性の悪い染

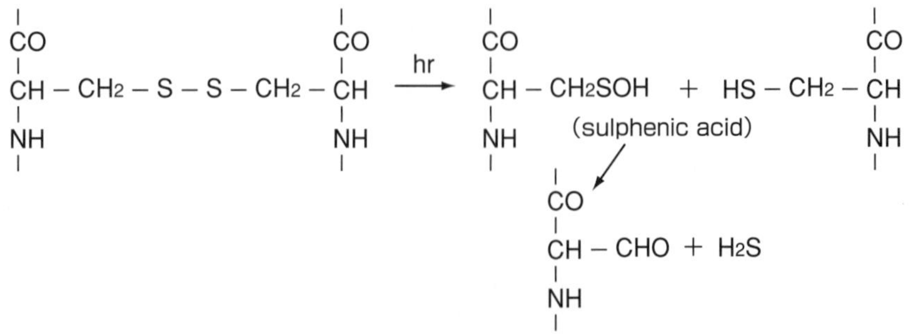

図2.24　ウールの日光による化学変化

216

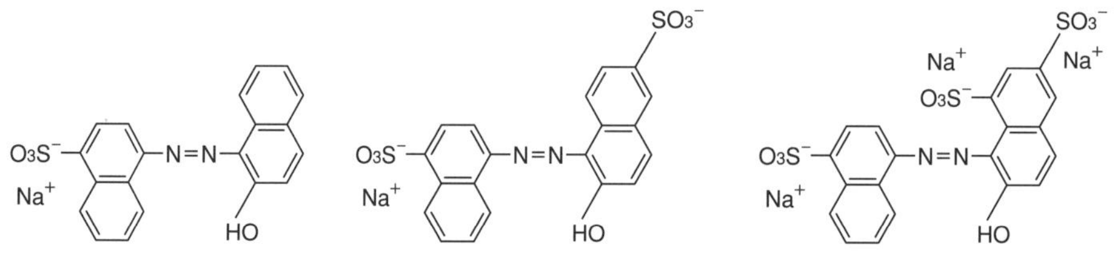

C.I.Acid Red 88　　　C.I.Acid Red 13　　　C.I.Acid Red 18

図2.26

料，染め足や極性などの異なる染料を使用した場合に，毛羽先の色が変わったり，布表面が微小な異色の集積のようになり，イラついた落ち着きのない染め面となったりする。

このように，異色（メランジ，melange：混合物，ごたまぜ）になったり，濃淡がひどく現われたりする現象（フロスティー，frosty：霜の降りた，半色の）が発現する。

また，染料に起因する異色調は，硫酸基を2個以上もったスルホネート型含金や反応染料に多く，修正はむずかしい問題である。

繊維表面に空気泡が残留すると，繊維や糸の表面どうしが接しているところが未染色のまま残るといった現象も生ずる。

以上のように，色相が均一でない微視的な染めむらはいろいろな要因によって生じる。

このような現象を，一般に「スキッタリー（skittery：移り気な）と呼んでいる。もっとも，スキッタリー，チッピー，メランジ，フロスティーなどの語句は，実際には混同されて使用されている。

③チッピー染色

上述したように，先端部は疎水性のスケールが損傷され，ウール内部のSS結合も開裂され，親水性，酸性，還元性に富み，根元部とは染色性が異なっている。

先端部が残りの部分よりも濃色となる現象を「正のチッピー染色」，淡色となる現象を「負のチッピー染色」と称する。

von Bergenは，レベリング酸性染料では負の，ミーリング酸性染料では正のチッピー染色が得られるとした[15]。また，前述したRaceらは，この原因は染料のコロイド性の相違によるもので，コロイド性の（colloidal）高い染料（すなわち，酸凝沈を起こしやすい染料）は，正のチッピーとなり，逆に酸凝沈しにくい晶質性（crystalloidal）の染料は負のチッピー現象をもたらすと報じている。なお，後者の染料は一般に分子量がより小さい。

繊維の先端の損傷部分の代わりに，塩素化ウール（後述）を使用して，正常ウールとの比較でチッピー

表2.7　塩素化ウール／通常ウールの初期吸着量（80℃において）

染料	分配比（ブタノール／水）	吸着量比（塩素化羊毛染料／正常羊毛上染料）
C. I. Acid Red 88	132	2.6
C. I. Acid Red 13	2.2	16.6
C. I. Acid Red 18	0.058	24.4

染色への探求がなされ，染料の親水性／疎水性バランスがチッピーの出現と関連の深いことがわかった。

図2.26に示した3染料は，硫酸基の数だけが異なる。これらの染料の疎水性／親水性バランスの尺度として，ブタノール／水間の分配比および80℃での塩素化ウール／正常ウールの初期吸着量比を表2.7に示す。分配比が大きいほど疎水性は高い。疎水性が高いほど吸着量比は少なく，色差は近づくことに注意していただきたい。

染料の繊維先端部・根元部への染色挙動を模式的に図2.27に示す。図中での染料の面積が大きいほど，大きな分子構造をもつと考えてほしい。繊維の先端部は損傷部分が大きく，根元部よりも＋に帯電しており，かつ，スケールで覆われる表面積が少ないため，＋電荷が根元部よりも多く露出している。スケール表皮は疎水性が高く，染料アニオンは浸入できない。染料は，スケール間隙やスケールが損傷欠損した部分より浸入することになる。

(a)は，ジ硫酸基を持つ酸性レベリング染料の場合である。2個の極性基をもつために親水性が強く，かつ，分子量が小さくて疎水性基の占める割合が小さい。このような染料は，まずカチオン基の多い先端部にイオン的に近接し，疎水結合で吸着するが，疎水結合にあずかる面積は小さく，結合力は弱い。吸脱着を起こしつつ，疎水結合で安住できる場所を求めて，根元部に移行していく。他方，根元部はカチオン性が弱く，スケールの間隙[注5]から浸入してカチオン基に近接する染料は多くないが，いったん近接すると疎水結合を生成し，あまり脱着することがない。したがい，初期に

注5）間隙の大きさで容易に通過できるのは，乾燥状態ではカーボン原子3個のプロピルアルコールまでであるといわれている［D. Harrison, J. B. Speakman；*Text. Res. J.*, **28**, 1005（1959）］。しかし，湿潤状態ではエンドクチクルが立ち上がり，浸入口は拡大し40Åほどになる［黒木；染色理論化学，p. 41, 槇書店（1996）］といわれている。他方，ウールの染料は通常15～30Å程度で，湿潤状態では浸入可能である。断面積の小さな線形の高分子，たとえばSilolan BAPなどは，浸入していくことができる。

第2編　染色加工概論ならびにウールの知識・特異性

（a）ジ硫酸基を持つ酸性レベリング染料の場合

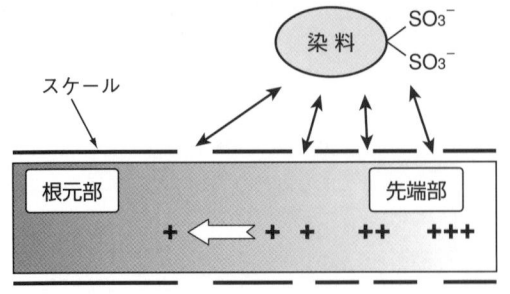

・染料は，カチオン性の高い先端部分に吸着
・先端部分の染料は，脱吸着を繰り返しながら，根元部分に移行する

（b）ミーリング酸性染料やスルホネート型1：2含金染料の場合

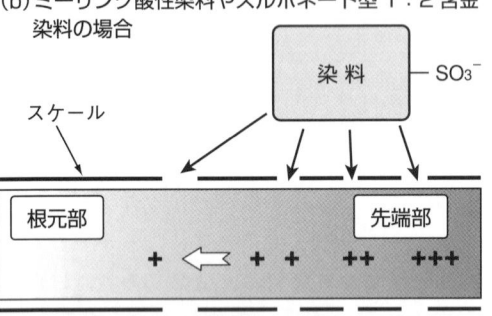

・染料は，カチオン性の高い先端部分に吸着
・脱吸着は少なく，染料の移行も少ないため，先端部分が濃染化する

**図2.27　染料の繊維先端部・根元部への染色挙動
（模式図／改森作図）**

は先端部が濃いが，吸脱着を繰り返している間に，染料は根元部に移行し，根元部の方が濃くなってしまう。すなわち，負のチッピーを形成しやすい。なお，図中で繊維内に示した矢印は，移染性の大きさと向きを示している。このタイプの染料は移染性に優れるため，湿潤堅ろう度には問題がある。

（b）は，ミーリング酸性染料やスルホネート型1：2含金染料の場合で，（a）に比べ，分子量が大きいにもかかわらず，極性基（−SO₃⁻）の数が少なく，染液への溶解度も少ない。繊維へのイオン吸引力は劣り，かつ，染料の疎水性は大きい。染料が繊維に近づくためには，極性基によるイオン的な近接作用に加え，加温による染料粒子の活性化&助剤の助力が必要である。そのような協力で，極性基（−NH₃⁺）に辿り着いた染料は，ここで疎水結合を形成してしまい，染液への溶出・移行はあまり期待できない。極性基は先端部に多いので，染料は先端部に多くとどまったままとなり，正のチッピーを形成する。

分子量が大きくても，極性の度合いが少ない疎水性のスルホンアミド型1：2含金染料の場合には，染料の極性が弱いため繊維の極性基との電気的な吸引力が少ない。温度が上がり，染料の動きが活発化すると，物理的に繊維表面に到達する染料が増加し，スケール間隙やスケール損傷部より，繊維内に浸入するが，染料の極性は弱く，極性の強い損傷領域（カチオン性の

強い領域）に取り込まれることも少ない。先端部・根元部にもほぼ均一に分配され，チッピーの度合いは減少する。ただし，繊維との疎水結合は弱く，湿潤堅ろう度には若干問題もある。

④スキッタリーの解決

以下のようなことが実用されているが，なかなかむずかしい問題である。

①カバリング性・均染性の良い染料を使用する。しかし，酸性レベリング染料では一般に堅ろう度の低下は避けられない。クロム染料は，環境問題の点で使用は抑制方向にある。

②原料による色差問題の解決のために，同一色相に対し極性の異なる複数の染料を使用する場合がある。たとえば，茶色を出すのに，前項③の（a）（b）のようにタイプの異なる染料を黄色2品目，赤色2品目，青色2品目，さらに必要なら紫色の染料まで使用するなどして，各原料の先端部および根元部にも染料が均等に分配されるような状況を作るわけである。ポリエステルの混繊糸の染色に，サイズの異なった同色の染料を複数使用して対応しているのと同様と考えてよい。しかし，ウールの場合には原料ロット差が大きく，ミクロの不均染となりやすい。これを解決するのは極めてむずかしい。

③正のチッピー対策としては，助剤で染料の分散性を増すことが有効である[14]。

現在では，両性の活性剤を用いて，染料の極性基を封鎖（親水性を低下）するとともに，繊維の極性基をも封鎖（親水性を低下）し，先端部・根元部間への染料の親和性を等しい状態に近づけることで，この問題の解決を図るのが一般的である。

④硫酸基を2個以上持つ親水性の強い染料（レベリング，一部のハーフミリング，クロム染料など）は負のチッピーとなりやすい。図2.27（a）で説明したように，染色を続行している間に先端部・根元部のコントラストは減少し，同一となり，次いで，逆転して根元部が濃くなって負のチッピーを示すようになる。このような場合，pHを下げることが有効となる。

$$D-SO_3-Na+H^+ \leftrightarrows D-SO_3H+Na^+$$

上記の平衡反応で，染料のイオン化を抑制（→方向の反応を起こさせる）して染料の親水性を低下させ，かつ染料の溶解度を低下させることにより，繊維の根元部への拡散を防止するのが目的である。

Alizaline Cyanin Green G は，硫酸染めでは正の，酢酸染めでは負のチッピーを示すが，これもこの現象の発現である。

⑤極性基・親水性基に影響されにくい，疎水性の強いカルボラン系の酸性染料とか，スルホアミド型1：2含金などを使用する。ただし，この場合の改善度は，カバリング性に優れた酸性レベリング染料に比べると，かなり低位である。

218

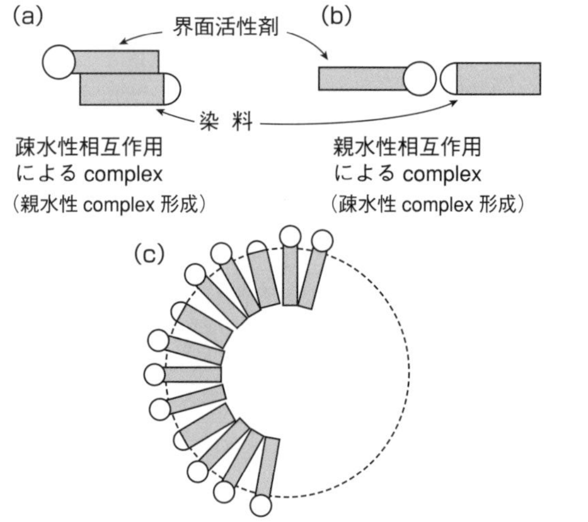

(3) ウール用染色助剤（均染剤）

ウール繊維を均一に染色することは至難の技で，特にミクロの不均染性については，現時点でも未解決であるが，その改善は助剤の開発にかかっている。

なお，この項はウールの染色を深く知ろうと思えば非常に重要な事項となるが，難解と思われる方もおられることであろう。その場合は飛ばしていただいてもかまわない。

先端部・根元部と染色性の異なった単繊維の集合体であるウールを再現性良く，染めむらなく染色するには，単繊維が同一の色相となるような染色結果を求める必要がある。それには染料の選択や助剤の選択がポイントで，染料・助剤の疎水性 complex をいかにうまく利用できるかがキーとなるということだけは知っておいていただきたい。

①界面活性剤のタイプ／染料／繊維の関係

イオン性の活性剤の染料との相容性は互いの極性基の種類や数により，また非イオン界面活性剤についてはエチレンオキサイド鎖（EO 数）の長さにより大きく影響される。

染料も界面活性剤も，ともに疎水性部分と親水性部分とを持つことは既述した（1.5.2(1)項）。

界面活性剤の濃度が増すと，疎水基どうしが相互に集合しあって，大きな集合体であるミセルを作って安定化する。染料が存在する場合にも，染料，界面活性剤の各々の水和が破れ，疎水性集合により図2.28(c)に模式的に示すような混合ミセルを形成する。

a)ウール用染料（アニオン性）とアニオン性助剤の場合

イオン性が共通し，図2.28(a)のような complex を形成する。染料と活性剤の疎水性部分（アルキル基）どうしが相互作用（疎水結合）でマスクされ，complex の疎水性表面積の極性基（アニオン基）に対する割合が染料単独の場合よりも低下し，溶解度が上昇する親水性 complex を生成する。

−に帯電した助剤が，繊維の$-NH_3^+$基をブロックすることで染料の吸着を抑え，緩染効果を与える。こういった役割が中心となる助剤は，ウール染色では芒硝だけである。芒硝は共通塩効果，繊維表面の電位低下および緩染剤などの作用を示す。ウール染色では，アミノ基の封鎖効果にもとづく親水性の高い酸性レベリングや反応染料への緩染作用，含金染料に対しては繊維先端部に偏在する$-NH_3^+$化の中和による極性減少化・根元部分との染色性の近接化によるスキッタリー現象の減少作用を利用する。

アニオン系助剤（$R-SO_3-Na^+$）も，図2.29の反応により繊維のアミノ基を封鎖することで染料の吸着を遅らせる作用があると一般にいわれるが，本当だろうか？

これについては，Holt[16]らが，図中の（＊）のような反応で助剤が$-NH_3^+$基を封鎖し，染料の近接を抑制することによる緩染効果が得られる可能性は少ない

図2.28　complex，複合 complex（混合ミセル）の形成

$$W-NH_3^+ + \begin{array}{l} D-SO_3^- \langle 染料 \rangle \\ R-SO_3^- \langle 助剤 \rangle \end{array} \longrightarrow \begin{array}{l} W-NH_3^{+-}SO_3-D \\ W-NH_3^{+-}SO_3-R（＊） \end{array}$$

図2.29

ことを明らかにしている。アニオン系助剤の緩和効果は，繊維のアミノ基を封鎖によるものではなく，染料と図2.28(a)のような親水性 comlex を作ることによるものと考えてよい。

b)アニオン性染料とカチオン系界面活性剤の場合

図2.28(b)のように，疎水性 complex を形成する。この場合は互いに親水性の極性基を失うので，一般に溶解度は低下し，沈着するに至る。

c)水溶性（親水性）のエチレンオキサイド鎖をもつ活性剤の場合

生成 complex の溶解安定性は，EO 数の大きさに影響される。

たとえ，染料が助剤と complex を生成して極性基を失っても，EO 数が大きい場合には染料単体以上の溶解安定性が得られ，溶液中にとどめておく効果，つまり緩染効果を示す。

②重要な染色助剤

a)非イオン／弱カチオン系均染剤

ウールの染色条件では，

$$R-NH(EO)mH + H^+$$
$$\rightarrow R-N^+H_2(EO)mH$$

となって，助剤はカチオン性を帯び，染料の硫酸基とイオン結合により疎水性 complex を生成する。

ここで重要なことは，m が適正かどうかである。この値が小さすぎると，complex の溶解度が低く，凝集が生じ，カチオンの場合と同様に摩擦堅ろう度が低下する。また，値が高すぎると complex の溶解度が高く，緩染効果が大となりすぎて，染料の吸収量が低下し，再現性などへの影響が大きくなる。

実用化されているこのタイプの助剤では，染料タイ

第2編　染色加工概論ならびにウールの知識・特異性

プに応じて m の値を調節し，染め足の調整や緩染効果をねらいつつ，最終の染料吸尽率を落とさないように工夫している。しかし，緩染効果を期待することから，残液が残りやすいという傾向がある。

ミクロ的な染めむらへの対応では，このタイプは染料の $-SO_3^-$ 基をブロックし，繊維の極性基への近接化を抑制するので，チッピー，メランジなどのスキッタリー現象を防止する能力が高い。しかし，可溶性とするために長い EO 鎖を持ち，親水性が強いので，次項に示す両性タイプと比べると，スキッタリー防止能力は低位と考えられる。

b)両性型均染剤

染料とカチオン基が，図2.30のようにイオン結合により疎水性 complex を生成し，新たに生成した疎水性 complex のアニオン基による繊維への近接作用と，疎水化した complex による繊維との疎水結合生成に向けての能力を高める。

Cegarra[17] らは図2.31に示す酸性ミリング染料と図2.32の助剤との関連を調査している。

この助剤は図2.33(a)のように模式化できるが，分子内および分子間で(b)で示すようなイオン結合を生じ，(c)のようなミセルを形成する。さらに，このミセルが複数個集合して巨大ミセルとなる。

助剤と染料とは，イオン的に結合して凝集していく。

このため染料の吸光度は減少するが，さらに助剤が増加すると，再び吸光度は増加に転じる。このような状況を図2.34に示す。ここで吸光度が極小となるのは (f)の場合で，染料 1.513×10^{-4} mol/ℓ（上市染料の 2 ％ o.w.f. に相当）に助剤は 8×10^{-4} mol/ℓ（6.79% o.w.f.）で，染料：助剤＝1：5.6の比率となる。

ところで，染料濃度が低下すると，吸光度を極小化するのに必要な助剤の比率は増大する。たとえば，染料0.13% o.w.f. の場合，染料：助剤＝1：15となる。したがい，染料濃度により生成される complex の形は異なっていると推定される。また，この比率は当然ながら染料および助剤の種類により異なる。実用染色では，実験に使用したほど多くの助剤を使用しないので，染色に関与するのは complex の凝集作用であると考えてよい。

助剤のエチレンオキサイド鎖が長くなるほど complex は安定で，促染効果は低下する。また，温度が低くなると溶解度は増加し，促染効果は低下する。このようすは図2.35(b)よりわかる。C−403および C−404は，80℃では助剤を使用しない場合よりも緩染性を与える。しかし，温度が高まり90℃になれば，図2.35(a)のように，この緩染効果も消失し，逆に促染効果に変わってしまうことがわかる。緩染効果を示す非イオン界面活性剤が，温度の上昇で促染効果に転ずる例を図

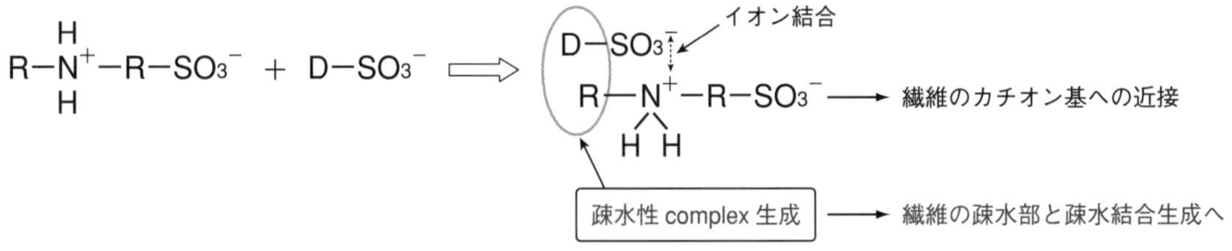

図2.30　両性タイプの助剤と染料との complex

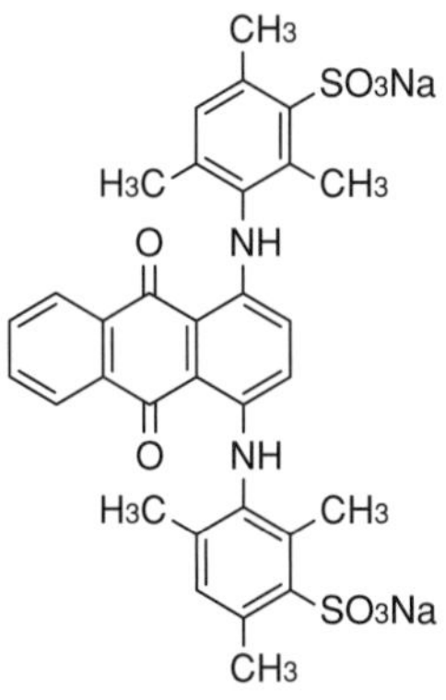

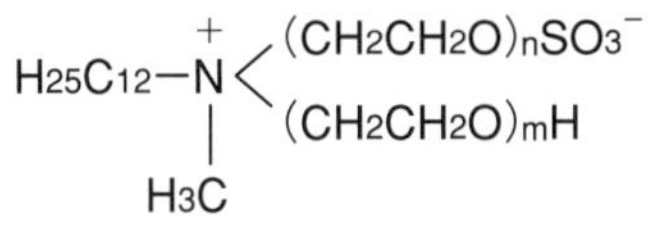

C−402　n＋m＝10
C−403　n＋m＝20
C−404　n＋m＝80

図2.32

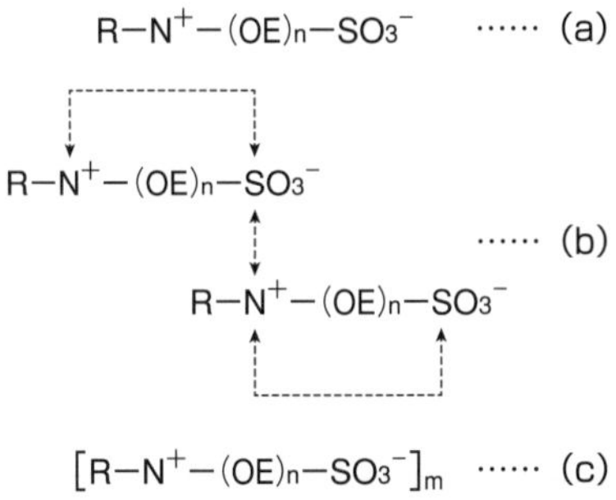

C.I.Acid Blue 80

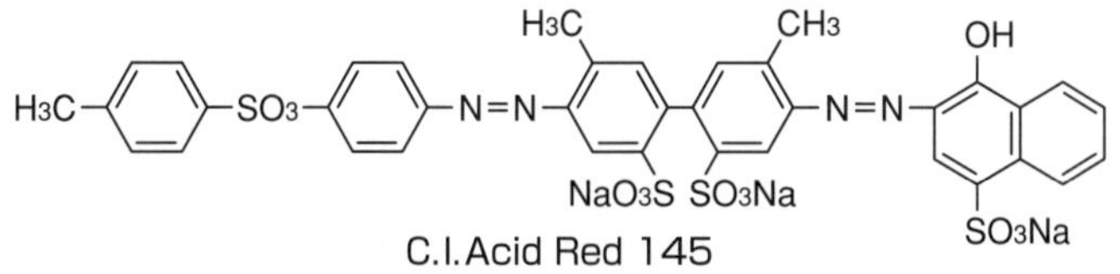

C.I.Acid Red 145

図2.31　酸性ミリング染料

$R-N^+-(OE)_n-SO_3^-$　……(a)

$R-N^+-(OE)_n-SO_3^-$

……(b)

$R-N^+-(OE)_n-SO_3^-$

$[R-N^+-(OE)_n-SO_3^-]_m$　……(c)

図2.33

第2章　ウールに特異な染色加工

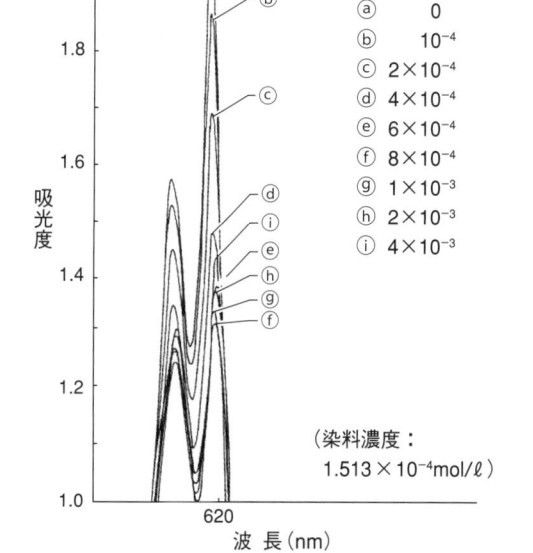

図2.34　C.I.Acid Blue 80の助剤C-402の存在下における吸光スペクトルの変化

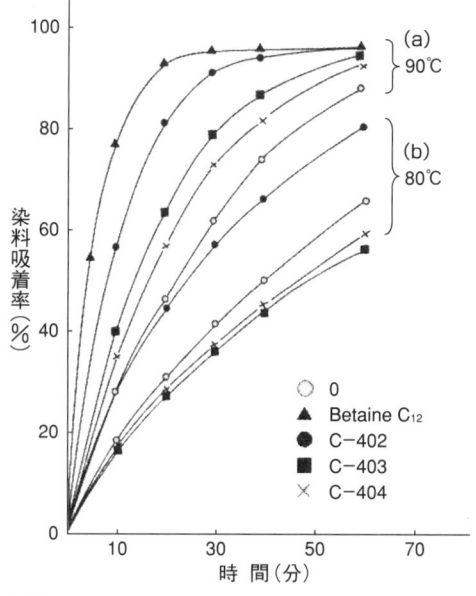

図2.35　C.I.Acid Red 145のC-402, 403, 404（3％o.w.f.）の存在下での吸着速度

1.40に示しているので参考としてほしい。

　染料と両性均染剤とのcomplexは，－SO$_3^-$基が繊維の－NH$_3^+$基によって吸引されて近接化するが，complex内の助剤のカチオン基（＞N$^+$－基）は，染料のアニオン基を封鎖しているので，染料のアニオン基と繊維の－NH$_3^+$基とのイオン的な近接は阻害される。疎水性が増大したcomplexが繊維の疎水性部分と親和性をもち，繊維の先端部・根元部，あるいは繊維の染色性差などにもとづく色差をカバーする効果が現われる。

　このタイプの助剤の代表が，Albegal A，B（Ciba S. C製）である。メーカーは助剤の構造式を公表していないので詳細は不明であるが，その主成分は図2.36のような構造をもつと思われる。ここで，RはC18程度の長鎖アルキル基（ステアリル基あるいはオレイル基）である。タイプ(B)がAlbegal Bの主成分と思われる。(B)は，(A)に比べ（n＋m）が小さくて，生成complexの疎水性を強めると同時に硫酸基を2つもち，繊維カチオンへの近接力を高めたタイプである。このタイプは反応染料のように親水性の高い染料に，タイプ(A)はミーリング酸性染料，1：2型含金染料などのような疎水性の強い染料に使用されるのが一般的である。

タイプ（A）：R－N$\Big\langle\begin{array}{l}(C_2H_4O)_nH\\(C_2H_4O)_mSO_3H\end{array}$

タイプ（B）：R－N$\Big\langle\begin{array}{l}(C_2H_4O)_nSO_3H\\(C_2H_4O)_mSO_3H\end{array}$

(A)の（n＋m）数 ＞ (B)の（n＋m）数

図2.36　両性型均染剤の構造

③染料種属と助剤との関係

a）酸性レベリング染料

　分子量が小さく，親水性に富んでいる。移染性に優れるとはいえ，スキッタリー防止能力も高いが，万全ではない。染めむらを抑制するには，染色初期の間に染料の均一な分配を促進すること，助剤としては染料と繊維のカチオン基を競合する芒硝の使用が推奨される。

　界面活性剤の役割は小さい。一般に染料親和性が強く，かつEO数を長くして生成complexの疎水性を低下させ，緩染効果を高めた非イオン／弱カチオン系などが用いられる。

　しかし，スキッタリーをより抑制し，染め面を良くするには，促染になるかもしれないが，疎水性の強いタイプ(B)の両性助剤と芒硝を併用し，低いpHで染色するのが好ましい。

b）酸性ミリング染料／1：2型含金染料

　分子量が大きく，繊維・染料間の近接にはpH要因より温度要因が強い。カチオン基をブロックするような働きの助剤があっても，染料の近接にはたいして効果はない。また，芒硝をはじめ，繊維親和性の助剤も効力は低い。

　これらのタイプの染料には，染料のアニオン基をブロックすると同時に疎水性部分をもブロックして，染料と繊維との早期の染着（疎水結合生成）を防止するようなタイプの助剤が有効である。

　非イオン／カチオン系や，Albegal Aタイプの両性が使用される。しかし，カバリング性向上の観点からは，親水性の少ない助剤，EO数の少ない助剤が好ましく，両性タイプでも通常使用されているタイプ(A)より，むしろタイプ(B)との併用の方が推奨できる。

221

c)クロム染料

分子量は小さく，親水性であるので，芒硝が有効である。しかし，芒硝は重クロム酸の液中残留を増すので，使用は最小とし助剤に頼るのがよい。助剤としては非イオン／弱カチオン系がよく使用されている。

しかし，この場合にも染め面を良くするには，疎水性の強い助剤の併用が好ましい。

d)反応染料

分子量は中程度であるが，硫酸基の数が多く，極めて親水性に富む。助剤とのcomplex生成による凝沈効果により，繊維への近接を果たす効果および繊維カチオン基の封鎖効果が，スキタリーを防止する上で絶対に必要な要件といえる。これには，Albegal Bタイプのように生成complexが疎水性の強い助剤が適している。また，芒硝による繊維カチオン基の封鎖も有効である。

④助剤の作用

a)染め足調整作用

図2.37には助剤により吸着が遅れる黄色染料を，図2.38には逆の挙動を示す青色染料を示した。Migregal W（センカ製）は，非イオン／弱カチオン系の助剤である。この助剤と黄色染料は，助剤の疎水基と染料の疎水基とが疎水結合して，親水性に富んだcomplexを作り，染浴中にとどまりやすく，染着速度は遅くなる（緩染作用）。他方，青色染料の場合には，染料のアニオン部分が助剤のカチオン部分と結合して，図2.28(b)のように疎水性complexを生成するため，促染作用が働く。

両染料を配合して染色する場合，助剤がなければ黄色の染料が最初に吸着され，温度が上がってから青色の染料が吸着される。

ところが，助剤を使用すると両者の染め足はほぼ揃い，最初から最後まで染色物の色相は黄緑色を呈するようになる。

一般的に，分子量が小さい染料，もしくは極性基が強い染料とは親水性complexを，その逆のような染料とは疎水性complexを作るように作用するような助剤が好ましい。

このようなバランスは，EO鎖をもったものが取りやすい。

b)染料の繊維への近接化作用

疎水性complex生成による，溶解度低下による繊維への沈着作用and/orと生成complexの$-SO_3^-$基と繊維の$-NH_3^+$基とのイオン的な吸引作用による。

c)染料の単分子化促進・促染作用

混合ミセル内，あるいは非イオン界面活性剤の曇点形成により濃縮された活性剤層内では，会合染料の可溶化，解離，単分子化が進む。

さらに，繊維表面に沈着した活性剤層で染料濃度が増大するので，染料の繊維内への拡散速度が増加する。

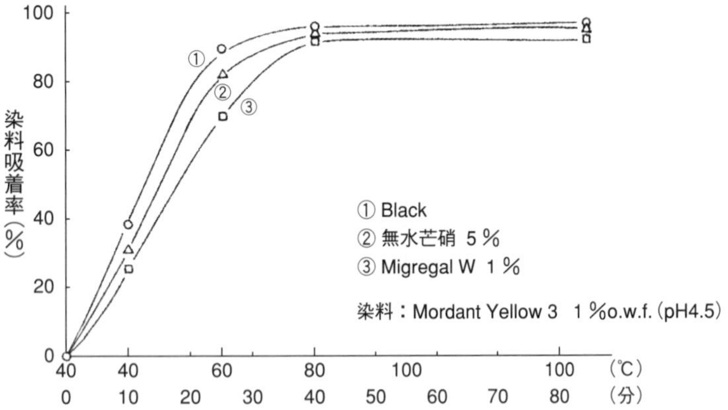

染料吸着率（%）
100
80
60
40
20
0
40
60
80
100
(℃)
0
10
20
30
40
50
60
70
80
(分)
① Black
② 無水芒硝 5％
③ Migregal W 1％
染料：Mordant Yellow 3 1％o.w.f.（pH4.5）

図2.37　助剤で緩染される例（改森作図）

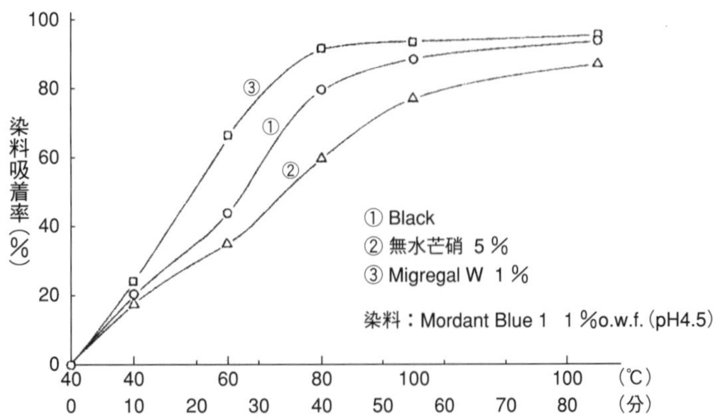

染料吸着率（%）
100
80
60
40
20
0
40
60
80
100
(℃)
0
10
20
30
40
50
60
70
80
(分)
① Black
② 無水芒硝 5％
③ Migregal W 1％
染料：Mordant Blue 1 1％o.w.f.（pH4.5）

図2.38　助剤で促染される例（改森作図）

d)均染性（緩染性，移染性）向上作用

親水性 complex 生成による緩染効果，疎水性 complex 生成（染料の極性基の封鎖）による繊維極性基への親和性低下効果，あるいは芒硝による繊維極性基の封鎖効果などによる。

e)カバリング性（チッピー防止性）向上作用

疎水性 complex 生成による繊維の極性基への親和力低下効果 and/or 疎水性部分への親和力増大による。

f)浸透性向上作用

緩染効果，繊維の極性基封鎖による移染効果などによる。

2.1.4 染色形態と実際の染色上の注意点

(1) ウールの染色形態

ウールの染色は，世界的には大半がトップ染め（スライバー染め）で行われている。パッケージ染め，バラ染め，反染め，綛染めがこれに続くが，量は多くない。中でも，反染めは染色がむずかしく，多品種少量生産が中心となっているわが国以外では実施例は少ない。

なお，わが国で反染めが実施されているのは，均染性に優れた酸性レベリング染料やクロム染料を用いることができるというのも大きな理由である。酸性レベリング染料は，耐光堅ろう度も湿潤堅ろう度も弱いという欠点があるが，ファッション性が高く，染め面がきれいで，かつ，耐久性がそれほど要求されない婦人物など少量生産用途を中心に反染めされる。また，クロム染料は Cr の人体や環境に与える問題点が懸念され，世界的に使用が制限されつつある。しかし，わが国ではユニフォーム，特に学生服で要求される耐光堅ろう度，湿潤堅ろう度で代替染料がないため，使用され続けているのが実態である。レベリング染料やクロム染料の代わりに，反応染料で反染めする技術はレベルが高い。その方法については後述する。

日常的に無地織物をパッケージ染めで展開しているのも，世界的には珍しいことである。しかし，わが国でも，このような染色技術をもつ染色工場は限られている。いかにしてパッケージ染めのトラブルを解決するかについて検討することも重要である。

プリントは，スカーフ用などの製品へのハンドプリントぐらいである。生産ロット単位が極めて小さいというだけではなく，ウールプリント製品は，着用中に表の印刷柄が裏面へと反転現象を生じてボケやすいといったこと，プリントの蒸しによる発色が不十分なこと，撥水性があるため，毛羽先と組織の根元部との色相違いによる色相のプワー性，イラッキといったことも敬遠される大きな原因である。なお，綿で大量生産されている連続染色方式のウールへの適応は，単に生産ロットが連染には小さすぎるという理由だけではなく，蒸し（スチーミング）工程で発色がプワーなこと，堅ろう度が低いことなどによる。これは，染色の進行の第3ステップでの単分子化が不十分なことに起因す

る。

トップ染め，スライバー染めについては，わが国では限られたメーカーだけで行われているため，ここでは触れない。興味のある方や学びたい方は，文献[18]を参照願いたい。

以下，糸染めおよび反染めについてのポイントとして，糸染めに関してはパッケージ染色の均染性について，反染めでは反応染料を使用した染色法について述べていきたい。

(2) パッケージ染色の均染化，染めむら防止対策

①パッケージ染色の基本的な問題点

図2.39に，パッケージの横断面を示す。内径 r の点を通過する液量 V（/秒）は，$2\pi rV =$ 一定との関係がある。したがい，r が小さいほど V は大きくなる。ところで，染色は染液との接触回数，流速，流量により強く影響される。流速の重要性については，1.2.3 (3)項 境界膜（図1.24）で述べた。

図から明らかなように，パッケージ染色では内層に近いほど，単位当たりに流れる液量も液速も大きいので，染料との接触の点では内層は外層よりも圧倒的に有利である。極論すれば，パッケージ染色は，もともと内層／外層に染着差が生じるのが自然であり，これを無理に修正して，内層／外層の染着量を同一にしようとする作業であるとすらいえよう。

なお，最内層は染色ボビンに密着しており，ボビンの孔に接していない図の斜線(a)を施した部分は染液の流れが悪い。本来，最内層の繊維は液量の通過量が最も多く，最外層よりも濃くなるのが当然で，薄くなるはずがない。それにもかかわらず薄くなる場合がある。原因の大部分は，液の流れに不利な箇所が最内層にあることによる。

均染化，染めむらの防止対策は，染色工程で再加工を防止し，効率化を図る上で重要である。

②問題点への対策

この対策には各種の方法があるが，ともあれ，染液との接触回数が重要である。それには，機械自体の性能をよく理解し，能力不足の機械に対しては能力アッ

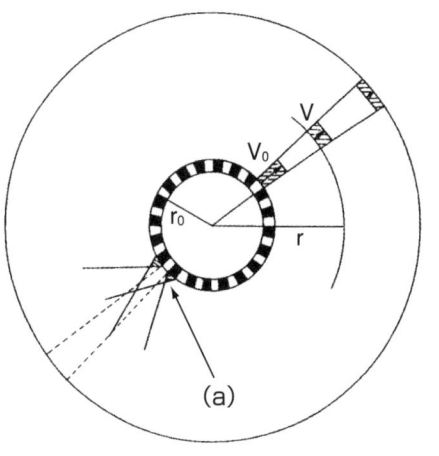

図2.39 パッケージの横断面模式図

プの手段を講ずる必要がある。

なお，染液の温度の上昇は，染料の活性化，繊維表面のバリアーの緩和化，表面張力の低下，染液の粘度の減少，流速の増加による拡散境界膜（図1.24）の減少化を促す。また，パッケージの透過性が良好となり，パッケージの抵抗率が減少する。パッケージの内外に生ずる差圧も，染液の温度上昇に伴い，一般には低下する。

a) 機械の能力をチェックする OBEM 法

OBEM 社が経験則にもとづいて出した「バルキエットの公式」で，均染性を得るための指標として安全定数子（St）を考える。

$$St＝F／（1－d）^2 * Rb ＞ 9 が必要$$

ここで，F：染液流量（ℓ/kg・分）

d：巻き密度

Rb：浴比

たとえば，F＝40，d＝0.35，Rb＝10の場合，St＝40／（1－0.35）^2 *10＝9.47＞9となる。通常の染色機で染むらの問題をなくすには，経験的に流量として40ℓ/kg・分以上が必要との認識が一般的であるが，これにこの経験式はよく合っているように思う。

b) ラピッド染色理論

1.5.5(4)②項で紹介した。

c) Hoffmann の考え方[19]

染液との接触回数，流量あるいは1循環当たりの染料吸着量，このほかにも均染性に影響を与える重要な項目として，繊維表面の染料濃度への感受性，移染性，配合染料の同色性（調和性），液流の正逆，液流の不均一性などを考慮して染色工程を考え，均染化を高める方法を提示している。詳しくは文献[20]等を参照願いたい。

③パッケージ染色の代表的な染めむら

パッケージ染色における代表的な染めむらを以下に示す。

・（芯部）外差
・肩の部分が薄くなる
・最内層のみが濃くなる
・パッケージの中央部（中）が薄くなる
・内層・外層のみが薄くなる
・パッケージ間に色差がある

a) 芯部の収縮問題への対応

最芯部の PP コーンに接している糸は，染液の吐出圧とコーンの熱膨張により伸ばされ，扁平化する。また，最芯部では（図2.39(a)）で示したように，孔に出口のように液の通りやすい部分と，孔と孔の間の PP コーン部分に接触して糸部分への液の通りが悪い部分が生じ，芯部は落ち着かない色相となり，状況により全体として濃くなったり，淡くなったり不安定となる。

このような，色むら問題および物性変化問題を少なくするには，芯部に収縮余地を取るのがよい。捨て糸を巻いたり，スポンジや不織布などでできるだけ層厚の収縮余地を取ることが望ましい。このような対策をとった場合，色相確認に芯部を取り出すとパッケージ形態が潰されるので，乾燥後に巻き直す必要がある。こういった点に対応するには，芯部に溶解消失する PVA（polyvinyl alcohol：ポリビニルアルコール）製の糸束やネットなどを巻くのがベストと思われる。芯部対策を施し，巻き密度[注6]をやや高めとし，流量を落として染色することが好ましい。もっとも，スペーサを使用するパッケージ染めでは，流量を落としすぎるとか，硬度を高めすぎると，染液はスペーサ間からチャンネリング[注7]してしまいがちである。上ネジを通常より硬く締めても，対策には限界がある。

b) 内→外一方流染色

内→外一方流染色の液流の模式図を図2.40(A)に示す。(a)(b)の斜線で示したように，最内層やパッケージの肩部分に染液の通りにくい箇所ができやすい。結果として，最内層や肩の色が薄くなる現象に結び付く。

(i)硬度が柔らかすぎる場合 （図2.40(B)）

ソフトに巻きすぎた場合には，液流によりパッケージの糸層は外側に押し広げられ，液流は上下方向に向かい，スペーサの間隙を通って(c)のように逃げてしまいやすい。相対的にパッケージ内部に流れる染液が減少し，肩の部分や中間部の色が薄くなりやすい，あるいは不規則な染めむらが発生しやすい。また，パッケージ中の密度が甘い箇所(d)には液流が集中し，ますます空間が開いて，液の通る水路（チャンネル）が形成される。水路(e)に接する最表面部は，液流が強く濃く着色するが，内部(f)には液が通らず色が薄くなるなど，パッケージ中で部分的に色相変動，すなわち染めむらが発生しやすい。

このような現象は，内→外一方流で，特に流量や流速が速い場合に発生しやすい。

(ii)強撚糸の場合 （図2.40(C)）

強撚糸，サイロスパン，フィラメント巻糸などは糸が丸味を帯び，膨潤しにくくコンパクトになっている。このため，糸間に空隙が多く，染液の通りが良いのでパッケージのごく表面の色が淡くなりやすい（(g)部）。ウール強撚糸のみならず，ポリエステルなどのように膨潤しない繊維でもよく見られる。主原因の1つは，次のとおりである。

図1.24で説明したように，流速にむらがあると，速いところは拡散境界膜（δ_D）が小さいため，染料が速く繊維表面に到達する。すなわち濃く染まり，不均染の原因となる。

染液への抵抗が少ないと，染液が芯部よりパッケー

注6）パッケージの巻き密度は，染色機や巻量などにより異なるが，ウールでは一般に0.27〜0.40程度で実用されている。

注7）特定の水路を通って液が流れる現象を，「チャネリング」とか「リーク」と呼んでいる。

第2章　ウールに特異な染色加工

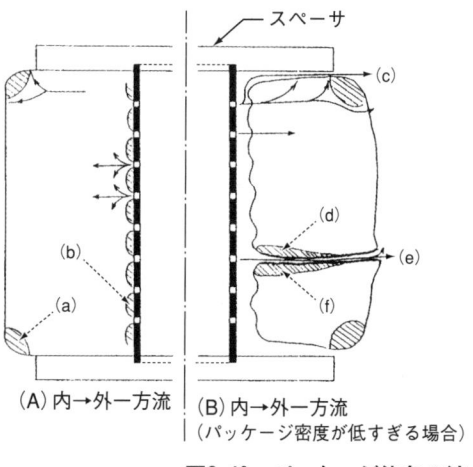

| （A）内→外一方流 | （B）内→外一方流
（パッケージ密度が低すぎる場合） | （C）内→外一方流
（強撚糸の場合） | （D）外→内一方流 |

図2.40　パッケージ染色の液の流れの模式図（改森作図）

ジ表面に到達した時点でも，ある程度の速度をもっている。ここで，染液は狭い糸間から急に広い空間内に出ることになる。すなわち，パッケージ表面上で染液速度が急に減速することになり，ごく表面部のみが淡くなる現象が発生する。川の急流が，広い河口に至ると急減速するような例を考えればわかりやすい。

対応としては，表面付近での染液速度変化の急変を防止すればよい。上部に捨て糸を巻く，液量を減少させる，巻き量を増加させるなどである。

(iii)内→外一方流染色の欠点と対策

いずれにしろ，内→外一方流染色の場合，液の通り道が決まってしまうのが，大きな欠点である。染液の通り道ができるのを避けるためには，間欠（かんけつ）運転を行うことが有効である。心臓は鼓動を打っているが，これにより末端の毛細管にまで血液が送られている。もし，心臓が連続で動いているとすれば，血液は流れやすいところのみに供給され，微細な毛細管までには血液が届かないことであろう。間欠運転（拍動，これにより脈流が発生）はこれに倣うものである。

ソフト巻きでは硬度の管理がむずかしく，硬度むらが出やすい。また，液流により変形しやすく，チャンネリングしやすい。結果として，パッケージ内のむらやパッケージ間の色差を生じやすく，問題が多い。むしろ，やや硬目とするほうがよい。

(iv)外→内一方流染色（図2.40(D)）

図2.39で述べたように，パッケージ染色では内層が外層よりも濃く染まるのが自然である。これを少なくするには，内→外よりも，外→内に染液を流したほうがよい。もっとも，外→内流にしてもまだ内層の方が有利で，濃く染まるのが自然なことには変わりない。ところで，パッケージの巻き密度に差がある場合，密度の甘い部分には液が集中し，パッケージを押し潰す結果，密度が増加し，結果として，パッケージ内やパッケージ間の密度むらが修正され，リークが防止される。

この現象は，内→外流とするよりも外→内に染液を

流した方が，均一な染色を得るには好ましいことを示す。表2.8にも外→内流の有利性を示した。表は，反応染料による綿のコーン染めで，アルカリの添加方法（1回で投入する場合と，3回に分割する場合）と液流の方向を変えた場合の不均染性への影響度合いを示す。添加方法を変えるよりも，液流を外→内にする方が，均染性を高めるのには明らかに有効であることがわかる。

ところが，実際には外→内一方流染色は珍しい。なぜであろうか。内→外流に比べ，外→内流はパッケージを押し潰すために，液流には抵抗が多く掛かる。すなわち，ポンプに掛かる差圧が大となり，流量が低下する。つまり，流量重視の従来の考え方とは相入れなかったのである。さらに，最内層では密度が高まる結果，図中で示した斜線部分がより強く出やすい。このため，最内層が薄くなる現象が出やすい。最内層対策として，パッケージの変形を抑制できるように硬く巻く，ボビン表面に肉厚の不織布を巻くことなどにより，最内層の問題を解決することが可能である。

(v)正逆二方流染色

一方流では，外→内の方が優れている。内→外流では，チャンネリング防止策が絶対必要で，このためには脈流染色を行った方がよいことを述べてきた。しか

表2.8　染液方向ならびにアルカリ添加方法を変化させた場合の反応染料染色における不均染性

染色 No.	液流方向 （一方向）	2g/ℓソーダ灰の 添加方法 （ステップ数）	不均染性 （⊿E−CIELAB）
1	i→o	1	6.0
2	i→o	3	2.8
3	o→i	1	0.6
4	o→i	3	0.7

・浴比　1：10，0.6サイクル/分
・0.2% Levafix Golden Yellow E−G
　　＋0.2% Levafix Brill. Blue E−BRA
・ソーダ灰の投入：30分後もしくは30，45および60分後

225

し，いずれにしろ内→外一方流染色には限界がある。

正逆二方流染色の意義は，外→内流の利点を活かしつつ，この欠点を内→外流ならびに間欠運転（脈流染色に近似）で修正する点にあると思われる。むずかしい素材には，正逆二方流染色で対処するのが賢明であろう。

ただし，正逆二方流染色では，内外両方向よりの液流で圧縮されるので，糸乱れが生じやすい。特に，巻き密度が少ない場合にはフェルト化を発現しやすい。液流変化の効果については，Hoffmann が 4 〜 8 循環当たり，1 回のチェンジで最高の均染性が得られたと述べているように，頻繁なチェンジが均染性に有利になるとは限らないので，必要最小限にとどめるべきである。チェンジ頻度は，染色業者により，また浴比によりかなり相違しているが，昇温時には 3 〜 5 分ごとに，しかも内→外方向の時間を多くするのが一般的である。

2.1.5 反応染料による反染めのポイント

2.1.3(1)②項において，Cr（Ⅵ）の使用が世界中で禁止される方向にあると述べた。

20年ほど前の1995年頃より，世界的にクロム規制への関心が高まり，カネボウ[注8]等10社ほどのウール事業を営む大企業の染色加工部門の技術指導者が，国際羊毛事務局を中心に連携をとって脱クロム染料を目指し，共同で反応染料による代替技術を確立した。2000年直前には，新聞発表まで予定していた。耐光性・耐候性の悪さについては，技術限界であるとして顧客にお許しを願う予定であった。しかし，在庫品対応で販売部門との調整がとれず，断念した経過がある。

しかし，いずれ脱クロムを図らなければならない時代が来ることに備え，反応染料による反染め技術についてポイントだけをまとめておこう。

(1) メタルフリー染色技術の開発ターゲット

ウールの染色で用いられる重金属のうち，ターキス系で鮮明な色相を得るためには，Cr ではない重金属を含んだ染料を使用せざるを得ない。そのため，メタルフリーと称するものの，実際には，Cr（クロム染料およびクロム含金染料）を使用しない染色技術の確立を目指した。

染色形態で，トップ染め，糸染めに関しては技術的なハードルは低いので，技術的に困難な反染め技術の確立を目指した。

色相としては，淡・中色には酸性レベリング，ハーフミリング，ミリング染料などが使用されており，反応染料で代替する必要は少ない。そこで，中・濃色，特に紺や茶系に染色する反応染料の染色技術確立を目指した。

(2) 反染めへの障壁技術

①原料の不均一性

反応染料を用いると，原料差や履歴差に起因するチッピー，フロスティー，スキッタリーといったさまざまな表現で表わされる微細な染めむら，濃淡差，色相差による落ち着きのない染色結果につながりやすい。

②その他，染色までの工程で生じた不均性など

・製織後の日焼け，かび，紡績（特に紡毛紡績油）などの履歴に起因する色むら
・反応染料は，概して染めむらになりやすい
・高コスト（染料代が高い，染色時間が長い）

(3) 障壁を克服する手段

まとめると，

・原料（ウール）の疎水性／親水性のバランス差（相違）の僅少化
・移染性の優れた反応染料の選定
・疎水性／親水性の相違をカバーする助剤
・染色法の選定
・コストに対しては，業界として共同歩調（染料の共同仕入れ）

などが挙げられる。

①原料損傷の均一性

解決する 1 つの手段は，綿のシルケット加工やウールの防縮加工のように，繊維表面を故意に損傷化させることで単繊維自体や繊維間の損傷度合いの差を小さくすることである。漂白，酵素分解，強酸処理，均染剤，酸化処理，塩素化，かび落とし（臭素酸処理），アルカリ処理などの前処理が考えられる。

これらのうち，最も有効なのは塩素化および臭素酸処理である。しかし，これらの使用は当時としてはAOX（可溶性有機ハロゲン物質）問題[注9]を発生させる可能性が高いので，使用できなかった。また，初期の防縮加工ウールの製造技術であるネバーシュリンク加工[21]（$KMnO_4$使用）も有効と思われたが，重金属 Mn を使用するのでここでは対象外とした。

そこで，アルカリ処理や過硫酸カリなどの酸化処理の検討が次善の策となる。しかし，このような前処理でウールの親水性／疎水性部分の差を減少できても，塩素化処理などに比べると改善度には限りがあり，良好な結果を得るには他の手段で補う必要がある。すなわち，染料，助剤，染法を統合したシステムとしての改善が必要となる。

アルカリ処理については，ソーダ灰処理でウールが損傷を受け，原料の不均一性がある程度改善できることを確認した。後出の2.1.6(2)④項の②で，反応染料／ウール用染料による二浴染めにおいて，セルロースの染色時にウールが損傷を受け，セルロースのシェー

注8）法人格はトリニティ・インベストメント株式会社へ合併，花王の子会社など数社に分割。
注9）この問題は，現在では沈静化している。

ディング用染料がウールにかなり吸尽されるようになると述べているが，セルロース染色時のソーダ灰処理によって，ウールの染色性はかなり変化する。

②染料タイプと移染性

a）反応染料の構造の特徴

反応染料が本来の堅ろう度を示すには，未反応染料の除去が必要である。これに応えるために，親水性を向上させる必要がある。硫酸基を2つ以上もたせて溶解性を高めたり，染料分子を小さくして疎水性の寄与を少なくしている。結果として，ウール用反応染料は，一般的には分子量が小さく，その割に硫酸基の数が多い。

b）構造にもとづく染色特性

親水性が強く分子量が小さいので，酢酸酸性では繊維への親和性が弱い。ギ酸酸性以下のpHであれば繊維に親和性を示すが，繊維の先端などの親水性部分ばかりに吸着され，この位置で反応結合してチッピー染め，メランジ染めとなる。他方，pHが低すぎると共有結合が阻害されるので，移染性が高まる一方で加水分解のため反応性を消失してしまい，再現性などに影響が出る。

c）反応基

ウールにはセルロース用の反応染料も多用され，Sumifix Supra 染料とか Cibacron F 染料，Kayacelon React 染料など多数の染料（反応基）で，アルカリ～酸性，低温～高温によってスケールを塩素化改質したウールを堅ろうに着色することはできる。しかし，通常のウールをスキッタリーなく，かつ収率良く染めることのできる染料は数少ない。

d）反応機構

親核置換反応と親核付加反応がある。前者の代表例は monochlorotriazine，後者は α-bromoacrylamido（lanasol の反応基）や vinylsulphone などである。

e）3原色用反応染料

Lanasol Yellow 4G/Red 6G/Blue 3G（Ciba. S. C.）は，旧来から防縮ウールの染色に使用されてきた。比較的小さな分子量と反応基が特徴である。ただし，コストは高い。

これ以外に，クロム代替をねらって開発された反応染料として，高い吸尽と固着，等電点領域での染色に使用することを目的としてクロム染料に匹敵する高度の湿潤堅ろう度をもつ比較的経済的な3原色用染料グループ，2個または3個のスルホン可溶基を有する分子量の大きい構造をもつグループ，2官能基をもつ綿用の染料Sumifix Supra のグループ等がある。

f）両性型均染剤

図2.36（2.1.3(3)②項）で説明したタイプ(B)の均染剤を使用する。

⑷ スキッタリーのないウール反染め技術

①染料の選定

前項の⑤で挙げた染料は，いずれも親水性が強く分子量が小さい。このような染料を，まず，助剤なしで染色するとどうなるかを考えてみよう。この場合，繊維への染料の近接を図るためにpHを低下させ，繊維のカチオン性を高める（$-NH_2$ → $-NH_3^+$）必要がある。

低pHでは固着速度は遅いが，固着前に繊維の先端（カチオン性の高まった領域）に近接し，そこで共有結合を生成してチッピー染め，メランジ染めとなる。「メランジ染色」は，この原理を応用している。

スキッタリーを抑制するためには，両性型均染剤を用いて，疎水性の染料－助剤 complex を形成させる。この疎水性が適正であれば，$-NH_3^+$ 基に誘引されて繊維に近接し，疎水性 complex より解離した一部の染料が共有結合を生成するが，残りの complex は繊維と吸脱着を繰り返しながら，順次，根元部に移行していく。その間に，complex より解離した染料が適宜共有結合を生成していく。このため，先端部から根元部にほぼ均一に分配された状態で結合するものと期待できる。

本当に均一な分布が期待できるかどうか確認するため，まず，均染剤として Albegal B を使用して，前項e）で挙げた3原色染料を評価した。

その結果，反応基としては，大きな親水基を付けて可溶化を図る必要のある大きなサイズの染料よりも，その必要がない小さな分子量と小さな反応基をもつ染料が好ましい，すなわち，lanasol 3原色が最適であることがわかった。

たとえば，綿用として著名な Sumifix Supra 染料は綿には好適であるが，ウールに適合するには分子量が大で，かつ親水性が高すぎるためスキッタリーとなり，その修正はむずかしい。

②両性型均染剤の選定

両性の助剤を使用した場合には，生成した疎水性の complex が先端部に優先・限定され，取り付くといったことも少なく，繊維全面に分配されることでスキッタリー性は抑制される。ただし，生成した complex の大きさ，疎水性の度合いで先端部・根元部の配分が変わる。

このため，両部に均等に配分できるような染料3原色と各種の両性型助剤を検討した。助剤メーカーとして有力な会社に，新規開発を含めて助剤の説明と供給を受け，実用試験に供した。

その結果，染料グループによってスキッタリー抑制効果は多少評価が相違するが，市販されている Albegal B と大差はないことが判明した。

③原料の不均一性への対応

2.1.5(3)①項で述べたように，アルカリによる前処理が有効である。

2.1.6 ウール混の同色染めのポイント

ウール[注10]混の同色染について，以下要点だけをまとめておこう。詳細については，他の文献[22]などを参照願いたい。

⑴ ポリエステル／ウール混（PE/W）の同色染め

PE/W染色のポイントは，W汚染をいかに少なくするかが，染色堅ろう度不良，不均染事故などの染色トラブルをなくす上で重要である。このためには，キャリヤーや分散染料の選定などがポイントとなる。

表2.9に，分散染料1％ow PE[注11]による110℃×60分染色で，キャリヤー［Levegal PEW（alkyl phthalimide 誘導体）］1mℓ/ℓの有無および酸性染料1％ow W の有無の影響を示す[23]。キャリヤーにより W汚染が減少し，PE染着量が増大するが，酸性染料の存在は逆に作用することがわかる。染色初期には，酸性染料と一緒に分散染料は W に取り込まれる。染色の進行につれ，W と各種結合を生成して染着する酸性染料が，W 内に取り込まれた分散染料の浴中への拡散脱離を阻害するためと考えられる。

①キャリヤー

一浴染めでも二浴染めでも，堅ろう度に大差はない。後者の場合，PE染め後に中間還元洗浄を入れることができるが，後に続く W 染色時に PE に吸尽されていた分散染料の一部が再び W 側に移行するためである。したがい，一浴染めの方がはるかに合理的といえる。

反染めの場合のキャリヤーは，ターリング（染料凝縮）とか白抜けといったトラブル回避のため，カラーバリューは劣るが無臭性の alkyl phthalimide 誘導体の使用が，選択肢の1つである。

キャリヤー効果をもつものは多岐にわたるが，W汚染が少なく，カラーバリューが高く，染色形態に応じて問題のないものを選ぶ必要がある。PE/W混では，キャリヤーの均染性を重視する必要はない。

②分散染料

分散染料の選定は，キャリヤー選定後に行う。同じC. I. No.の染料であっても，メーカーにより染料に含有されるビルダーや分散剤が異なり，キャリヤーとの相容性も変化するので注意が必要である。汚染色相がPEの色相と類似となることも，色合わせ上では重要である。なお，汚染色相の把握に当たっては，洗浄条件を加味する必要がある。

分散染料は，まず W に吸着（汚染）し，温度が上がるにつれて PE に移行する。W が分散剤の代わりをすると考えてよい。

③分散剤

分散剤と染料との相容性は，かなり複雑である。分散剤の使用が却って染料の凝集を加速させたり，W汚染を増加させたりするケースも多い。非イオン系や特殊アニオン系分散剤などは均染性を高めたり，汚染を抑制する効果をもつが，染料によっては染着阻害作用をおよぼす。したがって，PE/W混染色においては，PE 80％以上の高率混とか，無理な染料配合をしなければならない特殊な場合を除いて，分散剤を使用しない方がベターである。

ソーピングは，汚染した分散染料を除去するため極めて重要である。ソーピング剤を使用する場合と，還元洗浄をする場合がある。前者のみでも堅ろう度的には十分対応できる。ただし，極濃色に対してソーピング剤の高濃度洗浄を行うとコストアップとなるので，W 用染料が還元に比較的強い1：2型含金，クロム染料の場合には還元洗浄が行われる。

還元洗浄の条件は，W 損傷や染料分解などのトラブルを避ける意味で，ハイドロサルファイトコンク2g/ℓ，25％アンモニア4cc/ℓ，ソーピング剤2cc/ℓを用いて，60℃×20分処理を上限条件と考えて対処する必要がある。

④その他

キャリヤー，染料の選定が適正に行われ，染色時にpH が適正に保持されている限り，PE/W混の染色自体には問題は少ない，

⑵ セルロース繊維（Ce）およびウール混（Ce/W）の同色染め

①精練

セルロースとしてレーヨンが使用される場合には，界面活性剤のみの精練で十分である。ただし，レーヨ

表2.9 分散および分散／酸性染料による染色

	分散染料単独染色の場合		分散／酸性染料併用染色の場合	
	No Carrier	Levegal PEW	No Carrier	Levegal PEW
染料吸着率（％）	92.96	93.03	93.31	93.02
羊毛汚染（K/S）	1.950	1.339	2.665	2.183
PE の染着率（K/S）	2.857	3.854	2.668	3.641

分散染料：C. I. Disperse Blue 185　1％ow PE
酸性染料：C. I. Acid Red 211　　1％ow W
Levegal PEW：1mℓ/ℓ

注10）この2.1.6項では，ウールは W，セルロースは Ce と表示（他の素材も同様）する。
注11）on weight of PE を示す。ほかの素材についても同様。

ンはビスコースを硫酸溶液中に押し出して凝固させた後に，洗浄・脱硫・漂白・仕上げの各工程を通した後，フィラメントあるいは切断してステープルとして製造されている。レーヨンによっては，この工程で十分に脱硫されていないような例もあるようで，このような場合には色相再現性が不足してしまうために，酸性漂白が奨められている。

他方，綿が使用される場合，原綿で精練やマーセル化が行われるのが理想的であるが，通常は未精練綿が使用されている。

このような場合，Wの損傷を可能な限り少なくするために，0.5～2g/ℓソーダ灰および界面活性剤で70～80℃処理する。漂白が必要な時には，有機過酸を利用する弱酸性～中性での漂白（2.1.2(2)③項）を推奨する。

②直接染料／W用染料によるCe/Wの一浴染め

温度，pH，浴比の管理が再現性の点で大切である。また，染料どうしの染め足は揃っていない，耐光や湿堅ろう度にも劣る，鮮明な色相が得がたいなどの問題点があり，一般には反応染料への切り替えが進んでいる。しかし，安価で染色時間も少ない，染料の吸尽率も高い，使用する塩の使用量も少なく排水への負荷が少ないなど優れた点があり，上手に使用しようとする例が多い。

染色pHの関係で，W用染料としてはスルホアミド型1：2含金染料が好ましいが，濃色にはスルホネート型1：2含金染料を使用し，pHを5.5程度で染色すればよい．

直接染料／酸性染料による染色例を図2.41に示す。

ⓐ KayarusおよびKayacelon C染料は，染浴pHが低い時にはW汚染が大きくなるので，pH7で染色する。これには，Kayaku Buffer P-7（日本化薬）0.5～1.0g/ℓを使用するのが簡便である。

ⓑ淡～中色はKayarus染料，中～濃色はKayacelon C染料を使用する。

ⓒ W用染料としてはpH7で染色でき，芒硝耐性およびCe汚染防止性に優れる染料を選定する。

③反応染料／酸性染料によるCe/Wの一浴染め

・Kayacelon React染料／ウール用染料による一浴染め

中性染色用の反応染料であるKayacelon React染料を使用し，pH7で染色しようとするもので，淡～中色用途，特に淡色に適している。淡～中色の標準的な染色法を図2.42に示す。

ⓐ芒硝は，淡色（0.5％o.w.c.以下）10～30g/ℓ，中色（0.5～1.0％o.w.c.）30～80g/ℓ，濃色（2.0％o.w.c.以上）80g/ℓが適切である。

ⓑフィックス処理は，染料濃度が0.5％o.w.c.以下は不要，0.5～2.0％o.w.c.は第四級アンモニウム系を，2.0％o.w.c.以上はポリアミン系のフィックスを使用する。

④反応染料／W用染料による二浴染め

これには，Wを先に染める方法，Ceを先に染める方法がある。染料の組み合わせにも，酸性／Ce用反応，クロム／Ce用反応，W用反応／Ce用反応，Ce用反応などがある。

Ceを先に染める場合の問題点を考えると…

①Ceの反応染色時には，芒硝を多量に使用するので，W汚染が極めて多い。これら汚染染料の除去は一般に困難である。さらに，先に染色したW側の色相が変化し，色相の再現性が取りにくい。また，湿

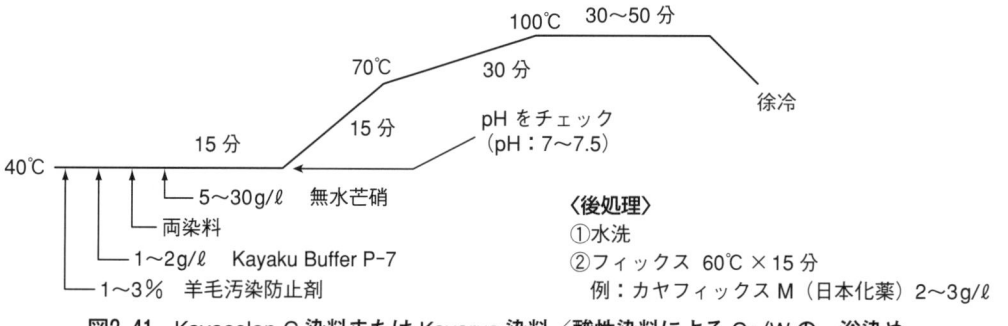

図2.41 Kayacelon C染料またはKayarus染料／酸性染料によるCe/Wの一浴染め

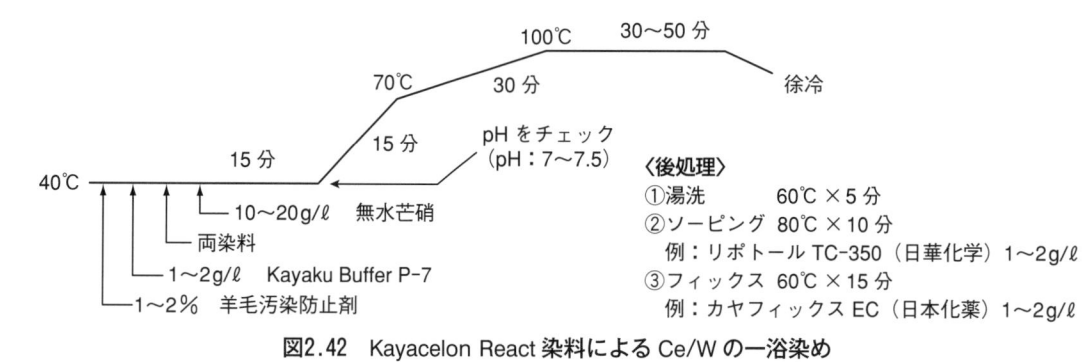

図2.42 Kayacelon React染料によるCe/Wの一浴染め

第2編　染色加工概論ならびにウールの知識・特異性

潤堅ろう度不良につながりやすい。

②Ce サイド染色時に，W がかなり損傷を受ける。Ce 染色時に損傷を受けた W は染色性が高まっており，反応染料によるシェーディング[注12]の必要が生じた場合にも，シェーディング用染料が W にかなり吸尽されてしまい，色合わせに困難が伴う。

③W 染色による Ce 汚染は無視できるほどに少ない。他方，Ce の反応染色時に W はかなり汚染される。このため，第一浴で Ce を染色して色相を確定した後に，第二浴で W を染色した方が，W の色合わせが確実になる。また，W 側でシェーディングする方が容易である。

④染色に長時間を要する。

⑤Ce に反応した染料が，W 染色時の酸性条件下の煮沸で加水分解されて退色を起こす危険性は，酸加水分解に抵抗性の強いビニルスルホン型染料や，Cibacron F 染料など中温タイプの染料では問題とするほどのことはない。

などが挙げられる。

以上より，二浴染色では，まず Ce を染めてソーピングし，Ce の色相を確認した後，W を染色する。この標準的な染色法を図2.43に示す。反応染料としては，Sumifix Supra 染料，Cibacron F 染料など中温タイプが適している。また，ソーダ灰としては羊毛の損傷を防ぐために，1〜3 g/ℓ，60℃ までの温度で適応する。色相の微調整は W 染料で行うのが確実な道であろう。

なお，淡〜中色は Kayacelon React 染料／W 用染料，濃色は含銅タイプの直接染料／W 用染料を用いて一浴法で対応するのが，W の損傷やシェーディングのしやすさなどを考えた場合には賢明な方法と判断される。

(3) ナイロン／ウール混 (Ny/W) の同色染め

Ny（ポリアミド）は日光に弱く黄変しやすいものの，弾性回復力に優れ，染色性に優れており，W に混ぜて補強材としてよく使用される。Ny の製造原料および構造により，Ny 6 と Ny 66 がある。衣料分野では，

わが国では Ny 6 が多く使用されている。ガラス転移点は，Ny 6 が 313 K[注13]（40℃），Ny 66 は 323 K（50℃）[24] と，Ny 6 は Ny 66 より熱に弱いため，アイロン等には注意が必要である。

Ny 6 は，ガラス転移点の40℃を超えると染着が始まり，W の染着開始温度（吸着温度ではない）より早い。通常の場合には，Ny が先に染まり濃色となりやすいので，Ny 用防染剤（無色の染料と考えてよい）を使用するのが普通である。

① Ny/W の染色

W 混の染色には，表2.2で示した W 用の多様な染料から，レベリング，ハーフミリング，ミリング，スルホアミド型含金染料，クロム染料などが用いられる。図2.44に，染料種属と Ny への親和性との関係を模式的に示した。

図のように，ハーフミリング酸性染料を中心に，ナイロン用防染剤を用いて対応するのが基本であるが，Ny サイドが淡くなる場合には，疎水性の高い染料を使用する。

クロム染料は，2.1.3(1)②項で示したように，6 価の Cr を還元して 3 価の Cr にしないと，繊維と配位結合できない。Ny には還元性能がないが，W の混率

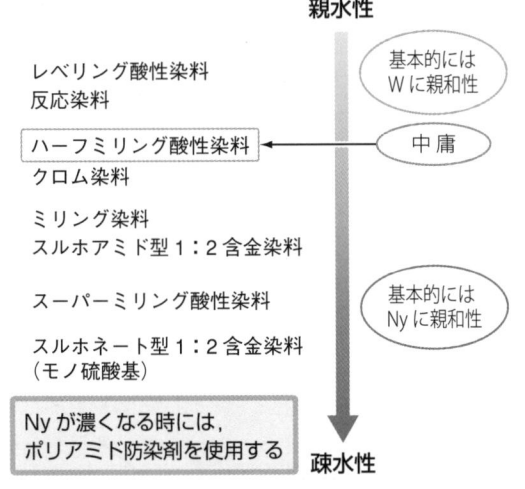

図2.44　ウール用染料のナイロンへの親和性

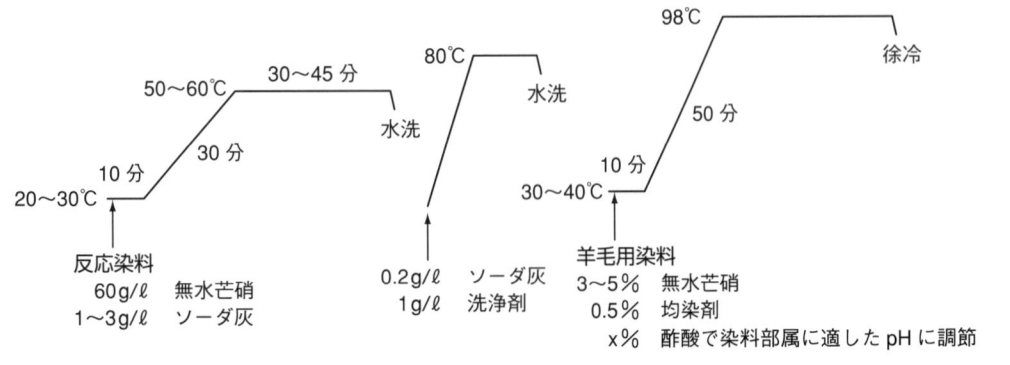

図2.43　Ce/W の二浴染め

注12）色修正用の追加染め。
注13）K はケルビン温度（絶対温度）のこと。

が高ければ W の還元力が使えるので，Ny にも染色可能である。実際には，濃紺や黒に用いられるケースが多い。

分散染料も用いられるが，堅ろう度が悪く，W への汚染があるため，用途は淡色に限られる。なお，着色していても，単に W には汚染現象で付着しているだけというケースもあり，要注意である。

② Ny／塩素化 W の染色

靴下用途の Ny／塩素化 W 染色では，堅ろう度および用途の関係で，W には主として反応染料が用いられるが，反応染料は親水性が強すぎるため Ny の染色には向かない。淡色では，スルホアミド型含金染料や，反応染料／汚染の少ない分散染料との組み合わせで対応，また紺や黒はクロム染料での対応となる。しかし，中間色では，色相と堅ろう度との関係で，反応／含金，含金染め／フィックス処理など，染料選定にさまざまな検討が必要となる。

⑷ アクリル／ウール混（Ac/W）の同色染め

① Ac 繊維中に硫酸基を含有させている

Ac 繊維には，通常，スルホン酸基含有アクリロニトリル誘導体（図2.45）が共重合されている[注14]。これらの $-SO_3^-$ に，染料のカチオン基 N^+ が近接する。

②カチオン染料の化学構造上の特徴

カチオン染料は，カチオン性を示すオニウム基（通常，第四級アンモニウム基）を有する水溶性染料で，発色共鳴系とオニウム基の位置関係により，図2.46のように共役型と絶縁型に分類される。共役型は一般に色相は鮮明であるが，中には耐光性・耐熱性の不十分なものがある。他方，絶縁型は一般に色相は暗味だが，耐光性・耐熱性に優れるという特徴がある。

③ Ac 繊維染色の特徴

軟化点までは染料は内部に拡散していかないが，軟化点以上では急激に拡散が進む。

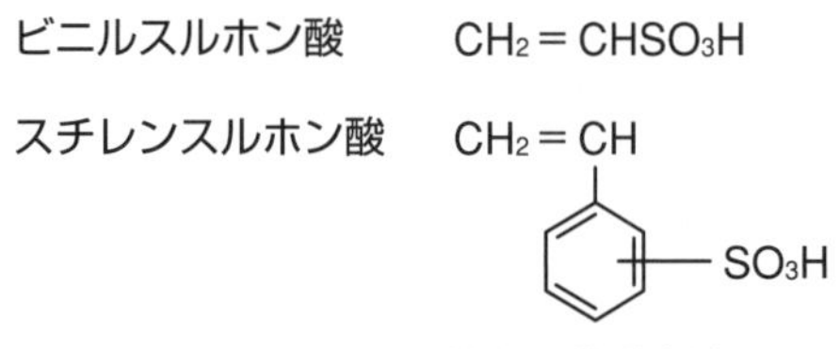

ビニルスルホン酸　　　$CH_2=CHSO_3H$

スチレンスルホン酸　　$CH_2=CH$

図2.45　アクリル繊維の共重合体

染液中には，カチオン染料，カチオン緩染剤（無色のカチオン染料），金属イオン等が共存するが，これらが染着座席を占める割合は親和力（座席との結合力）と拡散速度で決まる。相対親和力（R. A）や K 値を使って染料の染色特性を把握し，配合染料で染色する場合には，R. A（K 値）が近似したものを使用するのが基本で，緩染剤の親和性も染料群と近似したものを使うのが均染上望ましい…等々の基礎事項については，ここでは触れない。

④ Ac/W 染色の基礎知識

・一浴一段法，一浴二段法および二浴法がある。

・カチオン染料は W 汚染しやすい。汚染の少ないカチオン染料の選定が極めて重要である。W は $-NH_3^+$，$-COO^-$ を持つ両性繊維で，pH が高くなるにつれて $-COO^-$ が増加し，カチオン染料の染着性（汚染性）は増加する。pH をできるだけ下げる必要がある。

・カチオン染料は，まず W に吸着され，その後ボイル染色中に徐々に Ac 側に移っていく。W が一種の緩染剤として働く。このため，W 混紡率が30％以上と高い場合には，緩染剤・均染剤は不要である。

・染色初期に W に吸着されたカチオン染料は，温度が上がり，時間が経過するほど，pH が低いほど Ac に移行する。

・濃色で W を効果的に白残しするためには，一般に b.p.×45～60分必要である。

・W の白残しをよくするのが，十分な湿潤ならびに耐光堅ろう度を確保する上で必要である。

・カチオン染料の溶解度が高いと，疎水性の W に吸着されにくくなるので，W 汚染防止効果が高まる。

・還元されやすいカチオン染料は避けなければならない。W の中には，特に，pH が高くなると，かなり強い還元性を示すものがあるため，染料の選定が必要である。

・Ac に対する W 用（アニオン）染料の Ac への汚染は一般に少ない。ただし，疎水性が高くなる（含金染料など）と汚染が大となる。

・カチオン染料は N^+，アニオン染料は $-SO_3^-$ に帯電しており，出合うと結合して電荷を失い，疎水性 complex を生成，巨大化して沈着するに至る。この

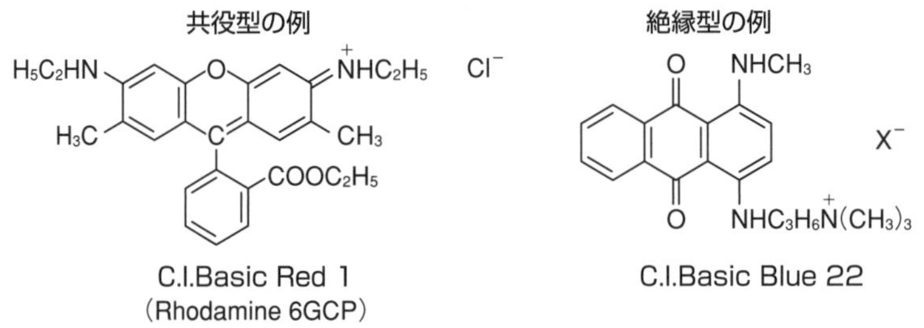

共役型の例

H_5C_2HN　　　　　　　　　　NHC_2H_5　　Cl^-

H_3C　　　　　　　　　　CH_3

　　　　　　　$COOC_2H_5$

C.I.Basic Red 1
（Rhodamine 6GCP）

絶縁型の例

$NHCH_3$

　　　　　　　　　　　　X^-

$NHC_3H_6N^+(CH_3)_3$

C.I.Basic Blue 22

図2.46　カチオン染料の化学構造上の特徴

注14）アクリル繊維にカチオン基を導入したカチオン可染アクリル繊維も上市されている。

ようなトラブルをいかに防ぐかが，一浴染のキー技術となる。トラブル解消を防ぐ目的で使用されるのが沈澱防止剤で，分散系，非イオン系，両性活性剤系やこれらをミックスしたものなどが上市されている。

・一浴法の場合，淡～中色領域では，Kayacryl ED（日本化薬）など，カチオン性を封鎖して染料自体を分散化した染料を使用するのも賢明な選択肢である。
・濃色や低浴比の場合には，二浴法での対応となる。

(5) シルク／ウール混（Si/W）の同色染め

酸性染料，反応染料が使用される。通常の場合，低温でSi側に，より多くの染料が吸着されるが，昇温とともに，染料はWに移行する。100℃近辺の染色では，Wの方がSiより濃く染まるので，同色を得るには染色温度を低下させて対応するのが一般的である。酸性染料を用いることで，淡～中色までは染色温度の制御でごまかすことも可能であろう。ただし，反応染料の場合には，低温染色では染料の反応・固着が満足にできないので，堅ろう度に問題が出る。

通常のWでも，SiとWを反応染料で濃色かつ同色にするのはむずかしい。まして，塩素化処理WとSiを反応染料で濃色かつ同色に染めるにはどうすればよいのか，1つのアイデアを提示しておきたい。

同色にする方法として，多量の芒硝の使用を検討してみてほしい。1.5.2(2)②項で示した芒硝の「繊維の表面電位低下作用」を利用する。染色初期に，芒硝を用いて，染料を繊維に近接・沈着・吸着させ，図1.60で示した第2ステップに至らせ，その位置のまま第3ステップに進行させることである。染料の移染には，繊維内にいったん吸着された染料が繊維内を移行していくルートと，いったん浴中に吐き出されて繊維の他の部分に再度吸着され，内部に以降していくという2つのルートがある。しかし，多量の芒硝が液中に存在する場合には，後者のルートは阻害され，前者のルートで移行していく。すなわち，Siに初期吸着された反応染料が，浴中に出てWに移行するという

ルートは多量の芒硝で阻害され，Si内部での移染が中心となるので，高温で染色していても，SiからWへの染料の移行を抑制することができる。このメカニズムを利用し，多量の芒硝を使用することで，塩素化WとSiでさえ，同色染が可能である。ただし，筆者の経験では，極濃色の場合は50～200 g/ℓの芒硝[注15]を使う必要があった。

2.2 仕上げ

2.2.1 仕上げのポイント

フェルト性およびセット性という基本特性を巧みに利用して，物理的作用によりウール製品特有の風合・外観・機能性を高めること。

他の繊維では，ごく当たり前に化学薬品処理が行われるが，ウールではこのような化学処理はまれである。「仕上げ」「仕上げ加工」は，「整理」とか「整理加工」といわれることもある。

また，ウール業界では，織編物の種類のことを「絨（じゅう）種」と称する。

2.2.2 主な仕上加工法

主な工程を図2.47に示す。

工程を見て，なぜ，洗浄とか乾燥とかいわずに「洗絨（せんじゅう）」や「乾絨（かんじゅう）」など，「絨」という字を当てるのかと疑問に思われることだろう。「絨」とは漢和辞典（角川書店）によれば，「厚い地のやわらかい毛織物」とある。

たとえば，「乾燥」では水素結合が生成するが，乾燥時間が短いと，HE現象（後述）の生成が抑えられ，織物は凹凸が少なく薄っぺらい状態に仕上がる。他方，ゆっくりと乾燥させれば凹凸が生じ，ふっくらとした風合いの良い状態に仕上がる。すなわち，乾燥は単に水分を飛ばして水素結合を生成させセットさせるだけの工程ではない。乾燥も風合い作りを担う工程なので，「乾絨」という。洗絨も単に洗浄という意味合いではなく，風合い作りを担っている。「絨」には「風合いを作る，良くする」という意味が込められている。

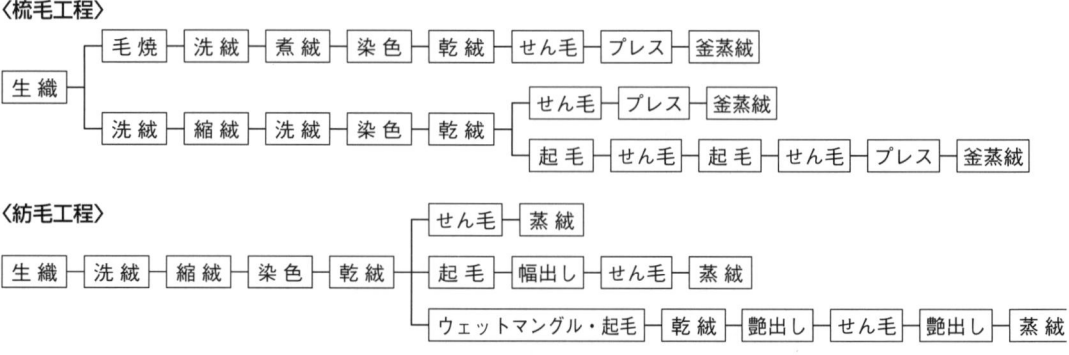

図2.47 ウールの標準的な仕上げ加工工程

注15）芒硝は，32.38℃で最高の溶解度（約50 g/100 g水）を示す。それ以下では，徐々に溶解度は低下する。0℃で5 g弱，20℃で19 g程度溶解する。

①クリア（clear）仕上げ

表面の毛羽を毛焼あるいは剪（か）り取って，織編物組織をはっきりと表わす整理法で，整理の基本となる。梳毛服地のセル，ギャバ，カシミヤ，サージあるいはポーラ，モヘヤなどの多くがこれに属す。

一般的な仕上げ工程例は次のようになる。

毛焼－煮絨－広幅 or ロープ洗絨－煮絨－（染色）－乾絨－せん毛－プレス－オープン or 釜蒸絨

②ミルド（mild）仕上げ

フェルト化現象を利用する。すなわち，縮絨工程を通す。縮絨の度合いにより，クォーター（quarter），ハーフ（harf），3/4クォーター，あるいはサキソニー（saxony），ミルド（mild），メルトン（melton）など，いろいろな名称がある。

メルトン仕上げは，強い縮絨工程を終えた織編物に，起毛・せん毛を繰り返して仕上げたもので，表面に出た毛羽は互いに絡み合って表面を覆い，地組織は隠されてしまう。地詰めをするとともに細かい毛羽を密生させて，手触りを柔軟とし，温かみのある表面感や弾力性を与える。

紡毛織物に適応されたもののうち，どちらかというと，繊度が太く，毛羽の絡み方が荒いような製品が，一般にメルトンと称される。梳毛織物も高級なメルトンとして作られるが，これらは，フラノ，ネルなどといわれる場合が多い。また，紡毛でも，繊度の細い原料から構成され，フェルト化が緻密に行われた商品はフラノ（紡毛）と称される。

これらの毛羽は，少しくらいこすっても逆目を生じないほど丈夫で，耐久性にも優れている。

一般的な仕上げ工程例を次に示す。

洗絨－縮絨－洗絨－乾絨－起毛－せん毛－刷毛－釜蒸絨－起毛－洗絨－縮絨－洗絨－乾絨－さばき－せん毛－刷毛－釜蒸絨

③起毛仕上げ

起毛して毛羽を出し，その後の毛羽の揃え方により，ベロア（velour），ビーバー（beaver），ナップ（nap），パイル（pile）などと称せられる仕上げ方とする。

ビーバーは，表面の毛羽を一方向に揃えて伏せたもので，毛並みの反対方向にこすると逆目を生じる。ベロアは，豊富に毛羽を出し立てて揃えたもので，オーバー地に多い仕上げ法である。ナップ，パイル仕上げは，表面毛羽を立たせて，その毛羽を互いに絡ませた立毛仕上げとしたもので，オーバー地に利用される。ナップは，ナッピング・マシーンといわれる金属製の針状あるいは刻目（きざみめ）のある機械を用いて面摩擦を行って仕上げる。

近年，衣料の軽量化につれて，これら起毛仕上げの比重は低下してきている。

④ツイード仕上げ

各種英国種のもつ原料特性を生地に活かした素材が各種のツイードである。加工自体は簡単で，むしろ原料の味をいかに出すかに注力する。

一般に毛焼きは行わず，煮絨や釜蒸絨のような押さえる工程も行われない。軽い縮絨で紡毛油などを落とし，詰めすぎず，ソフトでふくらみを残すような仕上げ方をする。

一般的な仕上げ工程例を次に示す。

洗絨－縮絨－乾絨－せん毛－オープン蒸絨

⑤特殊加工

防縮，防虫，難燃，撥水撥油，プリーツ付与，防かびなどの各種加工が行われている。

2.2.3 主要工程

洗絨－縮絨－煮絨－乾燥－起毛－せん毛－（プレス）－蒸絨

上記の工程が基本であるが，実際の加工工程は多様である。

日本のウール加工方式は英国から学んだ。時間をかけ，物理的に仕上げていく方式で，耐久性に富んだ加工が特徴である。しかし，近年は，むしろファッション性や感性を重視した手軽なイタリア式の加工方式が喜ばれており，主流となっている。

⑴ 毛焼（Singeing）

①目 的

織編物表面の毛羽をガスの炎で焼き，表面をクリアにして外観を保ったり，ピリングの発生を防止したり，シャリ味風合いを出したりする。

絨種によって表のみであったり，表裏を焼いたり，あるいは焼き回数なども異なる。

②毛焼方法

毛焼機にはガス式，熱板式，電熱板式などがあるが，毛織物ではガス式が一般的である。織物幅に相当する細長いスリット（slit）バーナーよりガスを噴出点火させて，織物の面上に当てて毛焼する。焰（ほのお）を当てる角度や位置を調節して表面のみを焼いたり，織物の組織目まで焼いたりする。

燃焼時の温度は800～1,100℃，布速度として80～120 m/分程度が普通である。

純毛の場合，焼き上がりの異臭や灰を除くために，最初の工程に入れる場合が多い。ポリエステルなど合繊混の場合には，溶融玉が発生し，続いて染色工程が入ると，この溶融部分が濃色に染着し外観が汚くなる。このため，後染め後に入れるのが普通である。

⑵ 洗絨（Scouring）

紡績，製織編時の歪みの除去や，油剤の除去ならびに風合いのベース作り工程である。

①目 的

a) 毛織編物に圧搾（あっさく），振動，打撃，摩擦などの機械的な作用を与えて，紡績，製織編時に生じた歪みを緩和除去する。揉み込みにより，たて・よこ糸の配列ならびに糸中の配列が乱され，原料のクリンプが発現してふくらみが増す。さらに，毛羽が互いに絡まって糸どうしを引き寄せ合

233

第2編　染色加工概論ならびにウールの知識・特異性

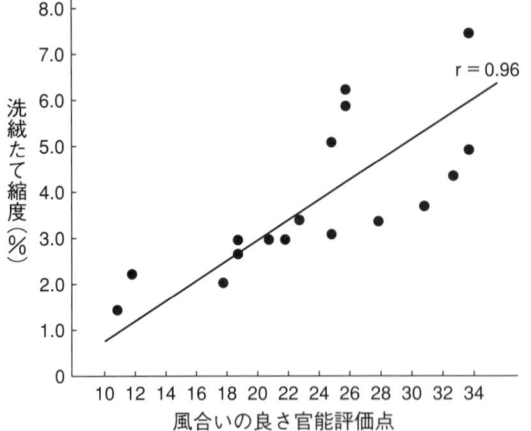

図2.48　洗絨縮度と風合いの相関

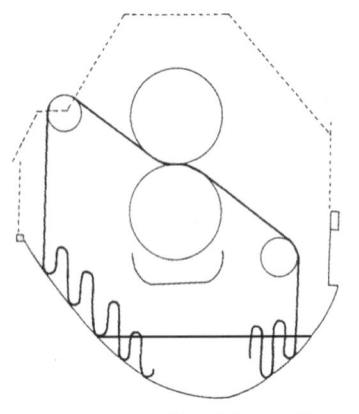

図2.49　ロープ洗絨機の模式図

い，全体としてたて・よこ方向に収縮して厚みを増す。このような現象は「フーリング（Fulling）」と称される。

　この工程で，ウール特有の弾力性や柔軟さが発現され，風合いのベースが作られる。風合いを作っていく上で，ポイントとなる工程である。特に，梳毛クリア調の織編物の風合いはこの工程で決まるといってよい。また，同時に精練剤の作用で不純物が取り除かれる。

　図2.48[25]に，洗絨によるたて方向の収縮度と官能評価による風合いの良さとの相関関係を示す。たて方向の収縮が進むほど，風合いには収縮して厚みを増すFulling効果の重要性がわかる。

　洗絨時間は，単に洗浄の目的だけならば，バッチ処理でも10〜20分の短時間で完了する。しかし，実際には30分〜5時間程度かけている。これは，Fulling効果を求めるためである。

　b) 毛編物含有の不純物，精練剤，糊剤を除去する。

②洗絨方法

　ロープ洗絨機が基本である。その模式図を図2.49に示す。

　反物をロープ状にし，精練液を含ませ，ロール間でニップ（nip）する動作を何回も繰り返して，不純物の除去と風合いベース作りをする。洗浄能力は高く，Fulling効果すなわち収縮および縮絨効果もある。「ドーリー（Dolly）」ともいわれる。

　たて・よこ糸が十分にこなれるためには，普通約200 nip以上が必要といわれる[26]。

　ロールは，径500 mm φ程度が一般的である。洗法としては，溜（とめ）洗いと称して洗剤とともに30分〜3時間洗った後，湯を供給しつつ45分〜2時間洗うといった方法が一般的である。

　現在では，少容量のロープ洗絨機を使用してのバッチ式処理から，連続ロープ洗絨機や大容量・高速ロープ洗絨機を使った処理に変わってきている。また，拡

布状のまま行う広幅洗絨も一部絨種では行われている。

(3)　縮絨（Milling）

①目　的

　物理的作用でフェルト化させて，織編物をたて・よこに収縮し，組織の密度を高め，強度や耐久性を高めたり，表面を毛羽で覆って外観を変化させたりする。紡毛の風合いはこの工程で決まるといってよく，同時に，着用に耐えるだけの強伸度などの諸物性が与えられる。

　各種残留油分はフェルト化促進を防止するので，工程としては，一般に洗絨後に実施する。

　縮絨は，繊維物性，縮絨条件，繊維集団の構造などによっても影響される。

②縮絨方法

　通常は洗絨後に取り出し，脱水もしくは放置して含水率が50％程度に低下したものを縮絨機に投入する。水分むらのないように，特に放置している間に表面が乾燥しないようにしなければならない。絨種に応じて最適な条件は異なる。

　水分率は重要で，多すぎると縮絨速度が遅くなり織物表面が荒れる，縮絨効果が表面だけにとどまるといった現象が起こる。一方で，水分率が少ないと縮絨むらやしわが生じやすい。

　組織で，耳巻き（rolling selvage）やカーリング（curling）を生ずるものは，縮絨前に袋縫いをする。また，耳曲がり，格子柄曲がり，しわなどの防止のために袋縫いされる場合も多い。あるいは，袋縫いの工程を省略するために，縮絨工程を数回に分けて徐々に進行させたり，機械面[注16]で対応したりしている。

　縮絨後は，2番洗いにより縮絨剤を完全に洗い落とす。縮絨剤・促進剤として，石けんや高級アルコール系洗剤などが，0.2〜5％o.w.f.程度使用される。紡毛の縮絨には，薄いソーダ灰も使用される。

　軽い縮絨の場合は，Milling box（図2.50のG）の圧力を減らし，適度な水分を与えて揉み込むだけの「か

注16) 図2.51で示す縮絨機は，ブロワーによる拡布機構をもつ。

234

第2章　ウールに特異な染色加工

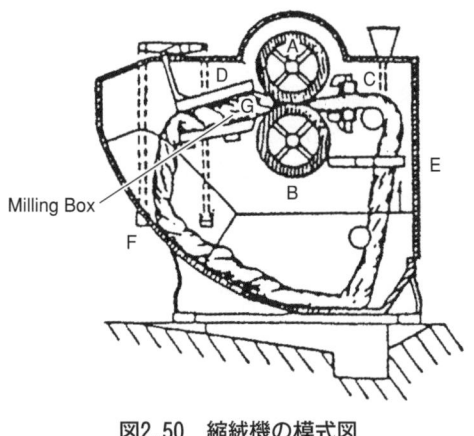

図2.50　縮絨機の模式図

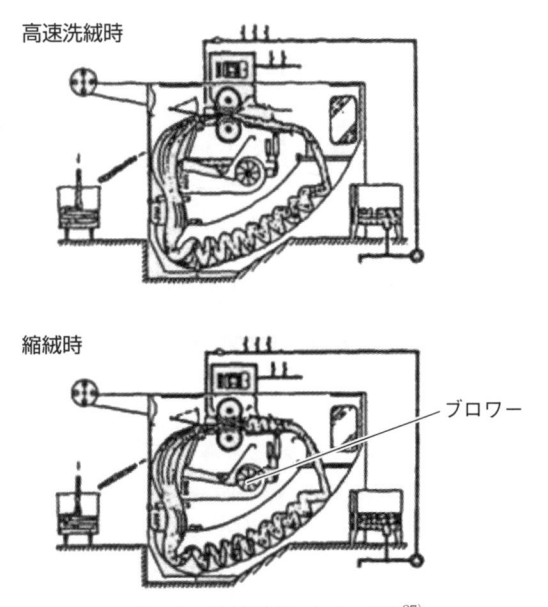

図2.51　洗縮絨機（CIMI 社）[27]

ら（空）揉み」が行われる。

③縮絨時の pH

a）アルカリ縮絨

　カリ石けんは縮絨力も強く，風合いは良好だが，高価なため，マルセル石けんなどナトリウム石けんが常用される。このため，風合いはやや粗硬となる。

b）中性縮絨

　脱色事故などの防止，風合いのソフト化などのために，高級アルコール系中性洗剤（モノゲンなど）が使用される場合が多い。

c）酸縮絨

　粗剛ウールには，硫酸などの酸縮絨も行われる。有機酸では効果が少なく，一般には，濃硫酸（1.5～4.5％程度）が用いられる。縮絨効果が高く，時間，薬品コストが節減できる。色の泣き出し事故が起こりにくい，後染め物は2番洗いを必ずしも必要としないなどの利点があるが，手触りの粗硬性，機械の腐食性などの欠点があり，紡毛などで低級品に使用されている。

④縮絨の原理図

　模式図を図2.50で示したように，布は縦ロール C により幅方向に圧縮され，次いで A，B のインロール間で強く圧縮されてフェルト化し，幅を収縮する。次いで，G の樋状のトラップ（キャナル，Milling Box）内の内蓋 D により押さえられ，織物は波形に詰め込まれ，たて糸方向に圧迫され，揉まれてフェルト化して長さを縮める。Box 内に反物がたまり，圧力が増すと，内蓋を押しのけ，反物の塊が外部に吐き出される。なお，縦ロール C の前付近にある，ろうと状のタンクは，縮絨剤の供給に使用される。

⑤縮絨作業

　縮絨時間は，から揉みで10～20分，縮絨で30～60分程度であり，所要の長さ（検尺機），幅（物差し）になった時点で終了，取り出す。

⑥洗縮絨機

　最近では，洗絨と縮絨を同一の機械で行う洗縮絨機（Combined Milling-Washing Machine）が一般化している。この機械例を図2.51に示す。効率向上の反面，

水分が多い状態での縮絨のため，どうしてもコシのない「洗縮絨風合い」のものしか得られない。また，正確に縮絨することも不可能である。毛羽の絡みが織編物の表面に集中し，組織内部までおよばないため，耐久性に弱点があり，すぐに膝抜けといった欠点を露呈するが，ソフトで軽量であるため，耐久性が求められない現在のファッション製品には適している。

⑷煮絨（Crabbing）

　織編物を，熱水や還元剤などでフラットにセットする工程である。イタリアでは還元剤併用が多くなっているようだ。連続煮絨が一般化しているが，染色工程での染めじわ防止には欠かせない工程で，強いセットの必要性があり，還元剤併用とか，高温高圧処理機も開発されている。

①目　的

　織編物を，熱水や還元剤などでフラットにセットする工程で，バッチ処理，連続処理がある。紡毛織物には行われない場合が多い。

　梳毛織物では洗絨前に行うことも多い。これにより，歪みの除去とともに，織物面を平滑に固定し，その後に行われる洗絨や染色などの湿潤工程で発生しやすい糸収縮不揃いで生ずる凸凹（コックリング：cockling），しわ，幅の不揃いなどを事前に防止することができる。

　還元剤の適応は脱色トラブルなどになりやすいので，後染め物に対しては，通常，染色前に使用される。

②煮絨機

a）バッチ式（回転式煮絨機）

　煮絨の原理と単式煮絨機の模式図を，図2.52に示す。

　加圧ロールで加圧しながら，熱水槽中の木製のロール表面に巻き付けた導布に布端を挟み込んで，布を裸のまま巻き取っていく。

　この際，スチームを直接バス中に通し，危険でない

235

第2編　染色加工概論ならびにウールの知識・特異性

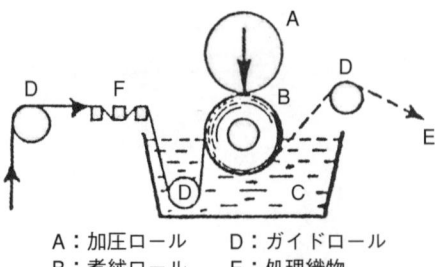

A：加圧ロール　　D：ガイドロール
B：煮絨ロール　　E：処理織物
C：液　　　　　　F：拡布装置

図2.52　煮絨機の模式図（単式煮絨機）

程度の高温に保ちつつ，織物を導入する。通常1〜2反巻き取れば，上を綿布で覆い，回転を続けながらスチームを通して，70〜95℃の温度とし，この温度で30分〜1時間程度保持して布を温水でセットする。

その後，冷水を入れて徐冷し，冷却後に取り出す。あるいは巻き戻して取り出す時に，冷却槽に導いて急冷する。

この方法では，反物の内外層で温度履歴がかなり異なり，セット性も不均一である。また，濡れ反を煮絨する場合には，均一に煮絨することが困難であるため，乾反を使用し，巻き込み時から液温を均一に保つように努める必要がある。

b)連続煮絨機（ドラムセッター式）

模式図を図2.53に示す。反物をあらかじめ濡らしたのちに，大きなシリンダーとラバーベルトの間に挟み，シリンダーに120〜160℃の高温（高圧）蒸気を流して，表面温度を高くする。この高温で，100℃もしくはそれ以上の飽和蒸気が発生し，これにより短時間にフラットにセットされる。

なお，ラバーの圧力が弱いと，生成した蒸気は側面より逃げ出してしまい，均一かつ有効な高温の蒸気が得られない。また，面圧が一定でないと，セット性も異なり，後染めでは左右の色差，中稀などの事故となる。

他方，ラバーの圧力を強くすると，ラバーの寿命が短くなってしまい，この取り替えがコスト的・時間的にたいへんであるという問題があった。現在では，シリコーン・コーティング・ポリエステルベルト，シリコーン・コーティング・ラバー・ベルト，シリコーン・

ベルトなど，耐久性に優れたベルトが比較的経済的に使用できる。

c)連続煮絨機（連続槽式）

普通，4〜5槽連結した槽のうち，最初の3〜4槽は熱水とし，ローラーで加圧しながらセットする。その後，最終槽で冷却してセットを終える。

各槽は，たとえば図2.54に示すように，上2本（rubber coating），下3本（stainless steel）の煮絨ローラーから成り立ち，加圧は直圧式（空気圧式）で行われ，下ローラーを駆動する。

d)高温高圧処理機の開発

高性能の連続煮絨機も使われている。これを図2.55に示す。

(5)　蒸絨（Decatizing）

①目　的

反物をシリンダーに巻き付け，常圧もしくは高圧下で，内側より，もしくは内外よりスチームを付与して，布面を平滑にセットする工程である。これにより，耐久性に富んだ落ち着いた艶を付与する。

②種　類

機械的には大別して，次の3種に分かれる。

・普通蒸絨（Normal-decatizer）
・セミデカタイザー（Semi-decatizer）
・フルデカタイザー（Full-decatizer）

a)普通蒸絨（バッチ式）

開放蒸絨（オープン蒸絨：Open-decatizing）ともいわれる。蒸絨シリンダーが縦あるいは横方向に位置することにより，立蒸しあるいは横蒸しと呼ばれる。

横蒸しは原理図（図2.56）のように，通常約60cmの多孔シリンダー2本を備える。中央にラッパー乾燥用の加熱ロールがある。織物は，ラッパーとともに左右のシリンダーに交互に巻き込まれる。シリンダー内部より，1〜5分間蒸気を通したあと蒸気を止めて，真空ポンプで外気を織物および下巻布を通してシリンダー内に吸引することにより織物を急冷させてから，機械を逆回転させて織物を巻き戻して取り出すとともに，反対側のシリンダーに新しい織物をラッパーとともに巻き付ける作業を繰り返す。

冷却が不十分のまま，温かい織物を取り出して積んでおくと，冷却時にしわになり，固定されてしまうので注意が必要である。

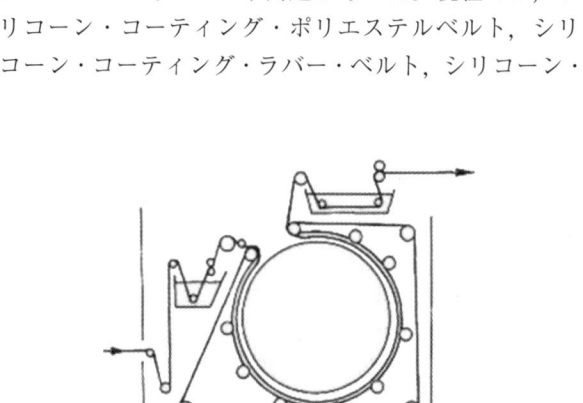

図2.53　連続煮絨機の模式図（ドラムセッター式）

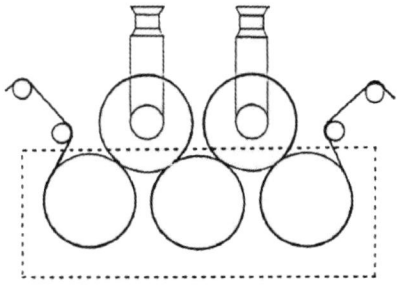
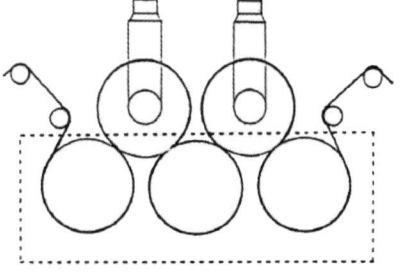

図2.54　連続煮絨機の各槽の構成ユニット模式図

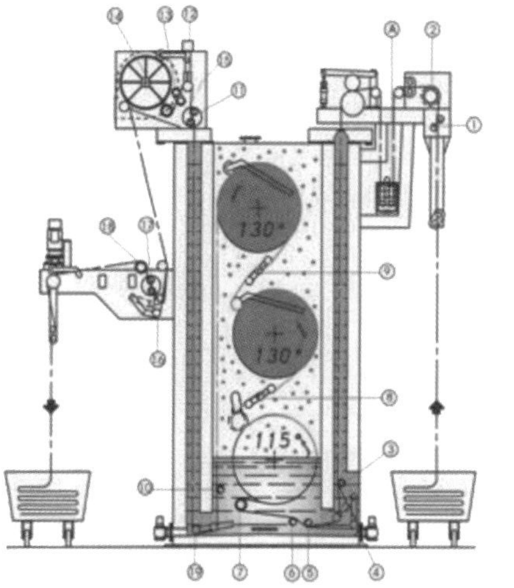

第2章　ウールに特異な染色加工

図2.55　P.W.S（MAT社）[44]

a：未処理織物　　　c：加熱ロール
b：蒸絨シリンダー　d：ガイドロール
　（ロール）　　　　e：処理織物

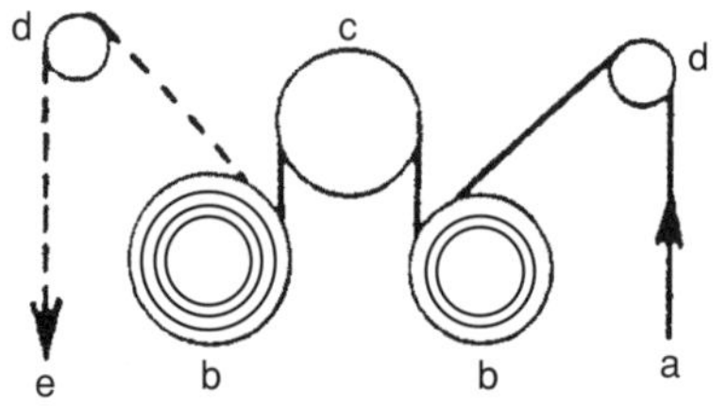

図2.56　オープン蒸絨機模式図

普通蒸絨は，ふくらみを要求されるサージ，ギャバ，ツイードなどに用いられる。

b）連続スチーミング

織編物をコンベヤーベルト上に載せ，移行中に蒸気を噴出して，布をフリー状態でスチーミングする。織編物を緩和収縮させ，ふっくらとした仕上がりと艶を嫌う外観に仕上げる。

c）セミデカタイザー

大径のシリンダーをケース内に入れた2重缶構造を持つ。プレスローラーで加圧しつつ反物端をシリンダーに巻き込み，スタートボタンを押すと，シリンダーが高速回転して上巻き後に蒸気バルブが開き，シリンダー内から高温蒸気を通す。同時に，シリンダー回転は低速に切り替わる。シリンダー表面に蒸気が出たことを検知すると，蒸気量は絞られ，蒸絨タイマーが作動し始める。タイマー終了後に後冷却工程に移り，シリンダー回転も逆転に移る。最初スタートしたところでシリンダーが停止し，ブザーによりサイクルの終了を知らせる。2重缶となっているので，普通蒸絨よりスチームを有効に利用できる。セット効果は普通蒸絨に近いが，プレスローラーによる織物への面圧が高いので，地締まりした艶のある蒸絨効果が得られる。

d）フルデカタイザー（釜蒸絨）（バッチ式）

強いテンションで孔あきシリンダーに織物を巻き，オートクレーブ内に入れ，真空ポンプで缶内空気を吸引する。次いで，高圧蒸気を織物表面からシリンダー内（外→内方向），あるいは逆（内→外方向）に吸引させる。次いで蒸気を止め，吸引後に外気を導入し，布を急速に冷却してセットするもので，最も強いセットが得られる。

この方式では，シリンダーに近い部分と表面とで艶の差を生じるケースや，なんらかの事故で蒸気の通りの悪い場合には，両耳部に艶のない，いわゆる耳濃しの現象を発生することがある。このため，大径のシリンダーを使用して，布層厚の影響を少なくすることな

ども行われている。

蒸気圧は，吸い込み圧1.5〜2.0 kg/cm^2, 缶内圧力：0.7〜1.0 kg/cm^2, 缶内温度：110〜120℃程度の条件で行われる。

e）連続デカタイザー

例を図2.57に示す。ラッパーで反物を加熱ドラムに巻き込みつつ，ドラム周囲に設けた蒸気供給装置より蒸気を出してセットするもので，オープン蒸絨の連続化ねらいと考えてよい。扁平化してはならない素材で，ソフトさと表面の光沢を必要とし，かつ寸法安定性が問題の少ない素材に適応される。

あるいは，これを釜蒸絨の前工程として実施すれば，最高の寸法安定性が得られる。

また，ロータリープレス→釜蒸絨→連続スチーミング→連続デカタイザーの工程を通すことで，優れた寸法安定性・光沢ならびにソフトでバルキーな風合いが得られる。

f）高温高圧連続デカタイザー

煮絨の項でも述べたように，耐久性に優れたベルトとこれへのテンション装置の実用化により，高温蒸気を逃さないように布をスチーム・シリンダーに挟み，110〜120℃あるいはそれ以上の高温高圧スチーム処理を行うことが可能となってきている。

釜蒸絨では，真空下で蒸気を供給するので，反物内部まで十分にセットが行き届くが，連続式では空気・蒸気置換となるので，釜蒸絨に比べセットの耐久性は劣るものと考えられる。実際のセット効果は，むしろ前項の連続デカタイザーに近いといわれる。

⑹　その他

プレス（Pressing），起毛（Raising），せん毛（Shearing）あるいはスエーディング（Sueding）など，各種機器が使用される。

①プレス

ロータリープレス（Rotary pressing），ペーパープレス（Paper pressing），フラットプレートプレス（自動平面プレス），あるいは綿など他繊維の加工に使用するフェルトカレンダーをウールに応用したコンティプレス（Contipress-Pressing/Setting Machine）などが使用される。

これらは艶付け効果をねらったものであるが，光沢

237

第2編　染色加工概論ならびにウールの知識・特異性

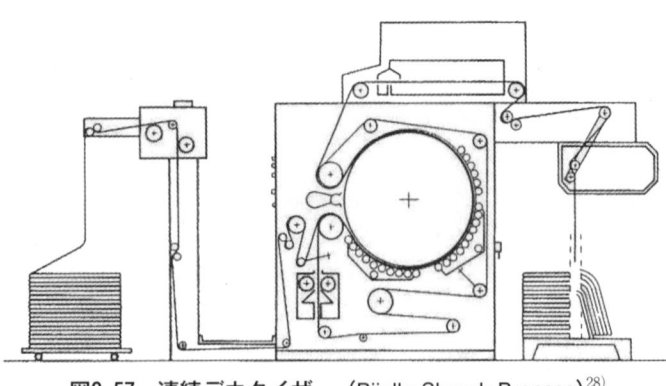

図2.57　連続デカタイザー（Biiella Shrunk Process）[28]

感の強い艶は嫌われることから，落ち着いた光沢感を
ねらっており，艶の永続性は通常は期待していない。
出荷後，または仕立てにより時間の経過とともに減衰
するのが一般的である。永続性を期待できるほど強い
光沢を与えると，高級感が損なわれるともいえよう。

特に，ペーパープレス機はウール業界独特のもので，
織物をペーパー（艶紙：Luster paper，Press paper）
の間にたたみ，40〜50枚ごとに熱電板を挿入する。
水圧式プレス機で400〜500 kg/cm²でプレスし，入電
して60〜70℃に昇温後，数時間放置する。その後，
第1回目の操作時に折れ目になった部分が中央にくる
ようにして再度同様の操作を行うことで，織物自身の
含有している水分や，長時間加熱加圧および放冷によ
り，織物に柔軟性，ヌメリ，深みのある艶を与え，強
いコシを付けるといったものである。この工程のポイ
ントは反物の水分率の管理であり，水分率が少ないと
プレス効果が少ない。多すぎると後工程では取れない
ベタ艶が付きやすい。一般には12%前後がよい。
もっとも，このペーパープレス機もバッチタイプから
連続タイプのフラットプレートプレスを経て，現在は
重要性を消失しており，艶付けが必要な場合には，コ
ンティプレスなどカレンダーローラーを利用したもの
に代わってきている。

②起毛

毛羽を発生させて，ふくらみ感やソフトな風合いの
付与，糸，組織状態の隠ぺい，毛並み付け，あるいは
縮絨の予備工程として用いる。起毛のタイミングは，
洗絨後（縮絨前），縮絨後，乾燥前後，あるいは剪毛
と交互に実施するのが一般的である。

針起毛（Wire raising）は，乾燥起毛に用いられ，
繊維の切断をできるだけ避け，単繊維端を引っ張り出
し，続くせん毛につなぐのが主目的である。回転式起
毛機（Revolving raising machine）で複作動式が最も
一般的である。針先の曲がり方向が織物進行方向を
「ナゼ針（Pile roller）」，反対方向を「カギ針（Coun-
ter pile roller）」といい，これが交互に取り付けられ
ている。

起毛は，シリンダーの回転数，織物の走行速度，起
毛ロールの回転数・回転方向，織物と起毛ロールの接
触面積・接触方法，織物とシリンダーの進行方向，起
毛ロールの本数・径，織物の乾湿程度，針の型式等々，
多くの要因に影響される。湿潤起毛（wet raising）は，
「濡れ起毛」「ビタ起毛」「水起毛」ともいわれ，湿潤
〜半湿潤で実施される。この水を含んだ繊維は水素結
合が解除されており，柔軟で，機械的外力に反応しや
すく，毛羽先が緻密で一方向に揃えやすい。揃えたま
まの状態で徐々に乾燥させると，毛のクリンプも伸び
たままで水素結合され，毛羽先が揃ったままの外観で
固定される。湿潤起毛では，あざみ起毛（Teazel
raising）[注17]が代表的であるが，現実には，針起毛機
を用いて行われるケースが多い。図2.58にあざみの
実を示しておく。実を横方向あるいは縦方向にシリン
ダーに取り付け，実の棘（とげ）を利用して起毛する。

③せん毛

縮絨や起毛により，織物表面に現われた毛羽は乱雑
な長短で見映えしない場合が多い。これを剪（か）り
取ったり，一様の長さに剪り込んで毛羽を揃えて特殊
な外観にしたり，織物柄を鮮明にしたりする。

せん毛機は，回転刃（Circular knife，Spiral knife）
と下刃（Under blade）の組み合わせにより，ベッド

図2.58　あざみの実（筆者撮影）

注17）実際には，あざみではなくマツムシソウ科に属する「フラースチーゼル」［和名：ラシャカキソウ（羅紗掻草）］を乾燥
した実を使用する。しかし，この植物の入手が困難なため，姿を消しつつある。なお，「あざみ（薊）」はキク科に属す
る植物で，種子化して花（実）はなくなり，袋はしぼんでしまうので，起毛に使うことはありえない。

238

（Bed）上の織物の毛羽をきれいに剪り揃える。カッターとブレードとの接触点で，バリカンのような作用により毛羽をカットするが，この作用点をどこに置くかでせん毛効果は変わる。また，ベッドの形状も多様である。カッターとブレードの組み合わせが1組の場合，単刃式せん毛機といわれるが，一般には多刃式せん毛機が使用される。毛羽のせん毛度合いは，一般にベッドとアンダーブレードまでの間隔で決められる。

④サンダー（Sander, Sanding machine）

この装置を使用したスエード調仕上げが，ファッショントレンドの1つとして定着している。サンドペーパー（研磨ベルト）を高速回転させて織物表面を研磨することで，新合繊では細かい毛羽を出させることができる。この作用と高速で，反物を板に打ち当てたり and/or タンブラーなどを使用する打絨効果との併用により，「ピーチスキン」状の外観と手触り，風合いを出すのに用いている。近年，この機械のウールやウール混織編物への適応も進められている。これにより，表面に多くの短い毛羽が現われることと，織物に与える屈曲作用などによってソフトで温かい感じの風合いが得られ，従来の毛製品の整理加工では得られなかった風合いや外観の商品が創り出されている。

(7) 反染め（後染め）

①反染めの主要トラブルと原因

反染めは，特に前工程の履歴による染めむらなどの影響を受けやすい困難な工程である。反染めのトラブルと主要原因を図2.59に示す。

これ以外にも，ウールには特有のフェルト化にもとづくトラブルが発生する。このうち，染めじわは染色機の構造によるもので，ウインスのロープじわ，液流染色機の押し込みじわが代表的である。液流染色機の普及により，染色工程に起因する染めむらは激減し，今では染めむらの大部分は染色以前の前工程に原因［織布工程の油飛び，加工洗絨工程での洗浄むら（残脂，残油むら），汚れ，乾燥むら，熱処理むらなど］と考えて，対応すべきケースが多いと思われる。

既述したように，わが国では，酸性レベリング染料とクロム染料を使用して反染めが行われてきた。これらの染料は，染色の進行（第3ステップ）で染料の移行性が良く，マクロ＆ミクロ的な均染化を図りやすい。しかし，このような染料であっても，前工程で熱履歴が異なると色差として発現，すなわち，染めむらになりやすい。また，しわがあるとそれが染色の高温処理で固定されてしまう。前工程の熱履歴を解消するためには，後染めに入る前に高温煮絨 and/or 高温蒸絨で熱履歴を均一とする必要がある。

液流染色機でのトラブルとして，ウインス染色機ではロープじわが問題であったが，液流染色機では押し込みじわが出やすい。もちろん，液流染色機でもロープじわへの対応策が必要なことには変わりない。押し込みじわが出た場合，反物は波打ち，縫製品で問題となるバブリング現象と同じような外観を呈する。このため，このような押し込みじわを（誤用と思われるが）「バブリング」と呼ぶケースも多い。押し込みじわは，染色後に釜蒸絨工程が入る場合には修正されるケースも多い。押し込みじわ対策としては，染色前の煮絨セットを十分なものとする，染色時の反物仕掛け長をむやみに長くしない，などの配慮が必要である。

他方，PE／W混の場合は，染色前のヒートセット条件がポイントとなる。たとえ染色で押し込みじわが生じても，後のヒートセットで修正可能なケースもあり，それほど大きな問題とはならない例もある。むしろ，PE／W混の場合，低浴比染色が一般的で，耳元に入りやすいロープじわが問題となる。この対応には，染色機の選定がポイントとなる。

②染色機

液流染色機では反物の移動に，ジェット流，駆動リール，オーバーフロー流の3者の力を適宜組み合わせたものが多い。図2.60に，ウール業界で多用されている液流染色機の例を示す。ジェット流には頼らず，緩やかなオーバーフロー流と駆動リールで反物を移送する機種である。

ウール，ポリエステルを除く混紡素材の染色の課題は，フェルト化防止，均染，染めじわの防止であるが，図で紹介した染色機はこれらの問題点克服に定評のある機種の1つである。

ポリエステル／ウールには，高温高圧タイプの液流染色機の中から，ジェット流には頼らず，緩やかな水

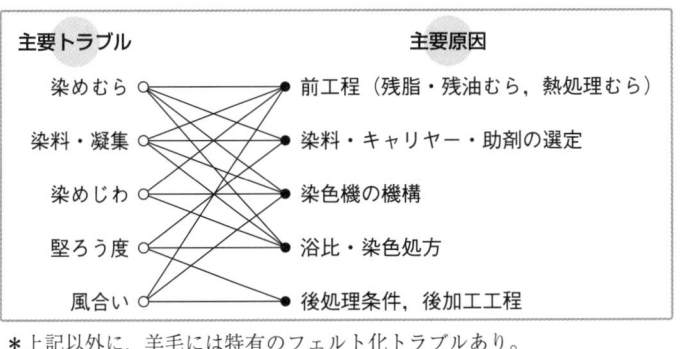

＊上記以外に，羊毛には特有のフェルト化トラブルあり。

図2.59　反染め・染色のトラブルと主要原因

第2編　染色加工概論ならびにウールの知識・特異性

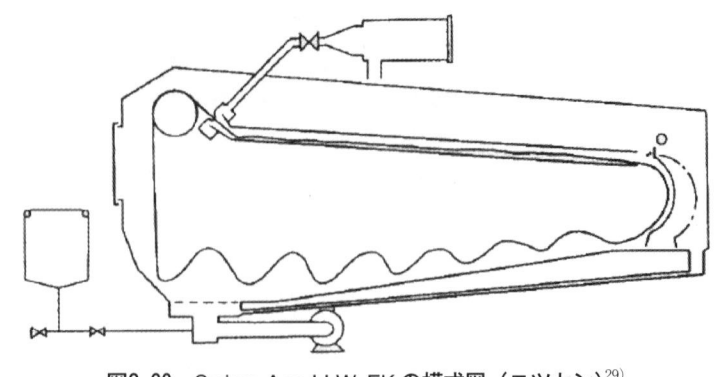

図2.60　Swing-Ace LLW-EK の模式図（ニツセン）[29]

流で駆動リールを中心とする操作ができる機種が使用されている。

③染色再現性を困難とする基本的な問題

酸性レベリング染料もクロム染料も，均染性に優れるという特徴があるが，逆に高温では染料が繊維より液中に再放出される挙動を示す。100℃時点では，いったん染着した染料がかなりの割合で液中に吐き出されて存在し，染液の温度が低下するにしたがい，繊維に再吸着・再染着する。この現象は，密閉タイプの染色機では，100℃近辺で反物を切り取って色相を確認するのはむずかしいが，常圧のウインスであれば容易である。100℃近辺の色相と染めじわ防止のために，60℃程度まで間接冷却した場合の色相を比較すれば，冷却時に後付きする（後染着）染料がいかに多いかを知ることができる。

すなわち，色相の再現性や均染性を確保するためには，100℃から60℃までの降温速度・時間も適正に管理する必要がある。

クロム染料の場合にも，重クロム酸塩の90～100℃といった高温投入も行われているようであるが，こういった高温時には染料が浴中に多く吐き出されており，色相の再現性や堅ろう度に問題が出る。80℃程度までは降温速度・時間を制御して，クールダウンしてから重クロム酸塩を投入すべきである。

2.2.4　染色および前後工程による損傷

・pHと損傷反応

ウールは日光による黄変（2.1.2(1)③項），スチーム処理による黄変（2.1.2(6)項），硫酸による加水分解，硫酸化反応，酸化作用，還元作用などにより，さまざまな化学反応を受ける。

染色工程では，アルカリ～酸性での高温処理を受ける。これによる反応機構について図2.61[30]にまとめた。

ポリペプチド結合（－NHCO－）は，強酸性もしくはアルカリ性で加水分解する（図でルート(a)(c)）。

pH 1.8～3ではポリペプチド結合の分解が中心となるので，ルート(a)のようになる。また，pH ＞ 3 以上

の通常染色領域では SS 結合が加水分解され，ルート(b)のように水付加反応が生じる。

さらに，綿／ウールの反応染料のようにアルカリで染色される場合には，ルート(c)のように－NHCO－結合および SS 結合への加水分解や，ルート(d)の加水分解あるいはルート(e)の β-離脱反応が生じる。

(d)(e)のルートでは dehydroalanine が生成し，次いで，これの一部がルート(f)およびルート(g)のように lysine と反応して lysinoalanine（リジノアラニン：LAL）を，また cystein と反応して lanthionine（ランチオニン：LAN）を生成する。ルート(d)では硫化水素（H_2S）が生成する。ルート(e)の生成物 S_2^- は，さらに反応を繰り返して複雑化しうる。

このように，アルカリでの反応は複雑で，中間生成物や最終生成物の量は，pH や温度により変わる。

2.2.5　ウールのセット機構

繊維または繊維集合体が外力を受けて変形し，外力を取り去った後もその変形を保持する効果をセット（形態固定）と称する。

(1)　セットに関連する結合

ウール織物のセットには，乾燥に伴い生成する水素結合と，仕上加工時に高熱の蒸気の作用を利用する－S－S－結合（ジスルフィド架橋）の切断／再結合（SH/SS 交換反応と称せられる）が重要である。

①水素結合

これについては既述した。水中では消滅する。乾くにしたがって発生する結合で，特に，水分率が30%から10%（絶乾状態が 0 %）に減少する間がポイントとなる。

②共有結合

セットに関与する共有結合には，ジスルフィド架橋の再編による SH/SS 交換反応と，シスチンの切断とそれに続く LAL 結合や LAN 結合の架橋生成反応[注18]の2つがある。LAL 結合や LAN 結合の生成反応については，図2.61に示した。

SH/SS 交換反応について図2.62に示す。交換反応

注18）1940年代以前には，ウールのセット機構として，架橋生成説と SH/SS 交換反応説の2説が論争になっていた。しかし，1950年代には，両説ともセット機構として重要であると認識されていた。

240

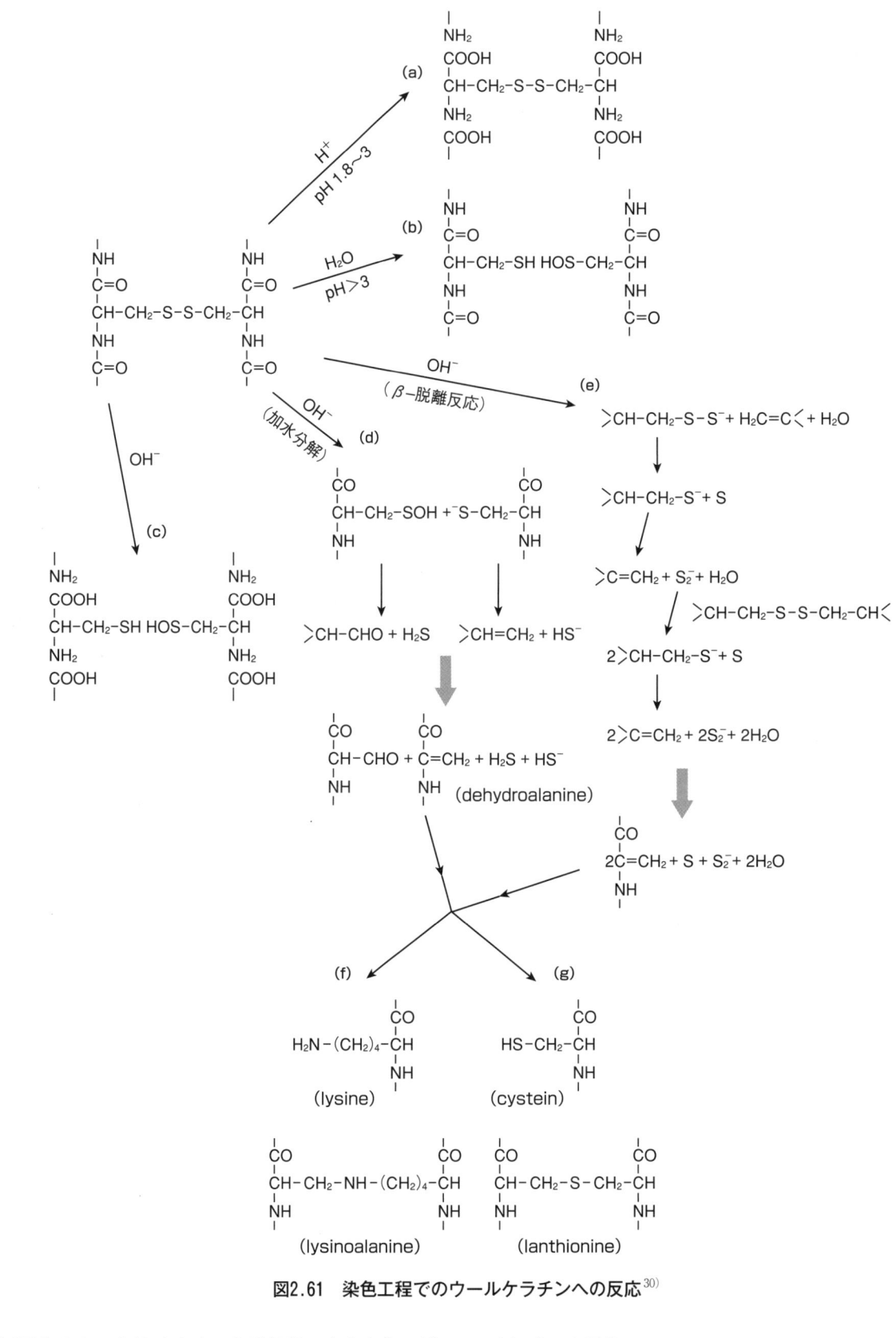

図2.61　染色工程でのウールケラチンへの反応[30]

に起因するセット性は高く，水系処理にもかなりの耐久性を示す。なお，中性から弱アルカリ性の高温湿熱処理で得られる LAL 結合や LAN 結合は，−SS− 結合以上に高い形態安定性・耐久性を与える。

交換反応は染色などの高温条件や薬品を用いた還元処理で，LAL や LAN 結合はアルカリ条件下での高温処理で生じる。

(2)　セット現象

ウール繊維を蒸気中で約40％引き伸ばし，スチーミングしたのち，その蒸気中で解放し，放置した際の繊維の長さの変化は Astbury[31] らの古典的な研究で知られる。これを図2.63に示す。

スチーミング時間が約15分以下なら，原長よりも短く収縮する。すなわち，過収縮する。スチーミング

241

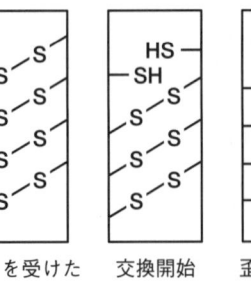

図2.62 SH/SS 交換反応

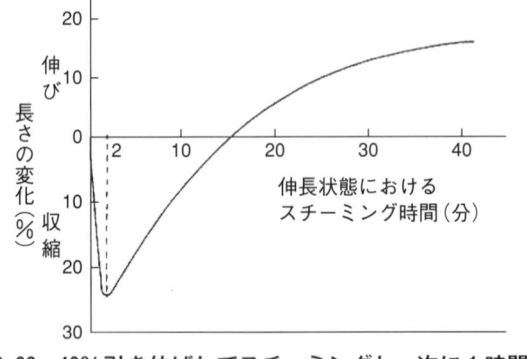

図2.63 40%引き伸ばしてスチーミングし，次に1時間蒸気中に開放して緩和させた繊維の長さの変化[31]

表2.10 チオグリコール酸処理と後処理との関係[32]

セット液 pH	後処理	一時セット（%）	永久セット（%）
2	煮沸水×30分	31.5	11.7
5		36.0	5.4
7		34.7	-0.3
9		34.5	19.6
2	石けん（5 g/ℓ）50℃×30分	30.8	-27.5
9		33.3	-19.3
2	ソーピング（ソープ液 5 g/ℓ）50℃×30分	30.8	-27.5
	ソーピング（同上）次いで煮沸水×30分	29.7	-36.8
	煮沸水×30分 次いでソーピング（同上）	30.0	12.3
	過ホウ酸塩酸化（pH 9.5, 5 g/ℓ, 50℃×30分）次いでソーピング（同上）	27.6	14.7
	大気に曝露（18時間）次いでソーピング（同上）	33.8	-18.7
7	n-propanol：水（50：50）50℃×30分	27.5	20.2
9	水（50℃×30分）	30.8	-3.2
	n-propanol：水（50：50）50℃×30分	31.1	-14.9

40%に引き伸ばし，1%チオグリコール酸処理（60℃×30分）して，冷水中で応力緩和したウールの後処理とセット効果.

時間が2分の場合に収縮度は最も大となる。しかし，15分を超えると永久伸度が残り，しかもこれはスチーミング時間に応じて長くなる。このような挙動は，初期の段階では繊維中のSS結合が切断されて，構造が緩和することにより長さが減少するため，また，スチーミング時間が長くなると再結合が生成して伸長したままでセットが強化されるためであると説明されている。セットは，このように切断された結合の再生に起因しており，再生した結合の安定性でセットの強さは異なる。セットの強さは，通常，次の3つに分類される。

・cohesive set：冷水に浸漬することで，水分子による疎水結合・水素結合の切断，ケラチン分子間の水素結合の切断などにより，変形保持力が容易に解放されるようなセット。すなわち，水飽和時には0で，水分が減少するにつれて発生する。

・permanent set（永久セット）：沸騰水中で，1時間浸漬されてもなお変形保持力をもつもので，共有結合の再生を伴うセット。

・temporary set（一時セット）：上記2つの中間に位置するセットで，冷水には安定であるが，熱水処理で解放される。

(3) 還元剤によるセット

①セットの原理

亜硫酸塩，チオグリコール酸など還元剤によるセット処理の原理として，Asquith[32]らは繊維を初めの長さの40%に引き伸ばして，pH 2，60℃×30分チオグリコール酸の1%溶液で処理し，引き続き後処理との関係でセットの効果を調べている。結果を表2.10に示す。マイナス値は後処理で過収縮したことを示す。ここで，一時セットは冷水中で5分応力緩和後に，永久セットは後処理条件で30分応力緩和後に測定した。表より次のようなことがわかる。

・チオグリコール酸処理ウールは，30分煮沸水処理には比較的安定だが，石けんまたはアニオン系湿潤剤による温水処理（ソーピング）で容易に過収縮する。

・過ホウ酸により酸化処理したウールは，ソーピングによってもはや過収縮しなくなる。これは，SS結合の再生が完全な安定セットの要素であることを示している。また，大気中で放置しても簡単には酸化しないことがわかる。換言すると，チオグリコール酸処理では，SS結合は切断されたままになっていると考えられる。

・煮沸水による後処理そのものが永久セットを高める方向に作用する。特に，pH 9の場合，煮沸水処理と50℃×30分の石けん水処理とは対照的である。このような差は，前者が架橋結合をもたらすためとAsquithらは考えている。

・n-propanol：水（50：50），pH 7，50℃×30分の石けん処理でセットはわずかに減少する。n-propanolは，疎水結合を破壊する目的で使用されている。得

られたセットを打ち壊すには，疎水結合を破壊するだけでは不十分と判断できる。しかし，pHが9になるとセット性は減少し，特にn-propanol：水（50：50）の場合には著しい過収縮が生じる。彼らはpH9で生ずる膨潤（構造弛緩）により結合力が減少するためと考えている。

②過収縮の理由

アニオン系湿潤剤の温溶液中におけるチオグリコール酸セットウールの過収縮原因には，2つの考え方がある。

Crewther[33]は，ウール繊維上では$-NH_3^+$と$-COO^-$とが共存しているが，pH7ではアニオンリッチとなっている。ここにアニオン系湿潤剤がきて，NH_3^+に吸着すると，いっそう$-COO^-$が増加し，静電気反発を増すので過収縮現象を示すと考えている。カチオン系湿潤剤を適応した場合にはこのような現象を示さない。

Asquith[34]らはこのようなイオン理論以外に，アニオン系湿潤剤による疎水性結合破壊，水素結合の部分的な分解がプラスされて過収縮を生じると考えている。図2.64[34]に，模式的にイオン理論と疎水性結合理論を示す。

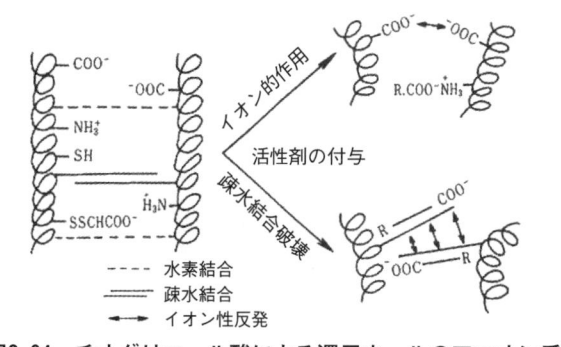

図2.64　チオグリコール酸による還元ウールのアニオン系湿潤剤による過収縮模式図[34]

③シロセット（Si-Ro-Set）加工

シロセット加工は，IWS（現，ザ・ウールマーク・カンパニー）により開発された耐久性のあるプリーツを得ようとする加工である。ホフマンプレス（高圧蒸気プレス）やエレスチプレス（電熱を併用した低圧蒸気プレス）を使用した短時間（30～40秒）・高温（130～140℃）スチーミング処理と，型紙に入れロール状に巻き付けてオートクレーブ中で実施する真空処理とが行われている。

・2%のチオグリコール酸アンモン水溶液を，被処理物に40% o.w.f.ほどスプレーし，次いで，これが乾かないうちに蒸熱プレスをする。

　以上が原形であるが，実際には，
　monoethanolamine sulphite（MEAS）
　monoethanolamine bisulphite（MEABS）
などが使用される。

・L-Cysteine［$HSCH_2CH(NH_2)COOH$］を主成分とす

るセット剤が，ニューシロセット用加工剤「TYCS AN-50」として上市されている。システイン水溶液は無色透明であるが，酸化反応の進行により水溶解度が極めて低いシスチンが白色固体として生成してくる。この白粉化析出トラブルへの対応に成功して，新規商品として陽の目を見たものである。還元力は旧来の還元剤より穏やかで，染料の変色やウールへの損傷は極めて少ない。

⑷　スチーミングでの挙動

①スチームプレスでの温度，含水率の推移

Baird[35]は，上ゴテ（ヘッド），下ゴテ（バック）よりなるスチームプレスを使用し，高信頼性のプリーツを得るための条件を調査している。含水率（リゲイン）14%，目付220 g/m^2（6.5 oz/yd^2）の梳毛平織物に適応した場合の好ましい条件例と悪い条件例を，図2.65・図2.66に示す[35]。

図中のスチーミング条件は次のとおり。

TS，BV：上ゴテスチームと下ゴテバキュームを同時に行う

TS：上ゴテスチームのみ行う（通常のケース）

TS & BS：上ゴテ，下ゴテともに同時にスチームを行う

図2.65は，ヘッドを［金網＋ポリアミド製の不織布パッド＋カバー布］で覆い，スチーム圧2.46 kg/cm^2（35 lb/in^2）での適応例，図2.66は［金網＋カバー布］で覆っただけで，スチーム圧4.57 kg/cm^2（65 lb/in^2）の場合で，それぞれスチーミング時間と織物の含水率，温度の推移を示したものである。

・含水率が高位に保たれているほど，良好なセット効果が得られる。図2.65の場合は早期に含水率は低

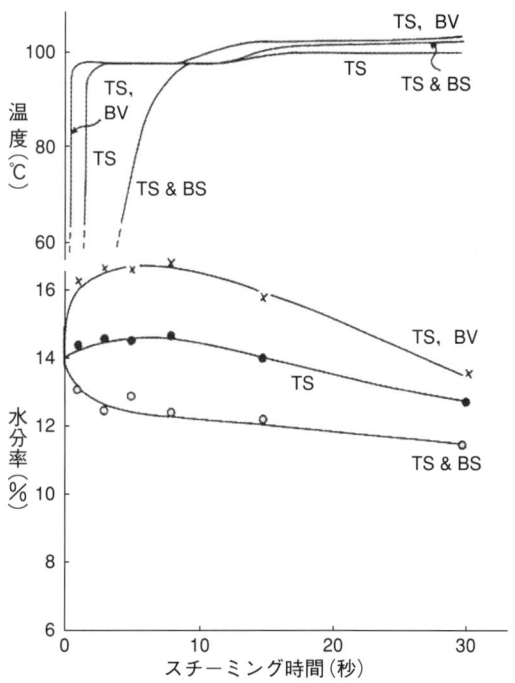

図2.65　好ましいスチーミング事例―スチーミング時間と温度，水分率の関係[35]

第2編　染色加工概論ならびにウールの知識・特異性

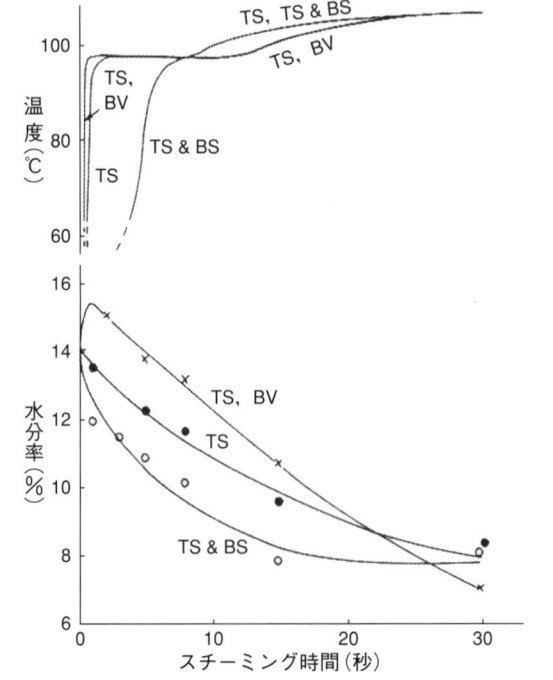

図2.66　好ましくないスチーミング事例―スチーミング時間と温度，水分率の関係[35]

くなる。

・スチームプレスの条件により，セット力にかなりの差が生じる。TS, BV が良く，TS & BS は好ましくない。

・高圧蒸気，すなわち高温蒸気を使用することが必ずしもセット性の良好さに結び付くわけではない。

② ウールニットをバルキーに仕上げる方法

a) バルキー性の発現条件

ニットや手編み毛糸の風合いは，繊度に起因する柔軟性，毛羽の多さによる触感およびクリンプの発現によるバルキー性（ふくらみ）や弾力性による点が多い。

ウール単繊維は，水分を飛ばして過乾燥にすれば，最大の収縮，最大のふくらみが得られる。糸やニット製品はこの単繊維の集合体なので，水分を飛ばせば，すなわち乾燥を十分にしさえすれば，本来は最大のふくらみが得られるはずである。ところが，実際には水分が飛ぶにつれて生成する水素結合，高温処理ではさらに SH/SS 交換反応が関与してくるので，単に過乾燥すれば最大のふくらみが得られるというものではない。高級梳毛ニット製品はバルキー性が生命であり，いかにすれば最大のバルキーが得られるかは大きな課題である。

乾燥により最大のバルキー性発現を得るには，乾燥時に SH/SS 交換反応を抑制防止することが重要である。

1）ウールを乾燥する場合，水分の蒸散のさせ方によってクリンプの形状が異なる。自然乾燥した場合には，乾燥温度が低く，水分が繊維蒸発点まで徐々に移行し，蒸発していくので，濡れたままの形態で水素結合が再生される。クリンプは伸びた

ままでふくらみのない糸が得られる。しかし，SH/SS 交換反応でセットされたわけではないので，アイロン操作による水素結合の切断（吸湿）と再生（乾燥）により優れたバルキー効果を得ることができる。

2）高温高湿でゆっくりと乾燥させた場合はどうであろうか。品温が80℃を超えるような処理では，クリンプは伸びた状態で SH/SS 交換反応によりセットを受け，フラットのまま乾燥され，バルキー性のない糸となる。低い温度で乾燥し，スチーミング工程でバルキー効果を得ることが重要となる。

b) スチーミングでの挙動

バルキーを得るためのスチーミング条件について，K. Lees 等の報告より基礎的な情報[36]を示す。表2.11に，スチーミングを繰り返した場合のスチーミング回数とリゲイン（水分率）の変化を示す。

スチームが冷えた布上で凝縮することで，潜熱を放出して布温度を高めるとともに水分率は増加する。続いて，バキューム処理で水分は開放されるとともに冷却されて，水分率は減少する。このサイクルの繰り返しで水分率は次第に減少する。

スチーミング時の吸湿により，クリンプの伸び，繊維の膨潤などで，ニットの場合には本来布長は増加するはずである。ところが，布はプレート間に保持されているので膨張できず，そのままの長さで増加した水分により水素結合は消滅する。次いで，バキューム処理で凝縮スチームが蒸発し，水分が減少するにつれて寸法も収縮する。これを繰り返すことで，完全に応力緩和した布もさらに収縮し，過収縮するに至る。このようなタイプの収縮を「ロック・プレス収縮」と称する。図2.67にこれを示す。要点を以下に列記する。

・フリースチーミングを繰り返し（曲線A→B）ても，収縮は 9～10% で，完全に潜在ストレインを解放することはできない。

・ロック・プレス収縮（曲線 A → E）により安定寸法以下に過収縮する。この布は，最後にフリースチームをすることにより安定寸法に戻る（E → F）。

・フリースチーミング後にロック・プレス収縮をすると曲線 B → C となるが，これもフリースチー

表2.11　Hoffmann プレスによるリゲイン変化[36]

Hoffman プレスのサイクル数 （標準気圧で調湿したもの）	リゲイン（%）
1	15.0
2	10.7
3	8.9
―	7.8

1サイクル：10秒スチーム，10秒バキューム

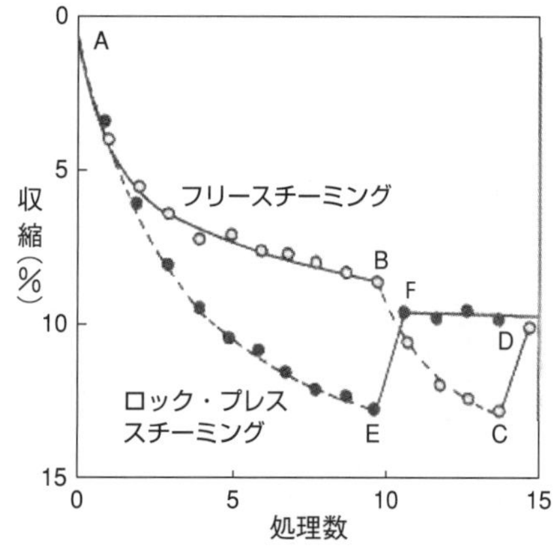

第2章　ウールに特異な染色加工

図2.67　フリー・プレス収縮とロック・プレス収縮との比較[36]

ミングすることで安定寸法に戻る（C→D）。

以上，完全に潜在ストレインを解放し安定寸法とするには，また最大の安定なバルキー化を得るにはどうすればよいかについて示唆する文献を紹介した。

2.2.6　ウールの改質加工

(1)　防縮加工

①洗濯でウールが縮む理由とその抑制策

図2.1でスケールの模式図を示したが，図2.68[37),(注19)]にもう少し詳細な模式図を紹介する。F層は脂質層で，現在では，その組成[(注20)]も明らかにされている。

また，図2.2でウール繊維どうしが水に濡れて絡んで縮んでいく（フェルト現象）メカニズムを紹介した。このような現象を抑制するには，スケールが濡れてもバイメタルのように立ち上がらないように改質することである。いくつかの方法があるが，

1)立ち上がる原因となるスケールのエキソ，エンド両クチクルの親水性を近似させる。具体的には，強酸性下での塩素化により，エキソクチクルを親水化して膨潤度をエンドクチクルに近づける方法で，この塩素酸化法による防縮加工は，ウールスライバーの段階で行われ，大ロットで広く工

業化されている。

この加工法は，ウールをドライに近い状態で表皮から加工するので，エンドクチクルに与える影響は少ない。そして，場合によっては，クチクル全体を溶解消滅させてしまう「オフスケール」加工も容易である。

2)エンドクチクル部，あるいはその一部を溶解消滅させ，水分を吸っても立ち上がらなくする。

DCCA（Dichroro-isocyanuric Acid）等を用い，中性～弱酸性で処理する中性法がマイナーな防縮加工法として実施されている。中性法は塩素とウールとの反応が穏やかであるが，繊維内部まで損傷されやすい，黄変しやすいといった欠点がある。

なお，過酸化物を用いる酸素酸化や酵素を用いる酵素加工も，水系処理でエンドクチクル部（あるいはその一部）を溶解消滅させ，水分を吸っても立ち上がらなくなることをねらう方法である。

3)スケールを皮膜で覆ってしまう。スケールの表面は脂質で覆われており，この脂質に接着するような樹脂は存在しないので，この方法は実現されていない。なお，塩素化して脂質を除去し，表面を親水性化した後ならば樹脂加工による皮膜化は可能で，塩素化後にエピクロルヒドリン樹脂で被膜する方法が，①に続く工程で行われるのが工業的には普通である。

4)織物の縮みを防ぐために，樹脂加工で糸交差点に樹脂を沈着化させて，たて糸・よこ糸の動きを止める方法がとられている。これは織物だけに有効な方法で，編物には適応できない。糸の動きを止めるので，ウールの風合いは阻害される。

などが挙げられる。

②塩素化の問題点と脱塩素化を目指して

ウールにウォッシャブル性を与えるために，工業的には塩素化法が採用されている。

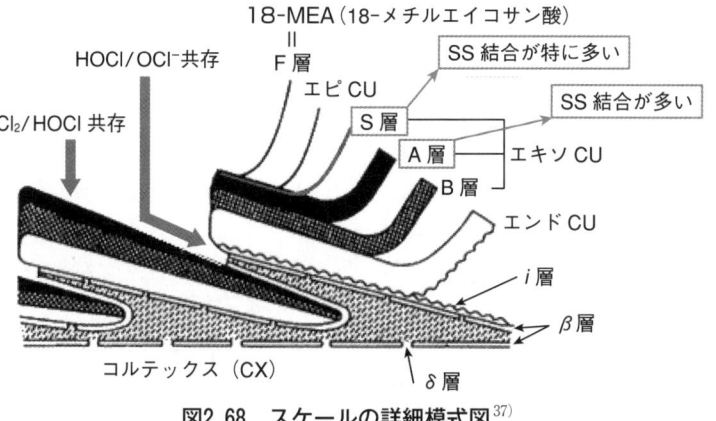

図2.68　スケールの詳細模式図[37]

注19)　図面には，図2.71で説明する次亜塩素酸のCl種の浸入ルート等を付け加えている。
注20)　18-methyl eicosanic asid＝18 MEA

塩素化に使用される次亜塩素酸ナトリウムやDCCAは化審法の既存化学物質，労働安全衛生法（安衛法）の危険物に相当し，使用に当たっては法規を守る必要がある。

表1.9に示した「染色加工関連の環境対応項目とその対応策」で，AOX（absorbale organic halogens，吸収性有機ハロゲン化合物）対策問題において脱塩素が大きな課題となり，世界中で随分と研究されてきた。DCCAは，AOX関連ではもちろん要対策物質である。しかし，効果的な対策法が見つからないまま，現時点では沈静化している。

a)酸素酸化

(i)モノ過硫酸カリウム

Dylan X 法として，過硫酸（H_2SO_5）を用いて pH 8 以下で酸化し，引き続き $NaHSO_3$ で脱色する。過硫酸として，一般的には過硫酸水素カリウムが用いられ，以前より工業化されていた。

(ii)過マンガンカリウム（$KMnO_4$）[37]

ネバーシュリンク（Neva-Shrink）法は初期の防縮加工技術の1つであり，飽和 NaCl あるいは濃厚 Na_2SO_4 を用いる。飽和塩溶液中で 4～6％ o.w.f. の $KMnO_4$ にて処理後，$NaHSO_3$ で脱色する。

(iii)オゾンを用いた新規な酸化処理法[38]

前記(a)(b)の酸素酸化法の防縮機能は，塩素化ほど高くない。理由は後述する。こういった中で，わが国で開発されたオゾンを用いた酸化処理法が工業的に行われていた。

スライバー開繊処理→過硫酸水素カリウム（PMS）浸漬・絞り→一次酸化（95℃，5分間スチーミング）→オゾン処理：オゾンガス4.24 g/分を硫酸で pH 1.7 に調整した40℃水溶液からなるオゾン反応槽に吹き込んで，5 μm 前後の超微細気泡としてスライバー帯に吹き付けて33秒間反応させる→還元処理（亜硫酸塩）→水洗→湯洗→オイリング→乾燥といった工程で処理される。

水中加工であるオゾン加工では，水を吸って立ち上がったスケール間隙より薬液が浸入する。そして，スケール中のエンドクチクルを，オゾン酸化およびそれに続く還元作用で溶解損傷させて除去する。エンドクチクルの先端部位が除去されると，エキソクチクルが膨潤しても，スケールの立ち上がり挙動は抑制され，フェルト化は生じず，防縮性能が得られる。しかし，エピクチクルやエキソクチクルの大半は，大きな損傷を受けることなく存続しており，ウールの撥水性，風合い等の優れた性質は温存される。

注意すべきは，この加工はスケールの表面（エピクチクル，エキソクチクル）ではなく，エンドクチクルへの反応が中心で，スケールに最外層のエピクチクル（疎水性）は残されて，撥水性が残されていることで

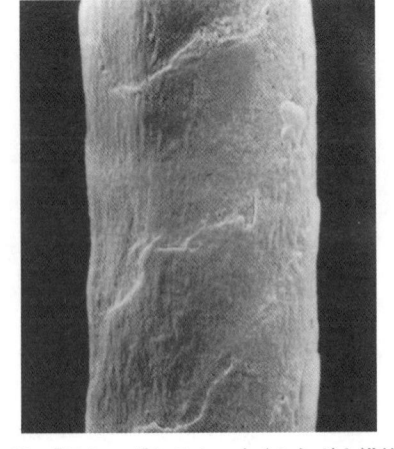

図2.69 「ラセーダシルキー」（カネボウ繊維㈱）

ある。当然ながら，表皮改質加工としては使用できない。

なお，このオゾン酸素加工法の設備も海外に流出した。

b)酵素加工

世界的に工業化が種々検討された。この加工も水系処理なので，エンドクチクル以外にコルテックス内の親水性部・CMCを損傷しやすい。また，加工ムラになりやすいことなどから，実用化・工業化には成功していない。メリノウール組織成分の量的関係では，クチクルは約18％程度である[39]。図2.69に，オフスケールウール「ラセーダシルキー」[注21]（カネボウ繊維）の電顕写真を示した。これで減量率は15％である。酵素加工を施した結果として，写真に近いようなオフスケールの写真を記載しておきながら，減量度として5～6％と報告している文献を散見する。このような場合，加工品にオフスケールに相当する部分と未処理の部分とが混在していると，すなわち「加工ムラ」が生じていると判断すればよい。事実，酵素加工を実際に行われた経験のある方なら，酵素が高分子であり，極めてムラ処理になりやすいことをご存知であろう。

c)コロナ放電処理，低温プラズマ処理，大気圧プラズマ処理

これらの処理は，繊維素材表面の有機物を熱で気散させ，表面の親水化を図るのに使用される。

(i)コロナ放電処理

以前より，ウール織物への適応も検討されてきたが，表面を親水化できても，熱でエッチング，変性されて硬化し，ウール本来の性質を失ってしまうので，実用されることはなかった。

(ii)低温プラズマ処理

繊維表面を親水化して，新たな機能を与えようと国内外で随分と研究され，ポリエステル織物については実用機も上市され活用されている。しかし，ウールについては，風合い不良，その他の問題点があり，実用

注21）カネボウ繊維のオフスケールウールの商標。

化技術にはほど遠い状態にある。

　低温プラズマ加工のウール素材への適応には，少なくとも2つの大きな問題がある。1つは，超真空処理でウール内の水分子を完膚なきまでに除去する必要がある。いったん除去された微細構造に存在していた水分は，いくら後で水分を補給しても元には戻らない。若者のみずみずしい肌が，老化でかさかさになった状況に近くなると考えてよさそうである。いったんかさかさとなった肌は，後でいくら水分を補充しても元には戻らない。

　もう1つの問題は，低温プラズマ処理でいう「低温」とはプラズマ発生温度が低いという意味で，処理自体は高熱で行っているということである。表皮タンパク質は，熱でエッチング，変性されて硬化し，本来の性質を失ってしまう。シリコン後処理で，ある程度風合い変化をごまかすことはできるが，ウールの「プロ」の風合い判断をごまかすことはできない。図2.70に低温プラズマ処理のSEM写真[40]を示す。処理は表面に限られ，エンドクチクルにおよぶことは少なく，スケールの立ち上がりを抑制する能力も少ない。防縮性能はプワーである。ただし，表面の脂質はプラズマ放電による高熱で気散され，ウール表面の表面張力は低下，水に濡れやすくなるので，BAP樹脂

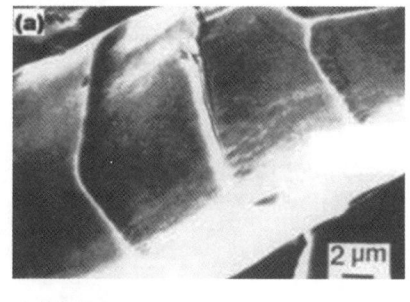

(a)未処理

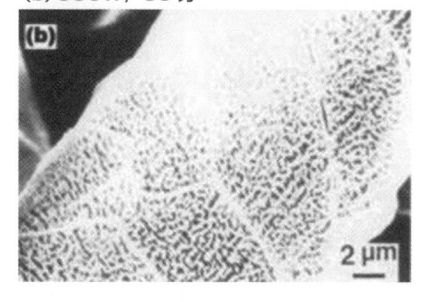

(b)500W，30分

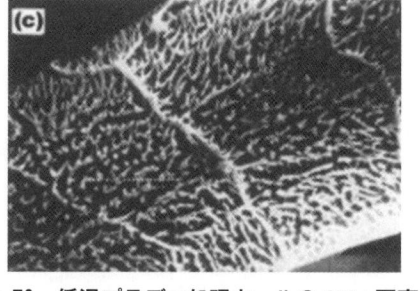

(c)500W，60分

図2.70　低温プラズマ処理ウールのSEM写真[40]

(2.3.6(1)⑧項参照) やフッ素樹脂等を用いる機能付与加工の前処理および改質加工としての役割は果たすことができる。

⒤大気圧プラズマ処理

　近年，減圧を行わず，通常大気圧中でも安定してプラズマを発生させる技術が確立され，徐々に産業用として利用されるようになってきている。この技術を応用して，ウール織物の表面を親水化し，フッ素樹脂を適応させて深色加工（ブラックフォーマル用途）を施すことも行われている。当然，処理自体は高熱処理で，表皮タンパク質は熱で変性されて硬化し，本来の性質を失ってしまうので，後処理で風合いを改善する必要がある。

③塩素化と酸素化の違い
・酸化剤とクチクルとの反応

　化学反応としては，次の酸化開裂と主鎖切断の2つが重要である。

　(a)シスチン−SS−結合の酸化開裂により，−SO_2Hや−SO_3Hを生成する。

　(b)ポリペプチド結合の酸化による選択的主査切断で，チロシン基部分などへの酸化によるアミノ酸の分解によって−COOH基，−NH_2基が生成する。

　ここで重要なことは，(a)の反応は塩素および酸素酸化で起こるが，(b)は塩素化に特有で，酸素酸化では生じないということである。

　Makinson[41]は，"塩素化による反応(a)(b)によりクチクルの親水性と分子量低下が起こり，水溶性でしかもエピクチクル層を透過できない程度の分子量となる。水溶性分子の割合の増加，さらには電離基の導入による水との親和性増加により，水吸収性が増加する。水中に浸漬されると浸透圧的膨潤を示し，柔軟化する。この結果，スケールは酸素法の場合よりも，より強く柔軟化するので，優れた耐フェルト性が得られる"と考えている。

④脱塩素化の作用

　過剰に使用される酸素酸化で用いられる過酸化剤や塩素化剤を分解するために，酸化処理後に，通常はNa_2CO_3/Na_2SO_3，$Na_2CO_3/NaHSO_3$あるいはこれらの混合物で実施される。

　塩素化・脱塩素化により，ウール表面には−COOH or −COONa，−SO_3Na，−SSO_3Na基および−NH_2基が生成されるが，これらの生成化学反応等は割愛する。また，この処理で多くの基が生成するが，それにつれて生成するウール分解物が水溶液に溶出消失されることにも注意いただきたい。

　なお，脱塩素化は還元処理である。この処理によりウール単繊維は水中で伸びたままで（図2.4）セットされるため，ウールのバルキー性が阻害されてしまうことにも注意いただきたい。

⑤スライバー状態で行われる大量生産の塩素化防縮加工

　クロイ法（Kroy Unshrinkable 社），スピリットパッ

247

第2編　染色加工概論ならびにウールの知識・特異性

ド法（Fleissner 社）など第二世代の防縮加工法[42]では，強酸性下で乾いた状態のウールと塩素化剤とを反応させ，ほとんど非膨潤状態のままで，表面だけを改質する。低 pH では，塩素化剤とウールとの反応は急激に進む。したがい，強い塩素加工度でも反応は表面から進むので，ウール内部は未損傷のままで残される。ただし，ウールの最外に位置する脂質層やエピクチクルは溶解除去されるので，ウールの撥水性は損なわれる。

⑥塩素加工の pH の影響

図2.71[43]に次亜塩素酸の組成を示す。

次亜塩素酸塩の水溶液中の有効塩素は，液が強酸性下では遊離態塩素（Cl_2），弱酸性で次亜塩素酸（HOCl），アルカリ性で次亜塩素酸イオン（OCl^-）ガスによるウールの防縮法（ガスクロリネーション）に用いられたこともある。

塩素化の pH により，ウールに対する作用は異なる。図2.71で示した次亜塩素酸の組成の相違に対応する Cl 種のウール表面への浸入ルートを図2.68に示しておいた。強酸性領域では，Cl_2/HOCl が共存する。この領域で生成する Cl 種は疎水性が高く，ウール表面の疎水性のエピクチクルを通ってエキソ CU に浸入する。しかし，中性領域では親水性の $HOCl/OCl^-$ が共存し，Cl 種はスケール間隙よりエンド CU に浸入する。

種々の pH で，次亜塩素酸塩処理をしたウールの超音波照射によるクチクルの回収率を，表2.12[44]に示す。

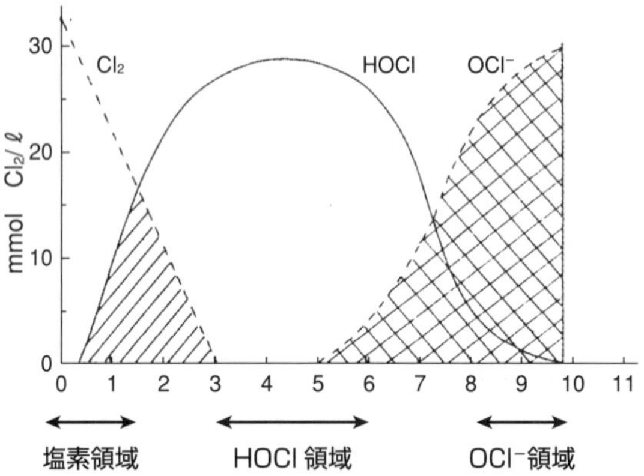

pH が低いほどクチクルの回収率は悪く，減量されることを示す。

また，塩素化時の pH がクチクルとコルテックスにおよぼす影響を，シスチン（－SS－）およびシステイン酸（－SH）含有量の変化で調べた。結果を表2.13[44]に示す。pH が低いほど成分の変化が小さく，酸化反応を受けていないことを示す。

この2つの表より，塩素化の pH が低いほどクチクルは溶出し減少するが，残存しているクチクル自体が酸化反応を受ける度合いは低い。同様に，コルテックスの酸化も少ないことがわかる。すなわち，酸化反応はクチクル表面に集中的に行われることを示している。これに反し，中性での塩素化はクチクル，コルテックスともに酸化が進み，シスチンが減少し，システイン酸が増加する。

強酸性下での塩素化の例として，図2.72にクロイ加工ウールの電顕写真を示した。また，図2.73には中性での塩素化例として DCCA 加工ウールを示した。中性での塩素化ではクチクル表面の損傷は少なく，一般の酸化処理と同様にエピクチクルの存在[45]も予想されるが，内部はかなり酸化されて脆化し，クチクル細胞が剥がれかけたような状態となっているのが観察される。これに対し，強酸性下での塩素化では表面からきれいに除去されており，エピクチクルが存在しないことが明らかである。

なお，塩素化 pH とウールの諸物性への影響を図2.74[46]にまとめた。

図2.71　次亜塩素酸塩の組成[43]

表2.12　種々の pH で次亜塩素酸塩処理をしたウールの超音波照射によるクチクルの回収率[44]

塩素化浴の pH	クチクル回収率（重量%）
未処理羊毛	5.5
処理羊毛1	2.5
処理羊毛3	3.8
処理羊毛5	3.8
処理羊毛7	6.0
処理羊毛9	3.1

表2.13　塩素化 pH による塩素化処理をしたウールの各分画中のシステイン酸およびシスチン含量の変化[44]

塩素化の pH	アミノ酸	アミノ酸含量（mol%）		
		クチクル	コルテックス	全羊毛
pH 1	システイン酸	1.4	0.7	0.9
	シスチン	8.5	5.0	4.6
pH 2	システイン酸	2.2	0.6	0.4
	シスチン	6.4	4.2	5.0
pH 5	システイン酸	3.5	1.0	1.2
	シスチン	5.0	4.5	4.5
pH 7	システイン酸	4.0	1.2	1.5
	シスチン	4.5	4.4	4.0
pH 9	システイン酸	3.5	1.5	1.0
	シスチン	5.3	4.6	5.1

図2.72　強酸性（pH 1～2）下での塩素化（カネボウ繊維㈱）

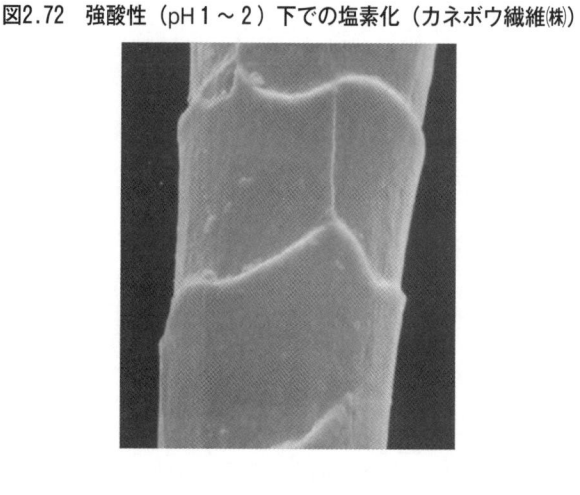

図2.73　中性前後の塩素化（DCCA法）（カネボウ繊維㈱）

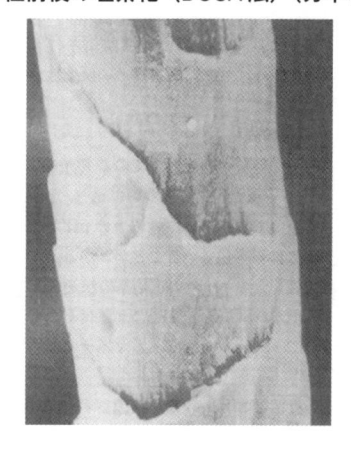

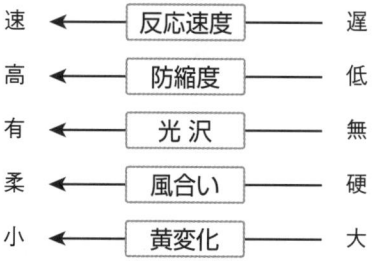

速	←	反応速度	→	遅
高	←	防縮度	→	低
有	←	光沢	→	無
柔	←	風合い	→	硬
小	←	黄変化	→	大

図2.74　塩素化 pH とウールの諸物性への影響[46]

また，表2.14に強酸性塩素化，中性塩素化，酸素酸化の評価をまとめた。pH による CU への影響，表面の状況，吸汗速乾性能以外に，紡績糸にした時の外観，風合い，防縮性能を示した。本稿では，紡績糸にした時の外観，風合い，防縮性能が生じる理由は割愛した。

⑦バッチによる塩素化

塩素化や酸素化などは，工業的にはスライバーの連続処理が大半であるが，糸や反物あるいは製品での処理に一般的なのは DCCA 法である。図2.74よりわかるように，塩素化の pH の違いが反応速度に大きな違いを与える。処理中の pH を低くすると，処理時間は短縮され防縮性も増加し，ウールの黄変化も少ないが処理むらになりやすい。このため，中性付近で実施する場合が多い。DCCA 使用量は 3 ～ 5 % o.w.f. でのバッチ処理が一般的である。塩素加工後に染色工程に入る。逆にすると，染料の変退化と堅ろう度の低下現

象を起こしやすい。反物用の概略処方例を図2.75に示す。DCCA は，酸性や温湯では分解しやすい。DCCA を投入する直前に，ピロリン酸ソーダの冷水に少しずつ振り込んで溶解させ，さらに綿布で濾して，溶け残りやゴミ等を除去して処理に用いるのが，再現

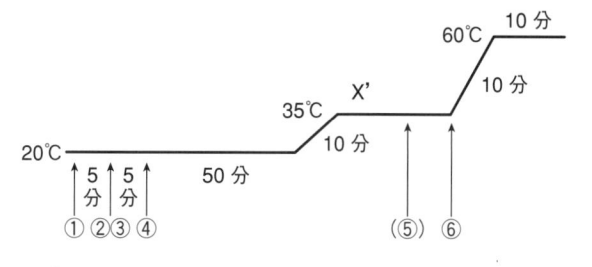

①：Na₂SO₄　2 g/ℓ，低温湿潤剤　0.05 cc/ℓ

②：酢酸 pH 6.0～6.5

③：DCCA　3％o.w.f.（有効塩素換算）
　　+ ピロリン酸ソーダ（Na₄P₂O₇・10H₂O）5％o.w.f.
　　DCCA：60％有効塩素
　　投入直前に，ピロリン酸ソーダの水溶液（例液）に
　　DCCA を少しずつ振り込んで溶解させていく

④：酢酸 pH 5.5～6.0

X'：ヨードカリデンプン紙で，紫色の呈色反応が消失した
　　時が終点

⑤：反応の終了が遅れそうな場合，酢酸を追加して pH 5
　　にする

⑥：NaHSO₃（重亜硫酸ソーダ，酸性亜硫酸ソーダ）2 g/ℓ

図2.75　反物への DCCA 処理方法例（カネボウ繊維㈱）

表2.14　塩素化（強酸，中性），酸素酸化の評価（改森作成）

	クリンプの状況	表面	CU 間隙	表面改質	吸汗速乾性	紡績糸の外観	風合い	防縮性能
強酸性塩素化	還元処理によって伸長状態で固定	エンド CU 表面が消失	損傷少ない	大	親水性大 この機能は消失	きれい	○	◎
中性塩素化		CU は残存するが，表面に膨潤跡（凹凸）	間隙→エンド CU →エキソ CU と損傷	中	同上	ふくらみ	◎	○
酸素酸化		CU は残存	エンド CU の一部が溶解除去	ほとんどない	残存	ふくらみ	◎	△

249

性の良い DCCA 処理を行う上でのポイントとなる。DCCA は，ピロリン酸ソーダのアルカリ性下では比較的安定である。

なお，糸での処理は液循環が良いので，一般的に弱酸性で実施される。

⑧樹脂加工による防縮加工

織物への防縮加工には，ウレタン系の樹脂・Sirolan BAP あるいはその類似構造の樹脂が使用される。これらの樹脂は，ウール織物にパッド・ニップ法で適応される。

$$NaO_3S-CONH-NHCOO$$
$$\text{---}OCONH-NHCO-SO_3Na$$

と線状の構造をもち，スケール間隙より浸入し，その先端がウールの$-NH_2$基，$-SH$ 基と次のような反応を起こして共有結合で固定される。これらの樹脂は親水性が高く，ウール表面には付着することができず，隣接する単繊維のスケール間隙どうし間に渡って，あるいは糸交差点に沈着して単繊維の動きを抑制し，フェルト化を防止する。樹脂が繊維間に掛かり，架橋している状況を図2.76[9]に示す。

$$W-NH_2+NaO_3S-CONH-NHCOO-$$
$$\rightarrow W-NHCONH-+NaHSO_3$$
$$W-SH+NaO_3S-CONH-NHCOO-$$
$$\rightarrow W-SCONH-+NaHSO_3$$

乾燥後の熱処理で，樹脂は架橋されて3次元化し，次のような性能を発現する。

・樹脂は，先端でウールと共有結合で結合するとともに，樹脂どうしが架橋して3次元化しているので水洗濯にも耐久性が強い。

・スケール間隙近辺で交差点を固定するので，着用や水洗濯による毛羽立ちを抑制する。

・糸の交差点を接着させるので，後述する HE 現象を抑制する。しかも，乾燥した状態で熱処理を受けて SH/SS 交換反応が生じるため，濡れている時よりも，乾燥時の形態安定性に優れる（1.6.3(1)③項）。

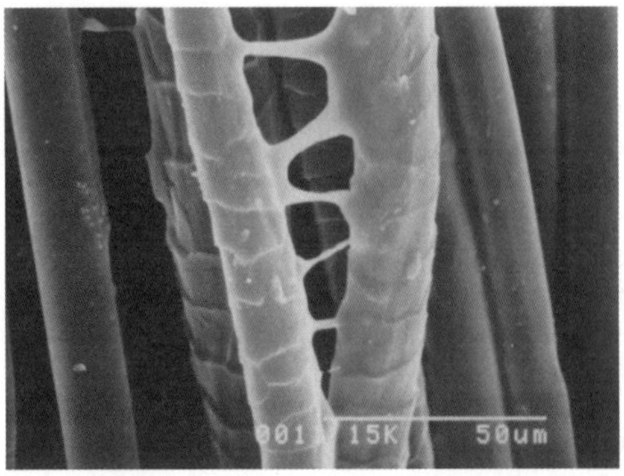

図2.76 水溶性ポリウレタン樹脂（BAP 樹脂）による繊維間架橋例[9]

⑵ 改質加工
①内部改質

ウールは5つの原子より成り立ち，内部には多様な基が存在し，化学反応を受けやすいことは既述した。反応に預かるのは，スケール間隙よりウール内に浸透しうる親水性物質である。これらを用いて改質することは容易である。たとえば，発熱性を高め，発熱繊維として訴求するために，ウール内部に親水性の基を導入してウールの吸湿性を高めたり，疎水化を図ることによって，防染効果をねらうことなどもできる[注22]。

しかし，たとえば，親水基を導入して吸湿性（発熱性能）を高めると，ウール本来の優れた防しわ性が損なわれ，しわになりやすく，また，できたしわも直りにくいといった欠点が生じる。

したがい，今さら神様が与えた優れたウールをいじるのは，たとえば，ウールの優れた難燃性に，安全性をいっそう高めるためにザプロ加工[47]を施すといった特殊なケースに限るのも1つの考え方であろう。

②表皮改質

ウールの表皮にある脂質層の表面張力は低く，水系物質を寄せ付けない。したがい，脂質層が損なわれないような加工は改質加工とはならない。表皮改質には，塩素化やコロナ加工・プラズマ加工（真空プラズマ，常圧プラズマ-大気圧グロー放電，パルスコロナ放電）などの放電加工でエピクチクル表面の脂質層を気散させ，エピクチクルを損傷させる（エッチングする）必要がある。

なお，表皮加工ウールへ実用されている機能性付与例としては，深色加工，撥水撥油加工があるが，本稿では詳細を割愛する。

2.2.7 ザプロ（ZIPRO）加工

ウール独自の加工技術として，難燃加工を取り上げておこう。なお，水質汚濁防止法の改正で，地下浸透対策が必要となり，この加工ができる会社は限られる。

ウールは含有水分や窒素含有量が多い，引火温度も高い，燃焼熱が低い，炎の温度も低い，限界酸素指数（LOI 値）が高いなどの性質をもち，優れた難燃性を示す。

また，燃焼時に溶融せず炭化するので，生命体を損傷させにくい。また，有害ガスを発生しない。これらの優れた性質をさらに強化し，安全衣料として高い水準要求を満たすのがザプロ加工である。

ザプロ加工は，ザ・ウールマーク・カンパニーの特許にもとづく防炎加工技術である。現在，特許は切れているが，ライセンシーとの間で契約を結び，ノウハウなどの流出防止が図られている。文献などで明らかにされている範囲で述べていきたい。ここでは，L. Benisek 等の文献[48]を中心に紹介する。

注22）ただし，高い評価が得られるような防染性を得るのはむずかしい。

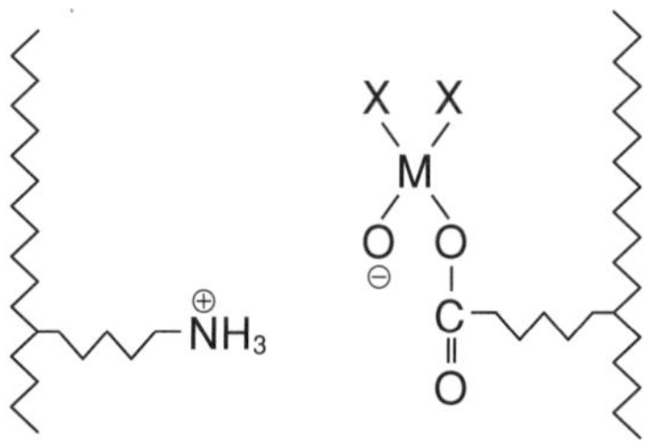

M：チタニウムあるいはジルコニウム
X：塩化物あるいはフッ化物

図2.77　ウール繊維と金属錯塩化合物の結合関係

⑴　処理原理

pH 3 以下で＋に帯電したウールに対し，チタニウム塩あるいはジルコニウム塩とフッ素イオン，クエン酸あるいはカルボン酸あるいはヒドロキシカルボン酸とのアニオン錯塩化合物を所定の温度で吸尽させる。錯塩化剤は，チタニウムあるいはジルコニウム化合物の錯アニオン化を促進するために必要である。アニオン錯塩化合物は，ウールと図2.77のように堅固な結合をすることから耐久性に優れる。

処理方法は，吸尽法やパッド－ドライ－リンス－ドライ法が適応できる。

⑵　効　果

燃焼により膨潤性の炭化物を生成し，これが表面を覆うことで，空気の絶縁と，熱の伝導を防止することにより優れた防炎性を示す。また，生成した炭化物は，さらに加熱を続けると炭化成分は酸化物の気体となって気散し，金属イオンは TiO_2（黄色）や ZrO_2（白色）の金属酸化物となり元のウール繊維の形を保つ。このため，炎などへの障害壁を形成することになり，防染性能を高めている。

⑶　ザプロ加工法

文献上でザプロ組成として明らかにされているのは，K_2MF_6 とクエン酸よりなる錯体を利用することで，10% HCl 37%，4% クエン酸（citric acid），1：1% Ti を含有する K_2TiF_6 量，処理条件として70℃，浴比 1：25 といった例までと思われる。

⑷　K_2MF_6（K_2TiF_6 または K_2ZrF_6）

酸性で処理し，マイナス電荷の K_2TiF_6 または K_2ZrF_6 を繊維内部に沈着させる。

L.R. 1：20，10% HCl 37%処理で，K_2ZrF_6 8% o.w.f.は50℃以上で77%の吸尽を示すが，均一な処理のためには，pH 3 以下で少なくとも70℃×30分処理が好ましい。なお，Ti は着色するが効果は高く，4% K_2TiF_6処理で LOI 値32を達成することも可能である。

F/Ti or Zr 比は 4 以下では効果がなく，5 以上が必要で，6 あるいは 7 で優れた効果が得られる。これは，マイナスに負荷するフッ化物だけが，プラスに負荷したウールに吸収されるためであると考えられている。

K_2MF_6 は，ウールに $MF_6{}^{2-}$ ＋ ＋HN_3－W → W－NH_3＋・$MF_6{}^{2-}$ により吸尽され，水洗や洗濯を繰り返すうちに，不溶解の $ZrOF_2$ もしくは $TiOF_2$ に加水分解

するものと考えられている。

⑸　低発煙性ザプロ加工

航空機産業の煙および毒性ガス規制基準を満足させる低発煙性ザプロ加工も開発されている。一例は，F/Zr 比 2：1 で fluorocitratozirconate（Zr は2.3%）を10% HOOCH 80%中で，70℃で処理するものである。

2.2.8　ハイグラルエキスパンション
（hygral expansion＝HE）

梳毛織物の水分率と伸びとの関連を図2.78に示す。ギャバジンでは，水分が増加すると寸法が 8 ％以上も伸びる。礼服等に使用されるドスキン（朱子組織）という組織なら，ギャバジンよりもはるかに寸法変化が大で，10%を超えることも珍しくはない。このように，織物が大きく伸びてしまうと，型崩れして，困ったことになりやすい。

水分率に応じて織物長が伸縮する挙動を，ハイグラルエキスパンション（ハイグラ，HE）という。困った現象ではあるが，この挙動・現象があるので，ウール織物のみが身体にフィットした紳士スーツを作ることができる（2.2.9項参照）。以下，HE 現象の原因と抑制法を述べる。

⑴　HE 現象

20℃，50℃，75℃，100℃×1 時間セットした平織物の水分率と長さ変化の関係を，16%水分率（65% RH×20℃）を基準にとり，図2.79に示す。この関係図は K. Baird[49]によるものである。HE は加工度が高まるほど大きくなることにご注意願いたい。

HE 現象は，水を吸収して膨潤する綿やレーヨンなどの織物でも見られるが，ウールの場合には大きな寸法変化となって現われる。それでは，なぜこのような大きな HE が生じるのであろうか。

⑵　HE 現象の原因

これについては，P. G. Cookson[50]より解明された。その文献より引用して説明する。

HE，すなわち繊維の幾何学的な変化は，繊維の膨潤／収縮（糸湾曲力：bent beam forces）と糸相互力

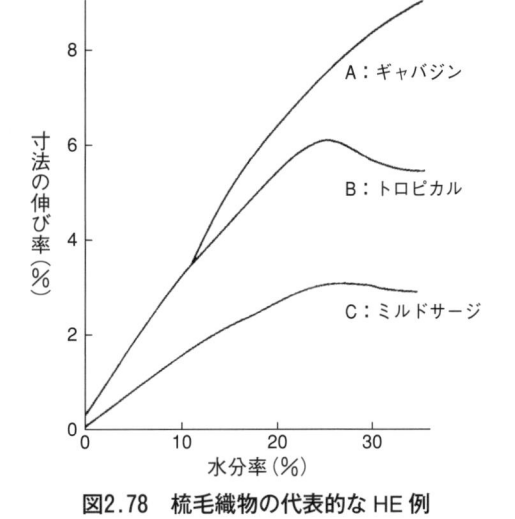

図2.78　梳毛織物の代表的な HE 例

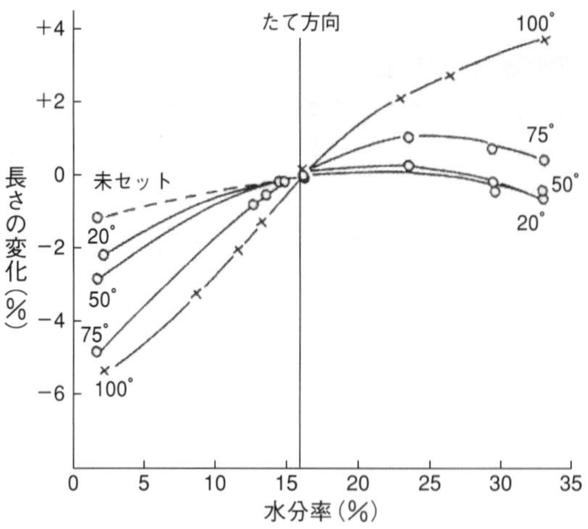

第2編　染色加工概論ならびにウールの知識・特異性

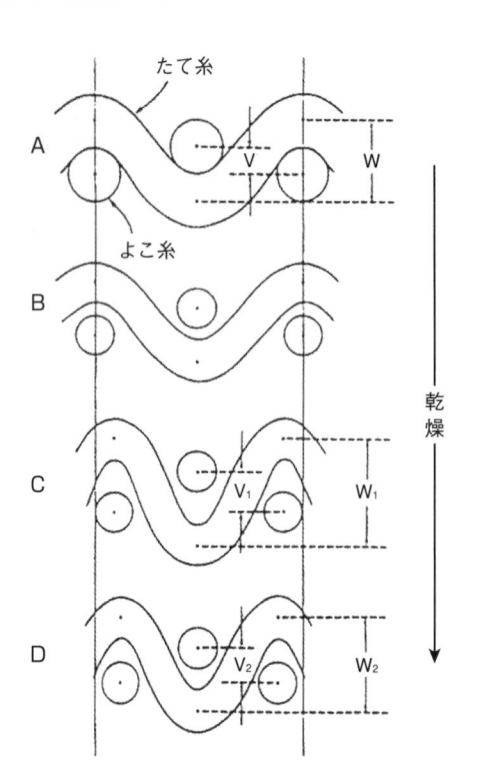

図2.79　平織物の水分率と長さ変化（たて方向）の関係[49]

（interyarn forces）との結合作用で説明できる。

①繊維の膨潤／収縮（糸湾曲力）

　繊維の膨潤／収縮時の挙動を図2.80に示す。

　膨潤により，繊維湾曲度 R_1，繊維直径 d_1 は大きくなる。ここで，直径に16%の膨潤があったとすると R_1/R_2 の値は1.16で，この値から計算された糸 HE は7.1%になるにすぎない。ところが，K. Baird によると，ウールの場合，実際の平均の R_1/R_2 の値は1.52となる。この場合，計算上の HE は19.8%である。

　このような大きな R_1/R_2 値の変化は，単繊維のバイラテラル構造すなわち2つのセグメントの異なった膨潤度合いによるところが大きい。ウール織物は，このような挙動を示す単繊維の集合体で，糸湾曲力が糸や織物挙動に主力的な役割を演ずる。

　水分率が増加するほど糸の湾曲半径は増加し，糸長や織物長は増加する。

②糸相互力（interyarn forces）

　HE については，糸湾曲力とともに，糸の拘束力（交差点での力：糸相互力）が重要である。

a)完全にセットされた織物

　完全にセットされた織物では，糸の湾曲形態は安定的で糸相互力もゼロであり，図2.81に模式的に示した挙動をとる。

　乾燥による収縮で，まず糸間は別れた状態となり，図Aから図Bとなる。さらに，歪みの発生を最小とするために，糸の湾曲径は減少，湾曲幅が増加，湾曲波長は減少し，図Cのようになる。これに，実際は糸の曲線長さ（糸長さ）の変化も影響を与える。たとえば，糸長さが5%変化すると，糸湾曲半径が同じ場合には，波長で3.8%，振幅で9.3%の減少となる。

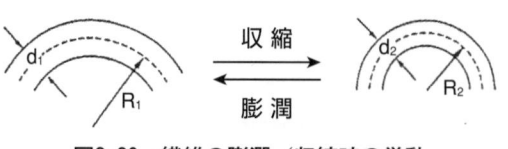

図2.80　繊維の膨潤／収縮時の挙動

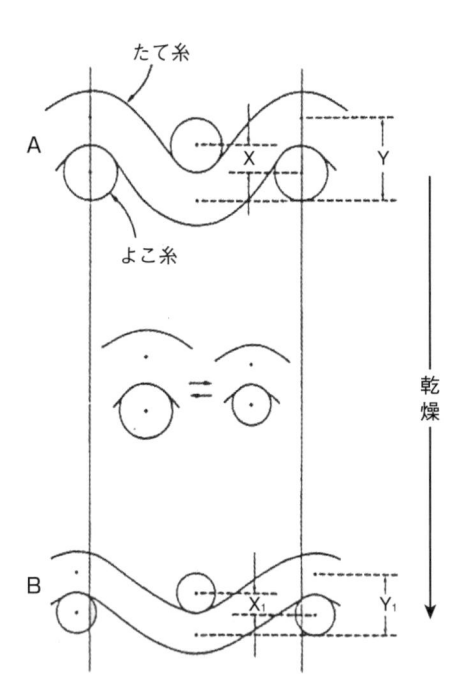

図2.81　糸相互力が0の場合の糸挙動

図2.82　糸相互力が強い場合の糸挙動

このような効果を加味した結果，図Dのようになる。

　強くセットされた織物は，全水分率にわたって糸湾曲力が支配的で，糸径の膨潤／収縮挙動につれてA→Dのように挙動して，大きな HE 挙動を示す。すなわち，セット力が強いほど HE は大となる。

b)未セット織物

　糸相互力が高く，糸径の膨潤／収縮挙動につれて交差している糸センター間距離が変動する。収縮により，振幅は縮小し，波長および糸長さは増加し，図2.82の図A→図Bのようになる。この際に発生する湾曲径の増大に伴う歪みエネルギーは cohesive set

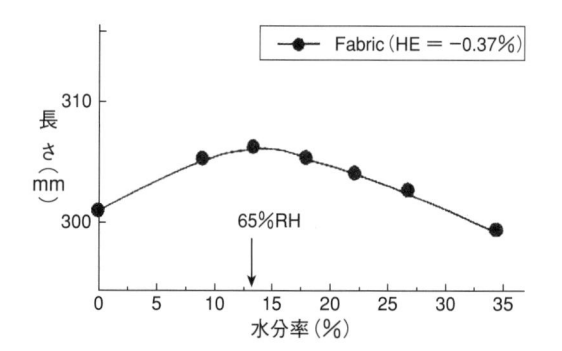

図2.83 未セット織物のタテ方向の長さと水分率との関係

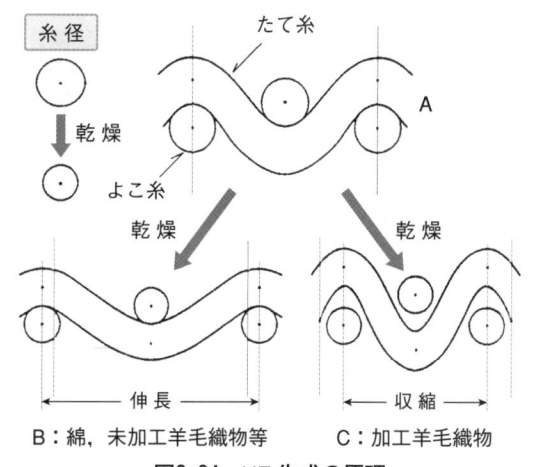

図2.84 HE生成の原理

（2.2.5(2)項）効果の増加とでバランスされる。

なお，水分率が13%（65% RH）以上では糸相互力が強い。図2.83のように水分の減少に伴い，糸相互力が低下し織物長は増加する。そして，水分率が13%に近づくにしたがい，糸湾曲力が相対的に重要性を増す。13%以下では糸湾曲力が主体となり，水分の減少に伴う糸湾曲の増加のため，織物長は再び減少する。

ウール織物は，加工工程で熱水や高温高圧の水蒸気（スチーム）により，ちょうど，髪の毛がパーマネントセットを受けるのと同じように，屈曲状態でセットされてAの屈曲を覚えてしまう。加工度が高まるほど，糸湾曲が強くセットされる。乾燥によって径が小さくなっても屈曲を保とうとする作用が働く。この作用力で，図2.81のようにA→Dとなる。ただし，織物はAの状態が最も安定した状態で，水に濡れると瞬時にAの状態に戻り，伸長する。

ところで，水に濡れた状態から水分が飛ぶにつれて生じる収縮は一定ではない。水分が飛ぶにつれて生成する水素結合の影響を受けるためで，水素結合の生成の仕方により収縮度は変わる。たとえば，湿った織物を直接オーブンで絶乾した場合には，いったん自然乾燥させた後，オーブンで絶乾状態とした場合よりも，収縮度は少ない。直接オーブンで絶乾するといった短時間乾燥では，水素結合の急速な生成が，織物に十分な緩和収縮を与えるのを阻害し，引き伸ばされた状態で水素結合によりセットされるためである。

⑶ HE現象と風合い

図2.84に，綿，ウール未加工織物等とウール加工織物の吸湿状態と乾燥状態の模式図を示す。乾燥によって糸径が小さくなる。この時に，綿や未加工ウール（A）と加工織物とでは，収縮挙動にBとCとのように決定的な差が生じる。

綿や未加工ウールでは，たて糸とよこ糸とが密着している。このため，糸間隔は開き，織物長は伸長する。逆に，乾燥織物が水に濡れると収縮することがわかる。

他方，加工ウール織物の場合には，たて糸とよこ糸の間に空隙が生じる。ちょうど，精練してセリシンを除去したシルク織物や，減量加工したポリエステル織物の断面と類似の形状となる。このため，糸の拘束（糸相互力）が少なく，手触り，触感，風合いが良い

と感じる。

ウール織物では，風合いの向上のために多様な加工工程がとられているが，これらが意識せずに減量加工したものと同じ効果を与えていたことがわかる。

なお，HEの原因を図2.4に示したように，吸湿度に応じてクリンプが伸縮する現象によるものだと考えれば，染色や還元あるいは加工度が高まるほど，クリンプは伸びたままとなって伸縮性が抑制されるので，HE現象は少なくなることになる。ところが，実際には加工度を高めるほど，HE現象は大きくなるという事実と明らかに異なることになる。

2.2.9 ウールでしか紳士用スーツができない理由

⑴ スーツの縫製技術の基本はHE現象と水素結合

平面である布を立体化するには，図2.85のように，「つまむ」「切り開く」必要がある。婦人物ではこのような手段で立体化されている。

ところが，紳士用スーツは特殊縫製で立体化されている。紳士用スーツを見てほしい。「つまみ」が入っているのは前の脇腹部（左右）のみである。このように，「つまむ」「切り開く」といった手法を使わずに立体化することができるのは，ウール素材にHEという現象があるからである。

合繊や綿でジャケットを作ることはできても，身体にフィットした仕立映えのするスーツを作ることはで

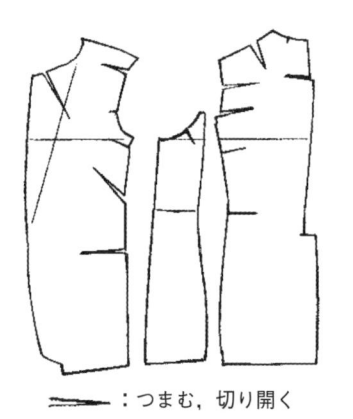

―――：つまむ，切り開く

図2.85 パターンは平面な素材を裁断

第2編　染色加工概論ならびにウールの知識・特異性

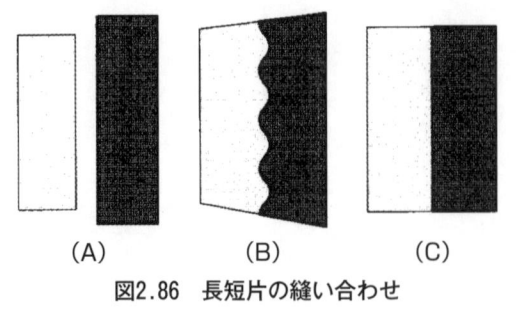

図2.86　長短片の縫い合わせ

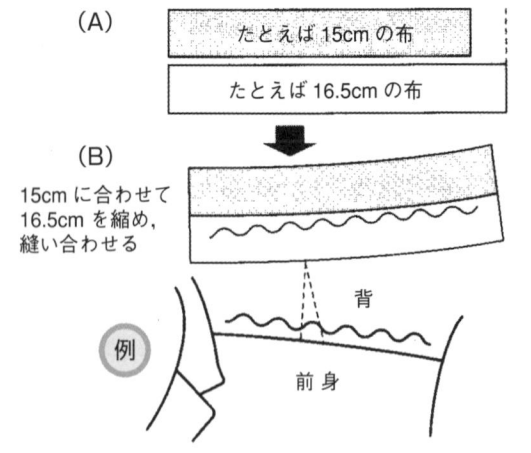

図2.87　いせこみ処理例

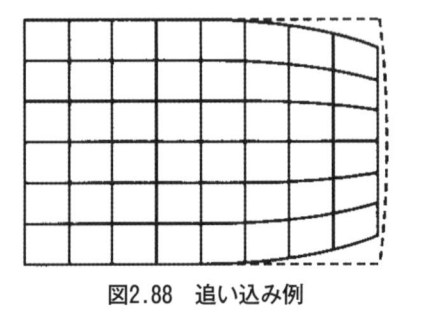

図2.88　追い込み例

きない。

図2.86（A）で示したように，長さの異なる布片を縫い合わせる場合を考えてみよう。通常の素材では，短い布片を引っ張って長くして縫い合わせる。結果として，縫合後には短片はやや伸ばされ長片は縮められて，（B）のように歪みが生じる。縫い合わせの針密度が多いと，細かいしわや畝（うね）の集積体となりやすい。ところが，ウールだけは，短片を長片と同じ長さにしてから，あるいは長片を縮めて短片と同じ長さにしてから（C）のように縫合することができる。また，他の素材と同じように縫合して，たとえ，（B）のように歪みが生じた場合でも，その歪みを消し去ることが容易である。合繊や綿などではこうはいかないが，ウールならできる。その秘密は HE 現象にある。

ウール素材は，HE を利用してアイロン操作のみで，長さをある程度自由に制御できるので，仕立映えのする身体にフィットしたスーツを作ることができる。この操作が，「いせこみ」「追い込み」「クセ取り」といった処理で表現される特殊縫製技術である。

(2) 特殊縫製技術の原理

ウール織物にスチームアイロンを当てると，ウールは蒸気を吸って（吸湿して）HE 現象で伸び，また，水素結合が消失するためにわずかの張力で延伸しやすくなる。アイロンを継続すると，蒸気が水になる時に発生する潜熱および，ウールが水を吸着する時の吸着反応（発熱）とでウールの品温は高まる。ここで，スチームを止めてアイロンを続けると，アイロンの熱で織物の温度がいっそう高まり，ウールが含有できる水分量が減少するため乾燥し，HE 現象で織物長は減少する。図2.87で，16.5 cm の布にアイロン操作で加温して水分を飛ばして，15 cm の布とほぼ同じ長さに縮めてから縫い合わせる例を示す（このように縮める操作を「いせこむ」という）。

あるいは，15 cm の布に吸湿，さらにわずかの力を加えて延伸させ，両布の長さをほぼ同一としてから縫合することもできる。いずれにしろ，スチームアイロンで吸湿して水素結合を切断し，アイロンを当て続け

て温度上昇，水分減少化という処理で，水分が飛ぶにつれて生成する水素結合を生成させ，その形状をセットすることである。

追い込みやクセ取りも同様に，吸湿して水素結合を切断したのち，アイロン加熱で水分を飛ばし，これによって生じる収縮という HE 現象と，水分が飛ぶにつれて生成する水素結合とを利用する処理である。図2.88には，追い込み例として正方柄の一部をアイロン操作で寸法を短くして曲面を作るようすを示した。

なお，実際のスーツ作りでは，このような特殊縫製で形成した部位が，吸湿や水濡れで崩れないように接着芯地で固定して，形態安定化を図るといった手法がとられている。

(3) スーツが濡れるとどうなるか？

図2.89に，通常の高級紳士スーツに水を噴霧して30秒後の形状を示す。吸湿・吸水した場合，生地はHE 現象で伸びるがポリエステル縫い糸は変化しないので，伸びた部分が歪み（凹凸，バブリング）となる。なお，写真で凹凸となっている部分は，芯地等で形態を固定できない箇所である。

表1.9の環境問題に入れているように，ドライクリーニングに代わり，穏やかな水流を利用したウェットクリーニング[注23]等が実施されるようになってきて

注23) 本来，ドライクリーニングをすべき衣類（洗濯絵表示が手洗い×の表示の衣類）を，水を使って洗浄する方法を「ウェットクリーニング」という。従来の水洗い方法であるランドリークリーニングとは異なる。意味合いとして違うのである。なお，汗および水溶性の汚れやシミは，ドライクリーニングでは取れにくく，これら水系の汚れが付着した衣類の場合には，どうしてもウェットクリーニングが必要になる。

いる。ところが，水系処理では，HE現象による伸長，水素結合によるセット解消といった現象に加え，水流での引っ張り作用が加味されるので型崩れを増長しやすい。これは，ウールを構成するケラチンが水と出会うと，図2.90のO…Hで示す水素結合が水分子で切断され，図の縦方向に伸びやすくなることによる。

また，濡れることで，接着芯地等で形態を固定することができないようないせこみ，追い込み，クセ取り等の処理は消失し，型崩れしてしまう。これらの型崩れした箇所を，アイロン操作で水素結合を開裂／再結合させて，形を整え（整形）直すのが，クリーニング業者の本来の役割の1つである。

図2.89の凹凸や，水洗いで凹凸となってしまった状態を修正するには，アイロン操作で「地の目を正しく保ちつつ縮めて」立体化しなければならない。ポイントは，「縮め」て修正化する必要があるということである。ところが，クリーニング業者は，綿製品と同じように凹凸部分を「伸ばして」修正しようとするケースが多いようだ。本来，「縮めて修正しなければならない」ところを「伸ばす操作」をするため，型崩れはいっそう増長される。悪いことには，「型を崩している事実」に気づいていないクリーニング業者も中にはおられることである。消費者も，一般には気がつかないようだが，最近は次第に賢くなってきつつあり，仕上不良を指摘する事例も増加しつつあるようだ。

図2.91に，襟腰のぞきを示す。本来，ドライクリーニングであれば水素結合が切断することもないので，このような現象が出現することはない。たとえ，汗などでいせこみ部分の水素結合が少々切断されたとしても，芯地等で形態が崩れないように対応がとられているため保形され，乾く時に発生する水素結合で形状は復帰するはずと考えがちである。ところが，実際には，日々の汗による吸湿の繰り返しで，いせこみで収縮させていた水素結合が切断され，いせこんだ部分が伸びてしまい，襟が上がり，裾の部分（腰）が表に出てしまうという現象が発現したものが「襟腰のぞき」である。このようなスーツを着用している人を通勤時によく見かける。本来，ドライクリーニング後にクリーニ

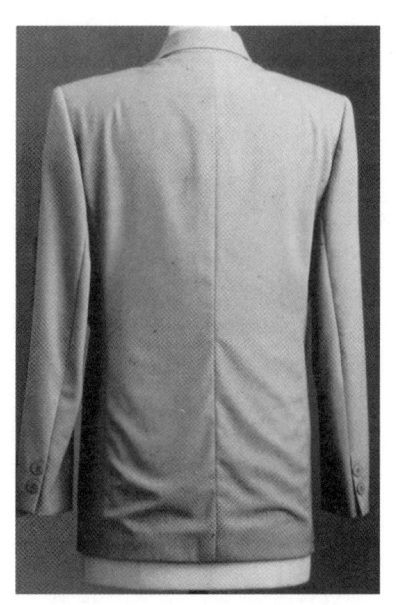

図2.89　霧吹き30秒後の型崩れ

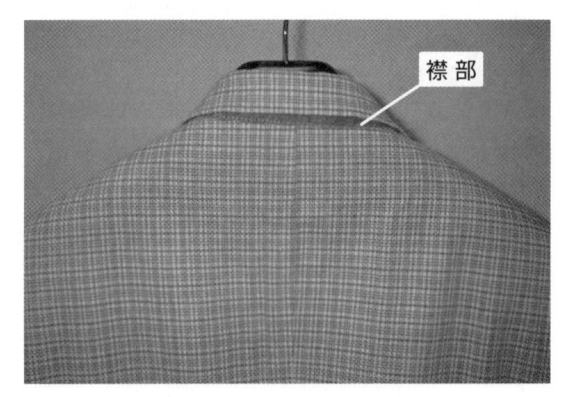

襟のいせ込んだ部分が水洗いによって伸びてしまい，腰部が覗（のぞ）くようになったもの。

図2.91　襟腰のぞき

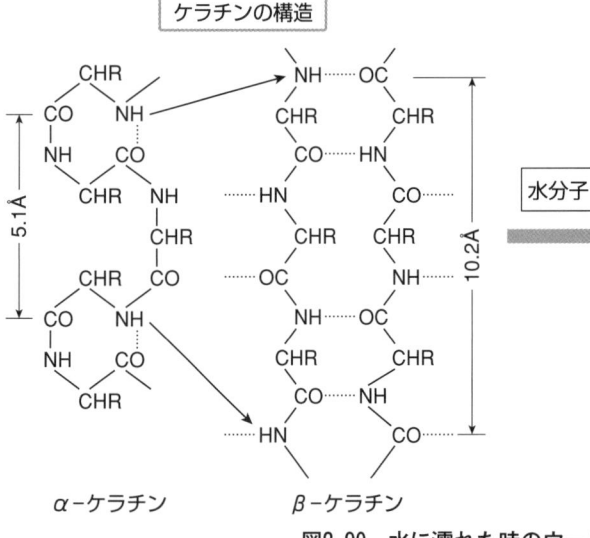

図2.90　水に濡れた時のウールケラチンの状況

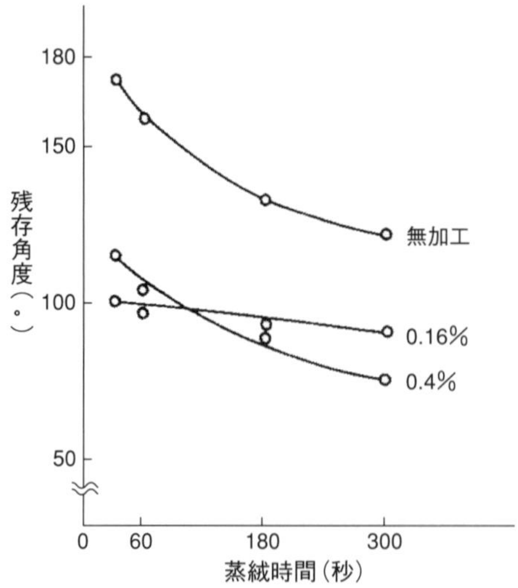

第2編　染色加工概論ならびにウールの知識・特異性

図2.92　加工剤の使用量，蒸絨時間とセット効果[51]

ング業者で修正しなければならないのに，修正能力に問題のある業者がおられるのも事実である。

⑷　縫製後の形態安定加工方法について

シロセット加工などの還元剤による形態安定加工について考えてみよう。還元剤処理を施したにもかかわらず，洗濯により，たとえば，プリーツが消失してしまったといった例が結構多い。還元剤処理を簡便に行うことは実際にはむずかしい。シロセット加工場にはマニュアルにもとづき，適正な教育がなされていると聞いているが，十分ではない加工場もあるようだ。

失敗の多くは，水分＆還元剤の量が多すぎて，定められたアイロン処理だけでは，SH/SS交換反応が完了しきれていないことによる。

図2.92にセット剤の量，蒸絨時間の関係を示す[51]。残存角度が大きいほどセットした角度が開き，セット効果が低いことを示す。蒸絨時間が短い時や還元剤の量が多い時にはセット効果は低い。還元剤はウールを還元し，－SHを作れば，それで使命は終わる。SS結合の再生時（セット時）に過剰の－SHが残存していると，セット効果を抑制することを示している。なお，生成した－SHは，大気中で放置しても簡単には酸化しないことについては2.2.5⑶①項で既述した。

一般のクリーニング業者が，たまにシロセット加工や，類似した還元・酸化処理をしなければならない場合，これらを適正に行うには，薬品噴霧後にいったん低温（室温，自然）乾燥させて水分量を減少させ，次いで，SH/SS交換反応を行わせるのが基本操作と考えて対応すればよい。

⑸　BAP加工とドライクリーニングとの関連

純毛や高混率ウール織物の防縮には，BAP加工と称される樹脂加工が施されるケースが多い。加工製品の洗濯絵表示は，通常，弱洗い（104法，105法）[注24]

と表示されており，水洗いしても問題はない。絵表示では，同時に石油系ドライもOKと表示されているケースが多く，ドライクリーニングでもちろん問題はない。ところが，ドライクリーニングした製品を水洗いした場合に，フェルト化を起こすケースがある。これは，BAP樹脂がウレタン系の樹脂であり，ドライクリーニング溶剤に十分な耐久性をもつとはいえず，溶剤によって損傷を受けて防縮性能が低下することに原因がある。

したがって，BAP加工が施されているから水洗いしてもフェルト化しないと短絡して考えずに，104法や105法ではなく，ウェットクリーニングで対応するのが賢明であろう。

⑹　HE対策，型崩れ対策

①HE対策

織物がHE挙動を示すことが，身体にフィットした紳士服「スーツ」を作る上で必要であることを理解いただいたものと思う。HEが少ないと「スーツ」はできない。たとえば，（梳毛）フラノでパンツ（スラックス）はできるが，「スーツ」にはならない。縮絨度合いの高いミルドも同様である。

紳士スーツと断っているが，HE挙動を利用した立体化程度では，凹凸の激しい婦人用途のスーツには対応できない。身体にフィットした婦人スーツは，織物をつまむ，切り開くといった手法を多用して縫製化せざるを得ない。もっとも，HEを利用して立体化する必要のない分，スーツの製造工程数も時間も少なくて済み，より安価に縫製できる。

吸湿して生じた「スーツ」の型崩れはアイロン操作1つで修正可能であり，水洗い（ウェットクリーニング）で生じた型崩れはクリーニング業者がアイロン操作で修正してくれる。しかし，一般人には，このアイロン操作は困難である。そこで，できるだけ型崩れを起こさないようにするために，立体化後に接着芯地を用いて固定化するなどの努力がなされている。

②縫製時の対応

わが国の夏は高温多湿である。イタリアは湿度が低い。イタリア旅行で，滞在中にメイド・イン・イタリアの，日本でも定評のある高級純毛織物を用いてスーツを仕立て，着用感・外観に満足して帰国した。ところが，洋服タンスに吊るしている間に型崩れを起こしてしまったという事例が生じる。理由は，低湿度で縫製したスーツを多湿な条件下に置いている間に，HEで織物が伸長してしまうことによる。縫い糸にポリエステルを使用している場合には，絹糸使用の場合よりも，より顕著に発現する。

夏用スーツは，通常は冬場に縫製される。冬の低温低湿度の状態で縫製すると，上記イタリアでの縫製と

注24）JIS L 0217はISO 3758のケアラベルとの統合が図られ，新規JIS L 1930:2014（家庭洗濯・乾燥試験方法）となった。2016年12月1日からは，製造部門より導入が図られている。

256

同様，夏場の多湿状態でHE現象による織物の伸長で型崩れする。したがい，夏用スーツの縫製時には，特に，温度調節を施して多湿条件下で縫製する必要がある。

他方，冬用スーツは，多湿でも低湿時の縫製でもHEで型崩れしにくい。たとえ，高温多湿の夏場に縫製した冬用スーツを低湿度条件で着用しても，多湿→低湿につれて生じるHEによる織物の収縮作用は，水分が飛ぶにつれて再生される水素結合の作用で打ち消されてしまうので，型崩れは発現しにくい。

したがって，ウールの縫製は高温多湿条件下で行うのが賢明である。

③アンチセット

染色加工工程で高いセットがなされるほど，HEが高くなることは図2.79で示した。逆に，染色加工時に生成するセットを抑制すれば，HEが減少して型崩れしにくくなる。

染色加工時のセットを抑制する加工を「アンチセット加工」と呼んでいる。図2.62で示したSH/SS交換反応で，生成した$-$SHを併用する酸化剤で酸化し，$-SO_3H$に変えることで交換反応を抑制しようとするものである。ウール用染料は，還元には弱いが酸化には強いものが多い。

縫製に使用する接着芯地等の縫製部材の進歩，混紡素材の増加などで，アンチセットの必要性は低下しているように思われるので，詳細は割愛する。

——参考文献——

1) MAT社のカタログ
2) Serracant社のカタログ
3) OKK社のカタログ
4) H. F. Launer; Tech. Wool Conf., San Francisco and Albany, Califonia, 13-15, May（1964）
5) I. H. Leaver, G. C. Ramsay; *Tex. Res. J.*, **39**, 730（1969）
6) K. Ziegler; *Tex. Prax.*, **17**, 376（1962）
7) 改森；"酸性染料"，染色工業，**39**，393（1991）
改森；"クロム染料"，染色工業，**39**，589（1991）
改森；"含金染料"，染色工業，**39**，658（1991）改森；"反応染料"，染色工業，**40**，37（1992）
8) 安部田；日本染色加工同業会技術討論会資料（2015.8.27）
9) 長澤；日本繊維機械学会 テキスタイルカレッジ「染色加工基礎講座」配布資料（2016）
10) 改森；染色工業，**39**，393（1991）
改森，水野信三；繊維学会誌，**31**，T24（1975）
11) D. M. Lewis, G. Yan; *JSDC.*, **110**, 281（1994）
D. M. Lewis, G. Yan; *JSDC.*, **111**, 316（1995）
J. Xing, M. Pailthorpe; *Text. J.*, **65**, 70（1995）など
12) L. D. Rattee; *J. Soc. Dyer Color.*, **90**, 347（1954）
13) F. R. Haruey; *Aust. J. Chem.*, **21**, 1013, 2723（1968）
14) E. Race, F. M. Rowe, J. B. Speakman and T. Vickerstaff; *J. Soc. Dyer Color*, **54**, 141（1938）
15) von Bergen; *Melliand Textilber.*, **7**, 451（1926）
16) L. A. Holt, J. Onorato; *Text. Res. J.*, **59**, 653（1989）

17) J. Cegarra, A. Riva; *J. Soc. Dyer Color*, **104**, 227（1988）
18) 改森；"連続染色・プリント"，染色工業，**42**，522（1994）
改森；"抜染"，染色工業，**42**，555（1994）
改森；"ビゴロプリント"，染色工業，**42**，605（1994）
改森；"バラ染め，トップ染め"，染色工業，**43**，31（1995）
19) F. Hoffmann; 染色工業，**36**，489（1988）
F. Hoffmann; *Text. Chem. Color*, **22**（1990）
20) 改森；染色工業，**43**，304-306（1977）
21) 改森；染色工業，**41**，347（1993）
22) 改森；染色工業，**43**，484-495, 551-560（1977）
23) J. Wang, H. Asnes; *J. Soc. Dyers Color*, **107**, 274（1991）
24) 繊維便覧 第3版，p.113，丸善（2004）
25) 立花，藤原；繊維工学，**31**，132（1978）
26) 小川；繊維加工，**25**，576（1973）
27) CIMI社のカタログ
28) Biella社のカタログ
29) ㈱ニッセンのカタログ
30) D. M. Lewis; *Rev. Prog. Coloration*, **19**, 49（1989）
I. Steenken and H. Zahn; *J. Soc. Dyers Colour*, **102**, 269（1986）
31) W. T. Astbury and H. J. Wood; Phil. Trans Roy. Soc., A232, 333（1933）
32) R. S. Asquith and A. K. Puri; *J. Soc. Dyers Colour*, **84**, 461（1968）
33) W. G. Crewther; *J. Soc. Dyers Colour*, **86**, 208（1970）
W. G. Crewther; *J. Soc. Dyers Colour*, **87**, 15（1971）
34) R. S. Asquith, S. I. Harris, D. M. Nunn and A. K. Puri; *J. Soc. Dyers Colour*, 87, 14（1970）
35) K. Baird; *Text. Res. J.*, **38**, 670（1968）
36) K. Lees and J. A. Medley; 繊維加工（訳：上田），**20**，443（1968）
37) 古賀；染色工業，34，586（1986）記載の図に加筆，削除
38) 唐川，梅原ら；繊維学会誌，**58**(4)，135（2002）
39) J. H. Bradbury; Advances in Protein Chemistry, Vol. 27, p.111, Academic Press（1973）
H. Baumann; Fibrous Proteins, Vol. 1, p.299, Academic Press（1980）
40) 田原，高岸；繊学誌，**46**，T35（1993）
41) K. R. Makinson; *Text. Res. J.*, **38**, 831（1968）
K. R. Makinson; *Text. Res. J.*, **42**, 698（1972）
K. R. Makinson; *Text. Res. J.*, **44**, 856（1974）
42) 改森；染色工業，**41**，353（1993）
43) J. Lewis; Wool Science Review, p.55（1978）
44) J. M. Marzinkowski and H. Baumann; Proc. of 6th Inter. Wool Text. Res. Conf., Pretoria 2, p.411（1980）
45) J. D. Leeder and J. H. Bradbury; *Text. Res. J.*, **41**, 21（1971）
46) H. D. Feldman et.al.; *Text. Res. J.*, 34, 634（1964）
47) 改森；加工技術，**42**，239（1994）
48) L. Benisek; *J. Text. Inst.*.i, **65**, 102（1974）
L. Benisek and P. C. Craven; *Text. Res. J.*, **53**, 43（1983）
L. Benisek and P. C. Craven; *Text. Res. J.*, 54, 350（1984）
49) K. Baird; *Text. Res. J.*, **33**, 937（1963）
50) P. G. Cookson; *Text. Res. J.*, **60**, 579（1990）
51) 高司；繊維加工，**21**，117（1969）

お わ り に

　冒頭の「はじめに」で述べた，紳士スーツをウール以外の素材で作ることができない理由をご理解いただけただろうか。ウールの染色加工上の技術の粋（すい）は，HE 現象を正しく理解できるかという一点に集約されているのではと思っている。在職当時，某合繊メーカーが紳士スーツを作ろうと悪戦苦闘，失敗を重ねられていた。HE 現象をどうしてもご理解いただけなかったことを懐かしく思い出している。

　ところで，できるだけ基礎的なことを容易に紹介していこうと心掛けたが，理由を述べる点でむずかしい領域にまで踏み込んでしまった。お許しいただきたい。

　筆者が在職した鐘紡（カネボウ，カネボウ繊維）の繊維部門は解体されてしまい，身体で覚えた染色加工技術を伝承していく上での守秘義務上の制約はなくなった。そこで，ウールの染色加工上で生じる多様な問題点の一部について，解決に役立つと思われるポイントを述べさせていただいた。参照いただければ幸甚である。不明な点があれば遠慮なく問い合わせていただきたい。

　それでは，お付き合いただいた皆様に深謝申し上げて本稿を終える。

第3編

絹繊維に関する技術

献呈本

中島　単維：元　蘭鋳株式会社

はじめに

　本稿は，絹加工業界の再興を念頭に置いて，過去・現在・未来を視野に，進稿していきたい。個々の技術を縷々まとめるだけではなく，要所で所見を述べていく。

　加工の対象は糸・布帛が主体となるが，和装ではなく洋装を主眼に見ていき（日本の洋装は明治に始まり，大正・昭和初期の混用時代を経て，第二次世界大戦後，一気に普及した），後半は衣料素材にこだわらない物質として取り上げる。

1．絹とは

　絹は，蚕の繭から取る。繭は，蝶や蛾の仲間である昆虫の蚕が幼虫期に吐いた糸（繭糸）の空洞円形層で，幼虫はその中で蛹になり，羽化して糸層を押し破り，成虫となって出てくる。製糸とは，蛹の入っている繭を，温水の中で解しながら巻き上げて糸条にする一連の工程である。ちなみに，最も汎用化されている蚕（家蚕）1頭から引き出される糸の長さは平均1,300 m，太さは平均2.8 d，断面の形を円とすれば，直径は約17.4 μm である。

　繭糸の構成・成分を知ることは，製糸，撚糸，紡績，製布（織物，編物），精練，染色，整理付帯加工等々上，大切なことである。昨今では，タンパク質シルクとして医療や美容関係にも活用されている。さらに，枯渇しない生態系循環型リサイクルシステムの一翼を担うものとしても注目されている。

1.1　繭と繭糸

　繭作りと繭の吐糸軌跡を図1に示す。

吐糸する蚕

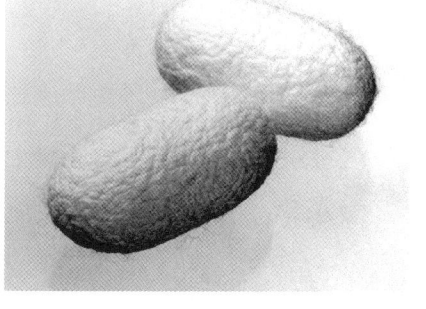
繭作り

繭

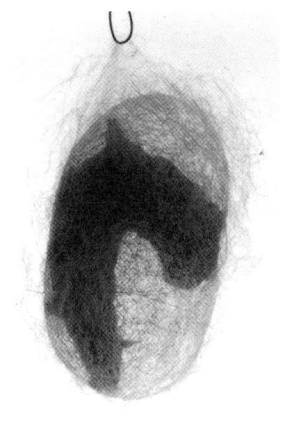
繭の吐糸軌跡

図1　繭作りと繭の吐糸軌跡

第3編　絹繊維に関する技術

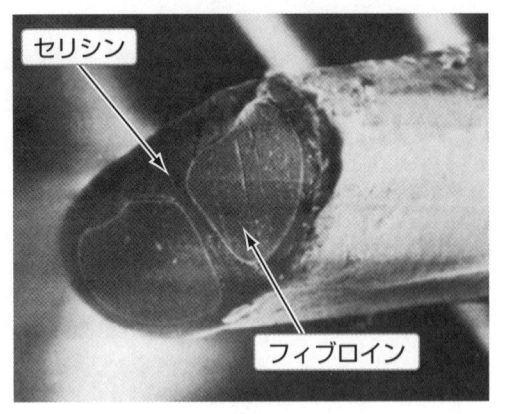

図2

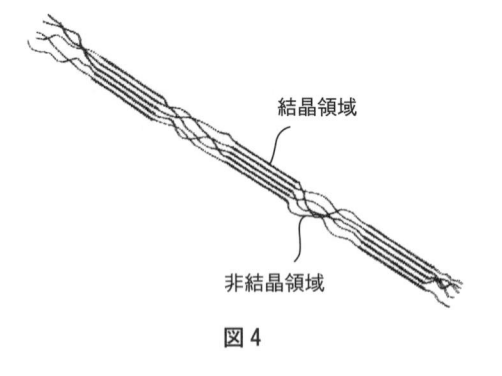

図4

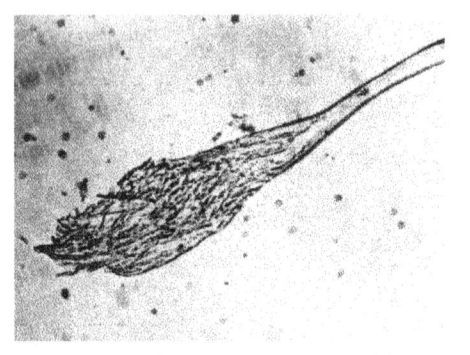

フィブリルをアルカリの中でたたくと，
ほうきのように割れる．

図5

・構成・成分（繭糸）

　図2のように，繭糸は2本のフィブロイン（Fibroin）とこれを取り囲む水溶性のセリシン（Sericin）からできており，その重量割合はほぼ3：1で，数種類のアミノ酸からなっている。フィブロインにはグリシンおよびアラニンが，またセリシンにはセリンやアスパラギン酸が多く組成している。このように，フィブロインは分子量の小さいアミノ酸が多い。

　セリシンは，外層から水やアルカリに溶けやすい順に，4層になってフィブロインを包んでいる（図3）。

　1本のフィブロインは，およそ100本のフィブリル（Fibrillen）からできており，フィブリルをすり潰してみると，太さが0.01μmほどのミクロフィブリル（Micro Fibrillen）が見られる。フィブリルはミクロフィブリルが収束したもので，所どころに隙間がある。

　絹はフィブロイン分子の集合体で，図4で示すように，規則正しい並び方の結晶領域と不規則な並び方の非結晶領域からできており，その割合は4：6である。構成している原子はC，H，O，Nである。

　このような組成の繭糸は蚕によって作られる。卵（種）から孵った幼虫は桑の葉などを食べ，1ヵ月ほどで1万倍ほどの体重になり，絹糸腺は桑の葉のタンパク質，アミノ酸，糖などから合成された液状絹で満たされ，約2昼夜で1,000mから1,500mの繭糸を吐き続け，繭を作る。

　綿，麻，羊毛などの繊維が線状化した細胞であるのと異なり，絹はタンパク質溶液が蚕によって繊維に作り変えられたものである。つまり，蚕は絹繊維の製造工場なのである。

1.2　絹の特徴

(1)　長　所
①光沢があって色彩に深みがあり，優雅である。
②触感，風合い（しなやかさ，コシ，ハリ，ふくらみ，シャリ，軋み等の5要因）が良い。
③軽くて暖かい。
④着用にドレープ性がある。
⑤吸放湿性が良い（図6）。
⑥絹鳴り（Scroop）する。
⑦燃えにくい。
⑧制菌性がある（菌を増やしも殺しもしない）。
⑨紫外線遮蔽率が高い（特に，野蚕糸が優れている）。

(2)　弱　点
①黄変する（紫外線による）。

図3　繭糸の構造

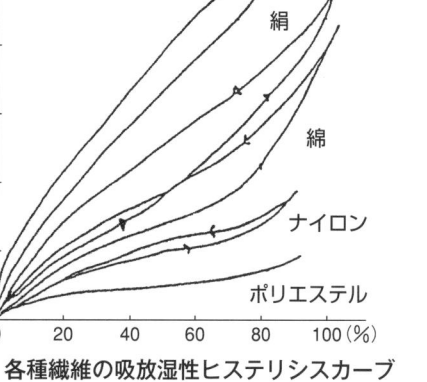

図6 各種繊維の吸放湿性ヒステリシスカーブ

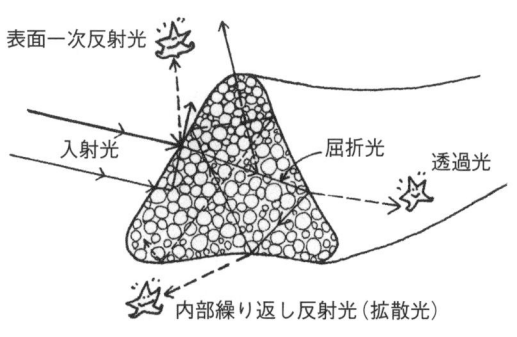

三角断面は，円形より三角プリズムと同様に内部
繰り返し反射が多いので，良い光沢となる．この
過程では無数のミクロフィブリルによる吸収・透
過などが繰り返されている．

図7

図8

図9

②擦れが起こりやすく，しわになりやすい（特に含湿時）。

　これらの長所や弱点については，後述の中で適宜取り上げていく。

1.3　シルキー合繊の誕生

　絹の加工に当たり，不可欠の知識として，合成繊維誕生の経緯をたどってみる。天然繊維しかなかった時代では，絹は憧れの衣料であった。それは優雅な光沢や色相，着心地の良い風合いを持っていたからである。

　20世紀半ばのナイロンの発明に続き，ポリエステル，アクリルの三大合繊が誕生したが，モデルとした絹とは似て非なるものであった。

　追究の結果，生まれたのが「シルック®」「シルパール®」などのシルキー合繊であった。まず，細くて三角断面の繊維を作り出したが，風合いや光沢は絹のようではあるものの，絹のしなやかな触感は得られなかった。

　絹は，精練（練り減り）によってセリシンが除去され，布にふくらみが出ることにヒントを得，分割構造や海島構造の繊維を紡糸し，ポリエステルはアルカリによる表面の減量加工技術が開発された。

　しかし，絹はそのような単純なものではなかった。繭糸の不規則な断面，繰り返しのない太さむらや微妙なカールなど，まさに神がかり的である。そこで，紡糸延伸の強弱や染色加工による収縮差を利用した異収縮混繊糸などの合繊が開発された。

　それでも，シルキー合繊は絹にはなれなかった。今や人造繊維は絹を通り越して新新合繊と呼ばれ，さらに進化を遂げており，開発が目覚ましく，新分野の用途として躍進中である。

1.4　絹の外観

(1)　光沢と色彩

　目にやさしい光沢，独特の艶，それは金・銀・宝石の輝きではなく，真珠や象牙の輝きである。朝日と夕日や月光にも応え，微妙に演色し，絵絹（絹本：けんぽん）に見られるように，発色と共演するものである。

　図7のように，大小多様なフィブロインの三角断面によるプリズム効果と，微細なフィブリルにおける光と色の反射・屈折・干渉が交じり合い，タンパク質繊維の染着性の良さと低屈折率繊維ならではの鮮明な発色となる。繭糸の表面は，図8および図9のように，繊度が一定でなく，微妙なうねりと微細な凸凹があり，多様な光沢と色彩を生み出している。

(2)　染色の美しさと多様性

　絹は，前項の色彩効果のみならず，鮮明で落ち着きがあり変化がある。着る人にステータスを感じさせ，優雅な装いを演出してくれる。

第3編　絹繊維に関する技術

それは，

①いろいろな染料と結合しやすい多種の活性基（アミノ基－NH₂，カルボキシル基－COOH，水酸基－OH）をもつので，直接・酸性・塩基性・含金・反応染料，その他の染料で染めることができる。石炭や石油を原料とする合成染料のみならず，複雑な化学構造をもつ天然色素の藍，茜，ウコン，紫根，紅花，桑の葉，その他多数などともよく吸着することは，古くからの和装の染色である草木染めが有名であり，その奥ゆかしさは絹の色相領域をさらに広げてくれる。

②染め上がりを美しくするためには，染料が繊維内部まで浸透し，目に吸収される光が多いことが大切であり，透明性のある絹の場合，表面だけの染着ではしらけて見える。絹の染め上がりが美しいのは，内部の非結晶領域の分布と大きさであり，結晶領域との割合（非結晶：結晶≒6：4）の分布がちょうど良いのである。

さらに，蚕の吐糸が乾式による繊維形成であるため，繊維化する時に水分が除かれ，空孔（Void：ボイド）が発生し（図10），染料が水に導かれ，内部へ浸透するのを助長する。

③フィブロインは，構成している100本ほどのフィブリルの集合体で，フィブリルの間には微細な隙間が多く，前述のように光の反射，屈折，回折，干渉などの現象を複雑にするため，深みのある色彩が得られる。

などの理由が挙げられる。

2．加工について

2.1　概　要

前節では，絹加工に不可欠の基礎知識を説明した。絹の加工は概して精練，染色，仕上げ，特殊加工が主体となっている。概要については後述する。

⑴　精練，浸染（糸染め，無地染め）

絹本来の光沢や柔らかな風合いは，大半を占めるセリシン，少量のロウ質物，無機質，色素などを除去し，フィブロインを取り出すことによって得られる。精練作業の前に洗浄し，精練効率を上げる。

・洗浄：精練の前工程として，生糸はそれほどではな

いが，撚り生糸，生織物，絹紡糸等々に付着している製糸・紡績油剤，下漬剤，埃などを洗浄する。

・糊抜き洗浄：絹紡糸など毛羽のある織物は，製織準備工程で経糸に付与したデンプン，PVA，平滑剤などの糊剤を落とす。

〈糸・生地の精練方法〉

①糸の精練方法（洗浄，漂白，染色にも，この方法を用いる）

竿練り，袋練り，吊練りなどの手動精練法と，噴射式綛染機（図11），泡練機，高圧釜，常圧または高圧パッケージ染色（チーズ染色機，図12）などの機械精練法に大別される。現在よく使用されているのは，綛染機とチーズ染色機である。

②生地の精練方法（洗浄，漂白，染色にも，この方法を用いる）

吊染め［生地仕訳（図13），吊練り染め（図14）］

図11　噴射式綛染機を使用する生糸精練

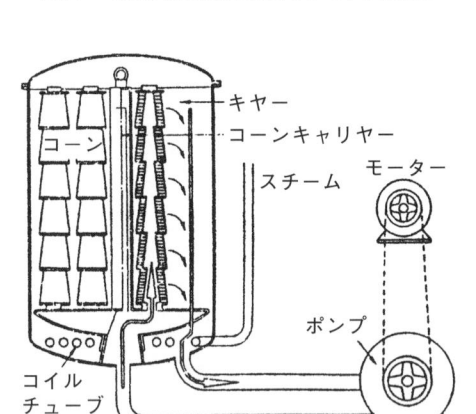

図12　パッケージ染色機（チーズ染色）

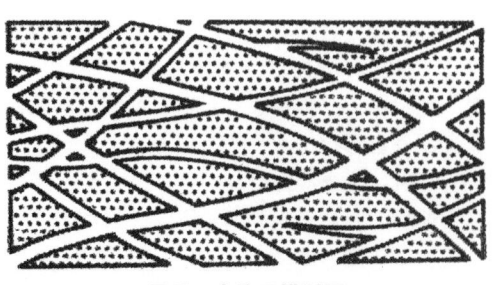

図10　空孔の模型図

図13　生地仕訳

図14　吊練りによる精練

や枠吊染めなどの手動式，ウインス染色機，ジッガー染色機，液流染色機，吊型反染機（スター染色機など），また量的な精練加工にはバッチ方式ではなく拡布型連続精練機がある。

いずれの方法，機械も固有の特性があり，生地の種類に応じて使い分けしなければならない。

(2) 捺染（模様染め）

現在，洋装の絹に使われている方法は，スクリーン捺染（手工式と機械式，図15）とインクジェットプリントに集約される。

手法というか技術的には，防染，抜染，転写等々があるが，最近は単純な直接捺染的なものが多い。

室町時代から江戸時代にかけての，趣致性豊かな辻が花や友禅染のような和の技法の洋服への展開は望めないのだろうか。

(3) その他の絹糸について

蚕糸には家蚕糸と野蚕糸があり，文字に示すように家蚕糸は養蚕として桑の葉を主食とし，屋内で飼育される昆虫の吐糸であり，最も多く利用されている。

野蚕糸は，野生で温・亜熱帯の世界中に生育し，食性も多種多様である。中でも，中国東北部が主産地のサクサン（柞蚕）が多く，日本にも糸，織物，縫製品として輸入されている。

インドが主産地のタサールサン，エリサン，ムガサンは，ほとんどがインド国内で商品化されている。イ
ンドは，家蚕糸の生産では中国に次ぐ主要産出国であり，世界の17％を占めている（中国：78％，日本：0.06％）。代表的な商品は民族衣装として有名なサリーであり，手工業がさかんで生糸の輸入国である。野蚕糸も含め，高級衣料のみならずインテリアへの利用もさかんである。将来，インドからどのような新製品が生まれてくるのか楽しみである。

インドネシアには，クリキュラが作る黄金色の繭があり，注目されている（図16）。その特異性を活かして金色の繭紙やランプシェードが作られている。

一方，日本の野蚕で天蚕あるいは山繭とも呼ばれる糸は，光沢と丈夫さに加えて淡黄緑色の色合いに人気があり，「繊維の宝石」といわれ，長野県が主産地である。

繭糸の断面は，図17に示すように，家蚕糸は三角形に近く，野蚕糸はどれも扁平形である。この形状が風合いや色相に特徴を発揮する。

(4) 加工特記

製品の良否は，80〜90％が前工程の製品の品質で決まるといっても過言ではない。縫製品は良い生地から，良い糸から，良い原料から，つまり繭の品質が始まりである。絹は，繭糸が製糸の一工程である繰糸をはじめとして水との係わりが多く，湿潤状態で平均2.8 dの繭糸のセリシンを膨潤させ，21 d，31 dと仮撚り合糸される。精練，染色も水を使う。精練・漂白（晒）後，白生地となって保管・商品となるも，色物は再度染液の中で無地染めや捺染され，水洗いを経て乾燥仕上げとなる。

〈水質が重要〉

絹は親水性が良く，吸着も早い。数ある繊維の中でもデリケートな素材であり，水質には特に注意しなければならない。

金属イオンは石けんと結合して不溶性の金属石鹸（scamp）となり，絹に付着すると除去困難となる。精練むら，白度・光沢不足や染めむら，変色の原因となる。

処方は，①炭酸ナトリウムなどで金属イオンと結合

図15　スクリーン捺染機

第３編　絹繊維に関する技術

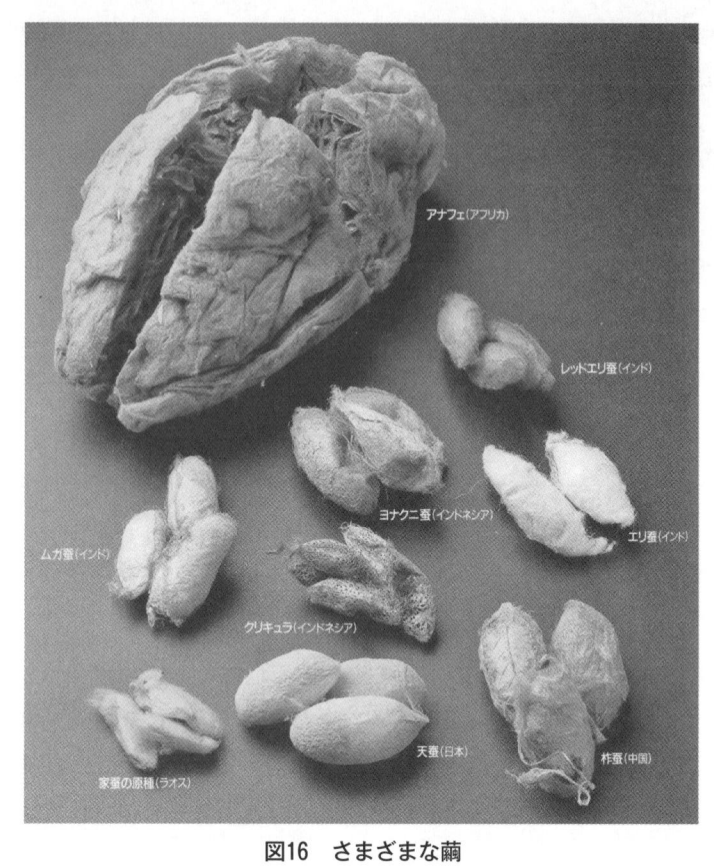

図16　さまざまな繭

［出典：季刊銀花，No.117 春の号，文化出版局］

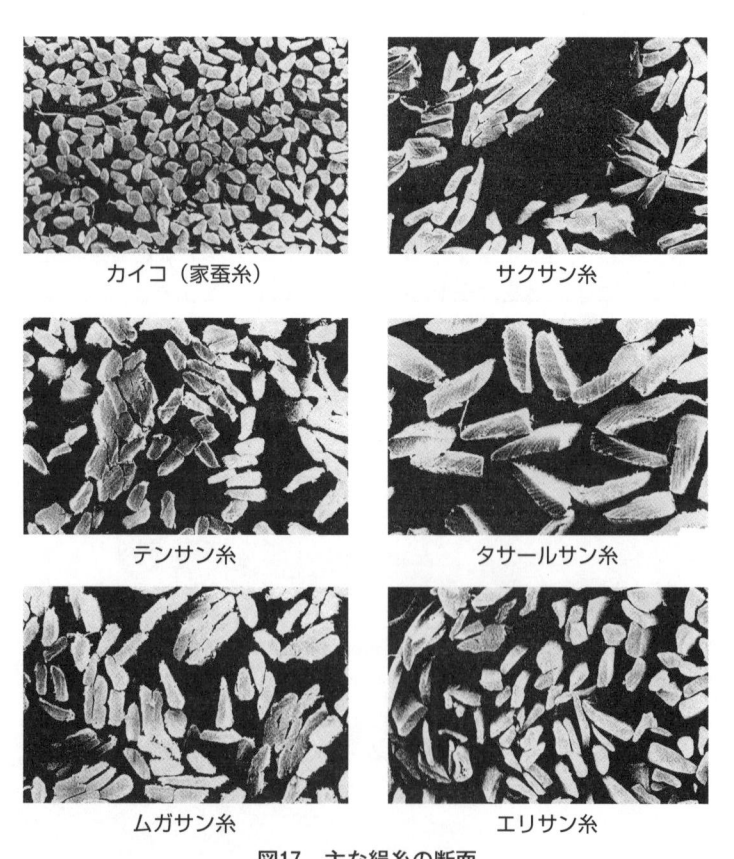

図17　主な絹糸の断面

表1 用水の水質標準

項 目	標準濃度	限界濃度
清 濁	無色, 清澄	
pH	7.0	6.8〜7.4
硬 度	1.7〜2.4	0.5〜5.0
M アルカリ度 $(CaCO_2)$ (ppm)	25〜30	20〜60
遊離炭酸 (CO_2) (ppm)	6	0〜20
重金属	ないこと	
鉄イオン (Fe) (ppm)	0.1以下	0.2以下
マンガンイオン (Mn) (ppm)	0	0.1以下

させ，不溶性の沈澱物にする，②イオン交換樹脂を通す，③金属封鎖剤の使用，等々がある。表1に水質標準を示す。

2.2 精 練

セリシンを取り去らない商品もあるが，その数は少なく，ほとんどが精練されて晒（漂白）や染色品として市場に出される。

精練は，染め上がりの良否を決定付ける。

18世紀頃までは，灰汁に水を入れ，アルカリ液汁（炭酸カリウムおよびケイ酸カルシウムを含む）や豚の膵臓などが利用されていたが，現在は石けん，ケイ酸ソーダ，炭酸ソーダ，重炭酸ソーダ，リン酸ソーダなどが用いられている。これは，アルカリ性精練液に対するセリシンとフィブロインの溶解度の差を利用するものである。一方，タンパク質分解酵素［プロテアーゼ（パパイン練）］を使う酵素練が，これらの薬品と併用されている。酵素練は低温処理（50〜70℃）でセリシンを均一に除去でき，静止精練（浸け置き）のため，繊維が損傷されないという利点がある。

過精練（図18）は，セリシンの除去のみならずフィブロインまで傷つけ（フィブリル化），分裂細繊維ができ，白度低下を起こすだけでなく染着も良くない。過度のものは，図19のような毛羽立ち「スレ」となる。

・ラウジネス（Lausiness）：繊維の毛羽立ちでフィブリル化と間違いやすい。拡大して見ると繭糸の一部

図18 過精練

図19 毛羽立ち（スレ）

が分裂してもつれたものであり，大部分は繭層中に見られる分裂繊維である。

・半練り（half degumming）：絹の精練は，通常，セリシンを完全に除去する本練り（boiling off）を意味するが，用途によって，三分練り，半練り，七分練りなどがある。セリシンの残留は，減光沢と色相，シャリ・硬さ・ハリ・爽快さを表現できる［半練り：生糸を1とすれば，そのうち0.25を占めるセリシンを半分（0.125）残し，0.875としたもの］。

和装では，これらの加工品がいろいろと商品化されているが，洋装ではオーガンジー（先染），セリシンをある程度残したシフォン，そしてインテリアの絵絹ぐらいである。

よく利用されている家蚕糸，柞蚕糸，天蚕糸の練り減り（練減）について，表2に示す。

2.3 染 色

精練はセリシンを除去し，染色は多様な色相で糸や布を化粧することである。その出来栄えは，絹固有の課題である①スレや毛羽立ちのないこと，②折れやアタリのないこと，である。

①は，絹は濡れた状態だと，フィブリルのふくらみのため摩擦に弱く伸び気味となり，傷つきやすく切れやすい。糸や生地どうし，機器との接触，過激な撹拌，急な煮沸は避けねばならない。

②は，主に生地にいえることであるが，染色工程もさることながら精練工程の方が発生しやすい。生地が折れたままくっついていると，その角が折れ癖（織編

表2

	繭糸繊度 (d)	練減 (%)	比重 (練糸の比重)
家蚕糸	2.8	25.0	1.35 (1.37)
柞蚕糸	6.0	9.5	1.32 (1.34)
天蚕糸	6.4	15.0	1.30 (1.27)

＊練減（%）の違いに注目.

み組織・撚りのズレ・変形）となって，スレ・毛羽立ちとなる。同じくアタリも濡れている時は，凸状物での突きは痕跡を残し，光沢が落ちる。

以上のことに注意し，急激な染着を抑えて緩やかに均染することである。

最近，洋装の絹染色に求められるのは，従来からの鮮明な色相のほかに染色堅ろう度が挙げられる。絹に求められる主な染色堅ろうな項目は，光（日光），汗，水，摩擦である（表3参照）。ふさわしい染料としては，反応染料，2：1型含金染料である。

反応染料による染色は，低温のため繊維の損傷が少ないが，内部への浸透が弱いため表面染着になりやすいことから，染料種の選択が大切である。

ウォータースポット（water spot）とは，染布に落ちた水滴を吸い取り，乾燥してもその痕跡が残る現象をいうが，反応染料で染めたものは残跡が小さい。

絹への反応染料の使用は，他の染料よりもメーカー各社による独自性があるため，活用に当たっては素材特性や用途を考慮しなければならない（絹用染料の開発については，概略ではあるが後述する）。

2.4　化学加工

天然繊維はそれ自体が完成品であり，その良さや特性を上手く利用することが，人間の知恵であろう。物理的・機械的な諸々の加工は，素材の特徴を用途に適う形でなされているが，化学加工の場合は成果を得るのが容易ではない。以下に記すような，加工についての長短両面への考察が大切である。

⑴　増量加工

①タンニン酸加工：糸はタンニンの色のため着色し，くすみ，光沢が落ちる。その一方で，柔軟性が増し，風合いが良い。染色堅ろう性が良く，脆化の防止効果もある。古くから，渋みのある和服用に利用された伝統手法である。

②錫加工：塩化第二錫を使う。20世紀前半にイタリアやフランスで加工が始まり，ネクタイ用に加工され，締め具合の良さから日本では半世紀間ほど好評であった。反面，黄褐変や脆化を起こしやすい。危険有害性のため，取り扱いには注意が必要である。

③グラフト重合：グラフト（接ぎ木）とは，高分子に薬剤の分子を反応させる加工方法である。20世紀半ばから始まり，現在も行われている。薬剤も酢酸ビニルをはじめ，HEMA（ヒドロキシエチルメタ

クリレート），MAA（メタクリルアミド）が有名である。生糸価格の上昇に伴い，加工量が増える傾向にある。現在，ほとんどがMAAとなっている。柔軟性，光沢，染着性，防しわ性，耐摩耗性などが向上するが，やや黄変しやすい。33％以上の増量は，元の風合いと大きく異なってくる。繊維の太さや糸むらの変化，引張強度の低下，品質表示などが注意事項である。

⑵　セリシン定着

セリシンを除去しないで生糸のまま使う際，セリシンを不溶解にするための加工法である。①タンニン酸法，②メチロール樹脂法，③クロム塩法，④塩化シアヌール法（あるいはシアヌール酸誘導体の反応染料での低温染色），⑤エポキシ加工等々があり，昨今では④および⑤が使われている。

生糸のまま（セリシンを残した）の織物を生絹と呼び，商品にはオーガンジー（糸染め），篩絹，絵絹［膠（にかわ）と明礬（みょうばん）で後処理］，完全精練をしていないシフォンなどがあるが，どれも数量は少ない。

⑶　塩縮加工

中性塩（塩化カルシウム，硝酸カルシウム）による収縮を利用した加工で，防縮剤との組み合わせにより，柄模様（捺染スクリーンなどによる）を付けることができる。

⑷　化学的改質

他の天然繊維（綿，毛，麻）と比較した際の，絹の弱点を挙げてみよう。

たとえば，①黄変，②スレ，③しわ，④色落ちなどがあり，さまざまな改善研究がされてきた。主な加工を以下に記す。

①防しわや黄変防止，耐光などの染色堅ろう度改善の「ソワドレーヌ®加工」（1970）が有名。

②防しわにはあまり効果がないが，スレ防止および黄変防止や，耐薬品性の高い「エポキシによる架橋結合」。

③防しわや黄変防止に効果のあるエチレン尿素と，熱反応型水溶性ウレタン・オリゴマーをブレンドした複合樹脂加工。

④吸水性は減少するが撥水性が向上し，速乾性に優れたシリコン系樹脂加工。

⑤防しわ，駒絹に主眼した「ソワロイヤル加工」。

⑥家庭洗濯できる富士絹無地染め向けに開発された

表3　絹の許容堅ろう度（市場通用）

品　目	光	汗	水	乾摩擦	湿摩擦	洗濯
スカーフ，ネクタイ	3	3	3	3	3	
ブラウス，ドレス	3	3	3	3	3	
コート	4	3	4	4	3	
肌着，ソックス類	3	4	4	3	4	4

「ロイヤル・ソワドメール」（1985）。

これらの発表から10年近い空白があり，その後，次の各社から（上記に関する）改善加工が発表されている。細部は不明であるが，その名称を次記する。

・ファーミング加工（丸屋染工）
・シドリ（山嘉精練）
・ボンソワーリ（野崎染色）

⑸これからの化学的改質について

改質・改善による用途開発，つまるところは水洗いやノーアイロンということになるのではないだろうか。数多くの課題のあるものは，やはり肌着やワイシャツなのである。

水洗いに対する要求としては，色落ちしない，毛羽立たない，縮まない，日干しで色褪せない，黄変しないこと等々であり，ノーアイロンへの要求としては，変形（しわ）しないことである。

振り返ると，これらの要望に応えたのが（満足とまではいかないが），「ソワドレーヌ®加工」である。その後，現在に至ってこれに勝るものが出ていない。しかし，今は新しい加工の開発もなされておらず，またその寿命が10年もなかったことは，これら化学加工に対する反省課題として捉えたい。

課題は，薬品の環境問題（新法制定），加工期間の長さ，ロット制約，染料の制約，コストアップ等々であった。これらをクリアに解決することは容易ではない（この商品には，それだけの有利性がなかったということになる）。

その他の加工も，同じような運命をたどっているのではないだろうか。

筆者の私見としては，用途別に改善項目を絞ること，品種限定，コストアップにならないこと（加工期間短縮，工程工数の省略・減少）である。マーケティングをも視野に入れて，加工期間が短くて安価となるに越したことはない。

以下に対策を一考する。

①色落ち，ウォータースポット：反応染料
②フィブリル化防止，耐摩耗：糸可撚による繊維の収束，適切な精練・染色（適応の機器）：エポキシ加工
③残留収縮改善：緩和加工（物理的防縮：カムフィット仕上げ，ノールランホル仕上げ，オーバーフィード仕上げ），綿ではサンフォライズ仕上げ
④黄変防止：エポキシ加工
⑤防しわ：エチレン尿素と熱反応型水溶性ウレタンオリゴマーをブレンドした複合樹脂加工

等々が考えられる。

ミニマムケアと呼ばれるように，化学加工を最小限にして絹らしい天然の良さを精一杯知得体感するべきであると思う。

また，これらの改善とは裏腹に，色落ちするのは染め替えができることであり，吸着しやすいのは肌の汚れを素早く吸い取ることであり，フィブリル化して毛羽立ちやすいのは肌にやさしい素材だといえる。黄変するのはタンパク質繊維の証であり，紫外線遮蔽の役目を果たしている。

用途に応じて訴求性能が異なる。肌着であればしわは気にならない。絹ならではの長所である色相や触感，軽く温かいこと，吸放湿性，絹鳴り，制菌，紫外線遮蔽などに注目すべきではないだろうか（黄変は，中性洗剤や陰干しで対処してはどうだろう）。アウターは，布の重目・軽目によって，織（編）物の設計と工程を考慮すべきである。

絹ならではの素材と商品知識が求められるのである。

3．加工技術の歴史

絹，すなわち繭の種類の多さに驚かされる。特に，野蚕糸は野生の昆虫のため，北緯35〜45°（南緯25°近辺）の樹木のあるところ，日本，中国，インド，東南アジア，北米，アフリカ，西欧南部と世界に広がっている。しかし，現在は一部の野蚕糸（天蚕糸，柞蚕糸）を除き，家蚕糸の生産量で世界の78%を占めるのは中国である。

本節では，精練染色機械の経緯について考えてみよう。

3.1　器具，手作業の時代

木製の桶，灰汁，植物染料などが使われた時代，日本に西洋技術が入るまで（洋装が普及するまでの和服の時代）は，生地染めは少なく，先染め織物であり，そのほかは絞り染めや友禅などの型染めであった。

3.2　機械化の時代

第二次世界大戦後，綿などは加工量の多大さゆえに，まず連続化（連続精練漂白機，連続染色機）に始まり，捺染は自動走行式スクリーン，全自動フラットスクリーン，ロータリースクリーンなどが開発増設され，生産性向上に寄与した。

20世紀後半には，ナイロンやポリエステルの導入に伴い，加工工場のさらなるスケールアップおよび増産の中，環境・エネルギー問題が取り上げられ，「衣料処理剤の諸影響に関する研究会」の発足，「家庭用品に使用される有害物質に関する規制基準」の公布により，ホルマリン規制や排水処理規制の準拠となり，さらに石油危機によって，使用水量と熱消費エネルギーの見直しとなった。その後，製造業はFA化（ファクトリーオートメーション）により，コンピュータによる生産システム構築（CCM，CCK）が進展し，現在のロボット化を模索するに至っている。

一方，絹加工はどうであろうか。国内では部分的に

第3編　絹繊維に関する技術

は改善されているものの，旧態の枠からは脱却していないといえる。1970〜1980年代には進んだ西欧の技術を導入し，刷新を図ったが，20世紀終期からは中国への生産移転により国産は急減した。優れた加工機をもつイタリアも中国へと生産をシフトし，一握りの高級ブランドを除き，生産地図は大きく変容した。

さらに，円高，バブルの崩壊，倒産企業続出，リーマンショックなどで，生活必需品ではない絹の需要は激減してしまった。

今，絹もの（高級品）への要望があっても，1900年終期までのような良品は手に入らない。特に糸質が劣るため，すべてが良くない。中国製は日本人の目に適うのだろうか。洋装絹の先駆者であるスイス，イタリア，フランスの愛好家の意見がほしいところである。

3.3　絹糸用加工機

(1)　綛加工（精練，染色）

2節参照。

(2)　パッケージ（チーズ）加工（精練，染色）

当方式の長所は，糸を管（多孔チューブ）に巻き，固定状態で洗浄・精練・染色・乾燥まで一貫して行えることと，綛加工のように糸が動かないので，スレや毛羽立ちなどの損傷がないことである。なお，巻き形状で仕上げることができるので，綛繰り工程がないため時間短縮することができ，結び目個数も激減できる。

日本では綛加工が現存し，特に小規模工場での少量多色加工が多い。一方，急増している中国では，量的な功利性もあって西欧（イタリア北部）のシステムがそのまま移設されている。

3.4　絹布用加工機

絹布の加工は，水を使うすべての工程でスレ（毛羽立ち），しわ，折れ，アタリが起こりやすく，染色不良を伴い不合格品となってしまう。最適の方法は，終始拡布状で流すことであり，これを前提として改善され，器具・機械が作られている。

(1)　絹布の標準精練加工工程

①仕訳（生地立），②洗浄・糊抜，③粗練り・水洗，④本練り・水洗，⑤漂白・水洗，⑥仕上げ練り，⑦水洗，⑧脱水，⑨乾燥・仕上げ。

(2)　絹紡糸織物の準備工程

絹紡糸は，製糸工場で繰糸されたフィラメント状の生糸と異なり，

①紡績の都合上，セリシンの大半を除去し，短繊維（生糸として使わない繭糸をほぼ一定長に切断）として紡績する（残セリシン率はメーカーによって異なるが，3〜6％である）。

②絹糸紡績工場で紡績後，糸をガス焼き仕上げする。さらに織り上げ後，生機をガス焼き（毛焼き）するものもあるので，染色前の洗浄は避けられない（焼き固粉の除去，および紡績油・機械油・埃や

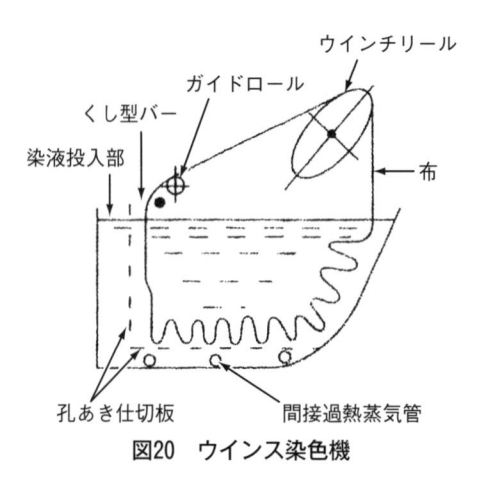

図20　ウインス染色機

毛羽などの除去）。ガス焼きは，絹紡糸の毛羽やネップの除去と，糸を伸長させ光沢を増すために行う。

などの工程となる。

(a)吊染め（Hanging Dyeing）

精練，漂白，染色が兼用できる方法。生地の耳の部分を糸，金具，樹脂（プラスチック）などで吊り下げて，液槽（釜）で加工する。従来からの方法であるが，手頃で目視できることから各所で使用されている。

(b)ウインス染色機（Winch Dyeing，図20）

生地の反末を縫い合わせ，ロープ状にして液中で繰り返し染める方法である。長年，薄地ものに使われてきたが，構造上，布どうしが擦れ合うため，ウインスしわが出やすい。

(c)液流染色機（Overflow Open Wide Dyeing，図21）

生地種に合った加工のできる自動（染料・助剤の注入，液量と速度，時間など）液流型が開発され，世界各地で稼働している。拡布状で加工するのが最適であるが，ロープ状と拡布を繰り返すものもある。編物（シルクニット）用は，縦伸びのないオーバーフロータイプがふさわしい。絹素材は高価なため，専用機化されている。

(d)吊型反染機（スター染色）

厚地織物の浸染は，上記(a)(b)の方法では不適な場合が多い。均染性やふくらみは，先染織物では得られない。幅方向に張るため，両耳を吊方法のように掛ける。布面が上下になるタテ型と，水平にするヨコ型がある。

(e)ジッガー染色機（Jigger Dyeing）

絹よりも縦伸びしにくいあらゆる素材に使用されている。張力制御なども工夫されており，多種素材に適用できる。

3.5　絹用染料

[本項（染料）は，住化ケムテックス㈱ 石塚芳夫氏のご指導によるものである]

(1)天然染料

草木染めやハーブ染めなど，世界に3,000種あまりあるといわれる植物染料，微生物に由来する青紫色素，

270

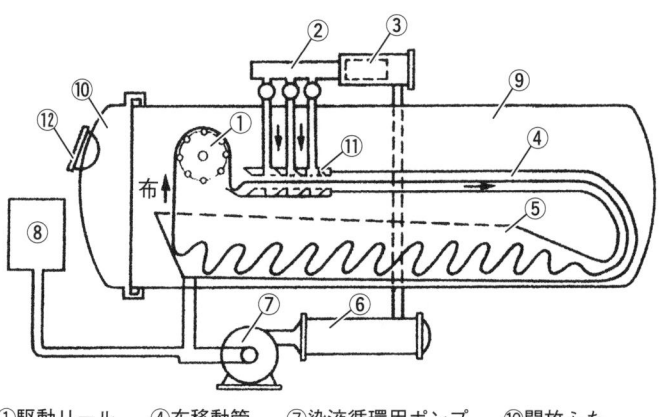

①駆動リール　④布移動管　⑦染液循環用ポンプ　⑩開放ふた
②流量調節弁　⑤染液槽　⑧染料溶解槽　⑪ジェットノズル
③フィルター　⑥熱交換器　⑨耐圧缶　⑫のぞき窓

図21　液流染色機

昆虫色素（貝紫，コチニール：紅，ラックカイガラ虫，ケルメス虫：赤，色繭：緑），鉱物染料：顔料（紅柄，青丹，朱）等々があり（振り返ると，一時，ハーブ染めなどの人気が出たこともある），賞揚されている。

⑵化学染料

1856年にイギリスのパーキンが生成した紫色の染料が，合成染料の第一号。現在，4,000種以上の化学染料があるといわれているが，その大部分は絹と大なり小なりの親和性を示す。

①直接染料：絹の染色には古くから使われており，後に出てきた染料とともに欠かせない存在である。扱いやすいことと，均染性，発色性，豊富な色相に優れている。しかし，昨今では堅ろう度の向上を求められていることから，他の染料に変わりつつある。

②酸性染料，2:1型含金属染料：これらの染料も扱いやすく，深みのある鮮明な色相が得られること（ただし，後者は金属を含むため，やや鮮明さに欠ける），色数の多いこと，堅ろう度の良さもあって，絹には欠かせない染料である。

③塩基性染料：絹には濃く鮮明に染まるが，堅ろう度が悪いので，特殊な染色以外には使用されない（洋装，浸染には好ましくない）。

④反応染料：綿，レーヨン等のセルロース繊維用染料として，1956年にイギリスのICI社によって開発されて以来，新規の多くの反応染料が実用化されている。色相が鮮明で湿潤関係の堅ろう度が優れていることから，絹の堅ろう染めとして高く評価されている。しかし，絹に対するビルドアップ性が低いため，吸収・固着率が低く，濃色が得られにくいという課題がある。

反応染料は，反応基の種類によって約20種以上に分類されるが，主なものは下記の３種である。

⒜ジクロルトリアジン系反応染料による染色法：30〜50℃の冷浴で染色するシアヌール酸誘導体の染料。

⒝モノクロルトリアジン系反応染料による染色法：比較的低い反応性を持つ染料で，70〜80℃の高温染浴中で使う染料。

⒞ビニルスルホン系反応染料：ビニルスルホン系，スルファトエチルスルホン系の反応染料は，中間タイプの反応染料である。固着温度50〜70℃，硫酸ナトリウム濃度30〜50 g/ℓ で行う。

3.6　複合素材の染色

複合素材は，それぞれ単一繊維の染色の応用には違いないが，実際にはさまざまな問題を伴う。絹と複合されている繊維の種類によって，その染色は当然異なってくる。

また，同一の複合品であっても，使用する染料によって染色方法は違ってくる。

絹の場合，多くの染料種属に対しても大なり小なりの親和性を有するが，この特性が複合の染色では有利に働くというよりも，厄介な問題を起こすことが多い。

⑴絹／アクリル混，絹／ポリエステル混

絹を染めるための染料と，複合繊維サイドを染めるための染料の組み合わせによって染色される。このような染色でまず重要なことは，染料の相互汚染問題である。特に，合化繊用染料による絹への染着（汚染）は，「染着のかぶり」現象となって，単に色相をくすませるだけでなく，絹の光沢を失わせ，複合品の堅ろう度を低下させる。このため，合化繊上で染色堅ろう度が良好であるだけでなく，絹に汚染をおよぼすことの少ない染料および染色方法，条件を選定しなければならない。

汚染の程度は，染料濃度，染浴の pH，助剤の有無，染色温度などの条件によっても異なる。たとえば，分散型カチオン染料の絹に対する汚染は pH や染色温度が低く，染色時間が短いほど，さらに無水芒硝の添加量が多いほど大である。すなわち，酸や芒硝の濃度は極力抑え，よくコントロールされた染浴中で十分に炊き込んで，カチオン染料のアクリルサイドへの移行（染着）を図ることが大切である。

(2)絹／ポリエステル混

絹とポリエステル複合素材を淡色に染める場合は，酸性（含金）染料と分散染料を同時に使用して一浴で染色することができる。しかし，中色〜濃色の場合，あるいは堅ろう度の良好な染色を行いたい場合には，まず，堅ろう度の高いポリエステルを分散染料によって染色した後，絹に汚染した分散染料をノニオン活性剤でソーピングし，除去（極濃色の場合，弱アルカリ性浴でのハイドロ還元脱色を行うこともある）してから，第二浴で酸性（含金）染料や反応染料によって絹を染色するという二浴染法を行わなければならない。

(3)絹／羊毛混，絹／ナイロン混

絹と羊毛，絹とナイロンなどの複合素材では，酸性染料，含金染料，反応染料によって両繊維とも染色されるが，絹と羊毛間，絹とナイロン間の親和性偏差が非常に大きいため，各染料の分配特性の成り行きとなって染着されることから，同色性が不良である。特に，3原色染料などを2種類以上配合して染色する場合，極端な色違いになってしまうことも少なくない。

絹と複合繊維の染料親和性を揃える必要から，両繊維に対して親和性偏差がなく，相容性の良い染料群の選択，染着に悪影響をおよぼさないナイロン防染剤，高レベリング性かつ堅ろうに染める処方の設定が要求される。

4．絹衣裳概史

古来，絹は妃の身にまとうものであったと考えられるが，一方で昆虫の歴史は，人類の先史はるか未知の時からあったといわれている。蚕は，生物学上の分類では鱗翅目に属し，カイコガ科，ヤママユガ科，ギョウレツケムシ科に3分類される。

前2者［特にカイコガ科，その中でもカイコ（Bombyx mori）］は家蚕糸として養蚕され，取引の大半を占めている。和装では，このカイコの織物を「本絹」と呼び，他のものと価格的にも区別している。

さて，われわれの知るカイコは，中国山西省夏県山陰村で発掘された新石器時代の繭殻を見ると，中の蛹を取り出して食べていたものと見られることから，糸としての利用ではなく食料としていたと考えられている。ただし，この繭は野蚕糸の仲間とされている（台北故宮博物院所蔵）。

家蚕糸は中国で生まれている。桑を食べるカイコは白色の繭糸を吐く。一方，インドや東南アジアのカイコは桑以外のものを食べており，どれも黄色系（茶色も含め）である。中国人だけが，この白い繭から糸を引き出す知恵を得たのである。この白い糸は中国で染め，西方のインド（グプタ朝）やペルシャ王国に渡っていたが，6世紀以前に養蚕と繰糸の方法が西アジアからヨーロッパに伝播したとされている。

歴史的に西欧への伝播を見ると，

①紀元前から絹業は中国人のものであり，西アジア人は6世紀まで東アジアから取り寄せていた。

②7世紀から12世紀にかけて，絹業はアラビアに移り，修道士使節によって東洋と西洋にまたがる生糸と絹織物の大生産者になったのである。実権を握っていたのはアラビア人である（2人の修道士が，552年に中国から蚕種をビザンティウムに持ち帰ったのが始まりである）。

③絹業はイタリアに移り，アマルフィ，ピサ，ルッカ，ジェノバ，ヴェネチアが絹織物の生産と貿易を独占し，中国絹布は追いやられることとなった［12世紀に，ロゼーロ・ノルマン王（ルッジェーロ2世）が絹織工をギリシャからイタリア（シチリア）に連れてきた］。

④最後にフランス，特にリヨンが最盛地となり，高い織物文化をなした（16世紀初めにフランソワ1世がリヨンに招致し，アンリ4世が大いに奨励）。

の4段階となる。

1840年に，カイコの微粒子病が全欧州に蔓延し，壊滅的な打撃を受け，さらに東洋産蚕糸との競合，普仏戦争などによって，再興されることなく桑樹は葡萄に置き換わることになったのである。

日本では生糸の増産が続く。（官営）富岡製糸場の操業開始と全国への指導普及によって，明治4年（1871年）から昭和8年（1933年）まで輸出量は第1位となり，世界シェア70％を占めるまでとなった。一方で，1935年にはデュポン社（米）のカローザスによってナイロンが発明されたのである。

ここまで生糸を主に振り返ってみたが，ここからは絹衣裳の流れを見ていく。

最古の繊維である麻に始まり，防寒は毛皮や樹皮であったといわれている。青銅器文化時代には毛織物が作られている。組織は，織物・編物とも最もシンプルな「平」と推定される。

染色の歴史は，はっきりとはしていないが，エジプトで約5000年前のミイラとともに藍染めの紐が，また4000年前のミイラからも藍のほかに茜で染められた麻布が発見されている。

日本では，初期の染色は「摺染」と呼ばれ，色のついた樹皮などを摺りつけて色をつける方法が始まりといわれる。浸染は，色のついた植物の実を煮出して漬け込む方法。媒染は，動植物から採った汁を灰汁や金属塩を溶かした液と混合することによって発色させる方法である。

これらは天然染料による伝統技術であり，絹の草木染めは高級品である。

西洋の東ローマ帝国（ビザンツ帝国）では，552年に中国から蚕種が持ち込まれ，輸入に頼っていた絹織物が生産できるようになり，糸染めを主体にして絢爛豪華な模様織り，綴技法のコプト織などが東洋と西洋

の要衝都市・帝都コンスタンティノープルを中心として栄えた。ユスティニアス皇帝が皇帝の色である紫色の絹のマントを身にまとうなど，高価な絹は貴族たちの衣裳のあらゆる部位に使われたのである。もちろん，女性も全身を覆う絹のブリオーを着用していた。

13世紀に入ると，繊維産業は西方のイタリアを中心として栄える。十字軍遠征による交易の広がりは，毛織物，綿織物，毛皮，そのほか珍しい遠方の産物が往来することになり，商業の飛躍的発展を見たのである。絹織物は女性の肌着としても愛用され，内外装とも洗練された衣裳期といえる。特にイタリアから始まったルネッサンスの影響が大きい。

さらに15世紀に入ると，絹や羊毛のサテン・ビロード・錦といった豪華な長い引き裾のローブが流行した。

フランス王国の繁栄，イギリスから始まった産業革命による衣服の大量生産へと，繊維産業の大繁栄時代を迎えた。長い間，上流階級に占有されていたファッションは，大衆へと裾野を広げていくことになる。

絹のビロード，ブロケードや錦など重目の織物だけでなく，パニエやクリノリンに始まるハリのあるオーガンジー，ストッキング（男性用長尺，1589年に「足踏み手動靴下編機」がイギリスで開発）などが登場する。男性用ストッキングは，長ズボンの波及により生まれた。一方，女性のスカートは，1920年代に歴史上初めてフロアレングスから踝丈となり，足元を美しく見せるシルクストッキングが着目され，太平洋戦争まで日本産生糸の大増産が続いた。しかし，ナイロンの発明により，太平洋戦争直前にはアメリカではナイロンフルファッションストッキングの販売が開始された。日本では，1952年に販売され始め，1960年にナイロンシームレスストッキングが，1968年にパンティストッキングが出てきたことにより，シルクが消えて

写真提供　Newscom/アフロ
［出典：日本経済新聞（2012.11.16）］
**図22　シュミーズ・ドレス姿のマリー・
アントワネット妃**

いった。

染色法は，靴下は糸染め主体であるが，ストッキングは足型にかぶせて染める製品染めである。

18世紀末（フランス革命前後）からは，フランスにイギリス，少し遅れてアメリカを加えての欧米のファッション主導の時代となる。男性の燕尾服やモーニングスタイル（ネクタイ：17世紀後半に出てきたクラバットに始まるが，現在の型ができあがったのは19世紀後半。種々のタイがあり，糸染めが多いが，ソフトなものは後染めである）。また，女性のウェディングドレスを頂点とするカーブスタイルが富裕層から普及し，これらドレスにはシフォン，デシン，サテンなどの高価なシルクが使われた。

パリ万博（1855年）の頃，オートクチュールの登場で洋服の販売形態が変化した。パリにシャルル・フレデリック・ウォルトがメゾンを開設したのが最初で，ランバン，ポワレ，シャネル，フォルチュニーと続いた。

その後，第一次世界大戦，第二次世界大戦へと時代は巻き込まれていくのであるが，この戦争の影響なのか，衣裳の形態はシンプルなものへと変化していくのである。

また，シルクデシンやシルクニットが下着（スリップ）として，着物の襦袢のように使われた。コートはバーバリーが有名で，後のことだが日本ではシルクバーバリーとして商品化された。

日本の絹産業は製糸，紡績，織布，染色のどの分野も，戦前は輸出重点の外貨稼ぎの主要産業であった。戦後はすべてスケールダウンとなったが，1950年代から1964年頃までは，デシンのプリントや絹紡糸織物の富士絹などは，切り売り・縫製品とも，特に外国人観光客に人気があった。特異な生地としては，経糸・緯糸とも玉糸（同功繭糸）の先染め織物であるリンシャンがあり，コートやジャケットが有名。

1960年代は，オートクチュールからプレタポルテに移っていく。プレタポルテ（ready to wear），すなわち既製服の時代となり，イヴ・サンローラン，ピエール・カルダンらが登場する。日本で絹を積極的に取り上げたデザイナーは，森英恵，稲葉賀恵らである。

ミニスカートの流行から，若さと活気，表現さかんでセクシーなボディコンシャスの時代へと入り，ファッションは目まぐるしく移り変わるのである。

さて，絹はこのタイミングの早さには付いて行けないようだ。ジーンズは，1970年代には若者から定着し，今や全世代に浸透しており，場所を選ばない日常着となった。しかし，これにマッチする絹がない。中世に栄えた絹というステータスのイメージに，メーカーもユーザーも（潜在的に）こだわっているのだろうか。高均質・低価格でもなく，製造工程も長く，時間もかかる。つまり，ファストファッション的ではないということなのだろう。高均質でないのは，作る・使うの

第3編　絹繊維に関する技術

両面とも，人造繊維のように均質的でなく，加工や消費（機能など用途志向）に適うように作られていない，その結果として多くの手作業を要することによる。

このように，ファッションは時代を表わすこととなるのだろう。今までのように，既存の選ばれた素材での色・柄，装飾，縫製形体での表現だけでなく，現在では素材の中に志向を取り込んだファッションとなっている。クールビズ（Cool Business），ウォームビズ（Warm Business）は，人為的機能を具備したファッションである。一方，これからは機能素材への食傷気味という飽き感，さらにユニバーサルファッション志向が肝要である。

繭糸に合うように（多少の手を加えても）作り，使うしかない（本来，繭は蚕－蛹の保護層である）。

5．多様性商品

絹と他繊維との複合を考える前に，他繊維にはない特性を駆使したモノづくり（設計）を考察する。

Ａ：フィブロインとセリシンからできており，セリシン除去のための精練の有無
　①セリシンを除去しないもの
　②セリシンをある程度残したもの
　③セリシンを全部除去したもの
　…繭糸の断面図のように，セリシン除去により２本のフィブロインが出てくる。

Ｂ：精練と染色工程の組み合わせ
　①糸練り染め
　②糸練り生地染め
　③生地練り染め
　④糸染め生地練り
　…織物のように経糸と緯糸があるので，さらに練り・染めの組み合わせができる。
　…クレープものは，練りによって膨らみと収縮が出るので，染めてから強撚し，織る（先染めクレープという）。

Ｃ：無撚，有撚の組み合わせ
　上記Ａ，Ｂの組み合わせに設計できる。特に，強撚の効果が大きい。
　…例：ニノン，ジョーゼットクレープ，デシン

Ｄ：生糸と絹紡糸との組み合わせ
　①相互に経緯
　②Ｂの④
　③Ｃ，Ｂの組み合わせ

Ｅ：絹繊維のフィブリル化を効用した，微細起毛風加工
　…例：シルクミュウラル®，ピーチスキン®

Ｆ：他繊維との複合例
　ハイブリッドシルクとして，諸々の複合糸が開発されてきた。就中，先述の複合素材の染色の項（3.6項）で挙げた繊維以外のもので，絹の弱点である伸縮性を良くすることを目的としたポリウレタンとの複合がある。着脱性が良く，体にフィットするので軽装感がある。

ボディコンシャスなファッション，シースルー感，セカンドスキンとして，魅力のある商品開発が期待できる。

6．新製品模索

人造絹糸に始まる絹への挑戦。それは，はるか以前1734年に，絹への想いやまない国であるフランスの博物学者レオミュールの研究に始まる。その後，シャルドンネ伯（仏）によって1884年に硝化法レーヨンが発明され，その後，ディスペイシス（仏）らの研究を経て銅アンモニア法人造繊維（1890年）が，そして，イギリスのクロス，ビバン，ビードルらが1892年にビスコース法レーヨンを発明し，酢酸繊維素式人絹（アセテート）へと続いた。

その後，アメリカで婦人の脚線を魅了したシルクストッキングに取って代わるナイロンが発明され，続いて登場したアクリルやポリエステルとともに三大合繊となった。

絹は，三皇五帝時代である神話時代の中国が始まりとされ，蚕の吐く糸は皇帝妃の肌になじんだとされている。以来，歴記5000年以上にわたり，ナイロンが出るまではステータス繊維として冠座に甘んじてきた。

レーヨンは，絹の代用であったといっても過言ではない。

しかし，三大合繊のその後の躍進は素晴らしいものがある。用途志向に沿って，それぞれの道を形成してきた。かつての毛や麻がそうであったように。

絹の役目は何か。まず，いえることは，レーヨン，ナイロン，ポリエステルを創らせたのではなかろうか。では，絹の役目は終わったのか。

今，絹はシルクとも呼ばれ，変容しようとしている［蛇足ながら，フランスでは Soie，イタリアでは Seta，ドイツでは Seide，中国では糸調（スーチョウ）というように，呼び方は１つである］。絹は衣料・インテリア素材とし，シルクには生態の一環として捉えた意味を含ませ，すでにトイレタリー，化粧品，食品として利用され，最近はメディカルへと用途が広がっている。そして，それらによるバイオミメティクス分野への芽生えが起きようとしている。

(1)　絹の利用「絹利用の系統樹」[1],[2]
　衣料・インテリア素材関係を除いた用途を表４にまとめた。

蚕は，鱗翅目カイコガ科に属する昆虫である。完全変態［卵（種），幼虫，蛹，成虫］の幼虫が吐く繊維（繭糸）は，フィブロインとセリシンという純度の高いタンパク質でできており，これを利用して，衣料やインテリア素材以外の研究が進み，表４に示したような商

表4　絹の用途（衣料・インテリア素材関係を除く）

用途	実用化	研究中
トイレタリー	石鹸，シャンプー，入浴剤，リンス，タオル，垢すり	
化粧品	クリーム，口紅，化粧水，パウダーケーキ，パフ，ヘアトリートメント，ファンデーション，フェイスパック	
工業・美術工芸品	コーティング剤，篩絹，研磨剤	バイオリアクター，絶縁材，繊維加工剤，印材，人工鼈甲（べっこう）
医療器材	縫合糸，床擦れ防止布	人工皮膚，人工血管，人工骨・歯，軟骨再生材料，人工腱・靭帯，カテーテル・細胞増殖床，抗血液凝固剤，抗HIV剤，バイオセンサー

注）他に，アイデアとして宇宙服がある．また，絹糸は昔から和楽器の弦としても有名．

シルクスポンジ　　　　シルクスポンジの電子顕微鏡写真

図23　シルクスポンジ[2]

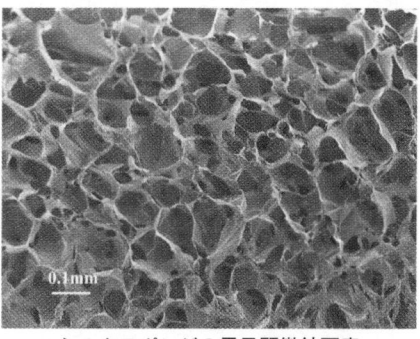

図24　フィブロインフィルム[2]

品の誕生，さらなる開発が進んでいる。

特に注目されるものとして，人工皮膚や人工血管（経編業者や東京農工大学と企業が量産を目指し，試作研究中）がある。昔から手術縫合糸として使われてきたとおり，生体適合性に優れ，拒否反応がない。

また，粉末，ゲル状，スポンジなどの材料に加工し，軟骨再生医療や床擦れ保護材の開発も進んでいる（図23）。

ゲル化し，フィルムにすることにより，湿潤状態での強度が高く，柔軟性・透明性・含水性に優れているため，床擦れや火傷の創傷保護材（後述）への応用が期待されている。

一方，電子素材としてフィブロインの粉末を高温・高圧で処理し，誘電特性に優れたものが開発され，ICチップ，コンデンサー，プリント基板への応用が期待されている（図24）。

これらは，いずれも廃棄による環境への悪影響がないとされている。

(2)　遺伝子組み換え技術[2]

すでに実用化されているものとしては，近年，植物や動物に他の生物の遺伝子を導入した組み換え体を作り，有用な物質を生産する研究が進められている。糖尿病治療に使用されるインスリンや，チーズ製造に用いられるタンパク質分解酵素キモシンなどは，微生物にそれらの遺伝子を導入することにより，大量安価に生産されている。

〈遺伝子組み換えカイコ利用の研究テーマ〉

・医薬関係

①ガン治療のモノクロナール抗体

②血友病治療の血液タンパク製剤，血清アルブミン，各種酵素

・新素材

①蛍光色を発する繭：クラゲやサンゴ由来の蛍光色素タンパク質遺伝子を蚕に導入し，緑，赤，橙色などの蛍光色を発する繭糸から婦人服が試作された（図25）。

第3編　絹繊維に関する技術

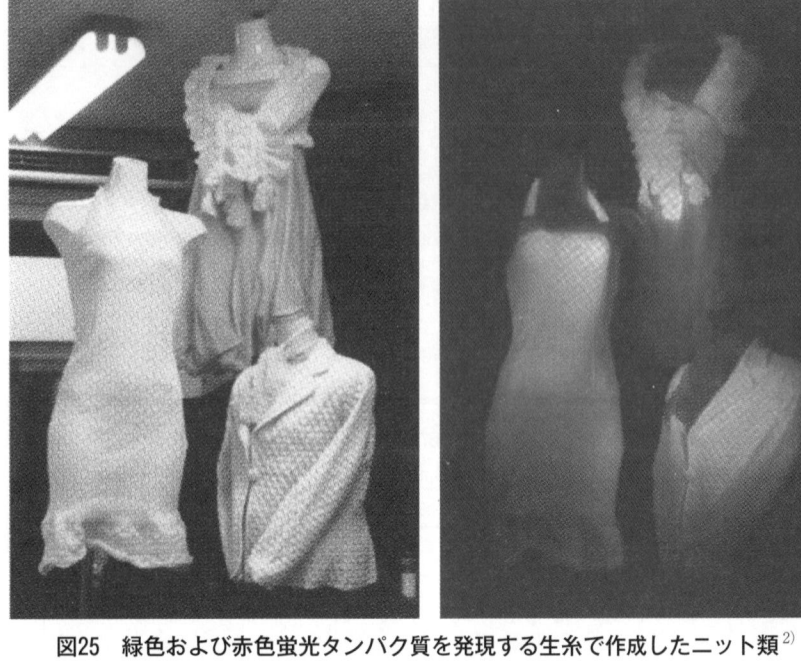

図25　緑色および赤色蛍光タンパク質を発現する生糸で作成したニット類[2]

②創傷保護材としての高機能フィブロインフィルム：
創傷保護材には，傷口をふさいで細胞の成長を早め，雑菌の感染を防止するといったさまざまな特質が求められる。そこで，ヒトの細胞付着活性成分（傷口の細胞を固定し，治癒を促進する成分）を絹糸内に作り出すように改良された遺伝子組み換え蚕が開発され，効能がさらに向上した。

・遺伝子組み換えバキュロウイルスの利用

蚕の病原ウイルスの一種である「バキュロウイルス」に，有用なタンパク質を作るための遺伝子を導入し，それを蚕に感染・増殖させることで蚕から大量の有用タンパク質を得る技術が確立され，ネコの風邪薬やイヌのアトピー性皮膚炎治療薬などが動物医薬として生産販売されている。

⑶　21世紀の蚕糸産業

今後の蚕糸産業のあり方として，"蚕糸業を蚕，繭，生糸の有する多様な機能を利用する産業として展開していくことが重要である"との主旨が農林水産省から発表され，農業生物資源研究所が主体となって進めている。

7．絹，シルクの魅力

観て良し，触れて良し，着て良し，しまって良し…Good Look, Good Touch, Good dress, Good Keep である。

長年，貴族の衣裳として君臨してきた絹，おしゃれな女性の秘めやかなスキンインナーとして愛用された絹は，先史の食材のみならず，高純度の生きるタンパク質としての生化学・医学の分野への探求および追究に応える無限の可能性を秘めている。蚕とは天冠の

虫，すなわち大自然が人類に与えた贈り物といえよう。

トーマス＆ハドソン社（英）から，1993年に発刊された『The Book of Silk』の絹賛辞の前書きを以下に記す。ご一読いただきたい。

『The Book of Silk』by Philippe Scott

Luxury, beauty, refinement, sensuality, elegance — silk is synonymous with all of these qualities. No fiber-natural or manmade-rivals its versatility. Silk is light but strong, smooth and soft, supremely adaptable. It can be made wonderfully warm or deliciously cool. It can be dyed with infinite subtlety or boldness of colour. When worn or draped, its fluidity is spellbinding.

（訳：食べて，着飾って，化粧し，治療し，アクセサリーや器具として。われわれは，この持続可能性資源を生態系循環型リサイクルシステムに乗せて，安心できる人類の生きざまを求めるべきである）

─────参 考 文 献─────

1）大日本蚕糸会・絹利用検討会／原図・小松計一
2）（独）農業生物資源研究所；「カイコってすごい虫！」（2008）

おわりに

　本稿における取材に指導協力をいただいた次の方々に，厚くお礼を申し上げます。

伊藤工業㈲，京都工芸繊維大学・図書館，京都市産業技術研究所・加工技術グループ，神戸ファッション美術館，蚕糸科学研究所，シルク博物館，住化ケムテックス㈱・染料化成品事業部，瀬川染工㈱，繊研新聞社，丹後織物工業組合，東京家政大学・博物館，群馬県立日本絹の里，日本繊維機械学会・大阪科学技術センター，（独）農業生物資源研究所・遺伝子組換え研究推進室，文化学園大学・文化ファッション機構，文化出版局・書籍編集部，丸屋染工㈱，夕陽丘学園・図書館，洛陽工業高校，メリノステキスタイルインダストリーミュージアム（トルコ／ブルサ）

　なお，筆者が編集した「絹歴史年表（明治以降）」を文末に添付している。参考にしていただければ幸いである。

〈絹関係に関する筆者訪問先一覧〉
・養蚕，繭
　（独）農業生物資源研究所，群馬県立日本絹の里
・製　糸
　蚕糸科学研究所，㈱宮坂製糸所，ブラタク製糸（ブラジル／サンパウロ），杭州富強シルク（中国），蘇州泰発シルク（中国）
・製　布
　㈱絹十綿，小林当織物㈱，㈲オサカベ，桐生絹織㈱，J. J. Exporters（インド／コルカタ），Banaras Hause（インド／ニューデリー），Bosetti Libero Tessitura Serica（イタリア／コモ），Mantero（イタリア／ミラノ）
・染　色
　にしき染色㈱，丸屋染工㈱，瀬川染工㈱，㈱野崎染色，㈱村田染工，浙江嘉興凱星印染廠（中国），中禾紡織染化（中国），三友 Silk Co.（韓国），Finitex spa（イタリア／ミラノ），Pecco e Malin-verno Tintoria（イタリア／ミラノ）
・研究所，試験所
　（独）農業生物資源研究所，韓国絹織研究院（韓　国），Tessile Di Como（イタリア／コモ），Testex Ag（スイス／チューリッヒ）
・資料館，博物館，美術館，学校
　神戸ファッション美術館，シルク博物館，文化学園大学・服飾博物館，東京家政大学・100年記念館，富岡製糸場，野村シルク博物館，片倉シルク記念館，東京農工大学・科学博物館，グンゼ記念館・博物館，蘇州シルク博物館（中国），Paorlo Carcano（イタリア／コモ），Merinos Textile Industry Museum（トルコ／ブルサ）
・文献（糸染衣裳）
　夕陽丘学園・図書館，文化学園大学・図書館
・機械メーカー
　伊藤工業㈱，SSM（スイス／チューリッヒ），Wagatex-Schaffhouse Ltd.（スイス／シャフハウゼン），Noseda s.a. s（イタリア／コモ）
・店　頭
　敷物（トルコ／イスタンブール），スカーフ（トルコ／イスタンブール，ブルサ），インナー（スイス／チューリッヒ），Chezlu（中国／上海），蘇豪（中国／蘇州）

〈本稿は，以下の文献を引用・参考としている〉
・川口浩；やさしい科学・絹の知識百科，染色と生活社（1991）
・間和夫；わかりやすい絹の科学，文化出版局（1990）
・日本繊維工業教育研究会；カラーリング技術，実教出版（1994）
・シルク白書，カネボウ（1992）
・カイコってすごい虫，（独）農業生物資源研究所（2010）
・季刊銀花，文化出版局（1999）
・アニマ，平凡社（1985）
・能澤慧子；世界服飾史のすべてがわかる本，ナツメ社（2012）
・エルネスト・パリゼー；絹の道，雄山閣（1988）
・福田紀文／（社）日本蚕糸学会；総合蚕糸学，日本蚕糸新聞社（1979）
・竹村真一／丸の内地球環境倶楽部；地球大学講義録，日本経済新聞出版社（2011）
・加藤弘；絹繊維の加工技術とその応用，繊維研究社（1987）
・吉村誠一；ファッション大辞典，繊研新聞社（2011）
・赤井弘，栗林茂治；天蚕，サイエンスハウス（1990）
・シルクサイエンス研究会；シルクの科学，朝倉書店（1999）
・繊維学会；繊維物理学，丸善（1962）
・月刊装苑，文化出版局（2012）
・外国繊維機械集，（財）日本綿業技術研究所（1955）
・皆川基；絹の科学，関西衣料生活研究会（1981）
・繊維・ファッションビジネスの60年，繊研新聞社（2009）
・M. -A. デカン；流行の社会心理学，岩波書店（1983）
・亀井高孝，他；世界史年表・地図，吉川弘文館（2011）
・児玉幸多；日本史年表・地図，吉川弘文館（2011）
・Dr. M. S. Jolly, et al.；TASAR CULTURE, CENTRAL SILK BOARD（1974）
・M. Schoeser；SILK, Yale University Press（2007）
・P. Scott；The Book of Silk, Thames & Hudson Publishers（1993）

絹歴史年表（洋装主体，明治元年以降）(1)

年号		絹	他繊維	政治経済	科学／風俗／ファッション
明治時代	1868		リング紡績機稼働	明治維新／東京遷都	ジャカード機リヨンから導入，軍服の洋装導入
	1869				元素の周期律表作成
	1870		米綿種頒布		人力車発明
	1871	輸出ランキング生糸1位	日本初のメリヤス工場が築地に稼働	岩倉具視ら欧米視察	
	1872	富岡製糸場開業		太陽暦採用	礼服に洋服採用，新橋・横浜間鉄道開通
	1873	二本松製糸場設立		徴兵令公布，第一国立銀行開業	
	1874				
	1875				ウィーン万博で洋式染色法入手
	1876			三井銀行設立	
	1877	新町絹屑糸紡績所開業，西陣織物会社設立，三田育種場設立		第1回内国勧業博覧会	
	1878				日本化学会創立
	1879		日本初の羊毛工場千住製絨所誕生		
	1880				
	1881				
	1882			日本銀行創立	
	1883			大阪貿易会社開業	鹿鳴館完成，ドイツでガソリン・ディーゼル機関開発
	1884	絹織物にジャカード機が普及	硝化法レーヨン発明／シャルドンネ伯		都会で婦人洋装化
	1885				
	1886		三重紡績会社設立		自動車発明（ベンツ）
	1887				
	1888				
	1889			大日本帝国憲法発布	
	1890		銅アンモニア法人造繊維発明／ディスペイシス	商法公布	豊田佐吉・人力織機発明
	1891				
	1892	ソックス自動編機イギリスで発明	ビスコース法人絹発明／クロス，ビバン，ビードル		
	1893	富岡製糸場，三井に払い下げ	合成インジゴ発売		
	1894			日清戦争（～1905）	
	1895				
	1896				
	1897			金本位制確立	
	1898				
	1899				
	1900				撚糸機フランスから導入
	1901	津田米次郎により絹力織機完成			
	1902				
	1903				ライト兄弟初飛行
	1904	デニール／生糸と人絹に適用		日露戦争（～1905）	
	1905	ランダムプリーツ／マリアーノ・F			

絹歴史年表（洋装主体，明治元年以降）(2)

年号		絹	他繊維	政治経済	科学／風俗／ファッション
明治時代	1906				コルセットなしのドレス／ポール・ポワレ
	1907				豊田佐吉自動有杼織機発明
	1908				
	1909				
	1910				
	1911	蚕糸業法			
大正時代	1912				
	1913				
	1914	蚕糸試験所設立		第一次世界大戦（〜1918）	宝塚少女歌劇初公開
	1915				婦人のパーマネントウェーブ始まる
	1916		日本初ビスコースレーヨン工業化		アインシュタイン一般相対性原理発表
	1917				
	1918	イタリアの捺染／手工から機械へ	帝国人造絹糸株式会社設立		浅草オペラ全盛
	1919	シルクストッキング需要増			
	1920	幅広反広まる（洋装）		国際連盟成立	最初のメーデー，松竹キネマ創立
	1921				パリモード披露
	1922				
	1923			関東大震災	女子校でブルマー普及
	1924				婦人下着（シュミーズ，スリップ），徐々に洋装化
	1925		アセテート製造開始	普通選挙法公布	カフェー開業
昭和時代	1926	錫増量加工／イタリア			
	1927		アセテート用分散染料		男性に次いで女性向けのスポーツ服浸透
	1928				
	1929			ウォール街株価大暴落	
	1930	スクリーン捺染／羽二重に広まる		金解禁	レッペ反応発見
	1931				ロング＆スリム化
	1932			満州国建国	
	1933	日本絹紡協会発足		米国ニューディール政策	
	1934	日本の生糸生産量が世界シェア70％に			
	1935		ナイロン66発明		
	1936		蛍光増白剤使用開始		
	1937			日中戦争始まる	帝国芸術院創設
	1938				
	1939				
	1940		アクリル，ポリウレタン発明		学生にマントが広まる
	1941		ポリエステル発明／ウィンフィールド，ディクソン	太平洋戦争（〜1945）	映画法公布
	1942				もんぺスタイル（戦時中）
	1943				
	1944				
	1945			終戦，財閥解体	
	1946		クラレ，ビニロン生産	新憲法発布，ゼンセン同盟結成，6334教育体制	大阪で戦後初のファッションショー，第1回国体
	1947			労働基準法公布	オートクチュール／ディオールパリモード界に登場

279

第3編　絹繊維に関する技術

絹歴史年表（洋装主体，明治元年以降）(3)

年号		絹	他繊維	政治経済	科学／風俗／ファッション
昭和時代	1948			福井大地震	斜陽族，日本百貨店協会設立，アロハシャツ
	1949			中華人民共和国成立	百貨店で紳士服イージーオーダー，湯川秀樹ノーベル賞受賞
	1950			朝鮮戦争勃発（〜1953），ガチャマン景気	洋装化浸透，パンティ全面普及
	1951			日米安全保障条約調印，繊維相場急落	アメリカ初の原子力発電，パステルカラー流行
	1952		東レがデュポン社からナイロンを導入	十勝沖地震，血のメーデー事件	ナイロンストッキング登場，ビニールレインコート流行
	1953				日本流行色協会発足，テレビ放送開始
	1954			国際繊維機械展視察	ダスターコート
	1955			繊維製品品質表示法施行，原子力基本法	トランジスタラジオ発売
	1956	自動スクリーン捺染広まる	反応性染料／ICI社発表	国連に加盟，神武景気，日ソ復交	太陽族，ジーンズスタイル
	1957			なべ底景気	人工衛星打ち上げ／ソ連，サンローラン・カルダン・ニナリッチらがモード界に登場，プリントブラウス
	1958	広幅手捺染反応染料染め研究	東レ・帝人／ICI社からポリエステルを導入	一万円札発行，売春防止法	
	1959			岩戸景気，メートル法実施，皇太子ご成婚	シャネルルック，シームレスストッキング
	1960		ポリプロピレン，モンテカチーニ社で生産	安保闘争，消費・レジャーブーム，カラーテレビ本放送	川上主導のファッションからアパレル・小売りへ，ホンコンシャツ
	1961	蚕人工飼料飼育成功		所得倍増計画，株式大暴落，金融引き締め	ヨーロッパファッション導入さかん
	1962			キューバ危機	ロングコート
	1963		テンセル／コートルズ社で生産	ケネディ大統領暗殺	
	1964		ライクラ／デュポン社で生産	東京オリンピック，東海道新幹線開業	アイビールック，銀座みゆき族
	1965	水車型染色機／イタリア	国際羊毛事務局ウールマーク制定	アメリカがベトナム北爆開始	パンティストッキング流行，森英恵ニューヨークで初コレクション
	1966	グラフト重合試作／スチレンから	ノーメックス生産／デュポン社	日本の人口1億人突破	ビートルズ来日
	1967	チーズ染色始まる（海外では1930年代から）		EC発足	ミニスカートブーム
	1968			東大紛争発端	ヒッピーファッション
	1969		PAN系炭素繊維生産／コートルズ社	イザナギ景気	アポロ月面初着陸，既製服急増，パンタロン
	1970	グラフト加工本格化		大阪万博	公害問題深刻化，シースルー・ノーブラ
	1971		ケブラー生産／デュポン社	対米繊維輸出自主規制	ジーンズ，ホットパンツ，カラーシャツ，ビキニ水着
	1972			沖縄返還，日中国交正常化，日米繊維協定	
	1973			石油危機／中東戦争，円為替変動相場制に移行	アパレル急成長，ジョーゼットブーム
	1974	生糸の一元化輸入制度		GNP戦後初のマイナス7	高田，三宅，山本，川久保ら活躍，第1回TFW
	1975	反応染料による絹染色		紡績・化繊不況カルテル120社，エリザベス2世来日	パソコン登場，毛皮コート

280

絹歴史年表（洋装主体，明治元年以降）(4)

年号		絹	他繊維	政治経済	科学／風俗／ファッション
昭和時代	1976				キャリアウーマンの台頭，第1回東京ストッフ
	1977	メタクリルアミドのグラフト重合			
	1978	防しわ加工発表／鐘紡		円急騰，戦後最大の不況，植村直己単身北極点に到達	竹の子族
	1979				日本アパレル産業協会設立
	1980	CCM，CCK 普及			ダウンジャケット
	1981	防縮柔軟加工／カムフィット機			ミラノファッション
	1982	シルクニット最盛			
	1983			繊維産地縮小化（中国移転）	軽薄短小化，天然繊維志向
	1984			日本世界一の長寿国	
	1985	ハイブリッドシルク開発，シルクブーム	日本の紡績縮小化	男女雇用機会均等法成立，科学万博つくば	携帯電話登場
	1986	ウォッシャブルシルク発表		バブル景気，60歳定年法成立，英皇太子夫妻来日，ダイアナフィーバー	イタリアファッション
	1987	絹綿混の同色染め		円高加速	
	1988		新合繊時代始まる		
平成時代	1989		合繊生産台湾韓国へ	消費税3％実施，天安門事件	インターネット開始
	1990	国内／チーズ染色始まる	ベクトロン生産／クラレ	国際花と緑の博覧会	海外旅行者1,000万人突破
	1991	インクジェットプリント／羽二重	インテリジェントファイバーの現実化	バブル崩壊，湾岸戦争	ユニバーサルファッション普及へ
	1992	中国生産に移転化		学校週休二日制	
	1993	シルクストーンウォッシュ		EU 発足，皇太子ご成婚，SPA ビジネス始まる	
	1994				ジーンズ全盛，製品染め始まる
	1995			PL 法制定，阪神淡路大震災	
	1996			大型ショッピングセンター続出	スキニーパンツ／シルエットスリム化
	1997			地球温暖化防止京都会議，消費税5％に	
	1998			長野冬季オリンピック，山一証券廃業	第1回ジャパンクリエーション，キャミソール
	1999			ユーロ誕生	
	2000				
	2001		PET ボトルのリサイクル活性化	SPA 急成長	
	2002				アパレル企業の倒産続く
	2003			繊維産業「最後の改革期間」2007年まで	
	2004			カネボウ，ダイエー産業再生機構支援要請	
	2005			CO_2削減の京都議定書発効	第1回 JFW，東京ガールズコレクション，クールビズ普及
	2006			ゼロ金利政策，原油高騰	
	2007			上海万博，ネット販売台頭（通販減退）	
	2008			リーマンブラザーズ破綻，北京オリンピック	
	2009				ファストファッション

第3編　絹繊維に関する技術

絹歴史年表（洋装主体，明治元年以降）(5)

年号		絹	他繊維	政治経済	科学／風俗／ファッション
平成時代	2010			上海万博	ナノテクノロジー研究
	2011			東日本大震災，原発事故	
	2012				
	2013			アベノミクス	
	2014	富岡製糸場と絹産業遺産群が世界遺産登録			
	2015	スパイダーシルク試作			来日外国人急増

注）科学／風俗／ファッション欄のアミ掛け部分は，ファッションに関するできごとである．

索　引

〈 A～Z 〉

1：2 型含金染料···················· 221
1：2 型酸性染料···················· 63
18-MEA························· 34,58
2：1 型含金属染料·················· 271
3 色効果多色染色法················· 74
4 幅織機·························· 5
5 分間染色サイクル················· 174

Add-on 加工······················ 9
A-layer························· 133
AOX····················· 141,193,246
Bancora プロセス·················· 135
BAP··························· 123
BAP 加工························ 256
C.P.R·························· 117
CCK·························· 185
CCM························· 57,185
CCS·························· 185
Chlorine-resin process············ 146
CIE 2000······················· 57
CMC······················ 179,180
cohesive set····················· 242
complex························ 180
Crabbing······················ 235
CSIRO························· 44
C 型··························· 175
C 光源························· 57
DCCA···················· 73,134,245
DCCA／過マンガン酸カリウム法········ 139
DCCA 法····················· 136,249
Decatizing····················· 236
DFE······················· 134,144
Doeskin························ 62
Dylan FTC 法··················· 137
Dylan X 法····················· 246
Dylan 加工····················· 136
D 光源························· 57
ECO・WASH···················· 143
Ecolan CEA···················· 148
ED 染料························· 8
EO··························· 180
ETADO························ 70
E-WOOL···················· 139,143
FAST························· 156

F 型··························· 177
Handling······················ 151
HBCD························· 205
Hercosett 樹脂··················· 137
HLB·························· 179
Hoffmann······················ 224
H 型······················· 176,177
iceberg························ 169
IWS 国際羊毛事務局················ 44
I 型··························· 176
JET 染色機······················ 53
K／S 値························· 58
KES····················· 8,151,154,156
Kroy Fabric Machine·············· 141
Kroy／Hercosett 連続式防縮加工······· 138
Kroy「Deep-Im」················· 138
Kroy 織物防縮法·················· 147
LINTRAK····················· 151
LOI 値························· 149
L 型······················· 175,177
Machine Washable 加工技術·········· 11
Milling······················· 234
MSDS························· 70
N 型··························· 177
OBEM 法······················ 224
Ozone/Hercosett Process··········· 142
P.R··························· 117
Pad-Store 法···················· 136
permanent set··················· 242
pH コントロール法················· 43
pH 調整剤···················· 179,183
pH の影響······················ 248
Polymer only system·············· 147
PRTR························· 70
Scouring······················ 233
SH/SS 交換反応·············· 240,242,256
Simpl-X プロセス················· 143
Singeing······················· 233
Sirolan BAP·················· 147,250
Sirolan BAP プロセス·············· 140
Sirolan ZAOX システム············· 143
SS 結合························ 242
Superwool プロジェクト············· 143
Synthappret BAP················· 135
S 型··························· 175
temporary set··················· 242
The Book of Silk················· 276

283

THV ················· 159	糸染め ················· 190, 207
Top の防縮 ················· 144	ウール ················· 195
Vantean プロセス ················· 139	ウールグリース ················· 207
VP 処理 ················· 200	ウールケラチン ················· 241
VS 系, MCT 系染料 ················· 51	ウールマーク制度 ················· 135
W.H.パーキン ················· 66	ウインス染色機 ················· 37, 191, 270
Zirpro 加工 ················· 148	ウェーブ加工 ················· 123
ΔE ················· 57	ウェットクリーニング ················· 254
ζ 電位 ················· 173	ウォータースポット ················· 268
π 結合 ················· 171	ウォッシャブル・ウール ················· 135
σ 結合 ················· 170	ウォッシュアウト ················· 129
	海島構造 ················· 263

〈 あ行 〉

アイスバーグ ················· 169	エアータンブラー加工 ················· 130
アイソメリック等色 ················· 57	エキスパートシステム ················· 11
アザミ起毛 ················· 115	エキソクチクル ················· 133
アザミ起毛機 ················· 119	エコテックス規格 ················· 70
アストラカン ················· 124	エコマーク ················· 70
アセテート染料 ················· 66	エピクチクル ················· 133, 206
アニオン化法 ················· 64	エピクロルヒドリン樹脂 ················· 245
アニオン系界面活性剤 ················· 47	エメリー起毛 ················· 116
アリザリン ················· 66	エメリー起毛機 ················· 120
アルカラーゼ ················· 50	エリサン ················· 265
アルカリ液汁 ················· 267	エンドクチクル ················· 133, 206
アルカリ縮絨 ················· 235	エンボス ················· 202
アルカリショック法 ················· 185	液体アンモニア処理 ················· 199
アルキル基 ················· 168	液流染色機 ················· 39, 191, 270
アンゴラ ················· 114	液流染色機の変遷 ················· 79
アンチセット ················· 257	液流染色法 ················· 191
アンチセット染色技術 ················· 44	襟腰のぞき ················· 255
愛知県毛織物検査所一宮支所 ················· 6	塩基性染料 ················· 271
圧縮ニット ················· 11, 125	塩縮加工 ················· 123, 268
後染め ················· 36, 239	塩素化 ················· 245
安全データシート ················· 70	塩素化／樹脂加工法 ················· 136
イージーオーダー ················· 9	塩素化処理 ················· 134
イオン結合 ················· 35, 167	演色性 ················· 56
イオン染料 ················· 180, 194	オートドッファー ················· 210
インクジェットプリント ················· 183, 187, 188	オーバーコート ················· 114
いせこみ ················· 254	オーバーマイヤー型染色機 ················· 190
いせこみ率 ················· 158	オールセット ················· 150
異収縮混繊糸 ················· 263	オスボンコールドブリーチ法 ················· 198
異種 2 官能反応染料 ················· 67	オスボン法 ················· 46
異色染色 ················· 75	オゾン ················· 246
異色染料 ················· 71	オフスケール ················· 245
遺伝子組み換え ················· 275	オルソコルテックス ················· 206
一相法 ················· 186	オンデマンド方式 ················· 189
一発染色 ················· 59	汚染 ················· 177
一宮歴史博物館 ················· 6	尾張織物整理組合 ················· 5
一浴多色染色 ················· 71	尾張染色試験所 ················· 6
一浴二段法 ················· 185	追い込み ················· 254
	大阪芝川商店 ················· 5
	黄変 ················· 212, 240, 262

〈 か行 〉

カーキ色	6
カーボナイジング	208
カームスキン	113
カールマイヤー	12
カイコガ科	272
カシミヤオーバー	114
カタラーゼ	198
カチオン化処理羊毛	72
カチオン系界面活性剤	47
カチオン染料	64,67,231
カトーテック	8
カレンダー仕上げ	202
カンチレバー	8
ガチャ万	109
ガラス転移点（T_g）	176,202
ガン治療	275
化学染料	271
化学的改質	268
化学物質審査規制法	70
化学ポテンシャル	177
化審法	70
化炭	208
可視光線	166
可縫製性	158
加撚	210
苛性ソーダ	198
家蚕糸	272
過乾燥	244
過酸化水素	196
過酸化水素晒	196
過酸化水素の解離	197
過酸化水素の活性化	197
過収縮	243
過精練	267
過マンガンカリウム	246
過マンガン酸カリウム／塩法	139
渦紋整毛機	123
回転式煮絨機	235
回転バック絟染め機	37
改質加工	245
快適性	152
界面活性剤	179
界面吸着	179
拡散	176
拡散境界膜	174
絟	190
絟染め	37,191
型崩れ	255,256
空（から）揉み	112

乾熱処理	188
感性	152
緩染	180
緩染剤	182
緩和収縮	43
還元漂白	46,212
還元漂白剤	197
含金染料	42
顔料	167
顔料プリント	187
キャビネット染色機	191
キャメル	114
キャリヤー	52,63,182
キャリヤースポット	52
ギョウレツケムシ科	272
ギル	209
切り開く	253
起毛	115,238
起毛機	116
起毛剤	116
起毛仕上げ	233
既製服化	9
機能加工	9
機能加工技術	132
擬麻加工	199
絹衣裳	272
絹糸腺	262
絹糸用加工機	270
絹鳴り	262
絹布用加工機	270
絹歴史年表	279
求核反応	170
吸着速度	169
吸着量	169
共有結合	35,170,240
京都由利製作所	5
均染化	223
均染性	35
均染性酸性染料	63
金属結合	172
金属錯塩酸性染料	69
クセ取り	254
クチクル	206,248
クラスター	173
クリーン・ベース	207
クリーン換算量	207
クリア仕上げ	62, 233
クリキュラ	265
クリンプ	206
クレーム分析	105
クロイ法	247

クロム染料	41,62,69,194,213,222	サーモマイグレーション	53
クロリネーション処理	144	サリー	265
クロルフェナピル	148	サンダー	239
グラデーション	189	サンドブラスト	129
グラフト重合	204,268	サンフォライズ加工	171,202
グレースケール	57	ザプロ加工	250
草木染め	66	先染め	36
ケイ酸塩	198	三角断面	263
ケイ酸ソーダ	198	酸化還元漂白	212
ケミカルウォッシュ	129	酸化漂白	46
ケラチンタンパク質	133	酸化漂白剤	197
けん化	196	酸縮絨	235
毛焼	196,233	酸性染料	40,68,168,271
形態安定加工	200,256	酸性媒染染料	62,69
蛍光色を発する繭	275	酸性ミリング染料	221
蛍光増白ウール	212	酸性レベリング染料	221
蛍光増白剤	47	酸素酸化	246
血友病治療	275	酸ドージング法	43
繭糸	261	残留アイロンセット効果	172
繭糸の構造	262	シープ加工	122,130
原着	184	シスチン	133,248
原毛	207	シスチン結合	212
原料染め	190,207	システイン酸	212,248
減量加工	200,263	シャギー	114
コーミング	208	シュライナー・カレンダー	122
コーン	190,210	ショール	113
コチニール	58	シルキー合繊	263
コックリング	235	シルクの魅力	276
コルテックス	34	シルケット	198
コロナ放電処理	246	シロセット加工	150,243
コロナ放電処理法	141	シングルパス方式	189
コンピュータカラーキッチン	185	ジェット染色機	39
コンピュータカラーサーチ	185	ジクロロトリアジン系染料	51
コンピュータカラーマッチング	11,185	ジサルファイド結合	137
コンピュータ制御	84	ジスルフィド架橋	240
コンプレックス	180	ジッガー染色機	38,191,270
交織・交撚	10	しごき	183
高圧液流染色機	39	しわ加工	131
高付加価値付与加工	9	仕上加工	195
酵素加工	140,246	仕上加工機	88
酵素練	267	仕立映え	159,253
構造色	166	仕立てやすさ	158
		自由エネルギー	177
〈 さ行 〉		地風	151
		色素	166
サージ	109	湿式塩素化処理法	134
サーマル方式	189	湿潤起毛	238
サーモクロミズム	57	篠（しの）	211
サーモゾール	185,188	芝川商店	5
サーモゾール・パッドスチーム法	185	柴田才一郎	5
サーモゾル染色	185	斜行	211

煮絨	235
樹脂によるプリーツ加工	151
臭素系難燃剤	205
重クロム酸ソーダ	41
縮絨	110,234
縮絨助剤	112
助剤	178
消臭機能	203
消泡剤	53
常圧液流染色機	39
蒸絨	236
蒸熱	188
植物性夾雑物	207,208
植物染料	68
白場汚染	188
浸染	184
針布ロール	117
紳士服の流通経路	153
新合繊	85
親水性	34
親水性疎水性バランス	179
親和力	177
スーパーミリング染料	42
スイント	207
スキッタリー	216
スキッタリー染色法	71
スキャン方式	189
スクリーンプリント	188
スケール	34,133,206,245
スコッチガード	9
スター染色	270
スター染色機	50
スチーミング	188
スチームプレス	243
ストーンウォッシュ	129
ストライクオフ	188
ストレッチ織物	150
ストレッチ加工	149
スピリットパッド法	247
スペーサー	190
スライバー染め	207
スレン染料	188
水縮	112
水素結合	35,171,240
水分調整	95
水和	173
錫加工	268
摺染	272
セット	240
セミデカタイザー	237
セミミリング染料	42

セリシン	50,262,274
セリシン定着	268
セルラーゼ	198
セルロース繊維	195
セルロース分解酵素	130
セル地	6
せん毛	238
せん毛機	121
精練	196
精練・仕上げ	96
製品染め機	40
製品染め	273
千住製絨所	105
洗絨	233
洗毛	207
染液調整装置	59
染色	177
染色堅ろう度	35
染色平衡	175
染色ボビン	190
染着量	169
染料	166,177
染料プリント	187
鮮美色	64
ソフト＆ラスター加工	139
染めむら防止	223
粗糸	210
疎水結合	169
創傷保護材	276
増量加工	268
促染	180

〈 た行 〉

タサールサン	265
タンニン酸加工	268
タンパク質シルク	261
タンパク質分解酵素	267
たて編	125
大気圧プラズマ処理	246
脱塩素化	245,247
脱スケール加工法	139
反染め	191,207,239
チーズ	190
チーズ染色	36
チーズ染め	190
チッピー	216
チョビウール	10
着色	166
着色剤	166
着抜染	64

着分見本	188
中性縮絨	235
彫刻	188
調液	185, 188
直接染料	229, 271
ツイード	113
ツイード仕上げ	233
つまむ	253
吊型反染機	270
吊染め	270
テーリング	186
デザイン・カッター	121
デザイン起毛	123
デジタル方式	188
デシン	273
手起毛	115
手触り	152
低温プラズマ処理	246
低発煙性ザプロ加工	251
天然インジゴ	66
天然染料	68, 270
電子線照射グラフト重合	203
電磁波	166
トップ	209
トップメーキング工程	208, 209
トップ染め	36, 190, 207
トランスグルタミナーゼ	198
トリアジン型	170
トリアジン系反応染料	67
トリプトファン	212
トレース	188
ドープ染め	184
ドスキン	62, 113, 251
ドライクリーニング溶剤	193
ドラム染色機	40
ドレーニング現象	180
吐糸	261
東京千住製絨所	6
動物染料	68
豊田佐吉	5
豊田織機	5
曇点	180

〈 な行 〉

ナイロンの構造	203
ナッピング機	122
捺染	186
ニードルパンチ法	110
二重結合	170
二相法	186

ネバーシュリンク加工	226
ネバーシュリンク法	246
熱セット	202
熱力学	177
ノズル欠補正技術	189
ノンホルタイプ	201
濃染剤	58
濃染ブラック方法	58
糊抜	196

〈 は行 〉

ハーコセット樹脂	73
ハートループ	8
ハーフミリング染料	68
ハイグラルエキスパンション	43, 206, 251
ハンク染め	37
パーヒドロキシイオン	197
パウダー加工	130
パッケージ染色機	36
パッケージ染め	190
パッドジッグ法	186
パッドスチーム法	186
パッドドライスチーム法	186
パッドドライパッドスチーム法	186
パッドドライベーク法	186
パッドバッチ法	186
パドル染色機	40
パラコルテックス	206
バイオ加工	202
バキュロウイルス	276
バブリング	192
バラ毛染め	36
バラ染め	190, 207
バルキー	244
バルキエットの公式	224
配位結合	35, 171
配色	188
発熱繊維	203
撥水・撥油加工	9, 204
撥水性	34
針金起毛機	116
針起毛	115
反応性シリコンDC109	147
反応染料	69, 229, 271
反転現象	207
半練り	267
ヒートセット条件	203
ピーチスキン加工	184
ピエゾ方式	189
ビーカー染色機	60

288

ビーバー……113
ビーバー仕上げ……62
ビーム染色機……38
ビッグフォーム……36
ビニルスルホン型……170
ビフェントリン……148
皮質細胞……34
非イオン界面活性剤……179,180
非イオン系界面活性剤……47
尾州産地……4
尾州縞……4
氷状構造……169
表皮改質……250
表皮細胞……34
表面張力……179
漂白……196,212
平……272
平岩鉄工所……5
ファンデルワールス力……35
フィブリル……262
フィブリル化……50
フィブリル化加工……184
フィブリル加工……202
フィブロイン……262
フェードアウト……129
フェルト化……234
フェルト化現象……206
フェルト化現象の要因……133
フェルト現象……110
フェルト収縮……133,144
フォーマルウェア……58
フクシン……66
フッ素系染料……51
フッ素樹脂……204
フラノ……113
フラノ旋風……109
フランネル……113
フリースチーミング……244
フルデカタイザー……237
フルホワイト……47
フロスティー……217
プラズマ処理……58
プラズマ放電処理法……141
プラズモン共鳴……166
プリーツ……243
プリーツ加工……150
プリセンシタイズ加工……150
プリント……186
プレス……237
プロシオン……67
プロテアーゼ……198
ブドー・セル……107
ブランケット……114
ブリーチアウト……129
不上がり……105
付加反応……170
普通蒸絨……236
富士絹……273
風合い……8,151
風合い計測法……154
風合い計量と規格化……8
複合織物……10
噴射式綛染め機……37,191
噴射バルキー……191
分割構造……263
分散剤……52
分散染料……51,63,194,228
ペーパープレス機……238
ペクチナーゼ……198
ペルメトリン……148
ベロア……113
ベンジジン系染料……70
ホルマリン処理……200
ポストキュア加工……201
ポテンシャルエネルギー……174
ポリエステル……195
ポリエステルの準備工程……200
ポリオキシエチレン……180
ポリッシング機……121
防炎加工……148
防縮加工……133,144,201,245
防縮剤……123
防縮処理……73
防染処理……72
防汚れ……203
芒硝……182
紡毛反物化炭機……209
本絹……272

〈 ま行 〉

マーセライジング……198
マーセル化……199
マイグレーション……45
マルチクロム法……71
枡見本……188
繭……261
繭作り……261
ミクロフィブリル……262
ミセル……180
ミセル限界濃度……180
ミニマムケア……269

ミリング染料	42,68
ミルド・ウーステッド	113
ミルド（mild）仕上げ	233
ミンク加工	123
御幸毛織	5
水起毛	116
水起毛機	120
水の構造	172
南千住製絨所	105
ムガサン	265
ムンドルフ針金起毛機	120
無人染色システム	192
無版プリント	188
メタルフリー	44
メタルフリー染色	193,226
メラミン樹脂	204
メランジ	217
メランジ染色	227
メリノ種	67
メリヤス	125
メルトン	113,126
目風	151
綿の準備工程	195
モーヴ	66
モノアゾ系	66
モノ過硫酸カリウム	246
モヘヤ	114
杢むら	111

〈 や行 〉

ヤママユガ科	272
山繭	265
ユニオン染料	8,62
湯通し	211
有機ハロゲン化物	142
よこ編	125

余色	166
羊脂	207
羊毛繊維の構造	34
羊毛保護剤	53
羊毛用染料	62
楊柳機	5,107

〈 ら行 〉

ラウジネス	267
ラシャ	113
ラシャ地	105
ラピッド液流染色機	83
ラピッド染色	192
リールレス型	84
リコーム	210
リン酸塩	198
リンシャン	273
力学的特性	157
両性界面活性剤	47
両性型均染剤	227
ループ	125
レゾリューション	189
レベリング染料	40,68
連続染色	185
連続煮絨機	236
ロータリープリント	188
ローラープリント	188
ローンペア	171,172
ロック・プレス収縮	244
労働安全衛生法	70

〈 わ行 〉

ワッシャー加工	126,128
ワンウォッシュ加工	129
わた染め	190